“十二五”普通高等教育本科国家级规划教材配套教材



# 大学物理学

主　编　赵近芳　宋秀丹
编　者　王　强　谢文广　张守娟
主　审　颜晓红

北京邮电大学出版社
·北京·

## 内容简介

本书是“十二五”普通高等教育本科国家级规划教材《大学物理学》(第4版)(上、下)的配套教材.全书分为力学基础篇、电磁学篇、波动光学篇、气体动理论和热力学篇、近代物理篇,共16章.在保持第4版教材风格和特色的前提下,对教材部分章节的前后位置进行了调整,使之更加符合教学规律,结构更加简单.适当减少了数学运算繁琐、难度较大的例题,选用紧扣教学内容的典型题.本书与第4版共用一套学习指导书、多媒体课件、电子教案、网络课件、网络学习平台等立体化教学资源.

本书可作为高等工科院校各专业的物理教材,也可作为综合大学和师范院校非物理专业的教材或参考书.

**图书在版编目(CIP)数据**

大学物理学/赵近芳,宋秀丹主编.-- 北京:北京邮电大学出版社,2016.1

ISBN 978-7-5635-4597-1

Ⅰ.①大… Ⅱ.①赵… ②宋… Ⅲ.①物理学—高等学校—教材 Ⅳ.①O4

中国版本图书馆CIP数据核字(2015)第301146号

| | |
|---|---|
| 书　　名 | 大学物理学 |
| 主　　编 | 赵近芳　宋秀丹 |
| 责任编辑 | 刘国辉 |
| 出版发行 | 北京邮电大学出版社 |
| 社　　址 | 北京市海淀区西土城路10号(100876) |
| 电话传真 | 010-82333010　62282185(发行部)　010-82333009　62283578(传真) |
| 网　　址 | www.buptpress3.com |
| 电子信箱 | ctrd@buptpress.com |
| 经　　销 | 各地新华书店 |
| 印　　刷 | 中煤(北京)印务有限公司 |
| 开　　本 | 787 mm×1 092 mm　1/16 |
| 印　　张 | 22 |
| 字　　数 | 532千字 |
| 版　　次 | 2016年1月第1版　2016年1月第1次印刷 |

ISBN 978-7-5635-4597-1　　定价:45.00元

# 前　言

本书是“十二五”普通高等教育本科国家级规划教材《大学物理学》(第 4 版)(上、下)的配套教材. 为了使教材能够满足不同理工科院校的教学设置，更好地为广大师生服务，我们对第 4 版的体系结构进行了调整，并对本书内容做了进一步的修改，使全书的内容体系和结构设置能够满足不同兄弟院校大学物理课程教学的需要.

全书分为力学基础篇、电磁学篇、波动光学篇、气体动理论和热力学篇、近代物理篇，共 16 章. 在保持《大学物理学》(第 4 版)(上、下)教材风格和特色的前提下，根据使用学校教学内容和教学课时的实际情况，对教材部分章节的前后位置进行了调整，使之更加符合教学规律，结构更加简单. 适当减少了数学运算繁琐、难度较大的例题，选用紧扣教学内容的典型题. 此外，对于难度较大的物理内容进行了删改或用星号“ * ”标记，内容删改后对教材的整体性没有影响.

本书由谢文广负责改编力学和机械振动部分；宋秀丹负责改编电磁学部分；王强负责改编机械波、光的干涉、光的衍射、光的偏振、热力学部分；张守娟负责改编相对论、量子物理基础和附录部分. 最后由赵近芳教授负责全书的修改和定稿工作. 在修订过程中，参加讨论和编写的老师还有焦志伟、白心爱、刘道军、曲蛟、汤永新、张博洋、范军怀、马双武、苏文刚、唐咸荣、杜立、韩霞等. 教育部高等学校大学物理课程教学指导委员会委员、颜晓红教授仔细审查了此书. 北京邮电大学出版社有关人员在本书的编辑出版过程中付出了大量的辛勤劳动，在此一并表示感谢.

编写适合市场需求的教材是一种探索，由于编者水平有限，书中的疏漏和错误之处在所难免，恳请读者批评指正.

编　者

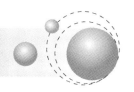

# 绪　论

## 物理学的研究对象

物理学是关于自然界最基本形态的科学，它研究物质的结构运动以及物体间的相互作用.

存在于我们周围和我们意志之外的客观实在都是物质.物质有两种不同的形态：一类是实物，另一类是场.实物包括微观粒子和宏观物体，它的范围是从基本粒子的亚核世界到整个宇宙.场包括引力场、电磁场和量子场等.

物质运动和物质间的相互作用是物质的普遍属性.物质的物理运动具有粒子和波动两种图像.宏观物体的机械运动，包括天体运动和分子的无规则热运动呈现粒子图像；而场运动则呈现波动图像.在微观领域，无论是实物还是场都呈现波粒二象性.物质间有四种基本相互作用，即引力相互作用、电磁相互作用、强相互作用和弱相互作用.在 20 世纪 70 年代末，电磁相互作用和弱相互作用已经统一为电弱相互作用.研究发现，实物间的相互作用是由场来传递的，实物激发出场，场再作用于另一实物.

物质运动和相互作用总是在一定的空间和一定的时间发生.空间是物质运动广延性的反映，时间则是物质运动过程持续性的体现.在时空均匀和各向同性条件下，物质的运动和相互作用过程遵循一系列守恒定律；而在高速和强场情况下，时空的几何性质和量度与物质的分布和运动有密切关系.

大学物理课程的内容体系可以按以下顺序：

(1)力学和电磁学——讨论机械运动和电磁场的运动规律和电磁相互作用；

(2)振动与波——讨论宏观领域的波动规律；

(3)波动光学——讨论光的干涉、衍射和偏振；

(4)热学——讨论由大量分子组成的热力学系统的统计性规律和宏观表现；

(5)相对论和量子物理学——讨论时空性质和微观粒子的波粒二象性以及量子运动特征.

## 物理学和科学技术的关系

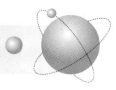

物理学是一切自然科学的基础，处于诸多自然科学学科的核心地位.物理学研究的粒子和原子构成了蛋白质、基因、器官、生物体，构成了一切天然的和人造的物质以及广袤的陆地、海洋、大气，甚至整个宇宙.因此，物理学是化学、生物、材料科学、地球物理和天体物理等学科的基础.今天，物理学和这些学科之间的边缘领域中又形成了一系列分支学科和交叉学科，如粒子物理、核物理、凝聚态物理、原子分子物理、电子物理、生物物理等等.这些学科都

取得了引人瞩目的成就.

物理学的发展,广泛而直接地推动着技术的革命和社会的文明.18 世纪 60 年代开始的第一次技术革命以蒸汽机应用为标志,它是牛顿力学和热力学发展的结果.19 世纪 70 年代开始的第二次技术革命以电力的广泛应用和无线电通信为标志,它是电磁学发展的结果.20 世纪 40 年代兴起的并一直延续至今的第三次技术革命是相对论和量子论发展的结果.事实证明,几乎所有重大的新技术领域学科(如电子学、原子能、激光和信息技术等)的创立,事前都在物理学中经过长期的酝酿、在理论和实验两方面积累了大量知识后,才突然迸发出来.物理学是科技生产力发展的不竭源泉.

在新世纪开始的今天,全世界范围内正面临着以信息、能源、材料、生物工程和空间技术等为核心的一场新技术革命.在这些高科技领域中必将层出不穷地涌现人们今天尚不知道的一系列新技术和新产品.物理学以其最广泛和最基本的内容正成为各个新兴学科的先导.近代物理在量子论和粒子物理等研究方向上的突破和成熟可能孕育和萌发科学与技术的新芽.建立在物理学等自然科学基础上的高科技在 21 世纪将出现史无前例的辉煌,使人类文明进入更高级的阶段.

## 努力学好物理学

物理学的理论是通过观察、实验、抽象、假设等研究方法并通过实践的检验而建立起来.实践是检验科学真理的惟一标准.学习物理应遵循实践—理论—再实践的方法,独立思考、自己判断,不必迷信偶像和屈从权威.以实事求是、老老实实的态度对待科学真理是绝对必要的.作为大学理工科学生,学习物理首先要注重课程内容的内在联系、清晰的条理和严谨的逻辑,扎扎实实学好基本理论和基本知识.这包括对物理概念、规律、物理图像等透彻的理解,对物理学的研究方法、数学描述语言和推演技巧的熟练掌握,因此适当的记忆和做习题是很有必要.但是,掌握现有的书本知识还远远不够.物理学和一切自然科学的发展是永不停息的,纷繁复杂的自然界中人类未知的事物还远远超过已经了解的事物,发现和创新是自然科学的生命和灵魂.科学工作者应当争取有所发现、有所创新,同学们应当通过学习和掌握物理知识的过程来培养自己的创新意识和创造能力.

在培养创新能力方面,学会"体会式"的学习方法是十分重要的.著名物理学家、诺贝尔物理学奖获得者杨振宁先生在多次谈话中比较了中美两国的教育方式.他提到中国的传统教育方式强调知识的系统性,提倡循序渐进地学习,这有利于学生打下扎实的基础.而美国的教育注重知识的广泛性、提倡"渗透式",其特点是在学习的时候,学生对所学的内容往往还不太清楚,然而就在这个过程中学生一点一滴体会到了许多东西.其优点是学生有较强的独立思考能力和创造意识,易于较快进入科学发展的前沿.这两种学习方式各具特色,长短互补.我们应当努力把两者的优点和谐地统一起来,中西兼蓄、为我所用.基于这些考虑,本书在适当章节插入一些对学生来说不很熟悉和感觉较难的内容,目的就是希望渗透一些近代或高新技术的信息,以开拓视野,希望读者能以富于进取的精神来对待这些内容.

# 目 录

## 近代物理篇

# 力学基础篇

力学是物理学中最古老和发展最完美的学科.它起源于公元前4世纪古希腊学者亚里士多德关于力产生运动的说法,以及我国《墨经》中关于杠杆原理的论述等.但其成为一门科学理论则始于17世纪伽利略论述惯性运动,继而牛顿提出了力学三个运动定律.以牛顿运动定律为基础的力学理论称为牛顿力学或经典力学.它所研究的对象是物体的机械运动.经典力学有严谨的理论体系和完备的研究方法,如观察现象,分析和综合实验结果,建立物理模型,应用数学表述,作出推论和预言,以及用实践检验和校正结果等.因此,它曾被人们誉为完美普遍的理论而兴盛了约三百年.直至20世纪初才发现它在高速和微观领域的局限性,从而在这两个领域分别被相对论和量子力学所取代,但在一般的技术领域,如机械制造、土木建筑、水利设施、航空航天等工程技术中,经典力学仍然是必不可少的重要的基础理论.

本篇主要讲述质点力学、刚体的定轴转动.着重阐明动量、角动量和能量诸概念及相应的守恒定律(并简要介绍了对称性与守恒定律的关系).长期以来,经典力学被认为是决定论的.随着现代科学技术的发展,人们发现经典力学问题实际上大部分具有不可预测性,是非决定论的.

# 第 1 章
# 质点运动学

力学所研究的是物体机械运动的规律.宏观物体之间(或物体内各部分之间)相对位置的改变称为机械运动.在经典力学中,通常将力学分为运动学、动力学和静力学.本章只研究运动学规律.运动学是从几何的观点来描述物体的运动,即研究物体的空间位置随时间的变化关系,不涉及引发物体运动和改变运动状态的原因.

## 1.1 参考系 坐标系 物理模型

为了描述物体的运动必须作三点准备，即选择参考系、建立坐标系、提出物理模型.

### 1.1.1 运动的绝对性和相对性

众所周知，运动是物质的存在形式，运动是物质的固有属性. 从这种意义上讲，运动是绝对的. 当然本书所讨论的运动，还不是这种哲学意义上的广义运动. 但即使是机械运动形式，任何物体在任何时刻都在不停地运动着. 例如，地球在自转的同时绕太阳公转，太阳又相对于银河系中心以大约250 km/s的速率运动，而我们所处的银河系又相对于其他银河系大约以600 km/s的速率运动着. 总之，绝对不运动的物体是不存在的.

然而运动又是相对的. 因此本书所研究的物体的运动都是在一定环境和特定条件下的运动. 例如，当说一列火车开动了，这显然是指火车相对于地球(车站)而言的. 离开特定的环境、条件谈论运动没有任何意义. 正如恩格斯所说:"单个物体的运动是不存在的——只有在相对的意义下才可以谈运动."

### 1.1.2 参考系

运动是绝对的，但运动的描述却是相对的. 因此，在确定研究对象的位置时，必须先选定一个标准物体(或相对静止的几个物体)作为基准. 那么这个被选作标准的物体或物体群，就称为**参考系**.

同一物体的运动，由于所选参考系不同，对其运动的描述就会不同. 例如，在匀速直线运动的车厢中，物体的自由下落，相对于车厢是作直线运动；相对于地面，却是作抛物线运动；相对于太阳或其他天体，运动的描述则更为复杂. 这一事实充分说明了运动的描述是相对的.

从运动学的角度讲，参考系的选择是任意的，通常以对问题的研究最方便、最简单为原则. 研究地球上物体的运动，在大多数情况下，以地球为参考系最为方便(以后如不作特别说明，研究地面上物体的运动，都是以地球为参考系). 但是，当在地球上发射人造"宇宙小天体"时，则应以太阳为参考系.

### 1.1.3 坐标系

要想定量地描述物体的运动，就必须在参考系上建立适当的**坐标系**. 在力学中常用的是直角坐标系. 根据需要，也可选用极坐标系、自然坐标系、球面坐标系或柱面坐标系等.

总的说来，当参考系选定后，无论选择何种坐标系，物体的运动性质都不会改变. 然而，坐标系选择得当，可使计算简化.

### 1.1.4 物理模型

任何一个真实的物理过程都是极其复杂的. 为了寻找某过程中最本质、最基本的规律，总是根据所提问题(或所要回答的问题)，对真实过程进行理想化的简化，然后经过抽象提出一个可供数学描述的**物理模型**.

现在所提的问题是确定物体在空间的位置.当物体的线度比它运动的空间范围小很多时,例如绕太阳公转的地球和调度室中铁路运行图上的列车等;或当物体作平动时,物体上各部分的运动情况(轨迹、速度、加速度)完全相同.这时可以忽略物体的形状、大小,而把它看成一个具有一定质量的点,并称之为**质点**.

若物体的运动在上述两种情形之外,还可推出**质点系**的概念.即把这个物体看成是由许许多多满足第一种情况的质点所组成的系统.如果弄清楚了组成这个物体的各个质点的运动情况,那么也就描述了整个物体的运动.

在力学中除了质点模型之外,在后续章节中还会遇到刚体、理想流体、谐振子及理想弹性介质等物理模型.

综上所述:**选择合适的参考系,以方便确定物体的运动性质;建立恰当的坐标系,以定量地描述物体的运动;提出较准确的物理模型,以确定所提问题最基本的运动规律.**

## 1.2 位置矢量 位移 速度 加速度

### 1.2.1 位置矢量

为了表示运动质点的位置,首先应该选参考系,然后在参考系上选定坐标系的原点和坐标轴,参看图1.1.质点 $P$ 在直角坐标系中的位置可由 $P$ 所在点的三个坐标 $x$、$y$、$z$ 来确定,或者用从原点 $O$ 到 $P$ 点的有向线段 $\overrightarrow{OP}=\boldsymbol{r}$ 来表示,矢量 $\boldsymbol{r}$ 叫作**位置矢量**(简称**位矢**,又称**矢径**).相应地,坐标 $x$、$y$、$z$ 也就是位矢 $\boldsymbol{r}$ 在坐标轴上的三个分量.

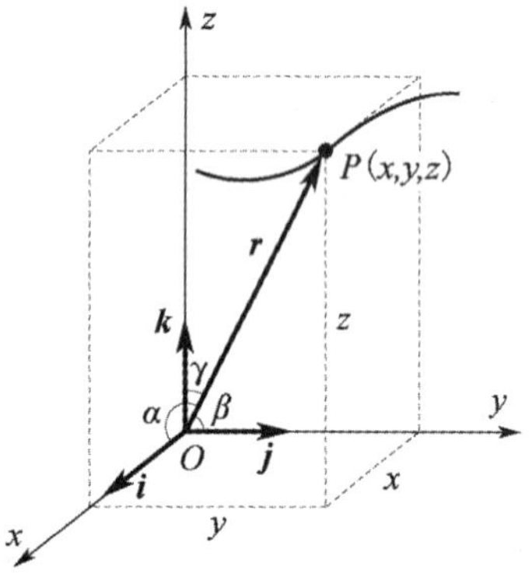

图1.1 直角坐标系下的位矢

在直角坐标系中,位矢 $\boldsymbol{r}$ 可以表示成

$$\boldsymbol{r}=x\boldsymbol{i}+y\boldsymbol{j}+z\boldsymbol{k} \tag{1.1}$$

式中 $\boldsymbol{i}$、$\boldsymbol{j}$、$\boldsymbol{k}$ 分别表示沿 $x$、$y$、$z$ 三轴正方向的单位矢量.位矢 $\boldsymbol{r}$ 的大小为

$$|\boldsymbol{r}|=r=\sqrt{x^2+y^2+z^2} \tag{1.2}$$

位矢的方向余弦为

$$\cos\alpha=\frac{x}{r},\quad \cos\beta=\frac{y}{r},\quad \cos\gamma=\frac{z}{r}$$

质点的机械运动是质点的空间位置随时间变化的过程.这时质点的坐标 $x$、$y$、$z$ 和位矢 $\boldsymbol{r}$ 都是时间 $t$ 的函数.表示运动过程的函数式称为**运动方程**,可以写作

$$x=x(t),\quad y=y(t),\quad z=z(t) \tag{1.3a}$$

或

$$\boldsymbol{r}=\boldsymbol{r}(t) \tag{1.3b}$$

知道了运动方程,就能确定任一时刻质点的位置,从而确定质点的运动.力学的主要任务之一,正是根据各种问题的具体条件,求解质点的运动方程.

质点在空间的运动路径称为**轨道**.质点的运动轨道为直线时,称为直线运动.质点的运动轨道为曲线时,称为曲线运动.从式(1.3a)中消去 $t$ 即可得到**轨道方程**.式(1.3a)就是轨道的参数方程.

轨道方程和运动方程最明显的区别，就在于轨道方程不是时间 $t$ 的显函数. 例如，已知某质点的运动方程为

$$x = 3\sin\frac{\pi}{6}t,\quad y = 3\cos\frac{\pi}{6}t,\quad z = 0$$

式中 $t$ 以 s 计，$x$、$y$、$z$ 以 m 计. 从 $x$、$y$ 两式中消去 $t$ 后，得轨道方程为

$$x^2 + y^2 = 9,\quad z = 0$$

其表明质点是在 $z = 0$ 的平面内，作以原点为圆心，半径为 3 m 的圆周运动.

### 1.2.2　位移

如图 1.2 所示，设质点沿曲线轨道 $\overset{\frown}{AB}$ 运动，在 $t$ 时刻，质点在 $A$ 处，在 $t+\Delta t$ 时刻，质点运动到 $B$ 处，$A$，$B$ 两点的位矢分别由 $\boldsymbol{r}_1$ 和 $\boldsymbol{r}_2$ 表示，质点在 $\Delta t$ 时间间隔内位矢的增量

$$\Delta\boldsymbol{r} = \boldsymbol{r}_2 - \boldsymbol{r}_1 \tag{1.4}$$

称之为**位移**，它是描述物体位置变动大小和方向的物理量，在图上就是由起始位置 $A$ 指向终止位置 $B$ 的一个矢量. 位移是矢量，它的运算遵守矢量加法的平行四边形法则(或三角形法则).

如图 1.3 所示，位移的模只能记作 $|\Delta\boldsymbol{r}|$，不能记作 $\Delta r$. $\Delta r$ 通常表示位矢模的增量，即 $\Delta r = |\boldsymbol{r}_2| - |\boldsymbol{r}_1|$，而 $|\Delta\boldsymbol{r}|$ 则是位矢增量的模(即位移的模)，而且在通常情况下 $|\Delta\boldsymbol{r}| \neq \Delta r$.

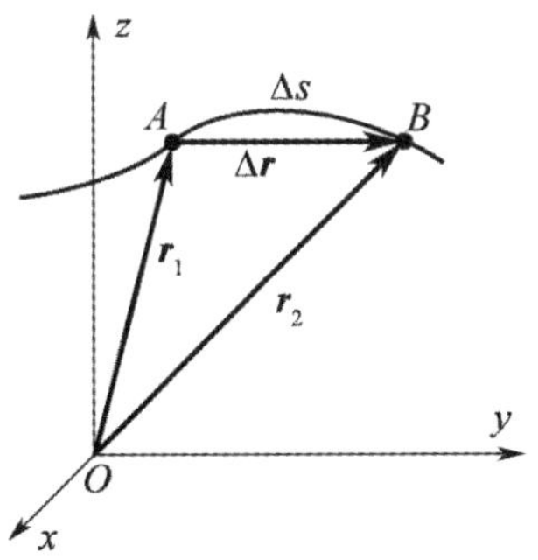


图 1.2　位移

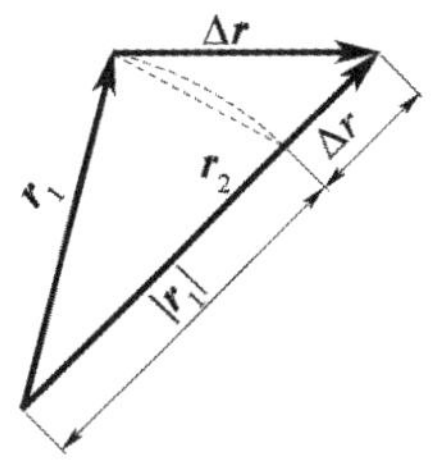


图 1.3　位移的大小

必须注意，位移表示物体位置的改变，并非质点所经历的路程. 例如在图 1.2 中，位移是有向线段 $\overrightarrow{AB}$，它的量值 $|\Delta\boldsymbol{r}|$ 为割线 $AB$ 的长度. 路程是标量，即曲线 $\overset{\frown}{AB}$ 的长度，通常记作 $\Delta s$. 一般来说，$|\Delta\boldsymbol{r}| \neq \Delta s$. 显然，只有在 $\Delta t$ 趋近于零时，才有 $|\mathrm{d}\boldsymbol{r}| = \mathrm{d}s$. 应当指出，即使在 $\Delta t \to 0$ 时，$|\mathrm{d}\boldsymbol{r}| = \mathrm{d}r$ 这个等式也不成立.

在直角坐标系中，位移的表达式为

$$\Delta\boldsymbol{r} = (x_2 - x_1)\boldsymbol{i} + (y_2 - y_1)\boldsymbol{j} + (z_2 - z_1)\boldsymbol{k} = \Delta x\,\boldsymbol{i} + \Delta y\,\boldsymbol{j} + \Delta z\,\boldsymbol{k} \tag{1.5}$$

位移的模为

$$|\Delta\boldsymbol{r}| = \sqrt{(x_2 - x_1)^2 + (y_2 - y_1)^2 + (z_2 - z_1)^2} \tag{1.6}$$

位移和路程的单位均是长度的单位，国际单位制(SI 制)中为 m.

### 1.2.3　速度

研究质点的运动，不仅要知道质点的位移，还必须知道在多长一段时间内通过这段位

移，亦即要知道质点运动的快慢程度.

如图 1.2 所示，在时刻 $t$ 到 $t+\Delta t$ 这段时间内，质点的位移为 $\Delta \boldsymbol{r}$，那么 $\Delta \boldsymbol{r}$ 与 $\Delta t$ 的比值，称为质点在 $t$ 时刻附近 $\Delta t$ 时间内的**平均速度**

$$\overline{\boldsymbol{v}} = \frac{\overrightarrow{AB}}{\Delta t} = \frac{\Delta \boldsymbol{r}}{\Delta t} \tag{1.7}$$

这就是说，平均速度的方向与位移 $\Delta \boldsymbol{r}$ 的方向相同，平均速度的大小与在相应的时间 $\Delta t$ 内每单位时间的位移大小相同.

显然，用平均速度描述物体的运动是比较粗糙的. 因为在 $\Delta t$ 时间内，质点各个时刻的运动情况不一定相同，质点的运动可以时快时慢，方向也可以不断地改变，平均速度不能反映质点运动的真实细节. 如果要精确地知道质点在某一时刻或某一位置的实际运动情况，应使 $\Delta t$ 尽量减小，即 $\Delta t \to 0$，用平均速度的极限值 —— **瞬时速度**（简称**速度**）来描述.

质点在某时刻或某位置的瞬时速度，等于该时刻附近 $\Delta t$ 趋近于零时平均速度的极限值，数学表示式为

$$\boldsymbol{v} = \lim_{\Delta t \to 0} \frac{\Delta \boldsymbol{r}}{\Delta t} = \frac{\mathrm{d}\boldsymbol{r}}{\mathrm{d}t} \tag{1.8}$$

可见**速度等于位矢对时间的一阶导数**.

速度的方向就是 $\Delta t$ 趋近于零时，平均速度 $\frac{\Delta \boldsymbol{r}}{\Delta t}$ 或位移 $\Delta \boldsymbol{r}$ 的极限方向，即沿质点所在处轨道的切线方向，并指向质点前进的一方.

速度是矢量，具有大小和方向. 描述质点运动时，也常采用一个叫作**速率**的物理量. 速率是标量，等于质点在单位时间内所行经的路程，而不考虑质点运动的方向. 如图 1.2 所示，在 $\Delta t$ 时间内质点所行经的路程为曲线 $\overset{\frown}{AB}$. 设曲线 $\overset{\frown}{AB}$ 的长度为 $\Delta s$，那么 $\Delta s$ 与 $\Delta t$ 的比值就称为 $t$ 时刻附近 $\Delta t$ 时间内的平均速率，即

$$\overline{v} = \frac{\Delta s}{\Delta t} \tag{1.9}$$

平均速率与平均速度不能等同看待. 例如，在某一段时间内，质点环行了一个闭合路径，显然质点的位移等于零，平均速度也为零，而质点的平均速率则不等于零.

尽管如此，但在 $\Delta t \to 0$ 的极限条件下，曲线 $\overset{\frown}{AB}$ 的长度 $\Delta s$ 与直线 $AB$ 的长度 $|\Delta \boldsymbol{r}|$ 相等，即在 $\Delta t \to 0$ 时，$\mathrm{d}s = |\mathrm{d}\boldsymbol{r}|$，所以瞬时速率

$$v = \lim_{\Delta t \to 0} \frac{\Delta s}{\Delta t} = \frac{\mathrm{d}s}{\mathrm{d}t} = \frac{|\mathrm{d}\boldsymbol{r}|}{\mathrm{d}t} = |\boldsymbol{v}| \tag{1.10}$$

**即瞬时速率就是瞬时速度的模.**

在直角坐标系中，由式(1.1) 可知，速度可表示成

$$\boldsymbol{v} = \frac{\mathrm{d}\boldsymbol{r}}{\mathrm{d}t} = \frac{\mathrm{d}x}{\mathrm{d}t}\boldsymbol{i} + \frac{\mathrm{d}y}{\mathrm{d}t}\boldsymbol{j} + \frac{\mathrm{d}z}{\mathrm{d}t}\boldsymbol{k} = v_x\boldsymbol{i} + v_y\boldsymbol{j} + v_z\boldsymbol{k} \tag{1.11}$$

式中 $v_x = \frac{\mathrm{d}x}{\mathrm{d}t}, v_y = \frac{\mathrm{d}y}{\mathrm{d}t}, v_z = \frac{\mathrm{d}z}{\mathrm{d}t}$ 叫作速度在 $x$、$y$、$z$ 轴的分量. 这时速度的模可以表示成

$$v = |\boldsymbol{v}| = \sqrt{v_x^2 + v_y^2 + v_z^2} \tag{1.12}$$

速度和速率在量值上都是长度与时间之比，国际单位制(SI) 中为 m/s.

### 1.2.4 加速度

在力学中，位矢 $\boldsymbol{r}$ 和速度 $\boldsymbol{v}$ 都是描述物体机械运动的状态参量. 即 $\boldsymbol{r}$ 和 $\boldsymbol{v}$ 已知，质点的力

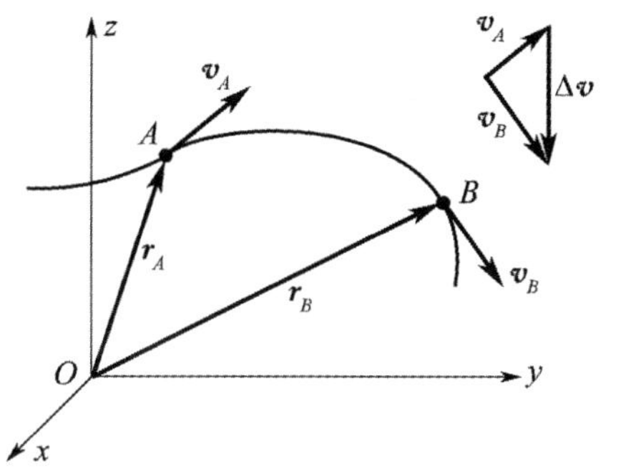


图 1.4　速度的增量

学运动状态就确定了. 即将引入的加速度概念则是用来描述速度矢量随时间的变化率的物理量.

在变速运动中,物体的速度是随时间变化的. 这个变化可以是运动快慢的变化,也可以是运动方向的变化,一般情况下速度的方向和大小都在变化. 加速度就是描述质点的速度(大小和方向)随时间变化快慢的物理量. 如图 1.4 所示,$v_A$表示质点在时刻 $t$、位置 $A$ 处的速度,$v_B$表示质点在时刻 $t+\Delta t$、位置 $B$ 处的速度. 从速度矢量图可以看出,在时间 $\Delta t$ 内质点速度的增量为

$$\Delta \boldsymbol{v} = \boldsymbol{v}_B - \boldsymbol{v}_A$$

与平均速度的定义相类似,比值$\frac{\Delta \boldsymbol{v}}{\Delta t}$称为 $t$ 时刻附近 $\Delta t$ 时间内的**平均加速度**,即

$$\bar{\boldsymbol{a}} = \frac{\boldsymbol{v}_B - \boldsymbol{v}_A}{\Delta t} = \frac{\Delta \boldsymbol{v}}{\Delta t} \tag{1.13}$$

平均加速度只是反映在时间 $\Delta t$ 内速度的平均变化率. 为了准确地描述质点在某一时刻 $t$(或某一位置处)的速度变化率,须引入瞬时加速度.

质点在某时刻或某位置处的**瞬时加速度**(简称**加速度**)等于该时刻附近 $\Delta t$ 趋近于零时平均加速度的极限值,其数学式为

$$\boldsymbol{a} = \lim_{\Delta t \to 0} \frac{\Delta \boldsymbol{v}}{\Delta t} = \frac{\mathrm{d}\boldsymbol{v}}{\mathrm{d}t} = \frac{\mathrm{d}^2 \boldsymbol{r}}{\mathrm{d}t^2} \tag{1.14}$$

可见,**加速度是速度对时间的一阶导数,或位矢对时间的二阶导数**.

在直角坐标系中,加速度的表示式为

$$\boldsymbol{a} = \frac{\mathrm{d}^2 \boldsymbol{r}}{\mathrm{d}t^2} = \frac{\mathrm{d}^2 x}{\mathrm{d}t^2}\boldsymbol{i} + \frac{\mathrm{d}^2 y}{\mathrm{d}t^2}\boldsymbol{j} + \frac{\mathrm{d}^2 z}{\mathrm{d}t^2}\boldsymbol{k} = a_x\boldsymbol{i} + a_y\boldsymbol{j} + a_z\boldsymbol{k} \tag{1.15}$$

式中 $a_x = \frac{\mathrm{d}v_x}{\mathrm{d}t} = \frac{\mathrm{d}^2 x}{\mathrm{d}t^2}$,$a_y = \frac{\mathrm{d}v_y}{\mathrm{d}t} = \frac{\mathrm{d}^2 y}{\mathrm{d}t^2}$,$a_z = \frac{\mathrm{d}v_z}{\mathrm{d}t} = \frac{\mathrm{d}^2 z}{\mathrm{d}t^2}$,称为加速度在 $x$、$y$、$z$ 轴的分量. 加速度的模为

$$a = |\boldsymbol{a}| = \sqrt{a_x^2 + a_y^2 + a_z^2} \tag{1.16}$$

加速度的方向是当 $\Delta t \to 0$ 时,平均加速度$\frac{\Delta \boldsymbol{v}}{\Delta t}$或速度增量的极限方向.

---

**例 1.1**　如图 1.5 所示,一人用绳子拉着小车前进,小车位于高出绳端 $h$ 的平台上,人的速率 $v_0$ 不变,求小车的速度和加速度大小.

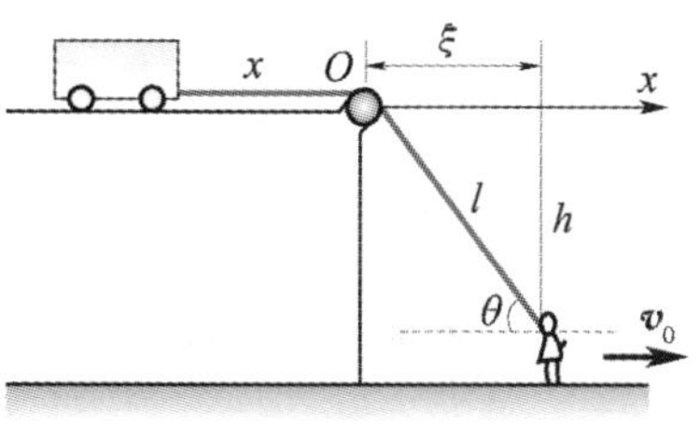


图 1.5

**解**　小车沿直线运动,以小车前进方向为 $x$ 轴正方向,以滑轮为坐标原点,小车的坐标为 $x$,人的坐标为 $\xi$,由速度的定义,小车和人的速度大小应为

$$v_{车} = \frac{\mathrm{d}x}{\mathrm{d}t}, \qquad v_{人} = \frac{\mathrm{d}\xi}{\mathrm{d}t} = v_0$$

由于定滑轮不改变绳长，所以小车坐标的变化率等于拉小车的绳长的变化率，即

$$v_{车} = \frac{\mathrm{d}x}{\mathrm{d}t} = \frac{\mathrm{d}l}{\mathrm{d}t}$$

又由图 1.5 可以看出有 $l^2 = \xi^2 + h^2$，两边对 $t$ 求导得

$$2l\frac{\mathrm{d}l}{\mathrm{d}t} = 2\xi\frac{\mathrm{d}\xi}{\mathrm{d}t}$$

或

$$v_{车} = \frac{v_{人}\,\xi}{l} = v_{人}\frac{\xi}{\sqrt{\xi^2 + h^2}} = \frac{v_0\,\xi}{\sqrt{\xi^2 + h^2}}$$

同理可得小车的加速度大小为

$$a = \frac{\mathrm{d}v_{车}}{\mathrm{d}t} = \frac{v_0^2 h^2}{(\xi^2 + h^2)^{\frac{3}{2}}}$$

## 1.3 曲线运动的描述 运动学中的两类问题

### 1.3.1 曲线运动的描述

若质点的运动轨迹为曲线，则称为曲线运动. 为了描述曲线的弯曲程度，通常引入曲率和曲率半径. 这里仅讨论平面上的二维曲线运动.

从曲线上邻近的两点 $P_1$、$P_2$ 各引一条切线，这两条切线间的夹角为 $\Delta\theta$，$P_1$、$P_2$ 两点间的弧长为 $\Delta s$，则 $P_1$ 点的曲率定义为

$$k = \lim_{\Delta s \to 0}\frac{\Delta\theta}{\Delta s} = \frac{\mathrm{d}\theta}{\mathrm{d}s} \tag{1.17}$$

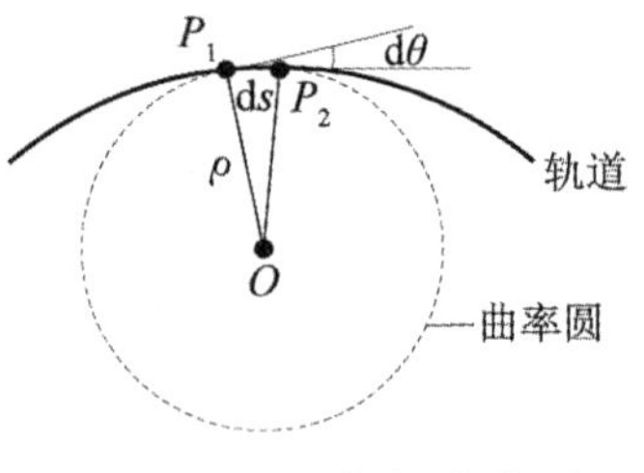

图 1.6 曲率、曲率圆、曲率半径

若曲线上无限邻近的两点上的两条切线的夹角 $\mathrm{d}\theta$ 称为邻切角，则上式表明，曲线上某点的曲率等于邻切角 $\mathrm{d}\theta$ 与所对应的元弧 $\mathrm{d}s$ 之比.

一般情况下，曲线在不同点处有不同的曲率. 曲率越大，则曲线弯曲得越厉害. 显然，同一圆周上各点的曲率都相同.

过曲线上某点作一圆，若该圆的曲率与曲线在该点的曲率相等，则称它为该点的曲率圆，而其圆心 $O$ 和半径 $\rho$ 分别称为曲线上该点的曲率中心和曲率半径(见图 1.6)，且有

$$\rho = \frac{1}{k} = \frac{\mathrm{d}s}{\mathrm{d}\theta} \tag{1.18}$$

#### 1. 平面曲线运动

质点作曲线运动时，$\Delta v$ 的方向和 $\frac{\Delta v}{\Delta t}$ 的极限方向一般不同于速度 $v$ 的方向，而且在曲线运动中，加速度的方向总是指向曲线凹进的一边. 如果速率是减慢的($|v_B| < |v_A|$)，则 $\boldsymbol{a}$ 与 $v$ 成钝角；如果速率是加快的($|v_B| > |v_A|$)，则 $\boldsymbol{a}$ 与 $v$ 成锐角；如果速率不变($|v_B| = |v_A|$)，则 $\boldsymbol{a}$ 与 $v$ 成直角，如图 1.7 所示.

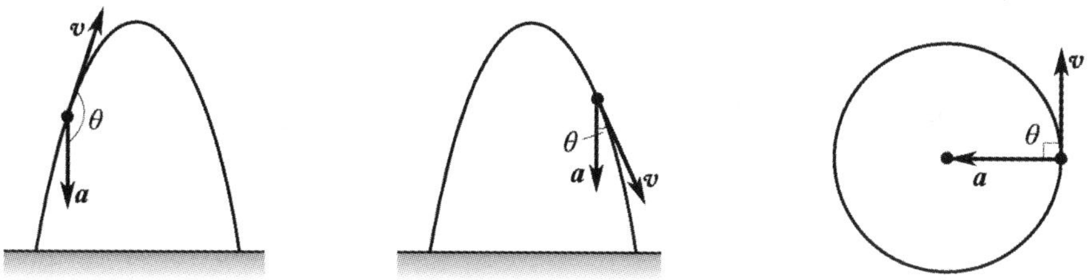


图 1.7　曲线运动中的加速度

为运算方便起见,常采用平面自然坐标系予以讨论,即将加速度沿着质点所在处轨道的切线方向和法线方向进行分解,这样得到的加速度分量分别叫作**切向加速度**和**法向加速度**.

设质点的运动轨道如图 1.8(a) 所示:$t$ 时刻质点在 $P_1$ 点,速度为$v_1$;$t+\Delta t$ 时刻,质点运动到 $P_2$ 点,速度为$v_2$,$P_1$、$P_2$ 两点的邻切角为 $\Delta\theta$,在 $\Delta t$ 时间内,速度增量为 $\Delta v$ . 图1.8(b) 表示了$v_1$、$v_2$、$\Delta v$ 三者之间的关系. 图中 $\Delta v$ 就是$\overrightarrow{BC}$ 矢量. 如果在$\overrightarrow{AC}$ 上截取 $|\overrightarrow{AD}|=|\overrightarrow{AB}|=|v_1|$,则剩下的部分

$$|\overrightarrow{DC}|=|\overrightarrow{AC}|-|\overrightarrow{AB}|=|v_2|-|v_1|=|\Delta v_\tau|=\Delta v$$

即 $|\Delta v_\tau|=\Delta v$ 反映了速度模的增量. 作向量$\overrightarrow{BD}$,并记作 $\Delta v_n$,其反映了速度方向的增量. 于是速度增量 $\Delta v$ 所包含的速度大小的增量和速度方向的增量这两个方面的含义,通过 $\Delta v_\tau$和 $\Delta v_n$ 得到了定量的描述,即 $\Delta v=\Delta v_\tau+\Delta v_n$.

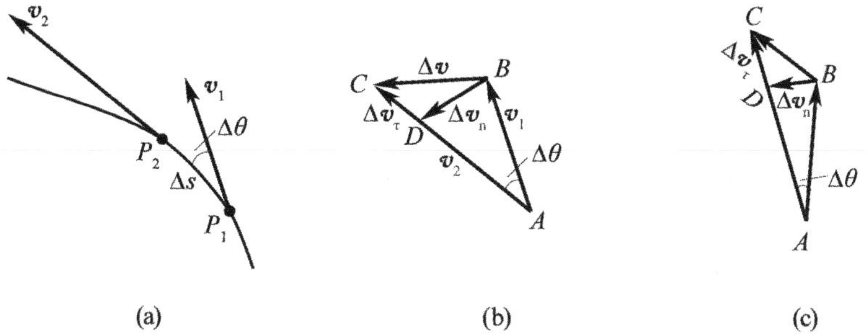


图 1.8　切向加速度与法向加速度

由图 1.8(c) 可看出,当 $\Delta t\to 0$ 时,$\Delta\theta\to 0$,则 $\angle ABD\to\dfrac{\pi}{2}$,即在极限条件下,$\Delta v_n$的方向垂直于过 $P_1$ 点的切线,亦即沿曲线在 $P_1$ 点的法线方向;同时,在 $\Delta\theta\to 0$ 的极限条件下,$\Delta v_\tau$ 就是 $v_1$的方向,亦即沿 $P_1$ 点的切线方向.

由图 1.8(c) 还可看出,$\Delta\theta\to 0$ 时,$|\Delta v_n|=v\Delta\theta$,如果以 $\boldsymbol{n}_0$ 表示 $P_1$ 点内法线方向的单位矢,以 $\boldsymbol{\tau}_0$ 表示 $P_1$ 点切线方向(且指向质点前进方向)的单位矢,则有

$$\boldsymbol{a}=\lim_{\Delta t\to 0}\frac{\Delta v}{\Delta t}=\lim_{\Delta t\to 0}\frac{\Delta v_\tau}{\Delta t}+\lim_{\Delta t\to 0}\frac{\Delta v_n}{\Delta t}=\frac{\mathrm{d}v}{\mathrm{d}t}\boldsymbol{\tau}_0+v\frac{\mathrm{d}\theta}{\mathrm{d}t}\boldsymbol{n}_0 \tag{1.19}$$

由于$\dfrac{\mathrm{d}\theta}{\mathrm{d}t}=\dfrac{\mathrm{d}\theta}{\mathrm{d}s}\dfrac{\mathrm{d}s}{\mathrm{d}t}=v\dfrac{1}{\rho}$,式中 $\rho$ 为过 $P_1$ 点的曲率圆的曲率半径,则上式可写为

$$\boldsymbol{a}=\frac{\mathrm{d}v}{\mathrm{d}t}\boldsymbol{\tau}_0+\frac{v^2}{\rho}\boldsymbol{n}_0=\boldsymbol{a}_\tau+\boldsymbol{a}_n \tag{1.20}$$

式中 $\boldsymbol{a}_\tau = \frac{\mathrm{d}v}{\mathrm{d}t}\boldsymbol{\tau}_0$、$\boldsymbol{a}_\mathrm{n} = \frac{v^2}{\rho}\boldsymbol{n}_0$ 即为加速度的切向分量和法向分量. $a_\tau = \frac{\mathrm{d}v}{\mathrm{d}t}$，反映速度大小的变化；$a_\mathrm{n} = \frac{v^2}{\rho}$，反映速度方向的变化. 加速度的模为

$$|\boldsymbol{a}| = \sqrt{a_\tau^2 + a_\mathrm{n}^2} \tag{1.21}$$

在国际单位制中，加速度的单位是 $\mathrm{m/s^2}$.

**例 1.2** 以速度 $v_0$ 平抛一小球，不计空气阻力，求 $t$ 时刻小球的切向加速度量值 $a_\tau$、法向加速度量值 $a_\mathrm{n}$ 和轨道的曲率半径 $\rho$.

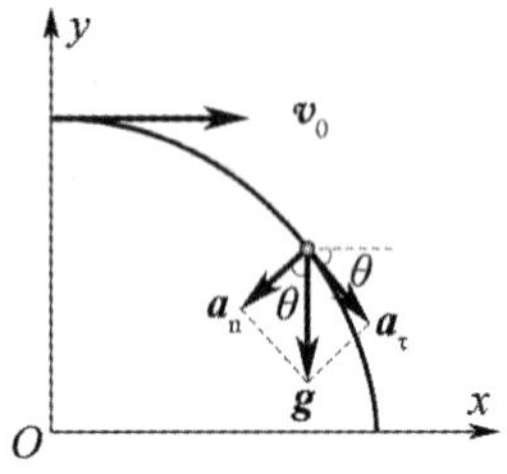

图 1.9

**解** 由图 1.9 可知

$$a_\tau = g\sin\theta = g\frac{v_y}{v} = g\frac{gt}{\sqrt{v_0^2 + g^2t^2}} = \frac{g^2t}{\sqrt{v_0^2 + g^2t^2}}$$

$$a_\mathrm{n} = g\cos\theta = g\frac{v_x}{v} = \frac{gv_0}{\sqrt{v_0^2 + g^2t^2}}$$

$$\rho = \frac{v^2}{a_\mathrm{n}} = \frac{v_x^2 + v_y^2}{a_\mathrm{n}} = \frac{(v_0^2 + g^2t^2)^{3/2}}{gv_0}$$

**2. 圆周运动**

质点作圆周运动时，由于其轨道的曲率半径处处相等，而速度方向始终在圆周的切线上，因此对圆周运动的描述，常常采用以平面自然坐标系为基础的线量描述和以平面极坐标系为基础的角量描述，现分别简单介绍如下：

在自然坐标系中，位矢 $\boldsymbol{r}$ 是轨道 $s$ 的函数，即

$$\boldsymbol{r} = \boldsymbol{r}(s)$$

如图 1.10 所示. $O'$ 为自然坐标系原点，$\boldsymbol{\tau}_0$ 和 $\boldsymbol{n}_0$ 分别为切向单位矢量和法向单位矢量. 由 $|\mathrm{d}\boldsymbol{r}| = \mathrm{d}s$，在自然坐标系中位移、速度可分别表示为

$$\mathrm{d}\boldsymbol{r} = \mathrm{d}s\,\boldsymbol{\tau}_0$$

$$v = \frac{\mathrm{d}\boldsymbol{r}}{\mathrm{d}t} = \frac{\mathrm{d}s}{\mathrm{d}t}\boldsymbol{\tau}_0 = v\,\boldsymbol{\tau}_0 \tag{1.22}$$

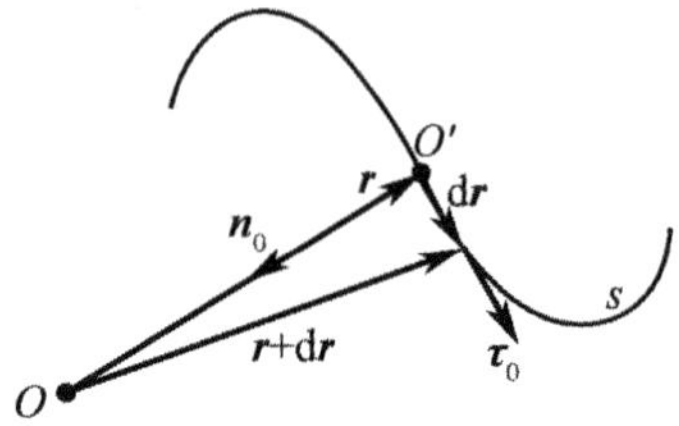

图 1.10 用自然坐标表示质点的位置

根据式(1.20)，圆周运动中的切向加速度和法向加速度为

$$\begin{cases} \boldsymbol{a}_\tau = \frac{\mathrm{d}v}{\mathrm{d}t}\boldsymbol{\tau}_0 = \frac{\mathrm{d}^2 s}{\mathrm{d}t^2}\boldsymbol{\tau}_0 \\ \boldsymbol{a}_\mathrm{n} = \frac{v^2}{\rho}\boldsymbol{n}_0 = \frac{v^2}{R}\boldsymbol{n}_0 \end{cases} \tag{1.23}$$

式中 $R$ 是圆半径. 于是，所谓匀速圆周运动，就是指切向加速度为零的圆周运动，即匀速率圆周运动.

如果以圆心为**极点**，并任引一条射线为**极轴**，那么质点位置对极点的矢径 $\boldsymbol{r}$ 与极轴的夹角 $\theta$ 就叫作质点的**角位置**，用 $\mathrm{d}\theta$ 表示位矢在 $\mathrm{d}t$ 时间内转过的**角位移**. 角位移既有大小又有方向，其方向的规定为：用右手四指表示质点的旋转方向，与四指垂直的大拇指则表示角位移的方向，即角位移的方向是按右手螺旋法则规定的. 在图 1.11 中，质点逆时针转动，这时角位移的方向垂直于纸面向外. 但有限大小的角位移不是矢量(因为其合成不服从交换律). 可

以证明,只有在 $\Delta t\to 0$ 时的角位移才是矢量.质点作圆周运动时,其角位移只有两种可能的方向,因此,也可以在标量前冠以正、负号来表示角位移的方向.如果过圆心作一垂直于圆面的直线,任选一个方向规定为坐标轴的正方向,则由上述规定的角位移,其方向与坐标轴正向相同则为正号,反之则为负号.

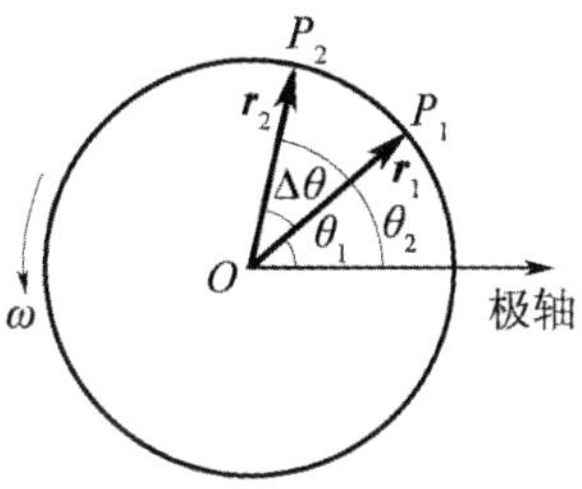


图1.11　角位移

如同前面引进速度、加速度的方法一样,也可以引进**角速度**和**角加速度**,即

$$\omega=\lim_{\Delta t\to 0}\frac{\Delta\theta}{\Delta t}=\frac{d\theta}{dt}\tag{1.24}$$

$$\alpha=\lim_{\Delta t\to 0}\frac{\Delta\omega}{\Delta t}=\frac{d\omega}{dt}=\frac{d^2\theta}{dt^2}\tag{1.25}$$

当质点作圆周运动时,$R=$ 常数,只有角位置是 $t$ 的函数,这样只需一个坐标(即角位置 $\theta$)就可描述质点的位置.这和质点的直线运动颇有些类似.因此,也可比照匀变速直线运动的方法建立起描述匀角加速圆周运动的公式.即在匀角加速圆周运动中有

$$\begin{cases}\omega=\omega_0+\alpha t\\ \theta=\theta_0+\omega_0 t+\dfrac{1}{2}\alpha t^2\\ \omega^2-\omega_0^2=2\alpha(\theta-\theta_0)\end{cases}\tag{1.26}$$

不难证明,在圆周运动中,线量和角量之间存在如下关系,即

$$\begin{cases}ds=Rd\theta\\ v=\dfrac{ds}{dt}=R\dfrac{d\theta}{dt}=R\omega\\ a_\tau=\dfrac{dv}{dt}=R\dfrac{d\omega}{dt}=R\alpha\\ a_n=\dfrac{v^2}{R}=R\omega^2\end{cases}\tag{1.27}$$

角速度的方向就是角位移的方向,如图1.12所示.按照矢量的矢积法则,角速度矢量与线速度矢量之间的关系为

$$v=\boldsymbol{\omega}\times\boldsymbol{r}$$

如图1.13所示.

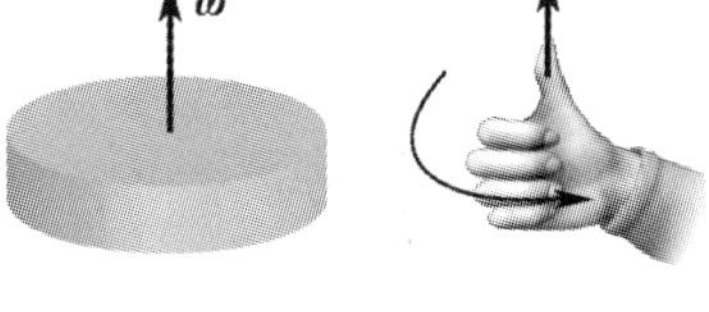


图1.12　角速度方向

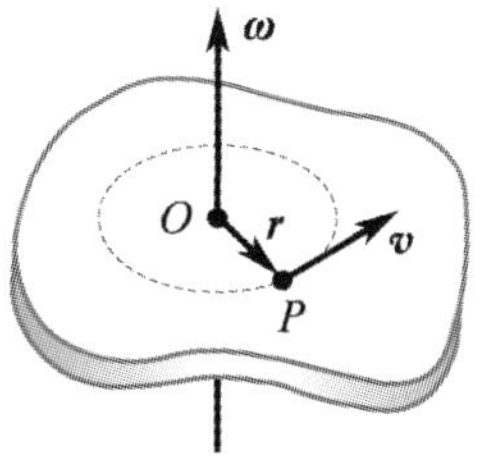


图1.13　角速度矢量与线速度矢量的关系

**例1.3**　一质点作匀减速圆周运动,初始转速 $n=1\ 500$ 转每分(r/min),经 $t=50$ s后静止.(1)求角加速度 $\alpha$ 和从开始到静止质点的转数 $N$;(2)求 $t=25$ s时质点的角速

度 $\omega$;(3) 设圆的半径 $R = 1$ m,求 $t = 25$ s时质点的速度和加速度.

**解** (1) 由题知 $\omega_0 = 2\pi n = 2\pi \times \frac{1\,500}{60} = 50\pi$ rad/s,当 $t = 50$ s时 $\omega = 0$,故由式(1.26)可得

$$\alpha = \frac{\omega - \omega_0}{t} = \frac{-50\pi}{50} = -\pi = -3.14 \text{ rad/s}^2$$

从开始到静止,质点的角位移及转数分别为

$$\theta - \theta_0 = \omega_0 t + \frac{1}{2}\alpha t^2 = 50\pi \times 50 - \frac{\pi}{2} \times (50)^2 = 1\,250\pi \text{ rad}$$

$$N = \frac{1\,250\pi}{2\pi} = 625 \text{ r}$$

(2)$t = 25$ s时质点的角速度为

$$\omega = \omega_0 + \alpha t = 50\pi - 25\pi = 25\pi \text{ rad/s}$$

(3)$t = 25$ s时质点的速度为

$$v = R\omega = 1 \times 25\pi = 78.5 \text{ m/s}$$

相应的切向加速度和向心加速度为

$$a_\tau = R\alpha = -\pi = -3.14 \text{ m/s}^2$$

$$a_n = R\omega^2 = 1 \times (25\pi)^2 = 6.16 \times 10^3 \text{ m/s}^2$$

---

* 有限角位移不是矢量的说明:

矢量的严格定义为:矢量是在空间中有一定方向和数值,并遵从平行四边形加法法则的量.

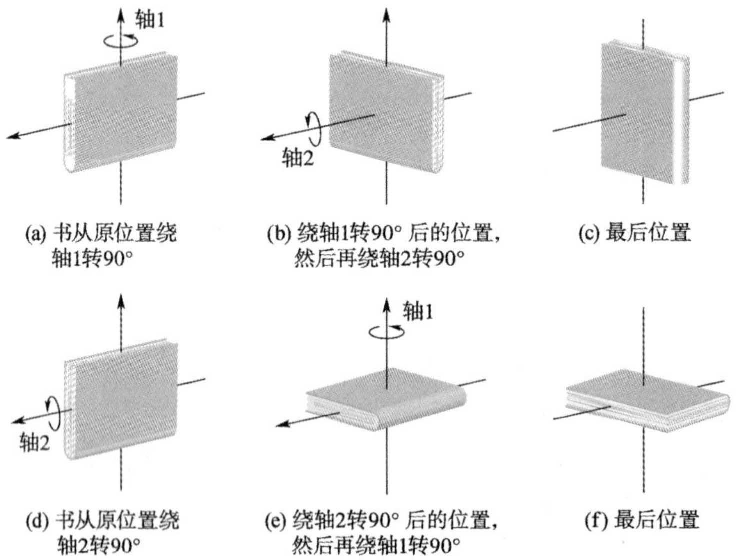


图 1.14 有限角位移不是矢量

物体绕某一固定轴的有限转动可以用具有大小和方向的线段表示,线段长度表示物体所转过的角度,其方向沿着转动轴的方向(右手螺旋法则).但两个相继的有限转动不能应用平行四边形法则相加,因为它不符合对易律.例如一本书先绕轴 1 转一有限角度 $\theta_1$(如 90°),再绕轴 2 转一有限角度 $\theta_2$(90°),合成后的结

果和使刚体先绕轴 2 转一有限角度 $\theta_2$，再绕轴 1 转一角度 $\theta_1$ 的合成结果不同(见图 1.14). 就是说，这种合成结果和相加的次序有关，不符合矢量加法的平行四边形法则，所以有限的"角位移"不是矢量.

### 1.3.2　运动学中的两类问题

(1) 由已知的运动方程求速度、加速度，求解这类问题主要是运用求导的方法.

**例 1.4**　已知一质点的运动方程为 $\boldsymbol{r} = 3t\boldsymbol{i} - 4t^2\boldsymbol{j}$，式中 $\boldsymbol{r}$ 以 m 计，$t$ 以 s 计，求质点运动的轨道、速度、加速度.

**解**　将运动方程写成分量式

$$x = 3t,\quad y = -4t^2$$

消去参变量 $t$，得轨道方程：$4x^2 + 9y = 0$，这是顶点在原点的抛物线. 见图 1.15.

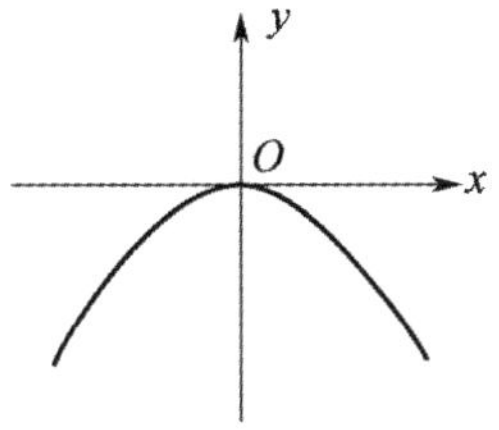

图 1.15

由速度定义得

$$v = \frac{\mathrm{d}\boldsymbol{r}}{\mathrm{d}t} = 3\boldsymbol{i} - 8t\boldsymbol{j}$$

其模为 $v = \sqrt{3^2 + (8t)^2}$，与 $x$ 轴的夹角 $\theta = \arctan\dfrac{-8t}{3}$.

由加速度的定义得

$$\boldsymbol{a} = \frac{\mathrm{d}\,v}{\mathrm{d}t} = -8\boldsymbol{j}$$

即加速度的方向沿 $y$ 轴负方向，大小为 8 m/s$^2$.

**例 1.5**　一质点沿半径为 1 m 的圆周运动，它通过的弧长 $s$ 按 $s = t + 2t^2$ 的规律变化. 问它在 2 s 末的速率、切向加速度、法向加速度各是多少?

**解**　由速率定义，有

$$v = \frac{\mathrm{d}s}{\mathrm{d}t} = 1 + 4t$$

将 $t = 2$ 代入，得 2 s 末的速率为

$$v = 1 + 4 \times 2 = 9 \text{ m/s}$$

其法向加速度为

$$a_{\mathrm{n}} = \frac{v^2}{R} = 81 \text{ m/s}^2$$

由切向加速度的定义，得 $a_\tau = \dfrac{\mathrm{d}^2 s}{\mathrm{d}t^2} = 4$ m/s$^2$.

**例 1.6**　一质点沿半径为 1 m 的圆周转动，其角量运动方程为 $\theta = 2 + 3t - 4t^3$(SI)，求质点在 2 s 末的速率和切向加速度.

**解**　因为

$$\omega = \frac{\mathrm{d}\theta}{\mathrm{d}t} = 3 - 12t^2$$

$$\alpha = \frac{\mathrm{d}\omega}{\mathrm{d}t} = -24t$$

将 $t=2$ 代入,得 2 s 末的角速度为

$$\omega = 3 - 12 \times (2)^2 = -45\ \text{rad/s}$$

2 s 末的角加速度为

$$\alpha = -24 \times 2 = -48\ \text{rad/s}^2$$

质点的速率为

$$v = R\omega = -45\ \text{m/s}$$

切向加速度为

$$a_\tau = R\alpha = -48\ \text{m/s}^2$$

(2) 已知加速度和初始条件,求速度和运动方程,求解这类问题要用积分的方法.

**例 1.7** 一质点沿 $x$ 轴运动,其加速度 $a=-kv^2$,式中 $k$ 为正常数,设 $t=0$ 时,$x=0$,$v=v_0$,(1) 求 $v$ 和 $x$ 作为 $t$ 函数的表示式;(2) 求 $v$ 作为 $x$ 函数的表示式.

**解** (1) 因为 $$\mathrm{d}v = a\mathrm{d}t = -kv^2\mathrm{d}t$$

分离变量得

$$\frac{\mathrm{d}v}{v^2} = -k\mathrm{d}t$$

积分得

$$kt = \frac{1}{v} + c_1$$

因为 $t=0$ 时,$v=v_0$, 所以 $c_1 = -\frac{1}{v_0}$. 代入上式,并整理得

$$v = \frac{v_0}{1+v_0kt}$$

再由 $\mathrm{d}x = v\mathrm{d}t$,将 $v$ 的表示式代入,并取积分

$$x = \int \frac{v_0\mathrm{d}t}{1+v_0kt} + c_2 = \frac{1}{k}\ln(1+kv_0t) + c_2$$

因为 $t=0$ 时,$x=0$,所以 $c_2=0$. 于是

$$x = \frac{1}{k}\ln(1+kv_0t)$$

(2) 因为 $$a = \frac{\mathrm{d}v}{\mathrm{d}t} = \frac{\mathrm{d}v}{\mathrm{d}x}\frac{\mathrm{d}x}{\mathrm{d}t} = v\frac{\mathrm{d}v}{\mathrm{d}x}$$

所以有 $$\frac{v\mathrm{d}v}{\mathrm{d}x} = -kv^2$$

分离变量,并取积分

$$-\int k\mathrm{d}x = \int \frac{\mathrm{d}v}{v} + c_3$$

$$-kx = \ln v + c_3$$

因为 $x=0$ 时,$v=v_0$,所以 $c_3 = -\ln v_0$. 代入上式,并整理得

$$v = v_0\,\mathrm{e}^{-kx}$$

**例 1.8** 一质点受阻力作用沿圆周作减速转动过程中,其角加速度与角位置 $\theta$ 成正比,

比例系数为 $k(k>0)$，且 $t=0$ 时，$\theta_0=0$，$\omega=\omega_0$.（1）求角速度作为 $\theta$ 函数的表达式；（2）求最大角位移.

**解**　（1）依题意 $\alpha=-k\theta$. 即

$$\alpha=\frac{d\omega}{dt}=\frac{d\omega}{d\theta}\frac{d\theta}{dt}=\frac{d\omega}{d\theta}\omega$$

所以有

$$-k\theta=\frac{d\omega}{d\theta}\omega$$

分离变量并积分，且考虑到 $t=0$ 时，$\theta_0=0$，$\omega=\omega_0$，有

$$-\int_0^\theta k\theta d\theta=\int_{\omega_0}^{\omega}\omega d\omega$$

得

$$\frac{\omega^2}{2}-\frac{\omega_0^2}{2}=-k\frac{\theta^2}{2}$$

所以

$$\omega=\sqrt{\omega_0^2-k\theta^2}\quad（取正值）$$

（2）最大角位移发生在 $\omega=0$ 时，所以

$$\theta=\frac{1}{\sqrt{k}}\omega_0\quad（只能取正值）$$

## *1.4　相 对 运 动

在 1.1 节中曾指出，由于选取不同的参考系，对同一物体运动的描述就会不同，这反映了运动描述的相对性. 下面研究同一质点在有相对运动的两个参考系中的位移、速度和加速度之间的关系.

当研究大轮船上物体的运动时，一方面既要知道该物体对于河岸的运动，另一方面又要知道该物体相对于轮船的运动. 设观察者在河岸，为此把河岸（地球）定义为静止参考系，而把轮船定义为运动参考系. 但是，当研究宇宙飞船的发射时，则只能把太阳作为静止参考系，而把地球作为运动参考系. 这就是说，**“静止参考系”、“运动参考系”的称谓都是相对的**. 在一般情况下，研究地面上物体的运动，把地球作为静止参考系比较方便.

当定义了静止参考系后，对于一个处于运动参考系中的物体，就把它相对于静止参考系的运动称为**绝对运动**，把运动参考系相对于静止参考系的运动称为**牵连运动**，把物体相对于运动参考系的运动称为**相对运动**. 显然，这些称谓也是相对的.

如图 1.16 所示，设 $S$ 为静止参考系，$S'$ 为运动参考系. 为简单计，假定相应坐标轴保持相互平行，$S'$ 相对于 $S$ 沿 $x$ 轴作直线运动. 这时两参考系间的相对运动情况，可用 $S'$ 系的坐标原点 $O'$ 相对于 $S$ 系的坐标原点 $O$ 的运动来代表. 设有一质点位于 $S'$ 中的 $P$ 点，它对 $S$ 的位矢为 $\boldsymbol{r}$（为绝对位矢），对 $S'$ 的位矢为 $\boldsymbol{r}'$（为相对位矢），而 $O'$ 点对 $O$ 点的位矢为 $\boldsymbol{r}_0$（为牵连位矢）. 由矢量加法的三角形法则可知，$\boldsymbol{r}$、$\boldsymbol{r}'$、$\boldsymbol{r}_0$ 之间有如下关系

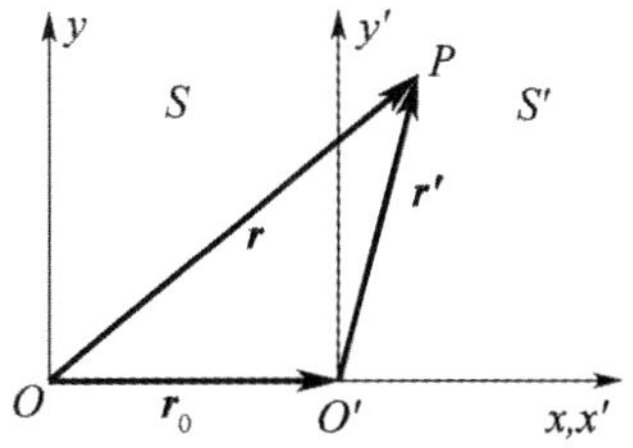

图 1.16　运动描述的相对性

$$\boldsymbol{r}=\boldsymbol{r}_0+\boldsymbol{r}' \tag{1.28}$$

即绝对位矢等于牵连位矢与相对位矢的矢量和.

将式(1.28) 两边对时间求导，即可得

$$\boldsymbol{v}=\boldsymbol{v}_0+\boldsymbol{v}' \tag{1.29}$$

式中 $v$ 为**绝对速度**，$v_0$ 为**牵连速度**，$v'$ 为**相对速度**.

将式(1.29) 两边对时间再次求导，可得

$$\boldsymbol{a} = \boldsymbol{a}_0 + \boldsymbol{a}' \tag{1.30}$$

式中 $\boldsymbol{a}$ 为**绝对加速度**，$\boldsymbol{a}_0$ 为**牵连加速度**，$\boldsymbol{a}'$ 为**相对加速度**.

需要说明的是，式(1.28)、式(1.29)、式(1.30) 所表示的位矢、速度、加速度的合成法则，只有物体的运动速度远小于光速时才成立. 当物体的运动速度可与光速相比时，上述三式不再成立，此时遵循的是相对论时空坐标、速度、加速度的变换法则. 另外，当两个参考系之间还有相对转动时，它们的速度、加速度之间的关系要复杂得多，此处就不作讨论了.

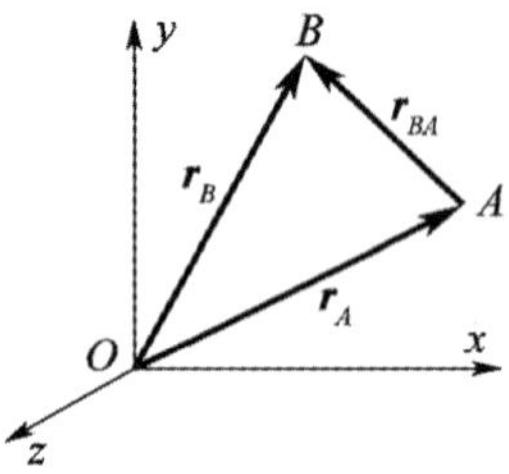

图 1.17　相对位矢

当讨论处于同一参考系内质点系各质点间的相对运动时，可以利用以上结论表示质点间的相对位矢和相对速度.

设某质点系由 $A$、$B$ 两质点组成. 它们对某一参考系的位矢分别为 $\boldsymbol{r}_A$ 和 $\boldsymbol{r}_B$，如图 1.17 所示. 质点系内 $B$ 质点对 $A$ 质点的位矢显然是由 $A$ 引向 $B$ 的矢量 $\boldsymbol{r}_{BA}$. 由图可知，用矢量减法的三角形法则，则有

$$\boldsymbol{r}_{BA} = \boldsymbol{r}_B - \boldsymbol{r}_A \tag{1.31}$$

$\boldsymbol{r}_{BA}$ 称为 $B$ 对 $A$ 的相对位矢.

将式(1.31) 对时间求一阶导数，可得 $B$ 对 $A$ 的相对速度为

$$v_{BA} = v_B - v_A \tag{1.32}$$

---

**例 1.9**　如图 1.18(a) 所示，河宽为 $L$，河水以恒定速度 $\boldsymbol{u}$ 流动，岸边有 $A$、$B$ 码头，$A$、$B$ 连线与岸边垂直，码头 $A$ 处有船相对于水以恒定速率 $v_0$ 开动，证明：船在 $A$、$B$ 两码头间往返一次所需时间为

$$t = \frac{\frac{2L}{v_0}}{\sqrt{1 - \left(\frac{u}{v_0}\right)^2}}$$

(船换向时间忽略不计).

**证**　设船相对于岸边的速度(绝对速度) 为 $v$，由题知，$v$ 的方向必须指向 $A$、$B$ 连线，此时河水流速 $\boldsymbol{u}$ 为牵连速度，船对水的速度 $v_0$ 为相对速度，于是有

$$v = \boldsymbol{u} + v_0$$

据此作出矢量图，如图 1.18(b) 所示，由图知

$$v = \sqrt{v_0^2 - u^2}$$

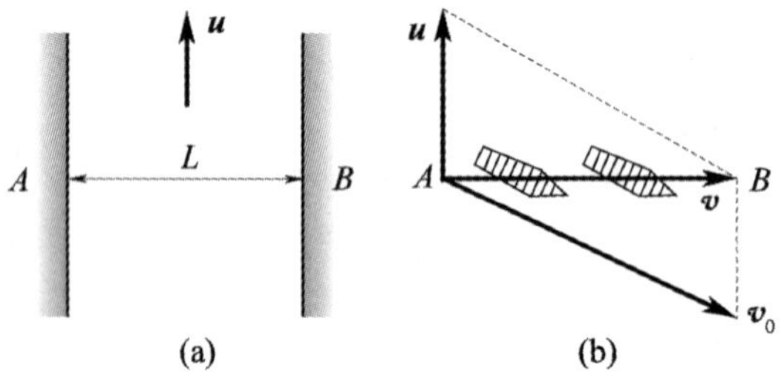

图 1.18

读者自己可证当船由 $B$ 返回 $A$ 时，船对岸的速度的模亦由上式给出. 因为在 $A$、$B$ 两码头往返一次的路程为 $2L$，故所需时间为

$$t=\frac{2L}{v}=\frac{2L}{\sqrt{v_0^2-u^2}}=\frac{\frac{2L}{v_0}}{\sqrt{1-\left(\frac{u}{v_0}\right)^2}}$$

讨论：

(1) 若 $u=0$，即河水静止，则 $t=\frac{2L}{v_0}$，这是显然的.

(2) 若 $u=v_0$，即河水流速 $u$ 等于船对水的速率 $v_0$，则 $t\to\infty$，即船由码头 $A$(或 $B$) 出发后就永远不能再回到原出发点了.

(3) 若 $u>v_0$，则 $t$ 为一虚数，这是没有物理意义的，即船不能在 $A$、$B$ 间往返.

综合上述讨论可知，船在 $A$、$B$ 间往返的必要条件是

$$v_0>u$$

---

**例 1.10**　如图 1.19(a) 所示，一汽车在雨中沿直线行驶，其速率为 $v_1$，下落雨滴的速度方向与铅直方向成 $\theta$ 角，偏向于汽车前进方向，速率为 $v_2$，车后有一长方形物体 $A$(尺寸如图所示)，问车速 $v_1$ 多大时，此物体刚好不会被雨水淋湿.

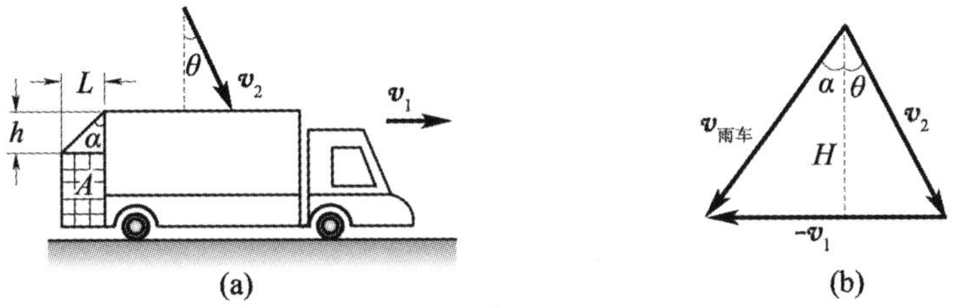


图 1.19

**解**　因为

$$v_{BA}=v_B-v_A$$

所以

$$v_{雨车}=v_{雨}-v_{车}=v_2-v_1=v_2+(-v_1)$$

据此可作出矢量图，如图 1.19(b) 所示. 即此时 $v_{雨车}$ 与铅直方向的夹角为 $\alpha$，而由图 1.19(a) 有

$$\tan\alpha=\frac{L}{h}$$

而由图 1.19(b) 可算得

$$H=v_2\cos\theta$$

$$v_1=v_2\sin\theta+H\tan\alpha=v_2\sin\theta+v_2\cos\theta\,\frac{L}{h}$$

---

# 第 2 章
# 质点动力学

运动是物质的固有属性，但物质如何运动，则既与自身的内在因素有关，又与物质间的相互作用有关. 在力学中将**物体间的相互作用称为力**. 研究物体在力的作用下运动的规律称为**动力学**.

动力学问题中既有以牛顿定律为代表所描述的力的瞬时效应，又有通过动量守恒、机械能守恒、角动量守恒等所描述的力在时、空过程中的积累效应. 而反映力在时、空过程中积累效应的这些守恒定律又是与时、空的某种对称性紧密相连的.

以牛顿定律为基础的经典力学历经了三个多世纪的检验，人们发现它只能在低速、宏观领域中成立. 经典力学是机械制造、土木建筑、交通运输乃至航天技术等领域中不可或缺的理论基础.

# 2.1 牛顿运动定律

## 2.1.1 惯性定律　惯性参考系

设想有一宇宙飞船远离所有星体，它的运动便不会受到其他物体的影响. 这种不受其他物体作用或离其他物体都足够远的质点，称之为“孤立质点”.

**牛顿第一定律指出：一孤立质点将永远保持其原来静止或匀速直线运动状态.** 物体的这种运动状态通常称为惯性运动，而物体保持原有运动状态的特性称之为**惯性**. 任何物体在任何状态下都具有惯性，**惯性是物体的固有属性**. 牛顿第一定律又称为**惯性定律**.

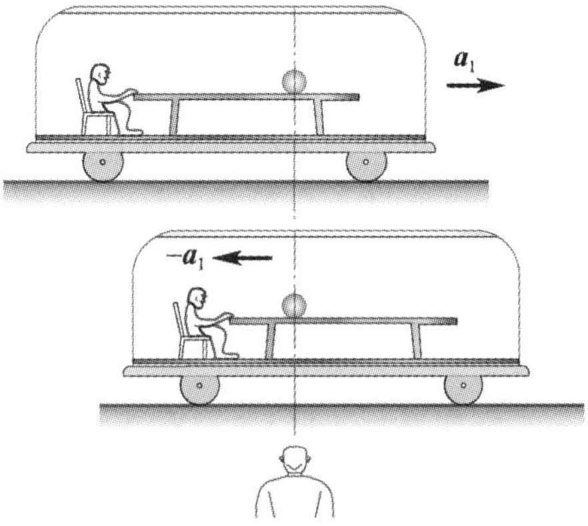

图 2.1　在加速运动的车厢内惯性定律不成立

实验表明，一孤立质点并不是在任何参考系中都能保持加速度为零的静止或匀速直线运动状态. 例如，在一个作加速运动的车厢内去观察水平方向可视为孤立质点的小球运动，则小球相对于车厢参考系就有加速度，而相对于地面参考系，其加速度为零，如图 2.1 所示.

上述现象表明惯性定律只能在某些特殊参考系中成立. 通常把孤立质点相对于它静止或作匀速直线运动的参考系称为**惯性参考系**，简称惯性系. 上例中的地面就是惯性系，而加速运动的车厢不是惯性系.

那么，哪些参考系是惯性系呢？严格地讲，要根据大量的观察和实验结果来判断.

例如，在研究天体的运动时，常把某些不受其他星体作用的孤立星体(或星体群)作为惯性系. 但完全不受其他星体作用的孤立星体(群)是不存在的. 所以，以孤立星体(群)作为惯性系也只能是近似的.

地球是最常用的惯性系. 但精确观察表明，地球不是严格的惯性系. 离地球最近的恒星是太阳，两者相距 $1.5\times10^{11}$ m. 由于太阳的存在，使地球具有 $5.9\times10^{-3}$ m/s$^2$ 的公转加速度，地球的自转加速度更大，为 $3.4\times10^{-2}$ m/s$^2$. 但对大多数精度要求不很高的实验，上述效应可以忽略，地球可以作为近似程度很好的惯性系.

太阳参考系：通常是指以太阳为原点，以太阳与其他恒星的连线为坐标轴的参考系. 这是一个精确度很好的惯性系. 但进一步的研究表明，由于太阳受整个银河系分布质量的作用，它与整个银河系的其他星体一起绕其中心旋转，加速度为 $10^{-10}$ m/s$^2$.

凡相对于某惯性系静止或作匀速直线运动的其他参考系都是惯性系.

## 2.1.2 牛顿第二定律　惯性质量　引力质量

**牛顿第二定律指出：物体受到外力作用时，它所获得的加速度 $\boldsymbol{a}$ 的大小与合外力的大小**

**成正比，与物体的质量成反比；加速度 $\boldsymbol{a}$ 的方向与合外力 $\boldsymbol{F}$ 的方向相同.**

**牛顿第二定律**的数学形式为

$$\boldsymbol{F} = km\boldsymbol{a} \tag{2.1}$$

比例系数 $k$ 与单位制有关. 在国际单位制(SI) 中 $k = 1$.

第一定律只是说明任何物体都具有惯性，但没有给予惯性的度量. 第二定律指出，同一个外力作用在不同的物体上，质量大的物体获得的加速度小，质量小的物体获得的加速度大. 这意味着质量大的物体要改变其运动状态比较困难，质量小的物体要改变其运动状态比较容易. 因此，**质量就是物体惯性大小的量度**. 牛顿第二定律中的质量也常被称为**惯性质量**.

任何两个物体之间都存在着引力作用，万有引力定律的数学形式为

$$\boldsymbol{F} = -G\frac{m_1 m_2}{r^2}\boldsymbol{r}_0 \tag{2.2}$$

式中 $G = (6.51 \pm 0.12) \times 10^{-11}\ \mathrm{N \cdot m^2/kg^2}$，称为引力常量，$r$ 为两质点间的距离，负号表示 $m_1$ 对 $m_2$ 的引力方向总是与 $m_2$ 对 $m_1$ 的矢径方向相反；而 $m_1$、$m_2$ 则称为**引力质量**.

牛顿等许多人做过实验，都证明引力质量等于惯性质量. 所以今后在经典力学的讨论中不再区分引力质量和惯性质量. 惯性质量与引力质量等价是广义相对论的基本出发点之一.

### 2.1.3 牛顿第三定律

**牛顿第三定律：当物体 $A$ 以力 $\boldsymbol{F}_1$ 作用在物体 $B$ 上时，物体 $B$ 也必定同时以力 $\boldsymbol{F}_2$ 作用在物体 $A$ 上，$\boldsymbol{F}_1$ 和 $\boldsymbol{F}_2$ 大小相等，方向相反，且力的作用线在同一直线上. 即**

$$\boldsymbol{F}_1 = -\boldsymbol{F}_2 \tag{2.3}$$

对于牛顿第三定律，必须注意如下几点：

(1) 作用力与反作用力总是成对出现，且作用力与反作用力之间的关系是一一对应的.

(2) 作用力与反作用力是分别作用在两个物体上，因此绝对不是一对平衡力.

(3) 作用力与反作用力一定是属于同一性质的力. 如果作用力是万有引力，那么反作用力也一定是万有引力；作用力是摩擦力，反作用力也一定是摩擦力；作用力是弹力，反作用力也一定是弹力.

需要说明的是，在牛顿力学中强调作用力与反作用力大小相等、方向相反，且力的作用线在同一直线上. 这种情况只在物体的运动速度远小于光速时成立. 若相对论效应不能忽略时，牛顿第三定律的这种表达就失效了，这时取而代之的是动量守恒定律. 因此，有人说，牛顿第三定律只是动量守恒定律在经典力学中的一种推论.

### 2.1.4 牛顿定律的应用

第二定律描述的是力和加速度间的瞬时关系. 它指出只要物体所受合外力不为零，物体就有相应的加速度，力改变时相应的加速度也随之改变，当物体所受合外力为恒量时，物体的加速度是常数.

牛顿第二定律 $\boldsymbol{F} = m\boldsymbol{a} = m\dfrac{\mathrm{d}^2\boldsymbol{r}}{\mathrm{d}t^2}$ 是矢量式. 在具体运算时，一般先要选定合适的坐标系，然后将牛顿第二定律写成该坐标系的分量式. 例如在直角坐标系中它的分量式为

$$\begin{cases} F_x = ma_x = m\dfrac{\mathrm{d}v_x}{\mathrm{d}t} = m\dfrac{\mathrm{d}^2 x}{\mathrm{d}t^2} \\ F_y = ma_y = m\dfrac{\mathrm{d}v_y}{\mathrm{d}t} = m\dfrac{\mathrm{d}^2 y}{\mathrm{d}t^2} \\ F_z = ma_z = m\dfrac{\mathrm{d}v_z}{\mathrm{d}t} = m\dfrac{\mathrm{d}^2 z}{\mathrm{d}t^2} \end{cases} \tag{2.4}$$

在研究曲线运动时,也可用自然坐标系中的法向分量和切向分量式

$$\begin{cases} F_\tau = ma_\tau = m\dfrac{\mathrm{d}v}{\mathrm{d}t} \\ F_\mathrm{n} = ma_\mathrm{n} = m\dfrac{v^2}{\rho} \end{cases} \tag{2.5}$$

式中 $F_\tau$、$F_\mathrm{n}$ 分别代表切向分力和法向分力大小.

牛顿第二定律概括了力的叠加原理.如果有几个力同时作用在一个物体上,则这些力的合力所产生的加速度等于这些分力单独作用在该物体上所产生的加速度之矢量和.

但力遵从叠加原理,并不能自动地导致运动的叠加.

注意:牛顿定律只适用于质点模型,只在惯性系中成立.可以证明,牛顿定律、动量定理和动量守恒定律、动能定理、功能原理和机械能守恒定律、角动量定理和角动量守恒定律等都只在惯性系中成立,并且牛顿定律只能在低速(不考虑相对论效应时)、宏观(不考虑量子效应时)的情况下适用.

**例 2.1**　跳伞运动员在张伞前的俯冲阶段,由于受到随速度增加而增大的空气阻力,其速度不会像自由落体那样增大.当空气阻力增大到与重力相等时,跳伞员就达到其下落的最大速度,称为终极速度.一般在跳离飞机大约 10 s,下落 300 ~ 400 m 左右时,就会达到此速度(约 50 m/s).设跳伞员以鹰展姿态下落,受到的空气阻力为 $F = kv^2$($k$ 为常量),如图 2.2(a) 所示.试求跳伞员在任一时刻的下落速度.

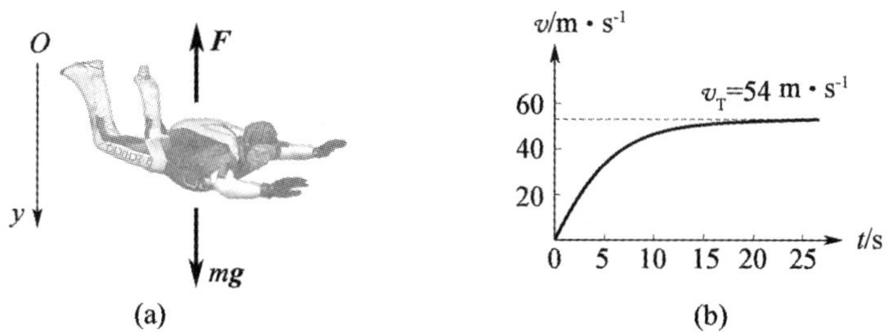


图 2.2

**解**　跳伞员的运动方程为

$$mg - kv^2 = m\frac{\mathrm{d}v}{\mathrm{d}t}$$

显然,在 $kv^2 = mg$ 的条件下对应的速度即为终极速度,并用 $v_\mathrm{T}$ 表示:

$$v_\mathrm{T} = \sqrt{\frac{mg}{k}}$$

改写运动方程为
$$v_T^2 - v^2 = \frac{m\mathrm{d}v}{k\mathrm{d}t}$$
$$\frac{\mathrm{d}v}{v_T^2 - v^2} = \frac{k}{m}\mathrm{d}t$$
因 $t = 0$ 时，$v = 0$；并设 $t$ 时，速度为 $v$，对上式两边取定积分：
$$\int_0^v \frac{\mathrm{d}v}{v_T^2 - v^2} = \frac{k}{m}\int_0^t \mathrm{d}t = \frac{g}{v_T^2}\int_0^t \mathrm{d}t$$
由基本积分公式得
$$\frac{1}{2v_T}\ln\left(\frac{v_T + v}{v_T - v}\right) = \frac{g}{v_T^2}t$$
最后解得
$$v = \frac{1 - \mathrm{e}^{\frac{-2gt}{v_T}}}{1 + \mathrm{e}^{\frac{-2gt}{v_T}}}v_T$$
当 $t \gg \frac{v_T}{2g}$ 时，$v \to v_T$.

设运动员质量 $m = 70$ kg，测得终极速度 $v_T = 54$ m/s，则可推算出
$$k = \frac{mg}{v_T^2} = 0.24\ \mathrm{N^2 \cdot m^2/s}$$
以此 $v_T$ 值代入 $v(t)$ 的公式，可得到如图 2.2(b) 所示的 $v$-$t$ 函数曲线.

### *2.1.5 国际单位制和量纲

各国使用的单位制种类繁多，就力学而言，常用的就有国际单位制，厘米、克、秒制和工程单位制等，这给国际科学技术交流带来很大不便. 为此在第十四届国际计量会议上选择了 7 个物理量为**基本量**，规定其相应单位为**基本单位**，在此基础上建立了**国际单位制**(SI)，我国国务院在 1984 年把国际单位制的单位定为法定计量单位.

**SI 的 7 个基本量为长度、质量、时间、电流、温度、物质的量和发光强度**，其相应的单位见书后附录 Ⅱ.

有了基本单位，通过物理量的定义或物理定律就可导出其他物理量的单位. 从基本量导出的量称为**导出量**，相应的单位称为**导出单位**. 例如速度的 SI 单位是 m/s，力的 SI 单位是 $\mathrm{kg \cdot m/s^2}$（简称为牛，符号是 N). 因为导出量是基本量导出的，所以导出量可用基本量的某种组合（乘、除、幂等）表示. 这种由基本量的组合来表示物理量的式子称为该物理量的量纲式，如果用 $L$、$M$ 和 $T$ 分别表示长度、质量和时间，则力学中其他物理量的量纲式可表示为
$$[Q] = L^p M^q T^r$$
例如，在 SI 中力的量纲式为
$$[F] = LMT^{-2}$$

量纲式和量纲在物理学中很有用处. 只有量纲式相同的量才能相加、相减或用等式相联，这一法则称为**量纲法则**. 所以可以用量纲法则进行单位换算；检验新建方程或检验公式的正确性和完整性；还可为探索复杂的物理规律提供线索. 量纲分析法在科学研究中具有重要作用.

在物理学中，除采用国际单位制以外，基于不同需要，还常用其他一些单位. 如长度在原子线度和光波中常用纳米(nm) 作单位
$$1\ \mathrm{nm} = 10^{-9}\ \mathrm{m}$$
对于原子核线度，常用“飞米”(fm) 作单位
$$1\ \mathrm{fm} = 10^{-15}\ \mathrm{m}$$
在天体物理中，常用“天文单位”和“光年”作长度单位. 一天文单位定义为地球和太阳的平均距离，光年是

光在一年时间内通过的距离，即

$$1 \text{天文单位} = 1.496 \times 10^{11}\ \text{m}$$

$$1 \text{光年} = 9.46 \times 10^{15}\ \text{m}$$

## *2.2　非惯性系　惯性力

凡相对于惯性系有加速度的参考系称之为**非惯性系**. 如前所述，牛顿定律在非惯性系中不成立. 可是，在实际问题中，人们常常需要在非惯性系中处理力学问题. 下面的讨论将表明，为了能在非惯性系中沿用牛顿定律的形式，需要引入惯性力的概念.

### 1. 在变速直线运动参考系中的惯性力

如图 2.3 所示，有一相对地面以加速度 $\boldsymbol{a}_s$ 作直线运动的车厢，车厢地板上有一质量为 $m$ 的物体，其所受合外力为 $\boldsymbol{F}$，相对于小车以加速度 $\boldsymbol{a}'$ 运动. 因车厢有加速度 $\boldsymbol{a}_s$ 是非惯性系，所以在车厢参考系中牛顿定律不成立，即

$$\boldsymbol{F} \neq m\boldsymbol{a}'$$

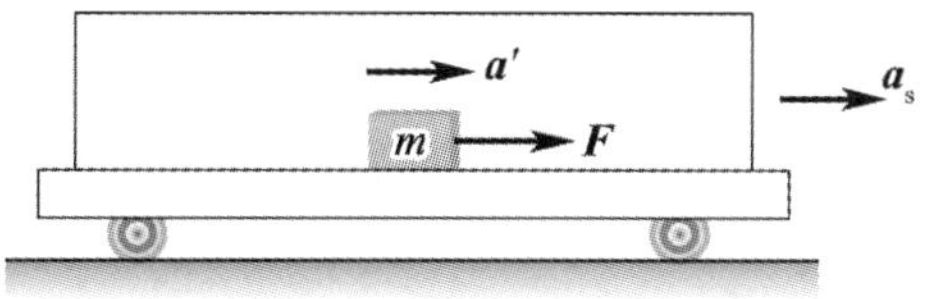


图 2.3　惯性力的引入

若以地面为参考系，则牛顿运动定律成立，应有

$$\boldsymbol{F} = m\boldsymbol{a}_{\text{地}} = m(\boldsymbol{a}_s + \boldsymbol{a}') = m\boldsymbol{a}_s + m\boldsymbol{a}'$$

如果将 $m\boldsymbol{a}_s$ 移至等式左边，令

$$\boldsymbol{F}_{\text{惯}} = -m\boldsymbol{a}_s \tag{2.6}$$

并称 $\boldsymbol{F}_{\text{惯}}$ 为**惯性力**，则上式可写为

$$\boldsymbol{F} + \boldsymbol{F}_{\text{惯}} = m\boldsymbol{a}' \tag{2.7}$$

式(2.7) 表明，若要在非惯性系中仍然沿用牛顿定律的形式，则在受力分析时，除了应考虑物体间的相互作用力外，还必须加上惯性力的作用.

而式(2.6) 说明，惯性力的方向与牵连运动参考系(这里即车厢) 相对于惯性系(地面) 的加速度 $\boldsymbol{a}_s$ 方向相反，其大小等于研究对象的质量 $m$ 与 $a_s$ 的乘积.

注意：惯性力不是物体间的相互作用，故惯性力无施力物体，无反作用力. 惯性力仅是参考系非惯性运动的表现，其具体形式与非惯性运动的形式有关.

### 2. 在匀角速转动的非惯性系中的惯性力 —— 惯性离心力 $\boldsymbol{f}_c^*$

如图 2.4 所示，在光滑水平圆盘上，用一轻弹簧拴一小球，圆盘以角速度 $\omega$ 匀速转动，弹簧被拉伸后相对圆盘静止.

地面上的观察者认为：小球受到指向轴心的弹簧拉力，所以随盘一起作圆周运动，符合牛顿定律.

圆盘上的观察者认为：小球受到一指向轴心的弹簧力而仍处于静止状态，不符合牛顿定律. 圆盘上的观察者若仍要用牛顿定律解释这一现象，就必须引入一个惯性力 —— **惯性离心力** $\boldsymbol{f}_c^*$，即

$$\boldsymbol{f}_c^* = -m\boldsymbol{a}_s = m\omega^2\boldsymbol{r} \tag{2.8}$$

值得注意的是，有些读者常把惯性离心力误认为是向心力的反作用力，这是完全错误的：其一，惯性离心力不是物体间的相互作用，故谈不上有反作用力；其二，惯性离心力是作用在小球上，作为向心力的弹簧力也是作用在小球上的，从圆盘观察者来看，这是一对“平衡” 力.

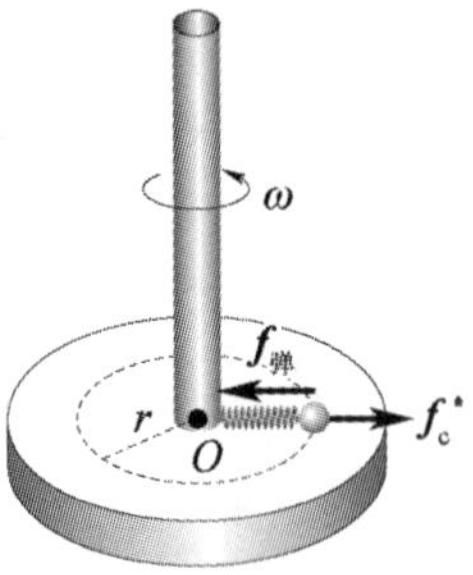


图 2.4　转动参考系中的惯性离心力

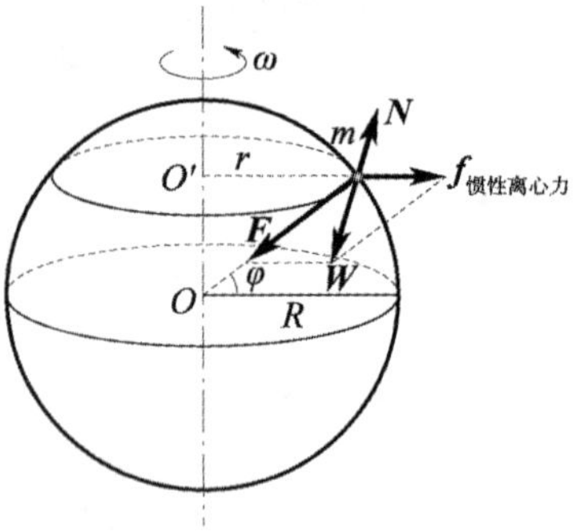


图 2.5　重力与纬度的关系

惯性离心力也是日常生活中经常遇到的.例如物体的重量随纬度而变化,就是由地球自转相关的惯性离心力所引起.如图 2.5 所示,一质量为 $m$ 的物体静止在纬度为 $\varphi$ 处,其重力 = 地球引力 + 自转效应的惯性离心力,即

$$\boldsymbol{W}=\boldsymbol{F}_{引}+\boldsymbol{f}_{惯}$$

可以证明

$$W\approx F_{引}-m\omega^2R\cos^2\varphi$$

但由于地球自转角速度很小($\omega=\dfrac{2\pi}{24\times 3\ 600}\approx 7.3\times 10^{-5}$ rad/s),故除精密计算外,通常把 $\boldsymbol{F}_{引}$ 视为物体的重力.

### 3. 科里奥利力 $f_k^*$

设想有一圆盘绕铅直轴以角速度 $\omega$ 转动.盘心有一光滑小孔,沿半径方向有一光滑小槽.槽中有一小球被穿过小孔的细线所控制,使其只能沿槽作匀速运动,假定小球沿槽以速度 $\boldsymbol{u}_{相}$ 向外运动,如图 2.6(a) 所示.

现以圆盘为参考系.圆盘上的观察者认为小球仅有径向匀速运动,即小球处于平衡态.因此,由图 2.6(b) 可以看出,小球在径向有细绳的张力 $\boldsymbol{T}$ 与惯性离心力 $\boldsymbol{f}_c^*$ 平衡,而在横向上必须有与槽的侧向推力 $\boldsymbol{N}$ 相平衡的力 $\boldsymbol{f}_k^*$ 存在,才能实现小球在圆盘参考系中的平衡状态.

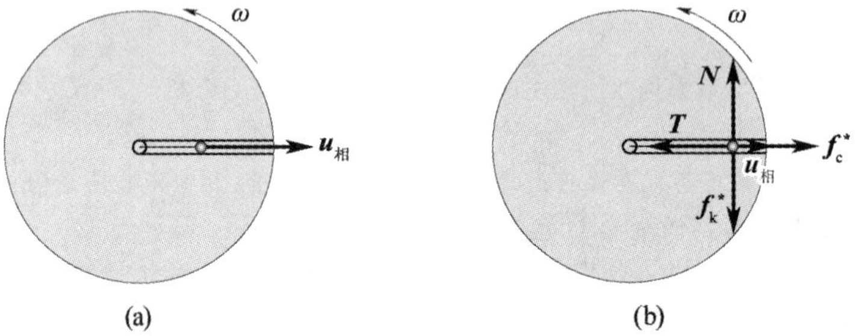


图 2.6　科里奥利力的引入

显然,与 $\boldsymbol{N}$ 相平衡的 $\boldsymbol{f}_k^*$ 不属于相互作用的范畴(无施力者),而应属于惯性力的范畴.通常将这种既与牵连运动($\omega$) 有关,又与物体对牵连参考系(圆盘) 的相对运动($\boldsymbol{u}_{相}$) 有关的惯性力称为**科里奥利力**,记作 $\boldsymbol{f}_k^*$.

可以证明,若质量为 $m$ 的物体相对于转动角速度为 $\omega$ 的参考系具有运动速度 $\boldsymbol{u}_{相}$,则科里奥利力为

$$\boldsymbol{f}_k^*=2m\boldsymbol{u}_{相}\times\boldsymbol{\omega}\tag{2.9}$$

严格讲,地球是个匀角速转动的参考系,因此凡在地球上运动的物体都会受到科里奥利力的影响,只是由于地球自转的角速度 $\omega$ 很小,所以往往不易被人们觉察,但在许多自然现象中仍留下了科里奥利力存在的痕迹.例如北京天文馆内的傅科摆(摆长为 10 m) 的摆平面每隔 37 小时 15 分转动一周;北半球南北向

的河流，人面对下游方向观察则右侧河岸被冲刷得厉害些；还有，南、北半球各自有着自己的“信风”…… 这些都可以用科里奥利力的影响来加以解释.

## 2.3 动量 动量守恒定律

从本节开始，将从力的时间和空间积累效应出发，根据牛顿运动定律，导出动量定理、动能定理这两个运动定理. 并且将进一步讨论动量守恒、能量转换与守恒. 对于求解质点力学问题，在一定条件下运用这两条运动定理和守恒定律，比直接运用牛顿运动定律往往更为方便.

### 2.3.1 质点的动量定理

牛顿在研究碰撞过程中所建立起来的牛顿第二定律并不是大家熟知的$\boldsymbol{F}=m\boldsymbol{a}$ 这种形式. 他所选择的是

$$\boldsymbol{F}=\frac{\mathrm{d}}{\mathrm{d}t}(m\boldsymbol{v}) \tag{2.10}$$

只是因为在牛顿力学中，质量 $m$ 是一个常数，$\boldsymbol{F}=m\boldsymbol{a}$ 在形式上与式(2.10)等价. 由近代物理知识可知，惯性质量与物体的运动状态有关，不能看成常数. 这就是说，从近代物理观点来看，式(2.10)具有更广泛的适应性.

但是，牛顿本人将他的第二定律写成式(2.10)时并没有意识到 $m$ 不是常数，他采取式(2.10)，是因为他认为“$m\boldsymbol{v}$”是一个独立的物理量，就是说，乘积 $m\boldsymbol{v}$ 是由质量和速度联合地确定的，而不能由 $m$ 和 $\boldsymbol{v}$ 之值分开地确定的物理量. 如果引进 $\boldsymbol{p}=m\boldsymbol{v}$，那么式(2.10)可写成

$$\boldsymbol{F}=\frac{\mathrm{d}\boldsymbol{p}}{\mathrm{d}t} \tag{2.11}$$

将式(2.11)分离变量得

$$\boldsymbol{F}\mathrm{d}t=\mathrm{d}\boldsymbol{p}=\mathrm{d}(m\boldsymbol{v})$$

两边积分得

$$\int_0^t \boldsymbol{F}\mathrm{d}t=\int_{\boldsymbol{p}_0}^{\boldsymbol{p}}\mathrm{d}\boldsymbol{p}=\boldsymbol{p}-\boldsymbol{p}_0=m\boldsymbol{v}-m\boldsymbol{v}_0 \tag{2.12}$$

可见物理量 $\boldsymbol{p}=m\boldsymbol{v}$ 是不能由 $m$ 和 $\boldsymbol{v}$ 的分离值所能取代的独立物理量. 式(2.12)表明力对时间的积累效应使物体的 $m\boldsymbol{v}$ 发生了变化. 牛顿称 $m\boldsymbol{v}$ 为“运动之量”，我们通常简称为**动量**.

动量是一个矢量，它的方向与物体的运动方向一致；动量也是个相对量，与参考系的选择有关. 在 SI 制中动量的单位为 kg·m/s.

若将式(2.12)中力对时间的积分$\int_{t_0}^t \boldsymbol{F}\mathrm{d}t$ 称为**力的冲量**，并且用 $\boldsymbol{I}$ 记之，即 $\boldsymbol{I}=\int_{t_0}^t \boldsymbol{F}\mathrm{d}t$，则式(2.12)又可写成

$$\boldsymbol{I}=\boldsymbol{p}-\boldsymbol{p}_0 \tag{2.13}$$

它表明**作用于物体上的合外力的冲量等于物体动量的增量**，这就是**质点的动量定理**. 式(2.11)就是动量定理的微分形式.

由式(2.12)知，要使物体动量发生变化，作用于物体的力和相互作用持续的时间是两

个同样重要的因素.因此人们在实践中,在物体动量的变化给定时,常常用延长作用时间(或缩短作用时间)来减小(或增大)冲力.

冲量是矢量.在恒力作用的情况下,冲量的方向与恒力方向相同.在变力情况下,$\Delta t$ 时间内的冲量是各个瞬时冲量 $\boldsymbol{F}\mathrm{d}t$ 的矢量和,即这时的冲量是由$\int_{t_0}^{t}\boldsymbol{F}\mathrm{d}t$ 所决定.但无论过程多么复杂,$\Delta t$ 时间内的冲量总是等于这段时间内质点动量的增量.

动量定理在冲击和碰撞等问题中特别有用.将两物体在碰撞的瞬时相互作用的力称为冲力.由于在冲击和碰撞一类问题中,作用时间极短,冲力的值变化迅速,所以较难准确测量冲力的瞬时值(图 2.7 所示的就是冲力瞬变的示意图).但是两物体在碰撞前后的动量和作用持续的时间都较容易测定.这样就可根据动量定理求出冲力的平均值,然后根据实际需要乘上一个保险系数就可以估算冲力.在实际问题中,如果作用时间极短,两物体内部间冲力远大于外部有限大小的主动冲力(如重力),则有限大小的主动冲力往往可以忽略而使问题得到简化.

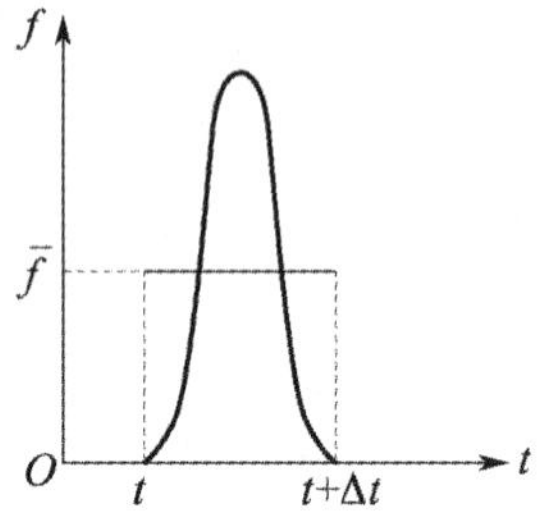


图 2.7　冲力示意图

动量定理在直角坐标系中的坐标分量式为

$$\begin{cases}\int_{t_1}^{t_2}F_x\mathrm{d}t = mv_{2x} - mv_{1x}\\ \int_{t_1}^{t_2}F_y\mathrm{d}t = mv_{2y} - mv_{1y}\\ \int_{t_1}^{t_2}F_z\mathrm{d}t = mv_{2z} - mv_{1z}\end{cases} \tag{2.14}$$

### 2.3.2　质点系的动量定理

如果研究的对象是多个质点,则称为**质点系**.一个不能抽象为质点的物体也可认为是由多个(直至无限个)质点所组成.从这种意义上讲,力学又可分为质点力学和质点系力学.从现在开始将多次涉及质点系力学的某些内容.

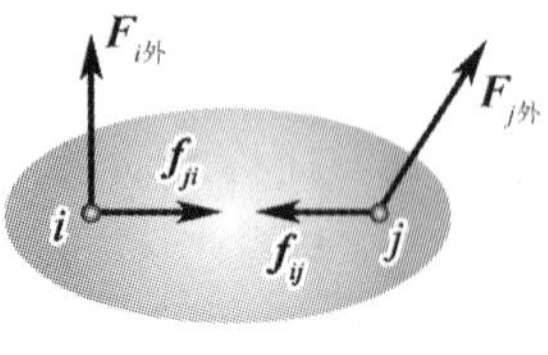


图 2.8　内力示意图

当研究对象是质点系时,其受力就可分为"内力"和"外力".凡质点系内各质点之间的作用力称为**内力**(见图 2.8),质点系以外物体对质点系内质点的作用力称为**外力**.由牛顿第三定律可知,质点系内质点间相互作用的内力必定是成对出现的,且每对作用内力都必沿两质点连线的方向.这些就是研究质点系力学的基本观点.

设质点系是由有相互作用的 $n$ 个质点所组成,现考察第 $i$ 个质点的受力情况.首先考察 $i$ 质点所受内力之矢量和.设质点系内第 $j$ 个质点对 $i$ 质点的作用力为 $\boldsymbol{f}_{ji}$,则 $i$ 质点所受内力为

$$\sum_{j=1,j\neq i}^{n}\boldsymbol{f}_{ji} \tag{2.15}$$

若设 $i$ 质点受到的外力为 $\boldsymbol{F}_{i外}$,则 $i$ 质点受到的合力为 $\boldsymbol{F}_{i外}+\sum_{j=1,j\neq i}^{n}\boldsymbol{f}_{ji}$,对 $i$ 质点运用动量定理

有

$$\int_{t_1}^{t_2}(\boldsymbol{F}_{i外}+\sum_{j=1,j\neq i}^{n}\boldsymbol{f}_{ji})\mathrm{d}t=m_i v_{i2}-m_i v_{i1} \tag{2.16}$$

对 $i$ 求和,并考虑到所有质点相互作用的时间 $\mathrm{d}t$ 都相同.此外,求和与积分顺序可互换,于是得

$$\int_{t_1}^{t_2}(\sum_{i=1}^{n}\boldsymbol{F}_{i外})\mathrm{d}t+\int_{t_1}^{t_2}(\sum_{i=1}^{n}\sum_{j=1,j\neq i}^{n}\boldsymbol{f}_{ji})\mathrm{d}t=\sum_{i=1}^{n}m_i v_{i2}-\sum_{i=1}^{n}m_i v_{i1}$$

由于内力总是成对出现,且每对内力都等值反向,因此所有内力的矢量和为

$$\sum_{i=1}^{n}\sum_{j=1,j\neq i}^{n}\boldsymbol{f}_{ji}=0$$

于是有

$$\int_{t_1}^{t_2}(\sum_{i=1}^{n}\boldsymbol{F}_{i外})\mathrm{d}t=\sum_{i=1}^{n}m_i v_{i2}-\sum_{i=1}^{n}m_i v_{i1} \tag{2.17}$$

这就是质点系动量定理的数学表示式.即**质点系总动量的增量等于作用于该系统上合外力的冲量**.这个结论说明内力对质点系的总动量无贡献.但由式(2.16)知,在质点系内部动量的传递和交换中,则是内力起作用.

### 2.3.3 质点系的动量守恒定律

由式(2.17)知,若 $\sum_{i=1}^{n}\boldsymbol{F}_{i外}=0$,则有

$$\sum_{i=1}^{n}m_i v_{i2}-\sum_{i=1}^{n}m_i v_{i1}=0 \tag{2.18}$$

或

$$\sum_{i=1}^{n}m_i v_{i2}=\sum_{i=1}^{n}m_i v_{i1}$$

这就是说,**一个孤立的力学系统(系统不受外力作用)或合外力为零的系统,系统内各质点间动量可以交换,但系统的总动量保持不变**.这就是**动量守恒定律**.

动量守恒式(2.18)是矢量式.因此,当 $\sum_{i=1}^{n}\boldsymbol{F}_{i外}=0$ 时,质点系在任何一个方向上(沿任何一个坐标方向)都满足动量守恒的条件.**如果质点系所受合外力的矢量和不为零,但合外力在某一方向上的分量为零,则质点系在该方向上的动量也满足守恒定律**.在实际问题中,若能判断出内力远大于有限主动外力(如重力),也可忽略有限主动外力而应用动量守恒定律.

由于动量是相对量,所以运用动量守恒定律时,必须将各质点的动量统一到同一惯性系中.

最后需要说明的是,虽然在讨论动量守恒定律的过程中,是从牛顿第二定律出发,并运用了牛顿第三定律($\sum_{i=1}^{n}\sum_{j=1,j\neq i}^{n}\boldsymbol{f}_{ji}=0$),但不能认为动量守恒定律只是牛顿定律的推论.相反,动量守恒定律是比牛顿定律更为普遍的规律.在某些过程中,特别是微观领域中,牛顿定律不成立,但只要计及场的动量,动量守恒定律依然成立.

---

**例 2.2** 如图 2.9 所示,一辆装矿砂的车厢以 $v=4$ m/s 的速率从漏斗下通过,每秒落入车厢的矿砂为 $k=200$ kg/s,如欲使车厢保持速率不变,须施与车厢多大的牵引力(忽略

车厢与地面的摩擦).

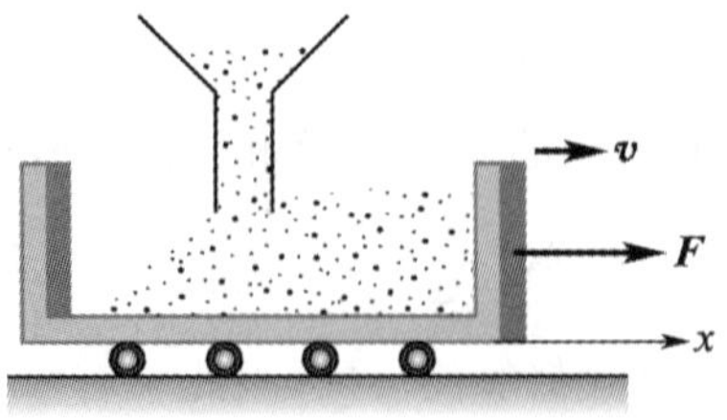


图 2.9

**解** 设 $t$ 时刻已落入车厢的矿砂质量为 $m$,经过 $\mathrm{d}t$ 后又有 $\mathrm{d}m = k\mathrm{d}t$ 的矿砂落入车厢. 取 $m$ 和 $\mathrm{d}m$ 为研究对象,则系统沿 $x$ 方向的动量定理为

$$F\mathrm{d}t = (m + \mathrm{d}m)v - (mv + \mathrm{d}m \cdot 0) = v\mathrm{d}m = k\mathrm{d}t\, v$$

则

$$F = k\, v = 200 \times 4 = 8 \times 10^2\ \mathrm{N}$$

---

**例 2.3** 如图 2.10 所示,一质量为 $m$ 的球在质量为 $M$ 的 1/4 圆弧形滑槽中从静止滑下. 设圆弧形槽的半径为 $R$,如所有摩擦都可忽略,求当小球 $m$ 滑到槽底时,$M$ 滑槽在水平上移动的距离.

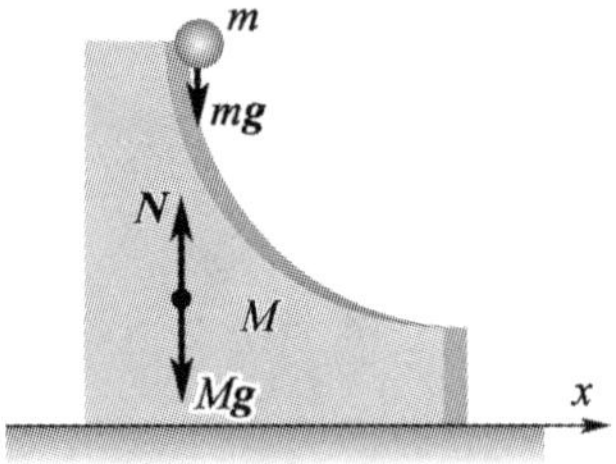


图 2.10

**解** 以 $m$ 和 $M$ 为研究系统,其在水平方向不受外力(图中所画是 $m$ 和 $M$ 所受的竖直方向的外力),故水平方向动量守恒. 设在下滑过程中,$m$ 相对于 $M$ 的滑动速度为 $v$ ,$M$ 对地速度为 $\mathbf{V}$,并以水平向右为 $x$ 轴正向,则在水平方向上有

$$m(v_x - V) - MV = 0$$

解得

$$v_x = \frac{m + M}{m}V$$

设 $m$ 在弧形槽上运动的时间为 $t$,而 $m$ 相对于 $M$ 在水平方向移动距离为 $R$,故有

$$R = \int_0^t v_x \mathrm{d}t = \frac{M + m}{m}\int_0^t V\mathrm{d}t$$

于是滑槽在水平面上移动的距离为

$$S = \int_0^t V\mathrm{d}t = \frac{m}{M + m}R$$

值得注意的是,此题的条件还可弱化一些,即只要 $M$ 与水平支撑面的摩擦可以忽略不计就可以了.

---

## 2.4 功 动能 势能 机械能守恒定律

本节讨论力的空间积累效应,进而讨论功和能的关系.

### 2.4.1　功　功率

**1. 功**

在力学中，功的最基本的定义是恒力的功. 如图 2.11 所示，一物体作直线运动，在恒力 $\boldsymbol{F}$ 作用下物体发生位移 $\Delta\boldsymbol{r}$，$\boldsymbol{F}$ 与 $\Delta\boldsymbol{r}$ 的夹角为 $\alpha$，则**恒力 $\boldsymbol{F}$ 所做的功定义为：力在位移方向上的投影与该物体位移大小的乘积.** 若用 $W$ 表示功，则有

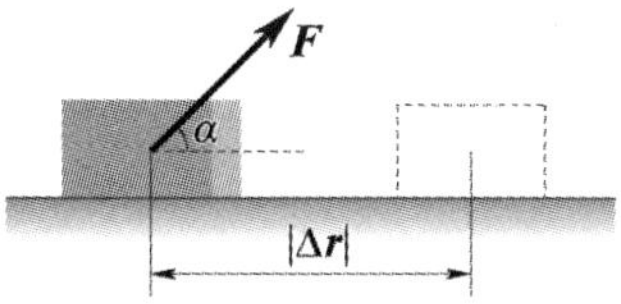

图 2.11　恒力的功

$$W = F\,|\Delta\boldsymbol{r}|\cos\alpha \tag{2.19}$$

按矢量标积的定义，上式可写为

$$W = \boldsymbol{F}\cdot\Delta\boldsymbol{r} \tag{2.20}$$

**即恒力的功等于力与质点位移的标积.**

功是标量，它只有大小，没有方向. 功的正负由 $\alpha$ 角决定. 当 $\alpha > \dfrac{\pi}{2}$，功为负值，说某力做负功，或说克服某力做功；当 $\alpha < \dfrac{\pi}{2}$，功为正值，则说某力做正功；当 $\alpha = \dfrac{\pi}{2}$，功值为零，则说某力不做功，例如，物体作曲线运动时法向力就不做功. 另外，因为位移的值与参考系有关，所以功值是个相对量.

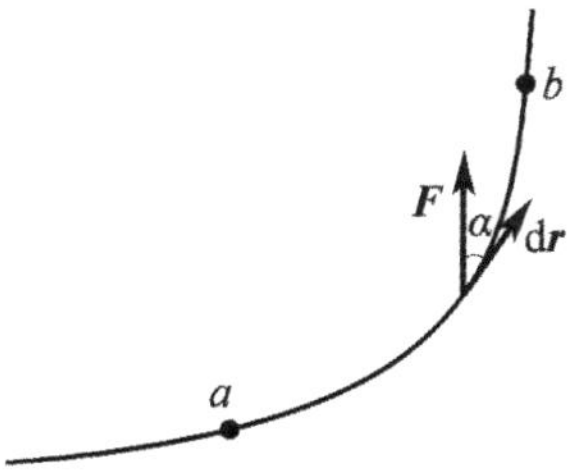

图 2.12　变力的功

如果物体受到变力作用或作曲线运动，那么上面所讨论的功的计算公式就不能直接套用. 但如果将运动的轨迹曲线分割成许许多多足够小的元位移 $\mathrm{d}\boldsymbol{r}$，使得每段元位移 $\mathrm{d}\boldsymbol{r}$ 中，作用在质点上的力 $\boldsymbol{F}$ 都能看成恒力(见图 2.12)，则力 $\boldsymbol{F}$ 在这段元位移上所做的元功为

$$\mathrm{d}W = \boldsymbol{F}\cdot\mathrm{d}\boldsymbol{r}$$

力 $\boldsymbol{F}$ 在轨道 $ab$ 上所做总功就等于所有各小段上元功的代数和，即

$$W = \int_a^b \boldsymbol{F}\cdot\mathrm{d}\boldsymbol{r} = \int_a^b F\cos\alpha\,|\mathrm{d}\boldsymbol{r}| = \int_a^b F_\tau\mathrm{d}s \tag{2.21}$$

式中 $\mathrm{d}s = |\mathrm{d}\boldsymbol{r}|$，$F_\tau$ 是力 $\boldsymbol{F}$ 在元位移 $\mathrm{d}\boldsymbol{r}$ 方向上的投影. 式(2.21)就是计算变力做功的一般方法. 如果建立了直角坐标系，则因为

$$\boldsymbol{F} = F_x\boldsymbol{i} + F_y\boldsymbol{j} + F_z\boldsymbol{k}$$

$$\mathrm{d}\boldsymbol{r} = \mathrm{d}x\boldsymbol{i} + \mathrm{d}y\boldsymbol{j} + \mathrm{d}z\boldsymbol{k}$$

那么式(2.21)就可表示为

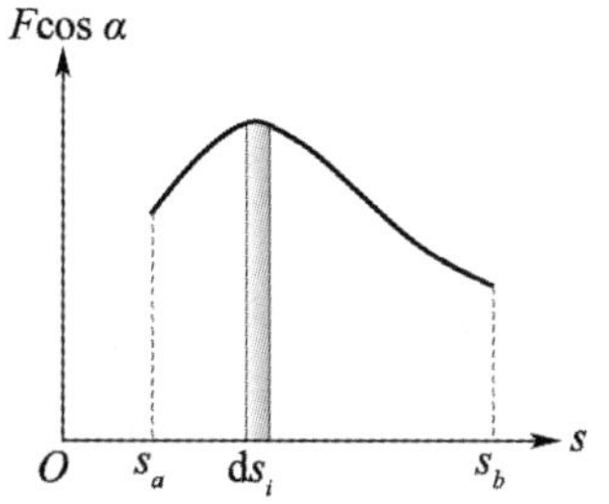

图 2.13　变力做功的示功图

$$W = \int_a^b (F_x\mathrm{d}x + F_y\mathrm{d}y + F_z\mathrm{d}z)$$

$$= \int_{x_0,y_0,z_0}^{x,y,z} (F_x\mathrm{d}x + F_y\mathrm{d}y + F_z\mathrm{d}z) \tag{2.22}$$

功也可以用图解法计算. 以路程 $s$ 为横坐标，$F\cos\alpha$ 为纵坐标，根据 $\boldsymbol{F}$ 随路程的变化关系所描绘的曲线称为示功图. 在图 2.13 中画有斜线的狭长矩形面积等于力 $F_{\tau i}$ 在 $\mathrm{d}s_i$ 上做的元功. 曲线与边界线所围的面积就是变力 $\boldsymbol{F}$ 在整个路程上所

做的总功.用示功图求功较直接方便,所以工程上常采用此方法.

**2. 功率**

**单位时间内的功称为功率**.设 $\Delta t$ 时间内完成功 $\Delta W$,则这段时间的平均功率为

$$\overline{P}=\frac{\Delta W}{\Delta t} \tag{2.23}$$

当 $\Delta t\to 0$ 时,则某一时刻的瞬时功率为

$$P=\lim_{\Delta t\to 0}\frac{\Delta W}{\Delta t}=\frac{\mathrm{d}W}{\mathrm{d}t}=\boldsymbol{F}\cdot \boldsymbol{v} \tag{2.24}$$

**即瞬时功率等于力和速度的标积**(或称作点乘积).

在国际单位制中,功的单位是焦耳(J),功率的单位是焦耳每秒(J/s),称为瓦特(W).

**3. 保守力的功**

下面通过分析重力、弹簧弹性力、万有引力做功的特点,引入保守力的概念.

1) 重力的功

我们这里讨论的重力是指地面附近几百米高度范围内的重力,就是说这里所指的重力可视为恒力.

设质量为 $m$ 的质点在重力 $\boldsymbol{G}$ 作用下由 $A$ 点沿任意路径移到 $B$ 点,如图 2.14(a) 所示,选取地面为坐标原点,$z$ 轴垂直于地面,向上为正.重力 $\boldsymbol{G}$ 只有 $z$ 方向的分量,即 $F_z=-mg$,应用式(2.22),有

$$W=\int_{z_0}^{z}F_z\mathrm{d}z=\int_{z_0}^{z}-mg\,\mathrm{d}z=-(mgz-mgz_0) \tag{2.25}$$

式(2.25) 表明,重力的功只由质点相对于地面的始、末位置 $z_0$ 和 $z$ 来决定,而与所通过的路径无关.

2) 万有引力的功

考虑质量分别为 $m$ 和 $M$ 的两质点,质点 $m$ 相对于 $M$ 的初位置为 $\boldsymbol{r}_A$,末位置为 $\boldsymbol{r}_B$,如图 2.14(b) 所示.质点 $m$ 受到 $M$ 的引力的矢量式为

$$\boldsymbol{F}=-G\frac{mM}{r^2}\boldsymbol{r}_0$$

式中 $\boldsymbol{r}_0$ 表示 $m$ 相对 $M$ 的位矢的单位矢.则引力的元功为

$$\mathrm{d}W=\boldsymbol{F}\cdot\mathrm{d}\boldsymbol{r}=-G\frac{mM}{r^2}\boldsymbol{r}_0\cdot\mathrm{d}\boldsymbol{r}$$

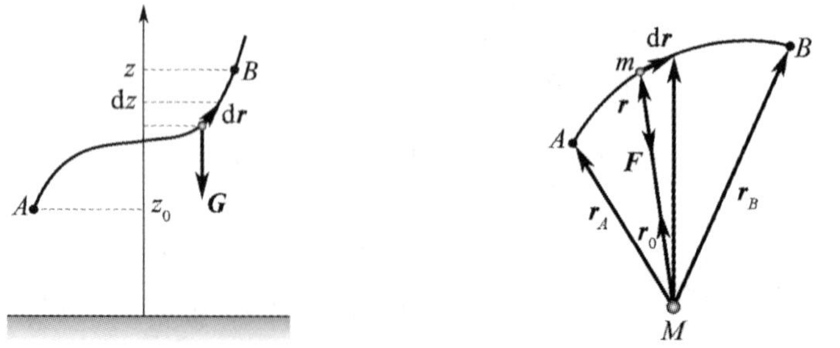


(a) 重力的功　　(b) 引力的功

图 2.14　保守力的功

因为矢量模的平方等于矢量自身点积，即 $|\boldsymbol{A}|^2=\boldsymbol{A}\cdot\boldsymbol{A}$，所以

$$d(A^2)=d(\boldsymbol{A}\cdot\boldsymbol{A})=2\boldsymbol{A}\cdot d\boldsymbol{A}$$

而

$$d(A^2)=2AdA$$

故有

$$\boldsymbol{A}\cdot d\boldsymbol{A}=AdA \tag{2.26}$$

同理，有

$$\boldsymbol{r}\cdot d\boldsymbol{r}=rdr$$

又考虑到 $\boldsymbol{r}_0=\dfrac{\boldsymbol{r}}{r}$，所以

$$dW=-G\frac{mM}{r^2}dr$$

于是质点由 $A$ 点移到 $B$ 点引力的功为

$$W=\int_{r_A}^{r_B}-G\frac{mM}{r^2}dr=-\left[\left(-G\frac{mM}{r_B}\right)-\left(-G\frac{mM}{r_A}\right)\right] \tag{2.27}$$

这说明引力的功也只与始、末位置有关，而与具体的路径无关.

3）弹簧弹性力的功

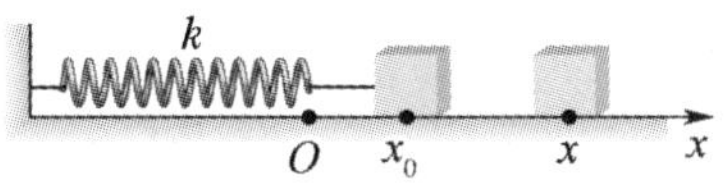


图 2.15　弹簧力的功

如图 2.15 所示，选取弹簧自然伸长处为 $x$ 坐标的原点，则当弹簧形变量为 $x$ 时，弹簧对质点的弹性力为

$$F=-kx$$

式中负号表示弹性力的方向总是指向弹簧的平衡位置，即坐标原点. $k$ 为弹簧的倔强系数，单位是 N/m. 因为作用力只有 $x$ 分量，故由式(2.22)可得

$$W=\int_{x_0}^{x}F_x dx=\int_{x_0}^{x}-kx\,dx=-\left(\frac{1}{2}kx^2-\frac{1}{2}kx_0^2\right) \tag{2.28}$$

这说明弹簧弹性力的功只与始、末位置有关，而与弹簧的中间形变过程无关.

综上所述，重力、万有引力、弹簧弹性力的功的特点是，它们的功值都只与物体的始、末位置有关而与具体路径无关，或者说，当在这些力作用下的物体沿任意闭合路径绕行一周时，它们的功值均为零. 在物理学中，除了这些力之外，静电力、分子力等也具有这种特性，把具有这种特性的力统称为**保守力**. 保守力可用下面的数学式来定义，即

$$\oint_l \boldsymbol{F}_{保}\cdot d\boldsymbol{r}=0 \tag{2.29}$$

如果某力的功与路径有关，或该力沿任意闭合路径的功值不等于零，则称这种力为**非保守力**，例如摩擦力、爆炸力等.

---

**例 2.4**　在离水面高为 $H$ 的岸上，有人用大小不变的力 $\boldsymbol{F}$ 拉绳使船靠岸，如图 2.16 所示，求船从离岸 $x_1$ 处移到 $x_2$ 处的过程中，力 $\boldsymbol{F}$ 对船所做的功.

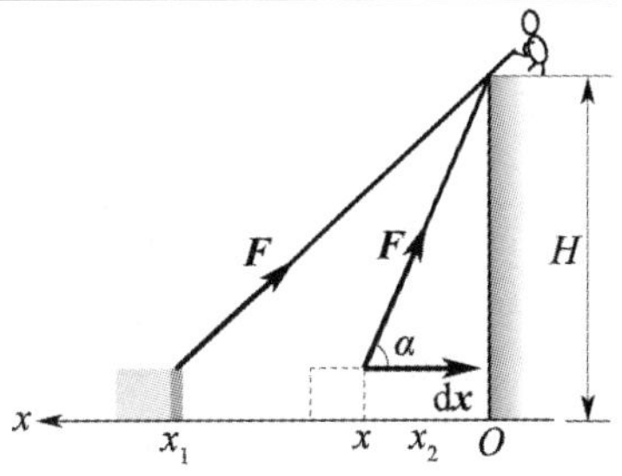


图 2.16

**解**　由题知，虽然力的大小不变，但其方向在不断变化，故仍然是变力做功.

如图 2.16 所示，以岸边为坐标原点，向左为 $x$ 轴正向，则力 $\boldsymbol{F}$ 在坐标为 $x$ 处的任一小段元位移 $dx$ 上所做元功为

$$dW = \boldsymbol{F} \cdot d\boldsymbol{x} = F\cos\alpha(-dx) = -F\frac{x}{\sqrt{x^2+H^2}}dx$$

即
$$W = \int_{x_1}^{x_2} -F\frac{x\,dx}{\sqrt{x^2+H^2}} = F(\sqrt{H^2+x_1^2} - \sqrt{H^2+x_2^2})$$

由于 $x_1 > x_2$,所以 $\boldsymbol{F}$ 做正功.

**例 2.5** 质点所受外力 $\boldsymbol{F} = (y^2 - x^2)\boldsymbol{i} + 3xy\boldsymbol{j}$,求质点由点(0,0)运动到点(2,4)的过程中力 $\boldsymbol{F}$ 所做的功:(1) 先沿 $x$ 轴由点(0,0)运动到点(2,0),再平行 $y$ 轴由点(2,0)运动到点(2,4);(2) 沿连接(0,0),(2,4)两点的直线;(3) 沿抛物线 $y = x^2$ 由点(0,0)到点(2,4)(单位为国际单位制).

**解** (1) 由点(0,0)沿 $x$ 轴到点(2,0),此时 $y = 0$,$dy = 0$,所以

$$W_1 = \int_0^2 F_x dx = \int_0^2 (-x^2)dx = -\frac{8}{3}\ \text{J}$$

由点(2,0)平行 $y$ 轴到点(2,4),此时 $x = 2$,$dx = 0$,故

$$W_2 = \int_0^4 F_y dy = \int_0^4 6y dy = 48\ \text{J}$$

$$W = W_1 + W_2 = 45\frac{1}{3}\ \text{J}$$

(2) 因为由原点到点(2,4)的直线方程为 $y = 2x$,所以

$$W = \int_0^2 F_x dx + \int_0^4 F_y dy = \int_0^2 (4x^2 - x^2)dx + \int_0^4 \frac{3}{2}y^2 dy = 40\ \text{J}$$

(3) 因为 $y = x^2$,所以

$$W = \int_0^2 (x^4 - x^2)dx + \int_0^4 3y^{\frac{3}{2}}dy = 42\frac{2}{15}\ \text{J}$$

可见题中所示力是非保守力.

## 2.4.2 动能定理

现在讨论力对物体做功后,物体的运动状态将发生的变化.

设有一质点沿任一曲线运动.在曲线上取任一元位移 $d\boldsymbol{r}$,则力 $\boldsymbol{F}$ 在这段元位移上的功为

$$dW = \boldsymbol{F} \cdot d\boldsymbol{r} = \frac{d(m\boldsymbol{v})}{dt} \cdot \boldsymbol{v}\,dt = m\boldsymbol{v} \cdot d\boldsymbol{v}$$

与 $\boldsymbol{r} \cdot d\boldsymbol{r}$ 类似[见式(2.26)], $\boldsymbol{v} \cdot d\boldsymbol{v} = v dv$

所以
$$dW = mv dv = d\left(\frac{1}{2}mv^2\right)$$

若质点由初位置 1 处运动到末位置 2 处,其速率由 $v_1$ 增至 $v_2$,则有

$$W = \int_1^2 dW = \int_{v_1}^{v_2} d\left(\frac{1}{2}mv^2\right) = \frac{1}{2}mv_2^2 - \frac{1}{2}mv_1^2$$

即
$$\int_1^2 \boldsymbol{F} \cdot d\boldsymbol{r} = \frac{1}{2}mv_2^2 - \frac{1}{2}mv_1^2 \qquad (2.30)$$

由式(2.30)可知,如果把 $\frac{1}{2}mv^2$ 看作一个独立的物理量,就可发现 $\frac{1}{2}mv^2$ 是与力在空间

上的积累效应相联系的. $\frac{1}{2}mv^2$ 称为质点的动能. 动能是标量，是与参考系的选择有关的相对量. 如果令 $E_k = \frac{1}{2}mv^2$，则式(2.30) 又可写成

$$W_{1-2} = E_{k2} - E_{k1} \tag{2.31}$$

上式说明**外力对质点所做的功等于质点动能的增量**. 式(2.30) 就是质点**动能定理**的数学表示式.

---

**例 2.6**　一质量为 10 kg 的物体沿 $x$ 轴无摩擦地滑动，$t = 0$ 时物体静止于原点，(1) 若物体在力 $F = 3 + 4t$ N 的作用下运动了 3 s，它的速度增为多大？(2) 物体在力 $F = 3 + 4x$ N 的作用下移动了 3 m，它的速度增为多大？

**解**　(1) 由动量定理 $\int_0^t F\mathrm{d}t = mv$，得

$$v = \int_0^t \frac{F}{m}\mathrm{d}t = \int_0^3 \frac{3+4t}{10}\mathrm{d}t = 2.7\ \mathrm{m/s}$$

(2) 由动能定理 $\int_0^x F\mathrm{d}x = \frac{1}{2}mv^2$，得

$$v = \sqrt{\int_0^x \frac{2F}{m}\mathrm{d}x} = \sqrt{\int_0^3 \frac{2(3+4x)}{10}\mathrm{d}x} = 2.3\ \mathrm{m/s}$$

---

### 2.4.3　势能

在第 1 章已指出，描述质点机械运动状态的参量是位矢 $\boldsymbol{r}$ 和速度 $v$. 对应于状态参量 $v$ 引入了动能 $E_k = E_k(v)$，那么对应于状态参量 $\boldsymbol{r}$ 将引入什么样的能量形式呢？下面讨论这个问题.

在前面的讨论中已指出，保守力的功与质点运动的路径无关，仅取决于相互作用的两物体初态和终态的相对位置. 如重力、万有引力、弹簧力的功，其值分别为

$$W_{重} = -(mgz - mgz_0)$$

$$W_{引} = -\left[\left(-G\frac{mM}{r}\right) - \left(-G\frac{mM}{r_0}\right)\right]$$

$$W_{弹} = -\left(\frac{1}{2}kx^2 - \frac{1}{2}kx_0^2\right)$$

可以看出，保守力做功的结果总是等于一个由相对位置决定的函数增量的负值. 而功总是与能量的改变量相联系的. 因此，上述由相对位置决定的函数必定是某种能量的函数形式. 现在将其称为**势能函数**，用 $E_p$ 表示. 即

$$\int_1^2 \boldsymbol{F}_{保} \cdot \mathrm{d}\boldsymbol{r} = -(E_p - E_{p0}) = -\Delta E_p \tag{2.32}$$

式(2.32) 定义的只是势能之差，而不是势能函数本身. 为了定义势能函数，可以将式(2.32) 的定积分改写为不定积分，即

$$E_p = -\int \boldsymbol{F}_{保} \cdot \mathrm{d}\boldsymbol{r} + c \tag{2.33}$$

式中 $c$ 是一个由系统零势能位置决定的积分常数.

式(2.33) 表明只要已知一种保守力的力函数，即可求出与之相关的势能函数. 例如，已

知万有引力的力函数为

$$\boldsymbol{F}=-G\frac{mM}{r^2}\boldsymbol{r}_0$$

那么由式(2.33)知,与万有引力相对应的势能函数形式为

$$E_{\mathrm{p}}=-\int -G\frac{mM}{r^2}\boldsymbol{r}_0\cdot \mathrm{d}\boldsymbol{r}+c=-G\frac{mM}{r}+c$$

如令 $r\to\infty$ 时 $E_{\mathrm{p引}}=0$,则 $c=0$. 即取无穷远处为引力势能零点时,引力势能函数为

$$E_{\mathrm{p引}}=-G\frac{mM}{r} \tag{2.34}$$

读者自己可以证明:若取离地面高度 $z=0$ 的点为重力势能零点(此时 $c=0$),则重力势能函数为

$$E_{\mathrm{p重}}=mgz \tag{2.35}$$

对于弹簧弹性力,若取弹簧自然伸长处为坐标原点和弹性势能零点(此时 $c=0$),则弹性势能函数为

$$E_{\mathrm{p弹}}=\frac{1}{2}kx^2 \tag{2.36}$$

有关势能的几点讨论:

(1) **势能是相对量,其值与零势能参考点的选择有关.** 零势能位置点选得不同,式(2.33)中常数 $c$ 就不同. 上面的讨论说明,对于给定的保守力的力函数,只要选取适当的零势能的位置,总可使 $c=0$. 在一般情况下,这时的势能函数形式较为简洁,如式(2.34)、式(2.35)、式(2.36)所示. 需要说明的是,并非在任何情况下,式(2.33)中的积分常数一定能为零,这一点在静电场中尤为突出.

(2) **势能函数的形式与保守力的性质密切相关,对应于一种保守力的函数就可引进一种相关的势能函数.** 因此,势能函数的形式就不可能像动能那样有统一的表示式.

(3) **势能是以保守力形式相互作用的物体系统所共有.** 例如,式(2.35)所表示的实际上是某物体与地球互以重力作用的结果;式(2.34)所表示的实际上是 $m$,$M$ 互以万有引力作用的结果;式(2.36)所表示的则是物块 $M$ 与弹簧相互作用的结果. 在平常的叙述中,说某物体具有多少势能,这只是一种简便叙述,不能认为势能是某一物体所有.

(4) 由于势能是属于相互以保守力作用的系统所共有,因此式(2.32)的物理意义可解释为:**一对保守力的功等于相关势能增量的负值. 因此,当保守力做正功时,系统势能减少;保守力做负功时,系统势能增加.**

### 2.4.4 质点系的动能定理与功能原理

设一质点系有 $n$ 个质点,现考察第 $i$ 个质点. 由 2.3 节可知,$i$ 质点所受合力为 $\boldsymbol{F}_{i外}+\sum\limits_{j=1,j\neq i}^{n}\boldsymbol{f}_{ji}$,则对 $i$ 质点运用动能定理有

$$\int_1^2\boldsymbol{F}_{i外}\cdot \mathrm{d}\boldsymbol{r}_i+\int\sum_{j=1,j\neq i}^{n}\boldsymbol{f}_{ji}\cdot \mathrm{d}\boldsymbol{r}_i=\frac{1}{2}m_iv_{i2}^2-\frac{1}{2}m_iv_{i1}^2$$

对所有质点求和可得

$$\sum_{i=1}^{n}\int_1^2\boldsymbol{F}_{i外}\cdot \mathrm{d}\boldsymbol{r}_i+\sum_{i=1}^{n}\int\sum_{j=1,j\neq i}^{n}\boldsymbol{f}_{ji}\cdot \mathrm{d}\boldsymbol{r}_i=\sum_{i=1}^{n}\frac{1}{2}m_iv_{i2}^2-\sum_{i=1}^{n}\frac{1}{2}m_iv_{i1}^2 \tag{2.37}$$

式(2.37)便是质点系的动能定理的数学表示式.

**注意**:在式(2.37)中,不能先求合力,再求合力的功.这是因为在质点系内各质点的位移 $\mathrm{d}\boldsymbol{r}_i$ 是不同的,不能作为公因子提到求和符号之外.因此,在计算质点系的功时,只能先求每个力的功,再对这些功求和.

在质点系内,内力总是成对出现的.因此,可以把内力分为保守内力和非保守内力.于是内力的功可分为两部分,即内部保守力的功和内部非保守力的功,现分别用 $W_{内保}$ 和 $W_{内非}$ 表示.如果再用 $W_{外}$ 表示质点系外力的功,用 $E_\mathrm{k}$ 表示质点系的总动能,则式(2.37)可表示为

$$W_{外} + W_{内非} + W_{内保} = E_{\mathrm{k}2} - E_{\mathrm{k}1} \tag{2.38}$$

即**质点系总动能的增量等于外力的功与质点系内保守力的功和质点系内非保守力的功三者之和,称为质点系的动能定理.**

考虑到一对保守力功之和等于相关势能增量的负值,即有 $W_{内保} = -\Delta E_\mathrm{p} = -(E_{\mathrm{p}2} - E_{\mathrm{p}1})$(式中 $E_\mathrm{p}$ 表示系统内各种势能之总和),则式(2.38)又可进一步表示成

$$W_{外} + W_{内非} = (E_{\mathrm{k}2} - E_{\mathrm{k}1}) + (E_{\mathrm{p}2} - E_{\mathrm{p}1}) \tag{2.39}$$

如令

$$E = E_\mathrm{k} + E_\mathrm{p} \tag{2.40}$$

表示系统的**机械能**,则有

$$W_{外} + W_{内非} = E_2 - E_1 \tag{2.41}$$

这就是质点系的**功能原理**的数学表示式.即**系统机械能的增量等于外力的功与内部非保守力功之和.**

顺便指出,由于势能的大小与零势能点的选择有关,因此在运用功能原理解题时,应先指明系统的范围,并确定势能零点.

### 2.4.5　机械能守恒定律

机械能守恒的条件应该是一个孤立的保守系统.但在实际应用中条件可以放宽一些.由功能原理式(2.41)可知:

若 $W_{外} + W_{内非} > 0$,系统的机械能增加;

若 $W_{外} + W_{内非} < 0$,系统的机械能减少;

若 $W_{外} + W_{内非} = 0$,则系统的机械能保持不变.

现考虑一种情况,即 $W_{外} = 0$.这时:

若 $W_{内非} > 0$,系统的机械能增大.如炸弹爆炸,人从静止开始走动,就属这种情形(这里伴随有其他能量形式转换为机械能的过程);

若 $W_{内非} < 0$,系统的机械能减小.如克服摩擦力做功,这样的非保守力常称为耗散力(这时伴随有机械能转换为其他形式能量的过程);

若 $W_{内非} = 0$,则系统的机械能守恒.

从以上分析可知,**机械能守恒的条件是同时满足 $W_{外} = 0$ 和 $W_{内非} = 0$**,即系统既与外界无机械能的交换,系统内部又无机械能与其他能量形式的转换.

当系统的机械能守恒时,有

$$E_{\mathrm{k}1} + E_{\mathrm{p}1} = E_{\mathrm{k}2} + E_{\mathrm{p}2} \tag{2.42}$$

或

$$E_{\mathrm{p}2} - E_{\mathrm{p}1} = -(E_{\mathrm{k}2} - E_{\mathrm{k}1}),\text{即 } \Delta E_\mathrm{p} = -\Delta E_\mathrm{k}. \tag{2.43}$$

系统势能的增量等于系统动能减少的量.

### 2.4.6 能量转换与守恒定律

上面的讨论已指出，当 $W_{外}=0$，$W_{内非}\neq 0$ 时，系统虽与外界无机械能的交换，但系统的机械能仍不守恒. 那么，系统增加的（或减少）的机械能是从何处来的（或向何处去了）呢？现在讨论 $W_{外}=0$ 的孤立系统情况.

大量事实证明，在孤立系统内，若系统的机械能发生了变化，必然伴随着等值的其他形式能量（如内能、电磁能、化学能、生物能及核能等）的增加或减少. 这说明能量既不能消失也不会创生，只能从一种形式的能量转换成另一种形式的能量. 也就是说，**在一个孤立系统内，不论发生何种变化过程，各种形式的能量之间无论怎样转换，但系统的总能量将保持不变. 这就是能量转换与守恒定律.**

能量守恒定律是自然界中的普遍规律. 它不仅适用于物质的机械运动、热运动、电磁运动、核子运动等物理运动形式，而且也适用于化学运动、生物运动等运动形式. 由于运动是物质的存在形式，而能量又是物质运动的度量，因此，能量转换与守恒定律的深刻含义，是运动既不能消失也不能创造，它只能由一种形式转换为另一种形式. 能量的守恒在数量上体现了运动的守恒.

**关于一对内力功之和的一般证明：**

设质点系内第 $i$ 和第 $j$ 两个质点中，质点 $j$ 对质点 $i$ 的作用力为 $\boldsymbol{F}_{ji}$，质点 $i$ 对质点 $j$ 的作用力为 $\boldsymbol{F}_{ij}$. 当 $i$ 和 $j$ 两质点运动时，这一对作用与反作用内力均要做功. 这两力所做的元功之和应为

$$\mathrm{d}W=\boldsymbol{F}_{ji}\cdot \mathrm{d}\boldsymbol{r}_i+\boldsymbol{F}_{ij}\cdot \mathrm{d}\boldsymbol{r}_j$$

由 $\boldsymbol{F}_{ij}=-\boldsymbol{F}_{ji}$ 可以得到

$$\mathrm{d}W=\boldsymbol{F}_{ji}\cdot(\mathrm{d}\boldsymbol{r}_i-\mathrm{d}\boldsymbol{r}_j)=\boldsymbol{F}_{ji}\cdot \mathrm{d}(\boldsymbol{r}_i-\boldsymbol{r}_j)=\boldsymbol{F}_{ji}\cdot \mathrm{d}\boldsymbol{r}_{ij}$$

式中 $\boldsymbol{r}_i$ 和 $\boldsymbol{r}_j$ 为第 $i$ 和第 $j$ 两质点对参考系坐标原点的位矢，$\boldsymbol{r}_{ij}$ 是第 $i$ 个质点对第 $j$ 个质点的相对位矢，$\mathrm{d}\boldsymbol{r}_i$ 和 $\mathrm{d}\boldsymbol{r}_j$ 则是相应的元位移，$\mathrm{d}\boldsymbol{r}_{ij}$ 为两质点间的相对元位移（见图 2.17）.

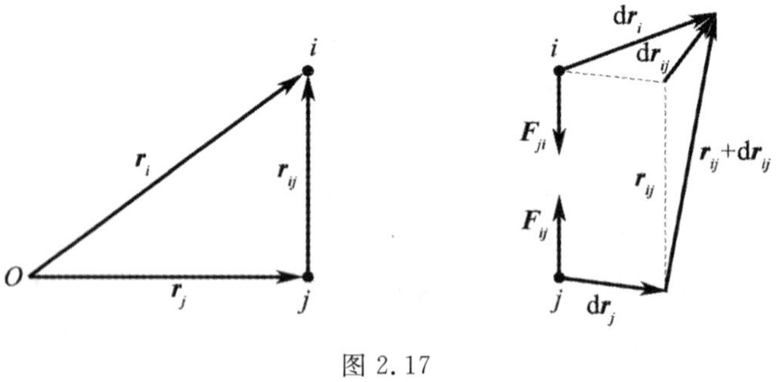


图 2.17

由以上讨论可得到两点结论：

(1) 由于 $\mathrm{d}\boldsymbol{r}_i$ 与 $\mathrm{d}\boldsymbol{r}_j$ 不一定相同，$\mathrm{d}\boldsymbol{r}_{ij}$ 一般不为零，故一对内力的元功之和一般不为零，一对内力做功之和一般也不为零；

(2) 因相对位矢 $\boldsymbol{r}_{ij}$ 及相对元位移 $\mathrm{d}\boldsymbol{r}_{ij}$ 与参考系无关，故一对内力做功之和也与参考系的选择无关.

**例 2.7**　如图 2.18 所示，一质量为 $M$ 的平顶小车，在光滑的水平轨道上以速度 $v$ 作直线运动. 今在车顶前缘放上一质量为 $m$ 的物体，物体相对于地面的初速度为零. 设物体与车顶之间的摩擦系数为 $\mu$，为使物体不致从车顶上跌下去，问车顶的长度 $l$ 最短应为多少？

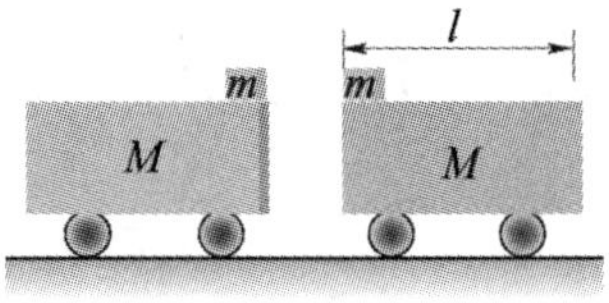


图 2.18

**解**　由于摩擦力做功的结果，最后使得物体与小车具有相同的速度，这时物体相对于小车为静止而不会跌下. 在这一过程中，以物体和小车为一系统，水平方向动量守恒，有

$$Mv = (m+M)V$$

而 $m$ 相对于 $M$ 的位移为 $l$，如图 2.28 所示，则一对摩擦力的功为

$$-\mu mgl = \frac{1}{2}(m+M)V^2 - \frac{1}{2}Mv^2$$

联立以上两式即可解得车顶的最小长度为

$$l = \frac{Mv^2}{2\mu g(M+m)}$$

# 第 3 章
# 刚体力学基础

在研究物体的机械运动规律时，仅仅讨论质点的情况是不全面的。在许多实际力学问题中，所研究的对象往往是由许多质点组成的系统，刚体便是其中一种特殊的质点系.

本章将介绍有关刚体运动的基本概念和规律，主要包括刚体作定轴转动时的转动定律、动能定理、转动惯量、角动量定理及角动量守恒定律等.

# 3.1　刚体　刚体定轴转动的描述

## 3.1.1　刚体的引入

通过前面的学习，我们知道，在物理学中研究物体的运动规律时，有时需要对实际物体进行一定的简化. 比如，当物体的形状和大小在所研究的问题中产生的影响很小可以忽略时，我们提出了质点这一理想模型. 通过质点概念的引入，物理学对物体运动的描述变得简明而深刻. 但是，不是所有情况下，物体的形状和大小都是可以忽略的. 例如，研究跳水运动员在空中的翻转动作时，就不能将人体视为一个质点(见图3.1). 同样，研究地球的自转运动，也不能将它视为质点. 这样的例子还有很多，如电机转子的转动、车轮的滚动等；在研究这些问题时，物体的形状和大小有着重要的影响，因此必须予以考虑.

图3.1　跳水运动员的翻转动作

在外力作用下，物体的形状和大小一般都要发生变化. 对这一类问题的研究，往往都是相当复杂的. 为了使问题简化，对于在外力作用下形变很小，对所研究的结果影响甚微的物体，物理学中引入刚体这一理想模型. 所谓**刚体**(rigid body)，就是**在任何外力作用下，其形状和大小完全不变的物体**.

在研究刚体的运动规律时，可以将刚体看成是由许多质点组成的. 每一个质点叫作刚体的一个质元. 由刚体的定义可知，在外力作用下，刚体内各质元之间的相对位置总是保持不变. 对于刚体这一特殊的质点系，可以运用前面讨论的质点系的运动规律进行分析和研究.

## 3.1.2　刚体的基本运动

刚体最基本的运动形式是平动和转动. 任何复杂的刚体运动都可以分解为平动与转动的叠加.

**1. 刚体的平动**

如图3.2所示，在运动过程中，若刚体内部任意两质元间的连线在各个时刻的位置都和初始时刻的位置保持平行，这样的运动称为**刚体的平动**. 不难证明，刚体在平动过程中的任意一段时间内，所有质元的运动轨迹和位移都是相同的. 并且在任意时刻，各个质元均具有相同的速度和加速度. 所以，当刚体作平动时我们可以选取刚体中任一质元的运动来表示出整个刚体的运动. 由此，平动的刚体可当成一个质点来处理.

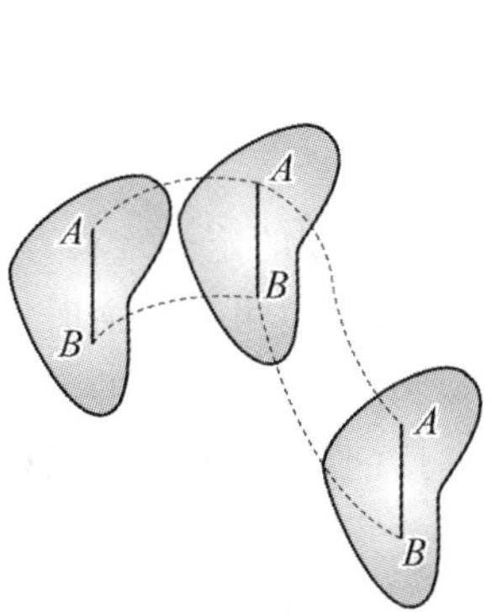


图3.2　刚体的平动

**2. 刚体的转动**

若刚体上各个质元都绕同一直线作圆周运动，这样的运动称作**刚体的转动**(rotation)，这条直线称为转轴(这根轴可在刚体之内，也可在刚体之外). 在刚体转动过程中，若转轴的方向或位置随时间变化，这样的运动称为刚体的非定轴转动，该转轴称为转动瞬轴，如图 3.3 所示车轮的滚动等. 若转轴固定不动，即既不改变方向又不发生平移，这样的转动称为刚体的定轴转动，该转轴称为固定轴，如门绕门轴的转动、电机转子的转动等. 本章主要介绍刚体定轴转动的一些基本规律.

图 3.3 车轮朝左滚动

### 3.1.3 刚体定轴转动的描述

为了研究刚体的定轴转动，可定义：垂直于固定轴的平面为转动平面. 显然，转动平面不止一个，而有无数多个. 如果以某转动平面与转轴的交点为原点，则该转动平面上的所有质元都绕着这个原点作圆周运动. 下面就讨论怎样来描述刚体的定轴转动.

**1. 角位移、角速度和角加速度**

刚体定轴转动的基本特征是，轴上所有各点都保持不动，轴外所有各点在同一时间间隔内转过的角度都一样. 所以，我们可以采用类似质点作圆周运动时的角位移、角速度、角加速度的定义方法来定义绕定轴转动刚体的角位移、角速度、角加速度.

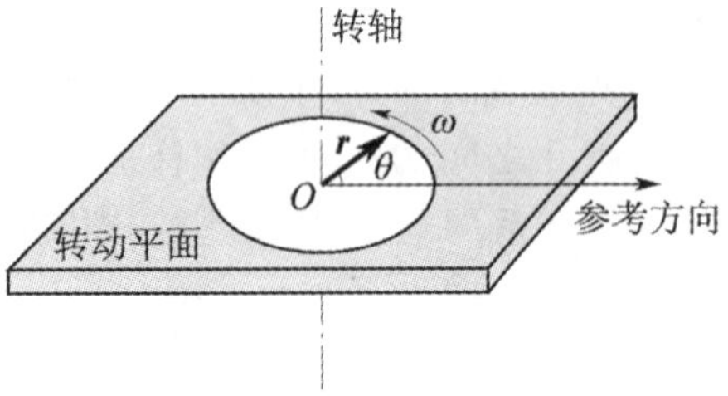


图 3.4 转动平面

在刚体上任取一个转动平面，以该转动平面与转轴的交点为原点，在该平面内作一射线作为参考方向(或称极轴)，如图 3.4 所示，转动平面上任一质元对原点的位矢 $\boldsymbol{r}$ 与极轴的夹角称为角位置 $\theta$. 刚体在一段时间内转过的角度(末时刻与初始时刻的角位置之差)$\Delta\theta = \theta_2 - \theta_1$ 称为**角位移**.

在时刻 $t$ 到 $t+\Delta t$ 时间内的角位移 $\Delta\theta$ 与 $\Delta t$ 之比称为刚体的平均角速度，用 $\bar{\omega}$ 表示：

$$\bar{\omega} = \frac{\Delta\theta}{\Delta t}$$

当 $\Delta t \to 0$ 时，平均角速度的极限称为瞬时角速度，简称**角速度**，用 $\omega$ 表示：

$$\omega = \lim_{\Delta t \to 0} \frac{\Delta\theta}{\Delta t} = \frac{\mathrm{d}\theta}{\mathrm{d}t} \tag{3.1}$$

刚体的定轴转动有两种不同的转动方向，当我们顺着转轴观察时，刚体可以按顺时针方向转动，也可以按逆时针方向转动. 如果把一种转向的角速度取为正，另一种转向的角速度取为负，则角速度的大小反映了定轴转动的快慢，角速度的正负描写了定轴转动的方向. 角速度的单位是弧度每秒(rad/s).

* **角速度矢量**

在质点的圆周运动中，我们曾把圆周运动的角速度看作矢量，其方向沿垂直圆周平面的轴线，方向满足右手螺旋法则. 在刚体的转动中，虽然对于刚体定轴转动(转轴在空间的方位不变)，只有“正”和“反”两种转动方向，角速度 $\omega$ 的方向可通过它的正负来指明；但对于刚体的一般转动，转轴可在空间取各种方位，只用正负不足以表明转动方向，因而需要引入角速度矢量. 我们**规定角速度矢量的方向是沿转轴的，且和刚体的旋转运动组成右手螺旋系统.**

将角速度看作矢量后，定轴转动中的线量与角量之间的关系可表示成简洁的形式. 但是，这样规定的角速度矢量是否具有矢量的性质呢？尽管在定轴转动中，我们规定了角速度的大小和方向，但有大小、有方向的量不一定是矢量. 矢量的一个重要特征是它满足平行四边形求和法则. 角速度矢量是否满足这一法则？可以证明(见第 1 章)，有限的角位移并不符合矢量相加的平行四边形法则，平行四边形法则表明矢量求和满足交换律，但有限大角位移相加时不满足交换律，尽管有限角位移不满足交换律，但无限小角位移满足交换律.

角速度总是与无限小角位移相联系. 它是无限小角位移与相应无限小时间间隔之比，既然无限小角位移是矢量，角速度也是矢量.

在 $\Delta t$ 时间内，角速度的改变量 $\Delta\omega$ 与 $\Delta t$ 之比称为该段时间内刚体的平均角加速度，用 $\bar{\alpha}$ 表示：

$$\bar{\alpha} = \frac{\Delta\omega}{\Delta t}$$

当 $\Delta t \to 0$ 时，平均角加速度的极限称为瞬时角加速度，简称**角加速度**，用 $\alpha$ 表示：

$$\alpha = \lim_{\Delta t \to 0}\frac{\Delta\omega}{\Delta t} = \frac{\mathrm{d}\omega}{\mathrm{d}t}$$

角加速度的单位是弧度每二次方秒($\mathrm{rad/s^2}$).

由以上讨论可知，刚体的定轴转动与质点的直线运动相似，只要在描写质点直线运动各物理量(位移、速度、加速度) 前加一个“角” 字，就成了描述刚体定轴转动的各相应物理量(角位移、角速度、角加速度)，两者的运动学关系亦完全相似：

| 定轴转动 | 直线运动 |
| --- | --- |
| $\omega = \dfrac{\mathrm{d}\theta}{\mathrm{d}t}$, | $v = \dfrac{\mathrm{d}x}{\mathrm{d}t}$; |
| $\alpha = \dfrac{\mathrm{d}\omega}{\mathrm{d}t}$, | $a = \dfrac{\mathrm{d}v}{\mathrm{d}t}$; |
| $\omega - \omega_0 = \int_0^t \alpha \mathrm{d}t$, | $v - v_0 = \int_0^t a \mathrm{d}t$; |
| $\theta - \theta_0 = \int_0^t \omega \mathrm{d}t$, | $x - x_0 = \int_0^t v \mathrm{d}t$. |

**2. 角量与线量的关系**

当刚体绕固定轴转动时，尽管刚体上各质元的角位移、角速度和角加速度均相同，但由于各质元作圆周运动的半径不一定相同，因此各质元的速度和加速度大小也不一定相同.

由前面所学质点圆周运动的知识可知，刚体定轴转动的角速度和角加速度确定后，刚体内任一质元的速度和加速度也就可以完全确定. 若刚体上某质元 $i$ 到转轴的距离为 $r_i$. 则该质元的线速度为

$$v_i = \omega r_i \tag{3.2}$$

切向加速度和法向加速度分别为

$$a_{i\tau} = \alpha r_i \tag{3.3}$$

$$a_{in} = \omega^2 r_i \tag{3.4}$$

由此可见,尽管刚体是一个复杂的质点系,但引入角量后,刚体定轴转动的描述就显得十分简单.刚体上各质元的角量(角位移、角速度、角加速度)相同,而各质元的线量(线位移、线速度、线加速度)大小与质元到转轴的距离成正比.

## 3.2 力矩 刚体定轴转动的转动定律

力是使物体平动状态发生改变的原因,而力矩是使物体转动状态发生改变的原因.本节先介绍力矩的概念,然后讨论刚体作定轴转动时的动力学关系.

### 3.2.1 力矩

力矩可分为力对点的力矩和力对轴的力矩.在此,先分析力对某固定点的力矩.

如图 3.5 所示,力 $\boldsymbol{F}$ 对某固定点 $O$ 的力矩的大小等于此力和力臂的乘积,即

$$M = Fr\sin\varphi \tag{3.5}$$

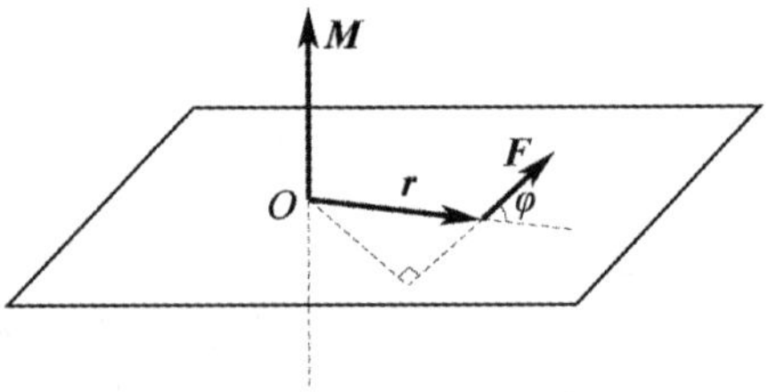


图 3.5 力对点的力矩

式中 $\boldsymbol{r}$ 为由 $O$ 点指向力 $\boldsymbol{F}$ 的作用点的矢径,$\varphi$ 为 $\boldsymbol{r}$ 与 $\boldsymbol{F}$ 的夹角.力矩是矢量,定义为

$$\boldsymbol{M} = \boldsymbol{r} \times \boldsymbol{F} \tag{3.6a}$$

即 $\boldsymbol{M}$ 的方向垂直于 $\boldsymbol{r}$ 和 $\boldsymbol{F}$ 所决定的平面,其指向用右手螺旋法则确定.

$\boldsymbol{M}$ 在直角坐标系中各坐标轴的分量为

$$\begin{cases} M_x = yF_z - zF_y \\ M_y = zF_x - xF_z \\ M_z = xF_y - yF_x \end{cases} \tag{3.6b}$$

它们也分别称为对 $x$、$y$、$z$ 轴的力矩.

力对固定点的力矩为零有两种情况:一是力 $\boldsymbol{F}$ 等于零;二是力 $\boldsymbol{F}$ 的作用线与矢径 $\boldsymbol{r}$ 共线(力 $\boldsymbol{F}$ 的作用线穿过 $O$ 点),此时 $\sin\varphi = 0$.如果一个物体所受的力始终指向(或背离)某一固定点,这种力称为**有心力**,此固定点叫作**力心**.显然有心力 $\boldsymbol{F}$ 与矢径 $\boldsymbol{r}$ 是共线的.因此,**有心力对力心的力矩恒为零**.

不难证明,力对轴的力矩为零也有两种情况:一是力的作用线与轴平行;二是力的作用线与轴相交.掌握这些特点,在后面讲到判断系统是否满足角动量守恒的条件时,非常方便.

在国际单位制中,力矩的单位是牛[顿]米(N·m).

### 3.2.2　刚体定轴转动的转动定律

理论与实践证明，当刚体绕固定轴转动时，作用在刚体上的力，若其作用线与转动轴平行，或其作用线的延长线与转轴相交，则该力对转轴的力矩为零，即该力对转动轴没有转动效应. 只有力的作用线在转动平面内而又不与轴相交的力才对转轴产生力矩，从而使刚体转动状态发生改变. 因此，在研究引起定轴转动刚体转动状态发生改变的原因时，我们只需考虑外力在转动平面内的分量对转轴的力矩.

如图 3.6 所示，刚体绕定轴 $z$ 转动. 在刚体上任取一质元 $\Delta m_i$，它绕 $z$ 轴作圆周运动的半径为 $r_i$，设它所受的合外力在转动平面内的分量为 $\boldsymbol{F}_i$，刚体内其他质元对 $\Delta m_i$ 作用的合内力在转动平面内的分量为 $\boldsymbol{f}_i$，它们与矢径 $\boldsymbol{r}_i$ 的夹角分别为 $\varphi_i$ 和 $\theta_i$. 设刚体绕轴转动的角速度和角加速度分别为 $\omega$ 和 $\alpha$. 根据牛顿第二定律，采用自然坐标系，可得质元 $\Delta m_i$ 的法向和切向方程，分别为

$$-(F_i\cos\varphi_i+f_i\cos\theta_i)=\Delta m_i a_{in}=\Delta m_i r_i\omega^2$$

$$F_i\sin\varphi_i+f_i\sin\theta_i=\Delta m_i a_{i\tau}=\Delta m_i r_i\alpha$$

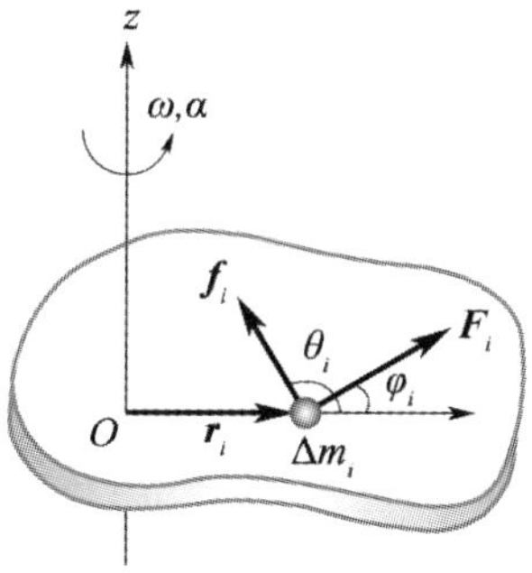


图 3.6　推导转动定律示意图

式中 $a_{in}=r_i\omega^2$，$a_{i\tau}=r_i\alpha$ 分别是质元的向心加速度和切向加速度. 由于向心力的作用线穿过转轴，其力矩为零，所以法向方程我们不予考虑，只讨论切向方程. 将切向方程的两边各乘以 $r_i$，可得

$$F_i r_i\sin\varphi_i+f_i r_i\sin\theta_i=\Delta m_i r_i^2\alpha \tag{3.7}$$

式中第一项和第二项分别为外力和内力对转轴的力矩. 由于在定轴转动中，力矩的方向只可能沿转轴的正方向或负方向，因此，当有几个力同时作用在刚体上时，这些力对转轴的力矩的矢量和就可用代数和来计算. 用式(3.7)对刚体所有质元求和，并考虑到各质元角加速度相同，有

$$\sum_i F_i r_i\sin\varphi_i+\sum_i f_i r_i\sin\theta_i=\left(\sum_i\Delta m_i r_i^2\right)\alpha \tag{3.8}$$

由于内力总是成对出现，且可以证明每对内力对同一轴的力矩之和必定为零. 因此上式中第二项为零.

令 $M=\sum_i F_i r_i\sin\varphi_i$，则 $M$ 表示作用在刚体上的所有外力力矩的和，称之为合外力矩.

令

$$J=\sum_i\Delta m_i r_i^2 \tag{3.9}$$

则 $J$ 与刚体的运动及所受的外力无关,仅由各质元相对于转轴的分布所决定,称 $J$ 为刚体绕轴转动的**转动惯量**.

于是式(3.8)可表示为

$$M = J\alpha \tag{3.10}$$

式(3.10)表示:刚体绕固定轴转动时,作用于刚体上的合外力矩等于刚体对转轴的转动惯量与角加速度的乘积.或者说,**绕定轴转动的刚体的角加速度与作用于刚体上的合外力矩成正比,与刚体的转动惯量成反比**.这就是**刚体定轴转动的转动定律**.

转动定律是力矩的瞬时作用规律.式(3.10)中各量均须对同一刚体、同一转轴而言.它在定轴转动中的地位相当于牛顿第二定律在平动中的地位.

### 3.2.3 转动惯量

由式(3.10)可知,当用相同的外力矩作用于两个转动惯量大小不同的刚体时,转动惯量大的刚体获得的角加速度反而要小,这说明刚体转动惯量越大,其原有的转动状态越难改变,转动惯量是刚体转动时惯性大小的量度.下面就来讨论如何计算刚体的转动惯量.

根据转动惯量的定义式,可知刚体的转动惯量就是组成刚体的各质元的质量与其到转轴的距离的平方的乘积之和.

如果是单个质点绕某根轴转动,则其转动惯量为

$$J = mr^2$$

如果是分立质点组成的质点系绕同一轴转动,其转动惯量为

$$J = \sum_i m_i r_i^2$$

如果是质量连续分布的刚体绕同一轴转动,其转动惯量为

$$J = \int_m r^2 \mathrm{d}m \tag{3.11}$$

以上各式中的 $r$ 均应理解成质点(或质元)到转轴的距离.

转动惯量的单位是千克二次方米(kg·m$^2$).

---

**例 3.1** 如图 3.7 所示,求质量为 $m$,长为 $l$ 的均匀细棒的转动惯量:(1) 转轴通过棒的中心并与棒垂直;(2) 转轴通过棒一端并与棒垂直.

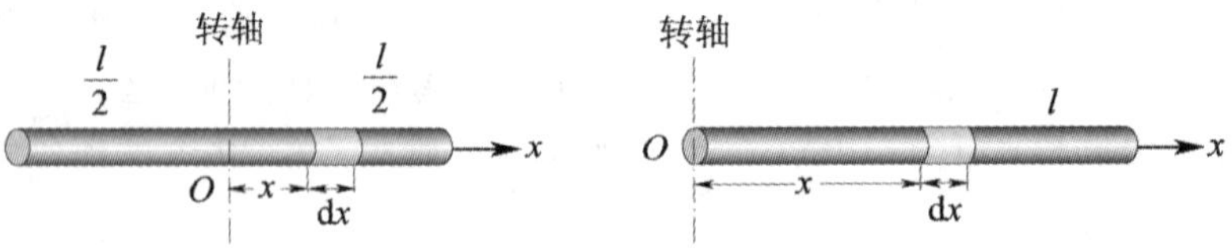


图 3.7 例 3.1 图

**解**

(1) 转轴通过棒的中心并与棒垂直.

在棒上任取一质元,其长度为 $\mathrm{d}x$,距轴 $O$ 的距离为 $x$,设棒的线密度(即单位长度上的质量)为 $\lambda = \frac{m}{l}$,则该质元的质量 $\mathrm{d}m = \lambda \mathrm{d}x$.该质元对中心轴的转动惯量为

$$dJ = x^2 dm = \lambda x^2 dx$$

整个棒对中心轴的转动惯量为

$$J = \int dJ = \int_{-\frac{l}{2}}^{\frac{l}{2}} \lambda x^2 dx = \frac{1}{12} m l^2$$

(2) 转轴通过棒一端并与棒垂直时，整个棒对该轴的转动惯量为

$$J = \int_0^l \lambda x^2 dx = \frac{1}{3} m l^2$$

由此看出，同一均匀细棒，转轴位置不同，转动惯量不同.

**例 3.2** 设质量为 $m$，半径为 $R$ 的细圆环和均匀圆盘分别绕通过各自中心并与圆面垂直的轴转动，求圆环和圆盘的转动惯量.

**解** (1) 求质量为 $m$，半径为 $R$ 的圆环对中心轴的转动惯量. 如图 3.8(a) 所示，在环上任取一质元，其质量为 $dm$，该质元到转轴的距离为 $R$，则该质元对转轴的转动惯量为

$$dJ = R^2 dm$$

考虑到所有质元到转轴的距离均为 $R$，所以细圆环对中心轴的转动惯量为

$$J = \int dJ = \int_m R^2 dm = R^2 \int_m dm = mR^2$$

(2) 求质量为 $m$，半径为 $R$ 的圆盘对中心轴的转动惯量. 整个圆盘可以看成许多半径不同的同心圆环构成. 为此，在离转轴的距离为 $r$ 处取一小圆环，如图 3.8(b) 所示，其面积为 $dS = 2\pi r dr$，设圆盘的面密度(单位面积上的质量)$\sigma = m/\pi R^2$，则小圆环的质量 $dm = \sigma dS = \sigma 2\pi r dr$，该小圆环对中心轴的转动惯量为

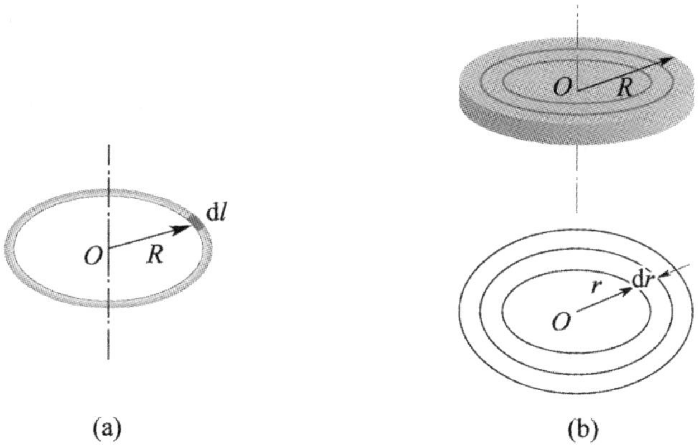


图 3.8

$$dJ = r^2 dm = \sigma 2\pi r^3 dr$$

则整个圆盘对中心轴的转动惯量为

$$J = \int dJ = \int_0^R \sigma 2\pi r^3 dr = \frac{1}{2} m R^2$$

以上计算表明，质量相同，转轴位置相同的刚体，由于质量分布不同，转动惯量不同.

由以上两例可以归纳出，刚体转动惯量的大小与三个因素有关：① 与刚体的总质量有关；② 与刚体质量对轴的分布有关，质量分布离轴越远，转动惯量越大；③ 与轴的位置有关，

对质量分布均匀的物体,其对中心轴的转动惯量最小.

上述的计算方法只适用于有规则几何图形的刚体.对于形状不规则的刚体则可用实验方法测定.表 3.1 列出了几种质量分布均匀具有简单几何形状的刚体对于不同轴的转动惯量.

**表 3.1　刚体的转动惯量**

| | |
|---|---|
| 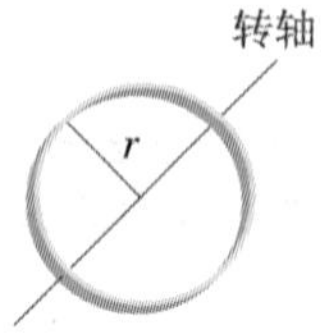  圆环<br>转轴通过中心与环面垂直<br>$J=mr^2$ | 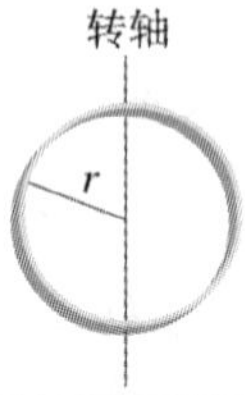  圆环<br>转轴沿直径<br>$J=\frac{mr^2}{2}$ |
| 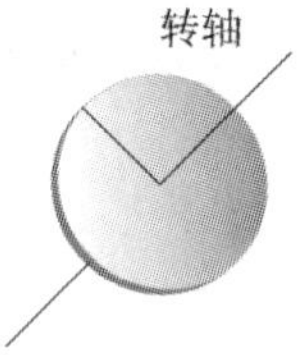  薄圆盘<br>转轴通过中心与盘面垂直<br>$J=\frac{mr^2}{2}$ | 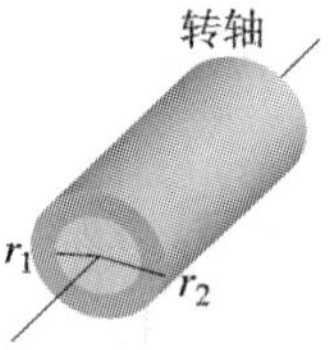  圆筒<br>转轴沿几何轴<br>$J=\frac{m}{2}(r_1^2+r_2^2)$ |
| 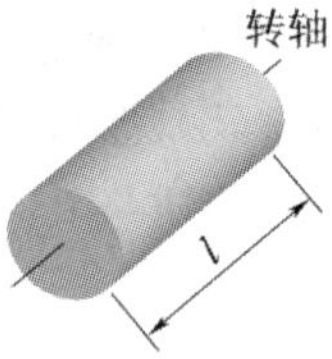  圆柱体<br>转轴沿几何轴<br>$J=\frac{mr^2}{2}$ | 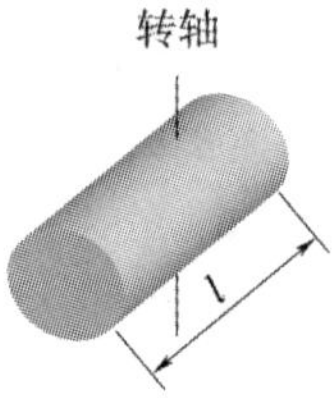  圆柱体<br>转轴通过中心与几何轴垂直<br>$J=\frac{mr^2}{4}+\frac{ml^2}{12}$ |
| 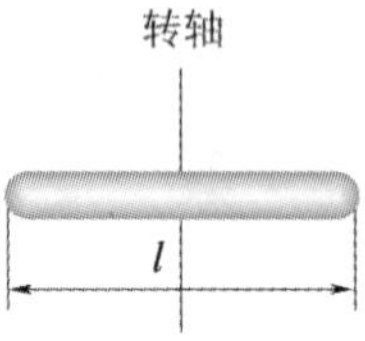  细棒<br>转轴通过中心与棒垂直<br>$J=\frac{ml^2}{12}$ | 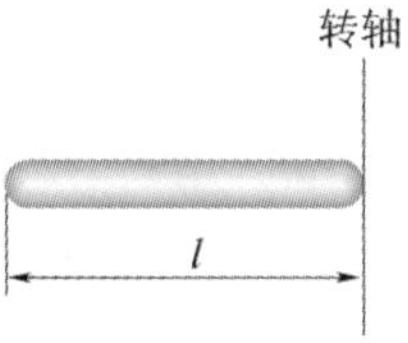  细棒<br>转轴通过端点与棒垂直<br>$J=\frac{ml^2}{3}$ |
| 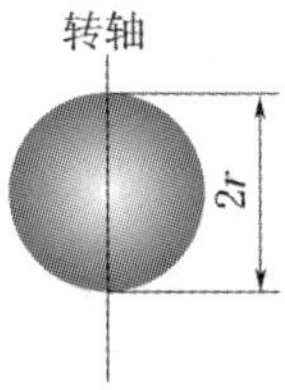  球体<br>转轴沿直径<br>$J=\frac{2mr^2}{5}$ | 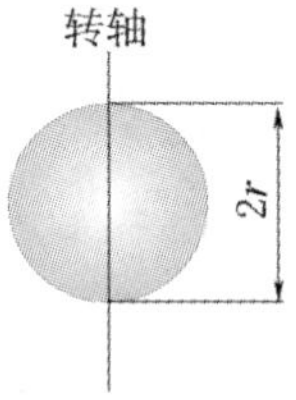  球壳<br>转轴沿直径<br>$J=\frac{2mr^2}{3}$ |

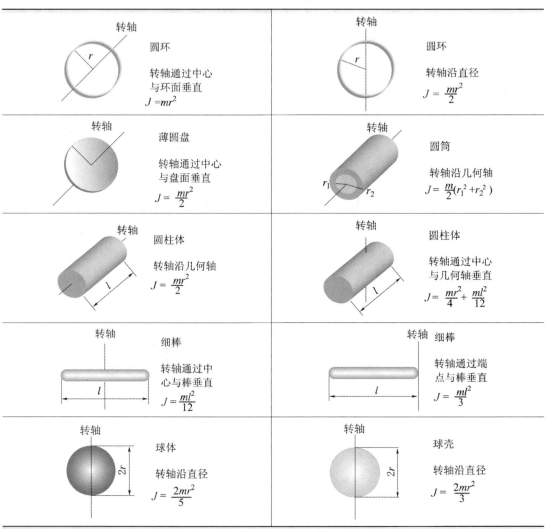

## 3.2.4　转动定律的应用

运用刚体的定轴转动定律结合牛顿运动定律,可以讨论许多有关转动的动力学问题.值得注意的是,由于角加速度具有瞬时性,所以式(3.10)和牛顿第二定律一样都是瞬时方程,它只能确定某一时刻刚体所受力矩与其角加速度之间的关系.因此,根据角加速度的定义,式(3.10)也可表示为

$$M=J\alpha=J\frac{\mathrm{d}\omega}{\mathrm{d}t} \tag{3.12}$$

**例 3.3**　如图 3.9(a) 所示，质量均为 $m$ 的两物体 A、B. A 放在倾角为 $\theta$ 的光滑斜面上，通过定滑轮由不可伸长的轻绳与 B 相连. 定滑轮是半径为 $R$ 的圆盘，其质量也为 $m$. 物体运动时，绳与滑轮无相对滑动. 求绳中张力 $T_1$ 和 $T_2$ 及物体的加速度 $a$ 的大小(轮轴光滑).

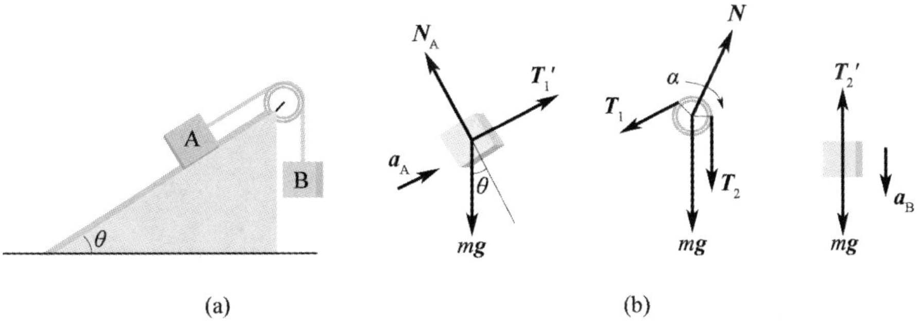


图 3.9

**解**　物体 A、B 及定滑轮受力图如图 3.9(b) 所示. 对于作平动的物体 A、B，分别由牛顿定律得

$$T_1' - mg\sin\theta = ma_A \quad ①$$

$$mg - T_2' = ma_B \quad ②$$

又

$$T_1' = T_1,\quad T_2' = T_2 \quad ③$$

对定滑轮，由转动定律得

$$T_2R - T_1R = J\alpha \quad ④$$

由于绳不可伸长，所以

$$a_A = a_B = R\alpha \quad ⑤$$

又

$$J = \frac{1}{2}mR^2$$

联立式 ①，②，③，④，⑤ 得

$$T_1 = \frac{2+3\sin\theta}{5}mg$$

$$T_2 = \frac{3+2\sin\theta}{5}mg$$

$$a_A = a_B = \frac{2(1-\sin\theta)}{5}g$$

**例 3.4**　转动着的飞轮的转动惯量为 $J$，在 $t=0$ 时角速度为 $\omega_0$. 此后飞轮经历制动过程，阻力矩 $\boldsymbol{M}$ 的大小与角速度 $\omega$ 的平方成正比，比例系数为 $k$($k$ 为大于零的常数)，当 $\omega = \frac{1}{3}\omega_0$ 时，飞轮的角加速度是多少？从开始制动到现在经历的时间是多少？

**解**　(1) 由题知 $M = -k\omega^2$，故由转动定律有

$$-k\omega^2 = J\alpha$$

即

$$\alpha = -\frac{k\omega^2}{J}$$

将 $\omega=\frac{1}{3}\omega_0$ 代入,求得这时飞轮的角加速度为

$$\alpha=-\frac{k\omega_0^2}{9J}$$

(2) 为求经历的时间 $t$,将转动定律写成微分方程的形式,即

$$M=J\alpha=J\frac{\mathrm{d}\omega}{\mathrm{d}t}$$

$$-k\omega^2=J\frac{\mathrm{d}\omega}{\mathrm{d}t}$$

分离变量,并考虑到 $t=0$ 时,$\omega=\omega_0$,两边积分

$$\int_{\omega_0}^{\frac{1}{3}\omega_0}\frac{\mathrm{d}\omega}{\omega^2}=-\int_0^t\frac{k}{J}\mathrm{d}t$$

故当 $\omega=\frac{1}{3}\omega_0$ 时,制动经历的时间为 $t=\frac{2J}{k\omega_0}$.

---

# 3.3 刚体定轴转动的动能定理

## 3.3.1 转动动能

刚体绕定轴转动时的动能,称为**转动动能**. 设刚体以角速度 $\omega$ 绕定轴转动,其中每一质元都在各自转动平面内以角速度 $\omega$ 作圆周运动. 设第 $i$ 个质元质量为 $\Delta m_i$,离轴的距离为 $r_i$,它的线速度为 $v_i=r_i\omega$,则 $i$ 质元的动能为 $\frac{1}{2}\Delta m_i v_i^2=\frac{1}{2}\Delta m_i(r_i\omega)^2$,整个刚体的转动动能为

$$E_\mathrm{k}=\sum_{i=1}^{n}\frac{1}{2}\Delta m_i r_i^2\omega^2=\frac{1}{2}\left(\sum_{i=1}^{n}\Delta m_i r_i^2\right)\omega^2=\frac{1}{2}J\omega^2 \tag{3.13}$$

这说明:**刚体绕定轴转动时的转动动能等于刚体的转动惯量与角速度平方乘积的一半.** 与物体的平动动能(质点的动能) $\frac{1}{2}mv^2$ 相比较,二者形式上十分相似. 其中转动惯量与质量相对应,角速度与线速度对应. 由于转动惯量与轴的位置有关,因此,转动动能也与轴的位置有关.

## 3.3.2 力矩的功

如图 3.10 所示,设在转动平面内的外力 $\boldsymbol{F}_i$ 作用于 $P$ 点(注:此处之所以不考虑内力的功,是因为一对内力功之和仅与相对位移有关,而刚体各质元之间不存在相对位移,内力功之和始终为零),经 $\mathrm{d}t$ 时间后 $P$ 点沿一圆周轨道移动 $\mathrm{d}s_i$ 弧长,半径 $r_i$ 扫过 $\mathrm{d}\theta$ 角,并有 $|\mathrm{d}\boldsymbol{r}_i|=\mathrm{d}s_i=r_i\mathrm{d}\theta$,由功的定义式(2.24)有

$$\mathrm{d}W_i=F_{\tau i}\mathrm{d}s_i=F_{\tau i}r_i\mathrm{d}\theta=M_i\mathrm{d}\theta$$

式中 $F_{\tau i}=F_i\cos\alpha_i$, $M_i=F_{\tau i}r_i$,然后对 $i$ 求和,得

$$\mathrm{d}W=\left(\sum M_i\right)\mathrm{d}\theta=M\mathrm{d}\theta \tag{3.14}$$

式中 $M$ 为作用于刚体上外力矩大小之和. 式(3.14) 说明力矩所做元功等于力矩和角位移的乘积. 当刚体在力矩 $\boldsymbol{M}$ 作用下，由 $\theta_1$ 转到 $\theta_2$ 时，力矩的功为

$$W = \int_{\theta_1}^{\theta_2} M\mathrm{d}\theta \tag{3.15}$$

力矩的功率为

$$P = \frac{\mathrm{d}W}{\mathrm{d}t} = M\frac{\mathrm{d}\theta}{\mathrm{d}t} = M\omega \tag{3.16}$$

当功率一定时，力矩与角速度成反比.

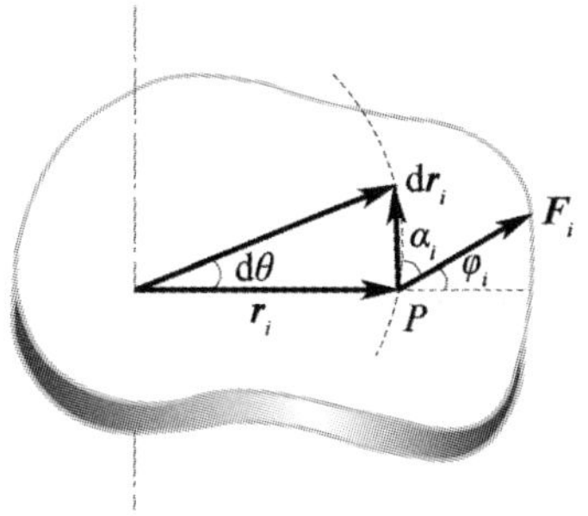

图 3.10　力矩的功

### 3.3.3　刚体定轴转动的动能定理

如果将转动定律写成如下形式

$$M = J\alpha = J\frac{\mathrm{d}\omega}{\mathrm{d}t} = J\frac{\mathrm{d}\omega}{\mathrm{d}\theta}\frac{\mathrm{d}\theta}{\mathrm{d}t} = J\omega\frac{\mathrm{d}\omega}{\mathrm{d}\theta}$$

分离变量并积分，又考虑到 $\theta = \theta_1$ 时 $\omega = \omega_1$，所以

$$\int_{\theta_1}^{\theta_2} M\mathrm{d}\theta = \int_{\omega_1}^{\omega_2} J\omega\mathrm{d}\omega$$

于是可得

$$\int_{\theta_1}^{\theta_2} M\mathrm{d}\theta = \frac{1}{2}J\omega_2^2 - \frac{1}{2}J\omega_1^2 \tag{3.17}$$

此式表明，**合外力矩对定轴转动刚体所做的功等于刚体转动动能的增量**. 这就是**刚体定轴转动时的动能定理**.

---

**例 3.5**　如图 3.11 所示，一根质量为 $m$，长为 $l$ 的均匀细棒 $OA$，可绕固定点 $O$ 在竖直平面内转动. 今使棒从水平位置开始自由下摆，求棒摆到与水平位置成 30° 角时中心点 $C$ 和端点 $A$ 的速度.

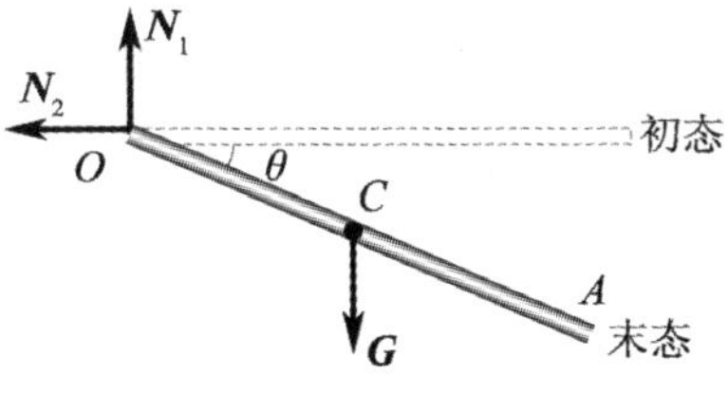

图 3.11

**解**　棒受力如图 3.11 所示，其中重力 $\boldsymbol{G}$ 对 $O$ 轴的力矩大小等于 $mg\dfrac{l}{2}\cos\theta$，是 $\theta$ 的函数，轴的支持力对 $O$ 轴的力矩为零. 由转动动能定理，有

$$\int_0^{\frac{\pi}{6}} mg\frac{l}{2}\cos\theta\mathrm{d}\theta = \frac{1}{2}J\omega^2 - \frac{1}{2}J\omega_0^2 = \frac{1}{2}J\omega^2 \quad ①$$

等式左边的积分为重力矩的功，即

$$W_G = \int_0^{\frac{\pi}{6}} mg\frac{l}{2}\cos\theta\mathrm{d}\theta = \frac{l}{4}mg = -mg(h_{c末} - h_{c初})$$

式中 $h_c$ 是棒的质心所在处相对棒的质心 $C$ 在最低点(棒在竖直位置处) 的高度. 这说明，重力矩所做的功，也等于棒的质心 $C$ 的重力势能增量的负值. 可以证明：刚体的重力势能等于将刚体的全部质量都集中在质心处时所具有的重力势能，而与刚体的方位无关. **即刚体的重力势能可表示为 $mgh_c$，$h_c$ 表示质心相对重力势能零点的高度**. 因此，对于刚体组，同样可引入机械能和机械能守恒定律，其守恒条件与质点系的条件相同.

将 $W_G = mg\dfrac{l}{4}$ 及 $J = \dfrac{1}{3}ml^2$ 代入 ① 式,得

$$\omega = \sqrt{\frac{3g}{2l}}$$

则中心点 $C$ 和端点 $A$ 的速度分别为

$$v_C = \omega\frac{l}{2} = \frac{1}{4}\sqrt{6gl}$$

$$v_A = \omega l = \frac{1}{2}\sqrt{6gl}$$

## 3.4 刚体定轴转动的角动量定理和角动量守恒定律

在研究物体平动时,我们用物体的动量来描述物体的运动状态. 当研究物体转动问题,例如,研究均质飞轮绕通过其中心,并垂直于飞轮平面的定轴转动时,我们发现,虽然飞轮在转动,但按质点系动量的定义,它的总动量为零. 这说明仅用动量来描述物体的机械运动是不够的. 因此,还有必要引进另一个物理量 —— 角动量来描述物体的机械运动. 角动量的概念与动量、能量的概念一样,也是物理学中的重要基本概念. 大到天体,小到电子、质子等微观粒子,对它们的运动描述和研究都经常用到这个物理量.

### 3.4.1 角动量 质点的角动量定理及角动量守恒定律

**1. 质点的角动量**

与质点运动时的动量类似,角动量是物体"转动运动量"的量度,是与物体的一定转动状态相联系的物理量. 这里先引入运动质点对某一固定点的角动量.

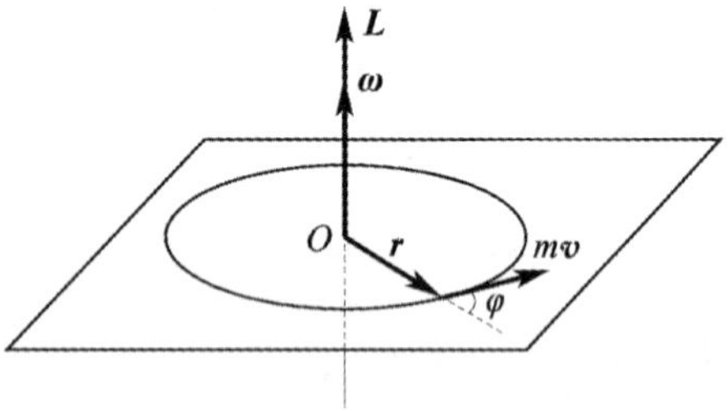

图 3.12 质点的角动量

如图 3.12 所示,一个质量为 $m$ 的质点,以速度 $\boldsymbol{v}$ 运动,其相对于固定点 $O$ 的矢径为 $\boldsymbol{r}$,则把**质点相对于 $O$ 点的矢径 $\boldsymbol{r}$ 与质点的动量 $m\boldsymbol{v}$ 的矢积定义为该时刻质点相对于 $O$ 点的角动量,用 $\boldsymbol{L}$ 表示**. 即

$$\boldsymbol{L} = \boldsymbol{r} \times m\boldsymbol{v} \tag{3.18}$$

角动量是矢量. 由矢积的定义可知,角动量 $\boldsymbol{L}$ 的方向垂直于 $\boldsymbol{r}$ 和 $m\boldsymbol{v}$ 所组成的平面,其指向可用右手螺旋法则确定. $\boldsymbol{L}$ 的大小为

$$L = rmv\sin\varphi \tag{3.19}$$

$\varphi$ 为 $\boldsymbol{r}$ 和 $m\boldsymbol{v}$ 间的夹角. 当质点作圆周运动时,$\varphi = \dfrac{\pi}{2}$,这时质点对圆心 $O$ 点的角动量大小为

$$L = rmv = mr^2\omega \tag{3.20}$$

由定义式(3.18) 可知,质点的角动量与质点对固定点 $O$ 的矢径有关. 同一质点对不同的固定点的位矢不同,因而角动量也不同. 因此,在讲质点的角动量时,必须指明是对哪一给定点

而言的.

由式(3.18) 容易推出，在直角坐标系中，角动量 $\boldsymbol{L}$ 的各坐标轴的分量为

$$\begin{cases} L_x = yp_z - zp_y \\ L_y = zp_x - xp_z \\ L_z = xp_y - yp_x \end{cases} \tag{3.21}$$

它们分别称之为角动量 $\boldsymbol{L}$ 在 $x$、$y$、$z$ 轴上的分量式，或称对 $x$、$y$、$z$ 轴的角动量.

在国际单位制中，角动量的单位是千克二次方米每秒($\mathrm{kg \cdot m^2/s}$).

**2. 质点的角动量定理**

如果将质点对 $O$ 点的角动量 $\boldsymbol{L} = \boldsymbol{r} \times m\boldsymbol{v}$ 对时间 $t$ 求导，可得

$$\frac{\mathrm{d}\boldsymbol{L}}{\mathrm{d}t} = \frac{\mathrm{d}}{\mathrm{d}t}(\boldsymbol{r} \times m\boldsymbol{v}) = \boldsymbol{r} \times \frac{\mathrm{d}(m\boldsymbol{v})}{\mathrm{d}t} + \frac{\mathrm{d}\boldsymbol{r}}{\mathrm{d}t} \times m\boldsymbol{v}$$

由于

$$\boldsymbol{F} = \frac{\mathrm{d}(m\boldsymbol{v})}{\mathrm{d}t}, \quad \boldsymbol{v} = \frac{\mathrm{d}\boldsymbol{r}}{\mathrm{d}t}$$

故上式可写为

$$\frac{\mathrm{d}\boldsymbol{L}}{\mathrm{d}t} = \boldsymbol{r} \times \boldsymbol{F} + \boldsymbol{v} \times m\boldsymbol{v}$$

根据矢积性质，$\boldsymbol{v} \times m\boldsymbol{v}$ 为零，而 $\boldsymbol{r} \times \boldsymbol{F} = \boldsymbol{M}$，于是有

$$\boldsymbol{M} = \frac{\mathrm{d}\boldsymbol{L}}{\mathrm{d}t} \tag{3.22}$$

上式说明，**作用在质点上的力矩等于质点角动量对时间的变化率. 这就是质点角动量定理的微分形式. 其积分形式为**

$$\int_{t_0}^{t} \boldsymbol{M}\mathrm{d}t = \boldsymbol{L} - \boldsymbol{L}_0 \tag{3.23}$$

式中 $\int_{t_0}^{t} \boldsymbol{M}\mathrm{d}t$ 称为**冲量矩**. 这说明，作用于质点的冲量矩，等于质点的角动量的增量. 在运用角动量定理时，一定要注意，等式两边的力矩和角动量必须都是对同一固定点的.

**3. 质点角动量守恒定律**

由式(3.22) 知，若 $\boldsymbol{M} = 0$，则

$$\boldsymbol{L} = \boldsymbol{r} \times m\boldsymbol{v} = \text{常矢量}$$

**即若质点所受外力对某固定点的力矩为零，则质点对该固定点的角动量守恒，这就是质点的角动量守恒定律.**

在研究天体运动和微观粒子运动时，常遇到角动量守恒的问题. 例如，地球和其他行星绕太阳的转动，太阳可看作不动，而地球和行星所受太阳的引力是有心力(力心在太阳)，因此地球、行星对太阳的角动量守恒. 又如带电微观粒子射到质量较大的原子核附近时，这粒子所受到的原子核的电场力就是有心力(力心在原子核心)，所以微观粒子在与原子核的碰撞过程中对力心的角动量守恒.

---

**例 3.6**　在光滑的水平桌面上，放有质量为 $M$ 的木块，木块与一弹簧相连，弹簧的另一端固定在 $O$ 点，弹簧的倔强系数为 $k$，设有一质量为 $m$ 的子弹以初速度 $v_0$ 垂直于 $OA$ 射向 $M$ 并嵌在木块内，如图 3.13 所示. 弹簧原长 $l_0$，子弹击中木块后，木块 $M$ 运动到 $B$ 点，弹簧长度

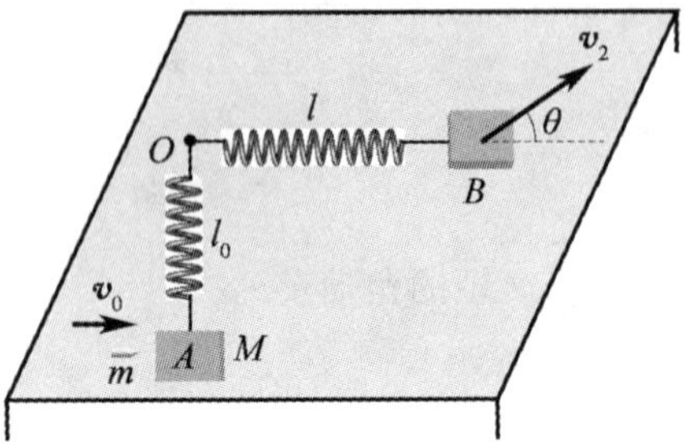


图 3.13

变为 $l$，此时 $OB$ 垂直于 $OA$. 求在 $B$ 点时，木块的运动速度 $v_2$.

**解** 击中瞬间，在水平面内，子弹与木块组成的系统速度为 $v_1$，沿 $v_0$ 方向动量守恒，即有

$$mv_0 = (m+M)v_1 \quad ①$$

在由 $A \to B$ 的过程中，子弹、木块系统机械能守恒，即

$$\frac{1}{2}(m+M)v_1^2 = \frac{1}{2}(m+M)v_2^2 + \frac{1}{2}k(l-l_0)^2 \quad ②$$

在由 $A \to B$ 的过程中木块在水平面内只受指向 $O$ 点的弹性有心力，故木块对 $O$ 点的角动量守恒，设 $v_2$ 与 $OB$ 方向成 $\theta$ 角，则有

$$l_0(m+M)v_1 = l(m+M)v_2 \sin\theta \quad ③$$

由 ①、② 式联立求得 $v_2$ 的大小为

$$v_2 = \sqrt{\frac{m^2}{(m+M)^2}v_0^2 - \frac{k(l-l_0)^2}{m+M}}$$

由 ③ 式求得 $v_2$ 与 $OB$ 的夹角为

$$\theta = \arcsin\frac{l_0 mv_0}{l\sqrt{m^2v_0^2 - k(l-l_0)^2(m+M)}}$$

### 3.4.2 刚体对轴的角动量 刚体定轴转动的角动量定理

**1. 刚体对轴的角动量**

前面学习了质点对点和对轴的角动量. 刚体是特殊的质点系，刚体定轴转动时各质元都以相同的角速度在各自的转动平面内作圆周运动. 因此，刚体对转轴的角动量就是刚体上各质元的角动量之和. 设质元 $P$ 的质量为 $\Delta m_i$，其到轴的距离为 $r_i$，转动的角速度为 $\omega$，则该质元对其圆周运动的圆心的角动量大小为

$$L_i = \Delta m_i r_i^2 \omega$$

方向沿转轴方向. 由于刚体上各质元对其对应圆心的角动量方向都相同，于是可把上式对组成刚体的所有质元求和，得

$$L = \sum_i L_i = \sum_i (\Delta m_i r_i^2 \omega) = (\sum_i \Delta m_i r_i^2)\omega = J\omega \quad (3.24)$$

式(3.24) 就是这个刚体对轴的角动量，即**刚体对某定轴的角动量等于刚体对该轴的转动惯量与角速度的乘积. 方向沿该转动轴，并与转动的角速度方向相同.**

**2. 刚体定轴转动的角动量定理**

当刚体作定轴转动时，其转动惯量保持不变. 根据转动定律，有

$$M = J\alpha = J\frac{d\omega}{dt} = \frac{d(J\omega)}{dt} = \frac{dL}{dt}$$

即

$$M = \frac{dL}{dt} \quad (3.25)$$

式(3.25)说明**定轴转动的刚体所受的合外力矩等于此时刚体角动量对时间的变化率**.这就是**刚体定轴转动的角动量定理**.

设 $t=t_0$ 时,$\omega=\omega_0$,$L=L_0$,把式(3.25)分离变量并积分,可得

$$\int_{t_0}^{t} M\mathrm{d}t=\int_{L_0}^{L}\mathrm{d}L=L-L_0=J\omega-J\omega_0 \tag{3.26}$$

上式说明**定轴转动的刚体所受合外力矩的冲量矩等于刚体在这段时间内对该轴的角动量的增量**.它是**刚体定轴转动的角动量定理的积分形式**.

### 3.4.3　刚体对轴的角动量守恒定律

由式(3.26)可知,若 $M=0$,即刚体所受合外力矩等于零,则有

$$J\omega=J\omega_0$$

即**若外力对某轴的力矩之和为零,则该刚体对同一轴的角动量守恒**.这就是**刚体定轴转动的角动量守恒定律**.

在推导式(3.25)时,我们强调了转动惯量在转动过程中是不变的.但是,可以证明,当转动的物体不能视为刚体时,即物体的转动惯量不是常数时,只要物体的各部分以同一角速度 $\omega$ 绕该轴转动,式(3.25)依然成立.其积分式相应地变为

$$\int_{0}^{t} M\mathrm{d}t=J\omega-J_0\omega_0 \tag{3.27}$$

若物体所受合外力矩为零,即 $M=0$,则有

$$J\omega=J_0\omega_0$$

也就是说,**若外力对某轴的力矩之和为零,则该物体对同一轴的角动量守恒**.这就是**对轴的角动量守恒定律**.

对轴的角动量守恒定律在生产、生活中应用极广.现仅从两方面作一些原理上的说明.

(1) 对于定轴转动的刚体,在转动过程中,若转动惯量 $J$ 始终保持不变,只要满足合外力矩等于零,则刚体转动的角速度也就不变.即原来静止的保持静止;原来作匀角速转动的仍作匀速转动.例如,在飞机、火箭、轮船上用作定向装置的回转仪就是利用这一原理制成的.

如图 3.14 所示,回转仪 $D$ 是绕几何对称轴高速旋转的边缘厚重的转子.为了使回转仪的转轴可取空间任何方位,设有对应三维空间坐标的三个支架 $AA'$、$BB'$、$OO'$.三个支架的轴承处的摩擦极小.当转子高速旋转时,由于摩擦力矩基本上可以忽略,因而在一个较长的时间内都可认为转子的角动量守恒.由于转动惯量不变,因而角速度的大小、方向均不变,即 $OO'$ 轴的方向保持不变.这时无论怎样移动底座,也不会改变回转仪的自转方向,从而起到定向作用.在航行时,只要将飞行方向与回转仪的自转轴方向核定,自动驾驶仪就会立即确定现在航行方向与预定方向间的偏离,从而及时纠正航行.

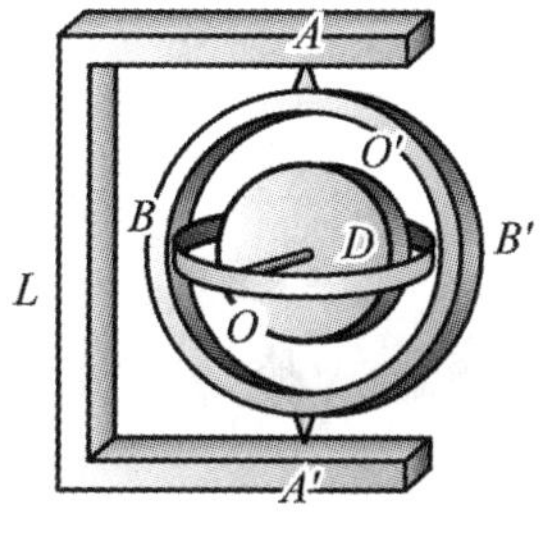

图 3.14　回转仪原理图

(2) 对于定轴转动的非刚性物体,物体上各质元对转轴的距离是可以改变的,即转动惯量 $J$ 是可变的.当满足合外力矩等于零时,物体对轴的角动量守恒,即 $J\boldsymbol{\omega}=$ 常矢量.这时 $\omega$

与$J$成反比，即$J$增加时，$\omega$就变小；$J$减少时，$\omega$就增大. 例如，一人站在可绕竖直光滑轴转动的凳上，如图 3.15 所示，两手各握一个哑铃，两臂伸开时让他转动起来，然后他收拢双臂. 在此过程中，对竖直轴而言，没有外力矩作用，转台和人这一系统对竖直轴的角动量守恒. 所以，当双臂收拢后，$J$变小了，旋转角速度就增大了. 如果将两臂伸开，$J$增大了，旋转角速度又会减小. 同样，花样滑冰运动员、芭蕾舞演员在表演时，也是运用角动量守恒定律来增大或减少身体绕对称竖直轴转动的角速度，从而做出许多优美而漂亮的舞姿.

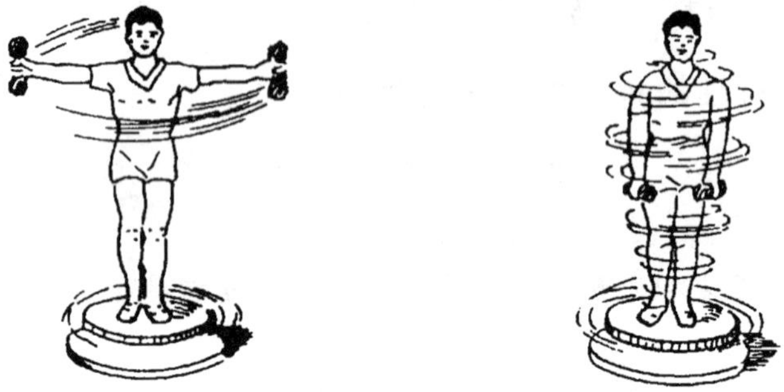

图 3.15　角动量守恒定律的演示实验

如果研究对象是相互关联的质点、刚体所组成的物体组，也可推得，**当物体组对某一定轴的合外力矩等于零时，整个物体组对该轴的角动量守恒**. 这时有

$$\sum J\omega + \sum r\,mv\sin\phi' = \text{常数} \tag{3.28}$$

这个式子在解有关力学题时常常用到.

例如，由两个物体组成的系统，原来静止，总角动量为零. 当通过内力使一个物体转动时，另一物体必沿反方向转动，而物体系总角动量仍保持为零. 这也可用下述转台实验来验证：人站在可自由转动的转台上，手举一车轮，使轮轴与转台转轴重合，当用手推车轮转动时，人和转台就会反向转动. 在实际生活中也存在一些这样的例子. 例如，直升机在螺旋桨叶片旋转时，为防止机身的反向转动，必须在机尾附加一侧向旋叶；鱼雷尾部左右两螺旋桨是沿相反方向旋转的，以防机身发生不稳定转动（见图 3.16）.

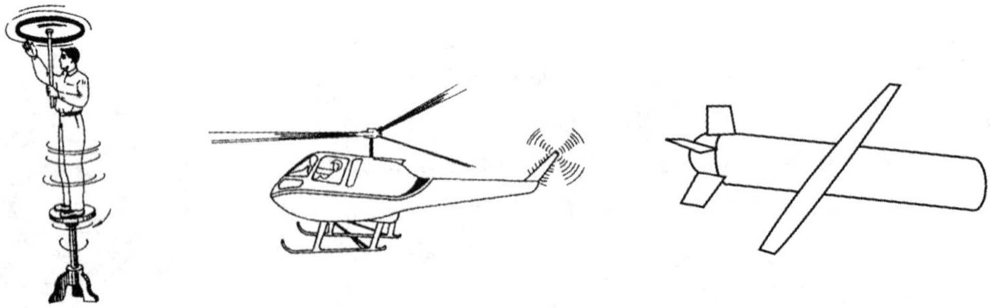

图 3.16

为便于读者对刚体的定轴转动有一个较系统的理解，表 3.2 列出了质点与刚体（定轴转动）力学规律的对照.

表 3.2　质点与刚体力学规律对照表

| 质　点 | 刚体(定轴转动) |
| --- | --- |
| 力 $\boldsymbol{F}$,质量 $m$ | 力矩 $\boldsymbol{M}=\boldsymbol{r}\times\boldsymbol{F}$,转动惯量 $J=\int r^2\mathrm{d}m$ |
| 牛顿第二定律 $\boldsymbol{F}=m\boldsymbol{a}$ | 转动定律 $\boldsymbol{M}=J\boldsymbol{\alpha}$ |
| 动量 $mv$ ,冲量$\int\boldsymbol{F}\mathrm{d}t$ | 角动量 $\boldsymbol{L}=J\boldsymbol{\omega}$,冲量矩$\int\boldsymbol{M}\mathrm{d}t$ |
| 动量定理$\int\boldsymbol{F}\mathrm{d}t=mv-mv_0$ | 角动量定理$\int\boldsymbol{M}\mathrm{d}t=J\boldsymbol{\omega}-J_0\boldsymbol{\omega}_0$ |
| 动量守恒定律$\sum\boldsymbol{F}_i=0$ | 角动量守恒定律 $\boldsymbol{M}=0$ |
| $\sum m_iv_i=$ 常矢量 | $\sum J_i\boldsymbol{\omega}_i=$ 常矢量 |
| 平动动能$\frac{1}{2}mv^2$ | 转动动能$\frac{1}{2}J\omega^2$ |
| 力的功 $W=\int_a^b\boldsymbol{F}\cdot\mathrm{d}\boldsymbol{r}$ | 力矩的功 $W=\int_{\theta_0}^{\theta}M\mathrm{d}\theta$ |
| 动能定理 $W=\frac{1}{2}mv^2-\frac{1}{2}mv_0^2$ | 动能定理 $W=\frac{1}{2}J\omega^2-\frac{1}{2}J\omega_0^2$ |

**例 3.7**　在工程上,两飞轮常用摩擦啮合器使它们以相同的转速一起转动. 如图 3.17 所示,A 和 B 两飞轮的轴杆在同一中心线上. A 轮的转动惯量为 $J_A=10\ \mathrm{kg\cdot m^2}$,B 轮的转动惯量为$J_B=20\ \mathrm{kg\cdot m^2}$,开始时 A 轮每分钟的转速为 600 转,B 轮静止. C 为摩擦啮合器. 求两轮啮合后的转速,在啮合过程中,两轮的机械能有何变化?

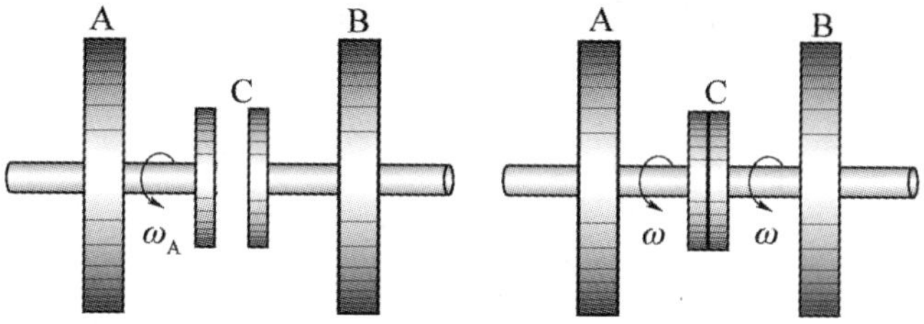


图 3.17

**解**　以飞轮 A、B,啮合器 C 为系统. 在啮合过程中,系统受到轴向的正压力和啮合器之间的切向摩擦力. 前者对轴的力矩为零,后者对转轴有力矩,但为系统的内力矩. 系统所受合外力矩为零,所以系统的角动量守恒,即

$$J_A\omega_A=(J_A+J_B)\omega$$

$\omega$ 为两轮啮合后的共同角速度,于是

$$\omega=\frac{J_A\omega_A}{J_A+J_B}$$

把各量代入上式,得 $\omega=20.9\ \mathrm{rad/s}$.

在啮合过程中,摩擦力矩做功,机械能不守恒,损失的机械能转化为内能. 损失的机械

能为

$$\Delta E = \frac{1}{2}J_A\omega_A^2 - \frac{1}{2}(J_A + J_B)\omega^2 = 1.32\times10^4\ \text{J}$$

**例 3.8** 如图 3.18 所示，质量为 $m$，长为 $l$ 的均匀细棒，可绕过其一端的水平轴 $O$ 转动. 现将棒拉到水平位置（$OA'$）后放手，棒下摆到竖直位置（$OA$）时，与静止放置在水平面 $A$ 处的质量为 $M$ 的物块作完全弹性碰撞，物体在水平面上向右滑行了一段距离 $s$ 后停止. 设物体与水平面间的摩擦系数 $\mu$ 处处相同，求证：

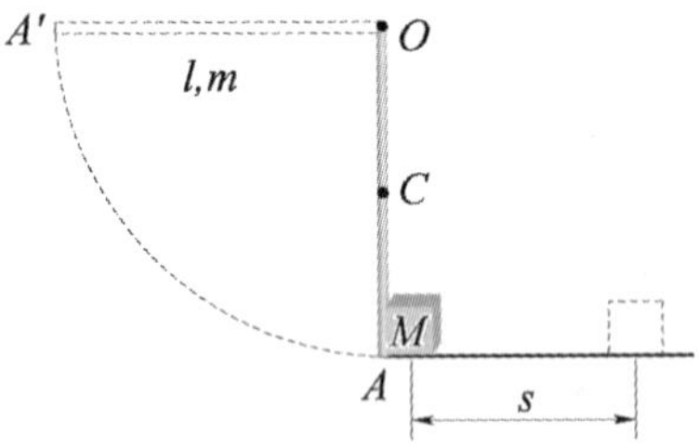

图 3.18

$$\mu = \frac{6m^2 l}{(m+3M)^2 s}$$

**解** 此题可分解为三个简单过程.

（1）棒由水平位置下摆至竖直位置但尚未与物块相碰. 此过程机械能守恒. 以棒、地球为一系统，以棒的重心在竖直位置时为重力势能零点，则有

$$mg\frac{l}{2} = \frac{1}{2}J\omega^2 = \frac{1}{6}ml^2\omega^2 \quad ①$$

（2）棒与物块作完全弹性碰撞. 此过程角动量守恒（并非动量守恒）和机械能守恒. 设碰撞后棒的角速度为 $\omega'$，物块速度为 $v$，则有

$$\frac{1}{3}ml^2\omega = \frac{1}{3}ml^2\omega' + lMv \quad ②$$

$$\frac{1}{2}\times\frac{1}{3}ml^2\omega^2 = \frac{1}{2}\times\frac{1}{3}ml^2\omega'^2 + \frac{1}{2}Mv^2 \quad ③$$

（3）碰撞后物块在水平面滑行，其满足动能定理：

$$-\mu mgs = 0 - \frac{1}{2}Mv^2 \quad ④$$

联立式 ①，②，③，④，即可证：

$$\mu = \frac{6m^2 l}{(m+3M)^2 s}$$

# 电磁学篇

电磁场是物质世界的重要组成部分,电磁学就是研究电磁场运动规律的学科.

电磁现象形成理论,可以认为是从1785年库仑研究电荷之间的相互作用开始的,人们研究了静电、静磁和电流等现象,总结出一些实验定律.但是,电磁学的重大进展是在人们认识到电现象和磁现象之间的深刻内在联系以后才开始的.1820年,奥斯特发现了电流的磁效应;1831年法拉第发现电磁感应现象,并提出场和力线的概念.至此,电现象和磁现象作为矛盾统一的整体开始被人们认识.1864年,麦克斯韦总结前人的成果,再加上他关于涡旋电场和位移电流两个大胆的假说,建立了描述宏观电磁场的完美理论——麦克斯韦方程组,并从理论上预言了电磁波的存在.1888年,赫兹利用振荡器在实验上证实了麦克斯韦关于电磁波的预言.麦克斯韦的电磁场理论是从牛顿建立经典力学理论到爱因斯坦提出相对论的这段时期中物理学的最重要的理论成果.

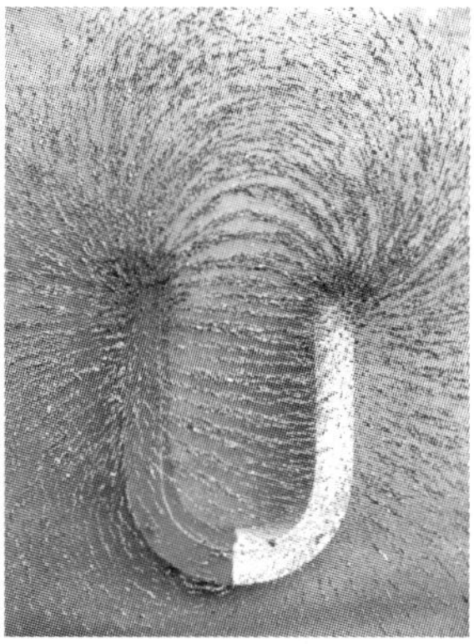

1905年,爱因斯坦创立了相对论,解决了经典力学时空观与电磁现象的新的实验事实的矛盾.根据电磁现象的规律必须满足相对论时空洛伦兹变换的要求,人们发现:从不同参考系观测,同一电磁场可表现为或只是电场、或只是磁场、或电场和磁场并存.这说明电磁场是一个统一的整体,而描述电磁场的物理量——电场强度和磁感应强度——是随参考系改变的.

电磁学的知识是许多工程技术和科学研究的基础.电能是应用最广泛的能源之一,电磁波的传播实现了信息传递,研究新材料的电磁性质促进了新技术的诞生.显然,电磁学和工程技术各个领域有十分密切的联系.电磁学的研究在理论方面也很重要.物质的各种性能是由物质的电结构决定的,在分子和原子等微观领域中,电磁力起主要作用.许多物理现象,如物质的弹性、金属的导热性、光学的折射率等都可从物质的电结构中得到解释.所以,电磁学理论在现代物理学中也占有重要地位.

本篇主要研究电磁场的规律以及物质的电磁性质.先介绍电场的描述及其规律,接着介绍静电场中的导体和电介质;然后介绍磁场的描述及其规律,接着介绍磁场中的磁介质;最后介绍电场和磁场的相互联系——电磁感应和宏观电磁场的理论——麦克斯韦方程组以及电磁波.

# 第 4 章
# 静　电　场

本章主要研究静电场的基本性质及电场与导体、电介质的相互作用.

电场强度和电势是描述电场特性的两个重要物理量. 电场强度的高斯定理和环流定理是反映静电场性质的基本规律.

已知场源电荷分布求解电场强度分布和电势分布是本章要解决的主要问题之一.

对于某些对称分布静电场中的电场强度除了用库仑定律求解以外,还可通过高斯定理求解,这种对称分析是现代物理学的一种基本分析方法.

在电场的作用下,导体和电介质中的电荷分布会发生变化. 这种变化的电荷分布又会反过来影响电场分布,最后达到静电平衡. 我们还将讨论电场与物质的相互作用规律,以及电容器和电场的能量.

本章介绍的一些概念、规律、研究和处理问题的方法贯穿在整个电磁学中,是学习电磁学的入门知识,在学习过程中应注意提高这方面的能力.

## 4.1 电场 电场强度

### 4.1.1 电荷

电荷的概念是从物体带电的现象中产生的.两种不同材料的物体,如丝绸与玻璃棒相互摩擦后,它们都能吸引小纸片等轻微物体.这时,我们说丝绸和玻璃棒处于带电状态,它们分别带有电荷.可见,电荷是物体状态的一种属性.宏观物体或微观粒子处于带电状态就说它们带有电荷.

物体或微观粒子所带的电荷有两种,称为正电荷和负电荷.带同种电荷的物体(简称同号电荷)互相排斥,带异种电荷的物体(简称异号电荷)互相吸引.静止电荷之间的相互作用力称为静电力.根据带电体之间相互作用力的大小能够确定物体所带电荷的多少.表示电荷多少的量叫作电量.在国际单位(SI)制中,电量的单位是库仑,符号为C.

现代物理实验证实,电子的电荷集中在半径小于 $10^{-18}$ m的小体积内.因此,常把电子看成一个无内部结构而具有有限质量和电量的"点".质子只有正电荷,都集中在半径约为 $10^{-15}$ m的体积内.中子内部也有电荷,靠近中心是正电荷,靠外为负电荷;正负电荷电量相等,所以对外不显带电.

由物质的分子结构知识可知,在正常状态下,物体内部的正电荷和负电荷量值相等,物体处于中性状态.使物体带电的过程就是使它获得或失去电子的过程.在一孤立系统内,无论发生怎样的物理过程,该系统电荷的代数和保持不变,这就是**电荷守恒定律**.在粒子的相互作用过程中,电荷是可以产生和消失的.例如,一个高能光子与一个重原子核作用时,该光子可以转化为一个正电子和一个负电子(这叫电子对的"产生");而一个正电子和一个负电子在一定条件下相遇,又会同时消失而产生两个或三个光子(这叫电子对的"湮灭").在已观察到的各种过程中,正、负电荷总是成对出现或成对消失.由于光子不带电,正、负电子又各带着等量异号电荷,所以这种电荷的产生和消失并不改变系统中电荷的代数和,电荷守恒定律仍然保持有效.

迄今为止,所有实验表明,任何带电体所带电量都是基本电量 $e=1.602\times10^{-19}$ C的整数倍.这种电量只能取分立的、不连续的量值的性质称为**电荷的量子化**.因为 $e$ 如此之小,以致使电荷的量子性在研究宏观现象的绝大多数实验中未能表现出来.因此常把带电体当作电荷连续分布的带电体来处理,并认为电荷的变化是连续的.近代物理从理论上预言,基本粒子由若干种电量为 $\pm\frac{1}{3}e$、$\pm\frac{2}{3}e$ 的夸克或反夸克组成.然而尚未在实验中发现单独存在的夸克.

实验还证明,一个电荷的电量与它的运动状态无关.例如,加速器将电子或质子加速时,随着粒子速度的变化,电量没有任何变化.再如,氢分子和氦原子都有两个电子,它们在核外的运动状态差别不大,电子电量应该相同.但是,氢分子的两个质子是作为两个原子核在保持相对距离约为0.07 nm的情况下转动的;氦原子中的两个质子却紧密地束缚在一起运动.氦原子中的两个质子的能量比氢分子的两个质子的能量大到一百万倍的数量级,因而两者的运动状态有显著差别.如果电荷的电量与运动状态有关,氢分子中质子的电量就应该和氦原子中质子的电量不同,但两者的电子电量是相同的,因此两者就不可能都是电中性的.但是实验证实,氢分子和氦原子都精确地是电中性的.这就说明,质子的电量也是与其运动状态无关的.大量事实证明,电荷的电量是与其运动状态无关的.在不同的参考系观察,同一带电粒子的电量不变,电荷的这一性质叫**电荷的相对论不变性**.

### 4.1.2 库仑定律

两个静止带电体之间的作用力(通常简称为两个静止电荷之间的作用力)即静电力,不仅与它们所带电量及它们之间的距离有关,而且还与它们的大小、形状及电荷分布情况有关.当带电体本身的线度与它们之间的距离相比足够小时,带电体可以看成**点电荷**.即带电体的形状、大小可以忽略,而把带电体所带电量集中到一个"点"上.

**真空中两个静止点电荷之间相互作用力的大小与这两个点电荷所带电量 $q_1$ 和 $q_2$ 的乘积成正比,与它们之间的距离 $r$ 的平方成反比.作用力的方向沿着两个点电荷的连线,同号电荷相互排斥、异号电荷相互吸引.**这就是**库仑定律**.它是1785年由法国物理学家库仑首先指出的.相互作用力 $\boldsymbol{F}$ 的大小可表示为

$$F = k\frac{q_1 q_2}{r^2} \tag{4.1}$$

式中 $k$ 为比例系数,其数值和单位取决于各量所采用的单位.在国际单位制中,$k = 8.988\,0 \times 10^9\ \mathrm{N \cdot m^2/C^2} \approx 9.0 \times 10^9\ \mathrm{N \cdot m^2/C^2}$.

为了使由库仑定律推导出的一些常用公式简化,我们引入新的常数 $\varepsilon_0$ 来代替 $k$,两者的关系为

$$\varepsilon_0 = \frac{1}{4\pi k} = 8.85 \times 10^{-12}\ \mathrm{C^2/(N \cdot m^2)} \tag{4.2}$$

$\varepsilon_0$ 称为真空中的介电常数.以 $\varepsilon_0$ 代入式(4.1)得

$$F = \frac{1}{4\pi\varepsilon_0}\frac{q_1 q_2}{r^2} \tag{4.3}$$

为了表示力的方向,可采用矢量式表示库仑定律:

$$\boldsymbol{F} = \frac{1}{4\pi\varepsilon_0}\frac{q_1 q_2}{r^2}\boldsymbol{r}_0 \tag{4.4}$$

式中 $\boldsymbol{r}_0$ 是由施力电荷指向受力电荷的矢径方向的单位矢量.近代物理实验表明,当两个点电荷之间的距离在 $10^{-17} \sim 10^7$ m 范围内,库仑定律是极其准确的.

库仑定律只适用于两个点电荷之间的作用.当空间同时存在几个点电荷时,它们共同作用于某一点电荷的静电力等于其他各点电荷单独存在时作用在该点电荷上的静电力的矢量和.这就是**静电力的叠加原理**.

### 4.1.3 电场强度

静电力同样是物质之间的相互作用.这种特殊的物质,叫作电场.电荷和电荷之间是通过电场这种物质传递相互作用的,这种作用可以表示为

$$\text{电荷} \rightleftarrows \text{电场} \rightleftarrows \text{电荷}$$

近代物理证实这种看法是正确的.同时还证实电场和一切实物一样,也具有能量、动量和质量等重要性质,因此,电场也是一种物质.但场与其他实物不同,几个电场可以同时占有

同一空间,所以电场是一种特殊形式的物质.

相对于观察者为静止的带电体周围存在的电场称为**静电场**. 静电场对外表现主要有:

(1) 处于电场中的任何带电体都受到电场所作用的力.

(2) 当带电体在电场中移动时,电场所作用的力将对带电体做功.

电场中任一点处电场的性质,可从电荷在电场中受力的特点来定量描述. 用电量很小的点电荷 $q_0$ 作为试验电荷,当试验电荷 $q_0$ 放在电场中一给定点处时,它所受到的电场力的大小和方向是一定的;放在电场中的不同点处,其受到的电场力的大小和方向一般是不相同的. 实验电荷 $q_0$ 放在电场中一固定点处,当 $q_0$ 的电量改变时它所受的力方向不变,但力的大小将随电量的改变而改变. 然而始终保持力 $\boldsymbol{F}$ 和 $q_0$ 的比值 $\dfrac{\boldsymbol{F}}{q_0}$ 为一恒矢量. 因此,$\dfrac{\boldsymbol{F}}{q_0}$ 反映了 $q_0$ 所在点处电场的性质,称为**电场强度**,用 $\boldsymbol{E}$ 表示,即

$$\boldsymbol{E}=\frac{\boldsymbol{F}}{q_0} \tag{4.5}$$

当 $q_0$ 为一个单位正电荷时,$\boldsymbol{E}=\boldsymbol{F}$,即电场中任一点的电场强度等于单位正电荷在该点所受的电场力. 在 SI 制中,电场强度 $\boldsymbol{E}$ 的单位是牛顿每库仑(N/C),也可以写成伏特每米(V/m).

一般情况下,电场中的不同点,其电场强度的大小和方向是各不相同的. 要完整地描述整个电场,必须知道空间各点的电场强度分布,即求出矢量场函数 $\boldsymbol{E}=\boldsymbol{E}(\boldsymbol{r})$.

### 4.1.4 电场强度叠加原理

将试验电荷 $q_0$ 放在点电荷系 $q_1,q_2,\cdots,q_n$ 所产生的电场中时,$q_0$ 将受到各点电荷静电力的作用. 由静电力的叠加原理知,$q_0$ 受到的总静电力

$$\boldsymbol{F}=\boldsymbol{F}_1+\boldsymbol{F}_2+\cdots+\boldsymbol{F}_n$$

两边除以 $q_0$,得

$$\frac{\boldsymbol{F}}{q_0}=\frac{\boldsymbol{F}_1}{q_0}+\frac{\boldsymbol{F}_2}{q_0}+\cdots+\frac{\boldsymbol{F}_n}{q_0}$$

按电场强度定义 $\boldsymbol{E}=\dfrac{\boldsymbol{F}}{q_0}$,有

$$\boldsymbol{E}=\boldsymbol{E}_1+\boldsymbol{E}_2+\cdots+\boldsymbol{E}_n=\sum_{i=1}^{n}\boldsymbol{E}_i \tag{4.6}$$

上式表明,**电场中任一场点处的总电场强度等于各个点电荷单独存在时在该点各自产生的电场强度的矢量和**. 这就是**电场强度叠加原理**. 任何带电体都可以看作许多点电荷的集合,由该原理可计算任意带电体产生的电场强度.

### 4.1.5 电场强度的计算

如果场源电荷分布状况已知,那么根据电场强度叠加原理,原则上可以求得电场分布.

**1. 点电荷的电场**

设真空中有一点电荷 $q$,$P$ 为空间一点(称为场点). $\boldsymbol{r}$ 为从 $q$ 到 $P$ 点的矢径. 当试验电荷 $q_0$ 放在 $P$ 点时,$q_0$ 所受电场力为

$$\boldsymbol{F}=\frac{1}{4\pi\varepsilon_0}\frac{q_0 q}{r^2}\boldsymbol{r}_0$$

式中 $\boldsymbol{r}_0$ 为矢径 $\boldsymbol{r}$ 方向的单位矢量. 则 $P$ 点电场强度为

$$\boldsymbol{E} = \frac{\boldsymbol{F}}{q_0} = \frac{1}{4\pi\varepsilon_0}\frac{q}{r^2}\boldsymbol{r}_0 \tag{4.7}$$

$q$ 为正电荷时,$\boldsymbol{E}$ 与 $\boldsymbol{r}$ 同方向;$q$ 为负电荷时,$\boldsymbol{E}$ 与 $\boldsymbol{r}$ 反方向. 式(4.7) 表明,点电荷的电场具有球对称性:在以 $q$ 为中心的每一个球面上,各点电场强度的大小相等;正点电荷的电场强度方向垂直球面向外,负点电荷的电场强度方向垂直球面向里.

**2. 点电荷系的电场**

设真空中有点电荷系 $q_1, q_2, \cdots, q_n$,用 $\boldsymbol{r}_{i0}$ 表示第 $i$ 个点电荷 $q_i$ 到任意场点 $P$ 的矢径 $\boldsymbol{r}_i$ 方向的单位矢量,$\boldsymbol{E}_i$ 为 $q_i$ 单独存在时在 $P$ 点产生的电场强度. 则

$$\boldsymbol{E}_i = \frac{1}{4\pi\varepsilon_0}\frac{q_i}{r_i^2}\boldsymbol{r}_{i0}$$

根据电场强度叠加原理,可得 $P$ 点总电场强度

$$\boldsymbol{E} = \sum_{i=1}^{n}\boldsymbol{E}_i = \sum_{i=1}^{n}\frac{1}{4\pi\varepsilon_0}\frac{q_i}{r_i^2}\boldsymbol{r}_{i0} \tag{4.8}$$

在直角坐标系中式(4.8) 的分量式分别为

$$\begin{cases} E_x = \sum_{i=1}^{n} E_{ix} \\ E_y = \sum_{i=1}^{n} E_{iy} \\ E_z = \sum_{i=1}^{n} E_{iz} \end{cases}$$

---

**例 4.1** 两个等值异号的点电荷 $+q$ 和 $-q$ 组成的点电荷系,当它们之间的距离 $l$ 比起所讨论问题中涉及的距离 $r$ 小得多时,这一对点电荷系称为**电偶极子**. 由负电荷 $-q$ 指向正电荷 $+q$ 的矢径 $\boldsymbol{l}$ 称为电偶极子的轴. $q\boldsymbol{l}$ 为**电偶极矩**,简称**电矩**,用 $\boldsymbol{p}$ 表示,即 $\boldsymbol{p} = q\boldsymbol{l}$. 试计算电偶极子轴线延长线上的一点 $A$ 和轴的中垂面上的一点 $B$ 的电场强度.

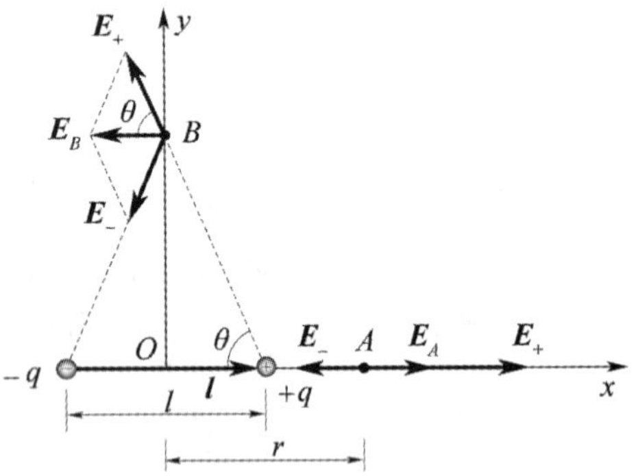


图 4.1

**解** 选取如图 4.1 所示的坐标,$O$ 为电偶极子轴的中点. 点电荷 $+q$ 和 $-q$ 在 $A$ 点产生的电场强度大小为

$$E_+ = \frac{1}{4\pi\varepsilon_0}\frac{q}{\left(r - \frac{l}{2}\right)^2}$$

$$E_- = \frac{1}{4\pi\varepsilon_0}\frac{q}{\left(r + \frac{l}{2}\right)^2}$$

$\boldsymbol{E}_+$ 沿 $x$ 轴正方向,$\boldsymbol{E}_-$ 沿 $x$ 轴负方向,所以 $A$ 点总电场强度大小为

$$E_A = E_+ - E_-$$

$$= \frac{q}{4\pi\varepsilon_0}\left[\frac{1}{\left(r-\frac{l}{2}\right)^2} - \frac{1}{\left(r+\frac{l}{2}\right)^2}\right]$$

$$= \frac{q \cdot 2lr}{4\pi\varepsilon_0\left[\left(r-\frac{l}{2}\right)\left(r+\frac{l}{2}\right)\right]^2}$$

因为 $r \gg l$，故　$E_A \approx \frac{2ql}{4\pi\varepsilon_0 r^3} = \frac{2p}{4\pi\varepsilon_0 r^3}$

$\boldsymbol{E}_A$ 沿 $x$ 轴正方向，与电矩 $\boldsymbol{p}$ 同方向，所以

$$\boldsymbol{E}_A \approx \frac{2\boldsymbol{p}}{4\pi\varepsilon_0 r^3} \quad ①$$

类似计算可得

$$E_B = E_x = -2E_+ \cos\theta = -2\frac{q}{4\pi\varepsilon_0}\frac{1}{\left(r^2+\frac{l^2}{4}\right)}\frac{\frac{l}{2}}{\left(r^2+\frac{l^2}{4}\right)^{\frac{1}{2}}} \approx -\frac{ql}{4\pi\varepsilon_0 r^3} = -\frac{p}{4\pi\varepsilon_0 r^3}$$

$\boldsymbol{E}_B$ 沿 $x$ 轴负方向，与电矩 $\boldsymbol{p}$ 方向相反. 所以

$$\boldsymbol{E}_B \approx -\frac{\boldsymbol{p}}{4\pi\varepsilon_0 r^3} \quad ②$$

对于 $r \gg l$ 的其他场点的电场强度，可以把电偶极矩 $\boldsymbol{p}$ 分解为沿 $\boldsymbol{r}$ 方向和垂直于 $\boldsymbol{r}$ 方向的两个分量，利用式 ① 和式 ② 来叠加.

电偶极子的物理模型在研究电介质的极化以及电磁波的辐射时都要用到.

**3. 电荷连续分布的带电体的电场**

可以把带电体分割成无限多个电荷元 $\mathrm{d}q$. $\mathrm{d}q$ 在场点 $P$ 产生的电场强度 $\mathrm{d}\boldsymbol{E}$ 与点电荷电场强度相同，由式(4.7) 知

$$\mathrm{d}\boldsymbol{E} = \frac{\mathrm{d}q}{4\pi\varepsilon_0 r^2}\boldsymbol{r}_0$$

$\boldsymbol{r}_0$ 为电荷元 $\mathrm{d}q$ 到 $P$ 点的矢径 $\boldsymbol{r}$ 方向的单位矢量. 根据电场强度叠加原理，带电体在 $P$ 点的总电场强度为

$$\boldsymbol{E} = \int_V \mathrm{d}\boldsymbol{E} = \int_V \frac{1}{4\pi\varepsilon_0}\frac{\mathrm{d}q}{r^2}\boldsymbol{r}_0 \quad (4.9)$$

若电荷连续分布在一体积内，用 $\rho$ 表示电荷体密度，则式(4.9) 中 $\mathrm{d}q = \rho\mathrm{d}V$；若电荷连续分布在一曲面或平面上，用 $\sigma$ 表示电荷面密度，则 $\mathrm{d}q = \sigma\mathrm{d}S$；若电荷连续分布在一曲线或直线上，用 $\lambda$ 表示电荷线密度，则 $\mathrm{d}q = \lambda\mathrm{d}l$. 相应地计算 $\boldsymbol{E}$ 的积分分别为体积分、面积分和线积分. 具体计算时，更多的是进行分量的积分而求出 $\boldsymbol{E}$ 的各个分量.

**例 4.2**　真空中有一均匀带电直线，长为 $L$，总电量 $q$，试求距直线上距离为 $a$ 的 $P$ 点的电场强度.

**解**　如图 4.2 所示，取 $P$ 点到 $L$ 的垂足 $O$ 点为坐标原点，$x$ 轴与 $y$ 轴正向如图所示. $P$ 点到 $l$ 两端的连线与 $x$ 轴正方向的夹角分别为 $\theta_1$ 和 $\theta_2$. 线元 $\mathrm{d}x$ 位于 $x$ 处，则 $\mathrm{d}q = \lambda\mathrm{d}x =$

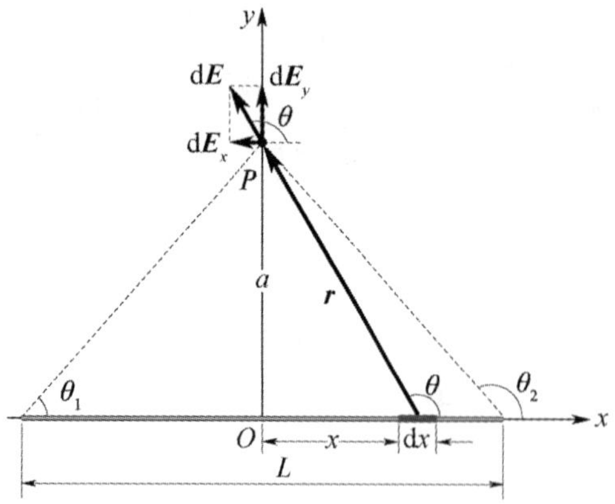


图 4.2

$\frac{q}{L}\mathrm{d}x$，$\mathrm{d}q$ 在 $P$ 点产生的电场强度 $\mathrm{d}\boldsymbol{E}$ 方向如图所示，大小为

$$\mathrm{d}E = \frac{1}{4\pi\varepsilon_0}\frac{\lambda\mathrm{d}x}{r^2}$$

$r$ 为 $P$ 点到 $\mathrm{d}x$ 的距离，$\boldsymbol{r}$ 与 $x$ 正向的夹角为 $\theta$，则

$$\mathrm{d}E_x = \mathrm{d}E\cos\theta$$
$$\mathrm{d}E_y = \mathrm{d}E\sin\theta$$

因为 $\quad x = a\tan(\theta - \frac{\pi}{2}) = -a\cot\theta$

$$\mathrm{d}x = a\csc^2\theta\mathrm{d}\theta$$
$$r^2 = a^2\csc^2\theta$$

所以
$$\mathrm{d}E_x = \mathrm{d}E\cos\theta = \frac{\lambda}{4\pi\varepsilon_0 a}\cos\theta\mathrm{d}\theta$$
$$\mathrm{d}E_y = \mathrm{d}E\sin\theta = \frac{\lambda}{4\pi\varepsilon_0 a}\sin\theta\mathrm{d}\theta$$

积分后得

$$E_x = \int_{\theta_1}^{\theta_2}\frac{\lambda}{4\pi\varepsilon_0 a}\cos\theta\mathrm{d}\theta = \frac{\lambda}{4\pi\varepsilon_0 a}(\sin\theta_2 - \sin\theta_1) \quad ①$$

$$E_y = \int_{\theta_1}^{\theta_2}\frac{\lambda}{4\pi\varepsilon_0 a}\sin\theta\mathrm{d}\theta = \frac{\lambda}{4\pi\varepsilon_0 a}(\cos\theta_1 - \cos\theta_2) \quad ②$$

由 $E_x$ 和 $E_y$ 求出总电场强度 $\boldsymbol{E}$ 的大小和方向，请读者自己完成.

式 ① 和式 ② 中 $\lambda = \frac{q}{L}$. 当 $\lambda$ 为常量，$L\to\infty$ 时，$\theta_1 = 0$，$\theta_2 = \pi$，则

$$E_x = 0$$
$$E_y = \frac{\lambda}{2\pi\varepsilon_0 a}$$

---

**例 4.3** 真空中一均匀带电圆环，环半径为 $R$，带电量为 $q$，试计算圆环轴线上任一点 $P$ 的电场强度.

**解** 取环的轴线为 $x$ 轴，轴上 $P$ 点与环心的距离为 $x$. 在圆环上取线元 $\mathrm{d}l$，它与 $P$ 点的距离为 $r$，如图4.3 所示，则

$$\mathrm{d}q = \lambda\mathrm{d}l = \frac{q}{2\pi R}\mathrm{d}l$$

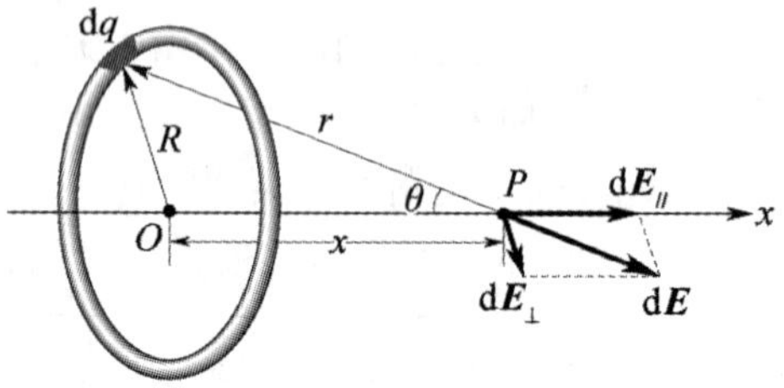


图 4.3

$\mathrm{d}q$ 在 $P$ 点产生的电场强度 $\mathrm{d}\boldsymbol{E}$ 的方向如图所示，大小为

$$\mathrm{d}E = \frac{\lambda\mathrm{d}l}{4\pi\varepsilon_0 r^2}$$

$\mathrm{d}\boldsymbol{E}$ 的与 $x$ 轴平行的分量为

$$dE_{/\!/} = \frac{\lambda dl}{4\pi\varepsilon_0 r^2}\cos\theta$$

$d\boldsymbol{E}$ 的与 $x$ 轴垂直的分量为

$$dE_{\perp} = \frac{\lambda dl}{4\pi\varepsilon_0 r^2}\sin\theta$$

根据对称性，带电圆环上在同一直径两端取相等的电荷元在 $P$ 点产生的电场强度在垂直于 $x$ 轴方向的分量互相抵消，所以 $P$ 点的总电场强度的方向一定沿 $x$ 轴，即

$$E = \int_L dE_{/\!/} = \int_L \frac{\lambda dl}{4\pi\varepsilon_0 r^2}\cos\theta = \int_L \frac{\lambda dl}{4\pi\varepsilon_0 r^2}\frac{x}{r} = \frac{x}{4\pi\varepsilon_0 r^3}\int_0^{2\pi R}\lambda dl = \frac{qx}{4\pi\varepsilon_0 (R^2+x^2)^{3/2}}$$

当 $q>0$ 时，$\boldsymbol{E}$ 沿 $x$ 轴离开原点 $O$ 的方向；当 $q<0$ 时，$\boldsymbol{E}$ 沿 $x$ 轴指向原点 $O$ 的方向. 在环心处 $\boldsymbol{E}=0$；当 $x \gg R$ 时，$E \approx \frac{q}{4\pi\varepsilon_0 x^2}$，此时带电圆环近似为一点电荷.

讨论：

(1) 计算电量为 $q$，半径为 $R$ 的均匀带电薄圆盘轴上一点的电场强度时，可以把圆盘分割成许多半径为 $r$ 的圆环. 每个圆环的面积为 $2\pi r dr$，带电量 $dq=\sigma 2\pi r dr$，则该带电环在 $P$ 点产生的电场强度沿轴线方向，大小为

$$dE = \frac{x dq}{4\pi\varepsilon_0 (r^2+x^2)^{3/2}} = \frac{x\sigma 2\pi r dr}{4\pi\varepsilon_0 (r^2+x^2)^{3/2}}$$

把 $dE$ 对 $r$ 积分，取积分限从 $r=0$ 到 $r=R$，就得到均匀带电圆盘轴上一点的电场强度. 取积分限 $r=0$ 到 $r=\infty$，就得到无限大均匀带电平面的电场强度. 其大小为 $\frac{\sigma}{2\varepsilon_0}$，请读者自己完成.

(2) 利用无限大均匀带电平面的电场强度公式 $E=\frac{\sigma}{2\varepsilon_0}$，根据电场强度叠加原理可以很方便地计算一组互相平行的无限大均匀带电平面在空间各点产生的电场强度. 例如，一对无限大且相互平行的均匀带电平面，其电荷面密度等值异号，则在两平面之间的电场强度大小为 $\frac{\sigma}{\varepsilon_0}$，两平面之外电场强度为零.

### 4.1.6 带电体在外电场中所受的作用

点电荷 $q$ 放在电场强度为 $\boldsymbol{E}$ 的外电场中某一点时，电荷受静电力

$$\boldsymbol{F} = q\boldsymbol{E} \tag{4.10}$$

要计算一个带电体在电场中所受的作用，一般要把带电体划分为许多电荷元，先计算每个电荷元所受的作用力，然后用积分求带电体所受的合力和合力矩.

**例 4.4** 计算电偶极子 $\boldsymbol{p}=q\boldsymbol{l}$ 在均匀外电场 $\boldsymbol{E}$ 中所受的合力和合力矩.

**解** 如图 4.4 所示，电矩 $\boldsymbol{p}$ 的方向与 $\boldsymbol{E}$ 的方向之间夹角为 $\theta$，则正、负点电荷受力分别为

$$\boldsymbol{F}_+ = q\boldsymbol{E}$$

$$\boldsymbol{F}_- = -q\boldsymbol{E}$$

所以合力 $\boldsymbol{F}_+ + \boldsymbol{F}_- = 0$，但 $\boldsymbol{F}_+$ 与 $\boldsymbol{F}_-$ 不在一直线上，形成力偶. 力偶矩的大小为

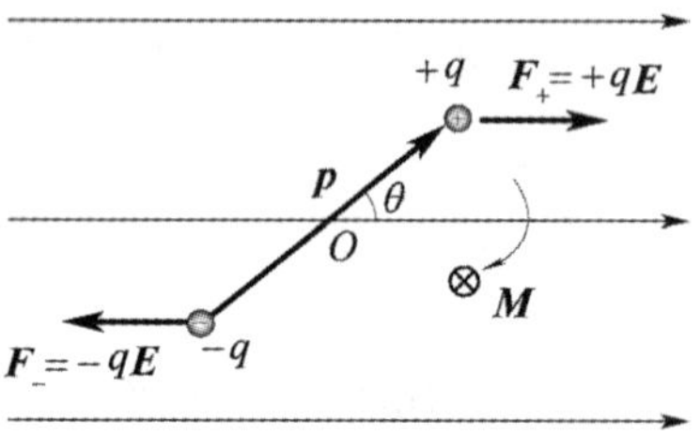


图 4.4

$$M = F_+\frac{l}{2}\sin\theta + F_-\frac{l}{2}\sin\theta = Fl\sin\theta$$
$$= qEl\sin\theta = pE\sin\theta$$

考虑到力矩 $\boldsymbol{M}$ 的方向，上式写成矢量式为

$$\boldsymbol{M} = \boldsymbol{p}\times\boldsymbol{E}$$

所以电偶极子在电场作用下总要使电矩 $\boldsymbol{p}$ 转到 $\boldsymbol{E}$ 的方向上，达到稳定平衡状态.

## 4.2 电通量 高斯定理

### 4.2.1 电场的图示法 电场线

电场中每一点的电场强度 $\boldsymbol{E}$ 都有一定的方向. 为了形象地描述电场中电场强度的分布，可以在电场中描绘一系列的曲线，使这些曲线上每一点的切线方向都与该点电场强度 $\boldsymbol{E}$ 的方向一致，这些曲线叫**电场线**. 为了使电场线不仅表示出电场中电场强度的方向，而且还表示电场强度的大小，我们规定：在电场中任一点处，通过垂直于 $\boldsymbol{E}$ 的单位面积的电场线的数目等于该点处 $\boldsymbol{E}$ 的量值. 图 4.5 是几种带电系统的电场线图示.

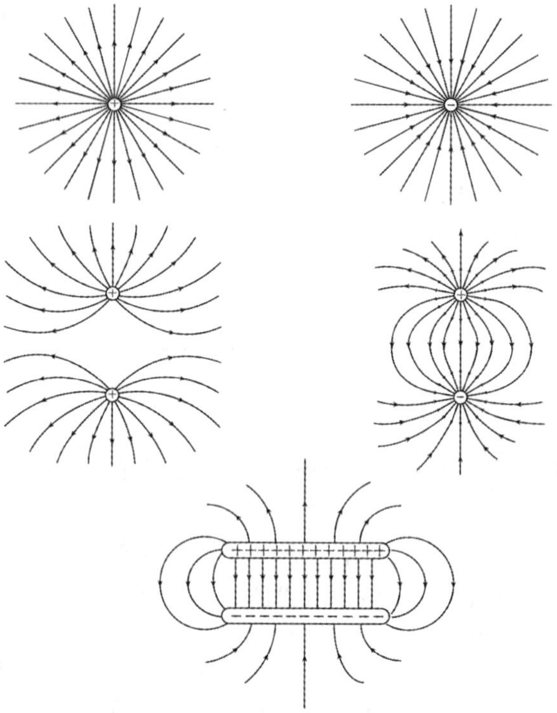

图 4.5 几种常见电场的电场线图

静电场的电场线有以下性质：

(1) **不形成闭合回线也不中断，而是起自正电荷（或无穷远处）、止于负电荷（或无穷**

远处).

(2) **任何两条电场线不相交.说明静电场中每一点的电场强度是唯一的.**

### 4.2.2 电通量

通过电场中任一给定面的电场线数称为通过该面的**电通量**,用符号 $\Phi_e$ 表示.

在均匀电场 $\boldsymbol{E}$ 中,通过与 $\boldsymbol{E}$ 方向垂直的平面 $\boldsymbol{S}$ 的电通量为

$$\Phi_e = ES$$

见图 4.6(a).若平面 $\boldsymbol{S}$ 的法线 $\boldsymbol{n}$ 与 $\boldsymbol{E}$ 方向的夹角为 $\theta$,则 $\boldsymbol{S}$ 在垂直于 $\boldsymbol{E}$ 的方向上的投影面积为 $S' = S\cos\theta$,通过平面 $\boldsymbol{S}$ 的电通量等于通过面积 $S'$ 的电通量,即

$$\Phi_e = ES' = ES\cos\theta = \boldsymbol{E}\cdot\boldsymbol{S}$$

其中矢量面积 $\boldsymbol{S} = S\boldsymbol{n}_0$,$\boldsymbol{n}_0$ 为 $\boldsymbol{S}$ 法线方向单位矢量,如图 4.6(b) 所示.计算非均匀电场中通过任一曲面 $S$ 的电通量时,要把该曲面划分为无限多个面元.一个无限小的面元 $\mathrm{d}\boldsymbol{S}$ 的法线 $\boldsymbol{n}$ 与电场强度 $\boldsymbol{E}$ 的夹角为 $\theta$,如图 4.6(c) 所示,则通过面元 $\mathrm{d}\boldsymbol{S}$ 的电通量为 $\mathrm{d}\Phi_e = \boldsymbol{E}\cdot\mathrm{d}\boldsymbol{S}$.

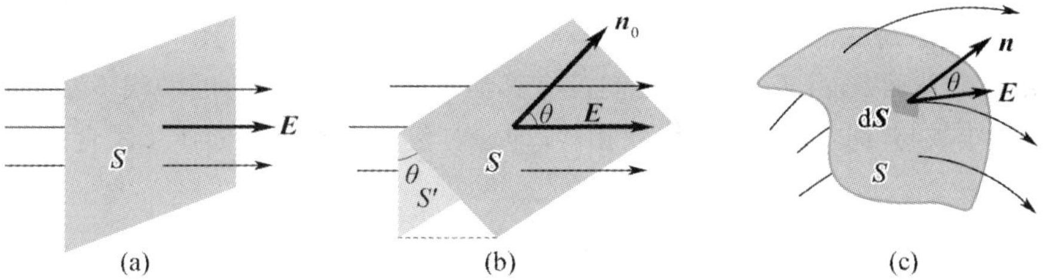


图 4.6 电通量

通过曲面 $S$ 的总电通量等于通过各面元的电通量的总和,即

$$\Phi_e = \int_S \mathrm{d}\Phi_e = \int_S \boldsymbol{E}\cdot\mathrm{d}\boldsymbol{S} \tag{4.11}$$

当曲面 $S$ 为闭合曲面时,上式写成

$$\Phi_e = \oint_S \boldsymbol{E}\cdot\mathrm{d}\boldsymbol{S} \tag{4.12}$$

这时规定,面元 $\mathrm{d}\boldsymbol{S}$ 的法线 $\boldsymbol{n}$ 的正向为指向闭合面的外侧.因此,从曲面上穿出的电场线,电通量为正值;穿入曲面的电场线,电通量为负值.

### 4.2.3 高斯定理

高斯定理是静电场的一条基本原理,它给出了静电场中通过任一闭合曲面的电通量与该闭合曲面内所包围的电荷之间的量值关系.

先讨论点电荷电场的情况.以点电荷 $q$ 为中心,取任意长度 $r$ 为半径作闭合球面 $S$ 包围点电荷,如图 4.7(a) 所示.在 $S$ 上取面元 $\mathrm{d}\boldsymbol{S}$,其法线 $\boldsymbol{n}$ 与面元处的电场强度 $\boldsymbol{E}$ 方向相同.所以,通过 $\mathrm{d}\boldsymbol{S}$ 的电通量为

$$\mathrm{d}\Phi_e = E\cos 0\mathrm{d}S = \frac{1}{4\pi\varepsilon_0}\frac{q}{r^2}\mathrm{d}S$$

通过整个闭合球面 $S$ 的电通量为

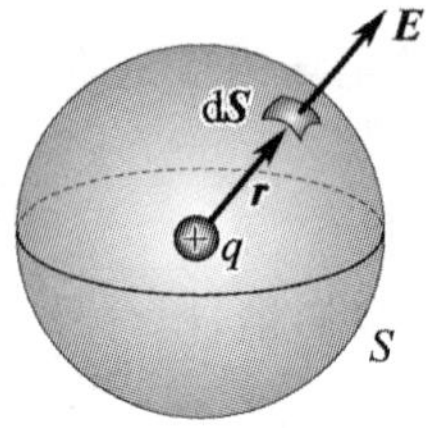

(a) 从$q$发出的电力线穿出球面

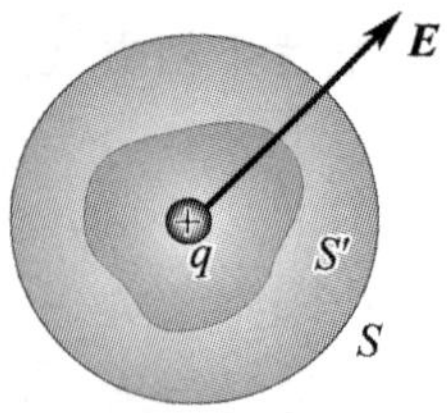

(b) 从$q$发出的电力线穿出任意闭合曲面

图 4.7 高斯定理说明图一

$$\Phi_e = \oint_S d\Phi_e = \oint_S \frac{q\,dS}{4\pi\varepsilon_0 r^2} = \frac{q}{4\pi\varepsilon_0 r^2}\oint_S dS = \frac{q}{\varepsilon_0}$$

即通过闭合球面的电通量$\Phi_e$与半径$r$无关，只与被球面所包围的电量$q$有关. 当$q$是正电荷时，$\Phi_e > 0$，表示电场线从正电荷发出且穿出球面；当$q$是负电荷时，$\Phi_e < 0$，表示电场线穿入球面且止于负电荷.

如果包围点电荷$q$的曲面是任意闭合曲面$S'$，如图 4.7(b) 所示. 可以在曲面$S'$外面作一以$q$为中心的球面$S$，由于$S$与$S'$之间没有其他电荷，从$q$发出的电场线不会中断. 所以穿过$S'$的电场线数与穿过$S$的电场线数相等. 即通过包围点电荷$q$的任意闭合曲面的电通量仍为

$$\Phi_e = \oint_{S'} \boldsymbol{E}\cdot d\boldsymbol{S} = \frac{q}{\varepsilon_0}$$

其次讨论点电荷$q$在闭合曲面$S$之外的情况，如图 4.8 所示. 因为只有与闭合曲面$S$相切的锥体范围内的电场线才通过闭合曲面$S$，但每一条电场线从某处穿入必从另一处穿出，一进一出正负抵消. 所以在闭合曲面$S$外的电荷对通过闭合面的电通量没有贡献，即通过不包围电荷$q$的闭合曲面$S$的电通量为零. 公式

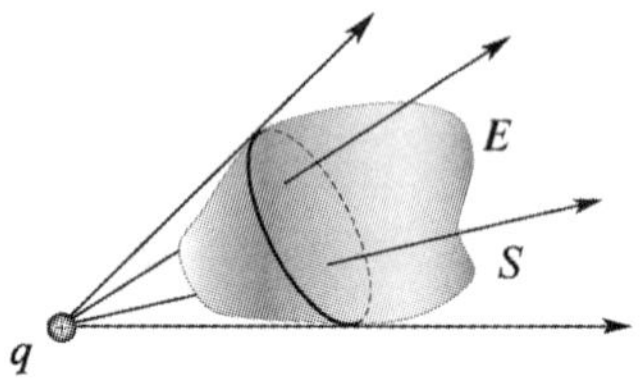

图 4.8 高斯定理说明图二

$$\oint_S \boldsymbol{E}\cdot d\boldsymbol{S} = \frac{q}{\varepsilon_0}$$

仍然成立.

对于任意带电系统的电场，有电场强度叠加原理

$$\boldsymbol{E} = \sum_{i=1}^{n}\boldsymbol{E}_i$$

其中$\boldsymbol{E}_i$是系统中某点电荷$q_i$产生的电场强度. 因此在这个电场中，通过任意闭合曲面$S$的电通量为

$$\Phi_e = \oint_S \boldsymbol{E}\cdot d\boldsymbol{S} = \oint_S \left(\sum_{i=1}^{n}\boldsymbol{E}_i\right)\cdot d\boldsymbol{S}$$

在闭合曲面取定的情况下

$$\oint_S \left(\sum_{i=1}^{n}\boldsymbol{E}_i\right)\cdot d\boldsymbol{S} = \sum_{i=1}^{n}\oint_S \boldsymbol{E}_i\cdot d\boldsymbol{S}$$

当某一点电荷 $q_i$ 位于闭合曲面 $S$ 之内时，$\oint_S \boldsymbol{E}_i \cdot \mathrm{d}\boldsymbol{S} = \dfrac{q_i}{\varepsilon_0}$；当 $q_i$ 位于闭合曲面 $S$ 之外时，

$$\oint_S \boldsymbol{E}_i \cdot \mathrm{d}\boldsymbol{S} = 0$$

所以

$$\Phi_e = \oint_S \boldsymbol{E} \cdot \mathrm{d}\boldsymbol{S} = \sum_{i=1}^{n} \oint_S \boldsymbol{E}_i \cdot \mathrm{d}\boldsymbol{S} = \frac{\sum q_i}{\varepsilon_0} \tag{4.13}$$

式(4.13)中的 $q_i$ 只是那些被闭合曲面 $S$ 包围的电荷. 即**通过真空中的静电场中任一闭合面的电通量 $\Phi_e$ 等于包围在该闭合面内的电荷代数和 $\sum q_i$ 的 $\varepsilon_0$ 分之一，而与闭合面外的电荷无关**. 这就是**静电场的高斯定理**. 应当指出，高斯定理说明通过闭合面的电通量只与该闭合面所包围的电荷有关，并没有说闭合面上任一点的电场强度只与闭合面所包围的电荷有关. 电场中任一点的电场强度是由所有场源电荷，即闭合面内、外所有电荷共同产生的.

## 4.2.4　高斯定理的应用

如果带电体的电荷分布已知，根据高斯定理很容易求得任意闭合曲面的电通量，但不一定能确定面上各点的电场强度. 只有当电荷分布具有某些对称性并取合适的闭合面(又称高斯面)时，才可以利用高斯定理方便地计算电场强度.

**例 4.5**　如图 4.9 所示，求均匀带电球面的电场分布. 已知球面半径为 $R$，带电量为 $q$.

**解**　由于电荷分布是球对称的，可判断出空间电场强度分布必然是球对称的，即与球心 $O$ 距离相等的球面上各点的电场强度大小相等，方向沿半径呈辐射状.

设空间某点 $P$ 到球心的距离为 $r$，取以球心为中心、$r$ 为半径的闭合球面 $S$ 为高斯面，则 $S$ 上的面元 $\mathrm{d}\boldsymbol{S}$ 的法线 $\boldsymbol{n}$ 与面元处电场强度 $\boldsymbol{E}$ 的方向相同，且高斯面上各点电场强度大小相等，所以

$$\oint_S \boldsymbol{E} \cdot \mathrm{d}\boldsymbol{S} = \oint_S E\,\mathrm{d}S = E\oint_S \mathrm{d}S = E4\pi r^2$$

当 $P$ 点在带电球面内时($r < R$)

$$\sum q_i = 0$$

因此

$$\boldsymbol{E} = 0$$

当 $P$ 点在带电球面外时($r > R$)

$$\sum q_i = q$$

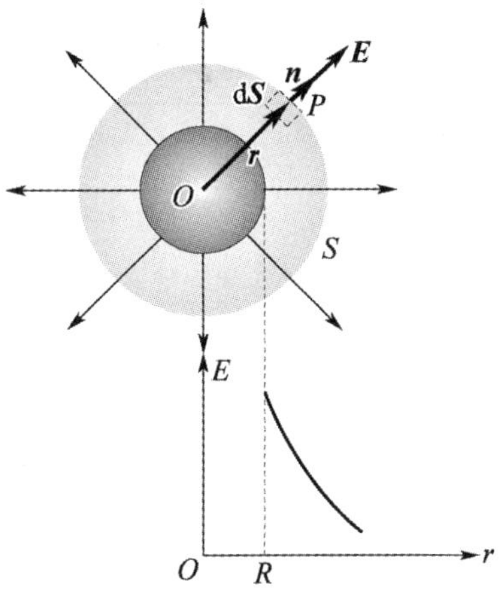

图 4.9

所以 $\boldsymbol{E} = \dfrac{q}{4\pi\varepsilon_0 r^2}\boldsymbol{r}_0$，其中 $\boldsymbol{r}_0$ 为 $P$ 点位矢 $\boldsymbol{r}$ 方向的单位矢量. $q > 0$，$\boldsymbol{E}$ 呈辐射状向外；$q < 0$ 时，$\boldsymbol{E}$ 呈辐射状向里.

利用类似的方法，可求得半径为 $R$，总电量为 $q$ 的均匀带电球体(带电的介质球)在空间的电场强度分布为

$$E = \begin{cases} \dfrac{q\boldsymbol{r}}{4\pi\varepsilon_0 R^3} & (r \leqslant R) \\ \dfrac{q\boldsymbol{r}_0}{4\pi\varepsilon_0 r^2} & (r \geqslant R) \end{cases}$$

注意:在 $r = R$ 的球面上各点,当球内、外的介电常数相等时,均匀带电球体的电场强度连续,而均匀带电球面的电场强度不连续.

**例 4.6** 试求半径为 $R$,电荷面密度为 $\sigma$ 的无限长均匀带电圆柱面的电场强度.

**解** 如图 4.10 所示,由于电荷分布的轴对称性,可以确定带电圆柱面产生的电场也具有轴对称性,即离圆柱面轴线垂直距离相等的各点电场强度大小相等,方向都垂直于圆柱面.取过场点 $P$ 的一同轴圆柱面为高斯面,圆柱面高为 $l$,底面半径为 $r(r > R)$,则通过高斯面底面的电通量为零而通过高斯面侧面的电通量为 $2\pi rlE$,即

$$\oint_S \boldsymbol{E} \cdot d\boldsymbol{S} = 2\pi rlE$$

而 $\sum q_i = \sigma 2\pi Rl$,可得 $E = \dfrac{R\sigma}{\varepsilon_0 r}$ $(r > R)$

若令 $\lambda$ 表示圆柱面上单位长度的电量,即 $\lambda = 2\pi R\sigma$,则有

$$E = \frac{\lambda}{2\pi\varepsilon_0 r}$$

同理可得圆柱面内任一点 $E = 0$

由此可见,无限长均匀带电圆柱面对圆柱外各点的作用正像所有的电荷全部集中在其轴线上的均匀带电直线一样.

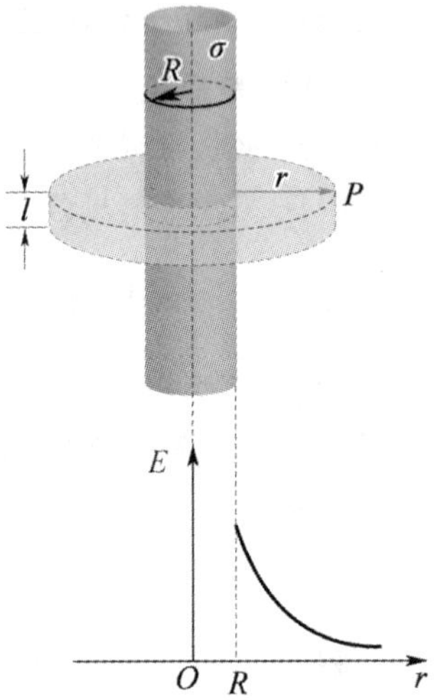

图 4.10 无限长均匀带电圆柱面的电场

## 4.3 电场力的功 电势

### 4.3.1 电场力的功

本节研究电荷在电场中移动时电场力做的功和电场的能量及电势.

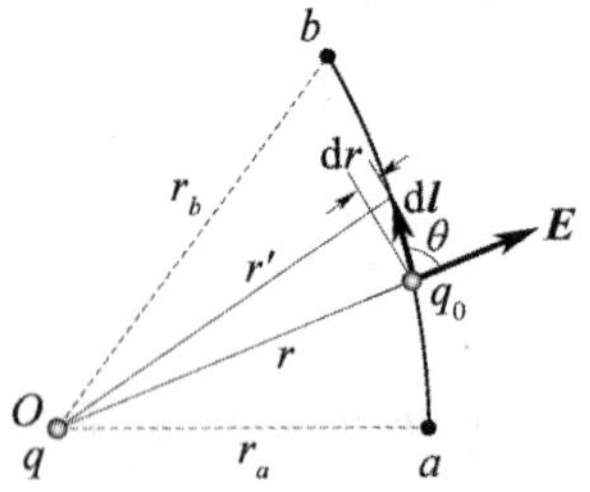

图 4.11 电场力做功

在点电荷 $q$ 的电场中,试验电荷 $q_0$ 从 $a$ 点经任意路径 $acb$ 移动到 $b$ 点时,电场力对电荷 $q_0$ 将做功.

如图 4.11 所示,在路径中任一点 $c$ 附近取一元位移 d$\boldsymbol{l}$,$q_0$ 在 d$\boldsymbol{l}$ 上受的电场力 $\boldsymbol{F} = q_0\boldsymbol{E}$,$\boldsymbol{F}$ 与 d$\boldsymbol{l}$ 的夹角为 $\theta$.则电场力在 d$\boldsymbol{l}$ 上对 $q_0$ 做功为

$$dW = \boldsymbol{F} \cdot d\boldsymbol{l} = q_0\boldsymbol{E} \cdot d\boldsymbol{l} = q_0 E\cos\theta dl$$

因为 $dl\cos\theta = r' - r = dr$,为位矢模的增量,所以

$$dW = q_0 E\cos\theta dl = q_0 E dr = \frac{1}{4\pi\varepsilon_0}\frac{q_0 q}{r^2}dr$$

当 $q_0$ 从 $a$ 点移动到 $b$ 点时,电场力做功为

$$W_{ab}=\int_a^b \mathrm{d}W=\int_{r_a}^{r_b}\frac{1}{4\pi\varepsilon_0}\frac{q_0 q}{r^2}\mathrm{d}r=\frac{q_0 q}{4\pi\varepsilon_0}\left(\frac{1}{r_a}-\frac{1}{r_b}\right) \tag{4.14a}$$

式中 $r_a$、$r_b$ 分别表示路径的起点和终点离点电荷 $q$ 的距离. 可见，在点电荷 $q$ 的电场中，电场力对 $q_0$ 做的功只取决于移动路径的起点 $a$ 和终点 $b$ 的位置，而与路径无关.

上述结论可以推广到任意带电体产生的电场. 任何一个带电体可以看成是许多点电荷的集合，总电场强度 $\boldsymbol{E}$ 等于各点电荷电场强度的矢量和，即

$$\boldsymbol{E}=\boldsymbol{E}_1+\boldsymbol{E}_2+\cdots+\boldsymbol{E}_n$$

在电场强度 $\boldsymbol{E}$ 中，试验电荷 $q_0$ 从 $a$ 点沿任意路径 $acb$ 移到 $b$ 点时，电场力做功为

$$\begin{aligned}
W_{ab}&=\int_a^b q_0\boldsymbol{E}\cdot\mathrm{d}\boldsymbol{l}\\
&=\int_a^b q_0(\boldsymbol{E}_1+\boldsymbol{E}_2+\cdots+\boldsymbol{E}_n)\cdot\mathrm{d}\boldsymbol{l}\\
&=\int_a^b q_0\boldsymbol{E}_1\cdot\mathrm{d}\boldsymbol{l}+\int_a^b q_0\boldsymbol{E}_2\cdot\mathrm{d}\boldsymbol{l}+\cdots+\int_a^b q_0\boldsymbol{E}_n\cdot\mathrm{d}\boldsymbol{l}\\
&=\frac{q_0q_1}{4\pi\varepsilon_0}\left(\frac{1}{r_{a1}}-\frac{1}{r_{b1}}\right)+\frac{q_0q_2}{4\pi\varepsilon_0}\left(\frac{1}{r_{a2}}-\frac{1}{r_{b2}}\right)+\cdots+\frac{q_0q_n}{4\pi\varepsilon_0}\left(\frac{1}{r_{an}}-\frac{1}{r_{bn}}\right)\\
&=\sum_{i=1}^n\frac{q_0q_i}{4\pi\varepsilon_0}\left(\frac{1}{r_{ai}}-\frac{1}{r_{bi}}\right)
\end{aligned} \tag{4.14b}$$

式中 $r_{ai}$、$r_{bi}$ 分别表示路径的起点和终点离点电荷 $q_i$ 的距离. 上式表明，功仍只取决于路径的起点和终点的位置，而与路径无关. 所以可得出结论：**试验电荷在任何静电场中移动时，静电场力所做的功，只与电场的性质、试验电荷的电量大小及路径起点和终点的位置有关，而与路径无关.** 这说明静电力是保守力，静电场是保守力场.

### 4.3.2 静电场的环流定理

静电场力做功与路径无关的特性还可以用另一种形式来表达. 设试验电荷 $q_0$ 从电场中 $a$ 点经任意路径 $acb$ 到达 $b$ 点，再从 $b$ 点经另一路径 $bda$ 回到 $a$ 点，则电场力在整个闭合路径 $acbda$ 上做功为

$$W=\oint_l q_0\boldsymbol{E}\cdot\mathrm{d}\boldsymbol{l}=\int_{acb}q_0\boldsymbol{E}\cdot\mathrm{d}\boldsymbol{l}+\int_{bda}q_0\boldsymbol{E}\cdot\mathrm{d}\boldsymbol{l}=\int_{acb}q_0\boldsymbol{E}\cdot\mathrm{d}\boldsymbol{l}-\int_{adb}q_0\boldsymbol{E}\cdot\mathrm{d}\boldsymbol{l}=0$$

由于 $q_0\neq 0$，所以

$$\oint_l \boldsymbol{E}\cdot\mathrm{d}\boldsymbol{l}=0 \tag{4.15}$$

式(4.15)左边是电场强度 $\boldsymbol{E}$ 沿闭合路径的积分，称为静电场 $\boldsymbol{E}$ 的环流. 它表明**在静电场中，电场强度 $\boldsymbol{E}$ 的环流恒等于零**，这一结论称为**静电场的环流定理**，它是静电场为保守场的数学表述. 由于这一性质，我们才能引进电势能和电势的概念.

### 4.3.3 电势能

在力学中已经指出，任何保守力场都可以引入势能概念. 静电场是保守力场，相应地可以引入电势能的概念，即认为试验电荷 $q_0$ 在静电场中某一位置具有一定的**电势能**，用 $E_\mathrm{p}$ 表示. 当试验电荷 $q_0$ 从电场中的 $a$ 点移动到 $b$ 点时，电场力对它做功等于相应电势能增量的负值，即

$$W_{ab} = \int_a^b q_0 \boldsymbol{E} \cdot \mathrm{d}\boldsymbol{l} = -(E_{pb} - E_{pa}) = E_{pa} - E_{pb} \tag{4.16}$$

式中$E_{pa}$、$E_{pb}$分别是试验电荷在$a$、$b$点的电势能.电场力做正功时,$W>0$,则$E_{pa}>E_{pb}$,电势能减少;电场力做负功时,$W<0$,则$E_{pa}<E_{pb}$,电势能增大.

与其他形式的势能一样,电势能也是相对量.只有先选定一个电势能为零的参考点,才能确定电荷在某一点的电势能的绝对大小.电势能零点可以任意选择,如选择电荷在$b$点的电势能为零,即选定$E_{pb}=0$,则由式(4.16)可得$a$点电势能绝对大小为

$$E_{pa} = W = \int_a^b q_0 \boldsymbol{E} \cdot \mathrm{d}\boldsymbol{l}$$

上式表明,试验电荷$q_0$在电场中任意一点$a$的电势能在数值上等于把$q_0$由该点移到电势能零点处时电场力所做的功.当场源电荷局限在有限大小的空间里时,为了方便,常把电势能零点选在无穷远处,即规定$E_{p\infty}=0$,则$q_0$在$a$点的电势能为

$$E_{pa} = \int_a^\infty q_0 \boldsymbol{E} \cdot \mathrm{d}\boldsymbol{l} \tag{4.17}$$

即在规定无穷远处电势能为零时,试验电荷$q_0$在电场中任一点$a$的电势能在数值上等于把$q_0$由$a$点移到无穷远处时电场力所做的功.

应该指出,与任何形式的势能相同,电势能是试验电荷和电场的相互作用能,它属于试验电荷和电场组成的系统.

### 4.3.4 电势 电势差

式(4.17)表示电势能$E_{pa}$不仅与电场性质及$a$点位置有关,而且还与电荷$q_0$有关,但比值$\frac{E_{pa}}{q_0}$则与$q_0$无关,仅由电场性质和$a$点的位置决定.因此,$\frac{E_{pa}}{q_0}$是描述电场中任一点$a$电场性质的一个基本物理量,称为$a$点的**电势**,用$U$表示,即

$$U_a = \frac{E_{pa}}{q_0} = \frac{W}{q_0} = \int_a^\infty \boldsymbol{E} \cdot \mathrm{d}\boldsymbol{l} \tag{4.18}$$

式(4.18)表明,**若规定无穷远处为电势零点,则电场中某点$a$的电势在数值上等于把单位正电荷从该点沿任意路径移到无穷远处时电场力所做的功.**

电势是标量.在SI制中,电势的单位是伏特,符号为V.

静电场中任意两点$a$和$b$电势之差称为$a$、$b$两点的**电势差**,也称为电压,用$U_{ab}$表示.即

$$U_{ab} = U_a - U_b = \int_a^\infty \boldsymbol{E} \cdot \mathrm{d}\boldsymbol{l} - \int_b^\infty \boldsymbol{E} \cdot \mathrm{d}\boldsymbol{l} = \int_a^b \boldsymbol{E} \cdot \mathrm{d}\boldsymbol{l}$$

上式表明,静电场中$a$、$b$两点的电势差等于单位正电荷从$a$点移到$b$点时电场力做的功.据此,当任一电荷$q_0$从$a$点移到$b$点时,电场力做功可用$a$、$b$两点的电势差表示

$$W = q_0(U_a - U_b) \tag{4.19}$$

电势零点的选择也是任意的.通常在场源电荷分布在有限空间时,取无穷远处为电势零点.但当场源电荷的分布广延到无穷远处时,不能再取无穷远处为电势零点,因为会遇到积分不收敛的困难而无法确定电势.这时可在电场内另选任一合适的电势零点.在许多实际问题中,也常常选取地球为电势零点.

### 4.3.5 电势的计算

**1. 点电荷电场的电势**

在点电荷电场中，电场强度$\boldsymbol{E}$为

$$\boldsymbol{E}=\frac{q}{4\pi\varepsilon_0}\frac{\boldsymbol{r}_0}{r^2}$$

根据电势定义式(4.18)，在选取无穷远处为电势零点时，电场中任一点$a$的电势为

$$U_a=\int_a^{\infty}\boldsymbol{E}\cdot\mathrm{d}\boldsymbol{l}=\int_r^{\infty}\frac{1}{4\pi\varepsilon_0}\frac{q}{r^2}\mathrm{d}r=\frac{q}{4\pi\varepsilon_0 r}\tag{4.20}$$

**2. 电势叠加原理**

若是点电荷系电场，则由电场强度叠加原理的式(4.8)

$$\boldsymbol{E}=\sum_{i=1}^{n}\frac{1}{4\pi\varepsilon_0}\frac{q_i}{r_i^2}\boldsymbol{r}_{i0}$$

可以得到，在取$U_{\infty}=0$时，电场中任意一点$a$的电势为

$$U_a=\int_a^{\infty}\boldsymbol{E}\cdot\mathrm{d}\boldsymbol{l}=\int_{r_i}^{\infty}\left(\sum_{i=1}^{n}\frac{1}{4\pi\varepsilon_0}\frac{q_i}{r_i^2}\boldsymbol{r}_{i0}\right)\cdot\mathrm{d}\boldsymbol{l}$$

$$=\sum_{i=1}^{n}\int_{r_i}^{\infty}\frac{q_i}{4\pi\varepsilon_0}\frac{\boldsymbol{r}_{i0}}{r_i^2}\cdot\mathrm{d}\boldsymbol{r}_i=\sum_{i=1}^{n}\frac{q_i}{4\pi\varepsilon_0 r_i}$$

对于电荷连续分布的有限大小带电体的电场，可以看成是许多电荷元$\mathrm{d}q$产生的电场. 把每一个电荷元看成一个点电荷并取$U_{\infty}=0$时，则总电场的电势就等于无限多个电荷元电场的电势之和. 即

$$U=\int_V\mathrm{d}U=\int_V\frac{\mathrm{d}q}{4\pi\varepsilon_0 r}$$

其中$r$是电荷元$\mathrm{d}q$到场点的距离，$V$是电荷连续分布的带电体的体积.

---

**例 4.7** 求均匀带电球面的电场中电势的分布. 设球面半径为$R$，总电量为$q$.

**解** 用电势定义法求解，由高斯定理已求得均匀带电球面电场强度大小分布为

$$E=\begin{cases}0 & (r<R)\\ \dfrac{q}{4\pi\varepsilon_0 r^2} & (r>R)\end{cases}$$

球面外$\boldsymbol{E}$沿球半径方向，所以球面外一点电势为

$$U=\int_r^{\infty}\frac{q}{4\pi\varepsilon_0 r^2}\mathrm{d}r=\frac{q}{4\pi\varepsilon_0 r}\quad(r\geqslant R)$$

球面内一点电势为

$$U=\int_r^R 0\mathrm{d}r+\int_R^{\infty}\frac{q}{4\pi\varepsilon_0 r^2}\mathrm{d}r=\frac{q}{4\pi\varepsilon_0 R}\quad(r\leqslant R)$$

可见，均匀带电球面外各点的电势与全部电荷集中在球心时的点电荷的电势相同；球面内任一点的电势都相等，且等于球面上的电势.

---

**例 4.8** 如图4.12所示，半径分别为$R_A$和$R_B$的两个同心均匀带电球面$A$和$B$，内球面$A$带电$+q$，外球面$B$带电$-q$，求$A$、$B$两球面的电势差.

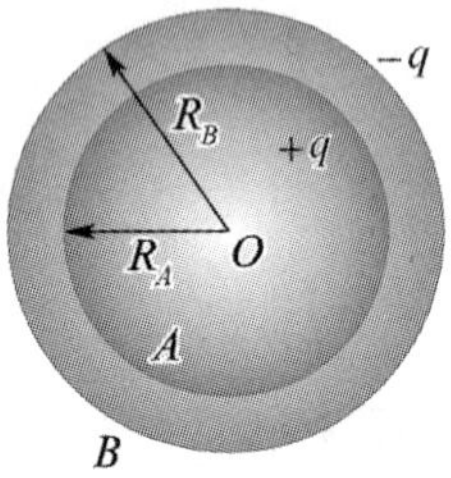


图 4.12

**解** 方法一：可用电势差定义式计算，请读者自己完成.

方法二：利用电势叠加原理计算.

根据例 4.7 的结论，球面 $A$ 上电荷 $+q$ 在 $A$、$B$ 球面上各点产生的电势分别为

$$U'_A = \frac{q}{4\pi\varepsilon_0 R_A}$$

$$U'_B = \frac{q}{4\pi\varepsilon_0 R_B}$$

而球面 $B$ 上的电荷 $-q$ 在 $A$，$B$ 球面上各点产生的电势分别为

$$U''_A = \frac{-q}{4\pi\varepsilon_0 R_B}, \quad U''_B = \frac{-q}{4\pi\varepsilon_0 R_B}$$

所以 $A$ 球面总电势为

$$U_A = U'_A + U''_A = \frac{q}{4\pi\varepsilon_0}\left(\frac{1}{R_A} - \frac{1}{R_B}\right)$$

同理，$B$ 球面总电势为

$$U_B = U'_B + U''_B = 0$$

$A$、$B$ 两球面的电势差为

$$U_{AB} = U_A - U_B = \frac{q}{4\pi\varepsilon_0}\left(\frac{1}{R_A} - \frac{1}{R_B}\right)$$

## 4.4 电场强度与电势的关系

### 4.4.1 等势面

电势是标量场，一般来说静电场中各点的电势是逐点变化的. 但是总有某些电势相等的点. 由电势相等的各点所构成的曲面叫**等势面**. 如点电荷电场中，电势 $U = \frac{q}{4\pi\varepsilon_0 r}$，说明其等势面是球面. 而点电荷电场的电场线沿着半径方向，所以电场线与等势面处处正交.

实际上不仅是点电荷的电场，在任意静电场中，等势面与电场线总是处处正交. 证明如下：

设在任意静电场中，电荷 $q_0$ 沿着等势面上一位移元 $\mathrm{d}\boldsymbol{l}$ 从 $a$ 点移到 $b$ 点，则电场力做功

$$\mathrm{d}W = q_0 \boldsymbol{E} \cdot \mathrm{d}\boldsymbol{l} = q_0 E\cos\theta \mathrm{d}l = q_0 (U_a - U_b) = 0$$

因为上式中 $q_0$、$E$、$\mathrm{d}l$ 均不等于零，所以

$$\cos\theta = 0, \qquad \theta = \frac{\pi}{2}$$

说明 $\boldsymbol{E}$ 与 $\mathrm{d}\boldsymbol{l}$ 垂直，即电场线与等势面正交.

如果让正电荷 $q_0$ 沿任意静电场的电场线上的位移元 $\mathrm{d}\boldsymbol{l}$ 从 $a$ 移到 $b'$ 点，则电场力做功

$$\mathrm{d}W' = q_0 \boldsymbol{E} \cdot \mathrm{d}\boldsymbol{l} = q_0 E\mathrm{d}l\cos 0 = q_0 E\mathrm{d}l > 0$$

另一方面，又有

$$\mathrm{d}W' = q_0 (U_a - U_{b'})$$

所以 $U_a - U_{b'} > 0$，即 $U_a > U_{b'}$，电场线总是指向电势降落的方向.

为了使等势面能反映电场的强弱，在画等势面时，规定电场中任意两相邻等势面间电势差都相等，则电场强度较强的区域，等势面较密；电场强度较弱的区域，等势面较疏.

等势面是研究电场的一种有用的方法.经常是通过测量绘出带电体周围电场的等势面，然后推知电场的分布.

图 4.13 给出几种常见电场的等势面和电场线.

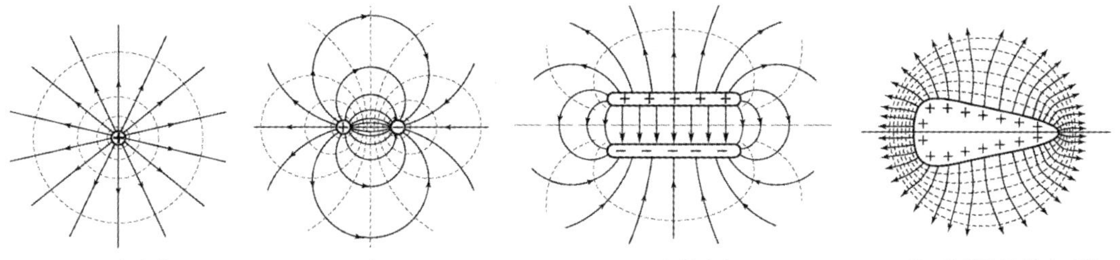


图 4.13　几种常见电场的等势面和电场线图(图中虚线表示等势面，实线表示电场线)

## *4.4.2　电场强度与电势梯度的关系

电势定义式 $U = \int_r^{\infty} \boldsymbol{E} \cdot \mathrm{d}\boldsymbol{l}$ 反映了静电场中电势与电场强度的积分关系，在求出电场强度分布后可由该式求得电势分布.然而，在许多实际问题中，静电场的电势分布往往容易求得，要由电势分布求得电场强度分布，就必须了解电场强度与电势的微分关系.

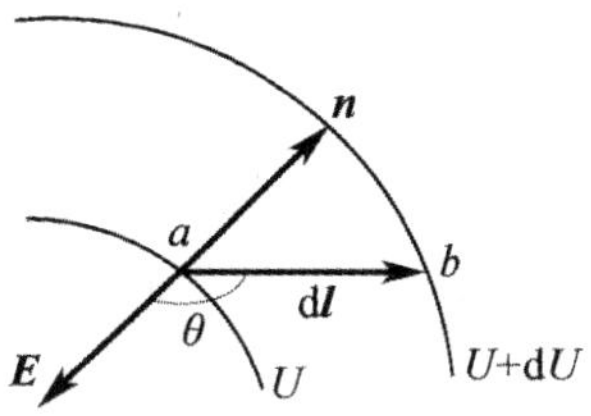


图 4.14　$\boldsymbol{E}$ 与 $U$ 的关系

在任意静电场中，取两个十分靠近的等势面，电势分别为 $U$ 和 $U + \mathrm{d}U$，且设 $\mathrm{d}U > 0$，$a$ 点在电势为 $U$ 的等势面上，$b$ 点在电势为 $U + \mathrm{d}U$ 的等势面上，从 $a$ 到 $b$ 的位移元为 $\mathrm{d}\boldsymbol{l}$，如图 4.14 所示.当把正电荷 $q_0$ 从 $a$ 点沿 $\mathrm{d}\boldsymbol{l}$ 移到 $b$ 点时，电场强度 $\boldsymbol{E}$ 近似不变，则电场力的功为

$$W = q_0(U_a - U_b) = q_0[U - (U + \mathrm{d}U)] = -q_0 \mathrm{d}U$$

另一方面

$$W = q_0 \boldsymbol{E} \cdot \mathrm{d}\boldsymbol{l} = q_0 E\cos\theta \mathrm{d}l = q_0 E_l \mathrm{d}l$$

其中 $E_l = E\cos\theta$ 是电场强度 $\boldsymbol{E}$ 在 $\mathrm{d}\boldsymbol{l}$ 方向上的分量.由上面两式可得

$$-\mathrm{d}U = E_l \mathrm{d}l$$

即

$$E_l = -\frac{\mathrm{d}U}{\mathrm{d}l}$$

此式表明：电场中某一点的电场强度 $\boldsymbol{E}$ 沿某一方向的分量 $E_l$ 等于电势沿该方向上变化率的负值.显然，在直角坐标系中，$U$ 是坐标 $x$、$y$、$z$ 的函数，电场强度 $\boldsymbol{E}$ 在 $x$、$y$、$z$ 三个方向上分量分别为

$$E_x = -\frac{\partial U}{\partial x},\quad E_y = -\frac{\partial U}{\partial y},\quad E_z = -\frac{\partial U}{\partial z}$$

即电场强度 $\boldsymbol{E}$ 的矢量表达式可写成

$$\boldsymbol{E} = -\left(\frac{\partial U}{\partial x}\boldsymbol{i} + \frac{\partial U}{\partial y}\boldsymbol{j} + \frac{\partial U}{\partial z}\boldsymbol{k}\right) \tag{4.21a}$$

在数学上，矢量 $\frac{\partial U}{\partial x}\boldsymbol{i} + \frac{\partial U}{\partial y}\boldsymbol{j} + \frac{\partial U}{\partial z}\boldsymbol{k}$ 称为电势的梯度，用 $\mathbf{grad}\, U$ 或 $\boldsymbol{\nabla} U$ 表示.所以，式(4.21a) 又可写成

$$\boldsymbol{E} = -\mathbf{grad}\, U = -\boldsymbol{\nabla} U \tag{4.21b}$$

其中，微分算符
$$\nabla = \frac{\partial}{\partial x}\boldsymbol{i} + \frac{\partial}{\partial y}\boldsymbol{j} + \frac{\partial}{\partial z}\boldsymbol{k}$$
上式表明：电场中任意一点的电场强度等于该点电势梯度的负值. 在 SI 制中电势梯度的单位为伏特每米(V/m)，所以电场强度也用这个单位.

从图 4.14 可看出，在两等势面之间，从 $a$ 点沿不同方向上的电势变化率不同. 其中沿等势面法线 $\boldsymbol{n}$ 方向的电势变化率最大. 若以 $\mathrm{d}n$ 表示 $a$ 点处两等势面的法向距离，$\boldsymbol{n}_0$ 表示法线 $\boldsymbol{n}$ 方向的单位矢量，同时考虑到电场线与等势面正交且指向电势降落的方向，$\boldsymbol{n}$ 指向电势升高的方向，即电场强度 $\boldsymbol{E}$ 沿法线 $\boldsymbol{n}$ 的相反方向，则有
$$\boldsymbol{E} = -\frac{\mathrm{d}U}{\mathrm{d}n}\boldsymbol{n}_0$$
而电势梯度与电场强度的关系为
$$\mathbf{grad}\, U = \nabla U = -\boldsymbol{E}$$
所以电势梯度为
$$\mathbf{grad}\, U = \nabla U = \frac{\mathrm{d}U}{\mathrm{d}n}\boldsymbol{n}_0$$
即电势梯度的物理意义为：**电势梯度是一个矢量，它的大小为电势沿等势面法线方向的变化率，它的方向沿等势面法向且指向电势增大的方向.**

## 4.5 静电场中的导体

### 4.5.1 导体的静电平衡

导体的特点是导体内存在着大量的自由电荷，对金属导体而言，就是自由电子(在没特殊说明的情况下，本书讨论都是金属导体). 一个不带电的中性导体在电场力作用下其自由电子会作定向运动而改变导体上的电荷分布，使导体处于带电状态，这就是**静电感应**. 导体由于静电感应而带的电荷叫**感应电荷**. 同时，感应电荷又会影响到电场分布. 因此，当电场中有导体存在时，电荷分布和电场分布相互影响、相互制约. 当导体中的自由电子没有定向运动时，我们称导体处于静电平衡状态. 导体达到静电平衡状态所满足的条件叫静电平衡条件.

显然，**导体的静电平衡条件是：导体内部的电场强度为零，在导体表面附近电场强度沿表面的法线方向**. 这里所说的电场强度，指的是外加的静电场 $\boldsymbol{E}_0$ 和感应电荷产生的附加电场 $\boldsymbol{E}'$ 叠加后的总电场，即 $\boldsymbol{E} = \boldsymbol{E}_0 + \boldsymbol{E}'$. 我们可以设想，如果导体内电场 $\boldsymbol{E}$ 不是处处为零，则在 $\boldsymbol{E}$ 不为零的地方，自由电子将作定向运动；如果表面附近电场有切线方向分量，则导体表面层电子将沿表面作定向运动，这都不是静电平衡状态(表面层的电子受表面偶极层的约束不会沿法线方向作定向运动). 这就证明了上述的静电平衡条件是导体静电平衡的必要条件. 如果我们进一步运用静电场边值问题的唯一性定理，即一定的边界条件可将空间静电场分布唯一地确定下来，则可以证明上述条件也是导体静电平衡的充分条件. 限于课程性质，后一点不加详述.

**处于静电平衡状态的导体**，除了电场强度满足上述的静电平衡条件外，还**具有以下性质**：

(1) **导体是等势体，导体表面是等势面.**

导体内任意两点 $P$ 和 $Q$ 之间的电势差 $U_{PQ} = \int_P^Q \boldsymbol{E}\cdot\mathrm{d}\boldsymbol{l} = 0$. 所以导体是等势体，其表面

是等势面.另外,由电场强度方向与等势面正交的性质也可以判定导体表面是等势面.

(2) **导体内部处处没有未被抵消的净电荷,净电荷只分布在导体的表面上.**

按照高斯定理$\oint_S \boldsymbol{E}\cdot \mathrm{d}\boldsymbol{S}=\dfrac{\sum q_i}{\varepsilon_0}=\dfrac{\int_V \rho \mathrm{d}V}{\varepsilon_0}$,其中$V$是导体内部任一闭合面$S$所包围的体积.因为导体内部电场强度$\boldsymbol{E}$处处为零且闭合面$S$可以无限缩小直至只包围一个点,所以导体内部体电荷密度$\rho$处处为零.

(3) **导体以外,靠近导体表面附近处的电场强度大小与导体表面在该处的面电荷密度$\sigma$的关系为**

$$E=\frac{\sigma}{\varepsilon_0} \tag{4.22}$$

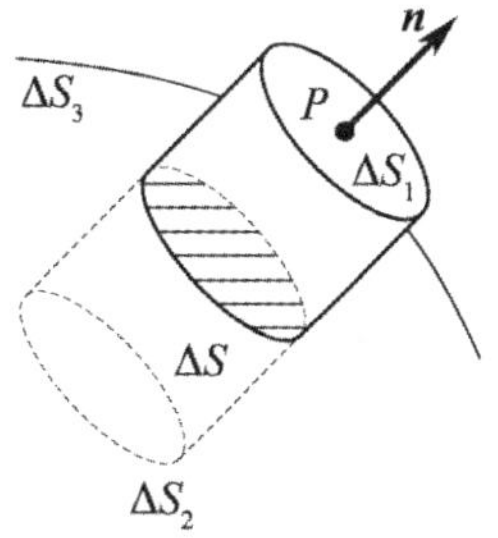

图 4.15 导体表面的电场强度

如图4.15所示,设$P$是导体外紧靠表面处的任意一点,在邻近$P$点的导体表面取一面元$\Delta S$,作薄扁圆柱形闭合高斯面,使其上底面$\Delta S_1$通过$P$点、下底面$\Delta S_2$在导体内部,两底面均与导体表面的面元$\Delta S$平行且无限靠近,$\Delta S_1=\Delta S_2=\Delta S$.侧面$\Delta S_3$与$\Delta S$垂直,则通过该闭合高斯面的电通量为

$$\begin{aligned}\Phi_e &=\oint_S \boldsymbol{E}\cdot \mathrm{d}\boldsymbol{S}\\ &=\int_{\Delta S_1}\boldsymbol{E}\cdot \mathrm{d}\boldsymbol{S}+\int_{\Delta S_2}\boldsymbol{E}\cdot \mathrm{d}\boldsymbol{S}+\int_{\Delta S_3}\boldsymbol{E}\cdot \mathrm{d}\boldsymbol{S}\end{aligned}$$

因为$\Delta S_2$在导体内部,面上各点电场强度为零,$\Delta S_3$上各点电场强度与$\mathrm{d}\boldsymbol{S}$垂直,所以

$$\Phi_e=\oint_S \boldsymbol{E}\cdot \mathrm{d}\boldsymbol{S}=\int_{\Delta S_1}\boldsymbol{E}\cdot \mathrm{d}\boldsymbol{S}=E\Delta S$$

而闭合面内包围的净电荷为$\sigma\Delta S$,所以

$$E=\frac{\sigma}{\varepsilon_0} \tag{4.23}$$

当$\sigma>0$时,$\boldsymbol{E}$垂直表面向外;当$\sigma<0$时,$\boldsymbol{E}$垂直表面向内.式(4.23)给出了导体表面每一点面电荷密度与其附近电场强度之间的对应关系.注意,导体表面附近电场强度$\boldsymbol{E}$是导体表面所有电荷及周围其他带电体上电荷共同产生,其对电场强度的影响由$\sigma$体现.当电荷分布或电场强度分布改变时,$\sigma$和$E$都会改变,但$\sigma$与$E$的关系$E=\dfrac{\sigma}{\varepsilon_0}$不变.

至于导体表面上的电荷究竟怎样分布?这个问题的定量研究比较复杂.它不仅与导体的形状有关,还与导体附近有什么样的物体(带电的或不带电的)有关.对于孤立的带电导体来说,面电荷密度$\sigma$与表面曲率之间一般并不存在单一的函数关系.大致说来,导体表面凸出而尖锐处曲率较大,$\sigma$也较大;导体表面较平坦处曲率较小,$\sigma$也较小;导体表面凹进去处曲率为负值,$\sigma$则更小.由式(4.23)知,导体表面电场强度分布也与$\sigma$分布相似,即尖端处电场强度大,平坦处电场强度次之,凹进去处电场强度最弱.

导体表面尖端处电场特别强,会导致一个重要结果,即尖端放电.这类放电只发生在靠近导体表面很薄的一层空气里.空气中少量残留的带电离子在强电场作用下激烈运动,当它与空气分子碰撞时会使空气分子电离，产生大量新的离子，使原先不导电的空气变得易于导电. 与导体尖端电荷异号的离子受到吸引趋向尖端，而与导体尖端电荷同号的离子受到排斥而加速离开尖端，形成高速离子流，即通常所说的"电风". 尖端附近空气电离时，在黑暗中可以看到尖端附近隐隐地笼罩着一层光晕，叫电晕. 高压输电线附近的电晕效应会浪费大量电能. 为避免这种现象，高压输电线的表面应做得极为光滑，且截面半径也不能过小. 此外，一些高压设备的电极也常常做成光滑的球面，以避免放电，维持高电压. 而避雷针则是利用尖端放电原理来防止雷击对建筑物的破坏，但避雷针必须保持良好接地，否则结果适得其反.

### 4.5.2 导体壳和静电屏蔽

**1. 腔内无带电体的情况**

当导体壳腔内没有其他带电体时，在静电平衡条件下，导体壳内表面处处没有电荷. 电荷只分布在导体壳的外表面上，而且空腔内没有电场，或者说，空腔内的电势处处相等.

为了证明上述结论，我们在导体壳的内、外表面之间取一闭合曲面 $S$，将空腔包围起来，如图 4.16(a) 所示. 由于 $S$ 完全处于导体的内部，根据静电平衡条件，$S$ 面上电场强度处处为零. 由高斯定理可推知，在 $S$ 面内电荷代数和为零. 因为腔内无带电体，所以空腔内表面的电荷代数和也为零. 进一步利用反证法可证明，达到静电平衡时，导体壳内表面上的电荷面密度 $\sigma$ 必定处处为零. 否则，如果有的地方 $\sigma < 0$，则必有另一处 $\sigma > 0$，两处之间必有电场线相连，必有电势差，而这与静电平衡时导体是等势体相矛盾.

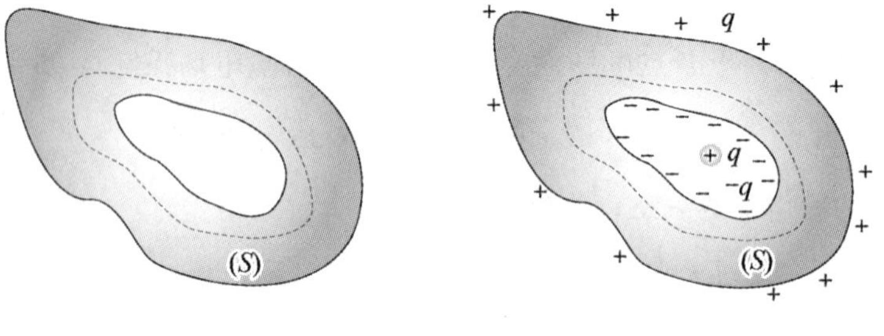


(a) 腔内无带电体情况　　(b) 腔内有带电体情况

图 4.16　静电平衡时的导体壳的电荷分布

由于在导体壳内表面上 $\sigma$ 处处为零，所以内表面附近 $\boldsymbol{E}$ 处处为零，电场线不可能起于（或止于）内表面；同时腔内无带电体，在腔内不可能有另外的电场线的端点；静电场的电场线又不可能闭合. 所以腔内没有电场线，即腔内不可能有电场，腔内空间各点电势处处相等.

**2. 腔内有带电体情况**

当导体壳腔内有其他带电体时，如图 4.16(b) 所示，在腔内放一带电体 $+q$. 我们可以同样在导体壳内、外表面间作一闭合曲面 $S$. 由静电平衡条件和高斯定理不难求出 $S$ 面内电荷代数和为零，所以导体壳内表面上要感应出电荷 $-q$，即导体内表面所带电荷与空腔内带电体的电荷等量异号. 腔内电场线起自带电体电荷 $+q$ 而止于内表面上的感应电荷 $-q$，腔内电场不为零，带电体与导体壳之间有电势差. 同时，外表面相应地感应出电荷 $+q$. 如果空腔导体壳本身不带电，此时导体壳外表面只有感应电荷 $+q$. 如果空腔导体本身带电量为 $Q$，则导体壳外表面所带电荷为$(Q+q)$.

**3. 静电屏蔽**

如前所述,在静电平衡条件下,不论导体壳本身带电还是导体壳处于外界电场中,腔内无其他带电体的导体壳内部没有电场.这样,导体壳的表面就“保护”了它所包围的区域,使之不受导体壳外表面的电荷或外界电场的影响.而接地良好的导体壳还可以把腔内部带电体对外界的影响全部消除(上述导体壳的外表面所带感应电荷$+q$全部入地).总之,导体壳内部电场不受壳外电荷的影响,接地导体壳使得外部电场不受壳内电荷的影响,内部电荷对外界也不影响.这种现象称为静电屏蔽.前者称为外屏蔽,后者称为全屏蔽.

在防止信号干扰方面,静电屏蔽原理在实际中有重要的应用.例如,一些电子仪器常采用金属外壳以使内部电路不受外界电场的干扰;传递电信号的电缆线常用金属丝网罩作为屏蔽层;在高压设备的外面罩上接地的金属网栅,以使高压带电体不致影响外界;等等.

### 4.5.3　有导体存在的静电场电场强度与电势的计算

在计算有导体存在时的静电场分布时,首先要根据静电平衡条件和电荷守恒定律,确定导体上新的电荷分布,然后由新的电荷分布求电场的分布.

**例4.9**　如图4.17所示,在一个接地的导体球附近有一个电量为$q$的点电荷.已知球的半径为$R$,点电荷到球心的距离为$l$.求导体球表面感应电荷的总电量$q'$.

**解**　因为接地导体球的电势为零,所以球心$O$点的电势为零.另一方面球心$O$点的电势是由点电荷$q$和球面上感应电荷$q'$共同产生的.

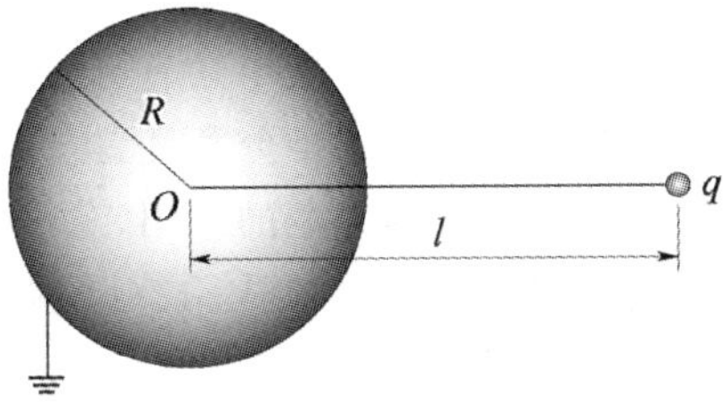

图4.17

前者

$$U_{O1}=\frac{q}{4\pi\varepsilon_0 l}$$

后者　$U_{O2}=\oint_S\frac{\sigma'\mathrm{d}S}{4\pi\varepsilon_0 R}=\frac{1}{4\pi\varepsilon_0 R}\oint_S\sigma'\mathrm{d}S=\frac{q'}{4\pi\varepsilon_0 R}$

所以,球心$O$点的电势

$$U_O=U_{O1}+U_{O2}=\frac{q}{4\pi\varepsilon_0 l}+\frac{q'}{4\pi\varepsilon_0 R}=0$$

得

$$q'=-\frac{R}{l}q$$

## 4.6　静电场中的电介质

### 4.6.1　电介质的极化

电介质通常是指不导电的绝缘介质.在电介质内没有可以自由移动的电荷(自由电子).但是,在外电场作用下,电介质内的正、负电荷仍可作微观的相对移动.结果,在电介质内部或表面出现带电现象.这种电介质在外电场作用下出现的带电现象称为**电介质的极化**.电介质极化所出现的电荷,称为**极化电荷**或称束缚电荷.

一般地,介质分子中的正、负电荷都不集中在一点.但是,在远大于分子线度的距离处观察,分子的全部负电荷的影响将与一个单独的负电荷等效,这个等效负电荷的位置称为分子的负电荷中心.同理,每个分子的全部正电荷也有一个相应的正电荷等效中心.若分子的正、负电荷的等效中心不相重合,这样一对距离极近的等值异号的正负点电荷称为分子的等效电偶极子.像 HCl、$H_2O$、CO 等介质分子就有这种分子偶极子,因而这一类介质叫作**有极分子电介质**.还有如 He、$H_2$、$N_2$、$CO_2$ 等另一类电介质,其分子正负电荷等效中心重合,没有分子偶极子,叫作**无极分子电介质**.

无极分子电介质在外电场作用下,正负电荷中心发生相对位移,形成电偶极子.这些电偶极子的方向都沿着外电场的方向,因此在电介质的表面将出现正负极化电荷,如图 4.18(a) 所示.这类极化是由于电荷中心位移引起的,叫**位移极化**.

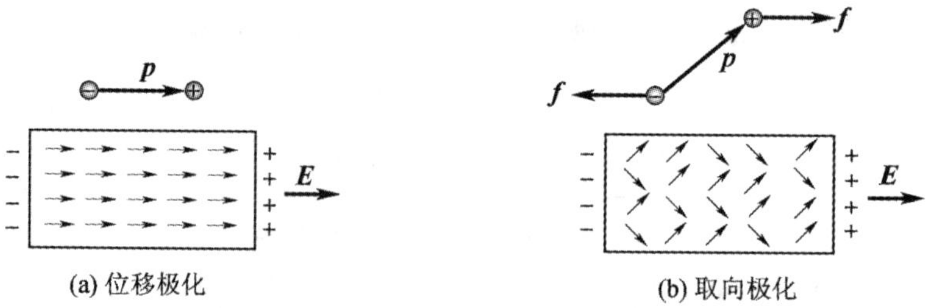


图 4.18　电介质的极化

有极分子电介质虽然有分子偶极子,但在没有外电场存在时,由于分子的热运动,各个分子偶极矩的排列十分紊乱,电介质宏观不显电性.当电介质处于外电场中时,每个分子偶极矩都受到电场力矩的作用,分子偶极矩产生转向外电场方向的取向作用使介质带电,这种极化叫**取向极化**,如图 4.18(b) 所示.应该指出,有极分子电介质也存在位移极化,只是比取向极化弱得多.

这两类电介质极化的微观机制虽有不同,但宏观结果都是一样的.所以作宏观描述时,不必加以区别.

### *4.6.2　极化强度和极化电荷

当电介质处于极化状态时,电介质内任一宏观小、微观大的体积元 $\Delta V$ 内,分子电偶极矩的矢量和不会互相抵消,即 $\sum \boldsymbol{p}_{ei} \neq 0$.我们定义介质中单位体积内分子电偶极矩的矢量和为极化强度矢量 $\boldsymbol{P}$.即

$$\boldsymbol{P} = \frac{\sum \boldsymbol{p}_{ei}}{\Delta V} \tag{4.24}$$

式中 $\boldsymbol{p}_e$ 是分子电偶极矩.极化强度 $\boldsymbol{P}$ 是表征电介质极化程度的物理量.在 SI 制中 $\boldsymbol{P}$ 的单位是库仑每平方米 ($C/m^2$).如果介质中各点的极化强度相同,则称介质是均匀极化的.

另一方面,电介质处于极化状态时,电介质的某一些部位将出现未被抵消的极化电荷.可以证明,在均匀电介质中,极化电荷集中在介质的表面①,且表面极化电荷面密度为

① 这里说的均匀电介质,是指它的物理性能(极化率或介电常数)均匀,并不要求均匀极化.

$$\sigma' = \frac{dq'}{dS} = P\cos\theta = \boldsymbol{P} \cdot \boldsymbol{n}_0 \tag{4.25}$$

式中 $\boldsymbol{n}_0$ 是介质表面法线方向单位矢量.式(4.25)表明,电介质表面极化电荷面密度 $\sigma'$ 等于表面处极化强度 $\boldsymbol{P}$ 的法向分量.当 $\theta$ 为锐角时,电介质表面将出现一层正极化电荷;当 $\theta$ 为钝角时,电介质表面将出现一层负极化电荷,如图 4.19 所示.

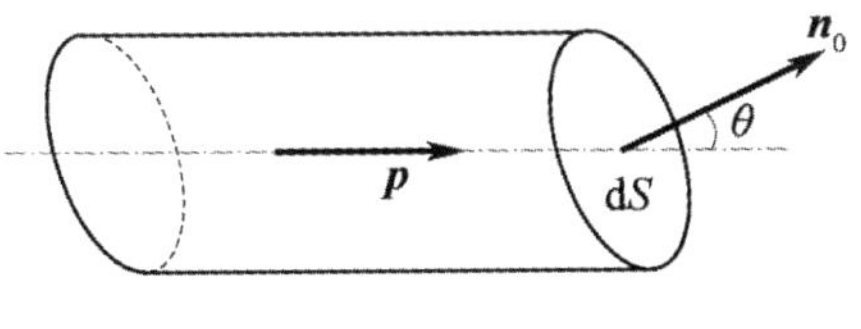

(a) 极化电荷

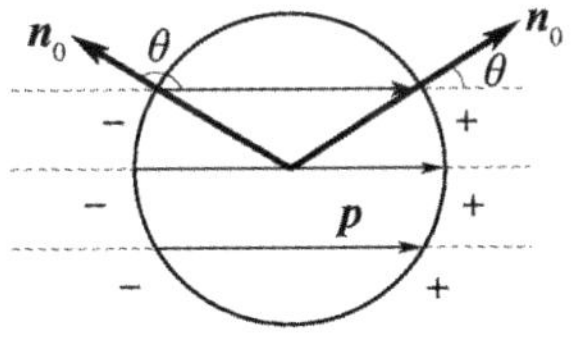

(b) 表面极化电荷

图 4.19 极化电荷

在介质内部,可以取一任意闭合曲面 $S$,$\boldsymbol{n}_0$ 为 $S$ 上面元 $d\boldsymbol{S}$ 的外法线方向上的单位矢量,则式 $dq'_{出} = \boldsymbol{P} \cdot d\boldsymbol{S}$ 表明由于极化而越过 $d\boldsymbol{S}$ 面向外移出闭合面 $S$ 的电荷.所以,越过整个闭合面 $S$ 而向外移出的极化电荷总量 $\sum q'_{出i}$ 应为

$$\sum q'_{出i} = \oint_S dq' = \oint_S \boldsymbol{P} \cdot d\boldsymbol{S}$$

根据电荷守恒定律,在闭合面 $S$ 内净余的极化电荷总量 $\sum q'_i$ 应等于 $\sum q'_{出i}$ 的负值,即有

$$\oint_S \boldsymbol{P} \cdot d\boldsymbol{S} = -\sum q'_i \tag{4.26}$$

它表明,在介质中沿任意闭合曲面的极化强度通量等于曲面所包围的体积内极化电荷的负值.这是极化强度 $\boldsymbol{P}$ 与极化电荷分布之间的普遍关系.

### *4.6.3 电介质的极化规律

实验表明,在各向同性电介质中的任一点,极化强度 $\boldsymbol{P}$ 与 $\boldsymbol{E}$ 的方向相同且大小成正比,即

$$\boldsymbol{P} = \varepsilon_0 \chi \boldsymbol{E} \tag{4.27}$$

式中 $\boldsymbol{E}$ 是自由电荷电场强度 $\boldsymbol{E}_0$ 和极化电荷电场强度 $\boldsymbol{E}'$ 之和,$\chi$ 是介质的极化率.所谓各向同性电介质就是 $\boldsymbol{P}$ 与 $\boldsymbol{E}$ 的关系和 $\boldsymbol{E}$ 的方向无关.对同一点,$\chi$ 是一个常数,但不同点 $\chi$ 的值可以不同.如果电介质中各点的 $\chi$ 值相同,则电介质为均匀电介质.

当外电场不太强时,它只是引起电介质的极化,不会破坏电介质的绝缘性能.如果外加电场很强,则电介质分子中的正负电荷有可能被拉开而变成可以自由移动的电荷.由于大量这种自由电荷的产生,电介质的绝缘性能就会遭到明显的破坏而变成导体.这种现象叫电介质的击穿.一种电介质材料所能承受的不被击穿的最大电场强度称为这种电介质的**击穿电场强度**.

表 4.1 给出了几种电介质的击穿电场强度.

**表 4.1 几种电介质的击穿电场强度**

| 电介质 | 击穿电场强度 (kV/mm) |
|---|---|
| 空气(1 atm) | 3 |
| 玻璃 | 10 ~ 25 |
| 瓷 | 6 ~ 20 |
| 矿物油 | 15 |
| 纸(油浸过的) | 15 |

续表

| 电介质 | 击穿电场强度 (kV/mm) |
|---|---|
| 胶木 | 20 |
| 石蜡 | 30 |
| 聚乙烯 | 50 |
| 云母 | 80 ~ 200 |
| 钛酸钡 | 3 |

除了上述各向同性线性电介质外，还有以下几类电介质：

(1) 线性各向异性电介质. 这种电介质中 $\boldsymbol{P}$ 与 $\boldsymbol{E}$ 的关系和 $\boldsymbol{E}$ 的方向有关. 实验表明它们的关系可用如下的线性方程组表示：

$$\begin{cases} P_x = \varepsilon_0(\chi_{11}E_x + \chi_{12}E_y + \chi_{13}E_z) \\ P_y = \varepsilon_0(\chi_{21}E_x + \chi_{22}E_y + \chi_{23}E_z) \\ P_z = \varepsilon_0(\chi_{31}E_x + \chi_{32}E_y + \chi_{33}E_z) \end{cases}$$

其中 $\chi_{11},\chi_{12},\cdots,\chi_{33}$ 是 9 个常数，它表示张量在坐标中的 9 个分量. 由这 9 个分量组成的张量叫作电介质的**极化率张量**，由电介质的性质决定. 由上述方程可以看出，即使电场强度只有 $x$ 分量($E_y = E_z = 0$)，极化强度却可以也有 $y$、$z$ 分量，即 $x$ 方向的电场强度不但引起介质沿 $x$ 方向的极化，还可以引起介质沿 $y$、$z$ 方向的极化. 对电介质中的一点而言，极化率张量是一个确定的张量，不随电场强度而变时，也就是说当 $P_x$、$P_y$、$P_z$ 与 $E_x$、$E_y$、$E_z$ 的关系是线性关系时，电介质叫作线性电介质.

(2) 铁电体. 它们的 $\boldsymbol{P}$ 与 $\boldsymbol{E}$ 的关系是非线性的，甚至 $\boldsymbol{P}$ 与 $\boldsymbol{E}$ 之间也不存在单值函数关系. 就是说对一个确定的 $\boldsymbol{E}$ 值，其 $\boldsymbol{P}$ 值的大小还取决于原来极化的“历史”，具有和铁磁体的磁滞效应类似的电滞效应，称为**铁电体**，如酒石酸钾钠($NaKC_4H_4O_6 \cdot 4H_2O$)及钛酸钡($BaTiO_3$)等. 铁电体的相对介电常数 $\varepsilon_r$ 不是常数，而是随所加外电场的变化而变化，最大值可达 $10^3 \sim 10^4$. 利用铁电体作为介质可制成容量大、体积小的电容器. 由于铁电体具有电滞效应，经过极化的铁电体在剩余极化强度 $\boldsymbol{P}_r$ 和 $-\boldsymbol{P}_r$ 处是双稳态，可以制成二进制的存储器. 另外，凡铁电体都存在一特定温度，只有低于此温度才有铁电性. 这个温度称为居里点. 铁电体在居里点附近，材料的电阻率会随温度发生灵敏的变化，可利用制成铁电热敏电阻器. 铁电体在强光作用下能产生非线性效应，常用作激光技术中的倍频或混频器件.

(3) 驻极体. 它们的极化强度并不随外场的撤除而消失，与永磁体的性质有些相似，如石蜡等.

### 4.6.4 有电介质时的高斯定理

有电介质时，总电场 $\boldsymbol{E}$ 包括自由电荷产生的电场 $\boldsymbol{E}_0$ 和极化电荷产生的附加电场 $\boldsymbol{E}'$. 所以有电介质时的高斯定理表达为

$$\oint_S \boldsymbol{E} \cdot d\boldsymbol{S} = \frac{1}{\varepsilon_0}\left(\sum q_i + \sum q_i'\right)$$

式中 $\sum q_i$ 和 $\sum q_i'$ 分别为高斯面 $S$ 内的自由电荷与极化电荷的代数和. 利用极化强度与极化电荷的关系式(4.26)

$$\oint_S \boldsymbol{P} \cdot d\boldsymbol{S} = -\sum q_i'$$

则上式的高斯定理可改写为

$$\oint_S (\varepsilon_0 \boldsymbol{E} + \boldsymbol{P}) \cdot d\boldsymbol{S} = \sum q_i$$

由此，我们可定义电位移矢量

$$\boldsymbol{D} = \varepsilon_0 \boldsymbol{E} + \boldsymbol{P} \tag{4.28}$$

就得到

$$\oint_S \boldsymbol{D} \cdot \mathrm{d}\boldsymbol{S} = \sum q_i \tag{4.29}$$

此式就是有电介质时的高斯定理：**在静电场中通过任意闭合曲面的电位移通量等于闭合面内自由电荷的代数和.**

式(4.28)表示了电场中任一点处 $\boldsymbol{D}$、$\boldsymbol{E}$、$\boldsymbol{P}$ 三个矢量的关系，对任何电介质都适用. 在各向同性的电介质中，$\boldsymbol{D}$、$\boldsymbol{E}$、$\boldsymbol{P}$ 三个量方向相同且 $\boldsymbol{P} = \varepsilon_0 \chi \boldsymbol{E}$，所以

$$\boldsymbol{D} = \varepsilon_0 \boldsymbol{E} + \boldsymbol{P} = \varepsilon_0 (\boldsymbol{E} + \chi \boldsymbol{E}) = \varepsilon_0 (1 + \chi) \boldsymbol{E}$$

令 $1 + \chi = \varepsilon_r$ 叫电介质的相对介电常数，则

$$\boldsymbol{D} = \varepsilon_0 \varepsilon_r \boldsymbol{E} = \varepsilon \boldsymbol{E} \tag{4.30}$$

在没有介质时 $\boldsymbol{D} = \varepsilon_0 \boldsymbol{E} + \boldsymbol{P}$ 中的 $\boldsymbol{P} = 0$ 且 $\boldsymbol{E} = \boldsymbol{E}_0$，所以 $\boldsymbol{E}_0 = \dfrac{\boldsymbol{D}}{\varepsilon_0}$. 它表示了真空或空气中电场强度与电位移的关系. 而在有介质时 $\boldsymbol{E} = \dfrac{\boldsymbol{D}}{\varepsilon_0 \varepsilon_r}$，因为 $\varepsilon_r > 1$，所以 $E < E_0$，即介质中的电场强度小于真空中的电场强度. 这是因为介质上的极化电荷在介质中产生的附加电场 $\boldsymbol{E}'$ 与 $\boldsymbol{E}_0$ 的方向相反而减弱了外电场的缘故.

## 4.7　电容　电容器

### 4.7.1　孤立导体的电容

理论和实验都表明，附近没有其他导体和带电体的孤立导体，它所带电量与它的电势 $U$ 成正比，即

$$q \propto U$$

写成等式

$$\frac{q}{U} = C \tag{4.31}$$

比例系数 $C$ 称为**孤立导体的电容**. 如孤立导体球的电容 $C = 4\pi\varepsilon_0 R$. 它与导体的尺寸和形状有关，而与 $q$ 和 $U$ 无关. 从式(4.31)可看出电容 $C$ 是使导体升高单位电势所需要的电量，反映了导体储存电荷和电能的能力.

在 SI 制中，电容的单位是库仑每伏特，称为法拉，符号为 F. 在实用中法拉单位太大，常见的电容以微法($\mu$F)、皮法(pF)为单位，它们之间的关系为 $1\ \mathrm{F} = 10^6\ \mu\mathrm{F} = 10^{12}\ \mathrm{pF}$.

### 4.7.2　电容器及其电容

当导体 A 附近有其他导体存在时，则该导体的电势不仅与它本身所带的电量有关，而且与其他导体的形状及位置有关. 为了消除周围其他导体的影响，可用一个封闭的导体壳 B 将 A 屏蔽起来，如图 4.20 所示. 可以证明，导体 A 和导体 B 之间的电势差 $U_A - U_B$ 与导体 A 所带的电量成正比，不受外界影响. 我们把导体壳 B 与其腔内的导体 A 所组成的导体系叫作

电容器,其电容为

$$C = \frac{q}{U_A - U_B} = \frac{q}{U_{AB}} \tag{4.32}$$

电容器的电容C与两导体的尺寸、形状及其相对位置有关.组成电容器的两导体叫作电容器的极板.在实际应用的电容器中,对其屏蔽性的要求并不很高,只要求从一个极板发出的电场线都终止在另一个极板上就行.

设电容器的两极板分别带上等量异号电荷,通过计算两极板间的电场强度与电势差,依据式(4.32)可以方便地计算几类电容器的电容公式.如对长度为 $l$ 且长度远比半径之差 $(R_B - R_A)$ 大、两导体之间充满介电常数为 $\varepsilon$ 的同轴圆柱形电容器的电容值计算如下.

如图4.21所示,设导体A轴向单位长度带电为 $\lambda$,则导体B轴向单位长度带电 $-\lambda$,在A、B之间电介质中电场强度由高斯定理求得为

$$E = \frac{\lambda}{2\pi\varepsilon r}$$

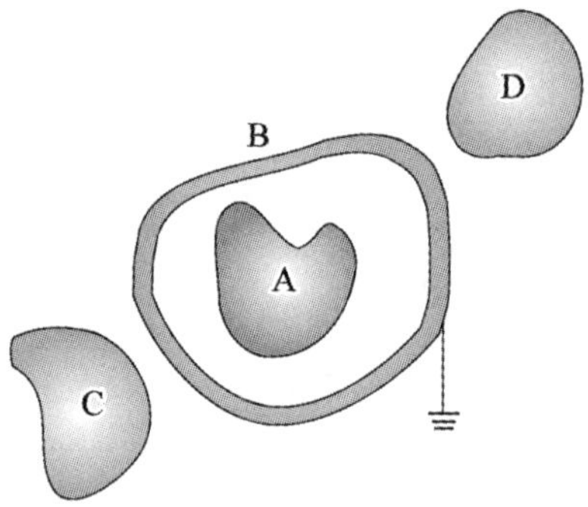

图4.20 屏蔽的电容器

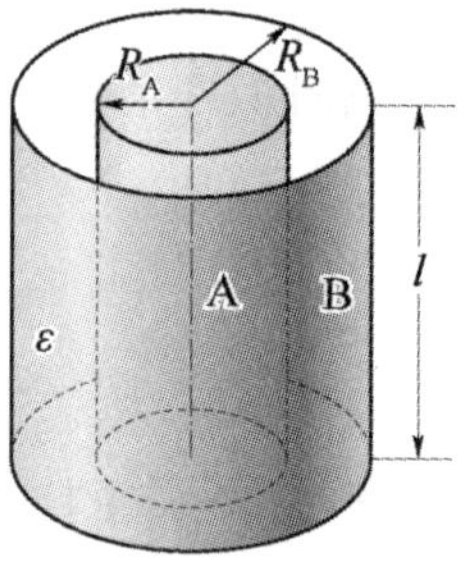

图4.21 圆柱形电容器

$r$ 为场点到轴线的距离,则A、B两导体的电势差为

$$U_{AB} = \int_{R_A}^{R_B} \frac{\lambda}{2\pi\varepsilon r} dr = \frac{\lambda}{2\pi\varepsilon} \ln \frac{R_B}{R_A}$$

所以,长度为 $l$ 的电容器电容为

$$C = \frac{\lambda l}{U_{AB}} = 2\pi\varepsilon l / \ln \frac{R_B}{R_A}$$

$\varepsilon$ 是电介质的介电常数,$l$ 是电容器的长度,$R_A$,$R_B$ 分别为内、外圆柱的截面半径.对真空中极板面积为 $S$,两极板间距离为 $d$,且满足 $\sqrt{S} \gg d$ 的平行板电容器,$C = \frac{\varepsilon_0 S}{d}$;对真空中内、外球面半径为 $R_A$、$R_B$ 的同心球形电容器,$C = \frac{4\pi\varepsilon_0 R_A R_B}{R_B - R_A} (R_A < R_B)$.以上两类电容器的电容公式请读者自己推导.从以上三种电容器电容的计算结果可知:电容器电容大小由电容器的几何形状,电介质的性质和分布决定.

对于电容器的分类,可按几何形状分为:平行板电容器、圆柱形电容器、球形电容器等;按介质的种类分为:空气电容器、纸介质电容器、云母电容器、电解电容器、陶瓷电容器等;按性能分为:固定电容器、半可变电容器和可变电容器.

### *4.7.3 电容器的连接

电容器的性能指标中有两个是非常重要的，一个是电容值，另一个是耐压值. 使用电容器时，两极板上的电压不能超过所规定的耐压值. 当单独一个电容器的电容值或耐压值不能满足实际需求时，可把几个电容器连接起来使用，电容器的基本连接方式有串、并联两种.

电容器串联时，串联的每一个电容器都带有相同的电量 $q$，而电压与电容成反比地分配在各个电容器上. 因此整个串联电容器系统的总电容 $C$ 的倒数为

$$\frac{1}{C}=\frac{U}{q}=\frac{U_1+U_2+\cdots+U_n}{q}=\frac{1}{C_1}+\frac{1}{C_2}+\cdots+\frac{1}{C_n} \tag{4.33}$$

电容器并联时，加在各电容器上的电压是相同的，电量与电容成正比地分配在各个电容器上. 因此整个并联电容器系统的总电容为

$$C=\frac{q}{U}=\frac{q_1+q_2+\cdots+q_n}{U}=\frac{U(C_1+C_2+\cdots+C_n)}{U}=C_1+C_2+\cdots+C_n \tag{4.34}$$

---

**例 4.10** 一平行板电容器的极板面积为 $S$，板间距离 $d$，电势差为 $U$. 两极板间平行放置一层厚度为 $t$，相对介电常数为 $\varepsilon_r$ 的电介质. 试求：(1) 极板上的电量 $Q$；(2) 两极板间的电位移 $\boldsymbol{D}$ 和电场强度 $\boldsymbol{E}$；(3) 电容器的电容.

**解** (1) 如图 4.22 所示，作柱形高斯面，它的一个底面 $\Delta S_1$ 在一个金属极板内，另一底面 $\Delta S_2$ 在两极板之间(电介质中或真空中)，$\Delta S_1=\Delta S_2=\Delta S$. 因为金属极板内 $\boldsymbol{E}=0$，$\boldsymbol{D}=0$，所以

$$\oint_S \boldsymbol{D}\cdot \mathrm{d}\boldsymbol{S}=D\Delta S$$

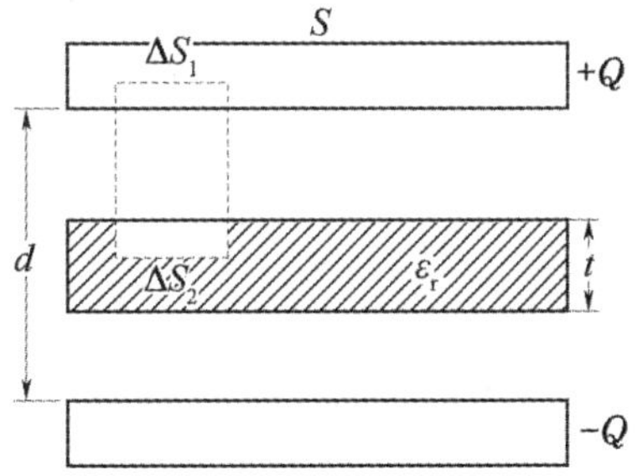

图 4.22

而 $\sum q_i=\sigma\Delta S$，由此得到两极板间的电介质或真空中，电位移 $\boldsymbol{D}$ 相同. 其大小均为

$$D=\sigma=\frac{Q}{S}$$

$Q$ 是正极板上的电量，待求.

在真空间隙中 $E_1=\dfrac{D}{\varepsilon_0}=\dfrac{Q}{\varepsilon_0 S}$

在介质中 $E_2=\dfrac{D}{\varepsilon}=\dfrac{D}{\varepsilon_0\varepsilon_r}=\dfrac{Q}{\varepsilon_0\varepsilon_r S}$

所以两极板的电势差为

$$U=E_1(d-t)+E_2 t=\frac{Q}{\varepsilon_0 S}(d-t)+\frac{Q}{\varepsilon_0\varepsilon_r S}t=\frac{Qd}{\varepsilon_0 S}\left(1-\frac{t}{d}\,\frac{\varepsilon_r-1}{\varepsilon_r}\right)$$

由此可得极板上电量为

$$Q=\frac{\varepsilon_0 SU}{d}\left[\frac{\varepsilon_r d}{\varepsilon_r(d-t)+t}\right]=\frac{\varepsilon_0\varepsilon_r SU}{\varepsilon_r(d-t)+t}$$

(2) 把 $Q=\dfrac{\varepsilon_0\varepsilon_r SU}{\varepsilon_r(d-t)+t}$ 代入上述 $E_1=\dfrac{Q}{\varepsilon_0 S}$ 和 $E_2=\dfrac{Q}{\varepsilon_0\varepsilon_r S}$ 得

$$E_1=\frac{\varepsilon_r U}{\varepsilon_r(d-t)+t}$$

$$E_2=\frac{U}{\varepsilon_r(d-t)+t}$$

$$D=\frac{\varepsilon_0\varepsilon_r U}{\varepsilon_r(d-t)+t}$$

(3) $$C=\frac{Q}{U}=\frac{\varepsilon_0\varepsilon_r S}{\varepsilon_r(d-t)+t}=\frac{C_0}{1-\dfrac{t}{d}\,\dfrac{\varepsilon_r-1}{\varepsilon_r}}$$

其中 $C_0 = \frac{\varepsilon_0 S}{d}$. 可见，由于电介质插入，电容增大了；若 $t = d$，即电介质充满两极板之间间隙时，有 $C = \varepsilon_r C_0$，电容扩大到原来的 $\varepsilon_r$ 倍.

## 4.8 电场的能量

### 4.8.1 带电系统的能量

对于电量为 $Q$ 的带电体 A，可以设想是在不断地把微小电量 $\mathrm{d}q$ 从无穷远处移到 $A$ 上的过程中，外界克服电场力做的功增加了带电体 A 的能量，即

$$\mathrm{d}W_e = \mathrm{d}W = \mathrm{d}qU$$

所以带电体 A 从不带电到带有电量 $Q$ 的整个过程积蓄的能量为

$$W_e = \int \mathrm{d}W_e = \int_0^Q U\mathrm{d}q \tag{4.35}$$

实际上，电容器充电的过程就是在电源作用下不断地从原来中性的极板 B 取正电荷移到极板 A 上的过程，所以，当电容为 $C$ 的电容器两极板分别带有电量 $+Q$，$-Q$，两极板的电势差为 $U$ 时，电容器具有能量

$$W_e = \int_0^Q U\mathrm{d}q = \int_0^Q \frac{q}{C}\mathrm{d}q = \frac{1}{2}\frac{Q^2}{C} \tag{4.36}$$

式(4.36) 也可表示为 $W_e = \frac{1}{2}CU^2 = \frac{1}{2}UQ$. 无论电容器的结构如何，这一结果都正确.

### 4.8.2 电场能量

在不随时间变化的静电场中，电荷和电场总是同时存在的. 我们无法分辨电能是与电荷相关联还是与电场相关联. 以后我们将看到，随时间迅速变化的电场和磁场将以电磁波的形式在空间传播，电场可以脱离电荷而传播到很远的地方去. 实际上，电磁波携带能量已经是人所共知的事实. 大量事实证明，能量确实是定域在电场中的.

既然能量是定域在(或者说是分布在) 电场中，我们就可以把带电系统的能量公式用描述电场的物理量 $\boldsymbol{E}$ 和 $\boldsymbol{D}$ 来表示. 为简单起见，考虑一个理想的平行板电容器，它的极板面积为 $S$，极板间电场占空间体积 $V = Sd$，极板上自由电荷为 $Q$，极板间电压为 $U$，则该电容器储存能量 $W_e = \frac{1}{2}QU$. 因为极板上电荷面密度 $\sigma = \frac{Q}{S} = D$，$U = Ed$，所以

$$W_e = \frac{1}{2}QU = \frac{1}{2}\sigma SU = \frac{1}{2}DSEd = \frac{1}{2}DEV$$

而电场中单位体积的能量，即**电场能量密度**

$$w_e = \frac{W_e}{V} = \frac{1}{2}DE \tag{4.37}$$

可以证明，电场能量体密度的公式适用于任何电场. 在电场不均匀时，总电场能量等于 $w_e$ 在电场强度不为零的空间 $V$ 中的体积分，即

$$W_e = \int_V \mathrm{d}W_e = \int_V \frac{1}{2}DE\,\mathrm{d}V \tag{4.38}$$

在真空中 $\boldsymbol{D}=\varepsilon_0\boldsymbol{E}$，则

$$W_e=\int_V \frac{1}{2}\varepsilon_0 E^2\mathrm{d}V$$

$W_e$ 是纯粹的电场能量. 在各向同性的电介质中

$$\boldsymbol{D}=\varepsilon_0\varepsilon_r\boldsymbol{E}=\varepsilon\boldsymbol{E},\qquad W_e=\int_V \frac{1}{2}\varepsilon E^2\mathrm{d}V$$

这时 $W_e$ 还包含了电介质极化能. 在各向异性的电介质中 $\boldsymbol{D}$ 与 $\boldsymbol{E}$ 的方向不同，式(4.38)应采用以下形式：

$$W_e=\int_V \frac{1}{2}\boldsymbol{D}\cdot\boldsymbol{E}\mathrm{d}V \tag{4.39}$$

---

**例 4.11** 计算均匀带电球体的静电能. 球的半径为 $R$，带电量为 $Q$. 为简单起见，设球内、外介质的介电常数均为 $\varepsilon_0$.

**解** 解法一：直接计算定域在电场中的能量.

均匀带电球体的电场分布已在例 4.5 中求出，$\boldsymbol{E}$ 沿着球的半径方向，大小为

$$E=\begin{cases}\dfrac{Qr}{4\pi\varepsilon_0 R^3} & (r\leqslant R)\\[2ex] \dfrac{Q}{4\pi\varepsilon_0 r^2} & (r\geqslant R)\end{cases}$$

于是，利用式(4.38)可得静电场能量为

$$\begin{aligned}W_e&=\int_V \frac{1}{2}\varepsilon_0 E^2\mathrm{d}V=\frac{\varepsilon_0}{2}\int_0^R\left(\frac{Qr}{4\pi\varepsilon_0 R^3}\right)^2 4\pi r^2\mathrm{d}r+\frac{\varepsilon_0}{2}\int_R^\infty\left(\frac{Q}{4\pi\varepsilon_0 r^2}\right)^2 4\pi r^2\mathrm{d}r\\&=\frac{Q^2}{8\pi\varepsilon_0 R^6}\int_0^R r^4\mathrm{d}r+\frac{Q^2}{8\pi\varepsilon_0}\int_R^\infty\frac{\mathrm{d}r}{r^2}=\frac{Q^2}{40\pi\varepsilon_0 R}+\frac{Q^2}{8\pi\varepsilon_0 R}=\frac{3Q^2}{20\pi\varepsilon_0 R}\end{aligned}$$

*解法二：设想把带电球体分割成一系列半径为 $r$ 的带电薄球壳($r$ 从零逐渐增大直至 $R$)，并相继把这些带电薄球壳移到一起累加后形成带电球体. 当带电球体的半径为 $r$ 时带有电量

$$q=\rho\left(\frac{4}{3}\pi r^3\right)=\frac{Qr^3}{R^3}$$

此时带电球体表面电势为

$$U(r)=\frac{q}{4\pi\varepsilon_0 r}=\frac{Qr^2}{4\pi\varepsilon_0 R^3}$$

这时增加一个厚度为 $\mathrm{d}r$ 的薄带电球壳，带电球增加的电量 $\mathrm{d}q$ 为

$$\mathrm{d}q=\rho 4\pi r^2\mathrm{d}r=\frac{3Qr^2}{R^3}\mathrm{d}r$$

把以上电量从无穷远处移到带电球处并累加到半径为 $r$ 的带电球上，外界需克服电场力做功，亦即带电球半径增大 $\mathrm{d}r$ 时，带电球体增加的静电能为

$$\mathrm{d}W_e=U\mathrm{d}q=\frac{Qr^2}{4\pi\varepsilon_0 R^3}\frac{3Qr^2}{R^3}\mathrm{d}r=\frac{3Q^2r^4}{4\pi\varepsilon_0 R^6}\mathrm{d}r$$

所以，半径为 $R$ 的均匀带电球体的静电能为

$$W_e=\int\mathrm{d}W_e=\int_0^R\frac{3Q^2r^4}{4\pi\varepsilon_0 R^6}\mathrm{d}r=\frac{3Q^2}{20\pi\varepsilon_0 R}$$

两种解法结果相同.

---

# 第 5 章

# 稳恒磁场

本章研究磁场的产生，磁场的基本规律，磁场与介质的相互作用.

磁感应强度是描述磁场的基本物理量.“高斯定理”和安培环路定理是反映磁场性质的基本规律. 磁场对运动电荷的作用力 —— 洛伦兹力 —— 和磁场对载电流导线的作用 —— 安培力和力矩 —— 在许多领域均得到广泛应用.

在磁场作用下，磁介质发生磁化. 磁化了的磁介质又会反过来影响磁场的分布. 我们还将讨论磁场和介质的这种相互作用规律并特别介绍有很大实用价值的铁磁质的特性.

# 5.1 磁场 磁感应强度

## 5.1.1 基本磁现象

我国是世界上最早认识磁性和应用磁性的国家，早在战国时期（公元前 300 年），就已发现磁石吸铁的现象. 11 世纪（北宋）时，我国科学家沈括创制了航海用的指南针，并发现了地磁偏角. 地球的 N 极在地理南极附近，S 极在地理北极附近.

天然磁铁和人造磁铁都称永磁铁. 永磁铁不存在单一的磁极. 磁铁的两个磁极，不可能分割成为独立存在的 N 极和 S 极. 但我们知道，有独立存在的正电荷或负电荷，这是磁极和电荷的基本区别①.

历史上很长一段时期，人们对磁现象和电现象的研究都是彼此独立进行的. 1820 年丹麦物理学家奥斯特发现，放在通有电流的导线周围的磁针，会受到力的作用而发生偏转，如图 5.1 所示. 其转动方向与导线中电流的方向有关. 这就是历史上著名的奥斯特实验，它第一次指出了磁现象与电现象之间的联系. 同年法国科学家安培发现，放在磁铁附近的载流导线及载流线圈，也会受到力的作用而发生运动，如图 5.2 所示. 其后实验还发现，载流导线之间或载流线圈之间也有相互作用力. 例如，把两个线圈面对面挂在一起，当两电流的流向相同时，两线圈相互吸引，如图 5.3(a) 所示，当两电流的流向相反时，两线圈相互排斥，如图 5.3(b) 所示.

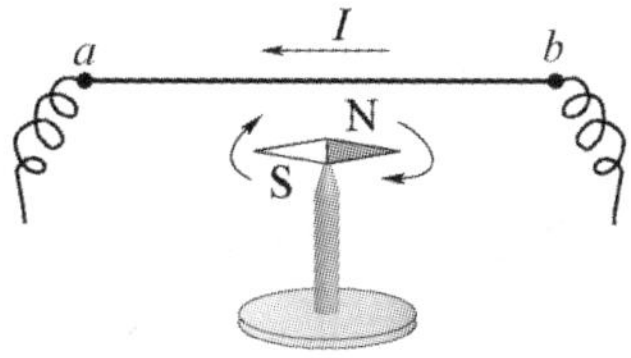


图 5.1 奥斯特实验

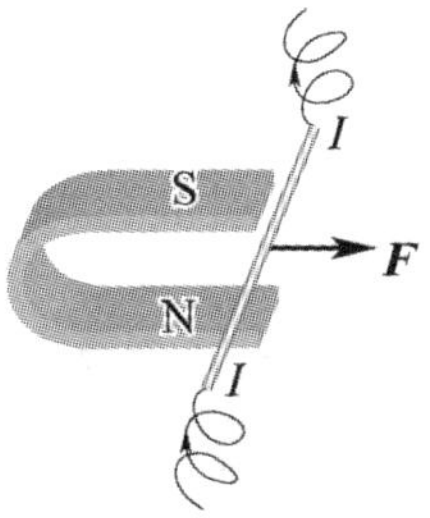


(a) 磁铁对载流导线的作用

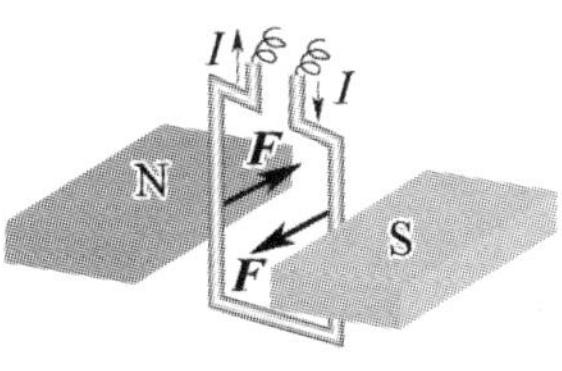


(b) 载流圈受到磁铁的作用而转动

图 5.2 磁场对电流的作用

① 近代理论认为可能有单独磁极存在. 这种具有磁南极或磁北极的粒子，叫作磁单极子.

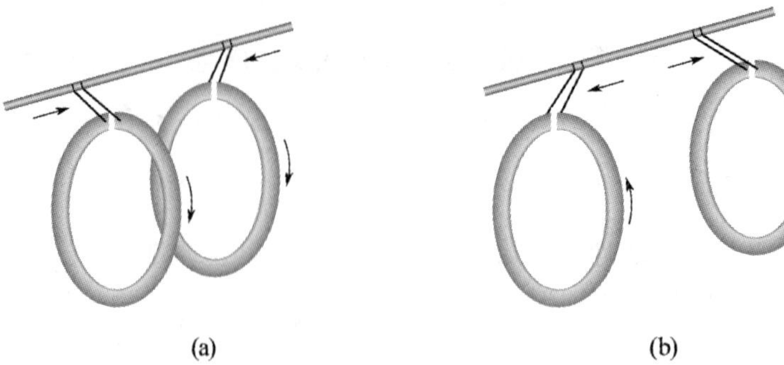


图 5.3　载流线圈间的相互作用

电子射线束在磁场中路径发生偏转的实验,进一步说明了通过磁场区域时运动电荷要受到力的作用,如图 5.4 所示.

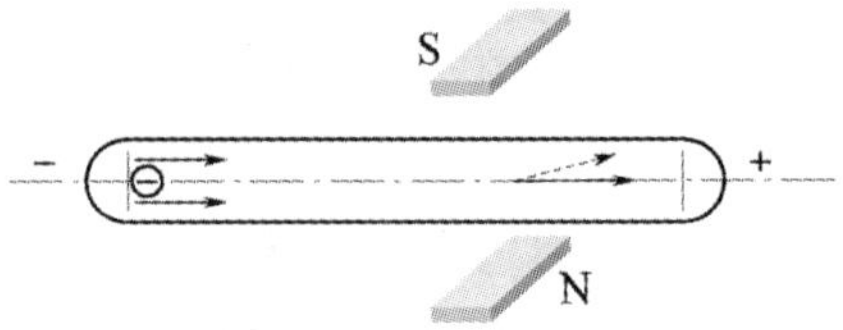


图 5.4　电子射线在磁场中改变方向

上述各种实验现象,启发人们去探寻磁现象的本质. 1822 年,安培提出了有关物质磁性本质的假说,他认为一切磁现象的根源是电流. 任何物质的分子中都存在着圆形电流,称为分子电流. 分子电流相当于一个基元磁铁. 当物体不显示磁性时,各分子电流作无规则的排列,它们对外界所产生的磁效应互相抵消. 在外磁场的作用下,与分子电流相当的基元磁铁将趋向于沿外磁场方向取向,从而使整个物体对外显示磁性. 根据安培的物质磁性假说,也很容易说明两种磁极不能单独存在的原因. 因为基元磁铁的两个磁极对应于分子回路电流的正反两个面,这两个面显然是无法单独存在的. 安培的假说与现代对物质磁性的理解是相符合的. 因为原子是由带正电的原子核和绕核旋转的电子所组成,原子、分子内电子的这些运动形成环形电流. 电子和核还有自旋,自旋也引起磁性. 原子、分子等微观粒子内的这些运动就构成了等效的**分子电流**.

### 5.1.2　磁感应强度

电流与电流之间,电流与磁铁之间以及磁铁与磁铁之间的相互作用是通过什么来传递的呢? 它是通过一种叫磁场的特殊物质来传递的,这种关系可简单表示为

$$\text{电流(或磁铁)} \rightleftarrows \text{磁场} \rightleftarrows \text{电流(或磁铁)}$$

磁场和电场一样,是客观存在的特殊形态的物质. 磁场对外的重要表现是:

(1) 磁场对进入场中的运动电荷或载流导体有磁力的作用;

(2) 载流导体在磁场中移动时,磁场的作用力将对载流导体做功,表明磁场具有能量.

在静电学中,我们引入电场强度矢量 $\boldsymbol{E}$ 来描述电场的强弱和方向. 同样,我们引入磁感应强度矢量 $\boldsymbol{B}$ 来描述磁场的强弱和方向.

我们用磁场对载流线圈的作用来定量地描述磁场的性质. 取一载流平面线圈,要求线圈的线度必须很小,故线圈所在范围内的磁场性质处处相同. 同时,还要求通过线圈的电流也必须很小,以使由于线圈的引入不影响原有磁场的性质. 这样的平面载流线圈我们称之为试

验线圈.

设试验线圈的面积为 $\Delta S$，线圈中电流为 $I_0$，则定义试验线圈的**磁矩**为

$$\boldsymbol{P}_{\mathrm{m}} = I_0 \Delta S \boldsymbol{n} \tag{5.1}$$

**磁矩 $\boldsymbol{P}_{\mathrm{m}}$** 是矢量，其方向与线圈的法线方向一致，$\boldsymbol{n}$ 表示沿法线方向的单位矢量. 法线与电流流向成右手螺旋关系，如图 5.5 所示. 显然，线圈的磁矩是表征线圈本身特性的物理量.

把试验线圈悬在磁场某点处，并忽略线圈悬线的扭力矩. 实验指出，线圈受到磁场作用的力矩(称为磁力矩)使试验线圈转到一定的位置而稳定平衡. 在平衡位置时，线圈所受的磁力矩为零，此时线圈正法线所指的方向，定义为线圈所在处的磁场方向，如图 5.6 中实线所示.

如果我们转动试验线圈，只要线圈稍偏离平衡位置，线圈所受磁力矩就不为零. 当试验线圈从平衡位置转过 90° 时，线圈所受磁力矩为最大，如图 5.6 虚线所示，记为 $M_{\max}$，实验指出在磁场中给定点处

$$M_{\max} \propto I_0 \Delta S$$

即

$$M_{\max} \propto P_{\mathrm{m}}$$

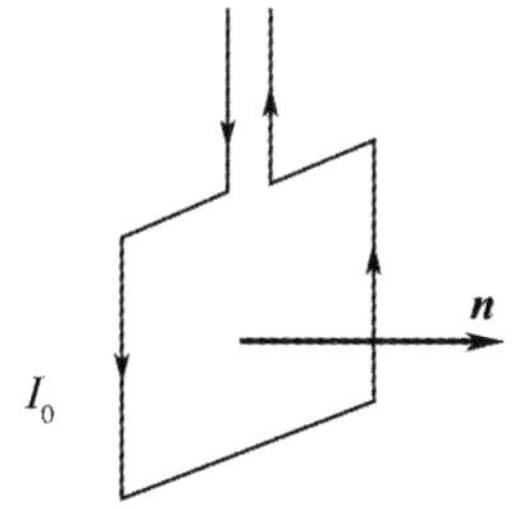


图 5.5　载流平面线圈法线方向的规定

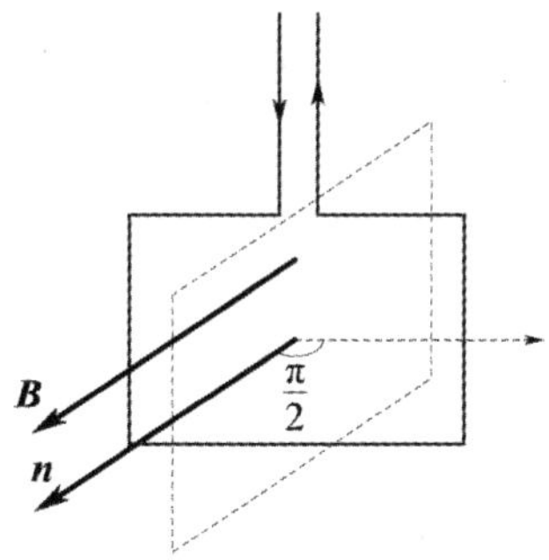


图 5.6　利用试验线圈定义 **B** 的图示

实验还表明，比值 $\dfrac{M_{\max}}{P_{\mathrm{m}}}$ 仅与试验线圈所在位置有关，即只与试验线圈所在处的磁场性质有关. 显然，比值 $\dfrac{M_{\max}}{P_{\mathrm{m}}}$ 的大小正反映着在各点处磁场的强弱. 我们规定磁感应强度矢量 $\boldsymbol{B}$ 的大小为

$$B \propto \frac{M_{\max}}{P_{\mathrm{m}}}$$

写成等式为

$$B = k\frac{M_{\max}}{P_{\mathrm{m}}}$$

式中 $k$ 是决定于各量所用单位的比例系数，选取适当的单位，可使 $k$ 等于 1，这时

$$B = \frac{M_{\max}}{P_{\mathrm{m}}} \tag{5.2}$$

综上所述，**磁场中某点处磁感应强度的方向与该点处试验线圈在稳定平衡位置时的法线方向相同；磁感应强度的量值等于具有单位磁矩的试验线圈所受到的最大磁力矩.**

在 SI 制中，磁感应强度 $\boldsymbol{B}$ 的单位为特斯拉，简称特(T). 工程上还常用高斯作为磁感应强度的单位，$1\ \mathrm{T} = 10^4\ \mathrm{G}$(高斯).

地磁场约为 $10^{-2}$ G，一般永久磁铁的磁场约为 $10^4$ G，实验室里电磁铁产生的磁场约为 $10^5$ G.

### 5.1.3 磁通量

**1. 磁感线**

类似于用电场线形象地描述静电场，也可以用磁感线来形象地描述磁场. 在磁场中作一系列曲线，使曲线上每一点的切线方向都和该点的磁场方向一致，同时，为了用磁感线的疏密来表示所在空间各点磁场的强弱，还规定：通过磁场中某点处垂直于磁感应强度矢量的单位面积的磁感线条数，等于该点磁感应强度矢量的量值. 这样，磁场较强的地方，磁感线较密，反之，磁感线较疏.

几种不同形状的电流所产生的磁场的磁感线分布如图 5.7 所示. 从磁感线的图示中，可以得出磁感线的特性如下：

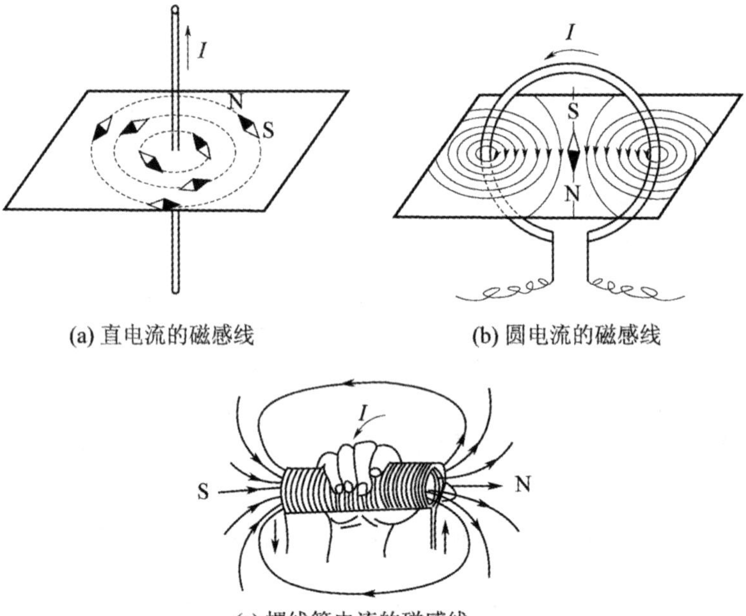


(a) 直电流的磁感线

(b) 圆电流的磁感线

(c) 螺线管电流的磁感线

图 5.7 几种电流周围磁场的磁感线图

(1) 磁场中每一条磁感线都是环绕电流的闭合曲线，而且每条闭合磁感线都与闭合电路互相套合，因此磁场是涡旋场.

(2) 任何两条磁感线在空间不相交，这是因为磁场中任一点的磁场方向都是唯一确定的.

(3) 磁感线的环绕方向与电流方向之间可以分别用右手螺旋法则表示. 若拇指指向电流方向，则四指方向即为磁感线方向，如图 5.7(a) 所示；若四指方向为电流方向，则拇指方向为磁感线方向，如图 5.7(b) 和图 5.7(c) 所示.

**2. 磁通量**

穿过磁场中某一曲面的磁感线总数，称为穿过该曲面的**磁通量**，用符号 $\Phi_m$ 表示.

在非均匀磁场中,要通过积分计算穿过任一曲面 $S$ 的磁通量,如图5.8所示.在曲面 $S$ 上取一面积元 d$\boldsymbol{S}$,d$\boldsymbol{S}$ 上的磁感应强度可视为是均匀的,面积元 d$\boldsymbol{S}$ 可视为平面,若其法线方向的单位矢量 $\boldsymbol{n}$ 与该处的磁感应强度 $\boldsymbol{B}$ 成 $\theta$ 角,则通过 d$\boldsymbol{S}$ 的磁通量为

$$\mathrm{d}\Phi_{\mathrm{m}} = B\cos\theta \mathrm{d}S = \boldsymbol{B}\cdot \mathrm{d}\boldsymbol{S}$$

而通过曲面 $\boldsymbol{S}$ 的磁通量为

$$\Phi_{\mathrm{m}} = \int_S \boldsymbol{B}\cdot \mathrm{d}\boldsymbol{S} \tag{5.3}$$

在SI制中,磁通量的单位为韦伯,符号为Wb,1 Wb = 1 T·m$^2$.

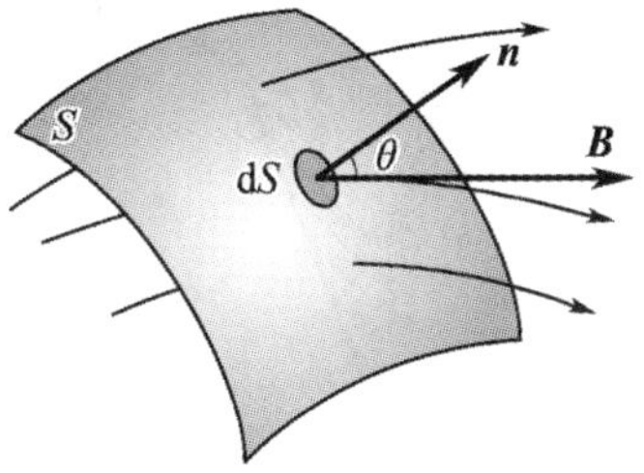

图5.8　磁通量

### 5.1.4　磁场中的高斯定理

对闭合曲面 $S$ 来说,我们通常取向外的指向为该面元法线的正方向.因此,从闭合面穿出的磁通量为正,穿入闭合面的磁通量为负.由于磁感线是无头无尾的闭合曲线,所以**穿过任意闭合曲面的总磁通量必为零,即**

$$\oint_S \boldsymbol{B}\cdot \mathrm{d}\boldsymbol{S} = 0 \tag{5.4}$$

式(5.4)称为**磁场的高斯定理**.此式与静电学中的高斯定理 $\oint_S \boldsymbol{D}\cdot \mathrm{d}\boldsymbol{S} = \sum q_i$ 形式上相似,但两者所反映的场在性质上却有本质的差别.由于自然界有单独存在的自由正电荷或自由负电荷,因此通过闭合曲面的电通量可以不等于零;但在自然界中至今尚未发现有单独磁极存在,所以通过任意闭合曲面的磁通量必为零.

### 5.1.5　毕奥-萨伐尔定律

在静电学中,任意形状的带电体所产生的电场强度 $\boldsymbol{E}$,可以看成是许多电荷元 d$q$ 所产生的电场强度 d$\boldsymbol{E}$ 的叠加.现在,我们研究任意形状的载流导线在给定点 $P$ 处所产生的磁感应强度 $\boldsymbol{B}$,也可以看成是导线上各个电流元 $I\mathrm{d}\boldsymbol{l}$[①] 在该点处所产生的磁感应强度 d$\boldsymbol{B}$ 的叠加.不过,由于实际上不可能得到单独的电流元,因此也无法直接从实验中找到单独的电流元与其所产生的磁感应强度之间的关系.19世纪20年代,法国科学家毕奥、萨伐尔两人研究和分析了很多实验资料,最后概括出一条有关电流产生磁场的基本定律,称为**毕奥-萨伐尔定律**.现陈述如下:

**任一电流元 $I\mathrm{d}\boldsymbol{l}$ 在给定点 $P$ 所产生的磁感应强度 d$\boldsymbol{B}$ 的大小与电流元的大小成正比,与电流元和由电流元到 $P$ 点的矢径 $\boldsymbol{r}$ 间的夹角的正弦成正比,而与电流元到 $P$ 点的距离 $r$ 的平方成反比.d$\boldsymbol{B}$ 的方向垂直于 d$\boldsymbol{l}$ 和 $\boldsymbol{r}$ 所组成的平面,指向为由 $I\mathrm{d}\boldsymbol{l}$ 经小于 $180°$ 的角转向 $\boldsymbol{r}$ 时右手螺旋前进的方向**.如图5.9所示.其数学表达式为

$$\mathrm{d}B = k\frac{I\mathrm{d}l\sin(I\mathrm{d}\boldsymbol{l},\boldsymbol{r})}{r^2}$$

---

① 载流导线的微小线元称为电流元.电流元常用矢量 $I\mathrm{d}\boldsymbol{l}$ 表示.d$\boldsymbol{l}$ 是矢量,表示在载流导线上沿电流方向所取的线元,$I$ 为导线中的电流强度.

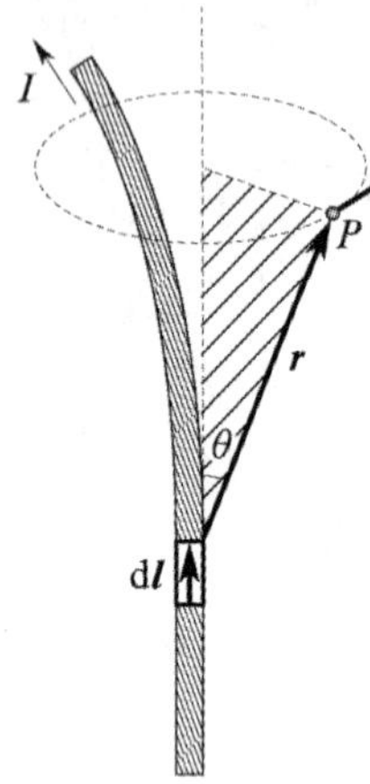


图 5.9 毕奥-萨伐尔定律

矢量式为

$$\mathrm{d}\boldsymbol{B} = k\frac{I\mathrm{d}\boldsymbol{l} \times \boldsymbol{r}}{r^3} \tag{5.5}$$

式中 $k$ 为比例系数，它与磁场中的磁介质和单位制的选取有关. 对于真空中的磁场，如式中各量用国际单位制，则比例系数 $k = \frac{\mu_0}{4\pi}$，$\mu_0$ 称为**真空的磁导率**.

$$\mu_0 = 4\pi \times 10^{-7}\ \mathrm{T \cdot m/A}(\text{或 } \mathrm{H/m})$$

因此，在国际单位制中，真空中的毕奥-萨伐尔定律可表达为

$$\mathrm{d}B = \frac{\mu_0 I\mathrm{d}l\sin(I\mathrm{d}\boldsymbol{l},\boldsymbol{r})}{4\pi r^2} \tag{5.6a}$$

或

$$\mathrm{d}\boldsymbol{B} = \frac{\mu_0}{4\pi}\frac{I\mathrm{d}\boldsymbol{l} \times \boldsymbol{r}}{r^3} \tag{5.6b}$$

**由叠加原理得知，任意形状的载流导线在给定点 $P$ 产生的磁场，等于各段电流元在该点产生的磁场的矢量和**，即

$$\boldsymbol{B} = \int_L \mathrm{d}\boldsymbol{B} = \frac{\mu_0}{4\pi}\int_L \frac{I\mathrm{d}\boldsymbol{l} \times \boldsymbol{r}}{r^3} \tag{5.6c}$$

积分号下 $L$ 表示对整个载流导线 $L$ 进行积分.

虽然毕奥-萨伐尔定律不可能直接由实验验证，但是，由定律计算出的通电导线在场点产生的磁场和实验测量的结果符合得很好，从而间接地证实了毕奥-萨伐尔定律的正确性.

按照经典电子理论，导体中的电流就是大量带电粒子的定向运动. 由此可知，电流产生的磁场实际上就是运动电荷产生磁场的宏观表现.

研究运动电荷的磁场，在理论上就是研究毕奥-萨伐尔定律的微观意义. 那么，一个带电量为 $q$，速度为$\boldsymbol{v}$ 的带电粒子在其周围空间产生的磁场分布是怎样的呢？我们可以从毕奥-萨伐尔定律导出：

设在导体的单位体积内有 $n$ 个带电粒子，每个粒子带有电量 $q$，以速度$\boldsymbol{v}$ 沿电流元 $I\mathrm{d}\boldsymbol{l}$ 的方向作匀速运动而形成导体中的电流，如图 5.10 所示. 如果电流元的横截面为 $S$，那么，单位时间内通过截面 $S$ 的电量，即电流强度 $I$ 为

$$I = qnvS$$

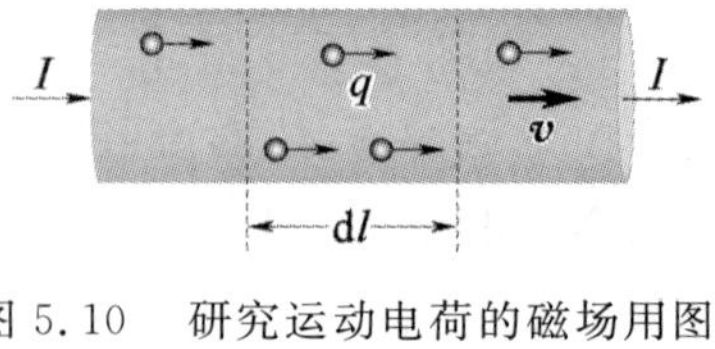


图 5.10 研究运动电荷的磁场用图

将上式代入毕奥-萨伐尔定律，即式(5.6a)，并注意到 $I\mathrm{d}\boldsymbol{l}$ 与$\boldsymbol{v}$ 的方向相同，则得

$$\mathrm{d}B = \frac{\mu_0}{4\pi}\frac{(qnvS)\mathrm{d}l\sin(\boldsymbol{v},\boldsymbol{r})}{r^2}$$

在电流元 $I\mathrm{d}\boldsymbol{l}$ 内，有 $\mathrm{d}N = nS\mathrm{d}l$ 个带电粒子，因此，从微观意义上说，电流元 $I\mathrm{d}\boldsymbol{l}$ 产生的磁感应强度 $\mathrm{d}\boldsymbol{B}$ 就是 $\mathrm{d}N$ 个运动电荷所产生的. 这样，我们就可以得到以速度$\boldsymbol{v}$ 运动的带电量为 $q$ 的粒子所产生的磁感应强度 $\boldsymbol{B}$ 的大小为

$$B = \frac{\mathrm{d}B}{\mathrm{d}N} = \frac{\mu_0}{4\pi}\frac{qv\sin(\boldsymbol{v},\boldsymbol{r})}{r^2}$$

$\boldsymbol{B}$ 的方向垂直于 $v$ 和电荷 $q$ 到场点的矢径 $\boldsymbol{r}$ 所决定的平面，而且 $\boldsymbol{B}$、$v$ 和 $\boldsymbol{r}$ 三者的指向符合右手螺旋法则. 如果运动电荷带负电，$B$ 的方向与正电荷时相反，如图 5.11 所示.

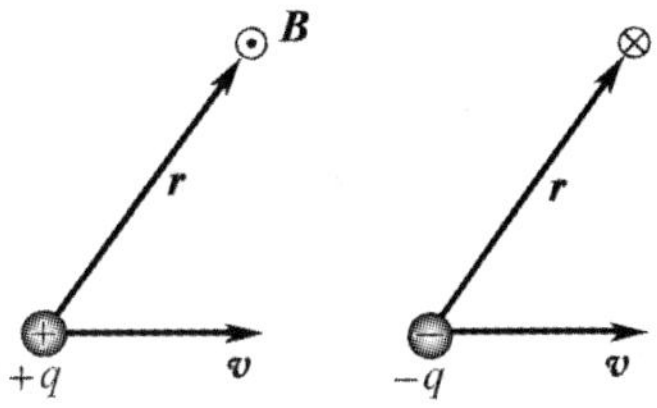

图 5.11　正、负运动电荷产生的磁场方向

用矢量式表示，运动电荷所产生的磁感应强度 $\boldsymbol{B}$ 为

$$\boldsymbol{B}=\frac{\mu_0}{4\pi}\frac{qv\times\boldsymbol{r}}{r^3}\tag{5.7}$$

## 5.1.6　毕奥-萨伐尔定律的应用

下面我们举几个应用毕奥-萨伐尔定律和磁场叠加原理计算几种常见的载流导线所产生磁场的磁感应强度的例子.

**1. 载流直导线的磁场**

如图 5.12 所示，设在真空中有一长为 $L$ 的载流直导线，导线中的电流强度为 $I$，现计算与导线垂直距离为 $a$ 的场点 $P$ 处的磁感应强度.

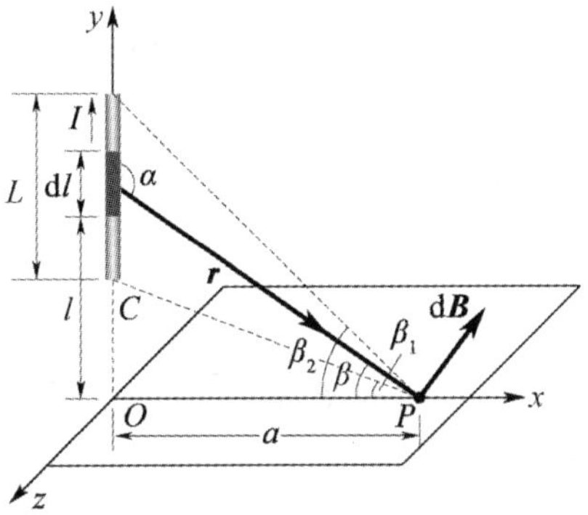

图 5.12　直电流磁场的计算

在载流直导线上任取一电流元 $Id\boldsymbol{l}$，电流元到 $P$ 点的矢量为 $\boldsymbol{r}$，电流元 $Id\boldsymbol{l}$ 转到 $\boldsymbol{r}$ 的夹角为 $\alpha$，电流元在给定点 $P$ 处所产生的磁感应强度 $d\boldsymbol{B}$ 的大小为

$$dB=\frac{\mu_0}{4\pi}\frac{Idl\sin\alpha}{r^2}$$

$d\boldsymbol{B}$ 的方向垂直于电流元 $Idl$ 与矢径 $\boldsymbol{r}$ 所决定的平面，指向如图 5.12 所示，即垂直于 $xOy$ 平面. 由于直导线上各电流元在 $P$ 点所产生的磁感应强度的方向一致，故载流直导线在 $P$ 点所产生的总磁感应强度为

$$B=\int_L dB=\int_L\frac{\mu_0}{4\pi}\frac{Idl\sin\alpha}{r^2}$$

取 $\overline{OP}$ 与 $\boldsymbol{r}$ 的夹角 $\beta$ 为自变量，从图 5.12 中可以看出

$$\sin\alpha=\cos\beta,\ r=a\sec\beta,\ l=a\tan\beta$$

微分最后一式，得

$$dl=a\sec^2\beta d\beta$$

把以上各式代入积分式内，并按图 5.12 中所示取积分下限为 $\beta_1$，上限为 $\beta_2$，得

$$B=\frac{\mu_0 I}{4\pi a}\int_{\beta_1}^{\beta_2}\cos\beta d\beta=\frac{\mu_0 I}{4\pi a}(\sin\beta_2-\sin\beta_1)$$

式中 $\beta_1$、$\beta_2$ 分别为载流直导线两端到场点 $P$ 的连线与 $\overline{OP}$ 间的夹角. 当角 $\beta$ 的旋转方向（以垂线 $\overline{OP}$ 为始线）与电流流向相同时，$\beta$ 取正值；当角 $\beta$ 的旋转方向与电流流向相反时，$\beta$ 取负值. 显然，在图 5.12 中，$\beta_1$、$\beta_2$ 均取正值.

如果载流直导线为“无限长”，即导线的长度 $L$ 比垂距 $a$ 大得多（$L\gg a$），那么，$\beta_1\rightarrow(-\frac{\pi}{2})$，$\beta_2\rightarrow(+\frac{\pi}{2})$，得

$$B=\frac{\mu_0 I}{2\pi a} \tag{5.8}$$

**2. 圆形电流轴线上的磁场**

如图 5.13 所示，真空中有一半径为 $R$ 的圆形载流线圈，通有电流 $I$，现计算在圆线圈的轴线上任一点 $P$ 的磁感应强度.

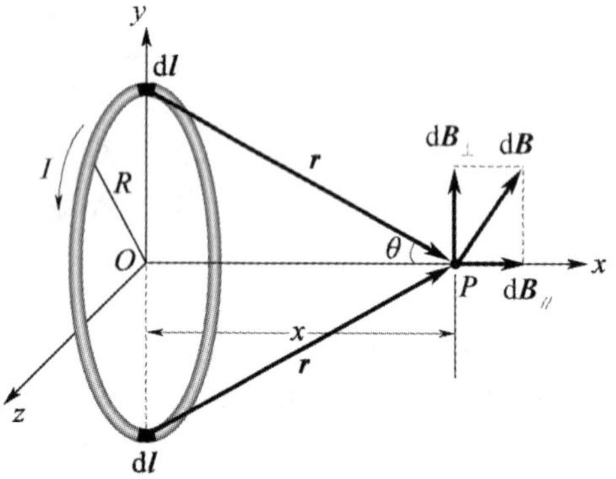


图 5.13　圆电流轴线上磁场的计算示意图

在线圈顶部取电流 $I\mathrm{d}\boldsymbol{l}$，电流元垂直纸面向外，到 $P$ 点的矢量为 $\boldsymbol{r}$，$\boldsymbol{r}$ 在纸面内，选如图 5.13 所示的坐标系，电流元 $I\mathrm{d}\boldsymbol{l}$ 在 $P$ 点所产生的磁感应强度 $\mathrm{d}\boldsymbol{B}$ 的值为

$$\mathrm{d}B=\frac{\mu_0}{4\pi}\frac{I\mathrm{d}l\sin(I\mathrm{d}\boldsymbol{l},\boldsymbol{r})}{r^2}=\frac{\mu_0}{4\pi}\frac{I\mathrm{d}l}{r^2}$$

$\mathrm{d}\boldsymbol{B}$ 的方向如图 5.13 所示，垂直于 $I\mathrm{d}\boldsymbol{l}$ 和 $\boldsymbol{r}$ 组成的平面. 显然，线圈上各电流元在 $P$ 点所产生的 $\mathrm{d}\boldsymbol{B}$ 的方向各不相同. 因此，我们把 $\mathrm{d}\boldsymbol{B}$ 分解为与轴线平行的分量 $\mathrm{d}B_{/\!/}$ 和与轴线垂直的分量 $\mathrm{d}B_{\perp}$，由对称性可知，$B_{\perp}=\int \mathrm{d}B_{\perp}=0$. 所以

$$\begin{aligned}B&=\int \mathrm{d}B_{/\!/}=\int \mathrm{d}B\sin\theta\\&=\int\frac{\mu_0}{4\pi}\frac{I\mathrm{d}l}{r^2}\frac{R}{r}=\frac{\mu_0}{4\pi}\frac{IR}{r^3}\int_0^{2\pi R}\mathrm{d}l\\&=\frac{\mu_0}{4\pi}\frac{2\pi R^2 I}{r^3}=\frac{\mu_0}{2}\frac{R^2 I}{(R^2+x^2)^{3/2}}\end{aligned} \tag{5.9}$$

$\boldsymbol{B}$ 的方向垂直于圆电流平面，与圆电流环绕方向构成右手螺旋关系，沿 $x$ 轴正方向. 下面我们讨论两种特殊情况：

(1) 当 $x=0$，即在圆心处，磁感应强度大小为

$$B=\frac{\mu_0 I}{2R} \tag{5.10}$$

(2) 当 $x\gg R$，则有

$$B\approx\frac{\mu_0 IR^2}{2x^3}=\frac{\mu_0}{2\pi}\frac{I\pi R^2}{x^3}$$

上式中 $\pi R^2=S$ 为线圈的面积，载流线圈的磁矩 $\boldsymbol{P}_{\mathrm{m}}=IS\boldsymbol{n}$，考虑到 $\boldsymbol{B}$ 的方向与 $\boldsymbol{n}$ 的方向一致，故上式写成矢量式为

$$\boldsymbol{B}=\frac{\mu_0 IS}{2\pi x^3}\boldsymbol{n}=\frac{\mu_0\boldsymbol{P}_{\mathrm{m}}}{2\pi x^3} \tag{5.11}$$

此式与电偶极子产生的电场关系相似.

**3. 载流直螺线管内部的磁场**

均匀地绕在圆柱面上的螺旋线圈称为螺线管. 设螺线管的半径为 $R$，总长度为 $L$，单位长度内的匝数为 $n$. 若线圈用细导线绕得很密，则每匝线圈可视为圆形线圈. 下面计算此螺线管轴线上任一场点 $P$ 的磁感应强度 $\boldsymbol{B}$.

如图 5.14 所示，在距 $P$ 点 $l$ 处取一小段 $\mathrm{d}l$，则该小段上有 $n\mathrm{d}l$ 匝线圈，对点 $P$ 而言，这一小段上的线圈等效于电流强度为 $In\mathrm{d}l$ 的一个圆形电流. 根据式(5.9)，该圆形电流在 $P$ 点所产生的磁感应强度 $\mathrm{d}\boldsymbol{B}$ 的大小为

$$\mathrm{d}B = \frac{\mu_0}{2}\frac{R^2 In\mathrm{d}l}{(R^2+l^2)^{3/2}}$$

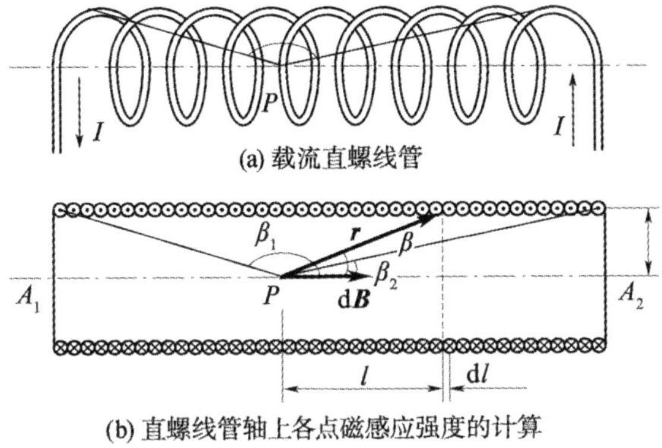


图 5.14

方向与圆电流构成右手螺旋关系. 由于螺线管上各小段的圆形电流在 $P$ 点所产生的磁感应强度方向都相同，因此整个载流螺线管在 $P$ 点所产生的磁感应强度 $\boldsymbol{B}$ 的大小为

$$B = \int \mathrm{d}B = \int \frac{\mu_0}{2}\frac{R^2 In\mathrm{d}l}{(R^2+l^2)^{3/2}}$$

设螺线管轴线与从 $P$ 点到 $\mathrm{d}l$ 处所引矢径 $\boldsymbol{r}$ 之间的夹角为 $\beta$，则由图 5.14(b) 可知

$$l = R\cot\beta$$

微分上式得

$$\mathrm{d}l = -R\csc^2\beta\mathrm{d}\beta$$

又 $$R^2 + l^2 = r^2,\quad \sin^2\beta = \frac{R^2}{r^2}$$

即 $$R^2 + l^2 = \frac{R^2}{\sin^2\beta} = R^2\csc^2\beta$$

所以 $$B = \int \frac{\mu_0}{2}\frac{R^2 In\mathrm{d}l}{(R^2+l^2)^{\frac{3}{2}}} = \int_{\beta_1}^{\beta_2}\left(-\frac{\mu_0}{2}nI\sin\beta\right)\mathrm{d}\beta = \frac{\mu_0}{2}nI(\cos\beta_2 - \cos\beta_1)$$

式中 $\beta_1$ 和 $\beta_2$ 分别表示 $P$ 点到螺线管两端的连线与轴之间的夹角.

(1) 若 $R \ll L$，即对无限长的螺线管，此时 $\beta_1 \to \pi$，$\beta_2 \to 0$，则有

$$B = \mu_0 nI \tag{5.12}$$

即无限长载流直螺线管轴线上各点的磁场是匀强磁场.

(2) 对长直螺线管的端点，例如，图 5.14 中的 $A_1$ 点，$\beta_1 \to \frac{\pi}{2}$，$\beta_2 \to 0$，则 $A_1$ 点处磁感应强度 $\boldsymbol{B}$ 的大小为

$$B = \frac{1}{2}\mu_0 nI \tag{5.13}$$

上式表明，长直螺线管端点轴线上的磁感应强度恰是内部磁感应强度的一半. 载流长直螺线管所产生的磁感应强度 $\boldsymbol{B}$ 的方向沿着螺线管轴线，指向可按右手螺旋法则确定. 轴线上各处

$\boldsymbol{B}$ 的量值变化情况大致如图 5.15 所示.

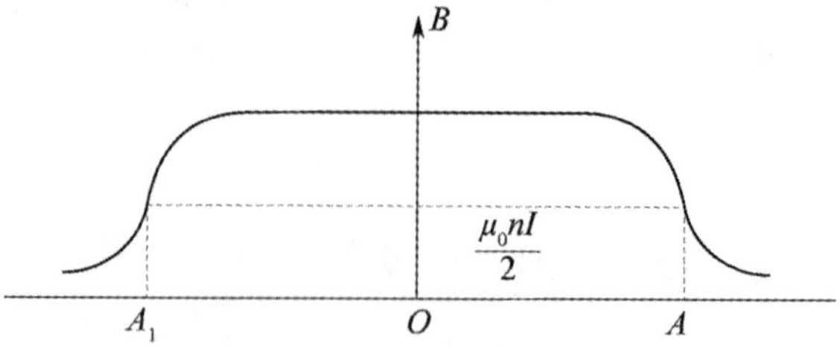


图 5.15　螺线管轴线上的磁场分布

## 5.2　安培环路定理

在静电场中,电场强度 $\boldsymbol{E}$ 的环流等于零,即 $\oint_L \boldsymbol{E}\cdot \mathrm{d}\boldsymbol{l}=0$,说明静电场是保守力场. 现在,我们研究稳恒电流的磁场,磁感应强度 $\boldsymbol{B}$ 的环流 $\oint_L \boldsymbol{B}\cdot \mathrm{d}\boldsymbol{l}$ 等于多少呢?

### 5.2.1　安培环路定理

如图 5.16 所示,在无限长直电流产生的磁场中,取与电流垂直的平面上的任一包围载流导线的闭合曲线 $L$,环路方向与电流方向成右手螺旋关系. 曲线上任一点 $P$ 的磁感应强度 $\boldsymbol{B}$ 的大小为

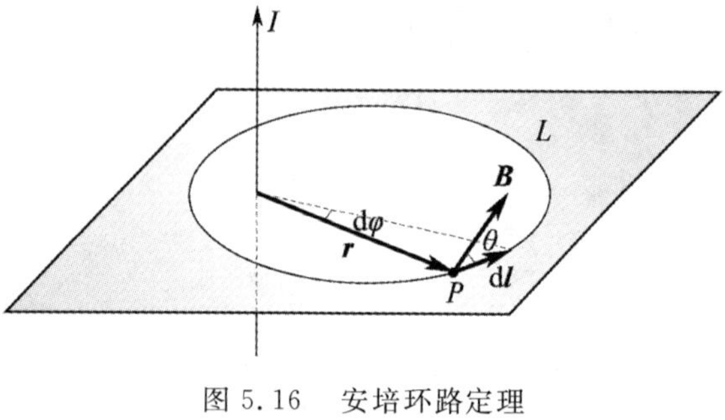


图 5.16　安培环路定理

$$B=\frac{\mu_0 I}{2\pi r}$$

式中 $I$ 为载流直导线中的电流强度,$r$ 为 $P$ 点离导线的垂直距离. $\boldsymbol{B}$ 的方向在平面上且与矢径 $\boldsymbol{r}$ 垂直. 由图 5.16 可知

$$\cos\theta \mathrm{d}l = r\mathrm{d}\varphi$$

故磁感应强度 $\boldsymbol{B}$ 沿闭合曲线 $L$ 的线积分

$$\oint_L \boldsymbol{B}\cdot \mathrm{d}\boldsymbol{l}=\oint_L B\cos\theta \mathrm{d}l=\oint Br\mathrm{d}\varphi=\frac{\mu_0 I}{2\pi}\int_0^{2\pi}\mathrm{d}\varphi=\mu_0 I$$

如果使曲线积分的绕行方向(环路方向)反过来(或在图 5.16 中,积分绕行方向不变,而电流方向反过来),则上述积分将变为负值,即

$$\oint_L \boldsymbol{B}\cdot \mathrm{d}\boldsymbol{l}=-\mu_0 I$$

如果闭合回路不包围载流导线,上述积分将等于零,即

$$\oint_L \boldsymbol{B}\cdot \mathrm{d}\boldsymbol{l}=0$$

如果闭合曲线 $L$ 不在一个平面内,可以用通过 $L$ 上各点且垂直于导线的各个平面作参考,分别把每一段积分元 $\mathrm{d}\boldsymbol{l}$ 分解为在该平面内的分矢量 $\mathrm{d}\boldsymbol{l}_{/\!/}$ 及垂直于该平面的分矢量 $\mathrm{d}\boldsymbol{l}_{\perp}$,

则

$$\boldsymbol{B}\cdot \mathrm{d}\boldsymbol{l}=\boldsymbol{B}\cdot(\mathrm{d}\boldsymbol{l}_{\perp}+\mathrm{d}\boldsymbol{l}_{/\!/})=B\cos 90^{\circ}\mathrm{d}l_{\perp}+B\cos\theta\mathrm{d}l_{/\!/}$$
$$=0\pm\frac{\mu_0 I}{2\pi r}r\mathrm{d}\varphi=\pm\frac{\mu_0 I}{2\pi}\mathrm{d}\varphi$$

式中“±”号取决于积分回路的绕行方向与电流方向的关系，则积分结果仍为

$$\oint_L \boldsymbol{B}\cdot \mathrm{d}\boldsymbol{l}=\mu_0 I$$

以上讨论虽然是对长直载流导线而言，但其结论具有普遍性. 对于任意的稳恒电流所产生的磁场，闭合回路 $L$ 也不一定是平面曲线，并且穿过闭合回路的电流还可以有许多个，都具有与我们上面的讨论同样的特性. 这一普遍规律性的关系式称为**安培环路定理**，可表述如下：

**在真空中的稳恒电流磁场中，磁感应强度 $\boldsymbol{B}$ 沿任意闭合曲线 $L$ 的线积分（也称 $\boldsymbol{B}$ 矢量的环流），等于穿过这个闭合曲线的所有电流强度（即穿过以闭合曲线为边界的任意曲面的电流强度）的代数和的 $\mu_0$ 倍.** 其数学表达式为

$$\oint_L \boldsymbol{B}\cdot \mathrm{d}\boldsymbol{l}=\mu_0\sum I_i \tag{5.14}$$

上式中，对于 $L$ 内的电流的正负，我们作这样的规定：当穿过回路 $L$ 的电流方向与回路 $L$ 的绕行方向符合右手螺旋法则时，$I$ 为正，反之，$I$ 为负. 如果 $I$ 不穿过回路 $L$，则对式(5.14)右端无贡献，但是决不能误认为沿回路 $L$ 上各点的磁感应强度 $\boldsymbol{B}$ 仅由 $L$ 内所包围的那部分电流所产生. 如果 $\oint_L \boldsymbol{B}\cdot \mathrm{d}\boldsymbol{l}=0$，它只说明回路 $L$ 所包围的电流强度的代数和及磁感应强度沿回路 $L$ 的环流为零，而不能说明闭合回路 $L$ 上各点的 $\boldsymbol{B}$ 一定为零.

安培环路定理反映了稳恒电流的磁场与静电场的一个截然不同的性质：静电场的环流 $\oint_L \boldsymbol{E}\cdot \mathrm{d}\boldsymbol{l}=0$，因而可以引进电势这一物理量来描述电场. 但对稳恒电流的磁场来说，一般情况下 $\oint_L \boldsymbol{B}\cdot \mathrm{d}\boldsymbol{l}\neq 0$，因此不存在标量势. 环流不等于零的矢量场称为有旋场，故磁场是有旋场（或涡旋场），是非保守力场.

### 5.2.2　安培环路定理的应用

应用安培环路定理可较为简便地计算某些具有特定对称性的载流导线的磁场分布，下面讨论几个简单的应用.

**1. 长直载流螺线管内的磁场分布**

设有一长直螺线管，每单位长度上密绕 $n$ 匝线圈，通过每匝的电流强度为 $I$，求管内某点 $P$ 的磁感应强度. 可以证明：由于螺线管相当长，管内中央部分的磁场是匀强的，方向与螺线管轴线平行，管外侧的磁场沿着与轴线垂直的圆周方向且与管内磁场相比很微弱，可忽略不计.

为了计算管内某点 $P$ 的磁感应强度，过 $P$ 点作一矩形回路 $abcda$，如图 5.17 所示，则磁感应强度沿此闭合回路的环流为

$$\oint_L \boldsymbol{B}\cdot \mathrm{d}\boldsymbol{l}=\int_a^b \boldsymbol{B}\cdot \mathrm{d}\boldsymbol{l}+\int_b^c \boldsymbol{B}\cdot \mathrm{d}\boldsymbol{l}+\int_c^d \boldsymbol{B}\cdot \mathrm{d}\boldsymbol{l}+\int_d^a \boldsymbol{B}\cdot \mathrm{d}\boldsymbol{l}$$

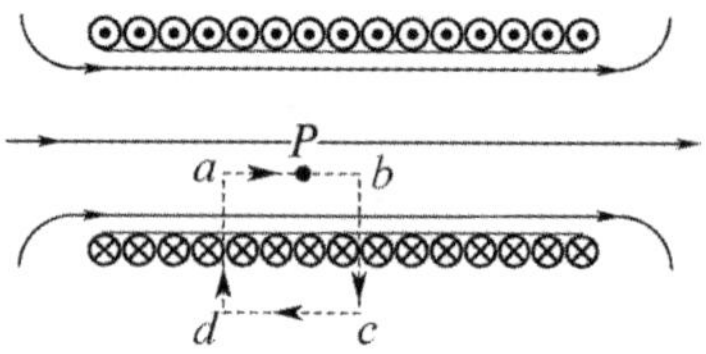

图 5.17　长直螺线管内磁场的计算示意图

因为管外侧的磁场忽略不计，管内磁场沿着轴线方向，所以

$$\oint_L \boldsymbol{B} \cdot \mathrm{d}\boldsymbol{l} = \int_{ab} \boldsymbol{B} \cdot \mathrm{d}\boldsymbol{l} = B\overline{ab}$$

闭合回路 $abcda$ 所包围的电流强度的代数和为$\overline{ab}nI$，根据安培环路定理，得

$$B\overline{ab} = \mu_0 \overline{ab}nI$$

故

$$B = \mu_0 nI \tag{5.15}$$

可以看出，上式与式(5.12)的结果完全相同，但应用安培环路定理推导上式，比较简便.

**2. 环形载流螺线管内的磁场分布**

均匀密绕在环形管上的线圈形成环形螺线管，称为螺绕环，如图 5.18 所示. 当线圈密绕时，可认为磁场几乎全部集中在管内，管内的磁感线都是同心圆. 在同一条磁感线上，$\boldsymbol{B}$ 的大小相等，方向就是该圆形磁感线的切线方向.

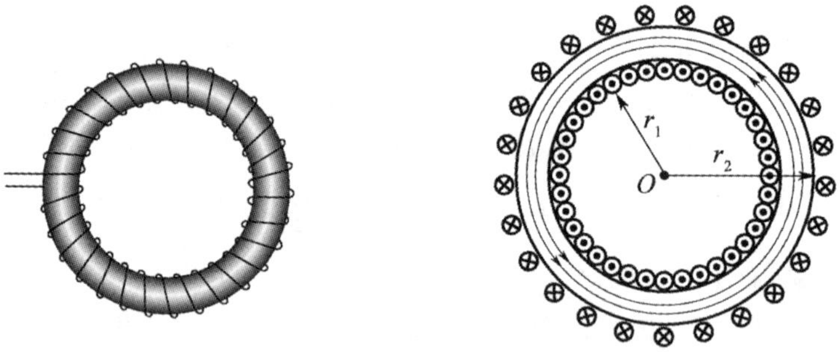

图 5.18　环形螺线管内磁场计算

现在计算管内任一点 $P$ 的磁感应强度. 在环形螺线管内取过 $P$ 点的磁感线 $L$ 作为闭合回路，则有

$$\oint_L \boldsymbol{B} \cdot \mathrm{d}\boldsymbol{l} = B\oint_L \mathrm{d}l = BL$$

式中 $L$ 是闭合回路的长度.

设环形螺线管共有 $N$ 匝线圈，每匝线圈的电流为 $I$，则闭合回路 $L$ 所包围的电流强度的代数和为 $NI$. 由安培环路定理，得

$$\oint_L \boldsymbol{B} \cdot \mathrm{d}\boldsymbol{l} = BL = \mu_0 NI$$

即

$$B = \mu_0 \frac{N}{L} I \tag{5.16}$$

当环形螺线管截面的直径比闭合回路 $L$ 的长度小很多时，管内的磁场可近似地认为是均匀的，$L$ 可认为是环形螺线管的平均长度，所以$\frac{N}{L} = n$ 即为单位长度上的线圈匝数，因此

$$B = \mu_0 nI$$

**3. "无限长"载流圆柱导体内外磁场的分布**

设载流导体为一"无限长"直圆柱形导体，半径为 $R$，电流 $I$ 均匀地分布在导体的横截面

上，如图5.19(a)所示.显然，场源电流对中心轴线分布对称，因此，其产生的磁场对柱体中心轴线也有对称性，磁感线是一组分布在垂直于轴线的平面上并以轴线为中心的同心圆.与圆柱轴线等距离处的磁感应强度 **B** 的大小相等，方向与电流构成右手螺旋关系.

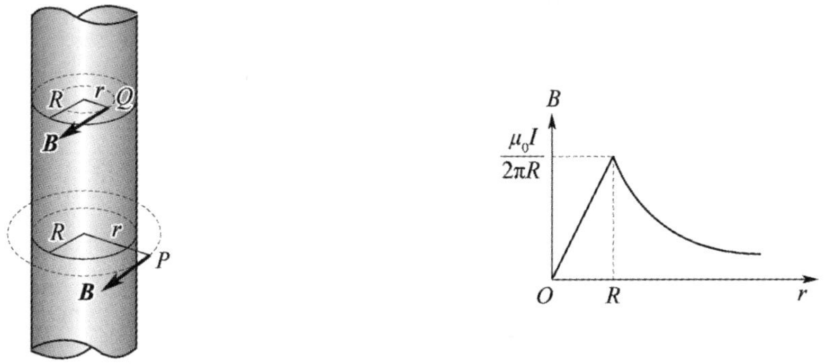


(a) “无限长”圆柱电流磁场的计算示意图　　(b) “无限长”圆柱电流的磁场空间分布

图5.19

现在计算圆柱体外任一点 $P$ 的磁感应强度.设点 $P$ 与轴线的距离为 $r$，过 $P$ 点沿磁感线方向作圆形回路 $L$，则 **B** 沿此回路的环流为

$$\oint_L \boldsymbol{B}\cdot d\boldsymbol{l}=\oint_L B\,dl = B\oint_L dl = 2\pi r B$$

再应用安培环路定理得

$$2\pi r B=\mu_0 I$$

$$B=\frac{\mu_0 I}{2\pi r}\qquad (r>R) \tag{5.17}$$

上式说明，“无限长”载流圆柱体外的磁场与“无限长”载流直导线产生的磁场相同.

再计算圆柱体内任一点 $Q$ 的磁场.取过 $Q$ 点的磁感线为积分回路，包围在这一回路之内的电流为 $\frac{I}{\pi R^2}\pi r^2$，所以

$$\oint_L \boldsymbol{B}\cdot d\boldsymbol{l}=2\pi r B=\mu_0\frac{I}{\pi R^2}\pi r^2$$

$$B=\frac{\mu_0 I r}{2\pi R^2}\qquad (r<R) \tag{5.18}$$

可见在圆柱体内，磁感应强度 **B** 的大小与离轴线的距离 $r$ 成正比；而在圆柱体外，**B** 的大小与离轴线的距离 $r$ 成反比.图5.19(b)表示了 $B$-$r$ 的上述关系.

## 5.3　磁场对载流导线的作用

### 5.3.1　安培定律

磁场对载流导线的作用力即磁力，通常称为**安培力**.其基本规律是安培由大量实验结果总结出来的，故称为**安培定律**.内容如下：

**位于磁场中某点处的电流元 $I\mathrm{d}\boldsymbol{l}$ 将受到磁场的作用力 $\mathrm{d}\boldsymbol{F}$. $\mathrm{d}\boldsymbol{F}$ 的大小与电流强度 $I$，电流元的长度 $\mathrm{d}l$，磁感应强度 $\boldsymbol{B}$ 的大小及 $I\mathrm{d}\boldsymbol{l}$ 与 $\boldsymbol{B}$ 的夹角的正弦成正比.** 即

$$\mathrm{d}\boldsymbol{F} = kBI\mathrm{d}l\sin(I\mathrm{d}\boldsymbol{l},\boldsymbol{B}) \tag{5.19}$$

**$\mathrm{d}\boldsymbol{F}$ 的方向垂直于 $I\mathrm{d}\boldsymbol{l}$ 与 $\boldsymbol{B}$ 所组成的平面，指向按右螺旋法则决定.** 如图 5.20 所示. 式中 $k$ 为比例系数，决定于各量所用的单位. 在 SI 制中，$k=1$，则上式写成

$$\mathrm{d}F = BI\mathrm{d}l\sin(I\mathrm{d}\boldsymbol{l},\boldsymbol{B}) \tag{5.20}$$

写成矢量式为

$$\mathrm{d}\boldsymbol{F} = I\mathrm{d}\boldsymbol{l}\times\boldsymbol{B} \tag{5.21}$$

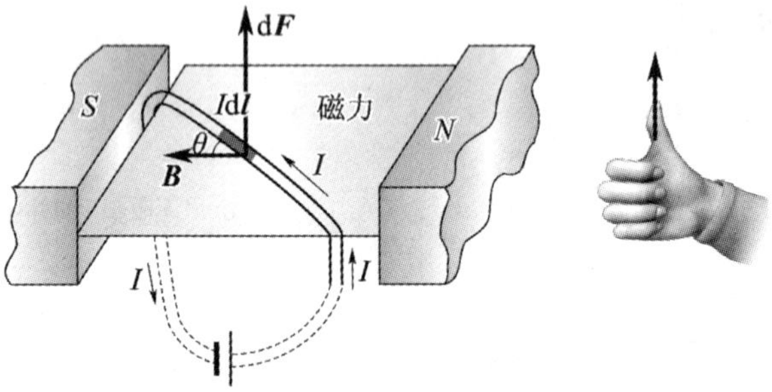


图 5.20 电流元在磁场中所受的安培力

计算一给定载流导线在磁场中所受到的安培力时，必须对各个电流元所受的力 $\mathrm{d}\boldsymbol{F}$ 求矢量和，即

$$\boldsymbol{F} = \int_L \mathrm{d}\boldsymbol{F} = \int_L I\mathrm{d}\boldsymbol{l}\times\boldsymbol{B} \tag{5.22}$$

由于单独的电流元不能获取，因此无法用实验直接证明安培定律. 但是用式(5.22)，我们可以计算各种形状的载流导线在磁场中所受的安培力，结果都与实验相符合. 例如，长为 $l$ 的直导线中通有电流 $I$，位于磁感应强度为 $\boldsymbol{B}$ 的均匀磁场中，若电流方向与 $\boldsymbol{B}$ 的夹角为 $\theta$，如图 5.21(a) 所示，因为各电流元所受磁力的方向一致，可采用标量积分，所以这段载流直导线所受的安培力大小为

$$F = \int_0^l IB\sin\theta\mathrm{d}l = IBl\sin\theta \tag{5.23}$$

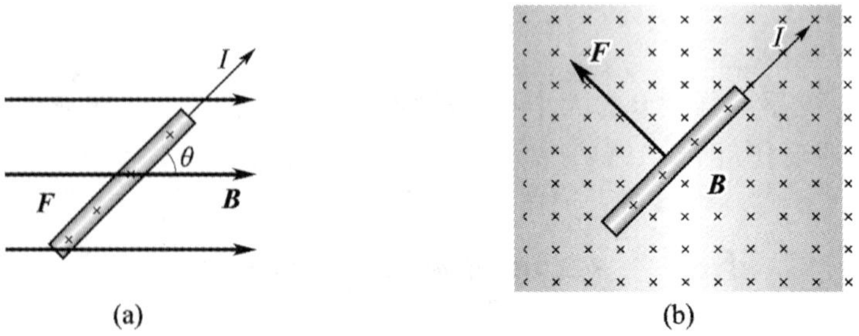


图 5.21 均匀磁场中一段载流直导线所受的安培力

$\boldsymbol{F}$ 的方向垂直纸面向内. 当导线电流方向与磁场方向平行时，导线所受安培力为零；当导线电流方向与磁场方向垂直时，导线所受的力为最大，$F_{\max}=BIl$. $\boldsymbol{F}$ 的方向既与磁场垂直又与

导线垂直，如图 5.21(b) 所示.

### *5.3.2　无限长两平行载流直导线间的相互作用力　电流单位"安培"的定义

设有两根相距为 $a$ 的无限长平行直导线，分别通有同方向的电流 $I_1$ 和 $I_2$，现在计算两根导线每单位长度所受的磁场力. 如图 5.22 所示，在导线 2 上取一电流元 $I_2 \mathrm{d}\boldsymbol{l}_2$，由毕奥-萨伐尔定律可知，载流导线 1 在 $I_2 \mathrm{d}\boldsymbol{l}_2$ 处产生的磁感应强度 $\boldsymbol{B}_1$ 的大小为

$$B_1 = \frac{\mu_0 I_1}{2\pi a}$$

$\boldsymbol{B}_1$ 的方向如图 5.22 所示，垂直于两导线所在的平面. 由安培定律得，电流元 $I_2 \mathrm{d}\boldsymbol{l}_2$ 所受安培力大小为

$$\begin{aligned}\mathrm{d}F_2 &= B_1 I_2 \mathrm{d}l_2 \sin(I_2 \mathrm{d}\boldsymbol{l}_2, \boldsymbol{B}_1) \\ &= B_1 I_2 \mathrm{d}l_2 \\ &= \frac{\mu_0 I_1 I_2}{2\pi a} \mathrm{d}l_2\end{aligned}$$

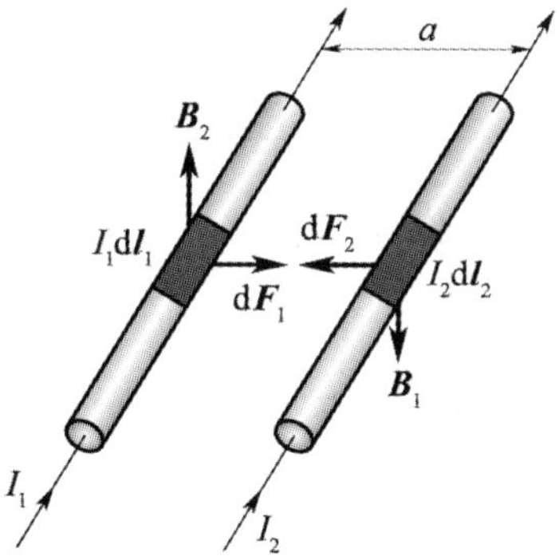


图 5.22　平行载流直导线间的相互作用

$\mathrm{d}\boldsymbol{F}_2$ 的方向在平行两导线所在的平面内，垂直于导线 2，并指向导线 1. 所以，载流导线 2 每单位长度所受安培力大小为

$$\mathrm{d}F_2 = \frac{\mu_0 I_1 I_2}{2\pi a} \mathrm{d}l_2 \tag{5.24a}$$

同理可得载流导线 1 每单位长度所受的安培力大小为

$$\mathrm{d}F_1 = \frac{\mu_0 I_1 I_2}{2\pi a} \mathrm{d}l_1 \tag{5.24b}$$

方向指向导线 2. 由此可知，两平行直导线中的电流流向相同时，两导线通过磁场的作用而相互吸引；如果两导线中的电流流向相反时，两导线通过磁场的作用而相互排斥，斥力与引力大小相等.

在 SI 制中，规定电流强度的基本单位为安培. 由式(5.24)，安培的定义如下：**放在真空中的两条无限长平行直导线，各通有相等的稳恒电流，当两导线相距 1 m，每一导线每米长度上受力为 $2\times10^{-7}$ N 时，各导线中的电流强度为 1 A**.

---

**例 5.1**　载有电流 $I_1$ 的长直导线旁边有一与长直导线垂直的共面导线，载有电流 $I_2$. 其长度为 $l$，近端与长直导线的距离为 $d$，如图 5.23 所示. 求 $I_1$ 作用在 $l$ 上的力.

**解**　在 $l$ 上取 $\mathrm{d}l$，它与长直导线距离为 $r$，电流 $I_1$ 在此处产生的磁场方向垂直向内，大小为

$$B = \frac{\mu_0 I_1}{2\pi r}$$

$\mathrm{d}\boldsymbol{l}$ 受力

$$\mathrm{d}\boldsymbol{F} = I_2 \mathrm{d}\boldsymbol{l} \times \boldsymbol{B}$$

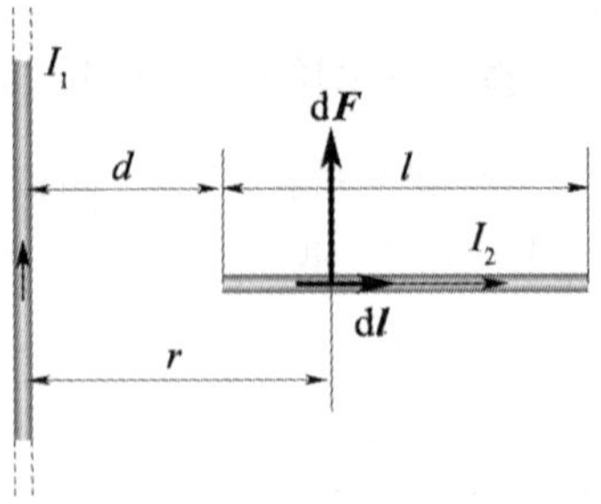


图 5.23

方向垂直导线 $l$ 向上，大小为

$$\mathrm{d}F=\frac{\mu_0 I_1 I_2 \mathrm{d}l}{2\pi r}=\frac{\mu_0 I_1 I_2 \mathrm{d}r}{2\pi r}$$

所以，$I_1$ 作用在 $l$ 上的力方向垂直导线 $l$ 向上，大小为

$$F=\int_l \mathrm{d}F=\int_d^{d+l}\frac{\mu_0 I_1 I_2 \mathrm{d}r}{2\pi r}=\frac{\mu_0 I_1 I_2}{2\pi}\ln\frac{d+l}{d}$$

## 5.3.3 磁场对载流线圈的作用

### 1. 均匀磁场对载流线圈的作用

设在磁感应强度为 $\boldsymbol{B}$ 的均匀磁场中，有一刚性矩形线圈，线圈的边长分别为 $l_1$、$l_2$，电流强度为 $I$，如图 5.24(a) 所示. 当线圈磁矩的方向 $\boldsymbol{n}$ 与磁场 $\boldsymbol{B}$ 的方向成 $\varphi$ 角（线圈平面与磁场的方向成 $\theta$ 角，$\varphi+\theta=\frac{\pi}{2}$）时，由安培定律，导线 $bc$ 和 $da$ 所受的安培力分别为

$$F_1=BIl_1\sin(\pi-\theta)=BIl_1\sin\theta$$
$$F_1'=BIl_1\sin\theta$$

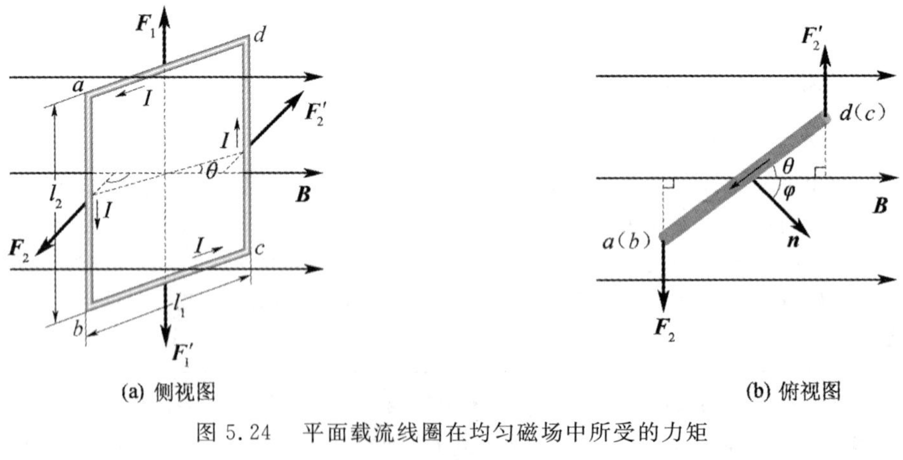


图 5.24 平面载流线圈在均匀磁场中所受的力矩

这两个力在同一直线上，大小相等而方向相反，其合力为零. 而导线 $ab$ 和 $cd$ 都与磁场垂直，它们所受的安培力分别为 $\boldsymbol{F}_2$ 和 $\boldsymbol{F}_2'$，其大小为

$$F_2=F_2'=BIl_2$$

如图 5.24(b) 所示，$\boldsymbol{F}_2$ 和 $\boldsymbol{F}_2'$大小相等，方向相反，但不在同一直线上，形成一力偶. 因此，载流线圈所受的磁力矩为

$$M = F_2\frac{l_1}{2}\cos\theta + F_2'\frac{l_1}{2}\cos\theta = BIl_1l_2\cos\theta = BIS\cos\theta = BIS\sin\varphi$$

式中 $S = l_1l_2$ 表示线圈平面的面积. 如果线圈有 $N$ 匝，那么线圈所受磁力矩的大小为

$$M = NBIS\sin\varphi = P_{\mathrm{m}}B\sin\varphi \tag{5.25}$$

式中 $P_{\mathrm{m}} = NIS$ 就是线圈**磁矩**的大小. 磁矩是矢量，用 $\boldsymbol{P}_{\mathrm{m}}$ 表示，所以式(5.25) 写成矢量式为

$$\boldsymbol{M} = \boldsymbol{P}_{\mathrm{m}} \times \boldsymbol{B} \tag{5.26}$$

$\boldsymbol{M}$ 的方向与 $\boldsymbol{P}_{\mathrm{m}} \times \boldsymbol{B}$ 的方向一致.

式(5.25) 和式(5.26) 不仅对矩形线圈成立，对于在均匀磁场中任意形状的载流平面线圈也同样成立. 甚至，由于带电粒子沿闭合回路的运动，以及带电粒子的自旋所具有的磁矩，带电粒子在磁场中所受的磁力矩作用，均可用式(5.26) 来描述.

下面讨论几种特殊情况：

(1) 当 $\varphi = \frac{\pi}{2}$，此时线圈平面与 $\boldsymbol{B}$ 平行，$\boldsymbol{P}_{\mathrm{m}}$ 与 $\boldsymbol{B}$ 垂直，线圈所受的磁力矩最大，其值为 $M = NBIS$，这时磁力矩有使 $\varphi$ 减少的趋势.

(2) 当 $\varphi = 0$，此时线圈平面与 $\boldsymbol{B}$ 垂直，$\boldsymbol{P}_{\mathrm{m}}$ 与 $\boldsymbol{B}$ 同方向，线圈所受磁力矩为零，此时线圈处于稳定平衡状态.

(3) 当 $\varphi = \pi$，此时线圈平面与 $\boldsymbol{B}$ 垂直，但 $\boldsymbol{P}_{\mathrm{m}}$ 与 $\boldsymbol{B}$ 反向，线圈所受磁力矩也为零，这时线圈处于非稳定平衡位置. 所谓非稳定平衡位置是指，一旦外界扰动使线圈稍稍偏离这一平衡位置，磁场对线圈的磁力矩作用就将使线圈继续偏离，直到 $\boldsymbol{P}_{\mathrm{m}}$ 转向 $\boldsymbol{B}$ 的方向(线圈达到稳定平衡状态) 时为止.

从上面的讨论可知，平面载流刚性线圈在均匀磁场中，由于只受磁力矩作用，因此只发生转动，而不会发生整个线圈的平动.

磁场对载流线圈作用力矩的规律是制成各种电动机和电流计的基本原理.

### * 2. 非均匀磁场对载流线圈的作用

如果平面载流线圈处在非均匀磁场中，由于线圈上各个电流元所在处的 $\boldsymbol{B}$ 在大小和方向上都不相同，各个电流元所受到的安培力的大小和方向一般也都不同，因此，线圈所受的合力和合力矩一般也不会等于零，所以线圈除转动外还要平动. 下面我们通过特例来说明这种情况. 在图 5.25 所示的辐射形磁场中，设线

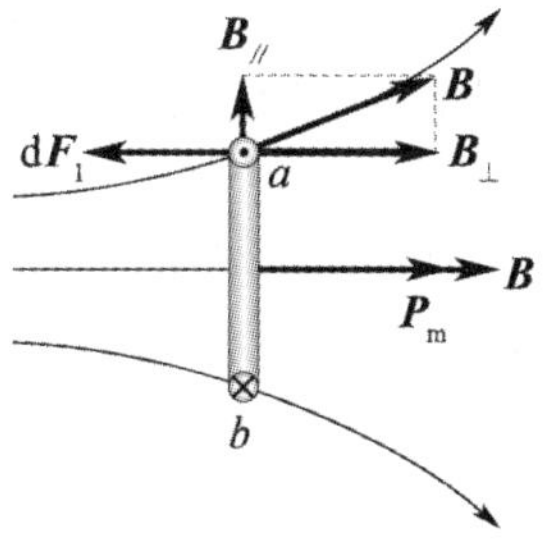


图 5.25 非匀强磁场中的载流线圈

圈的磁矩 $\boldsymbol{P}_m$ 与线圈中心所在处的 $\boldsymbol{B}$ 同方向. 取线圈上任一电流元 $I\mathrm{d}\boldsymbol{l}$,把电流元所在处的 $\boldsymbol{B}$ 分解为两个分矢量:垂直于线圈平面的分矢量 $\boldsymbol{B}_\perp$ 和平行于线圈平面的分矢量 $\boldsymbol{B}_{/\!/}$. 电流元 $I\mathrm{d}\boldsymbol{l}$ 受到 $\boldsymbol{B}_\perp$ 的作用力为 $\mathrm{d}\boldsymbol{F}_2$(图中未画出),方向沿线圈的半径向外. 对整个线圈来说,作用在各个电流元上的这些力,只能使线圈发生形变,而不能使线圈发生平动或转动. 但是电流元 $I\mathrm{d}\boldsymbol{l}$ 还同时受到 $\boldsymbol{B}_{/\!/}$ 分矢量作用的力 $\mathrm{d}\boldsymbol{F}_1$,方向垂直于线圈平面,指向左方. 对整个线圈来说,各个电流元所受的这些力,方向都相同,所以在合力的作用下,线圈将向磁场较强处平移. 可以证明:合力的大小与线圈的磁矩和磁感应强度的梯度成正比.

### *5.3.4 磁力的功

载流导线或载流线圈在磁场中运动时,其所受的磁力或磁力矩将对它们做功.

**1. 载流导线在磁场中运动时磁力所做的功**

设在磁感应强度为 $\boldsymbol{B}$ 的均匀磁场中,有一载流的闭合回路 $abcda$,电流强度 $I$ 保持不变,电路中 $ab$ 之长为 $l$,$ab$ 可沿 $da$ 和 $cb$ 滑动,如图 5.26 所示. 按安培定律,$ab$ 所受的磁力 $\boldsymbol{F}$ 的大小为

$$F = BIl$$

$\boldsymbol{F}$ 的方向如图 5.26 所示. 在 $ab$ 从初始位置向右位移 $\Delta x$ 距离过程中,磁力 $\boldsymbol{F}$ 所做的功为

$$W = F\Delta x = BIl\Delta x = BI\Delta S = I\Delta\Phi \tag{5.27}$$

上式说明,当载流导线在磁场中运动时,如果电流保持不变,磁力所做的功等于电流强度乘以通过回路所环绕的面积内磁通量的增量.

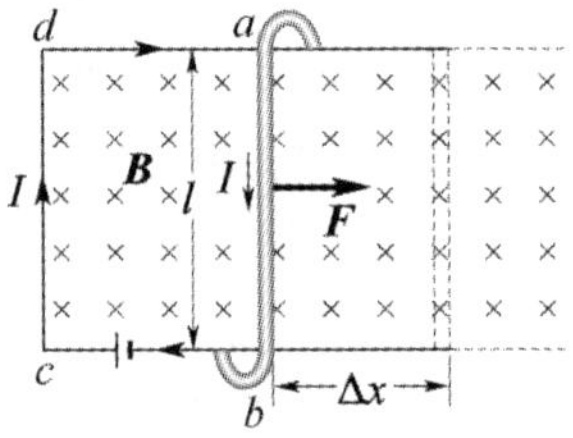

图 5.26 磁力所做的功

**2. 载流线圈在磁场中转动时磁力矩所做的功**

设一面积为 $S$,通有电流强度为 $I$ 的线圈,处于磁感应强度为 $\boldsymbol{B}$ 的匀强磁场中. 现在我们来计算线圈转动时,磁力矩所做的功.

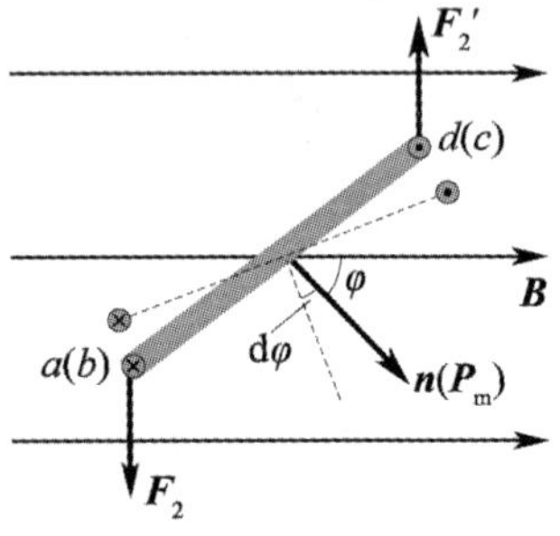

图 5.27 磁力矩所做的功

如图 5.27 所示,设线圈转过极小的角度 $\mathrm{d}\varphi$,使 $\boldsymbol{n}(\boldsymbol{P}_m)$ 与 $\boldsymbol{B}$ 之间的夹角从 $\varphi$ 增为 $\varphi+\mathrm{d}\varphi$,在此转动过程中,磁力矩做负功(磁力矩总是力图使 $\boldsymbol{P}_m$ 转向 $\boldsymbol{B}$),因此

$$\begin{aligned}\mathrm{d}W &= -M\mathrm{d}\varphi = -BIS\sin\varphi\mathrm{d}\varphi \\ &= BIS\mathrm{d}(\cos\varphi) \\ &= I\mathrm{d}(BS\cos\varphi) = I\mathrm{d}\Phi\end{aligned} \tag{5.28}$$

当上述线圈从 $\varphi_1$ 转到 $\varphi_2$ 的过程中,维持线圈内电流不变,则磁力矩所做的总功为

$$W = \int_{\Phi_{m1}}^{\Phi_{m2}} I\mathrm{d}\Phi_m = I(\Phi_{m2}-\Phi_{m1}) = I\Delta\Phi_m \tag{5.29}$$

式中 $\Phi_{m1}$ 和 $\Phi_{m2}$ 分别表示线圈在 $\varphi_1$ 和 $\varphi_2$ 时,通过线圈的磁通量.

可以证明,一个任意的闭合回路在磁场中改变位置或改变形状时,如果维持线圈上电流不变,则磁力或磁力矩所做的功都可按 $W = I\Delta\Phi_m$ 计算,亦即磁力或磁力矩所做的功等于电流强度乘以通过载流线圈的磁通量的增量.

如果电流随时间而改变,这时磁力所做的总功要用积分计算

$$W = \int_{\Phi_{m1}}^{\Phi_{m2}} I\mathrm{d}\Phi_m \tag{5.30}$$

这是计算磁力做功的一般公式.

根据磁矩为 $\boldsymbol{P}_m$ 的载流线圈在均匀磁场中受到磁力矩的作用,可以引入线圈磁矩与磁场的相互作用能的概念,设 $\varphi$ 表示 $\boldsymbol{P}_m$ 与 $\boldsymbol{B}$ 之间的夹角,此夹角由 $\varphi_1$ 增大到 $\varphi_2$ 过程中,外力需克服磁力矩做的功为

$$W_{外}=\int_{\varphi_1}^{\varphi_2}M\mathrm{d}\varphi=\int_{\varphi_1}^{\varphi_2}P_m B\sin\varphi\mathrm{d}\varphi=P_m B(\cos\varphi_1-\cos\varphi_2)$$

此功就等于磁矩 $\boldsymbol{P}_m$ 与磁场相互作用能的增量. 通常以 $\varphi_1=\frac{\pi}{2}$ 时的位置为相互作用能零值的位置. 这样,由上式可得,在均匀磁场中,当磁矩与磁场方向间夹角为 $\varphi(\varphi=\varphi_2)$ 时,磁矩与磁场的相互作用能为

$$W_m=-P_m B\cos\varphi=-\boldsymbol{P}_m\cdot\boldsymbol{B}$$

由此可见,磁矩与磁场平行时,相互作用能有极小值 $-P_m B$;磁矩与磁场反平行时,相互作用能有极大值 $P_m B$.

**例 5.2** 载有电流 $I$ 的半圆形闭合线圈,半径为 $R$,放在均匀的外磁场 $\boldsymbol{B}$ 中,$\boldsymbol{B}$ 的方向与线圈平面平行,如图 5.28 所示.(1) 求此时线圈所受的力矩大小和方向;(2) 求在这力矩作用下,当线圈平面转到与磁场 $\boldsymbol{B}$ 垂直的位置时,磁力矩所做的功.

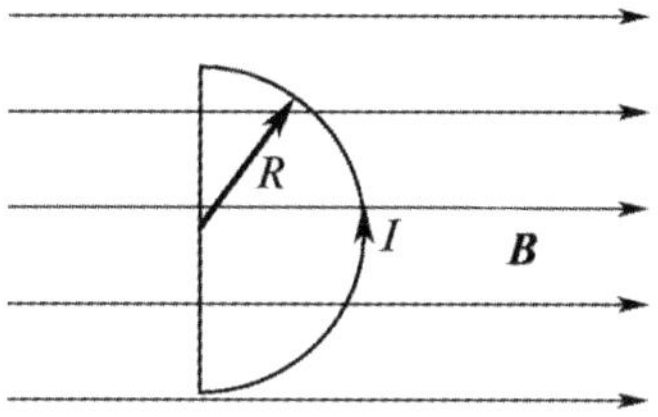

图 5.28

**解** (1) 线圈的磁矩为

$$\boldsymbol{P}_m=IS\boldsymbol{n}=I\frac{\pi}{2}R^2\boldsymbol{n}$$

在图示位置时,线圈磁矩 $\boldsymbol{P}_m$ 的方向与 $\boldsymbol{B}$ 垂直.

由式(5.29),$\boldsymbol{M}=\boldsymbol{P}_m\times\boldsymbol{B}$,故图示位置线圈所受磁力矩的大小为

$$M=P_m B\sin\frac{\pi}{2}=\frac{1}{2}\pi IBR^2$$

磁力矩 $\boldsymbol{M}$ 的方向由 $\boldsymbol{P}_m\times\boldsymbol{B}$ 确定,为垂直于 $\boldsymbol{B}$ 的方向向上.

(2) 计算磁力矩做功. 根据式(5.32)

$$W=I\Delta\Phi_m=I(\Phi_{m2}-\Phi_{m1})=I\left(B\frac{1}{2}\pi R^2-0\right)=\frac{1}{2}IB\pi R^2$$

也可以用积分计算

$$W=\int_{\frac{\pi}{2}}^{0}-M\mathrm{d}\theta=\int_{\frac{\pi}{2}}^{0}-P_m B\sin\theta\mathrm{d}\theta=P_m B\cos\theta\Big|_{\frac{\pi}{2}}^{0}=\frac{1}{2}IB\pi R^2$$

## *5.4 磁场对运动电荷的作用

本节将研究磁场对运动电荷的磁力作用和带电粒子在磁场中的运动规律,以及霍耳效应等实际应用的例子.

### 5.4.1 洛伦兹力

从安培定律可以推算出每一个运动着的带电粒子在磁场中所受到的力. 由安培定律得,任一电流元 $I\mathrm{d}\boldsymbol{l}$ 在磁感应强度为 $\boldsymbol{B}$ 的磁场中,所受到的力 $\mathrm{d}\boldsymbol{F}$ 的大小为

$$dF = BI\,dl\sin(Id\boldsymbol{l},\boldsymbol{B})$$

因为电流强度可写成

$$I = qnvS$$

式中 $S$ 为电流元的截面积，$v$ 为带电粒子的定向运动速率，$q$ 为带电粒子的电量，$n$ 为导体内带电粒子数密度，则上式可写成

$$dF = qvnSB\,dl\sin(\boldsymbol{v},\boldsymbol{B})$$

由于电流元 $Id\boldsymbol{l}$ 的方向与带电粒子 $q$ 定向运动方向一致，故上式中的 $\sin(\boldsymbol{v},\boldsymbol{B}) = \sin(Id\boldsymbol{l},\boldsymbol{B})$. 而在线元 $d\boldsymbol{l}$ 这一段导体内定向运动的带电粒子数目 $dN = nSdl$，每一个带电粒子受到的磁场作用力，通过粒子与电流元导线的碰撞产生磁场对载流导线的作用力 $d\boldsymbol{F}$，因此每一个定向运动的带电粒子所受到的磁力 $\boldsymbol{f}$ 的大小为

$$f = \frac{dF}{dN} = qvB\sin(\boldsymbol{v},\boldsymbol{B}) \tag{5.31}$$

**磁场对运动电荷作用的力 $\boldsymbol{f}$ 称为洛伦兹力.** 如果带电粒子带正电荷，则它所受的洛伦兹力 $\boldsymbol{f}$ 的方向与 $\boldsymbol{v}\times\boldsymbol{B}$ 的方向一致. 如果粒子带负电荷，洛伦兹力的方向与正电荷的情形相反，如图 5.29 所示.

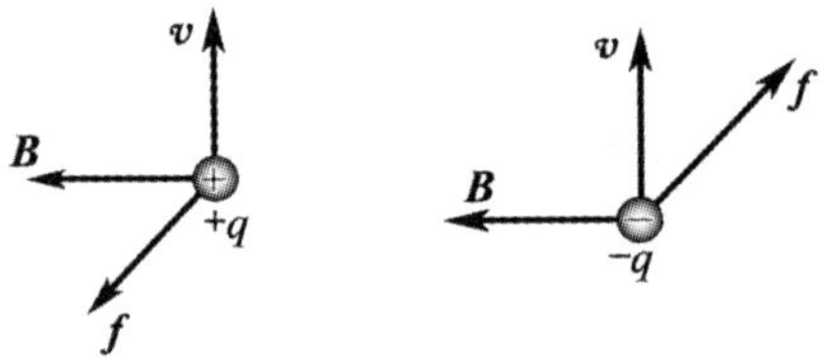


图 5.29　洛伦兹力的方向

洛伦兹力的矢量表达式为

$$\boldsymbol{f} = q\boldsymbol{v}\times\boldsymbol{B} \tag{5.32}$$

式中 $q$ 的正负决定于粒子所带电荷的正负. 由式(5.32) 可以看出，洛伦兹力 $\boldsymbol{f}$ 总是与带电粒子运动速度 $\boldsymbol{v}$ 的方向垂直，即有 $\boldsymbol{f}\cdot\boldsymbol{v} = 0$，因此洛伦兹力不能改变运动电荷速度的大小，只能改变速度的方向，使带电粒子的运动路径弯曲.

如果带电粒子处于同时存在电场和磁场的空间运动时，则其所受合力为

$$\boldsymbol{F} = q(\boldsymbol{E} + \boldsymbol{v}\times\boldsymbol{B}) \tag{5.33}$$

上式称为**洛伦兹关系式**，它包含电场力 $q\boldsymbol{E}$ 与磁场力(洛伦兹力)$q\boldsymbol{v}\times\boldsymbol{B}$ 两部分.

### 5.4.2　带电粒子在匀强磁场中的运动

设有一匀强磁场，磁感应强度为 $\boldsymbol{B}$，一电量为 $q$，质量为 $m$ 的粒子以速度 $\boldsymbol{v}$ 进入磁场. 在磁场中粒子受到洛伦兹力，其运动方程为

$$\boldsymbol{F} = q\boldsymbol{v}\times\boldsymbol{B} = m\frac{d\boldsymbol{v}}{dt} \tag{5.34}$$

下面分三种情况进行讨论.

1) $\boldsymbol{v}$ 与 $\boldsymbol{B}$ 平行或反平行

当带电粒子的运动速度 $\boldsymbol{v}$ 与 $\boldsymbol{B}$ 同向或反向时，作用于带电粒子的洛伦兹力等于零. 由式(5.34) 可知，$\boldsymbol{v}$ = 恒矢量，故带电粒子仍作匀速直线运动，不受磁场的影响.

2) $\boldsymbol{v}$ 与 $\boldsymbol{B}$ 垂直

当带电粒子以速度 $\boldsymbol{v}$ 沿垂直于磁场的方向进入一匀强磁场 $\boldsymbol{B}$ 中，如图 5.30 所示. 此时洛伦兹力 $\boldsymbol{F}$ 的方向始终与速度 $\boldsymbol{v}$ 垂直，故带电粒子将在 $\boldsymbol{F}$ 与 $\boldsymbol{v}$ 所组成的平面内作匀速圆周运动. 洛伦兹力即为向心力，其运动方程为

$$qvB = m\frac{v^2}{R}$$

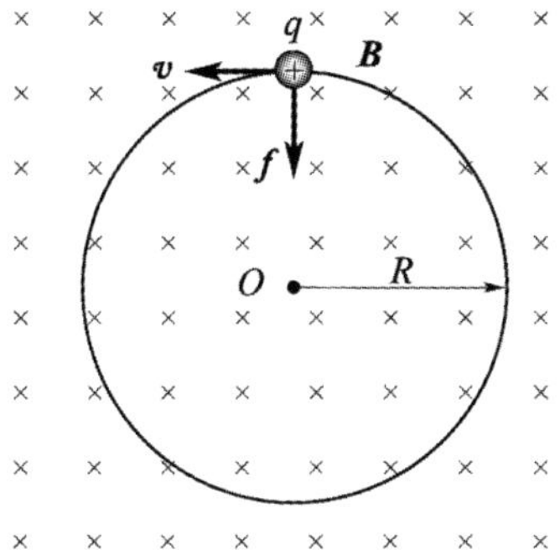


图 5.30　$v \perp \boldsymbol{B}$ 时的运动

可求得轨道半径(又称回旋半径)

$$R = \frac{mv}{qB} \tag{5.35}$$

由上式可知,对于一定的带电粒子($\frac{q}{m}$ 一定),当它在均匀磁场中运动时,其轨道半径 $R$ 与带电粒子的速度值成正比.

由式(5.35)还可求得粒子在圆周轨道上绕行一周所需的时间(周期)为

$$T = \frac{2\pi R}{v} = \frac{2\pi m}{qB} \tag{5.36}$$

$T$ 的倒数即粒子在单位时间内绕圆周轨道转过的圈数,称为带电粒子的回旋频率,用 $\nu$ 表示为

$$\nu = \frac{1}{T} = \frac{qB}{2\pi m} \tag{5.37}$$

以上两式表明,带电粒子在垂直于磁场方向的平面内作圆周运动时,其周期 $T$ 和回旋频率 $\nu$ 只与磁感应强度 $\boldsymbol{B}$ 及粒子本身的质量 $m$ 和所带的电量 $q$ 有关,而与粒子的速度及回旋半径无关. 也就是说,同种粒子在同样的磁场中运动时,快速粒子在半径大的圆周上运动,慢速粒子在半径小的圆周上运动,但它们绕行一周所需的时间都相同. 这是带电粒子在磁场中作圆周运动的一个显著特征. 回旋加速器就是根据这一特征设计制造.

3) $v$ 与 $\boldsymbol{B}$ 斜交成 $\theta$ 角

当带电粒子的运动速度 $v$ 与磁场 $\boldsymbol{B}$ 成 $\theta$ 角时,可将 $v$ 分解为与 $\boldsymbol{B}$ 垂直的速度分量 $v_\perp = v\sin\theta$ 和与 $\boldsymbol{B}$ 平行的速度分量 $v_{/\!/} = v\cos\theta$. 根据上面的讨论可知,在垂直于磁场的方向,由于具有分速度 $v_\perp$,磁场力将使粒子在垂直于 $\boldsymbol{B}$ 的平面内作匀速圆周运动. 在平行于磁场的方向上,磁场对粒子没有作用力,粒子以速度分量 $v_{/\!/}$ 作匀速直线运动. 这两种运动合成的结果,使带电粒子在均匀磁场中作等螺距的螺旋运动,如图 5.31 所示. 此时螺旋线的半径为

$$R = \frac{mv_\perp}{qB} = \frac{mv\sin\theta}{qB}$$

螺旋周期为

$$T = \frac{2\pi R}{v_\perp} = \frac{2\pi m}{qB} \tag{5.38}$$

螺距为

$$h = v_{/\!/}T = v\cos\theta T = \frac{2\pi mv\cos\theta}{qB} \tag{5.39}$$

带电粒子在磁场中的螺旋线运动,广泛地应用于“磁聚焦”技术.

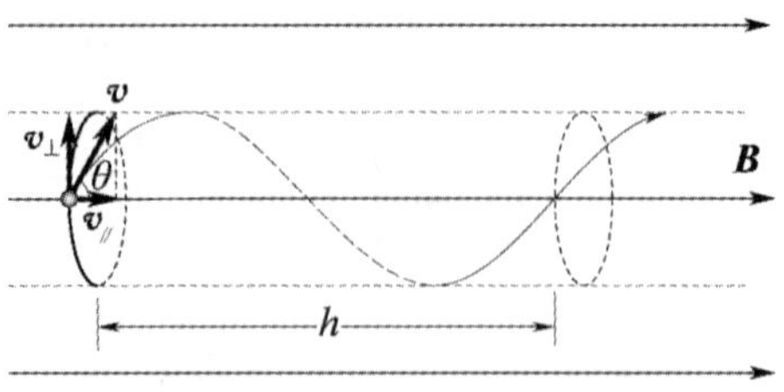


图 5.31 $v$ 与 $\boldsymbol{B}$ 斜交时的运动

### 5.4.3 霍耳效应

将一导体板放在垂直于板面的磁场$\boldsymbol{B}$中，如图 5.32(a) 所示. 当有电流$I$沿着垂直于$\boldsymbol{B}$的方向通过导体时，在金属板上下两表面$M$、$N$之间就会出现横向电势差$U_H$. 这种现象是美国青年物理学家霍耳在1879年首先发现的，称为**霍耳效应**. 电势差$U_H$称为霍耳电势差(或叫霍耳电压). 实验表明，霍耳电势差$U_H$与电流强度$I$及磁感应强度$\boldsymbol{B}$的大小成正比，与导体板的厚度$d$成反比，即

$$U_H = R_H \frac{IB}{d} \tag{5.40}$$

式中$R_H$是仅与导体材料有关的常数，称为霍耳系数.

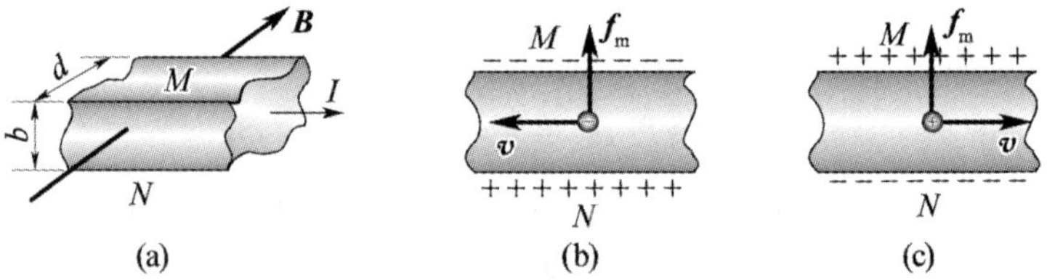


图 5.32 霍耳效应

霍耳电势差的产生是由于运动电荷在磁场中受洛伦兹力作用的结果. 因为导体中的电流是载流子定向运动形成的. 如果作定向运动的带电粒子是负电荷，则它所受的洛伦兹力$\boldsymbol{f}_m$的方向如图 5.32(b) 所示，结果使导体的上表面$M$聚集负电荷，下表面$N$聚集正电荷，在$M$、$N$两表面间产生方向向上的电场；如果作定向运动的带电粒子是正电荷，则它所受的洛伦兹力$\boldsymbol{f}_m$的方向如图5.32(c) 所示，在这个力作用下，使导体的上表面$M$聚集正电荷，下表面$N$聚集负电荷，在$M$、$N$两表面间产生方向向下的电场，当这个电场对带电粒子的电场力$\boldsymbol{f}_e$正好与磁场$\boldsymbol{B}$对带电粒子的洛伦兹力$\boldsymbol{f}_m$相平衡时，达到稳定状态，此时上、下两面的电势差$U_M - U_N$就是霍耳电势差$U_H$.

设在导体内载流子的电量为$q$，平均定向运动速度为$v$，它在磁场中所受的洛伦兹力大小为

$$f_m = qvB$$

如果导体板的宽度为$b$，当导体上、下两表面间的电势差为$U_M - U_N$时，带电粒子所受的电场力大小为

$$f_e = qE = q\frac{U_M - U_N}{b}$$

由平衡条件有

$$qvB = q\frac{U_M - U_N}{b}$$

则导体上、下两表面间的电势差为

$$U_H = U_M - U_N = bvB$$

设导体内载流子数密度为$n$，于是$I = nqvbd$，以此代入上式可得

$$U_H = \frac{1}{nq}\frac{IB}{d} \tag{5.41}$$

将上式与式(5.40)比较，得霍耳系数

$$R_H = \frac{1}{nq} \tag{5.42}$$

上式表明，霍耳系数的数值决定于每个载流子所带的电量 $q$ 和载流子的浓度 $n$，其正负取决于载流子所带电荷的正负. 若 $q$ 为正，则 $R_H > 0$，$U_M - U_N > 0$；若 $q$ 为负，则 $R_H < 0$，$U_M - U_N < 0$. 由实验测定霍耳电势差或霍耳系数后，就可判定载流子带的是正电荷还是负电荷. 也可用此方法来判定半导体是空穴型的(p 型)还是电子型的(n 型). 此外，根据霍耳系数的大小，还可测定载流子的浓度.

一般金属导体中的载流子就是自由电子，其浓度很大，所以金属材料的霍耳系数很小，相应的霍耳电压也很弱. 但在半导体材料中，载流子浓度 $n$ 很小，因而半导体材料的霍耳系数与霍耳电压比金属大得多，故实用中大多采用半导体霍耳效应.

近年来，霍耳效应已在测量技术、电子技术、自动化技术、计算技术等各个领域中得到越来越普遍的应用. 例如，我国已制造出多种半导体材料的霍耳元件，可以用来测量磁感应强度、电流、压力、转速等，还可以用于放大、振荡、调制、检波等方面，也可以用于电子计算机中的计算元件等.

### *5.4.4 磁流体发电

除固体中的霍耳效应外，在导电流体中同样会产生霍耳效应. 图 5.33 是磁流体发电机原理示意图. 在燃烧室中利用燃料(油、煤气或原子能反应堆)燃烧的热能加热气体使之成为等离子体，其温度约为 3 000 K(为了加速等离子体的形成，往往在气体中加入少量钾或铯等容易电离的物质). 然后使这种高温等离子体(导电流体)以约 1 000 m/s 的高速进入发电通道，发电通道的上、下两面有磁极以产生磁场 $\boldsymbol{B}$，其两侧安有电极. 则在高速 $v$ 流动着的导电流体中，正、负带电粒子的运动方向与磁场垂直，由于受洛伦兹力的作用，正、负带电粒子将分别向垂直于 $v$ 和 $\boldsymbol{B}$ 的两个相反方向偏转，结果在发电通道两侧的电极上产生电势差. 如果不断提供高温高速的等离子体，便能在电极上连续输出电能.

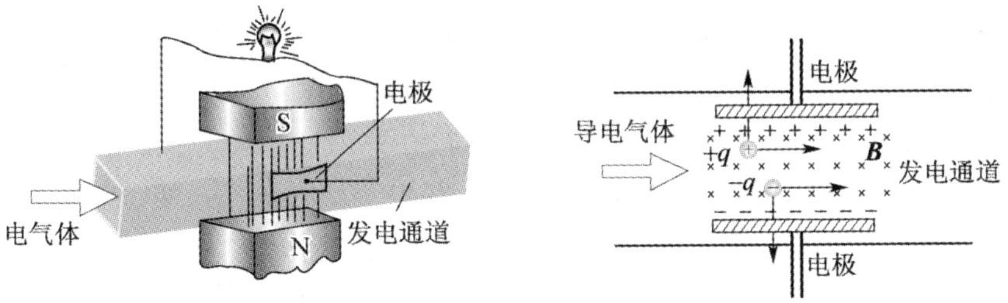


图 5.33 磁流体发电原理

我们知道，在普通发电机中，电动势是由线圈在磁场中转动产生的. 为此必须先把初级能源(化学燃料、核燃料)燃烧放出的热能经过锅炉、热机等变成机械能，然后再变成电能. 而在磁流体发电机中，是利用热能加热等离子体，然后使等离子体通过磁场产生电动势直接得到电能. 不经过热能到机械能的转变，因而损耗少，热效率高(可达 50% ~ 60%，而火力发电的热效率通常只有 30% ~ 40%). 但磁流体发电目前还存在某些技术问题有待解决，如发电通道效率低，通道和电极的材料都要求耐高温、耐腐蚀、耐化学烧蚀等. 目前所用材料的寿命都比较短，因而使磁流体发电机不能长时间运行，所以磁流体发电还没有达到实用阶段.

# 5.5 磁 介 质

## 5.5.1 磁介质的分类

实际的磁场中大多存在着各种各样的物质，这些物质因受磁场的作用而处于一种特殊的状态，称为磁化状态．磁化后的物质反过来又要对磁场产生影响，我们称能够影响磁场的物质为**磁介质**．

实验表明，不同的物质对磁场的影响差异很大．若均匀磁介质处于磁感应强度为 $\boldsymbol{B}_0$ 的外磁场中，磁介质要被磁化，从而产生磁化电流．磁化电流也要激发磁感应强度为 $\boldsymbol{B}'$ 的附加磁场，则磁介质中的总磁感应强度 $\boldsymbol{B}$ 是 $\boldsymbol{B}_0$ 和 $\boldsymbol{B}'$ 的叠加，即

$$\boldsymbol{B} = \boldsymbol{B}_0 + \boldsymbol{B}' \tag{5.43}$$

对不同的磁介质，$\boldsymbol{B}'$ 的大小和方向可能有很大的差别．为了便于讨论磁介质的分类，我们引入相对磁导率 $\mu_r$．当均匀磁介质充满整个磁场时，磁介质的**相对磁导率**定义为

$$\mu_r = \frac{B}{B_0} \tag{5.44}$$

式中 $B$ 为磁介质中的总磁场的磁感应强度的大小，$B_0$ 为真空中磁场或者说外磁场的磁感应强度的大小．$\mu_r$ 可用来描述不同磁介质磁化后对原外磁场的影响．类似于介电常数 $\varepsilon$ 的定义，我们定义磁介质的**磁导率**

$$\mu = \mu_0\mu_r \tag{5.45}$$

实验指出，就磁性来说，物质可分为以下三类．

(1) **抗磁质**：这类磁介质的相对磁导率 $\mu_r < 1$，在外磁场中，其附加磁感应强度 $\boldsymbol{B}'$ 与 $\boldsymbol{B}_0$ 方向相反，因而总磁感应强度的大小 $B < B_0$．如，汞、铜、铋、氢、锌、铅等．

(2) **顺磁质**：这类磁介质的相对磁导率 $\mu_r > 1$，在外磁场中，其附加磁感应强度 $\boldsymbol{B}'$ 与 $\boldsymbol{B}_0$ 同方向，因而总磁感应强度的大小 $B > B_0$．例如，锰、铬、铂、氧、铝等．

(3) **铁磁质**：这类磁介质的相对磁导率 $\mu_r \gg 1$，在外磁场中，其附加磁感应强度 $\boldsymbol{B}'$ 与 $\boldsymbol{B}_0$ 方向相同，且 $B' \gg B_0$，因而总磁感应强度的大小 $B \gg B_0$．例如，铁、镍、钴、钆等．

抗磁质和顺磁质的磁性都很弱，统称为弱磁质．它们的 $\mu_r$ 尽管可以大于 1 或者小于 1，但是都很接近 1，而且 $\mu_r$ 都是与外磁场无关的常数．铁磁质的磁性都很强，且还具有一些特殊的性质．

## *5.5.2 抗磁质与顺磁质的磁化

现在我们从物质的电结构来说明物质的磁性．在无外磁场作用时，分子中任何一个电子，都同时参与两种运动，即环绕原子核的轨道运动和电子本身的自旋．这两种运动都能产生磁效应．把分子看成一个整体，分子中各个电子对外界所产生的磁效应的总和可用一个等效的圆电流表示，称为分子电流．这种分子电流具有的磁矩称为分子固有磁矩或称**分子磁矩**，用 $\boldsymbol{P}_m$ 表示．

当没有外磁场作用时，抗磁质分子的固有磁矩 $\boldsymbol{P}_m = 0$，从而整块磁介质的 $\sum \boldsymbol{P}_{mi} = 0$，介质不显磁性；而顺磁质分子的固有磁矩 $\boldsymbol{P}_m \neq 0$，但由于排列杂乱无章，整块磁介质仍有 $\sum \boldsymbol{P}_{mi} = 0$，因此介质也不显磁性．

无外磁场时,抗磁质分子的固有磁矩 $\boldsymbol{P}_m=0$ 是由于分子中各电子的轨道运动磁矩和自旋运动磁矩的矢量和为零.就每个电子而言,无论是轨道运动还是自旋运动都产生磁矩.当有外磁场作用时,将引起分子磁矩的变化,在分子上产生附加磁矩 $\Delta\boldsymbol{P}_m$.下面我们来分析附加磁矩 $\Delta\boldsymbol{P}_m$ 及由此产生的附加磁场 $\boldsymbol{B}'$ 的方向.

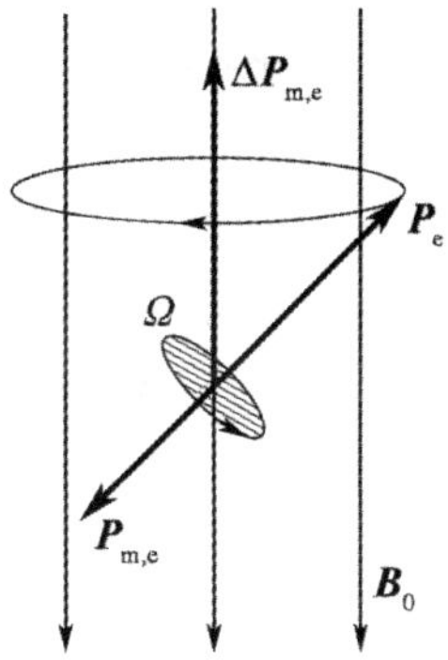


图 5.34　电子的进动

附加磁矩 $\Delta\boldsymbol{P}_m$ 是由电子的进动产生的.具体分析如下:

(1) 绕核轨道运动磁矩为 $\boldsymbol{P}_{m,e}$ 的电子的进动:设电子绕核轨道运动的磁矩为 $\boldsymbol{P}_{m,e}$,因为电子带负电,所以电子绕核轨道运动的角动量 $\boldsymbol{P}_e$ 与磁矩 $\boldsymbol{P}_{m,e}$ 反方向(见图 5.34).在外磁场作用下,电子受的磁力矩为

$$\boldsymbol{M}=\boldsymbol{P}_{m,e}\times\boldsymbol{B}_0$$

根据角动量定理 $\boldsymbol{M}=\dfrac{d\boldsymbol{P}_e}{dt}$,电子轨道运动角动量 $\boldsymbol{P}_e$ 的改变量 $d\boldsymbol{P}_e$ 与 $\boldsymbol{M}$ 同方向,即顺着 $\boldsymbol{B}_0$ 方向看去,电子运动的轨道角动量 $\boldsymbol{P}_e$ 是绕 $\boldsymbol{B}_0$ 以顺时针方向转动.因此,电子在绕核轨道运动的同时还以外磁场 $\boldsymbol{B}_0$ 的方向为轴线转动.电子的这种运动就叫电子的进动,进动角速度为 $\Omega$.而且,不论电子原来轨道运动角动量的方向如何,即电子磁矩 $\boldsymbol{P}_{m,e}$ 与 $\boldsymbol{B}_0$ 的夹角大于或小于 $\dfrac{\pi}{2}$,由电子进动产生的附加磁矩 $\Delta\boldsymbol{P}_{m,e}$ 总是与外磁场 $\boldsymbol{B}_0$ 的方向相反,如图 5.35 所示.

(2) 分子的附加磁矩 $\Delta\boldsymbol{P}_m$:因为电子的附加磁矩 $\Delta\boldsymbol{P}_{m,e}$ 总是与 $\boldsymbol{B}_0$ 反方向,所以,电子附加磁矩 $\Delta\boldsymbol{P}_{m,e}$ 的总和即分子的附加磁矩 $\Delta\boldsymbol{P}_m$ 总是与 $\boldsymbol{B}_0$ 反向.它将产生一个与 $\boldsymbol{B}_0$ 反方向的 $\boldsymbol{B}'$,这就是抗磁效应.

在顺磁质分子中,即使在没有外磁场时,各个电子的磁效应也不相抵消,故顺磁质分子的固有磁矩 $\boldsymbol{P}_m$ 不等于零.当存在外磁场时,外磁场在电子上也引起附加磁矩.但分子磁矩 $\boldsymbol{P}_m$ 比分子中电子附加磁矩的总和大得多,以致 $\Delta\boldsymbol{P}_m$ 可以忽略不计.这样,顺磁性物质中的分子电流由于外磁场的作用,它们的磁矩将转向外磁场方向,于是 $\sum\boldsymbol{P}_{mi}\neq 0$,产生与外磁场同方向的附加磁场 $\boldsymbol{B}'$,故顺磁质内的磁感应强度的大小为 $B=B_0+B'$.这就是顺磁性物质磁效应的成因.

## *5.5.3　磁化强度

与电介质中引入极化强度 $\boldsymbol{P}$ 来描述电介质的极化程度类似,在磁介质中我们引入磁化强度 $\boldsymbol{M}$ 来描述磁介质的磁化程度.

**对于顺磁质,我们将磁介质内某点处单位体积内分子磁矩的矢量和定义为该点的磁化强度,即**

$$\boldsymbol{M}=\frac{\sum\boldsymbol{P}_{mi}}{\Delta V} \tag{5.46a}$$

**顺磁质中 $\boldsymbol{M}$ 的方向与外磁场 $\boldsymbol{B}_0$ 的方向一致.**

对于抗磁质,磁化的主要原因是抗磁质分子在外磁场中所产生的附加磁矩 $\Delta\boldsymbol{P}_m$,$\Delta\boldsymbol{P}_m$ 与 $\boldsymbol{B}_0$ 的方向相反,大小与 $B_0$ 成正比.**抗磁质的磁化强度为**

$$\boldsymbol{M}=\frac{\sum\Delta\boldsymbol{P}_{mi}}{\Delta V} \tag{5.46b}$$

**抗磁质中 $\boldsymbol{M}$ 的方向与外磁场 $\boldsymbol{B}_0$ 的方向相反.**

在国际单位制中,$M$ 的单位为 A/m.

## *5.5.4　磁介质中的安培环路定理

### *1. 磁化强度与磁化电流的关系

当电介质极化时,极化强度与极化电荷有着密切的关系.与此相类似,当磁介质被磁化时,磁化强度与磁化电流也有着密切的关系.为此我们用一简例来进行讨论.

设有一无限长载流直螺线管,管内充满均匀的顺磁介质,螺线管的电流强度为 $I$.在此电流磁场 $\boldsymbol{B}_0$ 的作用下,磁介质中分子电流平面将趋向与 $\boldsymbol{B}_0$ 方向垂直,如图 5.35(a) 所示.在均匀磁介质内部任意位置处,通过的分子电流是成对的,而且方向相反,结果互相抵消,如图5.35(b) 所示.只有在截面边缘处,分子电流未被抵消,形成与截面边缘重合的圆电流 $I_S$.对磁介质整体来说,分子电流沿着圆柱面垂直其母线方向流动,称为**磁化面电流**.因为是顺磁质,磁化面电流与螺线管上导线中的电流 $I$ 方向相同,如图 5.35(c) 所示.如果是抗磁质,则两者方向相反.

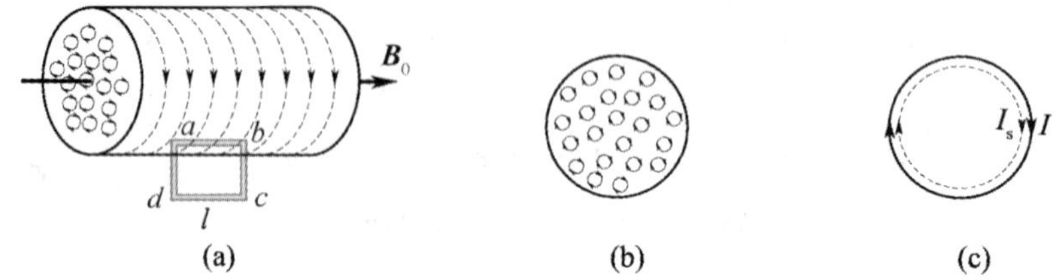


图 5.35　充满磁介质的长直螺线管

设 $j_S$ 为圆柱形磁介质表面上"每单位长度的分子面电流"(即**磁化面电流密度**),$S$ 为磁介质的截面,$l$ 为所选取的一段磁介质的长度.在 $l$ 长度上,磁化电流 $I_S = lj_S$,因此在这段磁介质总体积 $Sl$ 中的总磁矩为

$$\sum \boldsymbol{P}_{mi} = I_S\boldsymbol{S} = j_S l\boldsymbol{S}$$

按定义,磁介质的磁化强度大小为

$$M = \frac{\sum P_{mi}}{\Delta V} = \frac{j_S Sl}{Sl} = j_S \tag{5.47}$$

上式表明,**磁化强度 $\boldsymbol{M}$ 在量值上等于磁化面电流密度.** $\boldsymbol{M}$ 是矢量,$\boldsymbol{j}_S$ 也是矢量,它们之间的关系写成矢量式有

$$\boldsymbol{j}_S = \boldsymbol{M} \times \boldsymbol{n}_0 \tag{5.48}$$

$\boldsymbol{n}_0$ 是介质表面外法线方向的单位矢量.不难看出,这一关系与电介质中极化面电荷密度与极化强度 $\boldsymbol{P}$ 的关系 $\sigma' = \boldsymbol{P} \cdot \boldsymbol{n} = P_n$ 相对应.

下面我们进一步讨论在一定范围内,磁化强度与磁化电流之间的关系.如图 5.35(a) 所示,在圆柱形磁介质的边界附近,取一长方形的闭合回路 $abcda$,$ab$ 在磁介质内部,它平行于柱体轴线,长度为 $l$,而 $bc$、$ad$ 两边则垂直于柱面.现在,在磁介质内部各点处 $\boldsymbol{M}$ 都沿 $ab$ 方向,大小相等,在柱外各点处 $\boldsymbol{M} = 0$.所以,磁化强度 $\boldsymbol{M}$ 对图 5.35(a) 中的闭合回路的线积分为

$$\oint \boldsymbol{M} \cdot d\boldsymbol{l} = \int_{ab} \boldsymbol{M} \cdot d\boldsymbol{l} = M\overline{ab} = Ml$$

将式(5.47)$M = j_S$ 代入后得

$$\oint \boldsymbol{M} \cdot d\boldsymbol{l} = j_S l = I_S \tag{5.49}$$

这里,$j_S l = I_S$ 就是通过闭合回路 $abcda$ 的总磁化电流.式(5.49)虽然是从均匀磁介质及长方形闭合回路的简单特例导出,但却是在任何情况下都普遍适用的关系式.

### 2. 磁介质中的安培环路定理

把真空中磁场的安培环路定理推广到有磁介质存在的稳恒磁场中去,当电流的磁场中有磁介质时,由于介质的磁化,要产生磁化电流.如果考虑到磁化电流对磁场的贡献,则安培环路定理应写成

$$\oint_L \boldsymbol{B} \cdot d\boldsymbol{l} = \mu_0 \left( \sum I_i + I_S \right) \tag{5.50}$$

式中 $\boldsymbol{B}$ 为磁介质中的总磁感应强度,等式右边括号内的两项电流是穿过回路所围面积的总电流,即传导电

流$\sum I_i$和磁化电流$I_S$的代数和.

将式(5.49)代入上式中,则有

$$\oint_L \boldsymbol{B} \cdot \mathrm{d}\boldsymbol{l} = \mu_0 \left( \sum I_i + \oint_L \boldsymbol{M} \cdot \mathrm{d}\boldsymbol{l} \right)$$

或

$$\oint_L \left( \frac{\boldsymbol{B}}{\mu_0} - \boldsymbol{M} \right) \cdot \mathrm{d}\boldsymbol{l} = \sum I_i$$

和电介质中引进$\boldsymbol{D}$矢量相似,我们以$\left(\frac{\boldsymbol{B}}{\mu_0} - \boldsymbol{M}\right)$定义一个新的物理量$\boldsymbol{H}$,称为**磁场强度矢量**.

即

$$\boldsymbol{H} = \frac{\boldsymbol{B}}{\mu_0} - \boldsymbol{M} \tag{5.51}$$

这样,有磁介质时的安培环路定理便有下列简单的形式

$$\oint_L \boldsymbol{H} \cdot \mathrm{d}\boldsymbol{l} = \sum I_i \tag{5.52}$$

从式(5.52)可知,**在稳恒磁场中,磁场强度矢量$\boldsymbol{H}$沿任一闭合路径的线积分(即$\boldsymbol{H}$的环流)等于包围在环路内各传导电流的代数和,而与磁化电流无关.**该式虽是从长直螺线管这一特殊情况下推导出来的,但是从理论上可以证明它是普遍适用的.

### *5.5.5 B与H的关系

式(5.51)是磁场强度$\boldsymbol{H}$的定义式,它表示了磁场中任一点处$\boldsymbol{H}$、$\boldsymbol{B}$、$\boldsymbol{M}$三个物理量之间的关系.而且不论磁介质是否均匀,甚至是铁磁性物质,用此式定义的$\boldsymbol{H}$矢量都是正确的.

实验表明,对于各向同性的均匀磁介质,介质内任一点的磁化强度$\boldsymbol{M}$与该点的磁场强度$\boldsymbol{H}$成正比.比例系数$\chi_m$是恒量,称为磁介质的**磁化率**,即

$$\boldsymbol{M} = \chi_m \boldsymbol{H} \tag{5.53}$$

把式(5.53)代入式(5.51),则得

$$\boldsymbol{B} = \mu_0 \boldsymbol{H} + \mu_0 \boldsymbol{M} = \mu_0 (1 + \chi_m) \boldsymbol{H} \tag{5.54}$$

如果引入一个物理量$\mu_r$,令

$$\mu_r = 1 + \chi_m \tag{5.55}$$

$\mu_r$就是磁介质的**相对磁导率**,这和我们在前面用式(5.44)所定义的$\mu_r$是同一个量,于是式(5.54)成为

$$\boldsymbol{B} = \mu_0 \mu_r \boldsymbol{H} = \mu \boldsymbol{H} \tag{5.56}$$

对于真空,$\boldsymbol{M} = 0$,$\chi_m = 0$,$\mu_r = 1$,$\mu = \mu_0$,因此,$\boldsymbol{B} = \mu_0 \boldsymbol{H}$.

对于各向同性的均匀磁介质,$\chi_m$是恒量,$\mu_r$也是恒量,且都是纯数,$\mu_r = 1 + \chi_m$.磁介质的磁化率$\chi_m$、相对磁导率$\mu_r$、磁导率$\mu$都是描述磁介质磁化特性的物理量,只要知道三个量中的任一个量,该介质的磁性就完全清楚了.对于顺磁质,$\chi_m > 0$,故$\mu_r > 1$;对于抗磁质,$\chi_m < 0$,故$\mu_r < 1$.表5.1列出了部分顺磁质及抗磁质的磁化率.

**表5.1 几种常见磁介质的磁化率**

| 材料 | | $\chi_m = \mu_r - 1$(18 ℃) | 材料 | | $\chi_m = \mu_r - 1$(18 ℃) |
|---|---|---|---|---|---|
| 顺磁质 | 锰 | $12.4 \times 10^{-5}$ | 抗磁质 | 铋 | $-1.70 \times 10^{-5}$ |
| | 铬 | $4.5 \times 10^{-5}$ | | 铜 | $-0.108 \times 10^{-5}$ |
| | 铝 | $0.82 \times 10^{-5}$ | | 银 | $-0.25 \times 10^{-5}$ |
| | 空气(101 kPa, 20 ℃) | $30.36 \times 10^{-5}$ | | 氢(20 ℃) | $-2.47 \times 10^{-5}$ |

可见，在常温下，磁化率的值都很小，相对磁导率 $\mu_r$ 都很接近于 1.

通过以上的讨论使我们知道，引入磁场强度 $\boldsymbol{H}$ 这个物理量以后，能够比较方便地处理有磁介质的磁场问题，就像引入电位移 $\boldsymbol{D}$ 后，能够比较方便地处理有电介质的静电场问题一样. 特别是当均匀磁介质充满整个磁场，且磁场分布又具有某些对称性的情况，我们可用有磁介质的安培环路定理先求出磁场强度 $\boldsymbol{H}$ 的分布，再根据 $\boldsymbol{B} = \mu\boldsymbol{H}$ 得出介质中磁场的磁感应强度的分布，在整个过程中可不考虑磁化电流. 下面举例说明.

### *5.5.6 铁磁质

铁磁质是一类特殊的磁介质，也是最有用的磁介质. 铁、镍、钴和它们的一些合金均属于铁磁质.

**1. 磁化曲线**

在实验室中，常用图 5.36 所示的电路来研究铁磁质的磁化特性. 以铁磁质作芯的环形螺线管和电源及可变电阻串联成一电路，设螺线管每单位长度的匝数为 $n$，当线圈中通有强度为 $I$ 的电流时，螺线环内的磁场强度为

$$H = nI$$

与 $H$ 相应的磁感应强度 $B$ 可通过图中的磁通计①来测量.

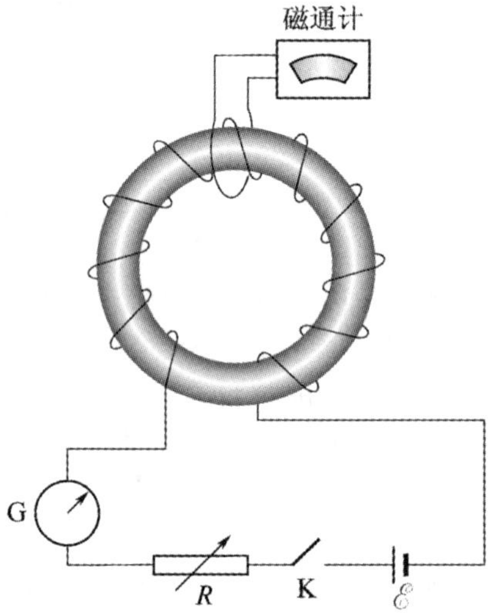


图 5.36 测定铁磁质磁化特性的实验装置

实验结果：测得铁磁质内的磁感应强度 $B$ 和磁场强度 $H$ 之间的关系，不再是顺磁质和抗磁质内那种简单的线性正比关系，而是较复杂的函数关系，如图 5.37 所示. 开始时 $H = 0, B = 0$，磁介质处于未磁化状态. 当逐渐增大线圈中的电流时，$H$ 值逐渐增大，$B$ 也逐渐增大，相当于线圈中 $0 \sim 1$ 段；当 $H$ 继续增大，$B$ 急剧增大，相当于曲线中的 $1 \sim 2$ 段；$H$ 再继续增大，$B$ 值开始缓慢增加，相当于曲线中的 $2 \sim a$ 段；到达 $a$ 点后，磁化场 $H$ 再增大时，铁磁质内的磁感应强度 $B$ 不再增大了，达到磁化饱和状态. 这时的磁感应强度 $B_m$ 叫作**饱和磁感应强度**. 这条曲线叫作起始磁化曲线，简称**磁化曲线**.

由图 5.37 可以看出，对于铁磁质，$\boldsymbol{B}$ 和 $\boldsymbol{H}$ 之间不是线性关系，故曲线上各点的斜率即磁导率 $\mu$ 是不同的. 也就是说，铁磁质的 $\mu$ 不再是常数，而是磁场强度 $H$ 的函数，这个函数关系可用图 5.38 的曲线表示. 由

① 关于磁通计的工作原理见 6.1 节.

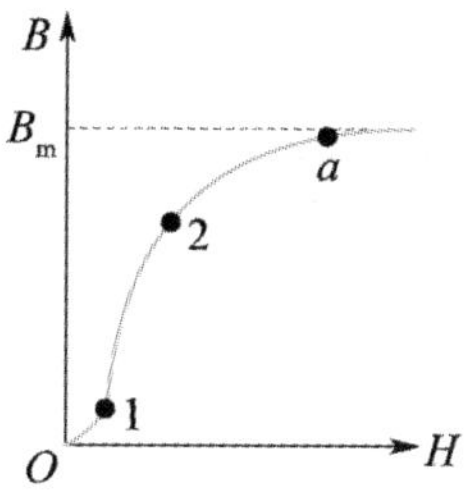


图 5.37　铁磁质的起始磁化曲线

于铁磁质具有很大的磁导率，即 $\mu_r \gg 1$，故在外磁场的作用下，铁磁质中将产生与外磁场同方向、量值很大的磁感应强度. 并且在外磁场撤除后，介质的磁化状态并不恢复到原来的起点，而是保留部分磁性.

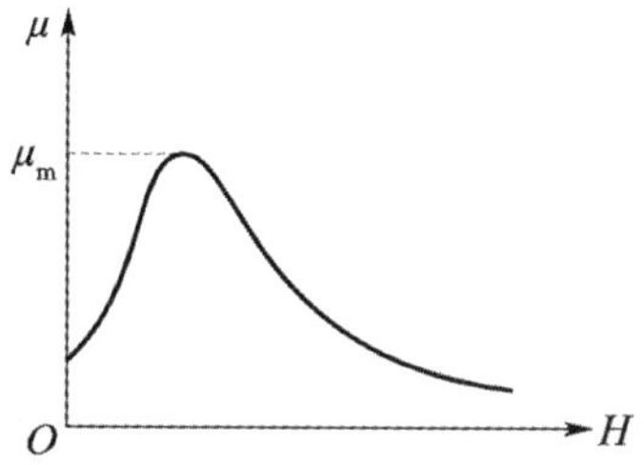


图 5.38　铁磁质的 $\mu$-$H$ 曲线

**2. 磁滞回线**

铁磁质的磁化在达到饱和状态以后，如果使 $H$ 减小，实验发现，此时 $B$ 值也将减小，但 $B$ 值并不沿原来的起始磁化曲线（$Oa$ 曲线）下降，而是沿着另一曲线 $ab$ 下降，如图 5.39 所示. 到 $H=0$ 时，$B$ 没有回到零，磁介质中还保留一定的磁感应强度 $B_r$，$B_r$ 称为**剩余磁感应强度**，简称剩磁. 到达 $b$ 点以后，按下列顺序，继续改变磁化场场强 $H$：$0 \to -H_c$，$-H_c \to -H_s$，$-H_s \to 0$，$0 \to +H_c$，$+H_c \to +H_s$；相应的磁感应强度 $B$ 将分别沿着曲线 $b \to c$，$c \to a'$，$a' \to b'$，$b' \to c'$，$c' \to a$ 形成闭合曲线. 从上述变化过程可以看出，磁感应强度 $B$ 的变化总是落后于磁化场场强 $H$ 的变化，这种现象称为**磁滞现象**，是铁磁质的重要特性之一. 图5.39 中的闭合曲线 $abca'b'c'a$ 称为磁滞回线. 如果在还未到达饱和状态以前，就把 $H$ 减小，$B$ 将沿另一较小的磁滞回线变化.

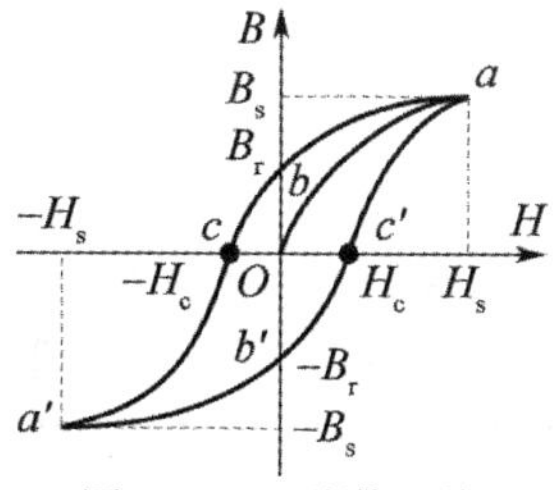


图 5.39　磁滞回线

从上述的实验结果可知，对铁磁质而言，$B$ 不是 $H$ 的单值函数. 对同一磁化场强（如 $H=0$），磁感应强度可能有不同的量值（$B=Ob, Ob', \cdots, 0$），这取决于铁磁质的磁化历史.

若要完全消除铁磁质内的剩磁（称作完全退磁），需要加上反向磁场. 使铁磁质完全退磁所需的反向磁场强度 $H_c$ 的量值叫作**矫顽力**. 实用上通常不采用加恒定的反向电流消除剩磁的方法，而是采用施加一个由强变弱的交变磁场，使铁磁质的剩磁逐渐减弱到零. 例如手表、录音机和录像机的磁头、磁带等的退磁大都采用这一方法.

实验指出，铁磁质反复磁化时要发热，这种耗散为热量的能量损失称为**磁滞损耗**. 这是因为铁磁质在反复磁化时，分子的振动加剧，使分子振动加剧的能量是由产生磁化场的电流所供给的. 可以证明，反复磁化一次的磁滞损耗与$B$-$H$磁滞回线所包围的面积成正比，而磁滞损耗的功率与反复磁化的频率成正比，因此，对一具有铁芯的线圈来说，线圈中所通的交流电频率愈高，以及磁滞回线面积愈大时，磁滞损耗的功率也愈大.

**3. 磁畴**

铁磁性不能用一般顺磁质的磁化理论来解释. 因为铁磁质的单个原子或分子并不具有任何特殊的磁性. 如铁原子和铬原子的结构大致相同，原子的磁矩也相同，但铁是典型的铁磁质，而铬是普通的顺磁质. 可见，铁磁质并不是与原子或分子有关的性质，而是和物质的固体结构有关的性质.

现代理论和实验都证明在铁磁质内存在着许多小区域，其体积约为$10^{-12}$ $m^3$，其中含有$10^{12}\sim10^{15}$个原子. 在这些小区域内的原子间存在着非常强的电子"交换耦合作用"，使相邻原子的磁矩排列整齐，也就是说，这些小区域已自发磁化到饱和状态了. 这种小区域称为**磁畴**. 每个磁畴相当于一个小的磁性极强的永久磁铁. 无外磁场作用时，同一磁畴内的分子磁矩方向一致，各个磁畴的磁矩方向杂乱无章，磁介质的总磁矩为零，宏观上对外不显磁性，如图 5.40 所示.

图 5.40　多晶铁磁质的磁畴示意图

为下面讨论方便，特在图 5.41 中示意地画四个体积相同的磁畴，它们的取向不同，磁矩恰好抵消，对外不呈现磁性，如图 5.41(a) 所示. 当加有外磁场时，则铁磁质内自发磁化方向和外场相近的磁畴体积将因外场的作用而扩大，自发磁化方向与外场有较大偏离的磁畴体积将缩小，如果磁场还较弱，则磁畴的这种扩大、缩小过程还较缓慢，如图 5.41(b) 所示，这相当于图 5.37 中磁化曲线的$0\sim1$段. 如外场继续增强，到一定值时，磁畴界壁就以相当快的速度跳跃地移动，直到自发磁化方向与外场偏离较大的那些磁畴全部消失，如图5.41(c) 所示，这过程与图 5.37 中$1\sim2$段相当，是一不可逆过程(亦即外磁场减弱后，磁畴不能完全恢复原状了). 如外场再继续增加，则留存的磁畴逐渐转向外场方向，如图5.41(d) 所示. 当所有磁畴的自发磁化方向都和外磁场方向相同时，磁化达到饱和. 这相当于图 5.37 中的$2\sim a$段.

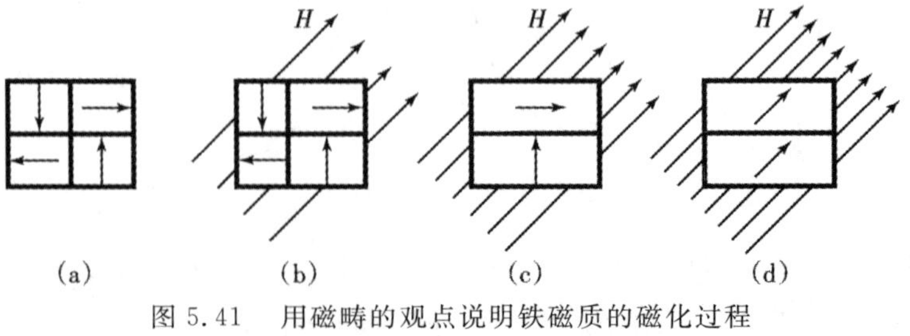


(a)　(b)　(c)　(d)

图 5.41　用磁畴的观点说明铁磁质的磁化过程

由于铁磁质内存在杂质和内应力，因此磁畴在磁化和退磁过程中作不连续的体积变化和转向时，磁畴不能按原来变化规律逆着退回原状，因而出现磁滞现象和剩磁.

铁磁性和磁畴结构的存在是分不开的，当铁磁体受到强烈震动，或在高温下剧烈的热运动使磁畴瓦解时，铁磁体的铁磁性也就消失了. 居里(P. Curie) 曾发现：对任何铁磁质来说，各有一特定的温度，当铁磁质的温度高于这一温度时，磁畴全部瓦解，铁磁性完全消失而成为普通的顺磁质. 这个温度叫作**居里点**. 铁、镍、钴的居里点分别为 770 ℃、358 ℃、1 115 ℃.

**4. 铁磁质的分类及其应用**

从铁磁质的性质和应用方面来看，按矫顽力的大小可将铁磁质分为软磁材料、硬磁材料和矩磁材料.

软磁材料的矫顽力小($H_c < 100$ A/m)，磁滞回线狭长，如图 5.48(a) 所示. 这种材料容易磁化，也容易退磁，适合在交变电磁场中工作，如各种电感元件、变压器、镇流器、继电器等. 一旦切断电流后，剩磁很小. 常用的金属软磁材料有工程纯铁、硅钢、坡莫合金等. 还有非金属软磁铁氧体，如锰锌铁氧体、镍锌铁氧体等.

硬磁材料的矫顽力较大($H_c > 100$ A/m)，磁滞回线肥大，如图 5.48(b) 所示. 其磁滞特性显著. 这种材料一旦磁化后，会保留较大的剩磁，且不易退磁，故适合于作永久磁体. 用于磁电式电表、永磁扬声器、拾音器、电话、录音机、耳机等电器设备. 常见的金属硬磁材料有碳钢、钨钢、铝钢等.

还有一种铁磁质叫矩磁材料，其特点是剩磁很大，接近于饱和磁感应强度 $B_m$，而矫顽力小，其磁滞回线接近于矩形，如图 5.42(c) 所示. 当它被外磁场磁化时，总是处在 $B_r$ 或 $-B_r$ 两种不同的剩磁状态. 因此适用于计算机中，作储存记忆元件. 通常计算机中采用二进制，只有“1”和“0”两个数码，因此可用矩磁材料的两种剩磁状态分别代表两个数码，起到“记忆”的作用. 目前常用的矩磁材料有锰-镁铁氧体和锂-锰铁氧体等，广泛用作天线、电感磁芯和记忆元件.

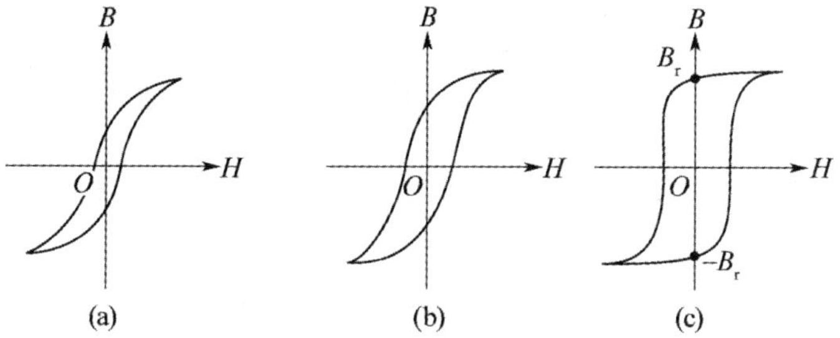


图 5.42　几种铁磁质的磁滞回线

# 第 6 章
# 电磁感应

电流能够激发磁场. 能否利用磁场来产生电流呢? 许多人在这方面做了大量实验. 1831 年英国物理学家法拉第发现了电磁感应现象及其规律. 本章研究电磁感应现象的基本规律、两类感应电动势、自感与互感、磁场的能量.

电磁感应现象的发现, 是电磁学领域中最重大的成就之一. 在理论上, 它揭示了电与磁相互联系和转化的重要一面, 电磁感应定律本身就是麦克斯韦电磁场理论的基本内容之一. 在实践上, 它为电工学和电子技术奠定了基础, 为人类获得巨大而廉价的电能和进入无线电通信的信息时代开辟了道路.

# 6.1　电磁感应定律

## 6.1.1　电磁感应现象

基本的电磁感应现象可以归纳如下：

(1) 当磁棒移近并插入线圈时，与线圈串联的电流计上有电流通过；磁棒拔出时，电流计上的电流方向相反. 磁棒相对线圈的速度越快，线圈中产生的电流越大.

(2) 用一通有电流的线圈代替上述磁棒时，结果相同.

(3) 如果两个靠近的线圈相互位置固定，当与电源相连的原线圈中电流发生变化时（接通或断开开关，改变电阻大小），也会在另一线圈（叫副线圈）内引起电流. 若线圈中有铁磁性介质棒时，效果更明显.

(4) 把接有电流计的、一边可滑动的导线框放在均匀的恒定磁场中，可滑动的一边运动时线框中有电流.

以上这些现象都是利用磁场产生电流，条件是：穿过闭合回路所包围的面积的磁通量发生变化. 对于现象(1) 和(2)，是由于闭合回路与磁棒或通有电流的线圈的相对运动而导致闭合回路所包围的面积的磁通量发生变化；对于现象(3)，则是由于磁场中各点磁感应强度的变化而导致穿过闭合回路所包围的面积的磁通量发生变化；而现象(4) 则是由于闭合回路所包围的面积的变化而导致闭合回路所包围的面积的磁通量发生变化. 因此，以上现象说明，不管由于什么原因引起通过**闭合回路所包围的面积的磁通量发生变化时，回路中会有电流产生，这种现象叫作电磁感应现象**，回路中产生的电流叫作感应电流. 感应电流的方向可由楞次定律判断.

## 6.1.2　楞次定律

楞次定律可以表述为：**闭合回路中感应电流的方向，总是使它所激发的磁场来阻止引起感应电流的磁通量的变化**. 或者，也可以表述为：**感应电流的效果，总是反抗引起感应电流的原因.**

楞次定律是能量守恒定律在电磁感应现象上的具体体现. 如把磁棒 N 极插入线圈时，线圈中因有感应电流流过，也相当于一根磁棒. 由楞次定律知，线圈的 N 极应与磁棒的 N 极相对. 这样，插入磁棒时外力必须克服两个 N 极的斥力做机械功. 正是这机械功转化为感应电流的焦耳热.

在不要求具体确定感应电流方向、只要判断感应电流引起的机械效果时，采用楞次定律的后一种表述分析问题更为方便. 如图 6.1 所示，导体 $ab$ 和 $cd$ 在均匀磁场中可在两根平行的金属导轨上自由滑动. 当 $ab$ 向右移动时，$cd$ 如何移动？这个问题只要判断由电磁感应引起的机械效果，可采用楞次定律的后一种表述来分析. 因为引起感应电流的原因是 $ab$ 相对于 $cd$ 有向右的相对运动，所以感应电流的效果

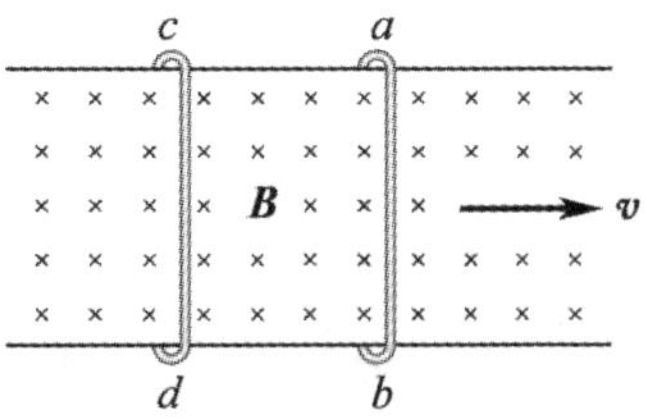

图 6.1　楞次定律后一种表述的应用

应当是反抗 $ab$ 相对于 $cd$ 的运动，即 $ab$ 向右移动时，$cd$ 也得向右移动. 整个分析不必指出感应电流方向和导体 $cd$ 所受安培力的方向，显然比较方便. 实际上，这也就是电磁驱动的原理.

### 6.1.3 电动势

任何闭合回路中的电流都会消耗电能，给闭合回路中的电流提供电能的装置叫作电源. 电源一般有两极，电势较高的极叫作正极，电势较低的极叫作负极；电源以外的电路叫作外电路，电源内的电路叫作内电路，内外电路连接成闭合电路.

我们以带电电容器放电时产生的电流为例来讨论.

如图 6.2 所示，当用导线把充电的电容器两极板 A，B 连接起来时，就有电流从 A 板通过导线流向 B 板，但这电流不是稳定的，因为由于两个极板上的正负电荷逐渐中和而减少，极板间的电势差也逐渐减小而直至为零，电流也就停止了. 因此，单纯依靠静电力的作用，在导体两端不可能维持恒定的电势差，也就不可能获得稳恒电流.

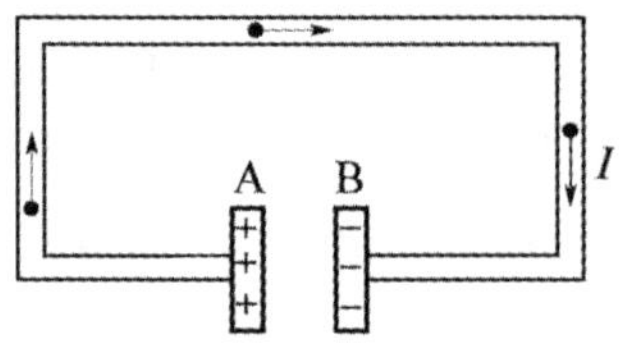


图 6.2 电容器的放电

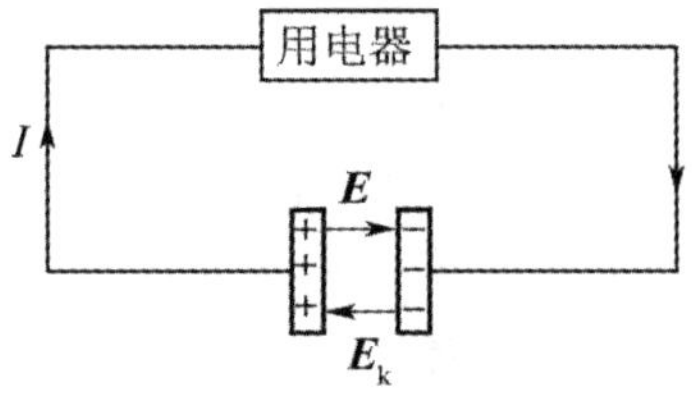


图 6.3 电源

为了获得稳恒电流，必须有一种本质上完全不同于静电性的力把图 6.2 中由极板 A 经导线流向极板 B 的正电荷再送回到极板 A，从而使两极板间保持恒定的电势差来维持由 A 到 B 的稳恒电流，如图 6.3 所示. 能把正电荷从电势较低的点（如电源负极板）送到电势较高的点（如电源正极板）的作用力称为**非静电力**，记作 $\boldsymbol{F}_k$. 提供非静电力的装置正是电源.

作用在单位正电荷上的非静电力称为非静电场电场强度，记作 $\boldsymbol{E}_k$.

$$\boldsymbol{E}_k = \frac{\boldsymbol{F}_k}{q}$$

一个电源的**电动势** $\mathscr{E}$ 定义为**把单位正电荷从负极通过电源内部移到正极时，电源中的非静电力所做的功**，即

$$\mathscr{E} = \int_{-}^{+} \boldsymbol{E}_k \cdot \mathrm{d}\boldsymbol{l} \tag{6.1}$$

电动势与电势一样，也是标量. 规定自负极经电源内部到正极的方向为电动势的正方向.

由于电源外部 $\boldsymbol{E}_k$ 为零，所以**电源电动势**又可定义为把单位正电荷绕闭合回路一周时，电源中非静电力所做的功，即

$$\mathscr{E} = \oint_L \boldsymbol{E}_k \cdot \mathrm{d}\boldsymbol{l} \tag{6.2}$$

### 6.1.4 法拉第电磁感应定律

电磁感应现象中闭合回路内产生的感应电流是由于闭合回路中存在因电磁感应产生的电动势而形成的，这种电动势叫作感应电动势. 因而，当穿过闭合回路的磁通量（磁感应强度

$\boldsymbol{B}$ 的通量）发生变化时，回路中将产生感应电动势. 法拉第提出的**电磁感应定律为：不论任何原因使通过回路面积的磁通量发生变化时，回路中产生的感应电动势与磁通量对时间的变化率成正比**. 即

$$\mathscr{E}_{\mathrm{i}}=-K\frac{\mathrm{d}\Phi_{\mathrm{m}}}{\mathrm{d}t}$$

式中 $K$ 为比例系数，其值取决于式中各量所采用的单位. 在 SI 制中 $\mathscr{E}_{\mathrm{i}}$ 以伏特(V) 计，$\Phi_{\mathrm{m}}$ 以韦伯(Wb) 计，$t$ 以秒(s) 计，则 $K=1$，所以

$$\mathscr{E}_{\mathrm{i}}=-\frac{\mathrm{d}\Phi_{\mathrm{m}}}{\mathrm{d}t} \tag{6.3}$$

若线圈密绕 $N$ 匝，则

$$\mathscr{E}_{\mathrm{i}}=-N\frac{\mathrm{d}\Phi_{\mathrm{m}}}{\mathrm{d}t}=-\frac{\mathrm{d}\Psi_{\mathrm{m}}}{\mathrm{d}t}$$

其中 $\Psi_{\mathrm{m}}=N\Phi_{\mathrm{m}}$ 叫**磁通链**.

式(6.3) 中的负号反映了感应电动势的方向，是楞次定律的数学表示. 使用该式时，先在闭合回路上任意规定一个正绕向，并用右手螺旋法则确定回路所包围的面积的正法线 $\boldsymbol{n}$ 的方向. 于是磁通量 $\Phi_{\mathrm{m}}$，磁通量变化率 $\frac{\mathrm{d}\Phi_{\mathrm{m}}}{\mathrm{d}t}$ 和感应电动势 $\mathscr{E}_{\mathrm{i}}$ 的正负均可确定. 例如，磁场方向与 $\boldsymbol{n}$ 方向相同即磁通量为正值，此时若磁通量增加，则 $\frac{\mathrm{d}\Phi_{\mathrm{m}}}{\mathrm{d}t}>0$，$\mathscr{E}_{\mathrm{i}}<0$，表示感应电动势 $\mathscr{E}_i$ 的方向与规定的正绕向相反；若此时磁通量减少，则 $\frac{\mathrm{d}\Phi_{\mathrm{m}}}{\mathrm{d}t}<0$，$\mathscr{E}_{\mathrm{i}}>0$，表示感应电动势 $\mathscr{E}_i$ 的方向与规定的正绕向相同. 磁通量的其他变化情况可类似分析.

对于只有电阻 $R$ 的回路，感应电流为

$$i=\frac{\mathscr{E}_{\mathrm{i}}}{R}=-\frac{1}{R}\frac{\mathrm{d}\Phi_{\mathrm{m}}}{\mathrm{d}t} \tag{6.4}$$

由式(6.4) 可确定感应电流的大小.

在 $t_1$ 到 $t_2$ 的一段时间内通过回路导线中任一截面的感应电量为

$$q=\int_{t_1}^{t_2}i\mathrm{d}t=-\frac{1}{R}\int_{\Phi_{\mathrm{m1}}}^{\Phi_{\mathrm{m2}}}\mathrm{d}\Phi_{\mathrm{m}}=\frac{1}{R}(\Phi_{\mathrm{m1}}-\Phi_{\mathrm{m2}})$$

式中 $\Phi_{\mathrm{m1}}$ 和 $\Phi_{\mathrm{m2}}$ 分别是时刻 $t_1$ 和 $t_2$ 通过回路的磁通量. 上式表明，在一段时间内通过导线任一截面的电量与这段时间内导线所包围的面积的磁通量的变化量成正比，而与磁通量变化的快慢无关. 常用的测量磁感应强度的磁通计(又称高斯计) 就是根据这个原理制成的.

---

**例 6.1**　一根无限长的直导线载有交流电流 $i=I_0\sin\omega t$. 旁边有一共面矩形线圈 $abcd$，如图6.4 所示. $ab=l_1$，$bc=l_2$，$ab$ 与直导线平行且相距为 $d$. 求线圈中的感应电动势.

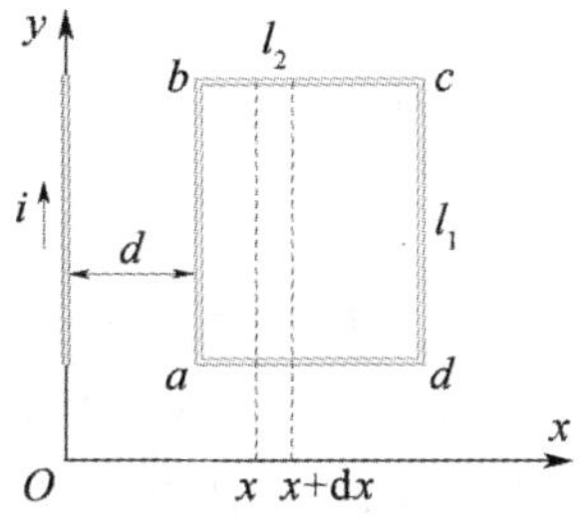

图 6.4

**解**　取矩形线圈沿顺时针 $abcda$ 方向为回路正绕向，则

$$\Phi_{\mathrm{m}}=\int_S\boldsymbol{B}\cdot\mathrm{d}\boldsymbol{S}=\int_d^{d+l_2}\frac{\mu_0 i}{2\pi x}l_1\mathrm{d}x=\frac{\mu_0 il_1}{2\pi}\ln\frac{d+l_2}{d}$$

所以，线圈中的感应电动势为

$$\mathscr{E}_{\mathrm{i}}=-\frac{\mathrm{d}\Phi_{\mathrm{m}}}{\mathrm{d}t}=-\frac{\mu_0 l_1\omega}{2\pi}I_0\cos\omega t\ln\frac{d+l_2}{d}$$

可见，$\mathscr{E}_i$ 也是随时间作周期性变化的，$\mathscr{E}_i > 0$ 表示矩形线圈中感应电动势沿顺时针方向，$\mathscr{E}_i < 0$ 表示它沿逆时针方向.

## 6.2 动生电动势与感生电动势

法拉第电磁感应定律说明，不论什么原因，只要穿过回路面积的磁通量发生了变化，回路中就有感应电动势产生. 事实上，磁通量的变化不外乎两种原因：一种是回路或其一部分在磁场中有相对磁场的运动，这样产生的感应电动势称为动生电动势；另一种是回路不动，因磁场的变化而产生感应电动势，称为感生电动势.

### 6.2.1 动生电动势

动生电动势的产生，可以用洛伦兹力来解释. 如图 6.5 所示，长为 $l$ 的导体棒与导轨所构成的矩形回路 $abcd$ 平放在纸面内，均匀磁场 $\boldsymbol{B}$ 垂直向里. 当导体 $ab$ 以速度$\boldsymbol{v}$ 沿导轨向右滑动时，导体棒内的自由电子也以速度$\boldsymbol{v}$ 随之向右运动. 电子受到的洛伦兹力为

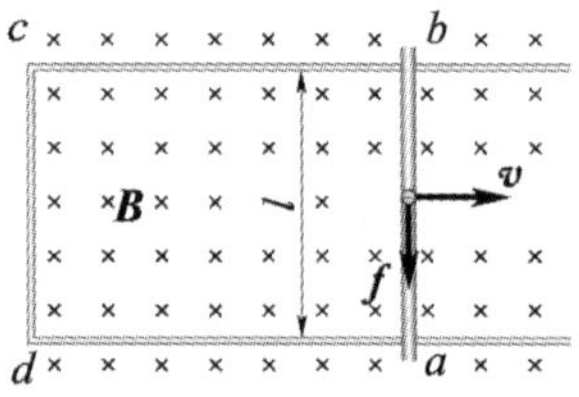

图 6.5　动生电动势

$$\boldsymbol{f} = (-e)\,\boldsymbol{v} \times \boldsymbol{B}$$

$\boldsymbol{f}$ 的方向从 $b$ 指向 $a$. 在洛伦兹力作用下，自由电子有向下的定向漂移运动. 如果导轨是导体，在回路中将产生沿 $abcd$ 方向的电流；如果导轨是绝缘体，则洛伦兹力将使自由电子在 $a$ 端积累，使 $a$ 端带负电而 $b$ 端带正电. 在 $ab$ 棒上产生自上而下的静电场. 静电场对电子的作用力从 $a$ 指向 $b$，与电子所受洛伦兹力方向相反. 当静电力与洛伦兹力达到平衡时，$ab$ 间的电势差达到稳定值，$b$ 端电势比 $a$ 端电势高. 由此可见，这段运动导体棒相当于一个电源，它的非静电力就是洛伦兹力.

我们已经知道，电动势定义为把单位正电荷从负极通过电源内部移到正极的过程中，非静电力做的功. 在动生电动势的情形中，作用在单位正电荷上的非静电力 $\boldsymbol{E}_k$ 是洛伦兹力，即

$$\boldsymbol{E}_k = \frac{\boldsymbol{f}}{-e} = \boldsymbol{v} \times \boldsymbol{B}$$

所以，动生电动势为

$$\mathscr{E}_{iab} = \int_{-}^{+} \boldsymbol{E}_k \cdot \mathrm{d}\boldsymbol{l} = \int_a^b (\boldsymbol{v} \times \boldsymbol{B}) \cdot \mathrm{d}\boldsymbol{l} \qquad (6.5)$$

一般而言，在任意的稳恒磁场中，一个任意形状的导线 $L$(闭合的或不闭合的)在运动或发生形变时，各个线元 $\mathrm{d}\boldsymbol{l}$ 的速度$\boldsymbol{v}$ 的大小和方向都可能不同. 这时，在整个线圈 $L$ 中所产生的动生电动势为

$$\mathscr{E}_i = \int_L (\boldsymbol{v} \times \boldsymbol{B}) \cdot \mathrm{d}\boldsymbol{l} \qquad (6.6)$$

式(6.6)提供了计算动生电动势的方法.

我们知道，洛伦兹力总是垂直于电荷的运动速度，即 $\boldsymbol{f} \perp \boldsymbol{v}$，因此洛伦兹力对电荷不做功. 然而，当导体棒与导轨构成的回路中有感应电流时，感应电动势是要做功的. 那么做功的能量从何而来呢？为了说明这个问题，我们必须考虑到，在运动导体中自由电子不但具有导

体本身的运动速度$\boldsymbol{v}$，而且还具有相对于导体的定向运动速度$\boldsymbol{u}$，如图6.7所示. 于是，自由电子所受到的总洛伦兹力为

$$\boldsymbol{F}=-e(\boldsymbol{u}+\boldsymbol{v})\times\boldsymbol{B}=-e\boldsymbol{u}\times\boldsymbol{B}-e\boldsymbol{v}\times\boldsymbol{B}=\boldsymbol{f}'+\boldsymbol{f}$$

这个力$\boldsymbol{F}$与合速度$\boldsymbol{V}=\boldsymbol{u}+\boldsymbol{v}$的点乘为功率，即

$$P=\boldsymbol{F}\cdot\boldsymbol{V}=(\boldsymbol{f}'+\boldsymbol{f})\cdot(\boldsymbol{u}+\boldsymbol{v})=\boldsymbol{f}\cdot\boldsymbol{u}+\boldsymbol{f}'\cdot\boldsymbol{v}$$
$$=+evBu-euBv=0$$

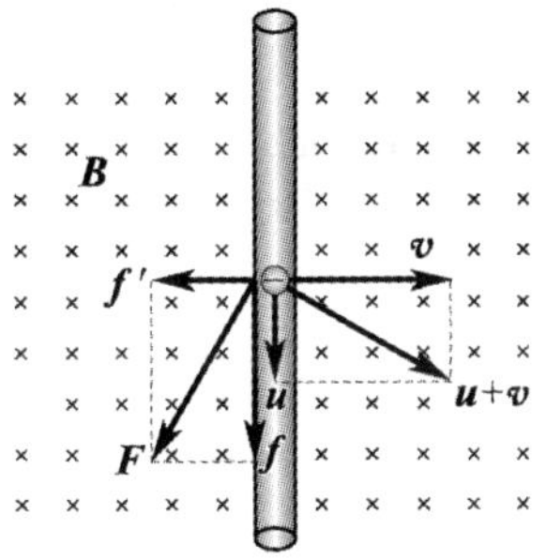

图6.6　洛伦兹力不做功

所以，实际上$\boldsymbol{F}\perp\boldsymbol{V}$，即总洛伦兹力对电子不做功. 然而，为使导体棒保持速度为$\boldsymbol{v}$的匀速运动，必须施加外力$\boldsymbol{f}_0$以克服洛伦兹力的一个分力$\boldsymbol{f}'=-e\boldsymbol{u}\times\boldsymbol{B}$. 利用上式$-\boldsymbol{f}'\cdot\boldsymbol{v}=\boldsymbol{f}\cdot\boldsymbol{u}$的结果可以看到，外力克服$\boldsymbol{f}'$做功的功率为$\boldsymbol{f}_0\cdot\boldsymbol{v}=-\boldsymbol{f}'\cdot\boldsymbol{v}=\boldsymbol{f}\cdot\boldsymbol{u}$. 这就是说，外力克服洛伦兹力的一个分量$\boldsymbol{f}'$所做的功的功率$\boldsymbol{f}_0\cdot\boldsymbol{v}$等于通过洛伦兹力的另一个分量$\boldsymbol{f}$对电子的定向运动做正功的功率$\boldsymbol{f}\cdot\boldsymbol{u}$，从而外力做的功全部转化为感应电流的能量. 洛伦兹力起到了能量转化的传递作用，但前提是运动导体中必须有能自由移动的电荷.

**例6.2**　如图6.7所示，长度为$L$的铜棒在磁感应强度为$\boldsymbol{B}$的均匀磁场中以角速度$\omega$绕过$O$点的轴沿逆时针方向转动. 求：(1) 棒中感应电动势的大小和方向，(2) 直径为$OA$的半圆弧导体$\widehat{OCA}$以同样的角速度$\omega$绕$O$轴转动时，导体$\widehat{OCA}$上的感应电动势.

**解**　(1) 方法一：用$\mathscr{E}_i=\int_O^A(\boldsymbol{v}\times\boldsymbol{B})\cdot d\boldsymbol{l}$求解.

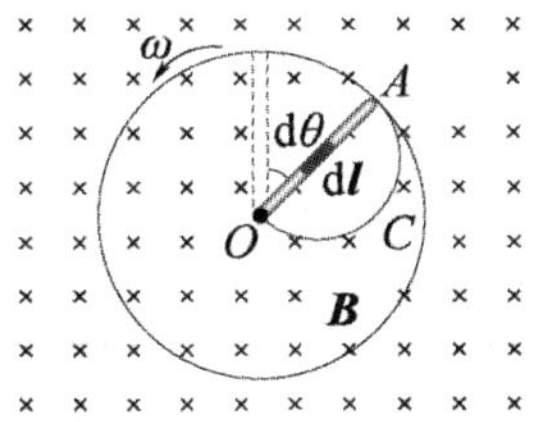

图6.7

在$OA$上取$d\boldsymbol{l}$距轴为$l$，其速度$\boldsymbol{v}$与$\boldsymbol{B}$垂直且$\boldsymbol{v}\times\boldsymbol{B}$与$d\boldsymbol{l}$方向相反，故

$$(\boldsymbol{v}\times\boldsymbol{B})\cdot d\boldsymbol{l}=vB\,dl\cos\pi=-\omega Bl\,dl$$

$$\mathscr{E}_{iOA}=\int_O^A(\boldsymbol{v}\times\boldsymbol{B})\cdot d\boldsymbol{l}=\int_0^L-\omega Bl\,dl=-\frac{1}{2}\omega BL^2$$

感应电动势$\mathscr{E}_i$的实际方向从$A$指向$O$.

方法二：用法拉第电磁感应定律求解.

设$OA$在$dt$时间内转了$d\theta$角，则$OA$扫过的面积$S=\frac{1}{2}L^2d\theta$，穿过$S$的磁通量为

$$d\Phi_m=BS=\frac{1}{2}BL^2d\theta$$

由法拉第定律，面积为$S$的回路中，只有半径$OA$在切割磁感线，所以$OA$上感应电动势大小

$$|\mathscr{E}_{iOA}|=\left|\frac{d\Phi_m}{dt}\right|=\frac{1}{2}BL^2\frac{d\theta}{dt}=\frac{1}{2}B\omega L^2$$

$\mathscr{E}_i$的方向仍可用洛伦兹力判断. 所得结果与第一种方法相同.

(2) 因为由半径$OA$和半圆弧$\widehat{ACO}$组成的闭合导体回路在磁场中以角速度$\omega$旋转时穿过回路的磁通量不变，所以整个半圆形回路的感应电动势$\mathscr{E}_i=0$. 又因为

$$\mathscr{E}_i=\mathscr{E}_{iOA}+\mathscr{E}_{i\widehat{ACO}}$$

所以

$$\mathscr{E}_{i\widehat{OCA}}=\mathscr{E}_{iOA}=-\frac{1}{2}\omega BL^2$$

$\mathscr{E}_i$的实际方向由$A$点沿半圆弧指向$O$点.

**例 6.3** 电流为 $I$ 的长直载流导线近旁有一与之共面的导体 $ab$，长为 $l$. 设导体的 $a$ 端与长导线相距为 $d$，$ab$ 延长线与长导线的夹角为 $\theta$，如图 6.8 所示. 导体 $ab$ 以匀速度 $v$ 沿电流方向平移. 试求 $ab$ 上的感应电动势.

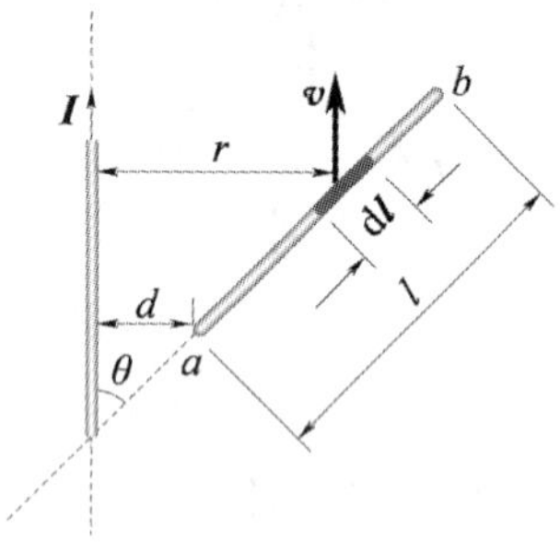


图 6.8

**解** 在 $ab$ 上取一线元 $\mathrm{d}\boldsymbol{l}$，它与长直导线的距离为 $r$，则该处磁场方向垂直向里，大小为 $B=\frac{\mu_0 I}{2\pi r}$. $v\times\boldsymbol{B}$ 的方向与 $\mathrm{d}\boldsymbol{l}$ 方向之间夹角为 $\frac{\pi}{2}+\theta$，且 $\mathrm{d}l=\frac{\mathrm{d}r}{\sin\theta}$.

$$\mathscr{E}_{iab}=\int_a^b (v\times\boldsymbol{B})\cdot\mathrm{d}\boldsymbol{l}=\int_a^b \frac{\mu_0 I v}{2\pi r}\sin 90^\circ\cos\left(\frac{\pi}{2}+\theta\right)\mathrm{d}l$$

$$=-\int_a^b \frac{\mu_0 I v}{2\pi r}\sin\theta\mathrm{d}l=-\int_{r_a}^{r_b}\frac{\mu_0 I v}{2\pi r}\mathrm{d}r$$

$$=-\frac{\mu_0 I v}{2\pi}\ln\frac{d+l\sin\theta}{d}$$

因为 $\mathscr{E}_{iab}<0$，所以电动势方向从 $b$ 指向 $a$. 当 $\theta=90^\circ$ 时

$$\mathscr{E}_{iab}=-\frac{\mu_0 I v}{2\pi}\ln\frac{d+l}{d}$$

### 6.2.2 感生电动势

如上所述，导体在磁场中运动产生动生电动势，其非静电力是洛伦兹力. 在因磁场变化而产生感生电动势的情况下，导体回路不动，其非静电力不可能是洛伦兹力. 然而人们发现，不论回路的形状及导体的性质和温度如何，只要磁场变化导致穿过回路的磁通量发生了变化，就会有数值等于 $\frac{\mathrm{d}\Phi_{\mathrm{m}}}{\mathrm{d}t}$ 的感生电动势在回路上产生. 这说明感生电动势的产生只是变化的磁场本身引起的. 在分析电磁感应现象的基础上，麦克斯韦提出：变化的磁场在其周围空间激发一种新的电场，这种电场称为**感生电场**或**涡旋电场**，用 $\boldsymbol{E}_{\mathrm{r}}$ 表示.

涡旋电场与静电场的共同之处在于，它们都是一种客观存在的物质，它们对电荷都有作用力. 涡旋电场与静电场的不同之处在于，涡旋电场不是由电荷激发，而是由变化的磁场激发的. 它的电场线是闭合的，即 $\oint_L \boldsymbol{E}_{\mathrm{r}}\cdot\mathrm{d}\boldsymbol{l}\neq 0$. 涡旋电场不是保守场，而在回路中产生感生电动势的非静电力正是这一涡旋电场力，即

$$\mathscr{E}_{\mathrm{i}}=\oint_L \boldsymbol{E}_{\mathrm{r}}\cdot\mathrm{d}\boldsymbol{l}=-\frac{\mathrm{d}\Phi_{\mathrm{m}}}{\mathrm{d}t}$$

因为对 $l$ 围成的面积 $S$，磁通量

$$\Phi_{\mathrm{m}}=\int_S \boldsymbol{B}\cdot\mathrm{d}\boldsymbol{S}$$

所以感生电动势可表示为

$$\mathscr{E}_{\mathrm{i}}=\oint_l \boldsymbol{E}_{\mathrm{r}}\cdot\mathrm{d}\boldsymbol{l}=-\frac{\mathrm{d}}{\mathrm{d}t}\int_S \boldsymbol{B}\cdot\mathrm{d}\boldsymbol{S}$$

当闭合回路 $l$ 不动时，可以把对时间的微商和对曲面 $S$ 的积分两个运算的顺序交换，得

$$\oint_l \boldsymbol{E}_r \cdot d\boldsymbol{l} = -\int_S \frac{\partial \boldsymbol{B}}{\partial t} \cdot d\boldsymbol{S} \tag{6.7}$$

这就是法拉第电磁感应定律的积分形式．式(6.7)中的负号表示 $\boldsymbol{E}_r$ 与$\frac{\partial \boldsymbol{B}}{\partial t}$构成左手螺旋关系，是楞次定律的数学表示．

如果同时存在静电场 $\boldsymbol{E}_e$，则总电场 $\boldsymbol{E}$ 等于涡旋电场 $\boldsymbol{E}_r$ 与静电场 $\boldsymbol{E}_e$ 之矢量和，并且有静电场环流定理 $\oint_L \boldsymbol{E}_e \cdot d\boldsymbol{l} = 0$，所以不难得到，对总电场 $\boldsymbol{E} = \boldsymbol{E}_r + \boldsymbol{E}_e$ 而言，有

$$\oint_l \boldsymbol{E} \cdot d\boldsymbol{l} = -\int_S \frac{\partial \boldsymbol{B}}{\partial t} \cdot d\boldsymbol{S} \tag{6.8}$$

这是麦克斯韦方程组的基本方程之一．

**例6.4** 如图6.9所示，半径为 $R$ 的圆柱形空间内分布有沿圆柱轴线方向的均匀磁场，磁场方向垂直纸面向里，其变化率为$\frac{dB}{dt}$．试求：

(1) 圆柱形空间内、外涡旋电场 $\boldsymbol{E}_r$ 的分布；

(2) 若$\frac{dB}{dt} > 0$，把长为 $L$ 的导体 $ab$ 放在圆柱截面上，则 $\mathscr{E}_{iab}$ 等于多少？

**解** (1) 根据磁场分布的轴对称性可知，空间的涡旋电场的电场线应是围绕圆柱轴线且在圆柱截面上的一系列同心圆．过圆柱体内任一点 $P$ 在截面上作半径为 $r$ 的圆形回路 $l$，并设 $l$ 的回转方向与 $\boldsymbol{B}$ 的方向构成右手螺旋关系，即设图中沿 $l$ 的顺时针切线方向为 $\boldsymbol{E}_r$ 的正方向．由式(6.7)

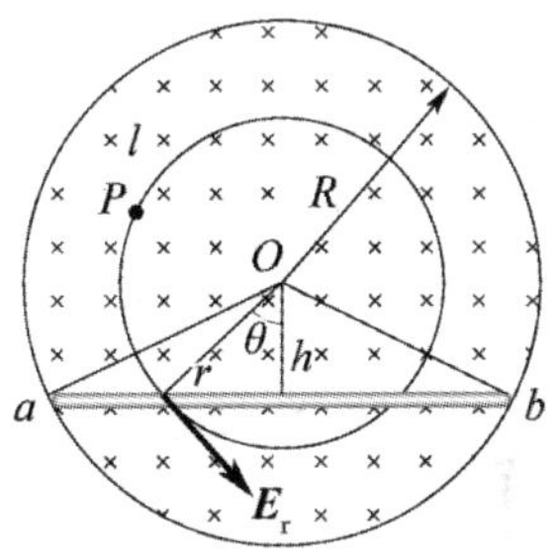

图6.9

$$\oint_l \boldsymbol{E}_r \cdot d\boldsymbol{l} = -\int_S \frac{\partial \boldsymbol{B}}{\partial t} \cdot d\boldsymbol{S}$$

并考虑 $l$ 上各点 $\boldsymbol{E}_r$ 沿 $l$ 方向且大小相等，可得

$$E_r 2\pi r = -\frac{dB}{dt}\pi r^2$$

$$E_r = -\frac{r}{2}\frac{dB}{dt} \qquad (r < R)$$

当$\frac{dB}{dt} > 0$时，$E_r < 0$ 即沿逆时针方向；反之，$E_r > 0$ 即沿顺时针方向．

同理，在圆柱外一点($r > R$)，涡旋场 $E_r$ 为

$$E_r = -\frac{R^2}{2r}\frac{dB}{dt} \qquad (r > R)$$

(2) 方法一：用电动势定义求解．

由(1)结论知，在 $r < R$ 区域 $E_r = -\frac{r}{2}\frac{dB}{dt}$．当$\frac{dB}{dt} > 0$时，$E_r$ 为逆时针方向(见图6.9)．所以

$$\mathscr{E}_{iab} = \int_a^b \boldsymbol{E}_r \cdot d\boldsymbol{l} = \int_a^b \frac{r}{2}\frac{dB}{dt} dl \cos\theta = \int_0^L \frac{h}{2}\frac{dB}{dt} dl = \frac{Lh}{2}\frac{dB}{dt}$$

因为$\frac{dB}{dt} > 0$，所以 $\mathscr{E}_{iab} > 0$，即 $\mathscr{E}_{iab}$ 由 $a$ 端指向 $b$ 端．

方法二：用法拉第电磁感应定律求解.

作闭合回路 $OabO$，回路内感应电动势为

$$\mathscr{E}_{\rm i}=-\frac{{\rm d}\Phi_{\rm m}}{{\rm d}t}=-\int_S\frac{{\rm d}B}{{\rm d}t}{\rm d}S\cos\pi=\frac{{\rm d}B}{{\rm d}t}\frac{hL}{2}$$

因为

$$\mathscr{E}_{{\rm i}oa}=\mathscr{E}_{{\rm i}bo}=0$$

所以

$$\mathscr{E}_{{\rm i}ab}=\mathscr{E}_{\rm i}-\mathscr{E}_{{\rm i}oa}-\mathscr{E}_{{\rm i}bo}=\frac{hL}{2}\frac{{\rm d}B}{{\rm d}t}$$

结果与方法一相同.

### *6.2.3 感应电动势的相对性

前面讨论中把电动势分为动生和感生两类. 磁场不变（或不运动）由导体运动而产生的电动势为动生电动势；导体不动、由磁场变化（或运动）而产生的电动势称为感生电动势. 但是，在确认是导体运动还是磁场运动（实际是产生磁场的“磁场源”的运动）时，显然与参考系的选择有关：如果参考系相对导体静止，由于“磁场源”的运动导致磁场变化激发出感生电场，则在导体中出现的电动势就是感生的；反之，如果参考系相对“磁场源”静止，则运动导体中的电动势就是动生的. 如果在所选的参考系中，导体和“磁场源”均在运动，则导体中的电动势就既有动生部分又有感生部分.

一般说来，选择不同参考系进行坐标变换时，动生电动势可能转换成为感生电动势，感生电动势也可能转换成为动生电动势. 但动生电动势并不变换为同值的感生电动势，感生电动势也并不变换为同值的动生电动势. 只有参考系间的相对速度比光速小得多的情况才例外. 还应指出的是，在某些情况下，动生电动势（感生电动势）并不能简单地归结为另一参考系中的感生电动势（动生电动势）. 例如，参考系 $S'$ 以速度 $v$ ($v\ll c$) 相对 $S$ 系沿 $x$ 轴方向运动，$S$ 系中有匀强磁场 $\boldsymbol{B}$ 沿负 $z$ 轴方向. 一长为 $l$ 的直导体棒也以速度 $v$ 相对 $S$ 系沿 $x$ 轴方向运动（见图 6.10）. 显然，对于 $S$ 系，导体中的动生电动势为

$$\mathscr{E}_{动}=(\boldsymbol{v}\times\boldsymbol{B})\cdot\boldsymbol{l}=vBl$$

方向沿 $S$ 系的 $y$ 轴正方向.

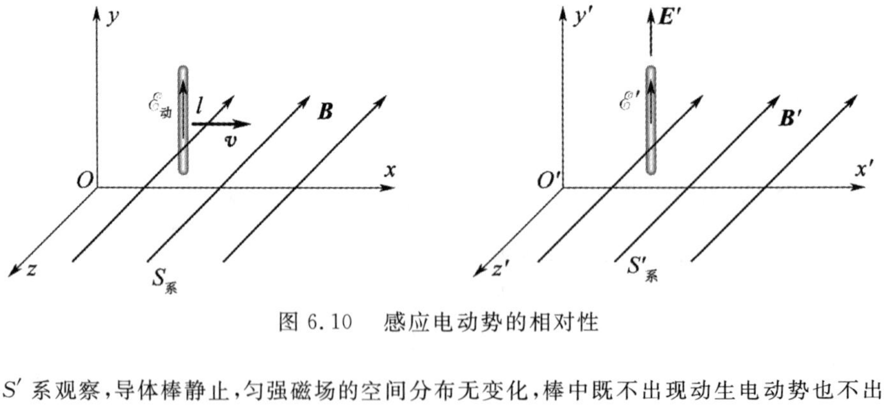


图 6.10 感应电动势的相对性

但在 $S'$ 系观察，导体棒静止，匀强磁场的空间分布无变化，棒中既不出现动生电动势也不出现感生电动势. 所以，就不能简单地将 $S$ 系中的动生电动势归结为 $S'$ 系中的感生电动势. 这里应根据电磁场的相对论变换来解释. 实际上根据相对论的电磁场变换关系在 $S'$ 系中，除了磁场外还有电场，并且因为

$$\boldsymbol{E}'_{\perp}=\gamma(\boldsymbol{E}+\boldsymbol{v}\times\boldsymbol{B})_{\perp}$$

在此例中 $\boldsymbol{E}=0$，$\boldsymbol{B}=-B\boldsymbol{k}$，$\boldsymbol{v}=v\boldsymbol{i}$，且 $v\ll \boldsymbol{c}$，$\gamma\approx1$，所以

$$\boldsymbol{E}'\approx\boldsymbol{v}\times\boldsymbol{B}$$

静止导体棒中的电动势就是由此电场产生的，其大小为

$$\mathscr{E}' = \boldsymbol{E}' \cdot \boldsymbol{l} = (v \times \boldsymbol{B}) \cdot \boldsymbol{l} = vBl \quad (方向沿\ y'\ 正方向)$$

## 6.3 自感应与互感应

### 6.3.1 自感应

电流流过线圈时，其磁感线将穿过线圈本身，因而给线圈提供了磁通. 如果电流随时间而变化，线圈中就会因磁通量变化而产生感生电动势，这种现象叫**自感现象**.

自感现象可用图 6.11 的实验来演示. 图(a) 中 $A_1$、$A_2$ 是两个相同的小灯泡，L 是带铁芯的多匝线圈，R 是电阻，其阻值与 L 的阻值相等. 接通开关 K，灯泡 $A_1$ 立即就亮而灯泡 $A_2$ 则逐渐变亮，最后与 $A_1$ 亮度相同. 这说明，由于 L 中存在自感电动势，电流的增大是比较迟缓的. 自感的这种作用称为“电磁惯性”.

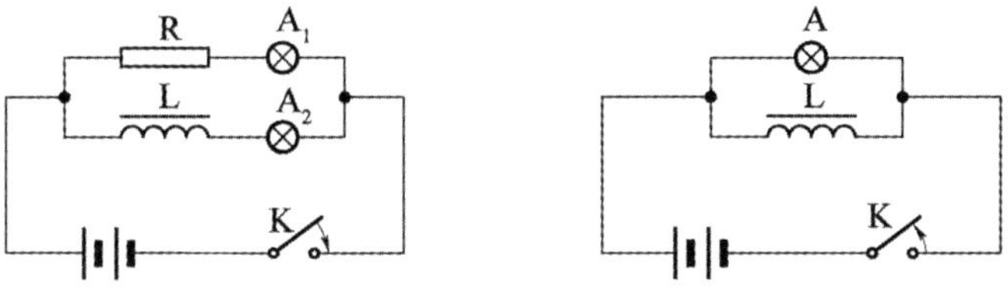


(a) 电流增大时的自感现象　　(b) 电流减小时的自感现象

图 6.11

而在图 6.11(b) 中，开关 K 断开时，我们看到灯泡 A 不会立即熄灭，而是猛然一亮，然后逐渐熄灭. 这是因为开关切断时，线圈 L 与电源脱离，线圈 L 上的电流从有变无，是一个减小的过程. 线圈 L 上的自感电动势将阻碍电流的减小，所以线圈上电流不应立即减为零. 但此时开关 K 已切断，线圈 L 上的电流只能通过灯泡 A 而闭合，因此灯泡 A 不会立即熄灭. 实验中设计线圈 L 的电阻远小于灯泡 A 的电阻. 在开关 K 连通、电路处于稳定状态时，流过线圈的电流远大于流过灯泡的电流. 在切断开关的极短瞬间，流过线圈的电流就流过灯泡，使灯泡猛然一亮. 但由于线圈与灯泡均已脱离了电源，所以电流必将逐渐减小为零，因而灯泡逐渐熄灭.

不同线圈产生自感现象的能力不同. 一个密绕的 $N$ 匝线圈，每一匝可近似看成一条闭合曲线. 线圈中电流激发的穿过每匝的磁通近似相等，叫自感磁通，记作 $\Phi_{m自}$. 因为整个线圈是 $N$ 匝相同的线圈串联，所以整个线圈的自感电动势为

$$\mathscr{E}_{自} = -N\frac{d\Phi_{m自}}{dt} = -\frac{d(N\Phi_{m自})}{dt}$$

令 $\Psi_{m自} = N\Phi_{m自}$，称为线圈的自感磁链. 则

$$\mathscr{E}_{自} = -\frac{d\Psi_{m自}}{dt}$$

根据毕奥-萨伐尔定律，电流在空间各点激发的磁感应强度 $\boldsymbol{B}$ 都与电流 $I$ 成正比(有铁芯的线圈除外)，而对同一个线圈，$\Phi_{m自}$ 又与 $B$ 成正比，故 $\Psi_{m自}$ 与 $I$ 成正比，即

$$\Psi_{m自} \propto I$$

写成等式

$$\Psi_{m自} = LI$$

比例系数 $L$ 叫作线圈的**自感系数**，简称**自感**. 它只依赖线圈本身的形状、大小及介质的磁导率而与电流无关(有铁芯的线圈除外). 引入自感后自感电动势为

$$\mathscr{E}_{自} = -L\frac{dI}{dt} \quad (6.9)$$

上式中规定 $\mathscr{E}_{自}$ 与 $I$ 的正向相同，$\mathscr{E}_{自}$ 与 $\Phi_{m自}$ 成右手螺旋关系. 在 SI 制中，$L$ 的单位是亨利(H)，$1\ \mathrm{H} = \frac{1\ \mathrm{Wb}}{1\ \mathrm{A}}$.

对于真空中长直密绕螺线管，容易计算其自感 $L = \mu_0 n^2 V$. 其中 $n$ 是单位长度匝数，$V$ 为螺线管内部空间的体积. 任意形状线圈的自感系数不易计算，多由测量得到.

自感现象在电工、电子技术中有广泛的应用. 日光灯镇流器是自感用在电工技术中最简单的例子. 在电子电路中也广泛使用自感，如自感与电容组成的谐振电路和滤波器等. 在供电系统中切断载有强大电流的电路时，由于电路中自感元件的作用，开关触头处会出现强烈的电弧，容易危及设备与人身安全. 为避免事故，必须使用带有灭弧结构的特殊开关，如油开关等.

### 6.3.2 互感应

如图 6.12 所示，两个邻近的线圈(1) 和线圈(2) 分别通有电流 $I_1$ 和 $I_2$. 当其中一个线圈的电流发生变化时，在另一个线圈中会产生感生电动势. 这种因两个载流线圈中的电流变化而相互在对方线圈中激起感应电动势的现象叫**互感应现象**.

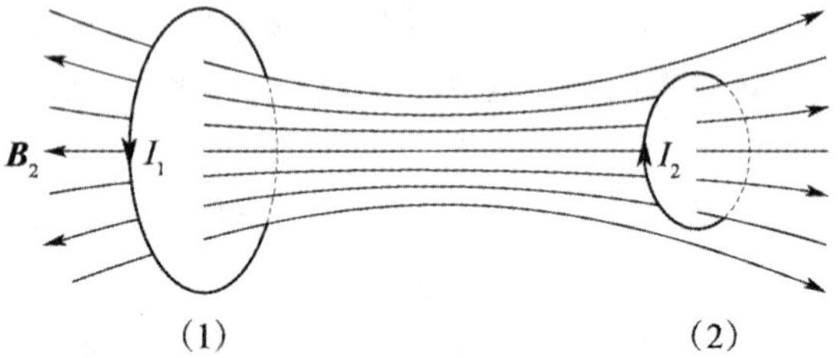


图 6.12　互感现象

在两线圈的形状、相互位置保持不变时，根据毕奥-萨伐尔定律，由电流 $I_1$ 产生的空间各点磁感应强度 $\boldsymbol{B}_1$ 均与 $I_1$ 成正比. 因而 $\boldsymbol{B}_1$ 穿过另一线圈(2) 的磁通链 $\Psi_{m21}$ 也与电流 $I_1$ 成正比，即

$$\Psi_{m21} = M_{21} I_1$$

同理

$$\Psi_{m12} = M_{12} I_2$$

式中 $M_{21}$ 和 $M_{12}$ 是两个比例系数. 实验与理论均证明 $M_{21} = M_{12}$，故用 $M$ 表示，称为两线圈的**互感系数**，简称**互感**. 根据法拉第电磁感应定律，电流 $I_1$ 的变化在线圈(2) 中产生的互感电动势

$$\mathscr{E}_{21} = -M\frac{dI_1}{dt} \quad (6.10a)$$

同理，电流 $I_2$ 的变化在线圈(1) 中产生的互感电动势

$$\mathscr{E}_{12} = -M\frac{dI_2}{dt} \tag{6.10b}$$

互感系数的单位与自感系数相同. 互感系数也不易计算，一般也常用实验测定.

**例 6.5**　一矩形线圈长为 $a$，宽为 $b$，由 100 匝表面绝缘的导线组成，放在一根很长的导线旁边并与之共面. 求图 6.13 中(a)、(b) 两种情况下线圈与长直导线之间的互感.

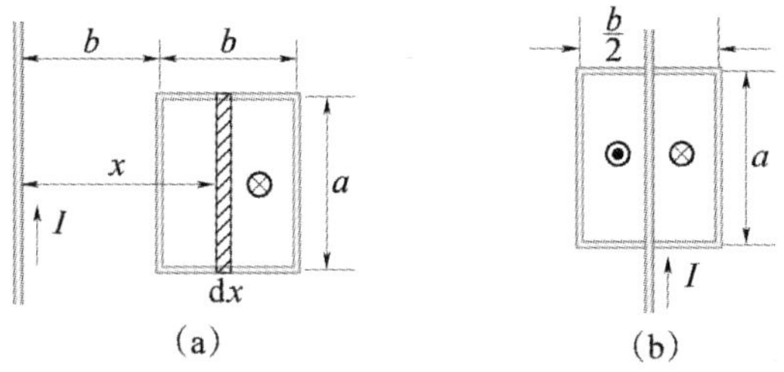


图 6.13

**解**　如图 6.13(a) 所示，已知长导线在矩形线圈 $x$ 处磁感应强度为

$$B = \frac{\mu_0 I}{2\pi x}$$

通过线圈的磁通链数为

$$\Psi_m = \int_b^{2b}\frac{N\mu_0 I}{2\pi x}a\,dx = \frac{N\mu_0 Ia}{2\pi}\ln\frac{2b}{b}$$

所以，线圈与长导线的互感为

$$M = \frac{\Psi}{I} = \frac{N\mu_0 a}{2\pi}\ln 2$$

图 6.13(b) 中，直导线两边的磁感应强度方向相反且以导线为轴对称分布，通过矩形线圈的磁通链为零，所以 $M = 0$. 这是消除互感的方法之一.

两个有互感耦合的线圈串联后等效于一个自感线圈，但其等效自感系数不等于原来两线圈的自感系数之和. 如图 6.14 所示，其中图 6.14(a) 的连接方式叫顺接，其连接后的等效自感 $L$ 为

$$L = L_1 + L_2 + 2M \tag{6.11a}$$

图 6.14(b) 的连接方式叫逆接，其连接后的等效自感 $L$ 为

$$L = L_1 + L_2 - 2M \tag{6.11b}$$

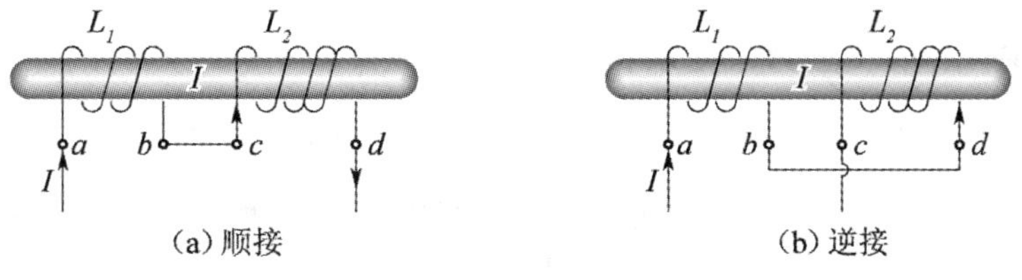


图 6.14　自感线圈的串联

上两式中，$M$ 是两线圈的互感. 顺便指出，由上述关系可知，一个自感线圈截成相等的两部

分后,每一部分的自感均小于原线圈自感的二分之一.在无磁漏的情况下可以证明 $M=\sqrt{L_1L_2}$.以上结果请读者自行推导.在考虑磁漏的情况下 $M=K\sqrt{L_1L_2}$,$K\leqslant 1$ 称为耦合系数.

互感现象被广泛应用于无线电技术和电磁测量中.通过互感线圈能够使能量或信号由一个线圈传递到另一个线圈.各种电源变压器、中周变压器、输入输出变压器、电压互感器、电流互感器等都是利用互感原理制成的.但是,电路之间的互感也会引起相互干扰,必须采用磁屏蔽方法来减小这种干扰.

## 6.4 磁场能量

### 6.4.1 自感磁能

自感为 $L$ 的线圈与电源接通,线圈中的电流 $i$ 将要由零增大至恒定值 $I$.这一电流变化在线圈中所产生的自感电动势与电流的方向相反,起着阻碍电流增大的作用.因此自感电动势 $\mathscr{E}_{\mathrm{i}}=-L\dfrac{\mathrm{d}i}{\mathrm{d}t}$ 做负功.在建立电流 $I$ 的整个过程中,外电源不仅要供给电路中产生焦耳热的能量,而且还要反抗自感电动势做功 $W$,即

$$W=\int \mathrm{d}W=\int_0^{\infty}(-\mathscr{E}_{\mathrm{i}})i\,\mathrm{d}t=\int_0^{\infty}L\frac{\mathrm{d}i}{\mathrm{d}t}i\,\mathrm{d}t=\int_0^{I}Li\,\mathrm{d}i=\frac{1}{2}LI^2$$

电源反抗自感电动势所做的功 $W$ 转化为储存在线圈中的能量,称为自感磁能,即

$$W_{\mathrm{m}}=\frac{1}{2}LI^2 \tag{6.12}$$

在图 6.11(b) 中,切断开关后,灯泡 A 不立即熄灭而是猛然一亮,然后逐渐熄灭,就是线圈中所储存的磁能通过自感电动势做功全部释放出来,变成灯泡 A 在很短时间内所发的光能与热能.

### 6.4.2 磁场能量

与电场一样,磁能是定域在磁场中的.我们可以从通电自感线圈储存自感磁能的公式导出磁场的能量密度公式.长直密绕螺线管的自感 $L=\mu_0 n^2V$,如果管内充满均匀磁介质(非铁磁质),则 $L=\mu n^2V$,$\mu$ 为磁介质的磁导率.当螺线管通以电流 $I$ 时,它所储存的磁能为

$$W_{\mathrm{m}}=\frac{1}{2}LI^2=\frac{1}{2}\mu n^2VI^2$$

因为长直螺线管内 $H=nI$,$B=\mu nI$.所以

$$W_{\mathrm{m}}=\frac{1}{2}\mu nInIV=\frac{1}{2}BHV$$

$V$ 是螺线管内部空间体积,也就是磁场存在的空间体积,并且螺线管内部是均匀磁场,所以

$$w_{\mathrm{m}}=\frac{W_{\mathrm{m}}}{V}=\frac{1}{2}BH \tag{6.13}$$

$w$ 表示磁场中单位体积空间的能量,叫磁场能量密度.可以证明,在普遍情况下,如果 $\boldsymbol{B}$ 与 $\boldsymbol{H}$ 的方向不同,则

$$w_m = \frac{1}{2}\boldsymbol{B} \cdot \boldsymbol{H}$$

而总磁场能量等于磁能密度对磁场所占有的全部空间的积分，即

$$W_m = \int_V \frac{1}{2}\boldsymbol{B} \cdot \boldsymbol{H}\mathrm{d}V \tag{6.14}$$

对于一个载流线圈有

$$\frac{1}{2}LI^2 = \int_V \frac{1}{2}\boldsymbol{B} \cdot \boldsymbol{H}\mathrm{d}V = W_m$$

上式不仅为自感 $L$ 提供了另一种计算方法，而且对于有限横截面积的导体来说（导线的横截面积不能忽略时），它还为自感提供了基本的定义，即磁能法定义自感 $L = \frac{2W_m}{I^2}$.

---

**例 6.6** 求无限长圆柱形同轴电缆长为 $l$ 的一段中磁场的能量及自感. 设内、外导体的截面半径分别为 $R_1$、$R_2$（$R_2 > R_1$），电缆通有电流 $I$，两导体之间磁介质的磁导率假设为 $\mu_0$.

**解** 作为传输超高频信号（如微波）的同轴电缆，由于趋肤效应，磁场只存在于两导体之间，即 $R_1 < r < R_2$ 的空间内. 利用安培环路定理不难求得磁场分布为

$$H = \frac{I}{2\pi r}, \quad B = \mu_0 H = \frac{\mu_0 I}{2\pi r}$$

所以磁场能量密度为

$$w_m = \frac{1}{2}BH = \frac{\mu_0 I^2}{8\pi^2 r^2}$$

在长为 $l$ 的一段同轴电缆内总的磁场能量为

$$W_m = \int_V w_m \mathrm{d}V = \int_{R_1}^{R_2} \frac{\mu_0 I^2}{8\pi^2 r^2} l 2\pi r \mathrm{d}r = \frac{\mu_0 I^2 l}{4\pi} \ln \frac{R_2}{R_1}$$

所以

$$L = \frac{2W_m}{I^2} = \frac{\mu_0 l}{2\pi} \ln \frac{R_2}{R_1}$$

而单位长度的圆柱形同轴电缆的自感为

$$L_0 = \frac{\mu_0}{2\pi} \ln \frac{R_2}{R_1}$$

只与电缆的结构及介质情况有关.

---

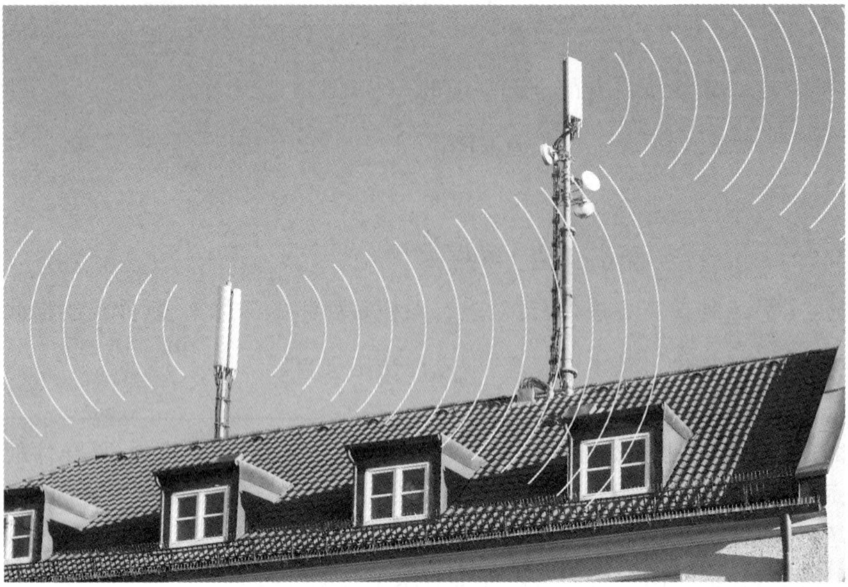

# *第 7 章 电磁场和电磁波

麦克斯韦系统地总结了从库仑、法拉第等人的电磁学说的全部成就，并在此基础上提出了“涡旋电场”和“位移电流”的假说. 他指出：不仅变化的磁场可以产生（涡旋）电场，而且变化的电场也可以产生磁场. 在相对论出现之前，麦克斯韦就揭示了电场和磁场的内在联系，把电场和磁场统一为电磁场，并归纳出了电磁场的基本方程——麦克斯韦方程组，建立了完整的电磁场理论体系. 1864 年，麦克斯韦从他建立的电磁理论出发预言了电磁波的存在，并论证了光是一种电磁波. 1888 年，赫兹利用振荡器，在实验上证实了麦克斯韦的这一预言. 麦克斯韦的电磁理论，对科学技术和社会生产力的发展起了重大的推动作用.

# *7.1 位移电流 麦克斯韦方程组

## 7.1.1 位移电流

### 1. 电磁场的基本规律

对于静电场，由库仑定律和电场强度叠加原理，可以导出描述电场性质的高斯定理和静电场环流定理.

$$\oint_S \boldsymbol{D} \cdot \mathrm{d}\boldsymbol{S} = \sum q_i \tag{7.1}$$

$$\oint_l \boldsymbol{E} \cdot \mathrm{d}\boldsymbol{l} = 0 \tag{7.2}$$

对于稳恒磁场，由毕奥-萨伐尔定律和电场强度叠加原理，可以导出描述稳恒磁场性质的“高斯定理”和安培环路定理

$$\oint_S \boldsymbol{B} \cdot \mathrm{d}\boldsymbol{S} = 0 \tag{7.3}$$

$$\oint_l \boldsymbol{H} \cdot \mathrm{d}\boldsymbol{l} = \sum I_i \tag{7.4}$$

对于变化的磁场，麦克斯韦提出，感生电动势现象预示着变化的磁场周围产生了涡旋电场. 于是，法拉第电磁感应定律就表明了，在普遍(非稳恒)情况下电场的环流定理应是

$$\oint_l \boldsymbol{E} \cdot \mathrm{d}\boldsymbol{l} = -\int_S \frac{\partial \boldsymbol{B}}{\partial t} \cdot \mathrm{d}\boldsymbol{S} \tag{7.5}$$

注意：式(7.5)中的电场 $\boldsymbol{E}$ 包括静电场和非稳恒电场的总和，而静电场的环流定理式(7.2)只是它的一个特例.

从当时的实验资料和理论分析，都没有发现电场的高斯定理和磁场的高斯定理在非稳恒条件下有什么不合理的地方. 麦克斯韦假定它们在普遍(非稳恒)情况下仍应成立. 然而，麦克斯韦在分析安培环路定理时发现，将它应用到非稳恒磁场时遇到了困难.

### 2. 传导电流和位移电流

在稳恒条件下，无论载流回路周围是真空还是磁介质，安培环路定理都可以写成

$$\oint_l \boldsymbol{H} \cdot \mathrm{d}\boldsymbol{l} = \sum I_i = \int_S \boldsymbol{j}_0 \cdot \mathrm{d}\boldsymbol{S} \tag{7.6}$$

其中 $\sum I_i$ 是穿过以闭合回路 $l$ 为边界的任意曲面 $S$ 的传导电流，等于传导电流密度 $\boldsymbol{j}_0$ 在 $S$ 面上的通量.

由 $\boldsymbol{j}_0$ 的定义，根据电荷守恒定律，通过封闭面流出的电量应等于封闭面内电荷 $q$ 的减少. 因此有

$$\oint_S \boldsymbol{j}_0 \cdot \mathrm{d}\boldsymbol{S} = -\frac{\mathrm{d}q}{\mathrm{d}t} \tag{7.7}$$

这一关系式称为**电流的连续性方程**.

导体内各处的电流密度都不随时间变化的电流叫**稳恒电流**. 稳恒电流的一个重要性质就是通过任一封闭曲面的稳恒电流等于零，即

$$\oint_S \boldsymbol{j}_0 \cdot \mathrm{d}\boldsymbol{S} = 0 \tag{7.8}$$

通过任意封闭曲面的电流等于零，即任意一段时间内通过此封闭曲面流出和流入的电量相等，而这一封闭面内的总电量应不随时间改变. 在导体内各处都可作一个任意形状和大小的封闭曲面，由此可以分析出：**在稳恒电流情况下，导体内电荷的分布不随时间改变. 不随时间改变的电荷分布产生不随时间改变的电场，这种电场称为稳恒电场**. 导体内恒定的不随时间改变的电荷分布就像固定的静止电荷分布一样，因

此稳恒电场与静电场有许多相似之处，例如，它们都服从高斯定理和电场强度环路积分为零的环路定理. 若以 $\boldsymbol{E}$ 表示稳恒电场的电场强度，则也应有

$$\oint_l \boldsymbol{E} \cdot \mathrm{d}\boldsymbol{l} = 0 \tag{7.9}$$

为了考察在非稳恒条件下，安培环路定理式(7.6)是否仍然成立，我们分析图 7.1 所示的电容器充放电电路. 电容器的充放电过程显然是非稳恒过程，导线中的电流是随时间变化的，并且在两极板之间的绝缘介质中没有传导电流. 如果我们围绕导线取一闭合回路 $l$，并以 $l$ 为边界作两个曲面 $S_1$ 和 $S_2$，其中 $S_1$ 与导线相交，而 $S_2$ 穿过两极板之间的绝缘介质，则有

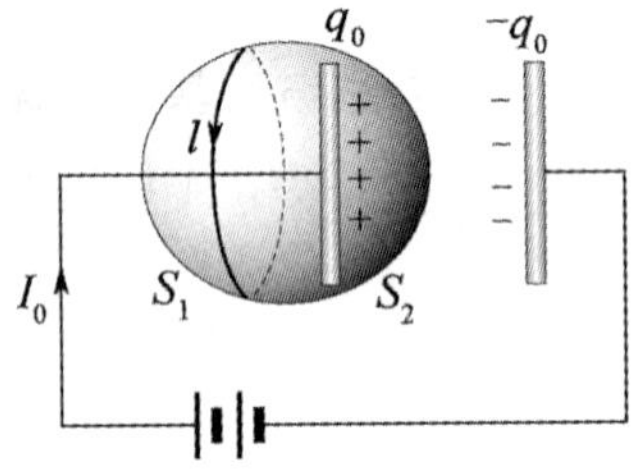

图 7.1

$$\int_{S_1} \boldsymbol{j}_0 \cdot \mathrm{d}\boldsymbol{S} = I_0 \tag{7.10a}$$

$$\int_{S_2} \boldsymbol{j}_0 \cdot \mathrm{d}\boldsymbol{S} = 0 \tag{7.10b}$$

就是说，电容器的存在破坏了电路中传导电流的连续性，使得以同一闭合回路 $l$ 所作的不同曲面 $S_1$ 和 $S_2$ 上穿过的电流不同，从而式(7.6)失去了意义. 因此，在非稳恒磁场的情况下安培环路定理式(7.6)不再适用，必须以新的规律来代替它.

在图 7.1 的电容器充电过程中，传导电流在电容器极板上终止的同时，将在极板表面引起自由电荷的积累，即正极板 $+q_0$ 增加、负极板 $-q_0$ 增加. 从而引起两极板之间的电场随之变化. 因为穿过任意闭合曲面 $S$ 的传导电流密度的通量 $\oint_S \boldsymbol{j}_0 \cdot \mathrm{d}\boldsymbol{S}$ 就是流出 $S$ 面的电流，它应当等于 $S$ 面内部自由电荷在单位时间的减少率，即

$$\oint_S \boldsymbol{j}_0 \cdot \mathrm{d}\boldsymbol{S} = -\frac{\mathrm{d}q_0}{\mathrm{d}t} \tag{7.11}$$

其中 $S$ 是由 $S_1$ 和 $S_2$ 构成的闭合曲面，$q_0$ 是积累在闭合面 $S$ 内的极板上的自由电荷，即图 7.1 所示的正极板表面的自由电荷.

另一方面，根据麦克斯韦的假设，对此非稳恒电场高斯定理仍然成立，则有

$$\oint_S \boldsymbol{D} \cdot \mathrm{d}\boldsymbol{S} = q_0$$

对此式两边求微商，得

$$\frac{\mathrm{d}}{\mathrm{d}t}\oint_S \boldsymbol{D} \cdot \mathrm{d}\boldsymbol{S} = \oint_S \frac{\partial \boldsymbol{D}}{\partial t} \cdot \mathrm{d}\boldsymbol{S} = \frac{\mathrm{d}q_0}{\mathrm{d}t}$$

把此式代入式(7.11)，得

$$\oint_S \boldsymbol{j}_0 \cdot \mathrm{d}\boldsymbol{S} = -\oint_S \frac{\partial \boldsymbol{D}}{\partial t} \cdot \mathrm{d}\boldsymbol{S}$$

可将此式改写为

$$\oint_S \left(\boldsymbol{j}_0 + \frac{\partial \boldsymbol{D}}{\partial t}\right) \cdot \mathrm{d}\boldsymbol{S} = 0$$

或

$$\int_{S_1} \left(\boldsymbol{j}_0 + \frac{\partial \boldsymbol{D}}{\partial t}\right) \cdot \mathrm{d}\boldsymbol{S} = \int_{S_2} \left(\boldsymbol{j}_0 + \frac{\partial \boldsymbol{D}}{\partial t}\right) \cdot \mathrm{d}\boldsymbol{S}$$

由此可见，在非稳恒条件下，尽管传导电流密度 $\boldsymbol{j}_0$ 不一定连续，但 $\boldsymbol{j}_0 + \frac{\partial \boldsymbol{D}}{\partial t}$ 这个量永远是连续的. 并且 $\frac{\partial \boldsymbol{D}}{\partial t}$ 具有电流密度的性质，麦克斯韦把它称作位移电流密度 $\boldsymbol{j}_{\mathrm{D}}$，即

$$\boldsymbol{j}_{\mathrm{D}} = \frac{\mathrm{d}\boldsymbol{D}}{\mathrm{d}t} \tag{7.12}$$

而把$\frac{d\Phi_D}{dt}$称为**位移电流**$I_D$，即

$$I_D = \frac{d\Phi_D}{dt} = \frac{d}{dt}\int_S \boldsymbol{D} \cdot d\boldsymbol{S} = \int_S \frac{\partial \boldsymbol{D}}{\partial t} \cdot d\boldsymbol{S} = \int_S \boldsymbol{j}_D \cdot d\boldsymbol{S} \tag{7.13}$$

并把传导电流 $I_0$ 与位移电流 $I_D$ 合在一起称为全电流 $I$，即全电流 $I$ 为

$$I = I_0 + I_D = \int_S \boldsymbol{j}_0 \cdot d\boldsymbol{S} + \int_S \boldsymbol{j}_D \cdot d\boldsymbol{S} = \int_S \left(\boldsymbol{j}_0 + \frac{\partial \boldsymbol{D}}{\partial t}\right) \cdot d\boldsymbol{S} \tag{7.14}$$

在图 7.1 所示的电路中，电容器极板表面中断了的传导电流 $I_0$ 被绝缘介质中的位移电流 $I_D = \frac{d\Phi_D}{dt}$ 接续，二者合在一起保持全电流的连续性. 在一般情况下，电介质中的电流主要是位移电流，传导电流可忽略不计；而在导体中主要是传导电流，位移电流可忽略不计. 但在超高频电流情况下，导体内的传导电流和位移电流均起作用，不可忽略.

因为在电介质中 $\boldsymbol{D} = \varepsilon_0 \boldsymbol{E} + \boldsymbol{P}$，所以位移电流密度 $\boldsymbol{j}_D$ 为

$$\boldsymbol{j}_D = \frac{\partial \boldsymbol{D}}{\partial t} = \varepsilon_0 \frac{\partial \boldsymbol{E}}{\partial t} + \frac{\partial \boldsymbol{P}}{\partial t}$$

上式中右边第二项来自交变电路中电介质的反复极化，若在真空中，这一项等于零. 因此，真空中位移电流密度为

$$\boldsymbol{j}_D = \varepsilon_0 \frac{\partial \boldsymbol{E}}{\partial t}$$

它是位移电流的基本组成部分，说明真空中的位移电流或曰“纯粹”的位移电流本质上是变化着的电场，而与电荷的定向运动无关.

### 7.1.2　全电流定律

在引进了位移电流的概念之后，麦克斯韦为了把安培环路定理推广到非稳恒情况下也适用的普遍形式，用全电流代替式(7.6)右边的传导电流，得到

$$\oint_l \boldsymbol{H} \cdot d\boldsymbol{l} = \sum I_i + \int_S \frac{\partial \boldsymbol{D}}{\partial t} \cdot d\boldsymbol{S} \tag{7.15}$$

即在普遍情况下，磁场强度 $\boldsymbol{H}$ 沿任一闭合回路 $l$ 的积分等于穿过以该回路为边界的任意曲面的全电流. 这就是麦克斯韦的**全电流定律**.

麦克斯韦的位移电流假设的实质在于，它说明了位移电流与传导电流一样都是激发磁场的源，其核心是**变化的电场可以激发磁场**. 但是，位移电流与传导电流仅仅在激发磁场这一点上是相同的. 在本质上位移电流是变化着的电场，而传导电流则是自由电荷的定向运动. 此外，传导电流在通过导体时会产生焦耳热，而导体中的位移电流则不会产生焦耳热. 高频情况下介质的反复极化会放出大量热，这是位移电流热效应的原因. 但这与传导电流通过导体时放出的焦耳热不同，遵从完全不同的规律.

### 7.1.3　麦克斯韦方程组

麦克斯韦把电磁现象的普遍规律概括为四个方程式，通常称之为麦克斯韦方程组.

(1) **通过任意闭合面的电位移通量等于该曲面所包围的自由电荷的代数和.** 即

$$\oint_S \boldsymbol{D} \cdot d\boldsymbol{S} = \sum q_i$$

注意：上式在电荷和电场都随时间变化时仍然成立. 这意味着尽管这时电场与电荷之间的关系不像静电场那样由库仑平方反比律决定，但任一闭合面的 $\boldsymbol{D}$ 通量与闭合面内自由电荷的电量之间的关系仍遵从高斯定理.

(2) **电场强度沿任意闭合曲线的线积分等于以该曲线为边界的任意曲面的磁通量对时间变化率的负值.** 即

$$\oint_l \boldsymbol{E} \cdot \mathrm{d}\boldsymbol{l} = -\int_S \frac{\partial \boldsymbol{B}}{\partial t} \cdot \mathrm{d}\boldsymbol{S}$$

这里的电场 $\boldsymbol{E}$ 包括自由电荷产生的库仑电场和由变化磁场所产生的涡旋电场.

(3) **通过任意闭合曲面的磁通量恒等于零.** 即

$$\oint_S \boldsymbol{B} \cdot \mathrm{d}\boldsymbol{S} = 0$$

这也是从稳恒磁场到对随时间变化的非稳恒磁场情况的假设性推广.

(4) **磁场强度沿任意闭合曲线的线积分等于穿过以该曲线为边界的曲面的全电流.** 即

$$\oint_l \boldsymbol{H} \cdot \mathrm{d}\boldsymbol{l} = \sum I_i + \int_S \frac{\partial \boldsymbol{D}}{\partial t} \cdot \mathrm{d}\boldsymbol{S}$$

前面我们已对此作了详细论述.

归纳起来,麦克斯韦方程组的积分形式为

$$\begin{cases} \oint_S \boldsymbol{D} \cdot \mathrm{d}\boldsymbol{S} = \sum q_i \\ \oint_l \boldsymbol{E} \cdot \mathrm{d}\boldsymbol{l} = -\int_S \frac{\partial \boldsymbol{B}}{\partial t} \cdot \mathrm{d}\boldsymbol{S} \\ \oint_S \boldsymbol{B} \cdot \mathrm{d}\boldsymbol{S} = 0 \\ \oint_l \boldsymbol{H} \cdot \mathrm{d}\boldsymbol{l} = \sum I_i + \int_S \frac{\partial \boldsymbol{D}}{\partial t} \cdot \mathrm{d}\boldsymbol{S} \end{cases} \tag{7.16a}$$

从上面的论述中我们看到,麦克斯韦理论不但提出了涡旋电场、位移电流这样的概念,还包括了从特殊情况(静电场和稳恒磁场)向一般非稳恒情况的假设性推广. 如稳恒场的高斯定理在非稳恒场时仍成立的假设. 它的正确性由一系列理论与实验很好符合的事实而得到证实.

在有介质存在时,$\boldsymbol{E}$ 和 $\boldsymbol{B}$ 都与介质的特性有关,因此上述麦克斯韦方程组是不完备的,还需要再补充描述介质性质的下述方程:

$$\begin{cases} \boldsymbol{D} = \varepsilon_0 \varepsilon_r \boldsymbol{E} = \varepsilon \boldsymbol{E} \\ \boldsymbol{B} = \mu_0 \mu_r \boldsymbol{H} = \mu \boldsymbol{H} \\ \boldsymbol{j}_0 = \sigma \boldsymbol{E} \end{cases} \tag{7.17}$$

式(7.17) 中的 $\varepsilon$、$\mu$、$\sigma$ 分别是介质的介电常数、磁导率和电导率.

通过数学变换,可得麦克斯韦方程组(7.16a) 的微分形式如下:

$$\begin{cases} \nabla \cdot \boldsymbol{D} = \rho_0 \\ \nabla \times \boldsymbol{E} = -\frac{\partial \boldsymbol{B}}{\partial t} \\ \nabla \cdot \boldsymbol{B} = 0 \\ \nabla \times \boldsymbol{H} = \boldsymbol{j}_0 + \frac{\partial \boldsymbol{D}}{\partial t} \end{cases} \tag{7.16b}$$

其中 $\nabla \cdot \boldsymbol{D}$ 和 $\nabla \cdot \boldsymbol{B}$ 分别为电位移和磁感应强度的散度,$\nabla \times \boldsymbol{E}$ 和 $\nabla \times \boldsymbol{H}$ 分别为电场强度和磁场强度的旋度.

麦克斯韦方程组(7.16a) 加上介质方程(7.17) 构成决定电磁场变化的一组完备的方程式. 这就是说,当电荷、电流分布给定时,从麦克斯韦方程组(一般采用微分形式(7.16b)),根据初始条件以及边界条件就可以完全地决定电磁场的分布和变化.

## *7.2 电 磁 波

可以证明:真空中一个以加速度 $\boldsymbol{a}$ 作直线运动的点电荷,在空间相对于点电荷的位矢为 $\boldsymbol{r}$ 的任一点 $P$ 产生的径向电场 $E_r$ 和横向电场 $E_\theta$ 以及横向磁场 $B_\varphi$ 如图 7.2 所示,分别为

$$E_r = \frac{q}{4\pi\varepsilon_0 r^2} \tag{7.18a}$$

$$E_\theta = \frac{qa\sin\theta}{4\pi\varepsilon_0 c^2 r} \tag{7.18b}$$

$$B_\varphi = \frac{qa\sin\theta}{4\pi\varepsilon_0 c^3 r} \tag{7.19}$$

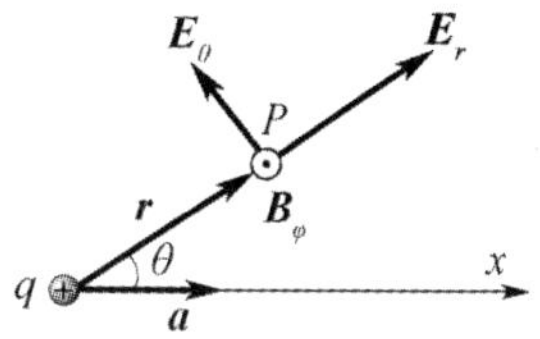


图 7.2　加速运动点电荷的电场和磁场

$E_\theta$ 和 $B_\varphi$ 随 $r$ 的一次方成反比地减少，比静电场随 $r$ 的二次方成反比地减少要慢. 因此，在离开电荷足够远的地方，当静电场已减弱到可以忽略的程度时，横向电场 $E_\theta$ 还有明显的强度，它就是向外辐射的电磁波的一个组成部分，$B_\varphi$ 与 $E_\theta$ 垂直，它是电磁波的另一组成部分. 并且 $E_\theta$ 与 $B_\varphi$ 均与电磁波的传播方向 $\boldsymbol{r}$ 垂直，所以电磁波是横波. 考虑到方向关系，电磁波中 $\boldsymbol{E}_\theta$ 和 $\boldsymbol{B}_\varphi$ 的关系（把下标去掉）可写成：

$$\boldsymbol{B} = \frac{\boldsymbol{c} \times \boldsymbol{E}}{c^2} \tag{7.20}$$

式中 $c$ 为真空中光速. 这一关系对于真空中的各种电磁波都成立.

式(7.18b) 和式(7.19) 表示的电场和磁场都和电荷的加速度成正比，即电场和磁场都随时间变化. 这种变化的电磁场不断向外传播. 所以，加速运动的电荷在向外辐射电磁波，同时也辐射能量.

### 7.2.1　振荡电偶极子产生的电磁波

由麦克斯韦方程组可知，当空间某区域内存在一个非线性的变化电场时，在邻近区域内将引起变化的磁场；这变化的磁场又在较远的区域内引起新的变化的电场……这种变化的电场和变化的磁场交替产生、由近及远，以有限速度在空间传播的过程称为**电磁波**.

产生电磁波的装置称为波源. 电磁波波源的基本单元为振荡电偶极子即电矩作周期性变化的电偶极子. 其振荡电偶极矩为

$$p = ql = ql_0\cos\omega t = p_0\cos\omega t \tag{7.21}$$

式中 $p_0 = ql_0$ 是电矩振幅，$\omega$ 为圆频率.

式(7.21) 表明，振荡电偶极子中的正负电荷相对其中心处作简谐振动. 由于真空中电磁场是以有限速度传播，因此空间各点电场的变化滞后于电荷位置的变化，即空间某点 $P$ 处在 $t$ 时刻的电场线应与 $t-\Delta t$ 时刻电荷位置决定的该点处的电场强度相对应.

如图 7.3(b) 所示，图中过 $P$ 点的电场线应与图 7.3(a) 中电荷位置所决定的 $P$ 点的电场强度相对应. 因此，在正负电荷靠近的 $t$ 时刻，空间的电场线形状如图 7.3(b) 所示. 而当两个电荷相重合时，电场线闭

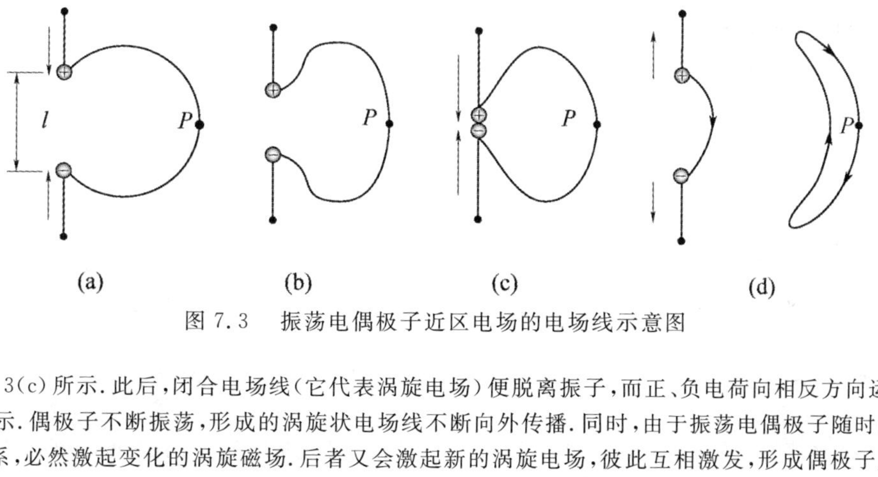


图 7.3　振荡电偶极子近区电场的电场线示意图

合，如图 7.3(c) 所示. 此后，闭合电场线（它代表涡旋电场）便脱离振子，而正、负电荷向相反方向运动，如图 7.3(d) 所示. 偶极子不断振荡，形成的涡旋状电场线不断向外传播. 同时，由于振荡电偶极子随时间变化的非线性关系，必然激起变化的涡旋磁场. 后者又会激起新的涡旋电场，彼此互相激发，形成偶极子周围的电磁场. 由麦克斯韦方程组推导可得：振荡电偶极子在各向同性介质中辐射的电磁波，在远离偶极子的空间

任一点处($r \gg l$),$t$ 时刻的电场 $\boldsymbol{E}$ 和磁场 $\boldsymbol{H}$ 的量值分别为

$$E(r,t) = \frac{\omega^2 p_0 \sin\theta}{4\pi\varepsilon u^2 r}\cos\omega\left(t - \frac{r}{u}\right) \tag{7.22a}$$

$$H(r,t) = \frac{\omega^2 p_0 \sin\theta}{4\pi u r}\cos\omega\left(t - \frac{r}{u}\right) \tag{7.22b}$$

式(7.22a)和式(7.22b)是球面电磁波方程式,$u = \frac{1}{\sqrt{\varepsilon\mu}}$ 为电磁波在该介质中的波速.如图 7.4 所示,$r$ 是矢径 $\boldsymbol{r}$ 的量值,偶极子位于中心,偶极矩 $\boldsymbol{p} = q\boldsymbol{l}$.$\theta$ 为 $\boldsymbol{r}$ 与 $\boldsymbol{p}$ 之间的夹角.$\boldsymbol{E}$、$\boldsymbol{H}$、$\boldsymbol{u}$ 分别沿 $\theta$、$\varphi$、$r$ 的方向.

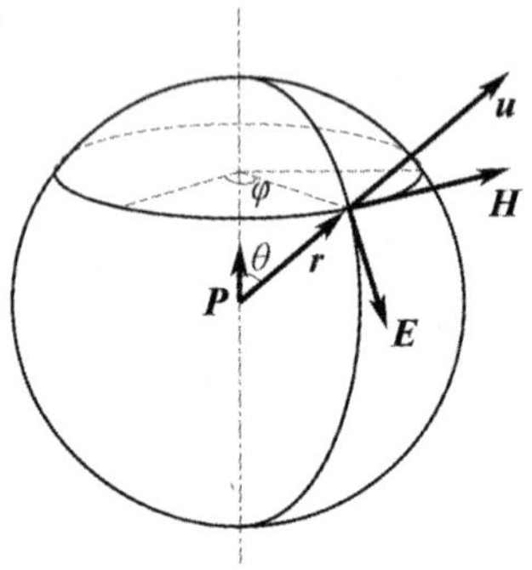


图 7.4　振荡电偶极子发射的在 $r \gg l$ 区域的电磁波

### 7.2.2　平面电磁波

在更加远离电偶极子的地方,因 $r$ 很大,在通常研究的范围内 $\theta$ 角的变化很小,$\boldsymbol{E}$,$\boldsymbol{H}$ 可看成振幅恒定的矢量.因此,式(7.22a)和式(7.22b)可写成

$$E = E_0 \cos\omega\left(t - \frac{r}{u}\right) \tag{7.23a}$$

$$H = H_0 \cos\omega\left(t - \frac{r}{u}\right) \tag{7.23b}$$

即在远离电偶极子的地方,电磁波可看作是平面电磁波.平面电磁波的性质概括如下:

(1)**$\boldsymbol{E}$ 和 $\boldsymbol{H}$ 互相垂直,且均与传播方向垂直.即 $\boldsymbol{E} \perp \boldsymbol{H}$ 且 $\boldsymbol{E} \perp \boldsymbol{u}$,$\boldsymbol{H} \perp \boldsymbol{u}$.平面电磁波是横波.**

(2)**$\boldsymbol{E}$ 和 $\boldsymbol{H}$ 分别在各自平面上振动,这一特性称为偏振性.电偶极子辐射的电磁波是偏振波.**

(3)**$\boldsymbol{E}$ 和 $\boldsymbol{H}$ 同相位,且 $\boldsymbol{E} \times \boldsymbol{H}$ 的方向在任意时刻都指向波的传播方向,即波速 $\boldsymbol{u}$ 的方向.**

(4)**在同一点 $\boldsymbol{E}$ 和 $\boldsymbol{H}$ 的量值间关系为 $\sqrt{\varepsilon}E = \sqrt{\mu}H$.**

(5)**电磁波的波速 $u = \frac{1}{\sqrt{\varepsilon\mu}}$,即 $u$ 只由媒质的介电常数和磁导率决定.**在真空中

$$u = c = \frac{1}{\sqrt{\varepsilon_0 \mu_0}} = 2.9979 \times 10^8 \text{ m/s}$$

由于理论计算结果和实验测定的真空中的光速相符,因此肯定光波是一种电磁波.

### 7.2.3　振荡电路　赫兹实验

麦克斯韦在 1864 年预言了电磁波的存在.1887 年赫兹利用振荡器和谐振器在实验中证实了电磁波的存在.

产生电磁振荡的电路叫振荡电路.在理想的电阻为零的无阻尼情况下,LC 振荡电路的周期 $T_0$ 和频率 $f_0$ 由振荡电路本身性质决定.其关系为

$$T_0 = 2\pi\sqrt{LC}$$

$$f_0 = \frac{1}{2\pi}\sqrt{\frac{1}{LC}} \tag{7.24}$$

其中 $L$、$C$ 分别为振荡电路的自感和电容. 但是在这种 LC 振荡电路中，变化的电场局限于电容器中，而变化的磁场基本局限在电感线圈中，不利于辐射电磁波. 通过减小电容器极板面积、增大两极板间的距离和减少线圈匝数，一方面既可以由于 $C$ 和 $L$ 的减小使振荡频率 $f_0$ 提高，另一方面又使得电路更开放以有利于电磁波的辐射. 图 7.5 显示了一个从 LC 振荡电路到振荡电偶极子的演化过程，最后振荡电路完全演化为一根直导线.

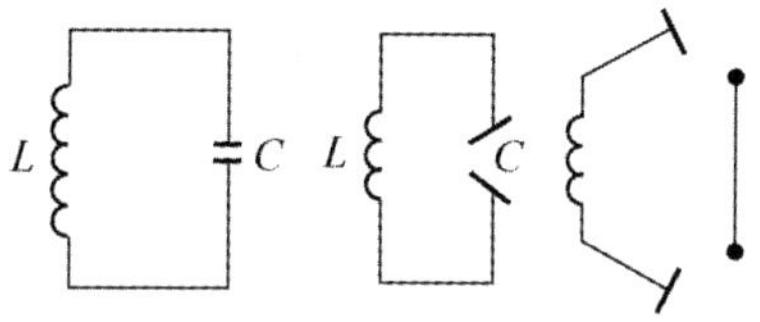


图 7.5　从 LC 振荡电路到振荡电偶极子

赫兹实验的振荡器如图 7.6(a) 所示，A、B 是两根共轴铜杆，形成振荡偶极子. A、B 之间留有一个间隙，振子两端接在感应圈的两极上，当充电到一定程度时，间隙间的空气被电场击穿，两铜杆连成导电通路，相当于一个振荡电偶极子，激起高频振荡而向外辐射电磁波. 由于感应圈是间歇性充电的，每次充电后，放电时就会产生一次减幅振荡，所以，由赫兹振荡器发射的电磁波是间歇性的、减幅高频振荡的电磁波.

图 7.6(b) 所示是偶极子谐振器. C、D 两铜杆的间隙大小可作微小调整. 将此谐振器放在距离振荡器一定距离之外，适当选择方向，则谐振器会发生共振，即每当发射器之间的间隙有火花跳过时，谐振器的间隙里也有火花跳过. 赫兹利用这个装置首次在实验中观察到了电磁波在空间的传播.

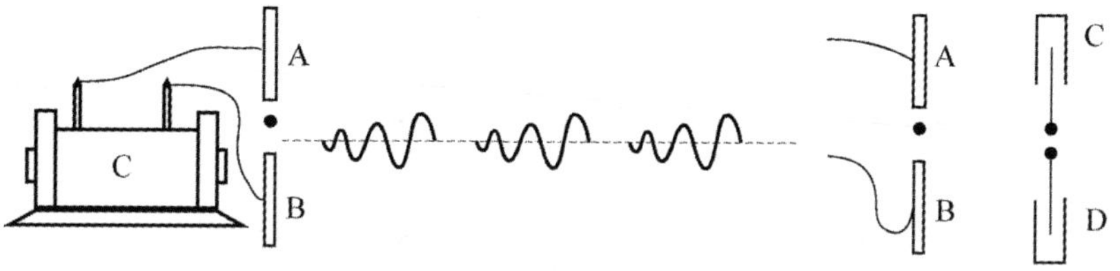


(a) 振荡器发射电磁波　　(b) 接收器接收电磁波

图 7.6　赫兹实验

赫兹还利用振荡偶极子进行了许多实验. 证明了电磁波和光波一样，具有反射、折射、干涉和衍射特征，确定了电磁波以光速传播. 从此，电磁理论成为波动光学和无线电通信的基础.

### 7.2.4　电磁波谱

我们将电磁波按波长或频率的顺序排列成谱，称为电磁波谱. 图 7.7 是按频率和波长两种标度绘制的电磁波谱.

电磁波在本质上相同，但不同波长范围的电磁波的产生方法各不相同. ① 无线电波是利用电磁振荡电路通过天线发射的，波长在 $10^4 \sim 10^{-2}$ m 范围内(包括微波在内). ② 炽热的物体、气体放电等是原子中外层电子的跃迁所发射的电磁波. 其中波长在 $0.76\times10^{-6} \sim 0.4\times10^{-6}$ m 范围内，能引起视觉，称为可见光；波长在 $0.76\times10^{-6} \sim 0.4\times10^{-4}$ m 范围内称为红外线，不引起视觉，但热效应特别显著；波长在 $5.0\times10^{-9} \sim 0.4\times10^{-6}$ m 范围内称为紫外线. 不引起视觉，但容易产生强烈的化学反应和生理作用(杀菌)等. ③ 当快速电子射到金属靶时，会引起原子中内层电子的跃迁而产生 X 射线，其波长在 $0.4\times10^{-10} \sim 5.0\times10^{-9}$ m 范

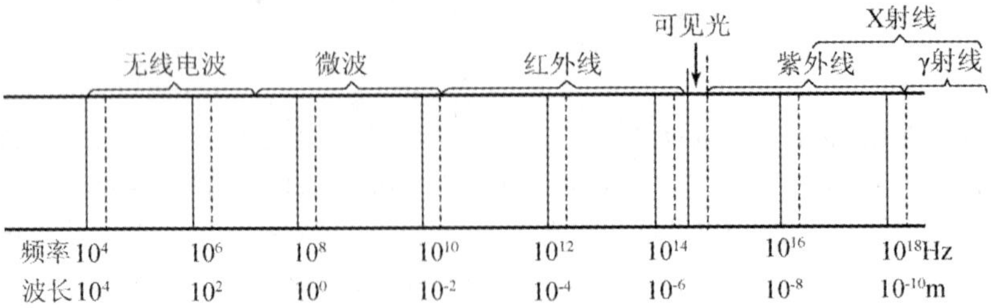


图 7.7 电磁波谱

围内.它的穿透力强,工业上用于金属探伤和晶体结构分析,医疗上用于透视、拍片等.④ 当原子核内部状态改变时会辐射出 γ 射线,其波长在 $10^{-10}$ m 以下,穿透本领比 X 射线更强,用于金属探伤,原子核结构分析等.

表 7.1 表示各种无线电波的波段划分及主要用途.

**表 7.1 各种无线电波的范围和用途**

| 波段 | 波长(m) | 频率(kHz) | 主要用途 |
|---|---|---|---|
| 长波 | 30 000 ~ 3 000 | $10 \sim 10^2$ | 电报通信 |
| 中波 | 3 000 ~ 200 | $10^2 \sim 1.5\times10^3$ | 无线电广播 |
| 中短波 | 200 ~ 50 | $1.5\times10^3 \sim 6\times10^3$ | 电报通信、无线电广播 |
| 短波 | 50 ~ 10 | $6\times10^3 \sim 3\times10^4$ | 电报通信、无线电广播 |
| 超短波(米波) | 10 ~ 1.0 | $3\times10^4 \sim 3\times10^5$ | 无线电广播电视、导航 |
| 分米波 | 1 ~ 0.1 | $3\times10^5 \sim 3\times10^6$ | 电视、雷达、导航 |
| 微波(厘米波) | 0.1 ~ 0.01 | $3\times10^6 \sim 3\times10^7$ | 电视、雷达、导航 |
| 毫米波 | 0.01 ~ 0.001 | $3\times10^7 \sim 3\times10^8$ | 雷达、导航、其他专门用途 |

## *7.3 电磁场的能量与动量

### 7.3.1 电磁场的能量密度与能流密度

电磁场是一种物质,具有能量.电磁场的能量包括电场能量和磁场能量两部分.当电磁场与其他带电物体相互作用时,电磁场的能量和带电物体的机械能之间可以相互转化.

电磁场中单位体积空间内的能量称为电磁场能量密度,用 $w$ 表示.单位时间通过电磁场中与能量传播方向垂直的单位面积上的能量称为**能流密度**,它是一个矢量,用 $\boldsymbol{S}$ 表示,称为坡印延矢量.$\boldsymbol{S}$ 的方向代表能量传播的方向.

在第 9 章和第 11 章我们通过平板电容器和长直螺线管两个特例,得出了电场能量密度 $w_e = \frac{1}{2}\boldsymbol{E}\cdot\boldsymbol{D}$ 和磁场能量密度 $w_m = \frac{1}{2}\boldsymbol{B}\cdot\boldsymbol{H}$.现在我们将从普遍情况推导电磁场的能量密度公式,并同时得到能流密度公式.

### 7.3.2 电磁场能量密度 $w$ 与能流密度 $S$ 的表达式

考虑电磁场空间某区域体积 $V$,其表面积 $\Sigma$,自由电荷密度 $\rho_{e0}$,电流密度 $\boldsymbol{j}_0$.以 $\boldsymbol{f}$ 表示单位体积电磁场对电荷的作用力，即作用力密度，$v$ 表示电荷的运动速度. 则能量守恒定律要求单位时间内通过界面 $\Sigma$ 流入 $V$ 内的能量等于电磁场对 $V$ 内电荷做功的功率与 $V$ 内电磁场能量的增加率之和，即

$$-\oint_{\Sigma}\boldsymbol{S}\cdot d\boldsymbol{\sigma}=\int_{V}\boldsymbol{f}\cdot v\,dV+\frac{d}{dt}\int_{V}w\,dV \tag{7.25a}$$

相应的微分形式为

$$\nabla\cdot\boldsymbol{S}+\frac{\partial w}{\partial t}=-\boldsymbol{f}\cdot v \tag{7.25b}$$

现在我们根据麦克斯韦方程组和洛伦兹力公式，导出 $w$ 和 $\boldsymbol{S}$ 的表达式

$$\boldsymbol{f}\cdot v=(\rho_{e0}\boldsymbol{E}+\rho_{e0}\,v\times\boldsymbol{B})\cdot v=\boldsymbol{E}\cdot(\rho_{e0}\,v)=\boldsymbol{E}\cdot\boldsymbol{j}_0 \tag{7.26}$$

然后将麦克斯韦方程组微分形式(7.16b) 的第四式

$$\boldsymbol{j}_0=\nabla\times\boldsymbol{H}-\frac{\partial\boldsymbol{D}}{\partial t}$$

代入上式，得

$$\boldsymbol{E}\cdot\boldsymbol{j}_0=\boldsymbol{E}\cdot(\nabla\times\boldsymbol{H})-\boldsymbol{E}\cdot\frac{\partial\boldsymbol{D}}{\partial t}=\boldsymbol{f}\cdot v \tag{7.27}$$

再利用矢量分析公式

$$\nabla\cdot(\boldsymbol{E}\times\boldsymbol{H})=\boldsymbol{H}\cdot\nabla\times\boldsymbol{E}-\boldsymbol{E}\cdot\nabla\times\boldsymbol{H}$$

以及麦克斯韦方程组微分形式(7.16b) 中的第二式$\nabla\times\boldsymbol{E}=-\frac{\partial\boldsymbol{B}}{\partial t}$，可将式(7.27) 化为

$$\boldsymbol{E}\cdot\boldsymbol{j}_0=-\nabla\cdot(\boldsymbol{E}\times\boldsymbol{H})+\boldsymbol{H}\cdot\left(-\frac{\partial\boldsymbol{B}}{\partial t}\right)-\boldsymbol{E}\cdot\frac{\partial\boldsymbol{D}}{\partial t}=\boldsymbol{f}\cdot v$$

即式(7.26) 可变为

$$-\boldsymbol{f}\cdot v=\nabla\cdot(\boldsymbol{E}\times\boldsymbol{H})+\boldsymbol{H}\cdot\frac{\partial\boldsymbol{B}}{\partial t}+\boldsymbol{E}\cdot\frac{\partial\boldsymbol{D}}{\partial t} \tag{7.28}$$

最后，将上式与式(7.25b) 比较可得

$$\boldsymbol{S}=\boldsymbol{E}\times\boldsymbol{H} \tag{7.29}$$

此式为电磁场能流密度 $\boldsymbol{S}$ 的表达式.

$$\frac{\partial w}{\partial t}=\boldsymbol{E}\cdot\frac{\partial\boldsymbol{D}}{\partial t}+\boldsymbol{H}\cdot\frac{\partial\boldsymbol{B}}{\partial t} \tag{7.30}$$

在介质中极化能和磁化能都归入场能中，$w$ 和 $\boldsymbol{S}$ 分别代表介质中总电磁能的能量密度和能流密度，则

$$\partial w=\boldsymbol{E}\cdot\partial\boldsymbol{D}+\boldsymbol{H}\cdot\partial\boldsymbol{B}$$

在线性介质情况，$\boldsymbol{D}=\varepsilon\boldsymbol{E}$，$\boldsymbol{B}=\mu\boldsymbol{H}$，对上式积分可得

$$w=\frac{1}{2}(\boldsymbol{E}\cdot\boldsymbol{D}+\boldsymbol{H}\cdot\boldsymbol{B}) \tag{7.31}$$

此式为电磁场能量密度表达式.

对于平面电磁波，能流密度 $\boldsymbol{S}=\boldsymbol{E}\times\boldsymbol{H}$ 总是沿着电磁波的传播方向 $\boldsymbol{k}$ 的. 电磁波中的 $\boldsymbol{E}$、$\boldsymbol{H}$ 都随时间变化，在实际中重要的是 $\boldsymbol{S}$ 在一个周期内的平均值. 即平均能流密度 $\boldsymbol{S}$. 对平面电磁波

$$\overline{S}=\frac{1}{2}E_0H_0 \tag{7.32}$$

式中 $E_0$ 和 $H_0$ 分别是 $E$、$H$ 的振幅. 由于 $E_0$ 和 $H_0$ 之间存在比例关系

$$\sqrt{\varepsilon_r\varepsilon_0}\,E_0=\sqrt{\mu_r\mu_0}\,H_0$$

故

$$\overline{S}\propto E_0^2\text{ 或 }H_0^2 \tag{7.33}$$

即平面电磁波中的能流密度正比于电场或磁场振幅的平方.

由式(7.22a) 和式(7.22b) 及 $u=\frac{1}{\sqrt{\varepsilon\mu}}$ 可得振荡电偶极子的能流密度大小为

$$S = EH = \frac{\mu p_0^2 \omega^4 \sin^2\theta}{(4\pi)^2 r^2 u} \cos^2 \omega\left(t - \frac{r}{u}\right)$$

$S$ 在一个周期内的平均值即平均能流密度为

$$\overline{S} = \frac{\mu p_0^2 \omega^4 \sin^2\theta}{32\pi^2 r^2 u} \tag{7.34}$$

式(7.34)表明，振荡电偶极子的辐射具有方向性，即顺着偶极子的极轴方向无能流，垂直于极轴方向，辐射最强。此外，$\overline{S}$ 和 $\omega^4$ 成正比，只有在频率很高时，才有显著的辐射.

## 7.3.3 电磁场的动量

根据狭义相对论，能量和动量是密切联系的. 由于真空中电磁波是以光速 $c$ 传播的，所以用狭义相对论的光子动量与能量关系式 $W_e = cP$ 可以求得与真空中平面电磁波相联系的空间每单位体积的电磁波动量，即动量密度 $g$ 为

$$g = \frac{w}{c} = \frac{\frac{1}{2}(\boldsymbol{E}\cdot\boldsymbol{D} + \boldsymbol{H}\cdot\boldsymbol{B})}{c} = \frac{\varepsilon_0 E^2}{c}$$

又因为$\frac{E}{H} = \sqrt{\frac{\mu_0}{\varepsilon_0}}$，所以

$$g = \frac{1}{c^2}|\boldsymbol{E}\times\boldsymbol{H}|$$

由于动量是矢量，其方向与电磁波的传播方向相同. 因此上式的矢量形式为

$$\boldsymbol{g} = \frac{1}{c^2}\boldsymbol{E}\times\boldsymbol{H} = \frac{1}{c^2}\boldsymbol{S} \tag{7.35}$$

即电磁波的动量密度的大小正比于能流密度，其方向沿电磁波的传播方向.

由于电磁波带有动量，所以它们在物体表面反射或被吸收时必定产生压强，称为辐射压强. 光是电磁波，它产生的压强称为光压. 可见光的光压一般只有 $10^{-5}$ N/m$^2$. 在康普顿效应中，光在电子上散射时与电子交换动量就是光压起了重要作用；星体外层受到其核心部分的万有引力，相当大一部分靠核心部分的辐射所产生的光压来平衡，也是光压起重要作用的例子.

## 7.3.4 同步辐射

我们已经知道，做加速运动的电荷要产生辐射. 对于作匀速圆周运动的电荷，由于存在向心加速度，所以也要发射电磁波. 例如，在回旋加速器的磁场中作圆周运动的质子或电子就要产生强烈的辐射，这时由加速器提供给粒子的能量将有一部分转变为辐射能. 当粒子的速度接近光速时，粒子辐射的能流密度 $\boldsymbol{S}$ 的角分布形成一个指向前方的锥形瓣(见图 7.8)，随着粒子运动，像一个转动的探照灯束，这种辐射称为同步辐射.

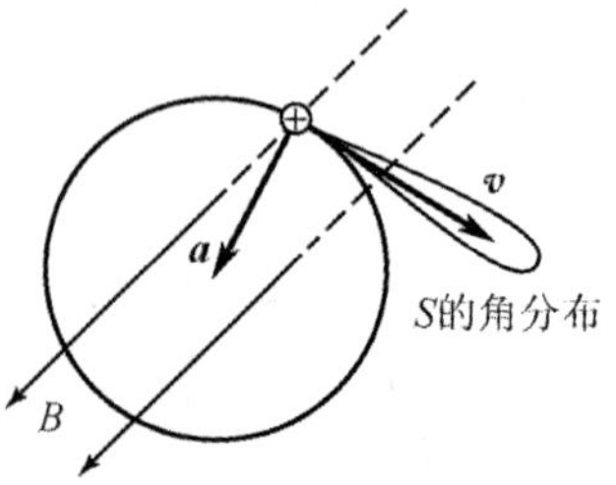


图 7.8 作匀速率圆周运动电荷的同步辐射

同步辐射最早由我国理论物理学家朱洪元于 1946 年提出. 第二年在美国的一台电子同步加速器中发

现了这种辐射. 同步辐射的存在阻碍被加速电子的能量提高，对建造高能加速器是不利的. 但是，20 世纪 70 年代起，人们认识到用同步辐射作光源具有很多优点：同步辐射具有很宽的频率范围（从红外线、可见光、紫外线到 X 射线的连续谱）和很小的发散角（约 $10^{-3}$ mrad），有很好的方向性和很高的亮度，并随着电子的回旋以脉冲形式输出，等等.

由于同步辐射在众多的科技领域中得到愈来愈广泛的应用，从而成为继激光之后的另一新型光源，一些同步加速器成为输出同步辐射光的设备. 现在，我国的北京、合肥以及台湾都建有同步辐射实验室.

在自然界也发现有许多星云或星体发出同步辐射. 例如蟹状星云就发射出很强的连续谱辐射，据分析，这是电子和质子因陷入星体磁场作高速回旋运动而发射出来的同步辐射.

### 7.3.5　电磁场是物质的一种形态

能量和动量都是物质运动的量度，运动是物质的存在形式. 电磁场具有能量和动量，它是物质的一种形态. 我们发现“场”和“实物”之间的界限日渐消失. 研究黑体辐射与光电效应等现象发现光也具有不连续的微观结构，而由电子衍射现象发现，一向被认为是实物粒子的电子也具有波动性. 特别是 1932 年发现，一对正负电子结合后可以转化为 $\gamma$ 射线. 这些事实表明，电磁场和实物一样，也是客观存在的物质. 只是电磁场和实物各具有一些不同的属性，而这些属性还会在一定的条件下相互转化.

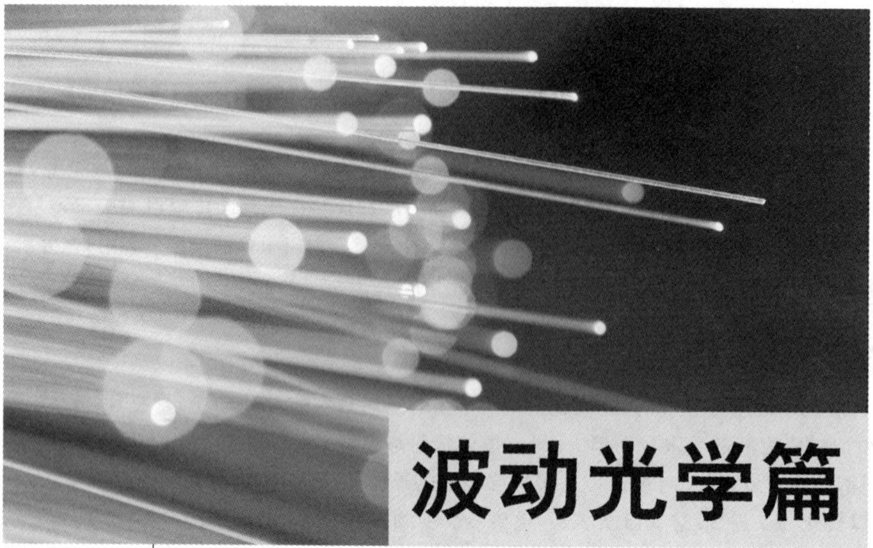

# 波动光学篇

光学是研究光的本性、光的传播和光与物质相互作用等规律的学科.其内容通常分为几何光学、波动光学和量子光学三部分.以光的直线传播为基础,研究光在透明介质中传播规律的光学称为几何光学;以光的波动性质为基础,研究光的传播及规律的光学称为波动光学;以光的粒子性为基础,研究光与物质相互作用规律的光学称为量子光学.

光学是人类历史上发展较早的学科,公元前400多年,我国的《墨经》中就记载了光影关系、小孔成像、反射成像等光的直线传播性能,对光的几何性质已有了较为完全的描述.直到公元1590年琼森(Jonsen)和李普塞(Lippershey)发明了望远镜和17世纪初冯特纳(Fontana)发明了显微镜,才由斯涅耳(Snell)和笛卡儿(Descarte)对光的反射和折射现象的观察结果归结为当今我们所用的反射定律和折射定律.17世纪后半叶,人们对于光的本性的认识曾有两派不同的学说:一派是牛顿所主张的微粒说(至18世纪末一直占主导地位),认为光是一股粒子流;一派是惠更斯所倡导的波动说,认为光是机械振动在"以太"介质中的传播.由于当时科学水平的局限,他们或者把光看作由机械微粒所组成,或者把光看作是一种机械波.这两种观点都没有正确地反映光的客观本质.

19世纪初,逐步发展起来的波动光学体系已初步形成,其中以英国的托马斯·杨(T. Young)和法国的菲涅耳(A. J. Fresnel)的著作为代表.杨氏用双狭缝实验显示了光的干涉现象,测定了光的波长并圆满地解释了"薄膜的颜色"现象;菲涅耳认为光振动是一种连续介质——以太的机械弹性振动,并于1835年以杨氏干涉原理为基础补充了惠更斯波动说,提出了惠更斯-菲涅耳原理,进一步解释了光的干涉和衍射现象.1808年,法国人马吕斯(E. L. Malus)发现了光的偏振现象,托马斯·杨根据这一发现提出光是一种横波.光的干涉、衍射和偏振现象,表明光具有波动性,并且是横波,至此,光的波动说获得了普遍承认.1860年麦克斯韦(C. Maxwell)的理论研究指出,电场和磁场的变化，不能局限在空间的某一部分，而是以一定的速度传播着，且其在真空中的传播速度等于实验测定的光速——$3\times10^{10}$ cm/s，于是麦克斯韦预言：光是一种电磁波．这一结论在 1887 年被赫兹(Hertz)的实验所证实，人们才认识到光不是机械波，而是电磁波，波动光学的理论得以完善．

19 世纪末至 20 世纪初，人们又发现一系列新现象，如热辐射、光电效应、康普顿效应等，不能用光的波动理论来解释．1900 年，普朗克提出了能量子假说，成功地解释了黑体辐射的实验规律，开创了量子光学的新纪元．1905 年，爱因斯坦提出光量子假说，认为光是由大量以光速运动的粒子流——光子组成，圆满地解释了光电效应；之后康普顿又假定光子不仅具有能量，而且具有动量，成功解释了康普顿效应．

光究竟是“微粒”还是“波动”？近代科学实践证明，光是一种十分复杂的客体，关于光的本性问题，只能用它所表现的性质和规律来回答：光在某些方面的行为像“波动”，另一些方面的行为却像“粒子”，即它具有波动和粒子的两重性质，这就是所谓光的波粒二象性．光的这种二重性，已被证实也是一切微观粒子所具有的基本属性．

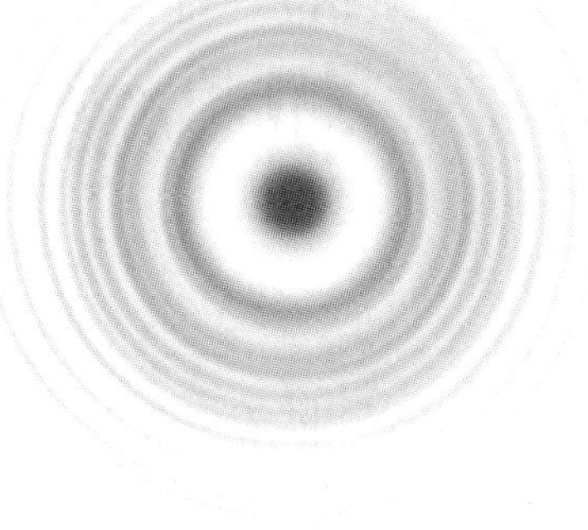

光的干涉、衍射和偏振现象在现代科学技术中的应用已十分广泛，如长度的精密测量、光谱学的测量与分析、光测弹性研究、晶体结构分析等．20 世纪 60 年代以来，由于激光的问世和激光技术的迅速发展，开拓了光学研究和应用的新领域，如全息技术、信息光学、集成光学、光纤通信以及强激光下的非线性光学效应研究等，推动了现代科技的新发展．

本篇先介绍振动与波动，然后从波动的角度来研究光的性质，分别介绍光的干涉、衍射和偏振，它的量子性将在量子论篇介绍．

# 第8章
# 机械振动

物体在某固定位置附近的往复运动叫作机械振动，它是物体一种普遍的运动形式. 例如活塞的往复运动、树叶在空气中的抖动、琴弦的振动、心脏的跳动等都是振动. 物体在受到打击，或摇摆、颠簸、发声时必有振动. 任何一个具有质量和弹性的系统在其运动状态发生突变时都会发生振动.

广义地说，**任何一个物理量在某一量值附近随时间作周期性变化都可以叫作振动**. 例如交流电路中的电流、电压，振荡电路中的电场强度和磁场强度等均随时间作周期性的变化，因此都可以称为振动. 这种振动虽然和机械振动有本质的不同，但它们都具有相同的数学特征和运动规律. 所以，振动不仅是声学、地震学、建筑学、机械制造等必需的基础知识，也是电学、光学、无线电学的基础.

本章主要讨论简谐振动和振动的合成，并简要介绍阻尼振动、受迫振动和共振现象以及非线性振动.

# 8.1　简谐振动的动力学特征

简谐振动是振动中最基本最简单的振动形式，任何一个复杂的振动都可以看成是若干个或是无限多个简谐振动的合成.

一个作往复运动的物体，如果其偏离平衡位置的位移 $x$（或角位移 $\theta$）随时间 $t$ 按余弦（或正弦）规律变化，即

$$x = A\cos(\omega t + \varphi_0) \tag{8.1}$$

则这种振动称为**简谐振动**.

研究表明，作简谐振动的物体（或系统），尽管描述它们偏离平衡位置位移的物理量可以千差万别，但描述它们动力学特征的运动微分方程却完全相同.

## 8.1.1　弹簧振子模型

将轻弹簧（质量可忽略不计）一端固定，另一端与质量为 $m$ 的物体（可视为质点）相连，若该系统在振动过程中弹簧的形变较小（即形变弹簧作用于物体的力总是满足胡克定律），那么，这样的弹簧 — 物体系统称为**弹簧振子**.

如图 8.1 所示，将弹簧振子水平放置，使振子在水平光滑支撑面上振动. 以弹簧处于自然状态（弹簧既未伸长也未压缩的状态）的稳定平衡位置为坐标原点，当振子偏离平衡位置的位移为 $x$ 时，其受到的弹力作用为

$$F = -kx \tag{8.2}$$

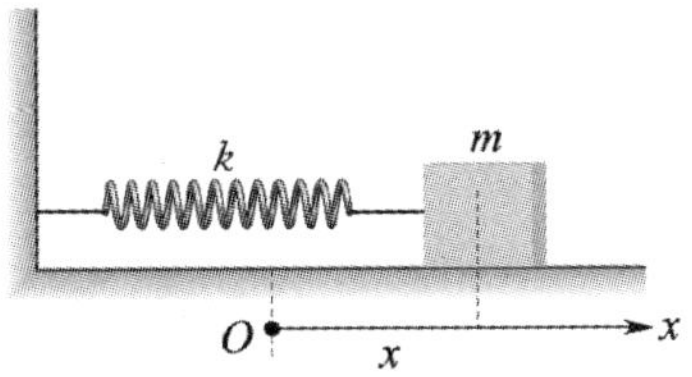

图 8.1　弹簧振子

式中 $k$ 为弹簧的倔强系数，负号表示弹力的方向与振子的位移方向相反. 即振子在运动过程中受到的力总是指向平衡位置，且力的大小与振子偏离平衡位置的位移成正比，这种力就称之为线性回复力.

如果不计阻力（如振子与支撑面的摩擦力，在空气中运动时受到的介质阻力及其他能量损耗），则振子的运动微分方程为

$$-kx = m\frac{d^2x}{dt^2}$$

令

$$\omega^2 = \frac{k}{m} \tag{8.3}$$

则有

$$\frac{d^2x}{dt^2} + \omega^2 x = 0 \tag{8.4}$$

式(8.4) 的解就是式(8.1)①，可知式(8.4) 就是描述简谐振动的运动微分方程. 由此可以给出简谐振动的一种较普遍的定义：如某力学系统的动力学方程可归结为式(8.4) 的形式，且

---

① 根据微分方程理论，式(8.4) 的通解为 $x = Ae^{i(\omega t+\varphi_0)} = A\cos(\omega t + \varphi_0) + iA\sin(\omega t + \varphi_0)$. 在经典物理中只用实数部分表示物理量，描述机械振动通常用余弦函数，所以式(8.4) 的解取式(8.1).

其中 $\omega$ 仅决定于振动系统本身的性质，则该系统的运动即为简谐振动. 能满足式(8.4)的系统，又可称为**谐振子系统**.

### *8.1.2 微振动的简谐近似

上述弹簧振子(谐振子)是一个理想模型. 实际发生的振动大多较为复杂，一方面回复力可能不是弹力，而是重力、浮力或其他的力；另一方面回复力可能是非线性的，只能在一定条件下才可近似当作线性回复力，例如单摆、复摆、扭摆等.

一端固定且不可伸长的细线与可视为质点的物体相连，当它在竖直平面内作小角度($\theta \leqslant 5°$)摆动时，该系统称为**单摆**，如图 8.2 所示.

以摆球为研究对象，单摆的运动可看作绕过 $C$ 点的水平轴转动. 显然，摆球在铅直方向 $CO$ 处为稳定平衡位置(即回复力为零的位置). 当摆线偏离铅直方向 $\theta$ 角时($\theta$ 此处又称角位移)，摆球受到重力 $\boldsymbol{P}$ 与绳拉力 $\boldsymbol{T}$ 的合力，对过 $C$ 点水平轴的力矩为

$$M = -mgl\sin\theta \tag{8.5}$$

式中负号表示力矩的方向总是与角位移的方向相反，将 $\theta$ 值用弧度表示，在 $\theta \leqslant 5°$ 时，则有 $\sin\theta = \theta - \frac{\theta^3}{3!} + \frac{\theta^5}{5!}\cdots$，略去高阶无穷小，式(8.5)可近似简化为

$$M = -mgl\theta \tag{8.6}$$

此时的回复力矩与角位移成正比而反向.

若不计阻力，由转动定律可写出摆球的动力学方程为

$$-mgl\theta = ml^2\frac{\mathrm{d}^2\theta}{\mathrm{d}t^2}$$

令

$$\omega^2 = \frac{g}{l} \tag{8.7}$$

则有

$$\frac{\mathrm{d}^2\theta}{\mathrm{d}t^2} + \omega^2\theta = 0 \tag{8.8}$$

即单摆的小角度摆动是简谐振动.

绕不过质心的水平固定轴转动的刚体称之为**复摆**①，如图 8.3 所示. 质心 $C$ 在铅直位置时为平衡位置，以质心 $C$ 至轴心 $O$ 的距离 $h$ 为摆长，同上分析，当 $\theta \leqslant 5°$ 时复摆的动力学方程为

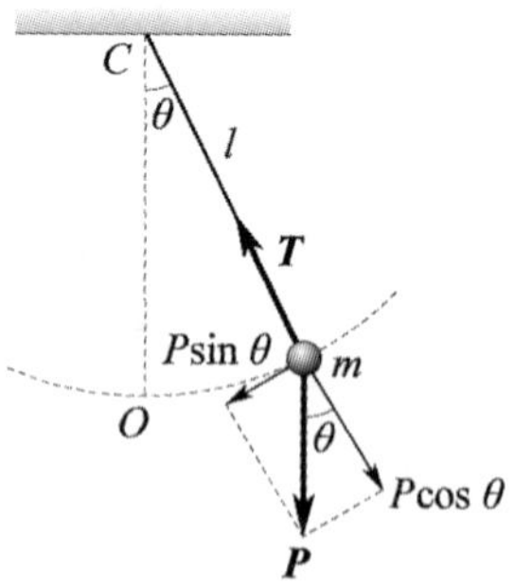


图 8.2 单摆

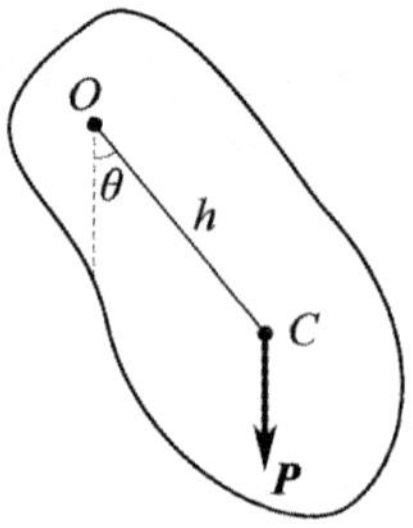


图 8.3 复摆

$$-mgh\theta = J\frac{\mathrm{d}^2\theta}{\mathrm{d}t^2} \tag{8.9}$$

令

$$\omega^2 = \frac{mgh}{J} \tag{8.10}$$

① 若悬线长 $l$ 与"摆球"的线度 $r$ 不满足 $l \gg r$，亦称为复摆.

式中 $J$ 为刚体对过 $O$ 点水平轴的转动惯量，于是式(8.9) 亦可归为式(8.8).

由上述讨论可知，单摆或复摆在小角度摆动情况下，经过近似处理，它们的运动方程与弹簧振子的运动方程具有完全相同的数学形式，即式(8.4)、式(8.8). 进一步的研究表明，任何一个物理量(例如长度、角度、电流、电压以及化学反应中某种化学组分的浓度等) 的变化规律凡满足式(8.4)，且常量 $\omega$ 决定于系统本身的性质，则该物理量作简谐振动.

---

**例 8.1**　一质量为 $m$ 的物体悬挂于轻弹簧下端，不计空气阻力，试证其在平衡位置附近的振动是简谐振动.

**证**　如图 8.4 所示，以平衡位置 $A$ 为原点，向下为 $x$ 轴正向，设某一瞬时振子的坐标为 $x$，则物体在振动过程中的运动方程为

$$m\frac{d^2x}{dt^2}=-k(x+l)+mg$$

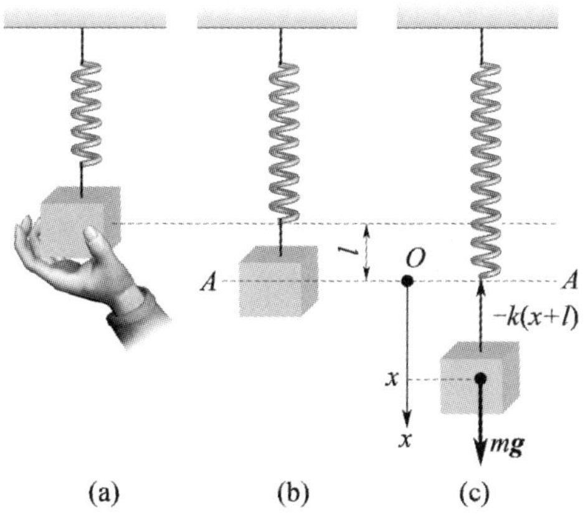


图 8.4

式中 $l$ 是弹簧挂上重物后的静伸长，因为 $mg=kl$，所以上式为

$$m\frac{d^2x}{dt^2}=-kx$$

即为

$$\frac{d^2x}{dt^2}+\omega^2x=0$$

式中 $\omega^2=\dfrac{k}{m}$. 于是该系统作简谐振动.

上例说明：若一个谐振子系统受到一个恒力(以使系统中不出现非线性因素为限) 作用，只要将其坐标原点移至恒力作用下新的平衡位置，则该系统仍是一个与原系统动力学特征相同的谐振子系统. 此时的回复力 $-k(x+l)+mg$ 称为**准弹性力**.

---

## 8.2　简谐振动的运动学

### 8.2.1　简谐振动的运动学方程

如前所述，微分方程

$$\frac{d^2x}{dt^2}+\omega^2x=0$$

的解可写作

$$x = A\cos(\omega t + \varphi_0) \tag{8.11}$$

式中 $A$ 和 $\varphi_0$ 是由初始条件确定的两个积分常数.式(8.11)称为**简谐振动的运动学方程**.

由于

$$\cos(\omega t + \varphi_0) = \sin(\omega t + \varphi_0 + \frac{\pi}{2})$$

令

$$\varphi' = \varphi_0 + \frac{\pi}{2}$$

则式(8.11)亦可写成

$$x = A\sin(\omega t + \varphi')$$

可见简谐振动的运动规律也可用正弦函数表示.本教材对机械振动统一用余弦函数表示.

### 8.2.2 描述简谐振动的三个重要参量

**1. 振幅 A**

按简谐振动运动学方程,物体的最大位移不能超过 $A$,物体偏离平衡位置的最大位移(或角位移)的绝对值叫作**振幅**.显然,振幅 $A$ 是由初始条件决定.

简谐振动的运动学方程和它对时间的一阶导数(简谐振动的速度方程)分别如下:

$$\begin{cases} x = A\cos(\omega t + \varphi_0) \\ v = -\omega A\sin(\omega t + \varphi_0) \end{cases} \tag{8.12}$$

将初始条件 $t = 0, x = x_0, v = v_0$ 代入,得

$$\begin{cases} x_0 = A\cos\varphi_0 \\ -\dfrac{v_0}{\omega} = A\sin\varphi_0 \end{cases} \tag{8.13}$$

取二式平方和,即求出振幅

$$A = \sqrt{x_0^2 + (\frac{v_0}{\omega})^2} \tag{8.14}$$

例如,当 $t = 0$ 时,物体位移为 $x_0$,而振速为零,此时的 $|x_0|$ 即为振幅,又 $t = 0$ 时,物体在平衡位置,而初速为 $v_0$,则 $A = |\frac{v_0}{\omega}|$,可见此时初速越大,振幅越大.

**2. 周期、频率、圆频率**

物体作简谐振动时,周而复始完成一次全振动所需的时间叫作简谐振动的**周期**,用 $T$ 表示.由周期函数的性质,有

$$\begin{aligned} A\cos(\omega t + \varphi_0) &= A\cos[\omega(t + T) + \varphi_0] \\ &= A\cos(\omega t + \varphi_0 + 2\pi) \end{aligned}$$

由此可知

$$T = \frac{2\pi}{\omega} \tag{8.15}$$

和周期密切相关的另一物理量是**频率**,即单位时间内系统所完成的完全振动的次数,用 $\nu$ 表示

$$\nu = \frac{1}{T} = \frac{\omega}{2\pi} \tag{8.16}$$

在国际单位制中,$\nu$ 的单位是"赫兹"(符号是 Hz).

由式(8.16),有

$$\omega = \frac{2\pi}{T} = 2\pi\nu \tag{8.17}$$

表示系统在 $2\pi$ s 内完成的完全振动的次数,称之为**圆频率**(又称**角频率**). 由上节讨论可知,简谐振动的圆频率 $\omega$ 是由系统的力学性质决定的,故又称之为固有(本征) 圆频率. 例如:

弹簧振子 $\qquad \omega = \sqrt{\dfrac{k}{m}}$

单摆 $\qquad \omega = \sqrt{\dfrac{g}{l}}$

复摆 $\qquad \omega = \sqrt{\dfrac{mgh}{J}}$

由此确定的振动周期称之为固有(本征) 周期. 例如:

弹簧振子 $\qquad T = 2\pi\sqrt{\dfrac{m}{k}} \qquad (8.18)$

单摆 $\qquad T = 2\pi\sqrt{\dfrac{l}{g}} \qquad (8.19)$

复摆 $\qquad T = 2\pi\sqrt{\dfrac{J}{mgh}} \qquad (8.20)$

**3. 相位和初相位**

简谐振动的振幅确定了振动的范围,频率或周期则描绘了振动的快慢. 不过仅有参量 $A$ 和 $\omega$ 还不能确切告诉我们振动系统在任意瞬时的运动状态. 式(8.12) 表明,只有在 $A$、$\omega$、$\varphi_0$ 为已知时,系统的振动状态才是完全确定的. 能确定系统任意时刻振动状态的物理量

$$\varphi = \omega t + \varphi_0 \tag{8.21}$$

叫作简谐振动的**相位**(或称周相). 例如,由式(8.12) 可知,当相位$(\omega t_1 + \varphi_0) = \dfrac{\pi}{2}$ 时,有 $x = 0$,$v = -\omega A$,其表明系统此时的振动状态是:振子处于平衡位置并以速率 $\omega A$ 向 $x$ 轴负方向运动;当相位$(\omega t_2 + \varphi_0) = 3\pi/2$ 时,有 $x = 0$,$v = \omega A$,此时系统的振动状态为:振子处于平衡位置并以速率 $\omega A$ 向 $x$ 轴正向运动. 可见,在 $t_1$ 和 $t_2$ 时刻,振动相位不同,系统的振动状态就不相同. 反之,系统一个确定的振动状态必与一个确定的振动相位对应. 例如,若某时刻系统的位移为 $x = A/2$,而速度 $v > 0$(即向正最大位移方向移动),则由式(8.12) 可推知,与此运动状态对应的振动相位为 $\varphi = -\pi/3$(或 $5\pi/3$).

两振动相位之差 $\Delta\varphi = \varphi_2 - \varphi_1$,称作**相位差**. 若相位差等于零或 $2\pi$ 的整数倍,则称两振动相位相同(或同相),如果两振动的振幅和频率也相同,则表明此时它们的振动状态相同;若 $\Delta\varphi = (2k+1)\pi$,则称两振动的相位相反(或反相),表明它们的运动状态相反;若 $0 < \Delta\varphi < \pi$,则称 $\varphi_2$ 超前于 $\varphi_1$,或说 $\varphi_1$ 滞后于 $\varphi_2$. 总之,相位差的不同,反映了两个振动不同程度的参差错落.

用相位表征简谐振动的运动状态还能充分地反映简谐振动的周期性. 简谐振动在一个周期内所经历的运动状态每时每刻都不相同,从相位来理解,这相当于相位经历了从 0 到 $2\pi$ 的变化过程. 因此,对于一个以某个振幅和频率振动的系统,若它们的运动状态相同,则它们所对应的相位差必定为 $2\pi$ 或 $2\pi$ 的整数倍.

$t = 0$ **时的相位叫初相位**. 由式(8.13) 可得

$$\tan\varphi_0 = -\frac{v_0}{\omega x_0} \tag{8.22}$$

可见，初相位也是由初始条件确定.

由式(8.22)求出的值，代入式(8.12)，使两式均成立的 $\varphi_0$ 值，即为该振动的初相位值.

若已知振子的初始振动状态，则可直接由式(8.12)分析得出其初相位. 例如，若 $t=0$，$x_0=-A/2$，而 $v<0$，由式(8.12)可推知，与此振动状态对应的初相位为 $\varphi_0=2\pi/3$.

### 8.2.3 简谐振动的旋转矢量表示法

在研究简谐振动问题时，常采用一种较为直观的几何方法，即**旋转矢量表示法**.

如图 8.5 所示，从坐标原点 $O$(平衡位置)画一矢量 $\boldsymbol{A}$，使它的模等于简谐振动的振幅 $A$，并令 $t=0$ 时 $\boldsymbol{A}$ 与 $x$ 轴的夹角等于简谐振动的初相位 $\varphi_0$，然后使 $\boldsymbol{A}$ 以等于角频率 $\omega$ 的角速度在平面上绕 $O$ 点作逆时针转动，这样作出的矢量称为旋转矢量. 显然，旋转矢量 $\boldsymbol{A}$ 任一时刻在 $x$ 轴上的投影 $x=A\cos(\omega t+\varphi_0)$ 就描述了一个简谐振动，矢端沿圆周运动的速度大小等于 $\omega A$，其方向与 $x$ 轴的夹角等于 $(\omega t+\varphi_0+\pi/2)$，在 $x$ 轴上的投影为 $\omega A\cos(\omega t+\varphi_0+\pi/2)=-\omega A\sin(\omega t+\varphi_0)$，这就是简谐振动的速度方程；矢端作圆周运动的加速度为 $a_n=\omega^2 A$，它与 $x$ 轴的夹角为 $(\omega t+\varphi_0+\pi)$，所以加速度在 $x$ 轴上的投影为

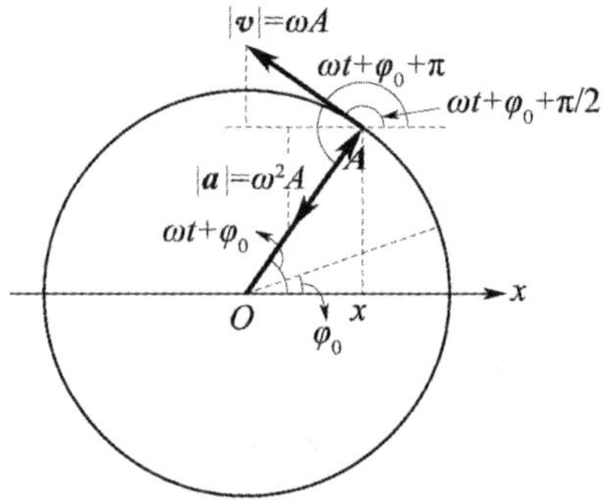

图 8.5

$$\omega^2 A\cos(\omega t+\varphi_0+\pi) = -\omega^2 A\cos(\omega t+\varphi_0) = -\omega^2 x$$

以上讨论表明简谐振动速度的相位比位移超前 $\frac{\pi}{2}$，加速度的相位比速度超前 $\frac{\pi}{2}$，比位移超前 $\pi$.

---

**例 8.2** 弹簧振子沿 $x$ 轴作简谐振动，振幅为 0.4 m，周期为 2 s，当 $t=0$ 时，位移为 0.2 m，且向 $x$ 轴负方向运动. 求简谐振动的振动方程，并画出 $t=0$ 时的旋转矢量图.

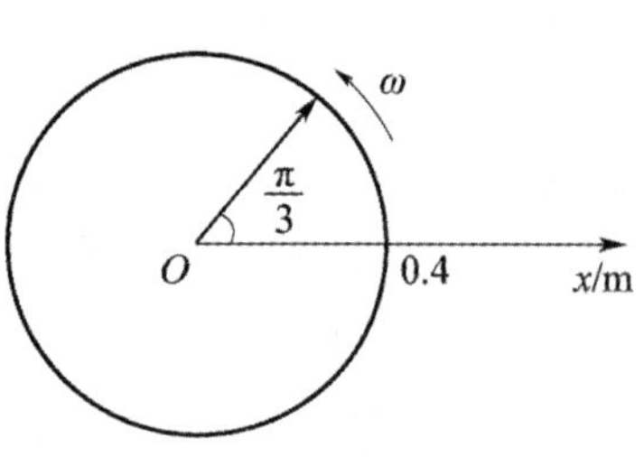

图 8.6

**解** 设此简谐振动的振动方程为

$$x=A\cos(\omega t+\varphi_0)$$

则其速度为

$$v=\frac{dx}{dt}=-\omega A\sin(\omega t+\varphi_0)$$

将 $A=0.4$ m，$\omega=\frac{2\pi}{T}=\pi$ 和 $t=0$ 时，$x_0=0.2$ m，代入 $x=A\cos(\omega t+\varphi_0)$ 得

$$\varphi_0=\pm\frac{\pi}{3}$$

再由 $t=0$ 时，$v_0<0$ 的条件，得 $v_0=-0.4\pi\sin\varphi_0<0$，所以

$$\varphi_0=\frac{\pi}{3}$$

于是此简谐振动的振动方程为　$x = 0.4\cos\left(\pi t + \frac{\pi}{3}\right)$ (m)

$t = 0$ 时的旋转矢量图如图 8.6 所示.

**例 8.3**　已知简谐振动曲线如图 8.7 所示,试写出其振动方程.

**解**　设简谐振动方程为

$$x = A\cos(\omega t + \varphi_0)$$

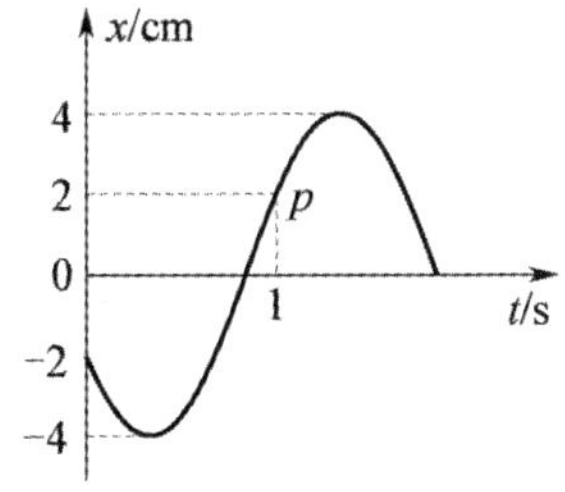

图 8.7　简谐振动曲线

从图中易知 $A = 4$ cm,下面只需求出 $\varphi_0$ 和 $\omega$ 即可.从图中分析可知,$t = 0$ 时,$x_0 = -2$ cm,且 $v_0 = \frac{\mathrm{d}x}{\mathrm{d}t} < 0$(由曲线的斜率决定),代入振动方程,有　$-2 = 4\cos\varphi_0$

故 $\varphi_0 = \pm\frac{2}{3}\pi$,又由 $v_0 = -\omega A\sin\varphi_0 < 0$,得 $\sin\varphi_0 > 0$,因此只能取 $\varphi_0 = \frac{2}{3}\pi$.

再从图中分析,$t = 1$ s 时,$x = 2$ cm,$v > 0$,代入振动方程有

$$2 = 4\cos(\omega + \varphi_0) = 4\cos\left(\omega + \frac{2}{3}\pi\right)$$

即

$$\cos\left(\omega + \frac{2}{3}\pi\right) = \frac{1}{2}$$

所以 $\omega + \frac{2}{3}\pi = \frac{5}{3}\pi$ 或 $\frac{7}{3}\pi$(应注意这里不能取 $\pm\frac{\pi}{3}$).

因同时要满足 $v = -\omega A\sin\left(\omega + \frac{2}{3}\pi\right) > 0$,即 $\sin\left(\omega + \frac{2}{3}\pi\right) < 0$,故应取 $\omega + \frac{2}{3}\pi = \frac{5}{3}\pi$,即 $\omega = \pi$,所以振动方程为

$$x = 4\cos\left(\pi t + \frac{2}{3}\pi\right)\ \text{cm}$$

用旋转矢量法也可以简单地求出简谐振动的 $\varphi_0$ 和 $\omega$.如图 8.8 所示,在 $x$-$t$ 曲线的左侧作 $Ox$ 轴与位移坐标轴平行,由振动曲线可知,$a$、$b$ 两点对应于 $t = 0$ s、1 s 时刻的振动状态,可确定这两个时刻旋转矢量的位置分别为 $\overrightarrow{Oa}$ 和 $\overrightarrow{Ob}$.下面作详细说明:由 $a$ 向 $Ox$ 轴作垂线,其交点就是 $t = 0$ 时刻旋转矢量端点的投影点.已知该处 $x_0 = -2$ cm,且此时刻 $v_0 < 0$,故旋转矢量应在 $Ox$ 轴左侧,它与 $Ox$ 轴正向的夹角 $\varphi_0 = \frac{2}{3}\pi$,就是 $t = 0$ 时刻的振动相位,即初相;又由 $x$-$t$ 曲线中 $b$ 点向 $Ox$ 轴作垂线,其交点就是 $t = 1$ s 时刻旋转矢量端点的投影点,

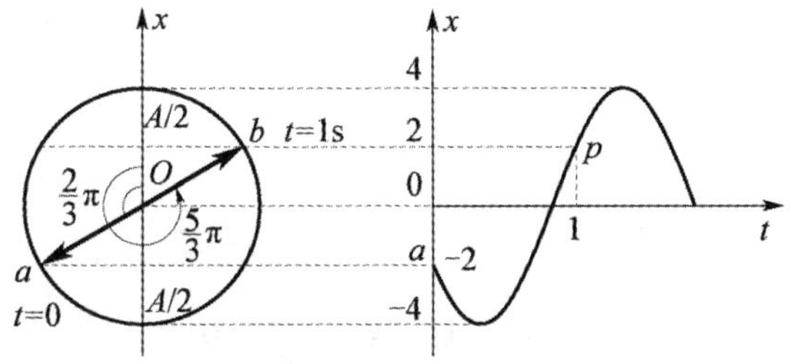

图 8.8

该处 $x=2$ cm 且 $v>0$，故此时刻旋转矢量应在 $Ox$ 轴的右侧，它与 $Ox$ 轴的夹角 $\varphi=\frac{5}{3}\pi$ 就是该时刻的振动相位，即 $\omega+\frac{2}{3}\pi=\frac{5}{3}\pi$，解得 $\omega=\pi$.

## 8.3 简谐振动的能量

下面以弹簧振子为例来说明简谐振动的能量.

设振子质量为 $m$，弹簧的倔强系数为 $k$，在某一时刻的位移为 $x$，速率为 $v$，即

$$x=A\cos(\omega t+\varphi_0)$$
$$v=-\omega A\sin(\omega t+\varphi_0)$$

于是振子所具有的振动动能和振动势能分别为

$$E_k=\frac{1}{2}mv^2=\frac{1}{2}m\omega^2A^2\sin^2(\omega t+\varphi_0)=\frac{1}{2}kA^2\sin^2(\omega t+\varphi_0) \tag{8.23}$$

$$E_p=\frac{1}{2}kx^2=\frac{1}{2}kA^2\cos^2(\omega t+\varphi_0) \tag{8.24}$$

这说明弹簧振子的动能和势能是按余弦或正弦函数的平方随时间变化的. 图 8.9 表示初相位 $\varphi_0=0$ 时，简谐振子的动能、势能和总能量随时间变化的曲线. 显然，动能最大时，势能最小，而动能最小时，势能最大. 简谐振动的过程正是动能和势能相互转换的过程.

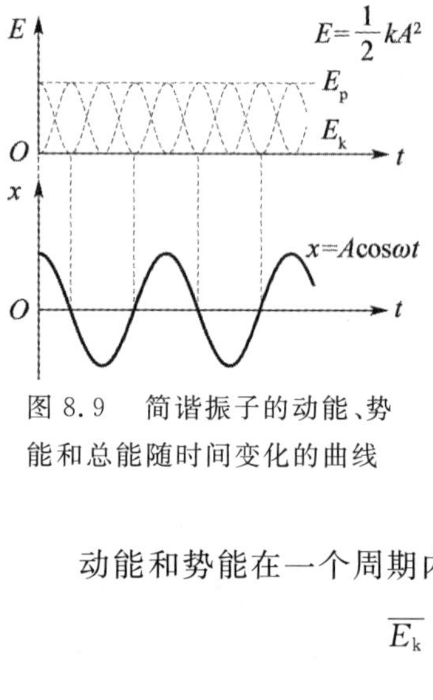


图 8.9 简谐振子的动能、势能和总能随时间变化的曲线

将式(8.23)和式(8.24)相加，即得**简谐振动的总能量**为

$$E=\frac{1}{2}kA^2=\frac{1}{2}m\omega^2A^2=\frac{1}{2}mv_m^2 \tag{8.25}$$

即简谐振动系统在振动过程中机械能守恒. 从力学观点看，这是因为做简谐振动的系统都是孤立的保守系统. 此外，式(8.25)还说明简谐振动的能量正比于振幅的平方和系统固有角频率的平方.

动能和势能在一个周期内的平均值为

$$\overline{E_k}=\frac{1}{T}\int_0^T E_k(t)\mathrm{d}t$$
$$=\frac{1}{T}\int_0^T\frac{1}{2}kA^2\sin^2(\omega t+\varphi_0)\mathrm{d}t=\frac{1}{4}kA^2$$

同理，有

$$\overline{E_p}=\frac{1}{4}kA^2$$

即

$$\overline{E_k}=\overline{E_p}=\frac{1}{4}kA^2=\frac{1}{2}E \tag{8.26}$$

**动能和势能在一个周期内的平均值相等，且均等于总能量的一半.**

上述结论虽是从弹簧振子这一特例推出，但具有普遍意义，适用于任何一个谐振动系统.

对于实际的振动系统，可以通过讨论它的势能曲线来研究其能否做简谐振动近似处理.

设系统沿 $x$ 轴振动，其势能函数为 $E_p(x)$，如果势能曲线存在一个极小值，该位置就是系统的稳定平衡位置. 在该位置(取 $x=0$) 附近将势能函数用级数展开为

$$E_p(x)=E_p(0)+\left(\frac{dE_p}{dx}\right)_{x=0}x+\frac{1}{2}\left(\frac{d^2E_p}{dx^2}\right)_{x=0}x^2+\cdots$$

由于在 $x=0$ 的平衡位置处有 $\frac{dE_p}{dx}=0$，若系统是作微振动，当 $\left(\frac{d^2E_p}{dx^2}\right)_{x=0}\neq 0$ 时，可略去 $x^3$ 以上高阶无穷小，得到

$$E_p(x)\approx E_p(0)+\frac{1}{2}\left(\frac{d^2E_p}{dx^2}\right)_{x=0}x^2$$

根据保守力与势能函数的关系 $F=-\frac{dE_p(x)}{dx}$，将上式两边对 $x$ 求导可得

$$F=-\left(\frac{d^2E_p}{dx^2}\right)_{x=0}x(=-kx) \tag{8.27}$$

这说明，一个微振动系统一般都可以当作谐振动处理. 图 8.10(a)、(b) 分别是双原子分子的势能曲线和晶体中晶格离子的势能曲线，由上面讨论可知，这些原子或离子在其平衡位置附近的振动都可当作简谐振动.

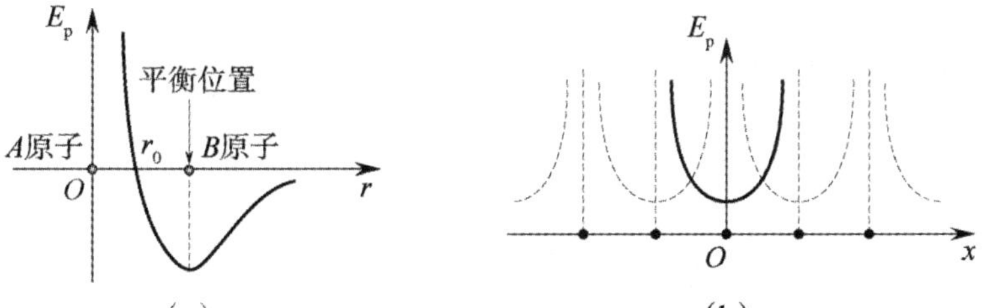


图 8.10 双原子分子和晶格离子的势能曲线

**例 8.4** 如图 8.11 所示，光滑水平面上的弹簧振子由质量为 $M$ 的木块和倔强系数为 $k$ 的轻弹簧构成. 现有一个质量为 $m$，速度为 $\boldsymbol{u}_0$ 的子弹射入静止的木块后陷入其中，此时弹簧处于自由状态. (1) 试写出该谐振子的振动方程；(2) 求出 $x=\frac{A}{2}$ 处系统的动能和势能.

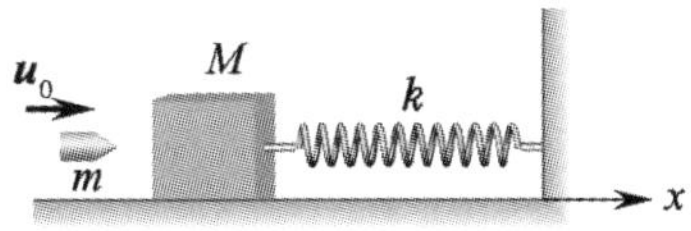


图 8.11

**解** (1) 子弹射入木块过程中，水平方向动量守恒. 设子弹陷入木块后两者的共同速度为 $\boldsymbol{V}_0$，则有

$$mu_0=(m+M)\boldsymbol{V}_0$$

$$\boldsymbol{V}_0=\frac{m}{m+M}u_0$$

取弹簧处于自由状态时，木块的平衡位置为坐标原点，水平向右为 $x$ 轴正方向，并取木块和子弹一起开始向右运动的时刻为计时起点. 因此初始条件为 $x_0=0$，$v_0=V_0>0$，而子弹射入木块后简谐振动系统的圆频率为

$$\omega = \sqrt{\frac{k}{m+M}}$$

设简谐振动系统的振动方程为 $x = A\cos(\omega t + \varphi_0)$，将初始条件代入得

$$\begin{cases} 0 = A\cos\varphi_0 \\ V_0 = -\omega A\sin\varphi_0 > 0 \end{cases}$$

联立求出

$$\varphi_0 = \frac{3}{2}\pi$$

$$A = -\frac{V_0}{\omega\sin\varphi_0} = \frac{mu_0}{\sqrt{k(m+M)}}$$

所以简谐振子的振动方程为

$$\begin{aligned} x &= A\cos(\omega t + \varphi_0) \\ &= \frac{mu_0}{\sqrt{k(m+M)}}\cos\left(\sqrt{\frac{k}{m+M}}t + \frac{3}{2}\pi\right) \end{aligned}$$

(2) $x = \dfrac{A}{2}$ 时简谐振动系统的势能和动能分别为

$$E_p = \frac{1}{2}kx^2 = \frac{1}{2}k\left(\frac{A}{2}\right)^2 = \frac{m^2u_0^2}{8(m+M)}$$

$$E_k = E - E_p = \frac{1}{2}kA^2 - \frac{1}{8}kA^2 = \frac{3}{8}kA^2 = \frac{3m^2u_0^2}{8(m+M)}$$

## 8.4 简谐振动的合成*

在实际问题中，常常遇到一个物体同时参与两个或更多个振动的情况．在一定条件下，合振动的位移等于各个分振动位移的矢量和．

### 8.4.1 同方向同频率简谐振动的合成

设质点同时参与两个同方向同频率的简谐振动

$$x_1 = A_1\cos(\omega t + \varphi_{10})$$
$$x_2 = A_2\cos(\omega t + \varphi_{20})$$

因两分振动在同一方向上进行，故质点的合位移等于两个位移的代数和，即

$$x = x_1 + x_2 = A_1\cos(\omega t + \varphi_{10}) + A_2\cos(\omega t + \varphi_{20}) \tag{8.28}$$

利用三角恒等式，上式可化为

$$x = A\cos(\omega t + \varphi_0)$$

式中合振幅 $A$ 和初相 $\varphi_0$ 值分别为

$$A = \sqrt{A_1^2 + A_2^2 + 2A_1A_2\cos(\varphi_{20} - \varphi_{10})} \tag{8.29}$$

$$\tan\varphi_0 = \frac{A_1\sin\varphi_{10} + A_2\sin\varphi_{20}}{A_1\cos\varphi_{10} + A_2\cos\varphi_{20}} \tag{8.30}$$

* 简谐振动的合成又可称为振动的叠加，只有线性振动才能叠加．因此，本节的各种结论对非线性振动无效．

由此可见,**同方向同频率的简谐振动合成后仍为一简谐振动**,其频率与分振动频率相同,合振动的振幅、相位由两分振动的振幅 $A_1$、$A_2$ 及初相位 $\varphi_{10}$、$\varphi_{20}$ 决定.

利用旋转矢量讨论上述问题则更为简洁直观. 如图 8.12 所示,所示取坐标轴 $Ox$,画出两分振动的旋转矢量$\boldsymbol{A}_1$ 和 $\boldsymbol{A}_2$,它们与 $x$ 轴的夹角分别为 $\varphi_{10}$ 和 $\varphi_{20}$,并以相同角速度 $\omega$ 逆时针方向旋转. 因两分矢量$\boldsymbol{A}_1$、$\boldsymbol{A}_2$ 的夹角恒定不变,所以合矢量$\boldsymbol{A}$ 的模保持不变,而且同样以角速度 $\omega$ 旋转. 图中矢量$\boldsymbol{A}$ 即 $t=0$ 时的合成振动矢量,任一时刻合振动的位移等于该时刻$\boldsymbol{A}$ 在 $x$ 轴上的投影,即

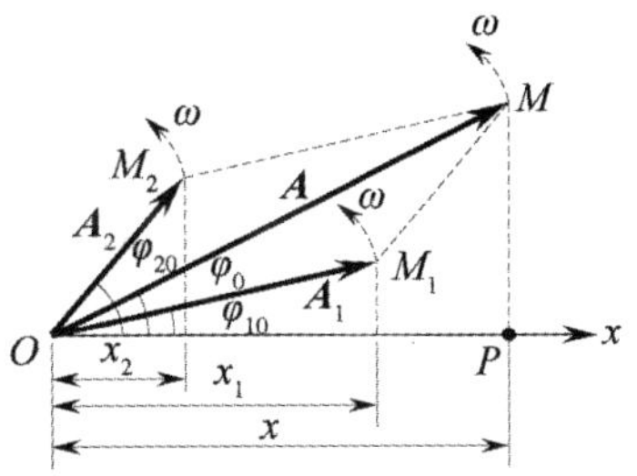

图 8.12 旋转矢量法求同一直线两简谐振动的合成

$$x = A\cos(\omega t + \varphi_0)$$

可见合振动是振幅为 $A$、初相位为 $\varphi_0$ 的简谐振动,其圆频率与两分振动相同,和前文结论一致. 利用图中几何关系,可求得合振动的振幅 $A$、初相位 $\varphi_0$ 分别为(8.29)、(8.30) 两式.

现进一步讨论合振动的振幅与两分振动相位差之间的关系. 由式(8.29) 可知:

(1) 相位差 $\varphi_{20}-\varphi_{10}=\pm 2k\pi(k=0,1,2,\cdots)$ 时

$$A = \sqrt{A_1^2 + A_2^2 + 2A_1A_2} = A_1 + A_2 \tag{8.31}$$

即两分振动相位相同时,合振幅等于两分振动振幅之和,合成振幅最大.

(2) 相位差 $\varphi_{20}-\varphi_{10}=\pm(2k+1)\pi(k=0,1,2,\cdots)$ 时

$$A = \sqrt{A_1^2 + A_2^2 - 2A_1A_2} = |A_1 - A_2| \tag{8.32}$$

即两分振动相位相反时,合振幅等于两分振幅之差的绝对值,合成振幅最小.

一般情况下,两分振动既不同相亦非反相,合振幅在 $A_1+A_2$ 与 $|A_1-A_2|$ 之间.

同方向同频率简谐振动的合成原理,在讨论声波、光波及电磁辐射的干涉和衍射时经常用到.

### *8.4.2 同方向不同频率简谐振动的合成

设质点同时参与两个同方向,但频率分别为 $\omega_1$ 和 $\omega_2$ 的简谐振动. 为突出频率不同引起的效果,设两分振动的振幅相同,且初相均等于 $\varphi$,即

$$x_1 = A\cos(\omega_1 t + \varphi)$$
$$x_2 = A\cos(\omega_2 t + \varphi)$$

合振动的位移为

$$x = x_1 + x_2 = A\cos(\omega_1 t + \varphi) + A\cos(\omega_2 t + \varphi)$$

利用三角恒等式可求得

$$x = 2A\cos\left(\frac{\omega_2 - \omega_1}{2}t\right)\cos\left(\frac{\omega_2 + \omega_1}{2}t + \varphi\right) \tag{8.33}$$

由上式可知,合振动不是简谐振动. 但若两分振动的频率满足 $\omega_2+\omega_1 \gg |\omega_2-\omega_1|$,则合振动表现出非常值得注意的特点. 这时式(8.33) 中第一项因子 $2A\cos\frac{\omega_2-\omega_1}{2}t$ 的周期要比另一因子 $\cos\frac{\omega_2+\omega_1}{2}t$ 的周期长得多. 于是可将式(8.33) 表示的运动看作是振幅按照 $\left|2A\cos\frac{\omega_2-\omega_1}{2}t\right|$ 缓慢变化,而圆频率等于 $\frac{\omega_2+\omega_1}{2}$ 的"准简谐振动",这是一种振幅有周期性变化的"简谐振动". 或者说,合振动描述的是一个高频振

动受到一个低频振动调制的运动，如图 8.13 所示. 这种振幅时大时小的现象叫作"**拍**".

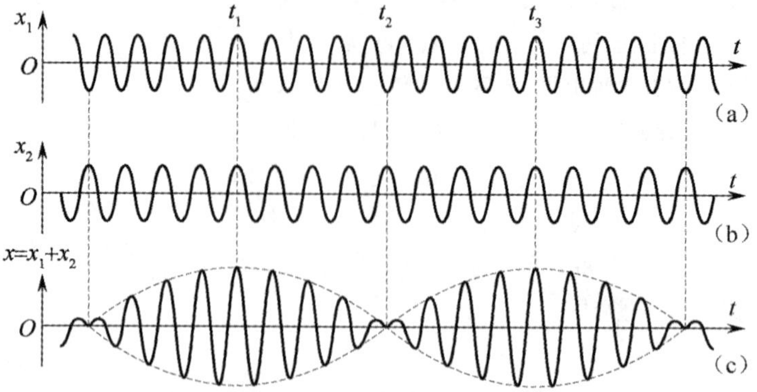


图 8.13　拍的形成

合振幅每变化一个周期称为一拍，单位时间内拍出现的次数(合振幅变化的频率) 叫作**拍频**. 由于振幅只能取正值，因此拍 $\left|2A\cos\frac{\omega_2-\omega_1}{2}t\right|$ 的圆频率应为调制频率的 2 倍，即

$$\omega_{拍}=|\omega_2-\omega_1|$$

于是拍频为

$$\nu_{拍}=\frac{\omega_{拍}}{2\pi}=\left|\frac{\omega_2}{2\pi}-\frac{\omega_1}{2\pi}\right|=|\nu_2-\nu_1| \tag{8.34}$$

这就是说，拍频等于两个分振动频率之差.

拍现象在声振动、电磁振荡和波动中经常遇到. 例如，当两个频率相近的音叉同时振动时，就可听到时强时弱的"嗡、嗡 ……" 的拍音. 人耳能区分的拍音低于每秒 7 次. 利用拍现象还可以测定振动频率，校正乐器和制造拍振荡器等.

上述关于拍现象的讨论只限于线性叠加. 当两个不同频率的分振动出现物理上非线性耦合时，就可能出现"同步锁模" 现象，即两个振动系统锁定在同一频率上. 历史上首先注意这种现象的是 17 世纪的惠更斯，偶然的因素使他发现了家中挂在同一木板墙壁上的两个挂钟因相互影响而同步的现象. 以后的观察表明，这种锁模现象也发生在"生物钟" 内. 在电子示波器中，人们充分利用这一原理把波形锁定在屏幕上.

### *8.4.3　振动的频谱分析

由上面讨论可知，几个不同频率的简谐振动合成后可成为一个复杂的振动. 反之，一个复杂的振动也可以分解成若干个或无穷多个简单的简谐振动. 确定一个复杂振动能包含的各种简谐振动的频率及其对应的振幅称为**频谱分析**.

在数学上，一个周期为 $T$ 的周期函数可表示为

$$x(t+T)=x(t) \tag{8.35}$$

按傅里叶级数展开为

$$x(t)=\frac{a_0}{2}+\sum_{n=1}^{\infty}[a_n\cos n\omega t+b_n\sin n\omega t] \tag{8.36}$$

式中

$$\omega=2\pi\nu=\frac{2\pi}{T}$$

这就是说，如果把周期振动 $x(t)$ 看成一个复杂的振动，则这一振动可以看成是许多简谐振动的叠加，或者说，可以分解成许多个简谐振动. 这些简谐振动中有一个最小的频率 $\nu_0$，称为**基频**，其他频率都是基频的整数倍，为 $n\nu_0$，例如 $2\nu_0$，$3\nu_0$，…，它们分别称为二次，三次，…… **谐频**. 不同的振动分解为简谐振动时，式(8.36) 中的系数 $a_n$、$b_n$ 是不同的，$a_n$、$b_n$ 表示 $n$ 次谐频振动的振幅，它可以反映各种频率的振动在合振动中所占的比例.

例如，图 8.14 所示的方波，根据数学计算有

$$x = \frac{A}{2} + \frac{2A}{\pi}\sin\omega t + \frac{2A}{3\pi}\sin 3\omega t + \frac{2A}{5\pi}\sin 5\omega t + \cdots = x_0 + x_1 + x_2 + x_3 + \cdots$$

式中第一项可看成周期为无穷大的零频项，第二、三、四项就是频率分别为 $\nu_0$、$3\nu_0$、$5\nu_0$ 的简谐振动，其振动曲线分别如图 8.14(b)、(c)、(d) 所示，它们的合振动曲线就接近方波了. 所取项数越多，则合成波越接近方波. 如果以频率为横坐标，各频率对应的振幅为纵坐标，可作出如图 8.15 所示的频谱图. 频谱图上可直观地反映出不同频率的振动在合振动中所占的比例. 对于周期振动，其频谱图是分立的，对于非周期振动，例如脉冲等，其频谱图是连续的. 这是因为，非周期振动的傅里叶展开是一个积分. 即

$$x = f(t) = \int_0^{\infty} A(\omega)\cos\omega t\,\mathrm{d}\omega + \int_0^{\infty} B(\omega)\sin\omega t\,\mathrm{d}\omega \tag{8.37}$$

频谱分析是一种很有用的方法. 例如，用钢琴、提琴、手风琴等演奏同一音阶时，我们能分辨出是由哪几种乐器在演奏. 因为它们虽然基频相同，但谐频不同，或者说频谱不同. 只要做出各种乐器的频谱图，就可以用电子琴来模拟. 频谱分析还在机械制造、地震学、电子技术、光谱分析中有重要的应用.

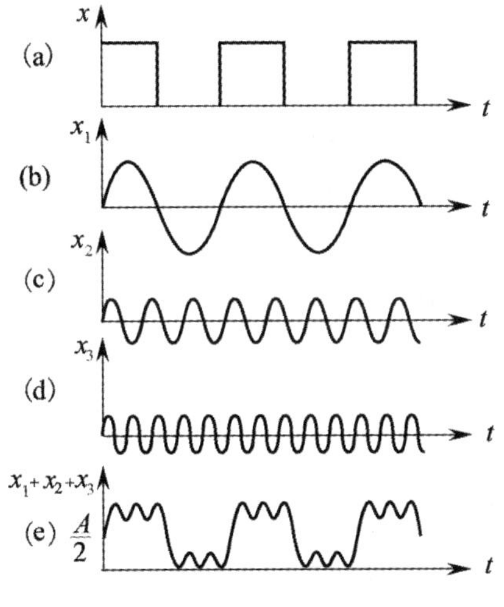


图 8.14　“方波”的分解

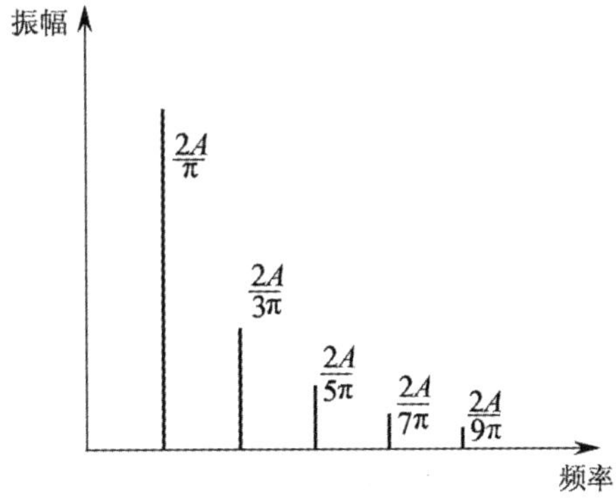


图 8.15　频谱图

**例 8.5**　已知两个简谐振动的 $x$-$t$ 曲线如图 8.16 所示，它们的频率相同，求它们的合振动方程.

**解**　由图中曲线可以看出，两个简谐振动的振幅相同，$A_1 = A_2 = A = 5$ cm，周期均为 $T = 0.1$ s，因而圆频率为

$$\omega = \frac{2\pi}{T} = 20\pi$$

由 $x$-$t$ 曲线(1) 可知，简谐振动(1) 在 $t = 0$ 时，$x_{10} = 0$，$v_{10} > 0$，因此可求出(1) 振动的初相位 $\varphi_{10} = -\frac{\pi}{2}$.

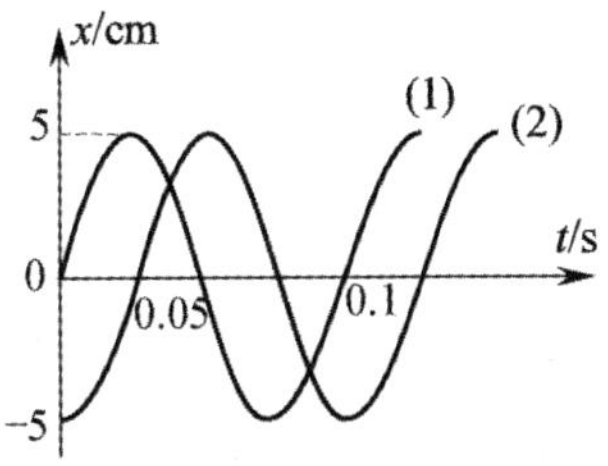


图 8.16

又由 $x$-$t$ 曲线(2) 可知，简谐振动(2) 在 $t = 0$ 时，$x_{20} = -5$ cm $= -A$，因此可求出(2) 振动的初相位 $\varphi_{20} = \pm\pi$.

由上面求得的 $A$、$\omega$ 和 $\varphi_{10}$、$\varphi_{20}$，可写出振动(1) 和(2) 的振动方程分别为

$$x_1 = 5\cos(20\pi t - \frac{\pi}{2})\ \text{cm}$$

$$x_2 = 5\cos(20\pi t \pm \pi)\ \text{cm}$$

因此合振动的振幅和初相位分别为

$$A' = \sqrt{A_1^2 + A_2^2 + 2A_1A_2\cos(\varphi_{20} - \varphi_{10})} = \sqrt{2A^2 + 2A^2 \times 0} = \sqrt{2}A = 5\sqrt{2}$$

$$\varphi_0 = \arctan\frac{A_1\sin\varphi_{10} + A_2\sin\varphi_{20}}{A_1\cos\varphi_{10} + A_2\cos\varphi_{20}} = \arctan 1 = \frac{\pi}{4}\ \text{或}\ \frac{5}{4}\pi$$

但由 $x$-$t$ 曲线可知 $t=0$ 时，$x = x_1 + x_2 = -5$ cm，因此，$\varphi_0$ 应取 $\frac{5}{4}\pi$，故合成简谐振动方程为

$$x = 5\sqrt{2}\cos\left(20\pi t + \frac{5}{4}\pi\right)\ \text{cm}.$$

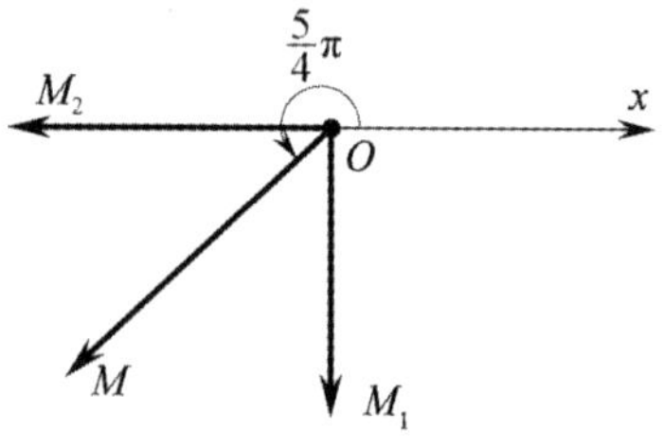

图 8.17

事实上，从 $x$-$t$ 曲线分析出两个分振动(1)和(2)的振动方程后，用旋转矢量法求合振动方程更简单一些. 如图 8.17 所示，在取定了 $Ox$ 轴的原点后，分别画出两个旋转矢量 $\overrightarrow{OM_1}$ 和 $\overrightarrow{OM_2}$ 代表两个简谐振动(1)和(2)，其中 $\overline{OM_1} = \overline{OM_2} = 5$ cm，由 $\overrightarrow{OM_1}$ 与 $\overrightarrow{OM_2}$ 两个矢量合成的矢量 $\overrightarrow{OM}$ 就是代表合振动的旋转矢量，由矢量合成的方法，从图中很容易求出合振动振幅和初相位分别为

$$A' = \sqrt{2}\,\overline{OM_1} = 5\sqrt{2}\ \text{cm},\quad \varphi_0 = \frac{5}{4}\pi.$$

合振动方程为

$$x = 5\sqrt{2}\cos\left(20\pi t + \frac{5}{4}\pi\right)\text{cm}$$

---

### *8.4.4 两个相互垂直的同频率简谐振动的合成

上面讨论了同一直线上两个简谐振动的合成，另外也存在方向不同的两个简谐振动的合成问题. 在后一类问题中，特别是两简谐振动相互垂直的情况，在电学、光学中有着广泛而重要的应用.

当一个质点同时参与两个不同方向的简谐振动时，质点的位移是这两个振动的位移的矢量和. 在一般情况下，质点将在平面上作曲线运动. 质点轨道的各种形状由两个振动的频率、振幅和相位差等决定. 下面先讨论两个相互垂直的同频率简谐振动的合成情况.

设质点同时参与两个相互垂直方向上的简谐振动，一个沿 $x$ 轴方向，另一个沿 $y$ 轴方向，并且两振动频率相同，以质点的平衡位置为坐标原点，两个振动方程分别为

$$x = A_1\cos(\omega t + \varphi_{10})$$

$$y = A_2\cos(\omega t + \varphi_{20})$$

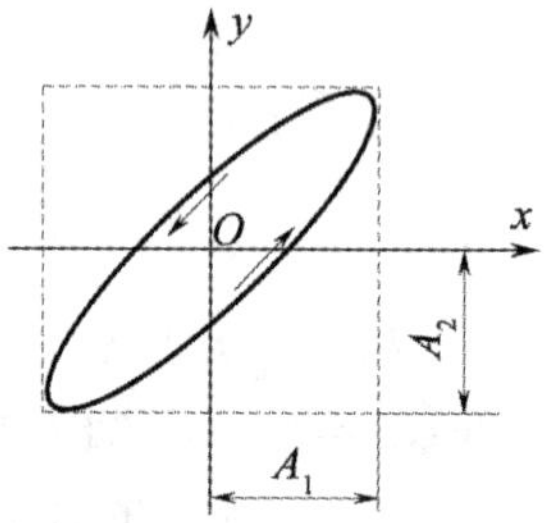

图 8.18　两个相互垂直简谐振动的合成

在任何时刻 $t$，质点的位置是 $(x, y)$；$t$ 改变时，$(x, y)$ 也改变. 所以这两个方程就是含参变量 $t$ 的质点的**运动方程**，消去时间参数 $t$，便得到质点合振动的轨道方程：

$$\frac{x^2}{A_1^2} + \frac{y^2}{A_2^2} - 2\frac{xy}{A_1A_2}\cos(\varphi_{20} - \varphi_{10}) = \sin^2(\varphi_{20} - \varphi_{10}) \qquad (8.38)$$

由上式可知，**质点合振动的轨道一般为椭圆**，如图 8.18 所示. 因为质点在两

个垂直方向上的位移 $x$ 和 $y$ 只在一定范围内变化，所以，椭圆轨道不会超出以 $2A_1$ 和 $2A_2$ 为边长的矩形范围. 当两个分振动振幅 $A_1$、$A_2$ 给定时，椭圆的其他性质(长短轴及方位)由两个分振动的相位差($\varphi_{20}-\varphi_{10}$)决定. 下面讨论几种特殊情况：

(1) $\varphi_{20}-\varphi_{10}=0$，即两个分振动相位相同，这时式(8.38)变为

$$\left(\frac{x}{A_1}-\frac{y}{A_2}\right)^2=0$$

即

$$y=\frac{A_2}{A_1}x \quad 或 \quad \frac{x}{A_1}=\frac{y}{A_2}$$

合振动的轨迹为通过原点且在第一、第三象限内的直线，其斜率为两个分振动的振幅之比$\frac{A_2}{A_1}$，如图8.19(a)所示. 在任一时刻 $t$，质点离开平衡位置的位移(即合振动的位移)为

$$S=\sqrt{x^2+y^2}=\sqrt{A_1^2+A_2^2}\cos(\omega t+\varphi)$$

上式表明，这种情况下合振动也是谐振动，且与原来两个分振动频率相同，但振幅为 $\sqrt{A_1^2+A_2^2}$.

(2) $\varphi_{20}-\varphi_{10}=\pi$，即两个分振动相位相反，当其中一个分振动达到正最大时，另一个达到负最大，此时式(8.38)变为

$$\left(\frac{x}{A_1}+\frac{y}{A_2}\right)^2=0$$

即

$$\frac{x}{A_1}=-\frac{y}{A_2} \quad 或 \quad y=-\frac{A_2}{A_1}x$$

其合振动的轨迹仍为一直线(在二、四象限内)，但直线的斜率为$\left(-\frac{A_2}{A_1}\right)$. 质点将在此直线上作振幅为 $\sqrt{A_1^2+A_2^2}$、圆频率为 $\omega$ 的谐振动，如图8.19(b)所示.

(3) $\varphi_{20}-\varphi_{10}=\frac{\pi}{2}$，即 $y$ 方向上的分振动比 $x$ 方向上的分振动超前$\frac{\pi}{2}$，此时式(8.38)变为

$$\frac{x^2}{A_1^2}+\frac{y^2}{A_2^2}=1$$

即合振动的轨迹为以 $x$ 轴和 $y$ 轴为轴线的椭圆，两个半轴分别为 $A_1$ 和 $A_2$，如图8.19(c)所示. 这时两个分振动方程为

$$x=A_1\cos(\omega t+\varphi_{10})$$

$$y=A_2\cos\left(\omega t+\varphi_{10}+\frac{\pi}{2}\right)$$

当某一瞬时$(\omega t+\varphi_{10})=0$时，则 $x=A_1$，$y=0$，质点在图中 $P$ 点；下一瞬间，有$(\omega t+\varphi_{10})>0$，因而此时 $x$ 将略小于 $A_1$，同时此瞬间的$\left(\omega t+\varphi_{10}+\frac{\pi}{2}\right)$略大于$\frac{\pi}{2}$，故 $y<0$，质点将处于第四象限，因此可判定质点沿椭圆的运动方向是顺时针的.

(4) $\varphi_{20}-\varphi_{10}=-\frac{\pi}{2}$，即 $x$ 方向上的分振动比 $y$ 方向上的分振动超前$\frac{\pi}{2}$，与上面(3)中类同的分析知，合振动的轨迹仍为以 $x$ 轴和 $y$ 轴为轴线的椭圆，如图5.19(d)所示，但质点的运动方向与以上相反.

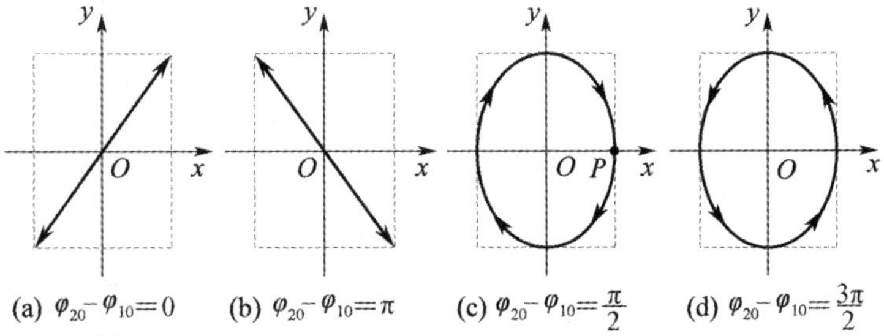


(a) $\varphi_{20}-\varphi_{10}=0$　(b) $\varphi_{20}-\varphi_{10}=\pi$　(c) $\varphi_{20}-\varphi_{10}=\frac{\pi}{2}$　(d) $\varphi_{20}-\varphi_{10}=\frac{3\pi}{2}$

图8.19　几个不同相位差的垂直振动的合成轨迹

在上面(3)和(4)中，若两个分振动的振幅相同，即 $A_1=A_2$，则合振动的轨迹为一圆周.

上面是几种特殊情形，一般情况下，若两个分振动的相位差取其他数值，则合振动的轨迹将为形状与

方位各不相同的椭圆，质点的运动方向则可能为顺时针或逆时针，如图 8.20 所示.

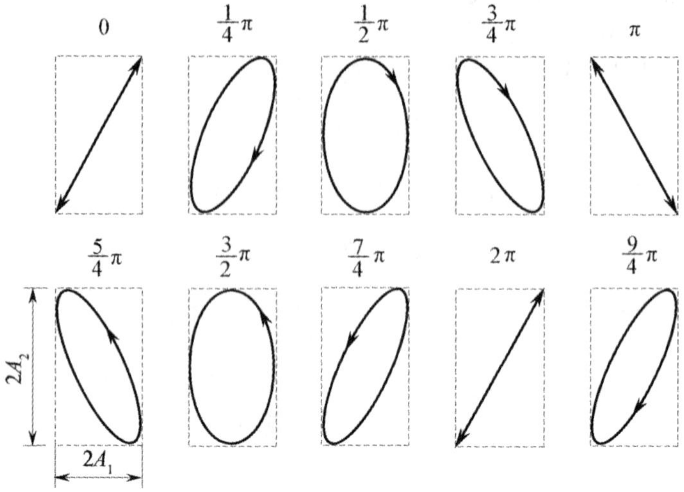


图 8.20　两个相互垂直的振幅不同频率相同的简谐振动的合成

总之，一般来说，两个振动方向相互垂直的同频率的简谐振动合成的结果，合振动轨迹为一直线、圆或椭圆. 轨道的具体形状、方位和运动方向由分振动的振幅和相位差决定. 在电子示波器中，若使相互垂直的正弦变化的电学量频率相同，就可以在屏上观察到合振动的轨迹.

以上讨论也说明：任何一个直线简谐振动、椭圆运动或匀速圆周运动都可以分解为两个相互垂直的同频率的谐振动.

## *8.4.5　两个相互垂直的不同频率简谐振动的合成

一般来说，两个相互垂直的不同频率的谐振动，由于它们的相位差不是定值，其合振动的轨迹不能形成稳定的图案. 如果两个分振动的频率相差很小，则合振动的轨迹将不断地按图 8.21 所示的顺序连续地过

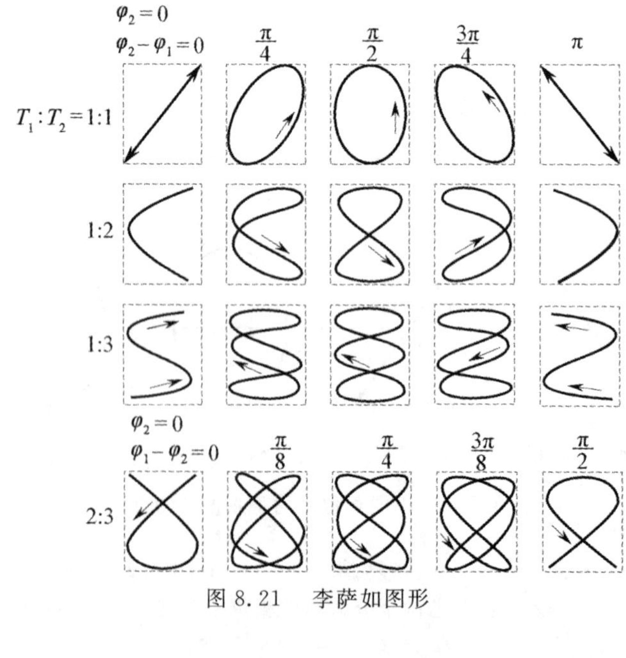


图 8.21　李萨如图形

渡重复变化.如果两个分振动的频率成整数比,则合成振动的轨迹为一封闭的稳定曲线,曲线的花样与两分振动的周期比、初相位以及初相位差有关,得出的图形叫**李萨如图形**.图8.21给出了沿$x$轴和$y$轴的两个分振动的周期比分别为$T_1 : T_2 = 1:1, 1:2, 1:3, 2:3$时几种不同初相位的李萨如图形.在电子示波器中,若使相互垂直的按正弦规律变化的电学量周期成不同的整数比,就可在荧光屏上看到各种不同的李萨如图形.

由于图形花样与两个分振动的频率比有关,因此可以通过李萨如图形的花样来判断两个分振动的频率比,进而由一个振动的已知频率求得另一个振动的未知频率.这是无线电技术中常用的测定未知频率的方法之一.

## *8.5 阻尼振动 受迫振动 共振

### 8.5.1 阻尼振动

前面所讨论的谐振动是一种理想状况,即谐振子系统作无阻尼(无摩擦和辐射损失)的自由振动.它是等幅振动.而在实际中,阻尼是不可消除的,如没有能量补充,由于机械能有损耗,其振幅将不断地衰减.这种振幅随时间不断衰减的振动叫作**阻尼振动**.

下面讨论的是谐振子系统受到弱介质阻力而衰减的情况.弱介质阻力是指当振子运动速度较低时,介质对物体的阻力仅与速度的一次方成正比,即这时阻力为

$$f_r = -\gamma v = -\gamma \frac{dx}{dt} \tag{8.39}$$

$\gamma$称为阻力系数,与物体的形状、大小、物体的表面性质及介质性质有关.

仍以弹簧振子为例,这时振子的动力学方程为

$$m\frac{d^2x}{dt^2} = -kx - \gamma\frac{dx}{dt}$$

令$\omega_0^2 = \frac{k}{m}$,$2\beta = \frac{\gamma}{m}$,上式可化成

$$\frac{d^2x}{dt^2} + 2\beta\frac{dx}{dt} + \omega_0^2 x = 0 \tag{8.40}$$

式中$\omega_0$是系统的固有角频率,$\beta$称阻尼系数.

式(8.40)的解,与阻尼的大小有关.当$\beta \ll \omega_0$时,称为**弱阻尼**,其方程的解为

$$x = A_0 e^{-\beta t}\cos(\omega t + \varphi_0) \tag{8.41}$$

式中$\omega = \sqrt{\omega_0^2 - \beta^2}$,$A_0$和$\varphi_0$依然是由初始条件确定的两个积分常数.阻尼振动的位移随时间变化的曲线如图8.22所示,图中虚线表示阻尼振动的振幅$A_0 e^{-\beta t}$随时间$t$按指数衰减,阻尼越大(在$\beta \ll \omega_0$范围内)振幅衰减越快.阻尼振动的准周期为

$$T = \frac{2\pi}{\omega} = \frac{2\pi}{\sqrt{\omega_0^2 - \beta^2}} > \frac{2\pi}{\omega_0} \tag{8.42}$$

可见,阻尼振动的周期比系统的固有周期长.

若$\beta = \omega_0$,称为**临界阻尼**,这时式(8.40)的解为

$$x = (c_1 + c_2 t)e^{-\beta t} \tag{8.43}$$

此时系统不作往复运动,而是较快地回到平衡位置并停下来.如图8.23(c)所示.

若$\beta > \omega_0$,称为**过阻尼**,此时方程的解为

$$x = c_1 e^{-(\beta - \sqrt{\beta^2 - \omega_0^2})t} + c_2 e^{-(\beta + \sqrt{\beta^2 - \omega_0^2})t} \tag{8.44}$$

这时系统也不作往复运动,而是非常缓慢地回到平衡位置,如图8.23(b)所示.

在实用中,常利用改变阻尼的方法来控制系统的振动情况.例如,各类机器的防震器大多采用一系列的阻尼装置;有些精密仪器,如物理天平、灵敏电流计中装有阻尼装置并调至临界阻尼状态,使测量快捷、准确.

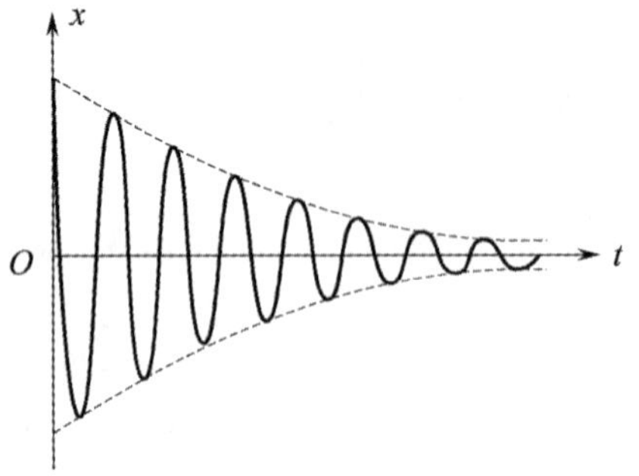


图 8.22 阻尼振动

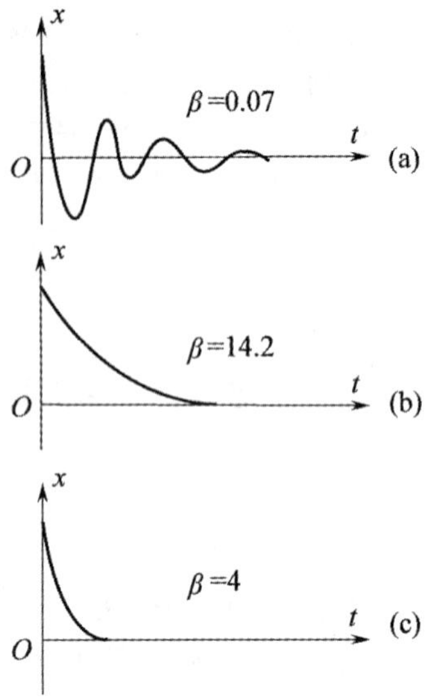


图 8.23 阻尼振动三种情况的比较（图(c) 表示临界阻尼情况）

## 8.5.2 受迫振动

阻尼振动又称减幅振动.要使有阻尼的振动系统维持等幅振动，必须给振动系统不断地补充能量，即施加持续的周期性外力作用.振动系统在周期性外力作用下发生的振动叫作**受迫振动**.这个周期性外力叫作**策动力**.

为简单起见，假设策动力取如下形式

$$F = F_0 \cos pt \tag{8.45}$$

式中 $F_0$ 为策动力的幅值，$p$ 为策动力的频率，这种策动力又称谐和策动力.

仍以弹簧振子为例，讨论弱阻尼谐振子系统在谐和策动力作用下的受迫振动，其动力学方程为

$$m\frac{\mathrm{d}^2 x}{\mathrm{d}t^2} = -kx - \gamma\frac{\mathrm{d}x}{\mathrm{d}t} + F_0\cos pt \tag{8.46}$$

令 $\omega_0^2 = \dfrac{k}{m}, 2\beta = \dfrac{\gamma}{m}, f_0 = \dfrac{F_0}{m}$，可得

$$\frac{\mathrm{d}^2 x}{\mathrm{d}t^2} + 2\beta\frac{\mathrm{d}x}{\mathrm{d}t} + \omega_0^2 x = f_0\cos pt \tag{8.47}$$

该方程的解为

$$x = A_0 \mathrm{e}^{-\beta t}\cos(\omega t + \varphi_0) + A\cos(pt + \varphi) \tag{8.48}$$

由微分方程理论可知，解的第一项实际上是式(8.40) 在弱阻尼下的通解，随着时间的推移，很快就会衰减为零，故第一项称为衰减项.第二项才是稳定项，即式(8.47) 的稳定解为

$$x = A\cos(pt + \varphi) \tag{8.49}$$

可见，**稳定受迫振动的频率等于策动力的频率**.

将式(8.49) 代入式(8.47)，并采用待定系数法可确定稳定受迫振动的振幅为

$$A = \frac{f_0}{\sqrt{(\omega_0^2 - p^2)^2 + 4\beta^2 p^2}} \tag{8.50}$$

这说明，稳定受迫振动的振幅与系统的初始条件无关，而是与系统固有频率、阻尼系数及策动力频率和幅值均有关的函数.

### 8.5.3　共振

共振是受迫振动中一个重要而具有实际意义的现象，下面分别从位移共振和速度共振两方面加以讨论.

**1. 位移共振**

由式(8.50)可知，对于一个给定振动系统，当阻尼和策动力幅值不变时，受迫振动的位移振幅是策动力角频率 $p$ 的函数，它存在一个极值. 受迫振动的位移达极大值的现象称为**位移共振**. 将式(8.50)对 $p$ 求导并令 $\frac{\mathrm{d}A}{\mathrm{d}p}=0$，可求出位移共振的角频率满足

$$p_{\mathrm{r}}=\sqrt{\omega_0^2-2\beta^2} \tag{8.51}$$

显然，共振位移的大小与阻尼有关，其关系如图 8.24 所示.

**2. 速度共振**

系统作受迫振动时，其速度也是与策动力角频率相关的函数，即

$$v=-pA\sin(pt+\varphi)=-v_{\mathrm{m}}\sin(pt+\varphi)$$

式中

$$v_{\mathrm{m}}=pA=\frac{pf_0}{\sqrt{(\omega_0^2-p^2)^2+4\beta^2p^2}} \tag{8.52}$$

称为速度振幅，同样可求出当

$$p_v=\omega_0 \tag{8.53}$$

时，速度振幅有极大值，这种现象称为**速度共振**，如图 8.25 所示. 进一步的研究表明，当系统发生速度共振时，外界能量的输入处于最佳状态，即策动力在整个周期内对系统做正功，用以补偿阻尼引起的能耗. 因此，速度共振又称为**能量共振**. 在弱阻尼情况下，位移共振与速度共振的条件趋于一致，所以一般可以不必区分两种共振.

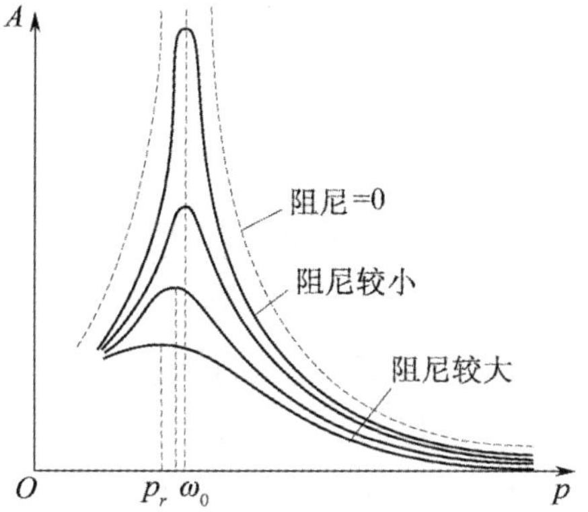


图 8.24　位移共振曲线

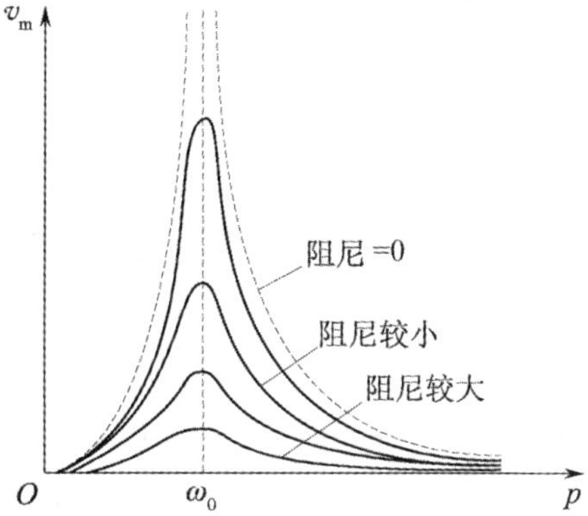


图 8.25　速度共振曲线

共振现象在光学、电学、无线电技术中应用极广. 如收音机的“调谐”就是利用了“电共振”. 此外，如何避免共振对桥梁、烟囱、水坝、高楼等建筑物的破坏，也是设计制造者必须考虑的问题.

# 第 9 章
# 机 械 波

如果在空间某处发生的振动，以有限的速度向四周传播，则这种传播着的振动称为**波**. 机械振动在连续介质内的传播叫作**机械波**；电磁振动在真空或介质中的传播叫作电磁波；近代物理指出，微观粒子以至任何物体都具有波动性，这种波叫作物质波. 不同性质的波动虽然机制各不相同，但它们在空间的传播规律却具有共性.

本章以机械波为例，讨论波动运动规律.

# 9.1 机械波的形成和传播

## 9.1.1 机械波产生的条件

将石子投入平静的水池中,投石处的水质元会发生振动,振动向四周水面传播而泛起的涟漪即为水面波.音叉振动时,引起周围空气的振动,此振动在空气中传播叫作声波.可见,**机械波的产生必须具备两个条件:① 有作机械振动的物体,谓之波源;② 有连续的介质**(从宏观来看,气体、液体、固体均可视作连续体).

如果波动中使介质各部分振动的回复力是弹性力,则称为弹性波.例如,声波即为弹性波.机械波不一定都是弹性波,如水面波就不是弹性波.水面波中的回复力是水质元所受的重力和表面张力,它们都不是弹性力.下面我们只讨论弹性波.

## 9.1.2 横波和纵波

按振动方向与波传播方向之间的关系可分为横波与纵波.振动方向与传播方向垂直的波叫作**横波**,平行的称为**纵波**.

图 9.1 是横波在一根弦线上传播的示意图.将弦线分成许许多多可视为质点的小段,质

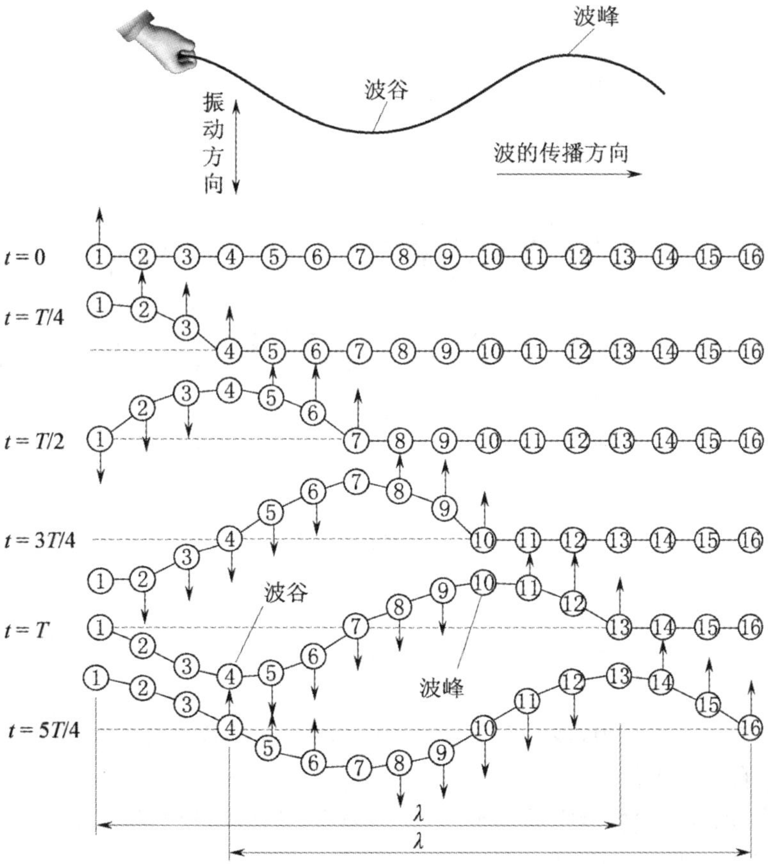


图 9.1 横波传播示意图

点之间以弹性力相联系. 设 $t=0$ 时,质点都在各自的平衡位置,此时质点 1 在外界作用下由平衡位置向上运动. 由于弹性力的作用,质点 1 即带动质点 2 向上运动. 继而质点 2 又带动质点 3……,于是各质点就先后上、下振动起来. 图中画出了不同时刻各质点的振动状态. 设波源的振动周期为 $T$. 由图可知,$t=T/4$ 时,质点 1 的初始振动状态传到了质点 4,$t=T/2$ 时,质点 1 的初始振动状态传到了质点 7……,$t=T$ 时,质点 1 完成了自己的一次全振动,其初始振动状态传到了质点 13. 此时,质点 1 至质点 13 之间各点偏离各自平衡位置的矢端曲线就构成了一个完整的波形. 在以后的过程中,每经过一个周期,就向右传出一个完整波形. 可见沿着波的传播方向向前看去,前面各质点的振动相位都依次落后于波源的振动相位.

横波的振动方向与传播方向垂直. 说明当横波在介质中传播时,介质中层与层之间将发生相对位错,即产生切变. 只有固体能承受切变,因此横波只能在固体中传播.

图 9.2 是纵波在一根弹簧中传播的示意图. 在纵波中,质点的振动方向与波的传播方向平行,因此在介质中就形成稠密和稀疏的区域,故又称为疏密波. 纵波可引起介质产生容变. 固、液、气体都能承受容变,因此纵波能在所有物质中传播. 纵波传播的其他规律与横波相同.

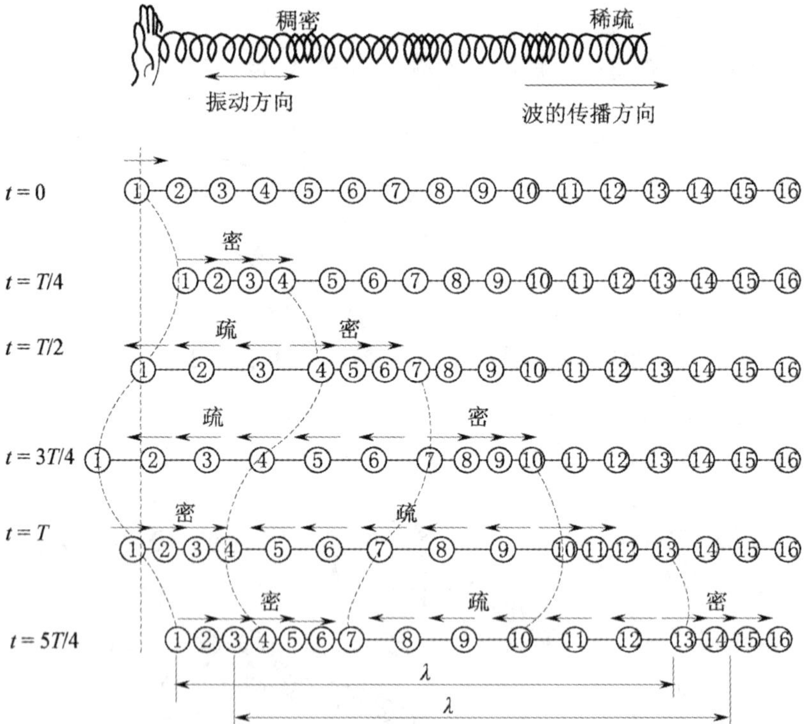


图 9.2　纵波传播示意图

在液面上因有表面张力,故能承受切变. 所以液面波是纵波与横波的合成波. 此时,组成液体的微元在自己的平衡位置附近作椭圆运动.

综上所述,**机械波向外传播的是波源(及各质点)的振动状态和能量.**

### 9.1.3 波线和波面

为了形象地描述波在空间中的传播，我们介绍如下一些概念.

波传播到的空间称为**波场**. 在波场中，代表波的传播方向的射线，称为**波射线**，也简称为**波线**. 波场中同一时刻振动相位相同的点的轨迹，谓之**波面**. 某一时刻波源最初的振动状态传到的波面叫作**波前**，即最前方的波面. 因此，任意时刻只有一个波前，而波面可有任意多个. 如图 9.3 所示.

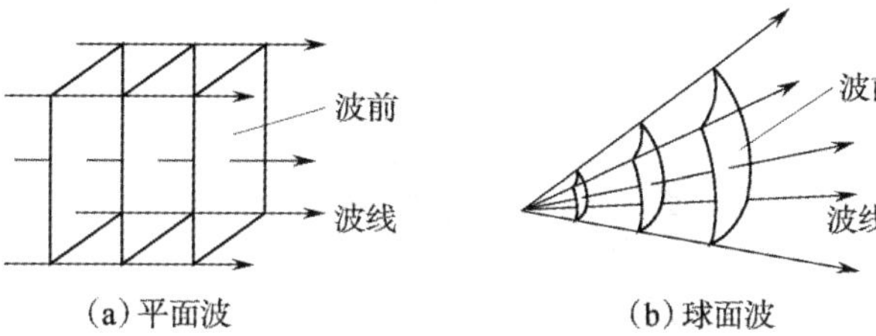


图 9.3 波线和波面

按波面的形状，波可分为平面波、球面波和柱面波等. 在各向同性介质中，波线恒与波面垂直.

### 9.1.4 简谐波

一般来说，波动中各质点的振动是复杂的. 最简单而又最基本的波动是**简谐波**，即波源以及介质中各质点的振动都是谐振动. 这种情况只能发生在各向同性、均匀、无限大、无吸收的连续弹性介质中. 以下我们所提到的介质都是这种理想化的介质. 由于任何复杂的波都可以看成由若干个简谐波叠加而成，因此，研究简谐波具有特别重要的意义.

### *9.1.5 物体的弹性形变

固体、液体和气体在受到外力作用时，不仅运动状态会发生变化，而且其形状和体积也会发生改变，这种改变称为形变. 如果外力不超过一定限度，在外力撤去后，物体的形状和体积能完全恢复原状，这种形变称为弹性形变. 这个外力限度称为弹性限度. 形变有以下几种基本形式：

(1) 长变　如图 9.4 所示，在一棒的两端沿轴向作用两个大小相等、方向相反的一对外力 $F$ 时，其长度发生变化，由 $l$ 变为 $l+\Delta l$，伸长量 $\Delta l$ 的正负(伸长或压缩)由外力方向决定，$\frac{\Delta l}{l}$ 表示棒长的相对改变，称为应变或胁变. 设棒的横截面积为 $S$，则 $\frac{F}{S}$ 称为应力或胁强. 胡克定律指出，在弹性限度范围内，应力与应变成正比，即

$$\frac{F}{S}=E\frac{\Delta l}{l} \tag{9.1}$$

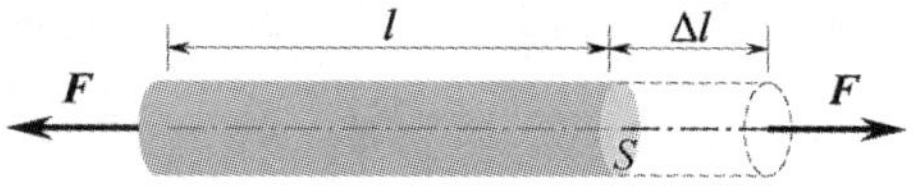


图 9.4 长变

式中比例系数 $E$ 只与材料的性质有关，称为杨氏弹性模量，其定义为

$$E=\frac{F/S}{\Delta l/l} \tag{9.2}$$

（2）切变　如图 9.5 所示，在一块材料的两个相对面上各施加一个与平面平行、大小相等而方向相反的外力 $F$ 时，则块状材料将发生图中所示的形变，即相对面发生相对滑移，称为切变. 设施力的平面面积为 $S$，则 $\frac{F}{S}$ 称为切变的应力或胁强，两个施力的相对面相互错开的角度 $\varphi=\arctan\frac{\Delta d}{b}$ 称为切变的应变或胁变. 根据胡克定律，在弹性限度内，切变的应力和切应变成正比，即

$$\frac{F}{S}=G\varphi \tag{9.3}$$

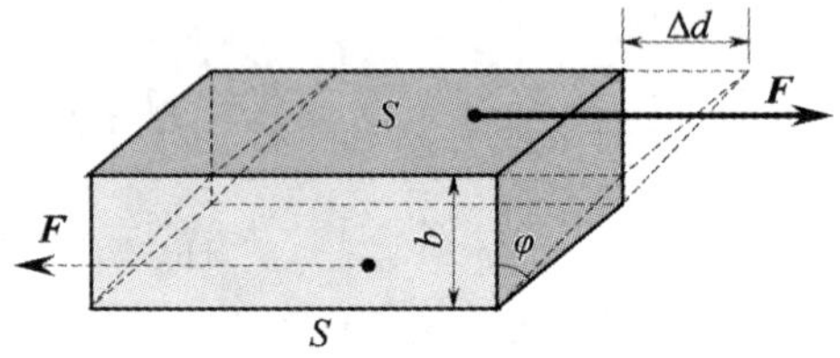


图 9.5　切变

式中 $G$ 是比例系数，只与材料性质有关，称为切变弹性模量，其定义式如下：

$$G=\frac{F/S}{\varphi} \tag{9.4}$$

（3）容变　当物体（固体、液体或气体）周围受到的压力改变时，其体积也会发生改变，这种形变称为容变. 如图 9.6 所示，物体受到的压强由 $p$ 变为 $p+\Delta p$，相应地物体的体积由 $V$ 变为 $V+\Delta V$，显然，$\Delta V$ 与 $\Delta p$ 的符号恒相反. $\frac{\Delta V}{V}$ 表示体积的相对变化，称为容变的应变. 实验表明，在弹性限度内，压强的改变与容应变的大小成正比，即

$$\Delta p=-B\frac{\Delta V}{V} \tag{9.5}$$

式中比例系数 $B$ 只与材料性质有关，称为容变弹性模量，其定义式为

$$B=-\frac{\Delta p}{\Delta V/V} \tag{9.6}$$

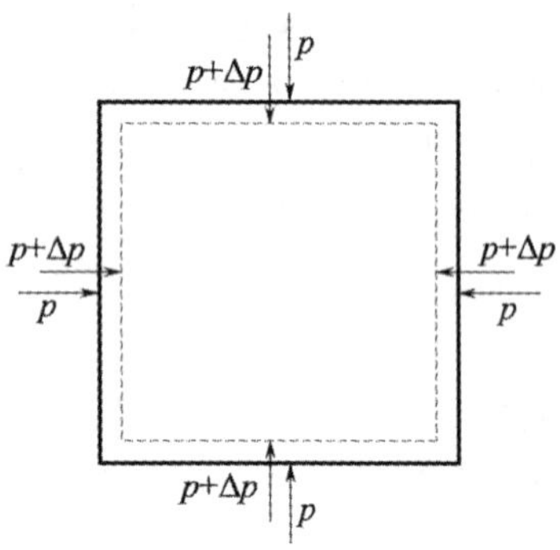


图 9.6　容变

## 9.1.6　描述波动的几个物理量

### 1. 波速

波动是振动状态（即相位）的传播，振动状态在单位时间内传播的距离叫作**波速**，因此波速又称**相速**，用 $u$ 表示. 对于机械波，波速通常由介质的性质决定. 可以证明，对于简谐波，在固体中传播的横波和纵波的波速分别由式（9.7）、式（9.8）确定，即

$$u_{\perp}=\sqrt{\frac{G}{\rho}} \tag{9.7}$$

$$u_{/\!/}=\sqrt{\frac{E}{\rho}} \tag{9.8}$$

式中$G$和$E$分别是介质的切变弹性模量和杨氏模量，$\rho$为介质的密度.对于同一固体介质，一般有 $E>G$，所以 $u_{/\!/}>u_{\perp}$.顺便指出，只有纵波在均匀细长棒中传播时，式(9.8)才准确成立，在非细长棒中，纵向长变过程中引起的横向形变不能忽略，因此，容变不能简化成长变，式(9.8)只能近似成立.

在弦中传播的横波波速为

$$u_{\perp}=\sqrt{\frac{T}{\mu}} \tag{9.9}$$

式中 $T$ 是弦中张力，$\mu$ 为弦的线密度.

在液体或气体中只能传递纵波，其波速为

$$u_{/\!/}=\sqrt{\frac{B}{\rho}} \tag{9.10}$$

式中 $B$ 为介质的容变弹性模量.对于理想气体，若把波的传播过程视为绝热过程，则由分子运动理论及热力学方程可导出理想气体中的声速公式为

$$u=\sqrt{\frac{\gamma p}{\rho}}=\sqrt{\frac{\gamma RT}{M_{\mathrm{mol}}}} \tag{9.11}$$

式中$\gamma$为气体的摩尔热容比，$p$为气体的压强，$\rho$为气体的密度，$T$是气体的热力学温度，$R$是普适气体恒量，$M_{\mathrm{mol}}$ 是气体的摩尔质量.

应该注意，机械波的波速是相对于介质的传播速度.若观察者相对于介质为静止，所测出的波速就是波在介质中的传播速度.如果观察者相对于介质有运动，则应根据速度合成的法则计算出机械波相对于观察者的传播速度.也就是说，当观察者相对于介质有不同的运动时，可观测到不同的波速.此结论不适用于电磁波.

顺便指出，波速与介质中质点的振动速度是两个不同的概念，请读者加以区分.

**2. 波动周期和频率**

波动过程也具有时间上的周期性.**波动周期**是指一个完整波形通过介质中某固定点所需的时间，用 $T$ 表示.周期的倒数叫作频率，**波动频率**即为单位时间内通过介质中某固定点完整波的数目，用$\nu$表示.由于波源每完成一次全振动，就有一个完整的波形发送出去，由此可知，当波源相对于介质为静止时，波动周期即为波源的振动周期，波动频率即为波源的振动频率.波动周期 $T$ 与频率$\nu$之间亦有

$$T=\frac{2\pi}{\omega}=\frac{1}{\nu} \tag{9.12}$$

**3. 波长**

如前所述，同一时刻，沿波线上各质点的振动相位是依次落后的，则同一波线上相邻的相位差为 $2\pi$ 的两质点之间的距离叫作**波长**，用$\lambda$表示.当波源作一次全振动，波传播的距离就等于一个波长，如图9.1所示，因此波长反映了波的空间周期性.显然，波长与波速、周期和频率的关系为

$$\lambda=uT=\frac{u}{\nu} \tag{9.13}$$

此式不仅适用于机械波，也适用于电磁波.

由于机械波的波速仅由介质的力学性质决定，因此，不同频率的波在同一介质中传播时

都具有相同的波速，而同一频率的波在不同介质中传播时其波长不同.

## 9.2 平面简谐波的波函数

平面简谐波在介质中传播，虽然各质点都在各自的平衡位置附近按余弦（或正弦）规律运动，但同一时刻各质点的振动状态却不尽相同. 只有定量地描述出每个质点的振动状态，才算解决了平面简谐波的运动学问题.

在平面简谐波中，波线是一组垂直于波面的平行射线，因此可选用其中一根波线为代表来研究平面波的传播规律. 也就是说，我们所需求的平面简谐波的**波函数**，就是任一波线上任一点的振动方程的通式.

### 9.2.1 平面简谐波的波函数

设有一平面简谐波，在理想介质中沿 $x$ 轴正向传播，$x$ 轴即为某一波线，在此波线上任取一点为坐标原点，并在原点振动相位为零时开始计时，则原点的振动方程为

$$y_0 = A\cos \omega t \tag{9.14}$$

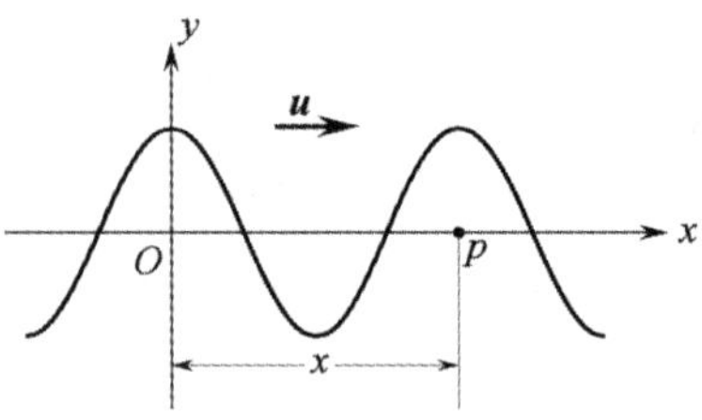

图 9.7　波函数的推导

设 $P$ 为 $x$ 轴上任一点，其坐标为 $x$，而用 $y$ 表示该处质点偏离平衡位置的位移，如图 9.7 所示，现求 $P$ 点的振动方程.

设波动在介质中的传播速度为 $u$，则原点的振动状态传到 $P$ 点所需要的时间为$\Delta t = \dfrac{x}{u}$，因此，$P$ 点在 $t$ 时刻将重复原点在$\left(t-\dfrac{x}{u}\right)$时刻的振动状态，即 $P$ 点在 $t$ 时刻的振动方程为

$$y = A\cos \omega\left(t - \frac{x}{u}\right) \tag{9.15}$$

式(9.15) 就是沿 $x$ 轴正向传播的平面简谐波的表达式，或称波函数，有时也称波动方程①.

如 9.1 节所述，当一列波在介质中传播时，沿着波的传播方向向前看去，前方各质点的振动要依次落后于波源的振动. 因此，式(9.15) 中 $-\dfrac{x}{u}$ 也可理解为 $P$ 点的振动落后于原点振动的时间. 显然，这列波若沿 $x$ 轴负方向传播，则 $P$ 点的振动超前于原点的振动，超前的时间为 $+\dfrac{x}{u}$，此时 $P$ 点的振动方程为

$$y = A\cos \omega\left(t + \frac{x}{u}\right) \tag{9.16}$$

这就是沿 $x$ 轴负向传播的平面简谐波的表达式.

若波源（原点）的振动初相位在开始计时不为零，即

$$y_0 = A\cos(\omega t + \varphi_0) \tag{9.17}$$

---

① 平面简谐波也可用复数表示为 $y(x,t) = Ae^{i\omega\left(t-\frac{x}{u}\right)}$，和简谐振动中一样，在经典物理中我们只取其实部.

由于波源的初相位对波传播过程的贡献是固定的，与波的传播方向、时间、距离无关，因此波函数为

$$y = A\cos\left[\omega\left(t \mp \frac{x}{u}\right) + \varphi_0\right] \tag{9.18}$$

将 $\omega = 2\pi\nu = \frac{2\pi}{T}, u = \frac{\lambda}{T} = \frac{\omega}{2\pi}\lambda$ 代入式(9.18)，经整理，可得到如下几种常用的波函数：

$$y = A\cos\left[2\pi\left(\frac{t}{T} \mp \frac{x}{\lambda}\right) + \varphi_0\right] \tag{9.19}$$

$$y = A\cos\left[2\pi\nu t \mp \frac{2\pi x}{\lambda} + \varphi_0\right] \tag{9.20}$$

$$y = A\cos\left[\frac{2\pi}{\lambda}(ut \mp x) + \varphi_0\right] = A\cos[k(ut \mp x) + \varphi_0] \tag{9.21}$$

式中 $k = \frac{2\pi}{\lambda}$ 称为**波矢**，它表示在 $2\pi$ 长度内所具有的完整波的数目.

### *9.2.2　波函数的物理意义

为了深刻理解平面简谐波波函数的物理意义，下面分几种情况进行讨论.

(1) 如果 $x = x_0$ 为给定值，则位移 $y$ 仅是时间 $t$ 的函数：$y = y(t)$，波函数蜕化为

$$y(t) = A\cos\left(\omega t - \frac{\omega x_0}{u} + \varphi_0\right) = A\cos\left(\omega t - 2\pi\frac{x_0}{\lambda} + \varphi_0\right) \tag{9.22}$$

这就是波线上 $x_0$ 处质点在任意时刻离开自己平衡位置的位移，上式即为 $x_0$ 处质点的振动方程，表明任意坐标 $x_0$ 处质点均在作简谐振动，相应可作出其振动曲线如图 9.8 所示.

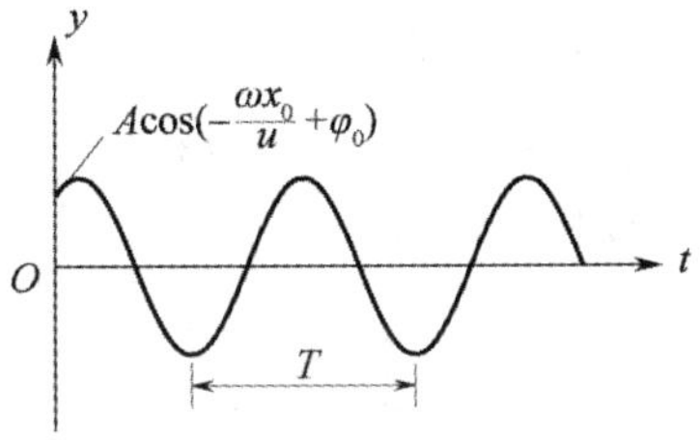


图 9.8　波线上给定点的振动曲线

由式(9.22) 可知，$x_0$ 处质点在 $t = 0$ 时刻的位移为

$$y(0, x_0) = A\cos\left(-\frac{\omega x_0}{u} + \varphi_0\right)$$
$$= A\cos\left(-2\pi\frac{x_0}{\lambda} + \varphi_0\right)$$

该处质点的振动初相位为 $\varphi' = -\frac{\omega x_0}{u} + \varphi_0 = -2\pi\frac{x_0}{\lambda} + \varphi_0$，显然 $x_0$ 处质点的振动相位比原点 $O$ 处质点的振动相位始终落后一个值 $\frac{\omega x_0}{u}$ 或 $2\pi\frac{x_0}{\lambda}$，$x_0$ 越大，相位落后越多，因此，沿着波的传播方向，各质点的振动相位依次落后. $x_0 = \lambda, 2\lambda, 3\lambda, \cdots$ 各处质点的振动相位依次为 $\varphi' = -2\pi + \varphi_0, -4\pi + \varphi_0, -6\pi + \varphi_0, \cdots$ 这正好表明波线上每隔一个波长的距离，质点的振动曲线就重复一次，波长的确代表了波的空间周期性.

由上面的讨论，读者自己可以导出，同一波线上两质点之间的相位差为

$$\Delta\varphi = -\frac{2\pi}{\lambda}(x_2 - x_1) \tag{9.23}$$

(2) 如果 $t=t_0$ 为给定值,则位移 $y$ 只是坐标 $x$ 的函数:$y=y(x)$,波函数变为

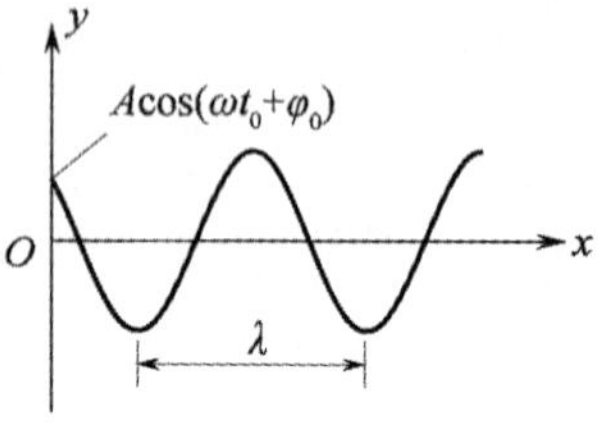

图 9.9 给定时刻($t=t_0$)的波形

$$y=A\cos\left[\omega\left(t_0-\frac{x}{u}\right)+\varphi_0\right] \tag{9.24}$$

这时方程给出了在 $t_0$ 时刻波线上各质点离开各自的平衡位置的位移分布情况,称为 $t_0$ 时刻的**波形方程**. $t_0$ 时刻的波形曲线如图 9.9 所示,它是一条简谐函数曲线,正好说明它是一列简谐波. 应该注意的是,对横波,$t_0$ 时刻的 $y$-$x$ 曲线实际上就是该时刻统观波线上所有质点的分布图形;而对于纵波,波形曲线并不反映真实的质点分布情况,而只是该时刻所有质点的位移分布.

读者自己可以导出同一质点在相邻两个时刻的振动相位差为

$$\Delta\varphi=\omega(t_2-t_1)=\frac{t_2-t_1}{T}2\pi \tag{9.25}$$

这说明波动周期反映了波动在时间上的周期性.

(3) 如果 $t$、$x$ 都在变化,波函数

$$y(t,x)=A\cos\left[\omega\left(t-\frac{x}{u}\right)+\varphi_0\right]$$

给出了波线上各个不同质点在不同时刻的位移,或者说它包括了各个不同时刻的波形,也就是反映了波形不断向前推进的波动传播的全过程.

进一步分析波函数便可更深入了解波动的本质.

根据波函数可知,$t$ 时刻的波形方程为

$$y(x)=A\cos\left[\omega\left(t-\frac{x}{u}\right)+\varphi_0\right]$$

而 $t+\Delta t$ 时刻的波形方程为

$$y(x)=A\cos\left[\omega\left(t+\Delta t-\frac{x}{u}\right)+\varphi_0\right]$$

我们分别用实线和虚线表示 $t$ 时刻和稍后的 $t+\Delta t$ 时刻的两条波形曲线,如图9.10所示,便可形象地看出波形向前传播的图像,波形向前传播的速度就等于波速 $u$.

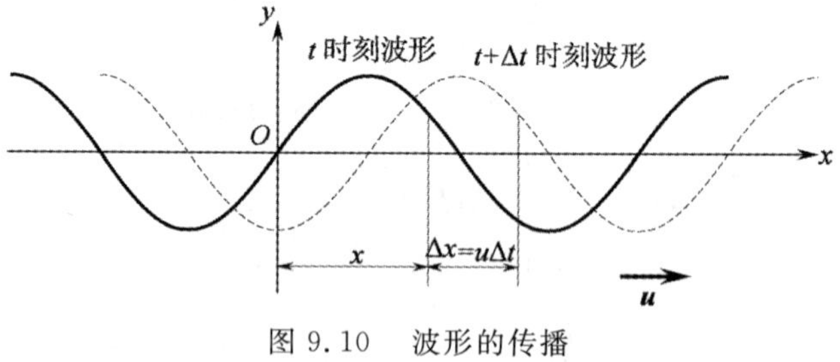

图 9.10 波形的传播

设 $t$ 时刻、$x$ 处的某个振动状态经过 $\Delta t$,传播了 $\Delta x=u\Delta t$ 的距离,用波函数表示即为

$$A\cos\left[\omega\left(t+\Delta t-\frac{x+u\Delta t}{u}\right)+\varphi_0\right]=A\cos\left[\omega\left(t-\frac{x}{u}\right)+\varphi_0\right]$$

亦即

$$y(t+\Delta t,x+\Delta x)=y(t,x) \tag{9.26}$$

这就是说,想获取 $t+\Delta t$ 时刻的波形,只要将 $t$ 时刻的波形沿波的前进方向移动 $\Delta x(=u\Delta t)$ 距离即可得到. 故式(9.26) 描述的波称为**行波**.

# *9.3 波的能量

## 9.3.1 波的能量和能量密度

在波的传播中，载波的介质并不随波向前移动，波源的振动能量则通过介质间的相互作用而传播出去. 介质中各质点都在各自的平衡位置附近振动，因而具有动能；同时，介质因形变而具有弹性势能. 下面我们以介质中任一体积元 $\mathrm{d}V$ 为例来讨论波动能量.

设有一平面简谐波在密度为 $\rho$ 的弹性介质中沿 $x$ 轴正向传播，设其波函数为

$$y = A\cos\left[\omega\left(t-\frac{x}{u}\right)+\varphi_0\right]$$

在坐标为 $x$ 处取一体积元为 $\mathrm{d}V$，其质量为 $\mathrm{d}m=\rho\mathrm{d}V$，视该体积元为质点，当波传播到该体积元时，其振动速度为

$$v=\frac{\partial y}{\partial t}=-A\omega\sin\left[\omega\left(t-\frac{x}{u}\right)+\varphi_0\right]$$

则该体积元的动能为

$$\mathrm{d}E_{\mathrm{k}}=\frac{1}{2}(\mathrm{d}m)v^2=\frac{1}{2}\rho\mathrm{d}VA^2\omega^2\sin^2\left[\omega\left(t-\frac{x}{u}\right)+\varphi_0\right] \tag{9.27}$$

同时，该体积元因形变而具有弹性势能，可以证明(见文中小字)，该体积元的弹性势能为

$$\mathrm{d}E_{\mathrm{p}}=\frac{1}{2}\rho\mathrm{d}VA^2\omega^2\sin^2\left[\omega\left(t-\frac{x}{u}\right)+\varphi_0\right] \tag{9.28}$$

于是该体积元内总的波动能量为

$$\mathrm{d}E=\mathrm{d}E_{\mathrm{k}}+\mathrm{d}E_{\mathrm{p}}=\rho\mathrm{d}VA^2\omega^2\sin^2\left[\omega\left(t-\frac{x}{u}\right)+\varphi_0\right] \tag{9.29}$$

上式表明，波动在介质中传播时，介质中任一体积元的总能量随时间作周期性变化. 这说明该体积元和相邻的介质之间有能量交换. 体积元的能量增加时，它从相邻介质中吸收能量；体积元的能量减少时，它向相邻介质释放能量. 这样，能量不断地从介质中的一部分传递到另一部分. 所以，**波动过程也就是能量传播的过程.**

应当注意，波动的能量和谐振动的能量有着明显的区别. 在一个孤立的谐振动系统中，它和外界没有能量交换，所以机械能守恒且动能和势能在不断地相互转换，当动能有极大值时势能为极小，当动能为极小值时势能为极大. 而在波动中，体积内总能量不守恒，且同一体积元内的动能和势能是同步变化的，即动能有极大值时势能也为极大，反之亦然. 如图 9.11 所示，横波在绳上传播时，平衡位置 $Q$ 处体积元的速度最大因而动能最大，此时 $Q$ 处体积元的相对形变也最大，因此弹性势能也为最大；在振动位移最大的 $P$ 处体积元，其振动速度为零，动能等于零，而此处体积元的相对形变量为最小值零($\left.\frac{\partial y}{\partial x}\right|_P=0$)，其弹性势能亦为零.

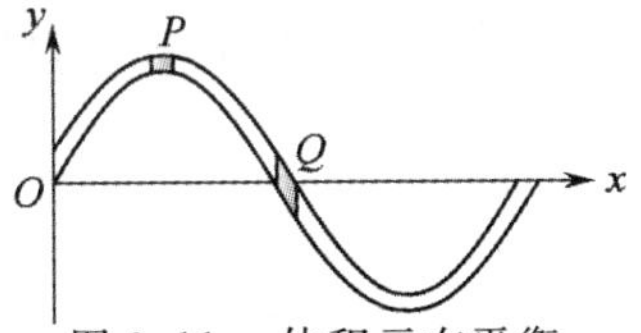

图 9.11 体积元在平衡位置时，相对形变量最大；体积元在最大位移时，相对形变为零

单位体积介质中所具有的波的能量，称为**能量密度**，用 $w$ 表示，由式(9.29)有

$$w=\frac{\mathrm{d}E}{\mathrm{d}V}=\rho A^2\omega^2\sin^2\left[\omega\left(t-\frac{x}{u}\right)+\varphi_0\right] \tag{9.30}$$

可见能量密度 $w$ 随时间作周期性变化，实际应用中是取其平均值. 能量密度 $w$ 在一个周期内的平均值称为**平均能量密度**，用 $\overline{w}$ 表示，则对平面简谐波有

$$\overline{w}=\frac{1}{T}\int_0^T w\mathrm{d}T=\frac{1}{T}\int_0^T \rho A^2\omega^2\sin^2\left[\omega\left(t-\frac{x}{u}\right)+\varphi_0\right]\mathrm{d}t=\frac{1}{2}\rho A^2\omega^2 \tag{9.31}$$

上式指出，平均能量密度与波振幅的平方、角频率的平方及介质密度成正比.此公式适用于各种弹性波.

波动中介质体积元的弹性势能公式(9.28)推导过程如下：如图9.12，体积元原长为$\mathrm{d}x$，绝对伸长量为$\mathrm{d}y$，所以体积元的相对伸长(线应变或胁变)为$\frac{\mathrm{d}y}{\mathrm{d}x}$，则由式(9.1)可知该体积元所受的弹性力为

$$F=ES\frac{\mathrm{d}y}{\mathrm{d}x}=k\mathrm{d}y$$

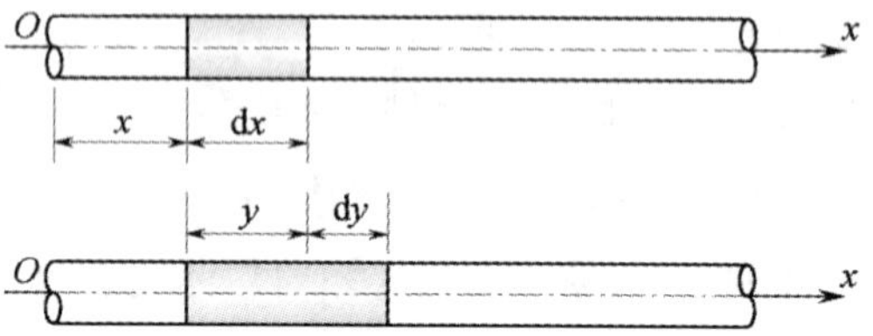


图9.12 固体细长棒中纵波的传播

式中$E$是棒的杨氏弹性模量，$k=\frac{ES}{\mathrm{d}x}$，故体积元的弹性势能为

$$\mathrm{d}W_{\mathrm{p}}=\frac{1}{2}k(\mathrm{d}y)^2=\frac{1}{2}\frac{ES}{\mathrm{d}x}(\mathrm{d}y)^2=\frac{1}{2}ES\mathrm{d}x\left(\frac{\mathrm{d}y}{\mathrm{d}x}\right)^2$$

因为$\mathrm{d}V=S\mathrm{d}x$，$u=\sqrt{\frac{E}{\rho}}$或$E=\rho u^2$，且根据波函数式(9.18)可得

$$\frac{\mathrm{d}y}{\mathrm{d}x}=A\frac{\omega}{u}\sin\left[\omega\left(t-\frac{x}{u}\right)+\varphi_0\right]$$

代入得

$$\mathrm{d}W_p=\frac{1}{2}\rho u^2(\mathrm{d}V)A^2\frac{\omega^2}{u^2}\sin^2\left[\omega\left(t-\frac{x}{u}\right)+\varphi_0\right]$$

$$=\frac{1}{2}(\rho\mathrm{d}V)A^2\omega^2\sin^2\left[\omega\left(t-\frac{x}{u}\right)+\varphi_0\right]$$

这就是式(9.28).如果所考虑的是平面余弦弹性横波，则只要把上面推导中的$\frac{\mathrm{d}y}{\mathrm{d}x}$和$F$分别理解为体积元的切变和剪切力，并用切变弹性模量$G$代替杨氏弹性模量$E$，便可得到同样的结果.

### 9.3.2 波的能流和能流密度

为了描述波动过程中能量的传播，还需引入能流和能流密度的概念.

所谓**能流**，即单位时间内通过某一截面的能量.如图9.13所示，设想在介质中作一个垂直于波速的截面为$\Delta S$、长度为$u$的长方体，则在单位时间内，体积为$u\Delta S$的长方体内的波动能量都要通过$\Delta S$面，因此通过面积$\Delta S$的能流为$p=wu\Delta S$，将能量密度$w$用平均能量密度$\overline{w}$代替，可得

$$\overline{p}=\overline{w}u\Delta S \tag{9.32}$$

上式中$\overline{p}$称为**平均能流**.

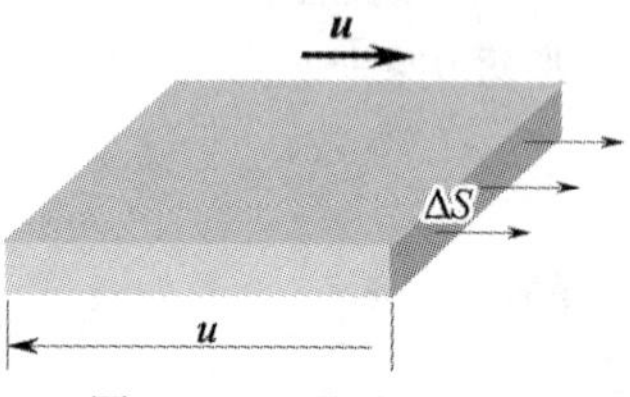


图9.13 通过$S$面的平均能流

显然，平均能流$\overline{p}$与截面积$\Delta S$有关.与波的传播方向垂直的单位面积的平均能流称为**能流密度**或波的强度，简称**波强**.用$I$表示，则有

$$I=\frac{\overline{p}}{\Delta S}=\overline{w}u \tag{9.33}$$

能流密度是一个矢量，在各向同性介质中，其方向与波速方向相同，矢量式为

$$\boldsymbol{I} = \overline{w}\boldsymbol{u}$$

波强等于波的平均能量密度与波速的乘积.

简谐波的波强的大小为

$$I = \frac{1}{2}\rho A^2 \omega^2 u \tag{9.34}$$

即波强与波振幅的平方、角频率的平方成正比.式(9.34)只对弹性波成立.

波强的单位是瓦[特]每平方米($W/m^2$).

若平面简谐波在各向同性、均匀、无吸收的理想介质中传播,可以证明其波振幅在传播过程中将保持不变.

设一平面波的传播方向如图 9.14 所示,在垂直于传播方向上取两个相等面积的平行平面 $S_1$ 和 $S_2$,其平均能流分别为 $\overline{p}_1$ 和 $\overline{p}_2$,因能量无损失,应有

$$\overline{p}_1 = \overline{p}_2$$

即
$$I_1 S_1 = I_2 S_2$$

由式(9.34),有

$$\frac{1}{2}\rho\,\omega^2 A_1^2 u S_1 = \frac{1}{2}\rho\,\omega^2 A_2^2 u S_2$$

因 $S_1 = S_2$,于是有 $A_1 = A_2$

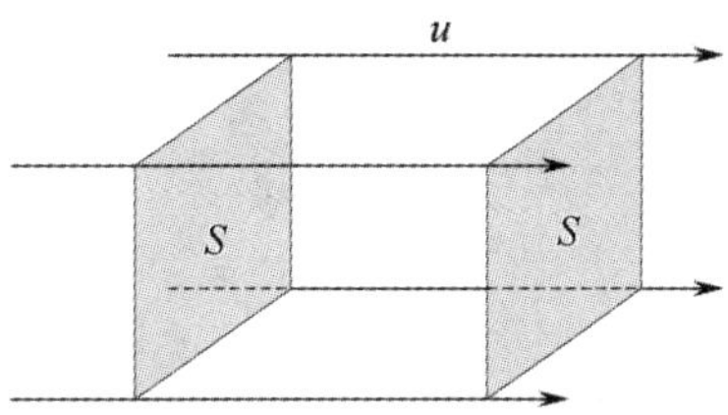

图 9.14 平面波的振幅不变

用同样的方法,读者自己可以证明,在理想介质中传播的球面波的振幅随着离波源距离的增加成反比地减小.

### 9.3.3 波的吸收

波在实际介质中传播时,由于波动能量总有一部分会被介质吸收,所以波的机械能会不断地减少,波强亦逐渐减弱,这种现象称为**波的吸收**.

设波通过厚度为 $dx$ 的介质薄层后,其振幅衰减量为 $-dA$,实验指出

$$-dA = \alpha A\,dx$$

经积分得

$$A = A_0 e^{-\alpha x} \tag{9.35}$$

式中 $A_0$ 和 $A$ 分别是 $x=0$ 和 $x=x$ 处的波振幅,$\alpha$ 是常量,称为介质的吸收系数.

由于波强与波振幅平方成正比,所以波强的衰减规律为

$$I = I_0 e^{-2\alpha x} \tag{9.36}$$

式中 $I_0$ 和 $I$ 分别是 $x=0$ 和 $x=x$ 处波的强度.

### 9.3.4 声压、声强和声强级

为了描述声波在介质中各点的强弱,常采用声压和声强两个物理量.

介质中有声波传播时的压力与无声波时的静压力之间的压差称为**声压**.由于声波是疏密波,在稀疏区域,实际压力小于静压力,在稠密区域,实际压力大于静压力,前者声压为负值,后者声压为正值.因介质中各点声振动是周期性变化的,所以声压也在作周期性变化.对平面简谐波,可以证明声压振幅 $p_m$ 为

$$p_m = \rho u A\omega \tag{9.37}$$

**声强**就是声波的能流密度,由(9.34)和(9.37)两式,有

$$I = \frac{1}{2}\frac{p_m^2}{\rho u} = \frac{1}{2}\rho u A^2 \omega^2 \tag{9.38}$$

这说明频率越高越容易获得较大的声压和声强.

引起人的听觉的声波,不仅有频率范围(能引起人耳听觉的频率范围是 20 ~ 20 000 Hz),而且有声强范围.对于每个给定频率的可闻声波,声强都有上、下两个限值,低于下限的声强不能引起听觉,高于上限

的声强也不能引起听觉，声强太大则只能引起痛觉．一般正常人听觉的最高声强为 10 W/m$^2$，最低声强为 $10^{-12}$ W/m$^2$．表 9.1 为声强和声强级举例，通常把这一最低声强作为测定声强的标准，用 $I_0$ 表示．由于上、下声强的数量级相差悬殊（达 $10^{13}$），所以常用对数标度作为声强级的量度，以 $L_I$ 表示，即

$$L_I = \lg \frac{I}{I_0} \tag{9.39}$$

其单位为贝尔（Bel），这个单位太大，常采用贝尔的十分之一，即分贝（dB）为单位，此时声强级公式为

$$L_I = 10\lg \frac{I}{I_0} \tag{9.40}$$

**表 9.1　声强和声强级举例**

| 声　　源 | 声强（W/m$^2$） | 声强级（dB） | 响度 |
|---|---|---|---|
| 听觉阈 | $10^{-12}$ | 0 | |
| 风吹树叶 | $10^{-10}$ | 20 | 轻 |
| 通常谈话 | $10^{-6}$ | 60 | 正常 |
| 闹市车声 | $10^{-5}$ | 70 | 响 |
| 摇滚乐 | 1 | 120 | 震耳 |
| 喷气机起飞 | $10^{3}$ | 150 | |
| 地震（里氏 7 级，距震中 5 km） | $4\times10^{4}$ | 166 | |
| 聚焦超声波 | $10^{9}$ | 210 | |

最后顺便指出，仅用声强级尚不能完全反映人耳对声音响度的感觉．人耳对响度的主观感觉由声强级和频率共同决定．例如，同为 50 分贝声强级的声音，当频率为 1 000 Hz 时，人耳听起来已相当响，而当频率为 50 Hz 时，则还听不见．若需要考虑这种效应时，可去查阅有关手册中列出的等响度曲线．

## 9.4　惠更斯原理　波的叠加和干涉

### 9.4.1　惠更斯原理

当波在弹性介质中传播时，由于介质质点间的弹性力作用，介质中任何一点的振动都会引起邻近各质点的振动，因此，波动到达的任一点都可看作是新的波源．例如，水面波的传播，如图 9.15 所示，当一块开有小孔的隔板挡在波的前面时，则不论原来的波面是什么形状，只要小孔的线度远小于波长，都可以看到穿过小孔的波是圆形波，就好像是以小孔为点波源发出的一样，这说明小孔可以看作新的波源，其发出的波称为次波（子波）．

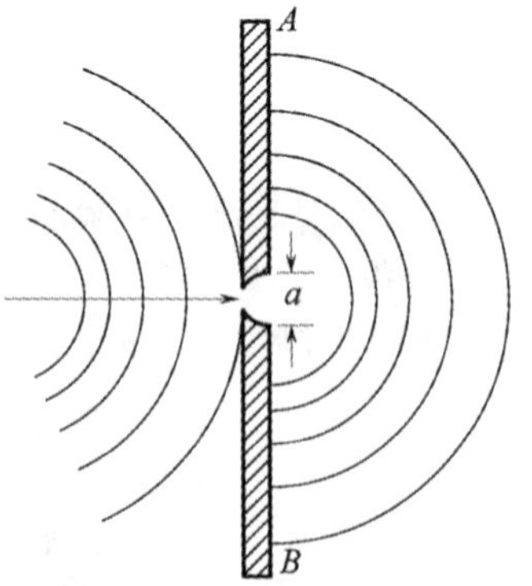


图 9.15　障碍物上的小孔成为新波源

荷兰物理学家惠更斯观察和研究了大量类似现象，于 1690 年提出了一条描述波传播特性的重要原理：**介质中波阵面（波前）上的各点，都可以看作是发射子波的波源，其后任一时刻这些子波的包迹就是新的波阵面**．这就是**惠更斯原理**的内容．

惠更斯原理不仅适用于机械波，也适用于电磁波．而且

不论波动经过的介质是均匀的，还是非均匀的，是各向同性的还是各向异性的，只要知道了某一时刻的波阵面，就可以根据这一原理，利用几何作图法来确定以后任一时刻的波阵面，进而确定波的传播方向．此外，根据惠更斯原理，还可以很简单地说明波在传播中发生的反射和折射等现象．下面以平面波和球面波为例，说明惠更斯原理的应用．

如图 9.16(a) 所示，点波源 $O$ 在各向同性的均匀介质中以波速 $u$ 发出球面波，已知在 $t$ 时刻的波阵面是半径为 $R_1$ 的球面 $S_1$．根据惠更斯原理，$S_1$ 上的各点都可以看作是发射子波的新波源，经过 $\Delta t$ 时间，各子波波阵面是以 $S_1$ 球面上各点为球心，以 $r = u\Delta t$ 为半径的许多球面，这些子波波阵面的包迹面 $S_2$ 就是球面波在 $t + \Delta t$ 时刻的新的波阵面．显然，$S_2$ 是一个仍以点波源 $O$ 为球心，以 $R_2 = R_1 + u\Delta t$ 为半径的球面．

平面波可近似地看作是半径很大的球形波阵面上的一小部分．例如，从太阳射出的球面光波，到达地面上时，就可看作是平面波．如图 9.16(b) 所示，若已知在各向同性均匀介质中传播的平面波在某时刻 $t$ 的波阵面 $S_1$，用惠更斯原理就可以求出以后任一时刻 $t+\Delta t$ 的新的波阵面 $S_2$，它是一个与 $S_1$ 相距 $u\Delta t$，且与 $S_1$ 平行的平面．

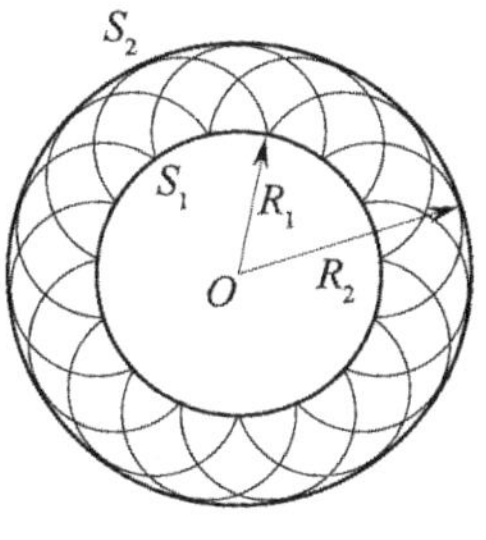

(a) 球面波

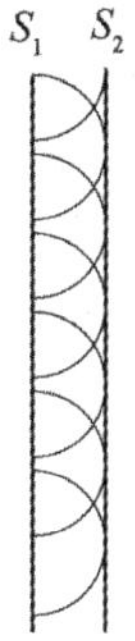

(b) 平面波

图 9.16 用惠更斯原理求新波阵面

从以上讨论可以看出，当波在各向同性均匀介质中传播时，波阵面的几何形状总是保持不变，即波线方向或者波的传播方向是不变的．当波在不均匀介质或各向异性介质中传播时，我们同样可以根据惠更斯原理用作图法求出新的波阵面，只是波阵面的形状和波的传播方向都可能发生变化．

* 应用惠更斯原理证明波的反射和折射定律

当波从一种介质传播到另一种介质的分界面时，传播方向会发生改变，其中一部分反射回原介质，称为反射波；另一部分进入第二种介质，称为折射波；这种现象称为波的反射和折射现象．通常把入射波、反射波和折射波的波线称为入射线、反射线和折射线．相应地，他们与分界面法线之间的夹角分别称为入射角、反射角和折射角．无数观察和实验表明，波动反射和折射时分别遵从如下反射定律和折射定律：

(1) **反射定律　反射线、入射线和界面法线在同一平面内，且反射角 $i'$ 恒等于入射角 $i$，即 $i' = i$.**

(2) **折射定律　折射线、入射线和界面法线在同一平面内，且入射角 $i$ 的正弦和折射角 $\gamma$ 的正弦之比等于第一种介质中波速与第二种介质中波速之比，即 $\dfrac{\sin i}{\sin \gamma} = \dfrac{u_1}{u_2}$ .**

下面用惠更斯原理解释波的反射和折射定律：

如图 9.17(a) 所示，设一平面波传播到两种介质的分界面 $MN$ 上，它在介质 1 中的波速为 $u_1$．在 $t$ 时刻，入射波的波阵面到达 $AA_1A_2A_3$ 位置(波阵面为通过 $AA_3$ 线并与图面垂直的平面),$A$ 点先和分界面相遇,此后波阵面上 $A_1$、$A_2$、$A_3$ 各点经过相等的时间间隔依次先后到达分界面上的 $B_1$、$B_2$、$B_3$ 各点. 设在 $t+\Delta t$ 时刻,$A_3$ 点传播到界面上 $B_3$ 点,则 $A_1$、$A_2$ 点依次在 $t+\frac{1}{3}\Delta t$、$t+\frac{2}{3}\Delta t$ 时刻传到界面上 $B_1$、$B_2$ 点. 根据惠更斯原理,入射波到达界面上的各点都可看作是发射子波的波源,则在 $t+\Delta t$ 时刻,从 $A$、$B_1$、$B_2$、$B_3$ 各点向介质 1 中发出的子波半径分别为 $u_1\Delta t$、$\frac{2}{3}u_1\Delta t$、$\frac{1}{3}u_1\Delta t$,0,这些子波的包迹面即为图中的 $B_3B$ 面、$B_3B$ 面就是 $t+\Delta t$ 时刻的波阵面,作垂直于此波阵面的直线,即为反射线. 从图中可以看出,反射线、入射线和界面法线均在同一个平面内,且 $\triangle AA_3B_3 \cong \triangle ABB_3$,故 $\angle A_3AB_3 = \angle BB_3A$,从而得到 $i = i'$,即反射角等于入射角,这就是波的反射定律.

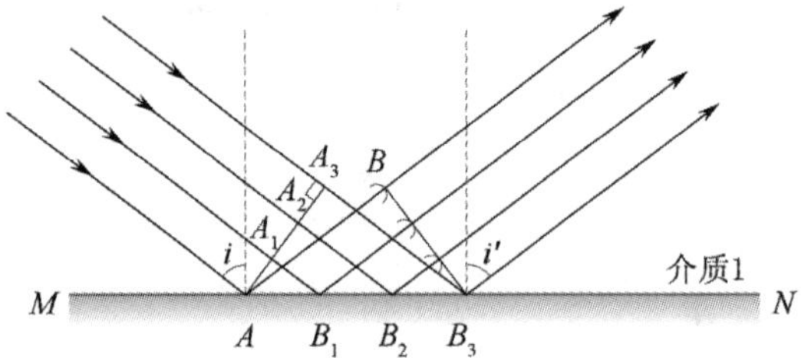

(a)波的反射

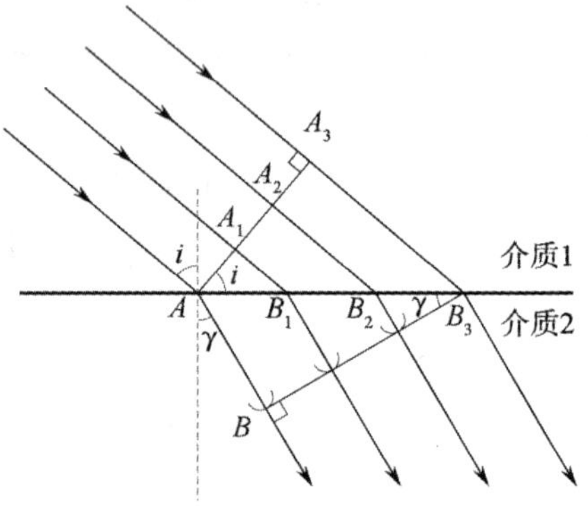

(b)波的折射

图 9.17 波的反射和折射

如图 9.17(b) 所示,一平面波从第 1 介质传到两种介质分界面时,一部分进入第 2 介质继续传播,相应地,波速由 $u_1$ 变为 $u_2$. 设在 $t$ 时刻,入射波的波阵面是 $AA_1A_2A_3$,此时 $A$ 点已到达分界面,此后波阵面上 $A_1$、$A_2$、$A_3$ 各点经过相等的时间间隔依次先后到达界面上的 $B_1$、$B_2$、$B_3$ 处. 若假定 $t+\Delta t$ 时刻 $A_3$ 点到达 $B_3$ 处,则 $A_1$、$A_2$ 到达 $B_1$、$B_2$ 处的时刻分别是 $t+\frac{1}{3}\Delta t$,$t+\frac{2}{3}\Delta t$. $A$、$B_1$、$B_2$、$B_3$ 各点作为新的波源向介质 2 中发出子波,在 $t+\Delta t$ 时刻,它们发出的子波半径分别为 $u_2\Delta t$、$\frac{2}{3}u_2\Delta t$、$\frac{1}{3}u_2\Delta t$、0,作出这些子波的包迹 $B_3B$ 面就是此时波动在介质 2 中的波阵面,作垂直于此波阵面的直线即为折射线. 从图中可以看出:折射线、入射线和界面法线都在同一个平面内,且 $A_3B_3 = u_1\Delta t = AB_3\sin i$,$AB = u_2\Delta t = AB_3\sin\gamma$,由此可得 $\frac{\sin i}{\sin\gamma} = \frac{u_1}{u_2}$. 因为 $n_1 = \frac{c}{u_1}$,$n_2 = \frac{c}{u_2}$,所以有

$$\frac{\sin i}{\sin\gamma} = \frac{u_1}{u_2} = \frac{n_2}{n_1} = n_{21} \tag{9.41}$$

其中 $n_1$、$n_2$ 分别为第 1 介质和第 2 介质的折射率;$n_{21} = \frac{n_2}{n_1}$ 称为介质 2 对介质 1 的相对折射率. 这就是波的折射定律.

## 9.4.2 波的叠加原理

当 $n$ 个波源激发的波在同一介质中相遇时,观察和实验表明:各列波在相遇前和相遇后都保持原来的特性(频率、波长、振动方向、传播方向等)不变,与各波单独传播时一样;而在相遇处各质点的振动则是各列波在该处激起的振动的合成. 这就是波传播的**独立性原理**或**波的叠加原理**. 例如,把两个石块同时投入静止的水中,两个振源所激起的水波可以互相贯穿地传播. 又如,在嘈杂的公共场所,各种声音都传到人的耳朵,但我们仍能将它们区分开来. 每天空中同时有许多无线电波在传播,我们却能随意地选取某一电台的广播收听. 这些实例都反映了波传播的独立性. 图 9.18 是波叠加原理的示意图.

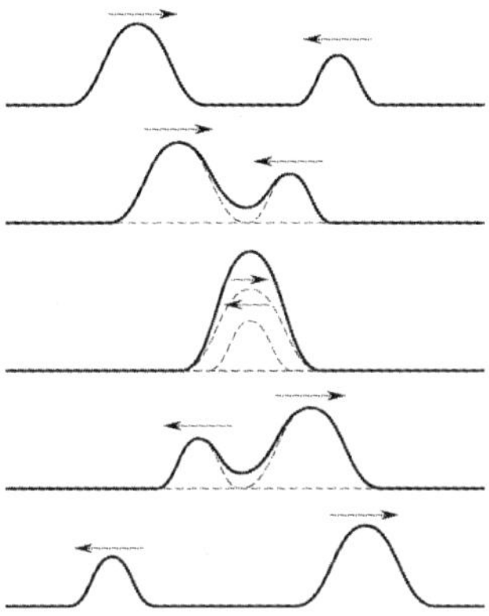

图 9.18　波的独立传播

波的叠加与振动的叠加是不完全相同的.

振动的叠加仅发生在单一质点上,而波的叠加则发生在两波相遇范围内的许多质元上,这就构成了波的叠加所特有的现象,如下面将要介绍的波的干涉现象;此外,正如任何复杂的振动都可以分解为不同频率的许多简谐振动的叠加一样,任何复杂的波也都可以分解为频率或波长不同的许多平面简谐波的叠加.

两个实物粒子相遇时会发生碰撞,而两列波相遇则仅在重叠区域构成合成波,过了重叠区又能分道扬镳而去,这就是波不同于粒子的一个重要运动特征. 从理论上看,波的叠加原理与波函数式为线性微分方程是一致的. 在我们常常遇到的波动现象中,线性波函数和波的叠加原理一般都是正确的. 但是当人们的实验观察和理论研究扩大到强波范围时,介质就会表现出非线性特征,这时,波就不再遵从叠加原理,而线性波函数也不再是正确的,研究这种情形的新理论称为**非线性波理论**. 本书只讨论叠加原理适用的线性波.

### 9.4.3　波的干涉

在一般情况下,$n$ 列波的合成波既复杂又不稳定,没有实际意义. 但满足下述条件的两列波在介质中相遇,则可形成一种稳定的叠加图样,即出现所谓干涉现象.

**两列波若频率相同、振动方向相同、在相遇点的相位相同或相位差恒定,则在合成波场中会出现某些点的振动始终加强,另一些点的振动始终减弱(或完全抵消),这种现象称为波的干涉**. 满足上述条件的波源叫作**相干波源**,相干波源发出的波谓之**相干波**.

由以上讨论可知,定量分析波的干涉的出发点仍然是求相干区域内各质元的同频率、同方向谐振动的合成振动.

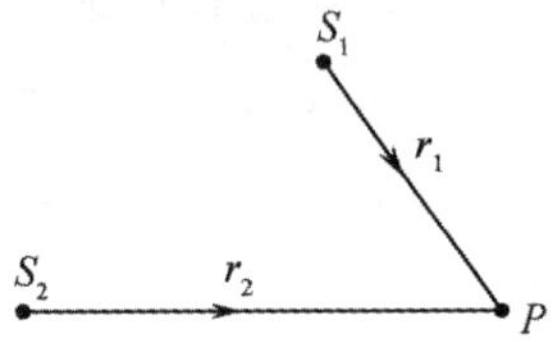

图 9.19 两列相干波的叠加

设 $S_1$ 和 $S_2$ 为两相干波源，它们的振动方程分别为

$$y_1 = A_1\cos(\omega t + \varphi_{10}) \tag{9.42}$$
$$y_2 = A_2\cos(\omega t + \varphi_{20})$$

式中，$\omega$ 为角频率，$A_1$，$A_2$ 为两波源的振幅，$\varphi_{10}$，$\varphi_{20}$ 分别为两波源的振动初相位. 设由这两个波源发出的两列波在同一理想介质中传播后相遇(见图 9.19)，现在分析相遇区域中任意一点 $P$ 的振动合成结果.

两列波各自单独传播到 $P$ 点时，在 $P$ 点引起的振动方程分别为

$$y_1 = A_1\cos\left(\omega t - \frac{2\pi r_1}{\lambda} + \varphi_{10}\right)$$
$$y_2 = A_2\cos\left(\omega t - \frac{2\pi r_2}{\lambda} + \varphi_{20}\right)$$

式中 $r_1$ 和 $r_2$ 分别为 $S_1$ 和 $S_2$ 到 $P$ 点的距离，$\lambda$ 是波长. $P$ 点同时参与了这两个同频率、同方向的谐振动. 从上式容易看出，这两个分振动的初相位分别为 $\left(-\frac{2\pi r_1}{\lambda} + \varphi_{10}\right)$ 和 $\left(-\frac{2\pi r_2}{\lambda} + \varphi_{20}\right)$. 根据上一章两个同方向、同频率简谐振动的合成结论，$P$ 点的合振动也是简谐振动，合振动方程为

$$y = y_1 + y_2 = A\cos(\omega t + \varphi_0) \tag{9.43}$$

而 $P$ 点处合振动的初相位 $\varphi_0$ 和振幅 $A$ 分别由下面两式给出

$$\tan\varphi_0 = \frac{A_1\sin\left(\varphi_{10} - \frac{2\pi r_1}{\lambda}\right) + A_2\sin\left(\varphi_{20} - \frac{2\pi r_2}{\lambda}\right)}{A_1\cos\left(\varphi_{10} - \frac{2\pi r_1}{\lambda}\right) + A_2\cos\left(\varphi_{20} - \frac{2\pi r_2}{\lambda}\right)} \tag{9.44}$$

$$A^2 = A_1^2 + A_2^2 + 2A_1A_2\cos\Delta\varphi \tag{9.45}$$

由于波的强度正比于振幅的平方，若以 $I_1$、$I_2$ 和 $I$ 分别表示两个分振动和合振动的强度，则式(9.45)可写成

$$I = I_1 + I_2 + 2\sqrt{I_1I_2}\cos\Delta\varphi \tag{9.46}$$

式中 $\Delta\varphi$ 是 $P$ 点处两个分振动的相位差

$$\Delta\varphi = (\varphi_{20} - \varphi_{10}) - 2\pi\frac{r_2 - r_1}{\lambda} \tag{9.47}$$

$(\varphi_{20} - \varphi_{10})$ 是两个相干波源的相位差，为一常量；$(r_2 - r_1)$ 是两个波源发出的波传到 $P$ 点的几何路程之差，称为**波程差**；$2\pi\frac{r_2 - r_1}{\lambda}$ 是两列波之间因波程差而产生的相位差，对于空间任一给定的 $P$ 点，它也是常量. 因此，两列相干波在空间任一给定点所引起的两个分振动的相位差 $\Delta\varphi$ 也是恒定的，因而合振幅 $A$ 或强度 $I$ 也是一定的. 但对于空间中不同点处，波程差 $(r_2 - r_1)$ 不同，故相位差不同，因而不同点有不同的、恒定的合振幅或强度. 所以，在两列相干波相遇的区域会呈现出振幅或强度分布不均匀、而又相对稳定的干涉图样. 具体讨论如下.

对于满足

$$\Delta\varphi=(\varphi_{20}-\varphi_{10})-2\pi\left(\frac{r_2-r_1}{\lambda}\right)=\pm 2k\pi \qquad (k=0,1,2,\cdots) \tag{9.48}$$

的空间各点，$A=A_1+A_2=A_{max}$，$I=I_1+I_2+2\sqrt{I_1I_2}=I_{max}$，合振幅和强度最大，这些点处的振动始终加强，称为**干涉加强**或**干涉相长**.

对于满足

$$\Delta\varphi=(\varphi_{20}-\varphi_{10})-2\pi\left(\frac{r_2-r_1}{\lambda}\right)=\pm(2k+1)\pi \qquad (k=0,1,2,\cdots) \tag{9.49}$$

的空间各点，$A=|A_1-A_2|=A_{min}$，$I=I_1+I_2-2\sqrt{I_1I_2}=I_{min}$，合振幅和强度最小，这些点处的合振动始终减弱，称为**干涉减弱**或**干涉相消**.

进一步地，如果 $\varphi_{10}=\varphi_{20}$，即对于振动初相位相同的两个相干波源，上述干涉加强或减弱的条件可简化为

$$\begin{cases}\delta=r_2-r_1=\pm 2k\dfrac{\lambda}{2} & \text{干涉加强} \quad (9.50)\\ \delta=r_2-r_1=\pm(2k+1)\dfrac{\lambda}{2} & \text{干涉减弱} \quad (9.51)\end{cases} \qquad (k=0,1,2,\cdots)$$

以上两式表明，**当两个相干波源同相位时，在两列波的叠加区域内，波程差 $\delta$ 等于零或半波长偶数倍的各点，振幅和强度最大；波程差 $\delta$ 等于半波长奇数倍的各点，振幅和强度最小.**

从以上讨论可知，两列相干波叠加时，空间各处的强度并不简单地等于两列波强度之和，反映出能量在空间的重新分布，但这种能量的重新分布在时间上是稳定的，在空间上又是强弱相间且具有周期性的. 两列不满足相干条件的波相遇叠加称为**波的非相干叠加**，这时空间任一点合成波的强度就等于两列波强度的代数和，即

$$I=I_1+I_2 \tag{9.52}$$

干涉现象是波动所独具的基本特征之一，只有波动的叠加，才可能产生干涉现象. 干涉现象在光学、声学中都非常重要，对于近代物理学的发展也起着重大作用.

## *9.5 驻 波

驻波是一种特殊的干涉现象. 两列振幅相同、相向传播的相干波的叠加称为**驻波**. 平面简谐波正入射到两种介质的界面上，入射波和反射波进行叠加即可形成驻波.

### 9.5.1 驻波方程

设在坐标原点，入射波和反射波的初相位相同且为零，用 $A$ 表示它们的振幅，$\omega$ 表示它们的角频率，则它们的运动学方程分别为

$$y_1=A\cos\left(\omega t-\frac{2\pi}{\lambda}x\right) \qquad y_2=A\cos\left(\omega t+\frac{2\pi}{\lambda}x\right)$$

合成波的方程为

$$y=y_1+y_2=A\cos\left(\omega t-\frac{2\pi}{\lambda}x\right)+A\cos\left(\omega t+\frac{2\pi}{\lambda}x\right)$$
$$=2A\cos\frac{2\pi}{\lambda}x\cos\omega t \tag{9.53}$$

这就是**驻波方程**. 其中 $\cos\omega t$ 表示谐振动，而 $\left|2A\cos\dfrac{2\pi}{\lambda}x\right|$ 即为谐振动的振幅. 式中 $x$ 与 $t$ 被分隔于两个余弦函数中，说明此函数不满足 $y(t+\Delta t,x+u\Delta t)=y(t,x)$，因此它不表示行波，只表示各质点都在作与原

频率相同的简谐振动，但各点的振幅随位置的不同而不同．图 9.20 画出了不同时刻的入射波、反射波和合成波的波形图，图中粗线表示合成波．

## 9.5.2 驻波的特点

### 1. 波腹与波节 驻波振幅分布特点

由图 9.20 可以看出，波线上有些点始终不动（振幅为零），称之为**波节**；而有些点的振幅始终具有极大值，称之为**波腹**．

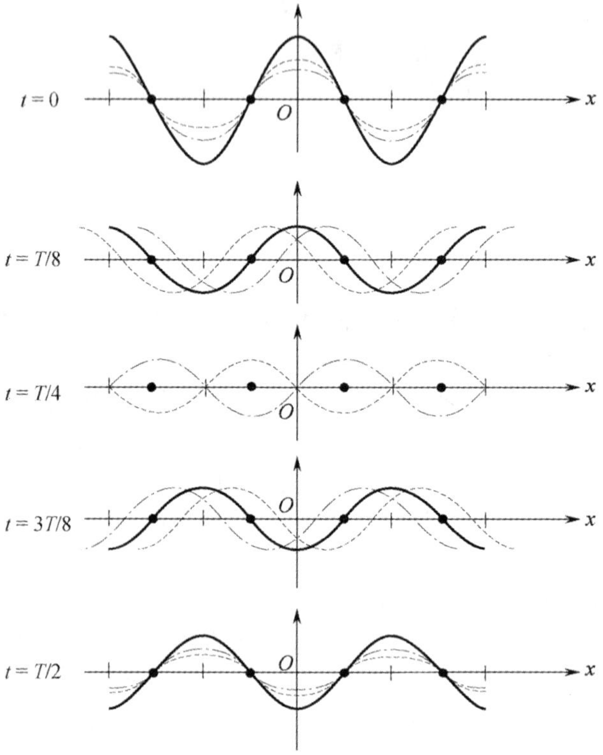


图 9.20 驻波的形成

由式(9.53)可知，对应于使 $\left|\cos\dfrac{2\pi}{\lambda}x\right|=0$，即 $\dfrac{2\pi x}{\lambda}=(2k+1)\dfrac{\pi}{2}$ 的各点为波节的位置，因此有波节点坐标

$$x=(2k+1)\frac{\lambda}{4},\quad k=0,\pm1,\pm2,\cdots \tag{9.54}$$

同理，使 $\left|\cos\dfrac{2\pi}{\lambda}x\right|=1$，即 $\dfrac{2\pi}{\lambda}x=k\pi$ 的各点为波腹的位置，因此有波腹点坐标

$$x=k\frac{\lambda}{2},k=0,\pm1,\pm2,\cdots \tag{9.55}$$

由(9.54)、(9.55)两式可知，相邻两个波节或相邻两个波腹之间的距离都是 $\lambda/2$，而相邻的波节、波腹之间的距离为 $\lambda/4$．这就为我们提供了一种测定行波波长的方法，只要测出相邻两波节或相邻两波腹之间的距离就可以确定原来两列行波的波长 $\lambda$．

需要说明的是，(9.54)、(9.55)两式给出的波节、波腹位置的结论不具普遍性，因它们是从特例中导出的．

介于波腹、波节之间的各质点，它们的振幅则随坐标位置按 $\left|2A\cos\dfrac{2\pi}{\lambda}x\right|$ 的规律变化．

## 2. 驻波相位的分布特点

在驻波方程(9.53)中,振动因子为 $\cos\omega t$,但不能认为驻波中各点的振动相位也相同或如行波中那样逐点不同. $x$ 处的振动位移由 $2A\cos\frac{2\pi}{\lambda}x$ 确定,显然对应于不同的 $x$ 值,$2A\cos\frac{2\pi}{\lambda}x$ 可正可负. 如果把相邻两波节之间的各点视为一段,则由余弦函数的取值规律可知,$\cos\frac{2\pi}{\lambda}x$ 的值对同一段内的各质点有相同的符号;对于分别在相邻两段内的两质点则符号相反(参阅图 9.20). 以 $\left|2A\cos\frac{2\pi}{\lambda}x\right|$ 作为振幅,这种符号的相同或相反就表明,在驻波中,同一段上的各质点振动相位相同,相邻两段中各质点的振动相位相反. 因此,实际上是介质一种特殊的分段振动现象. 同一段内各质点沿相同方向同时到达各自振动位移的最大值,又沿相同方向同时通过平衡位置;而波节两侧各质点同时沿相反方向到达振动位移的正、负最大值,又沿相反方向同时通过平衡位置. 图 9.21 表示用电动音叉在弦上激起的驻波振动简图. 某时刻电动音叉在 $A$ 点输出一个波列,传到 $B$ 点被界面(支点)$B$ 反射回来,入射波与反射波叠加的结果即在 $AB$ 弦上形成驻波.

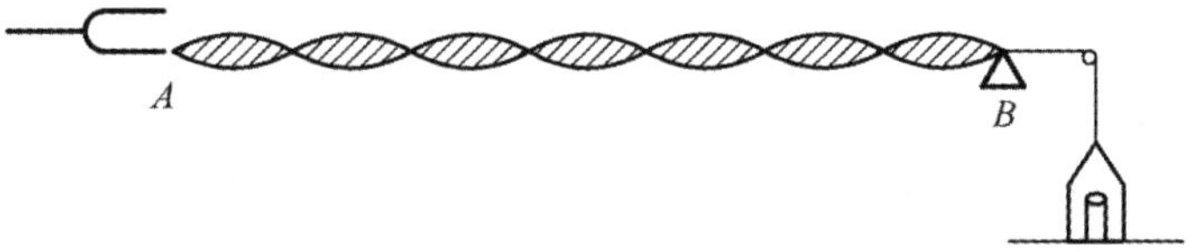


图 9.21 弦上的驻波

对于有限大小的二维介质面同样可以激起驻波振动. 图 9.22 表示一矩形膜上的二维驻波. 其中阴影部分和明亮部分表示相邻部位振动反相,两者的交界线为波节.

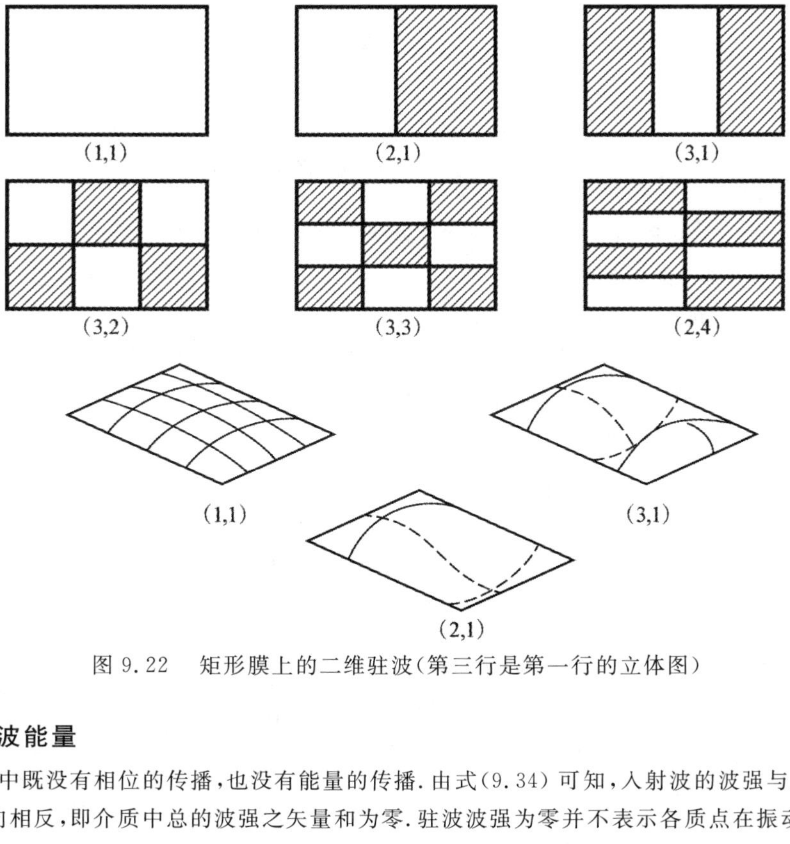


图 9.22 矩形膜上的二维驻波(第三行是第一行的立体图)

## *3. 驻波能量

驻波振动中既没有相位的传播,也没有能量的传播. 由式(9.34)可知,入射波的波强与反射波的波强大小相等、方向相反,即介质中总的波强之矢量和为零. 驻波波强为零并不表示各质点在振动中能量守恒.

例如，位于波节处的质点动能始终为零，势能则不断变化. 当两波节间各点的振动位移分别达到各自的正、负最大值时，各点处的动能均为零，两节点间总势能最大，波节附近因相对形变最大，势能有极大值，而波腹附近因相对形变最小，则势能有极小值；当两波节间各点从同一方向通过平衡位置时，介质中各处的相对形变为零，势能均为零，总动能达到最大值. 波腹附近则因振动速度最大而有最大动能，离波节越近，动能越小，其他时刻则动能、势能并存. 这就是说，在驻波振动中，一个波段内不断地进行动能与势能的相互转换，并不断地分别集中在波腹和波节附近而不向外传播，故谓之驻波.

### 9.5.3 半波损失

现在我们把注意力集中在两种介质的界面处. 实验发现，在界面处有时形成波节，有时形成波腹，那么规律是什么呢？

理论和实验表明，这一切均取决于界面两边介质的**相对波阻**.

**波阻**（波的阻抗）是指介质的密度与波速之乘积 $\rho u$. 相对波阻较大的介质称为波密介质，反之称波疏介质. 实验表明：**波从波疏介质入射而从波密介质上反射时，界面处形成波节；波从波密介质入射而从波疏介质上反射时，界面处形成波腹.**

如果在界面处形成波节，则表明在界面处入射波与反射波的相位始终相反，或者说在界面处入射波的相位与反射波的相位始终存在着 $\pi$ 的相位差，这种现象叫作**半波损失**（或称作半波突变）. 由上面讨论可知，要使反射波产生半波损失的条件是：波从波疏介质入射并从波密介质反射；对于机械波，还必须是正入射.

如果在界面处形成波腹，则表明在界面处入射波与反射波的相位始终相同，这时反射波没有半波损失.

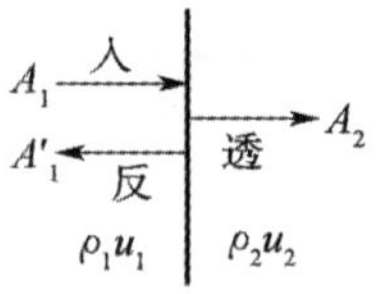


图 9.23 波阻对反射波相位的影响

“半波损失”是一个很重要的概念，它在研究声波、光波的反射问题时会经常涉及.

* **反射波在界面处相位变化的讨论：**

一般情况下，入射到界面处的波动既有反射波又有透射波（如图 9.23 所示）. 由于弹性介质的连续性和不可入性，在界面处相邻质点的位移（或振动速度）和能流（或应变）必定是连续的. 正是这种连续性，使得反射波的相位仅由界面两边介质的相对波阻来决定.

设入射波、反射波、透射波的表达式分别为

$$
\begin{aligned}
y_1 &= A_1\cos\omega\left(t-\frac{x}{u_1}\right)\\
y'_1 &= A'_1\cos\left[\omega\left(t+\frac{x}{u_1}\right)+\varphi_1\right]\\
y_2 &= A_2\cos\left[\omega\left(t-\frac{x}{u_2}\right)+\varphi_2\right]
\end{aligned}
\tag{9.56}
$$

若以界面处为坐标原点，以界面处振动速度和能流连续性为出发点，则可得

$$
\left(\frac{\partial y_1}{\partial t}+\frac{\partial y'_1}{\partial t}\right)_{x=0}=\left(\frac{\partial y_2}{\partial t}\right)_{x=0}
$$

经整理，得

$$
A_1\sin\omega t+A'_1\sin(\omega t+\varphi_1)=A_2\sin(\omega t+\varphi_2)\tag{9.57}
$$

另据能流公式(9.32)，并考虑到其在界面处的连续性，可得

$$\rho_1 u_1 [A_1^2 \sin^2 \omega t - A_1'^2 \sin^2 (\omega t + \varphi_1)] = \rho_2 u_2 A_2^2 \sin^2 (\omega t + \varphi_2) \tag{9.58}$$

将式(9.58)与式(9.57)相除，即得

$$\rho_1 u_1 [A_1 \sin \omega t - A'_1 \sin(\omega t + \varphi_1)] = \rho_2 u_2 A_2 \sin(\omega t + \varphi_2)$$

再将式(9.57)代入上式，即得

$$\rho_1 u_1 [A_1 \sin \omega t - A'_1 \sin(\omega t + \varphi_1)] = \rho_2 u_2 [A_2 \sin \omega t + A'_1 \sin(\omega t + \varphi_1)]$$

整理，得

$$\frac{A'_1 \sin(\omega t + \varphi_1)}{A_1 \sin \omega t} = \frac{\rho_1 u_1 - \rho_2 u_2}{\rho_1 u_1 + \rho_2 u_2} \tag{9.59}$$

或为

$$\frac{A'_1}{A_1} \cos \varphi_1 + \frac{A'_1}{A_1} \sin \varphi_1 \cot \omega t = \frac{\rho_1 u_1 - \rho_2 u_2}{\rho_1 u_1 + \rho_2 u_2} \tag{9.60}$$

式(9.60)应对任一时刻 $t$ 均成立，故有

$$\frac{A'_1}{A_1} \sin \varphi_1 = 0 \tag{9.61}$$

$$\frac{A'_1}{A_1} \cos \varphi_1 = \frac{\rho_1 u_1 - \rho_2 u_2}{\rho_1 u_1 + \rho_2 u_2} \tag{9.62}$$

由式(9.61)知 $\varphi_1$ 只能取 0 或 $\pi$ 值，代入式(9.62)，有

当 $\varphi_1 = 0$ 时，$\cos \varphi_1 = 1$，即

$$\frac{A'_1}{A_1} = \frac{\rho_1 u_1 - \rho_2 u_2}{\rho_1 u_1 + \rho_2 u_2} > 0 \tag{9.63}$$

当 $\varphi_1 = \pi$ 时，$\cos \varphi_1 = -1$，即

$$-\frac{A'_1}{A_1} = \frac{\rho_1 u_1 - \rho_2 u_2}{\rho_1 u_1 + \rho_2 u_2} < 0 \tag{9.64}$$

由上两式可知，当 $\rho_1 u_1 > \rho_2 u_2$ 时，$\varphi_1 = 0$，即入射波所在介质的波阻大于透射波所在介质的波阻时，反射波的相位与入射波的相位相同；当 $\rho_1 u_1 < \rho_2 u_2$ 时，$\varphi_1 = \pi$，即入射波所在介质为波疏介质，而透射波所在介质为波密介质时，反射波的相位与入射波的相位相差为 $\pi$，即这时出现了相位突变(或说发生了半波损失).

### 9.5.4 简正模式(自本征振动)

如果将拉紧的弦两端固定，当轻击弦使之产生出向右行进的波时，这波传到弦的右方固定端处被反射，再当此左行反射波到达左方固定端时，又发生第二次反射，如此继续也能形成驻波. 因弦的两端固定，其必然形成波节，因而驻波的波长必然受到限制，驻波波长与弦长 $l$ 间必须满足

$$l = n\frac{\lambda}{2}, \text{即 } \lambda = \frac{2l}{n} \quad (n = 1,2,3,\cdots)$$

而波速 $u = \lambda\nu$，从而对频率也有限制，允许存在的频率为

$$\nu = \frac{u}{\lambda} = \frac{n}{2l}u \quad (n = 1,2,3,\cdots) \tag{9.65}$$

对于弦线，因 $u = \sqrt{T/\mu}$，所以

$$\nu = \frac{n}{2l}\sqrt{\frac{T}{\mu}} \tag{9.66}$$

其中与 $n = 1$ 对应的频率称为**基频**，其后频率依次称为 2 次，3 次 …… **谐频**(对声驻波则称基音和泛音). 各种允许频率所对应的驻波振动(简谐振动模式)称为**简正模式**(或称**本征振动**). 相应的频率为简正频率(或称本征频率). 由此可见，对两端固定的弦，这一驻波振动系统，有许多个简正模式和简正频率，即有许多个振动自由度. 式(9.65)也适用于两端闭合或两端开放的管(其中为声驻波)，若为闭合管则两端为波节，若为开放管，则两端为波腹，图9.24 为弦(或管)的几种简正模式.

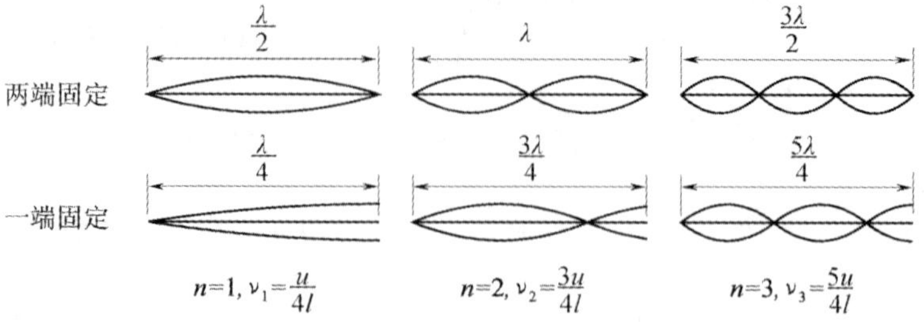


图 9.24　弦(管)振动的简正模式

对一端固定，一端自由的弦(或一端封闭，一端开放的管)也可作类似讨论，对于二维膜也可进行，但要比这复杂得多.实际上各类乐器无非是各种不同质地、形状、长度、大小的管、弦、膜的驻波振动.

上面的讨论表明，无论是管还是弦，只要其长度有限，其固有振动(本征振动)频率就只能取分立值而非连续值.这些结论在德布罗意提出物质波的设想时发挥了作用.德布罗意把电子在原子中能量取分立值叫作取"整数"，又将本征振动频率取分立值也叫作取整数.他说：在光的问题上我们就被迫同时引入微粒思想和波动性思想.另一方面，电子在原子中的稳定运动的确定引入了整数.直到今天，物理学上唯一包含"整数"的现象就是干涉和简谐振动模式.这个事实告诉我们，不能把电子认为是单纯的微粒，必须也赋予它波动性特征.

## *9.6　多普勒效应

### 9.6.1　多普勒效应

在前面几节的讨论中，我们实际上是假定了波源和观察者相对于介质都是静止的，这时观察者接收到的波的频率与波源的振动频率相等.但是，在日常生活和科学技术中，经常会遇到波源或观察者，或者这两者同时相对于介质运动的情况，那么，这时观察者接收到的波的频率与波源的振动频率是否依然相等呢？例如，站在站台上，当一列火车迎面飞驰而来时，我们听到它的汽笛声高昂，而当火车从我们身边疾驰而去时，却听到它的汽笛声变得低沉.实际上，火车鸣笛的音调并未改变(波源的振动频率未变)，而火车接近和驶离我们时，人耳接收到的频率却不同.这些现象表明：当波源或观察者，或者两者同时相对于介质有相对运动时，观察者接收到的波的频率与波源的振动频率不同，这类现象是由多普勒(J. C. Doppler) 于 1842 年发现并提出的，故称为**多普勒效应**或者多普勒频移.

为简单起见，我们将介质选为参考系，并假定波源和观察者的运动发生在两者的连线上.用 $v_S$ 表示波源相对于介质的运动速度，$v_B$ 表示观察者相对于介质的运动速度，$u$ 表示波在介质中的传播速度.并规定：波源和观察者相互接近时 $v_S$ 和 $v_B$ 取正值，相互远离时 $v_S$ 和 $v_B$ 取负值.值得注意的是，波速 $u$ 是波相对于介质的速度，它只决定于介质性质，而与波源或观察者的相对运动无关，它恒为正值.在具体讨论之前，读者应将前面提到的 3 种频率(波源振动频率 $\nu_S$，介质的波动频率 $\nu$，观察者的接收频率 $\nu'_B$) 严格区分开来.实际上，$\nu_S$、$\nu$ 的定义在前面章节已有说明，接收频率则是指接收器(观察者) 在单位时间内接收到的完整波的数目.虽然对波动频率和接收频率均有 $\nu=\frac{u}{\lambda}$ 成立，但它们却是在不同的参考系中.即波动频率是以介质为参考系，接收频率是以接收者为参考系，在 $\nu'_B=\frac{u'}{\lambda'}$ 式中，$u'$、$\lambda'$ 是观察者测得的波速和波长.

显然，在波源和观察者均相对于介质为静止时，没有多普勒频移，即 $\nu_B=\nu=\nu_S$.因此，多普勒效应是针对下面 3 种情况.

(1) 波源不动,观察者以 $v_B$ 相对于介质运动($v_S=0, v_B\neq 0$).

设观察者向着波源运动,即 $v_B>0$,则波相对于观察者的速度为 $u'=u+v_B$,在不涉及相对论效应时,有 $\lambda'=\lambda$,所以单位时间内,观察者接收到的完整波形的数目,即观察者实际接收到的波的频率为

$$\nu_B'=\frac{u'}{\lambda}=\frac{u+v_B}{uT}=\frac{u+v_B}{u}\nu_S=\left(1+\frac{v_B}{u}\right)\nu_S>\nu_S \tag{9.67}$$

上式表明,观察者向着波源运动时,接收到的频率为波源振动频率的 $\left(1+\frac{v_B}{u}\right)$ 倍;当观察者远离波源运动时,式(9.67)仍可适用,只要将式中 $v_B$ 取为负值即可,显然,这时观察者所接收到的频率会小于波源的振动频率;特别地,当 $v_B=-u$ 时,$\nu_B'=0$. 这就是观察者随着波的传播以波速远离波源运动的情况,当然观察者就接收不到波动了.

(2) 观察者不动,波源以速度 $v_S$ 相对于介质运动($v_S\neq 0, v_B=0$).

如图9.25所示,先假设波源 $S$ 以 $v_S$ 向着观察者运动. 因为波在介质中的传播速度 $u$ 只决定于介质的性质,与波源的运动与否无关,所以这时波源 $S$ 的振动在一个周期内向前传播的距离就等于一个波长,即 $\lambda=uT$,但由于波源向着观察者运动,$v_S$ 为正,所以在一个周期内波源也在波的传播方向上移动了 $v_ST$ 的距离而达到 $S'$ 点,结果使一个完整的波被挤压在 $S'O$ 之间,这就相当于波长减少为 $\lambda'=\lambda-v_ST$. 因此,观察者在单位时间内接收到的完整波的数目,即观察者接收到的频率为

$$\nu_B'=\frac{u}{\lambda'}=\frac{u}{\lambda-v_ST}=\frac{u}{uT-v_ST}=\frac{u}{u-v_S}\nu_S>\nu_S \tag{9.68}$$

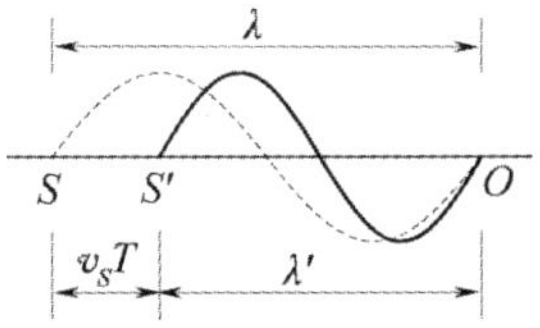

图 9.25

上式表明:波源向着观察者运动时,观察者接收到的频率为波源振动频率的 $\frac{u}{u-v_S}$ 倍,比波源频率要高;若波源远离观察者运动,则上式依然适用,只是 $v_S$ 应取负值,所以此时观察者接收到的频率 $\nu_B'$ 将小于波源的振动频率.

由式(9.6),当 $v_S\to u$ 时,接收频率 $\nu_B'$ 应趋于无穷大,但这是不可能的. 当接收频率越来越高时,其波长 $\lambda'$ 也越来越短,当 $\lambda'$ 小于组成介质的分子间距时,介质对于此波列不再是连续的了,波列也就不能传播了.

(3) 波源和观察者同时相对于介质运动($v_S\neq 0, v_B\neq 0$).

根据上面(1)和(2)的讨论知,观察者以 $v_B$ 相对于介质运动时,相对于观察者来说,波的速率变为 $u'=u+v_B$;而波源以 $v_S$ 相对于介质运动时,相当于使波长变为 $\lambda'=\lambda-v_ST$. 综合这两个结果,则波源和观察者同时运动时,观察者接收到的波的频率为

$$\nu_B'=\frac{u'}{\lambda'}=\frac{u+v_B}{uT-v_ST}=\frac{u+v_B}{u-v_S}\nu_S \tag{9.69}$$

式中,当观察者与波源接近时,$v_B$、$v_S$ 取正值,远离时 $v_B$、$v_S$ 取负值.

从以上讨论可以得出结论:在多普勒效应中,不论波源还是观察者运动,或两者都运动,当波源和观察者接近时,观察者接收到的频率 $\nu'$ 总是大于波源振动频率 $\nu$;当波源和观察者远离时 $\nu'$ 总是小于 $\nu$.

### 9.6.2 光波多普勒效应

多普勒效应是一切波动过程的共同特征,不仅机械波有多普勒效应,电磁波也有多普勒效应. 与机械波不同的是,因为电磁波的传播不需要介质,相应地,在电磁波的多普勒效应中,是由光源和观察者的相对

速度 $v$ 来决定观察者的接收频率. 用相对论可以证明，当光源和观察者在同一直线上运动时，观察者接收到的频率为

$$\nu_{接近} = \sqrt{\frac{1+v/c}{1-v/c}}\,\nu$$

和

$$\nu_{远离} = \sqrt{\frac{1-v/c}{1+v/c}}\,\nu \tag{9.70}$$

此外，对于电磁波还有横向多普勒效应，其横向多普勒频移为

$$\nu_{横} = \sqrt{1-\left(\frac{v}{c}\right)^2}\,\nu \tag{9.71}$$

式中 $c$ 为真空中光速，$\nu$ 为波源的频率. 由式(9.70)可知，当光源远离观察者运动时，接收到的频率变小、波长变长，这种现象称为“红移”，即移向光谱中的红色一侧. 天文学家就是将来自星球的光谱与地球上相同元素的光谱进行比较，发现星球光谱几乎都发生了红移，这说明星球都在远离地球而运动，这一结果已成为所谓“大爆炸”的宇宙学理论的重要证据之一.

多普勒效应在科学技术中还有其他很多重要应用. 例如，利用声波的多普勒效应可以测定声源的频率、波速等；利用超声波的多普勒效应来诊断心脏的跳动情况；利用电磁波的多普勒效应可以测定运动物体的速度；此外，多普勒效应还可以用于报警、检查车速等.

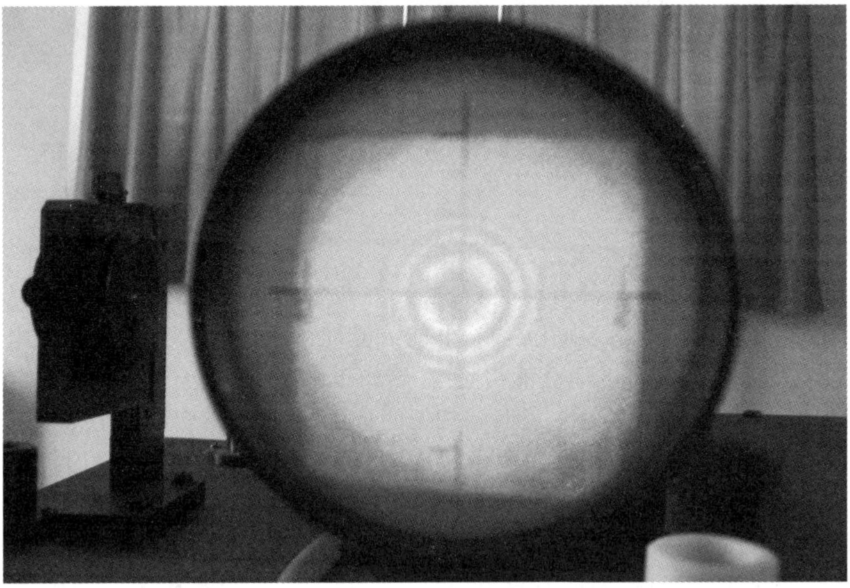

# 第 10 章 光的干涉

通过第 9 章机械波的学习我们知道，干涉现象是波的一种叠加效应。当频率相同、振动方向相同、位相差恒定的两列波在空间传播时，在重叠区域会形成稳定的、强弱分布不变的波形。在对光的研究中，人们发现，满足一定条件的两列光相遇时，在它们的重叠区域也会出现稳定的明暗分布，这就是光的干涉现象。能产生干涉现象的光称为相干光。

本章介绍光的干涉现象和规律，主要讨论光的相干条件、明暗条纹分布的规律以及典型的光干涉实验等。

# 10.1 光源 光的相干性

## 10.1.1 光源

### 1. 光源的发光机理

能发射光的物体称为光源. 常用的光源有两类:普通光源和激光光源. 普通光源有热光源(由热能激发,如白炽灯、太阳)、冷光源(由化学能、电能或光能激发,如日光灯、气体放电管)等. 各种光源的激发方式不同,辐射机理也不相同. 在热光源中,大量分子和原子在热能的激发下处于高能量的激发态,当它从激发态返回到较低能量状态时,就把多余的能量以光波的形式辐射出来,这便是热光源的发光. 这些分子或原子,间歇地向外发光,发光时间极短,仅持续大约 $10^{-8}$ s,因而它们发出的光波是在时间上很短、在空间中为有限长的一串串波列(见图 10.1). 由于各个分子或原子的发光参差不齐,彼此独立,互不相关,因而在同一时刻,各个分子或原子发出波列的频率、振动方向和相位都不相同. 即使是同一个分子或原子,在不同时刻所发出的波列的频率、振动方向和相位也不尽相同.

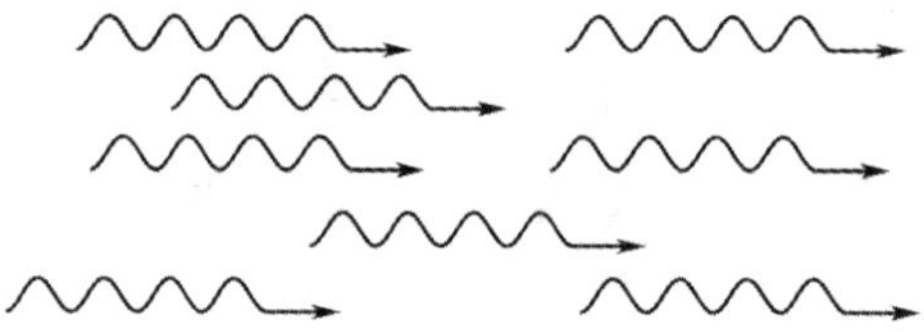

图 10.1 普通光源的各原子或分子所发出的光波是持续时间约为 $10^{-8}$ s 的波列,彼此完全独立

### 2. 光的颜色和光谱

光源发出的可见光是频率在 $7.7\times10^{14}\sim3.9\times10^{14}$ Hz之间可以引起视觉的电磁波,它在真空中对应的波长范围是 $390\sim760$ nm. 在可见光范围内,不同频率的光将引起不同的颜色感觉,表 10.1 是各种颜色的可见光的波长和频率范围. 由表可见,波长从小到大呈现出从紫到红等各种颜色.

表 10.1 各种颜色的可见光的波长和频率范围

| 光色 | 波长范围(nm) | 频率范围(Hz) |
|---|---|---|
| 红 | $760\sim622$ | $3.9\times10^{14}\sim4.7\times10^{14}$ |
| 橙 | $622\sim597$ | $4.7\times10^{14}\sim5.0\times10^{14}$ |
| 黄 | $597\sim577$ | $5.0\times10^{14}\sim5.5\times10^{14}$ |
| 绿 | $577\sim492$ | $5.5\times10^{14}\sim6.3\times10^{14}$ |
| 青 | $492\sim450$ | $6.3\times10^{14}\sim6.7\times10^{14}$ |
| 蓝 | $450\sim435$ | $6.7\times10^{14}\sim6.9\times10^{14}$ |
| 紫 | $435\sim390$ | $6.9\times10^{14}\sim7.7\times10^{14}$ |

只含单一波长的光，称为单色光. 然而，严格的单色光在实际中是不存在的，一般光源的发光是由大量分子或原子在同一时刻发出的，它包含了各种不同的波长成分，称为复色光. 如果光波中包含波长范围很窄的成分，则这种光称为准单色光，也就是通常所说的单色光. 波长范围 $\Delta\lambda$ 越窄，其单色性越好. 例如，用滤光片从白光中得到的色光，其波长范围相当宽，$\Delta\lambda \approx 10$ nm；在气体原子发出的光中，每一种成分的光的波长范围 $\Delta\lambda \approx 10^{-2} \sim 10^{-4}$ nm；即使是单色性很好的激光，也有一定的波长范围，其 $\Delta\lambda \approx 10^{-9}$ nm. 利用光谱仪可以把光源所发出的光按波长不同的成分彼此分开，所有的波长成分就组成了光谱. 光谱中每一波长成分所对应的亮线或暗线，称为光谱线，它们都有一定的宽度，如图10.2所示. 每种光源都有自己特定的光谱结构，利用它可以对化学元素进行分析，或对原子和分子的内部结构进行研究.

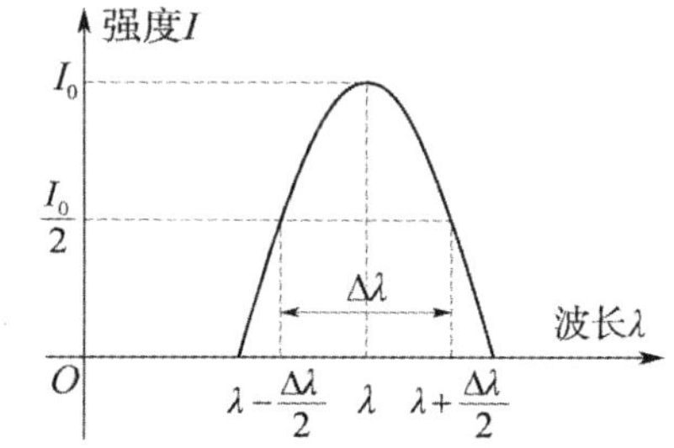

图 10.2 谱线及其宽度

**3. 光强**

可见光是能激起人视觉的电磁波，是变化电磁场在空间的传播. 实验表明，能引起眼睛视觉效应和照相底片感光作用的是光波中的电场，所以光学中常把电场强度 $\boldsymbol{E}$ 代表光振动，并把 $\boldsymbol{E}$ 矢量称为**光矢量**. 光振动指的是电场强度随时间周期性地变化.

人眼或感光仪器所检测到的光的强弱是由平均能流密度决定的，平均能流密度正比于电场强度振幅 $E_0$ 的平方，所以**光的强度**(平均能流密度)

$$I \propto E_0^2$$

通常我们关心的是光强度的相对分布，可设比例系数为 1，故在传播光的空间内任一点光的强度，可用该点光矢量振幅的平方表示，即

$$I = E_0^2 \tag{10.1}$$

## 10.1.2 光的相干性

我们已经知道，波动具有叠加性，两个相干波源发出的两列相干波，在相遇的区间将产生干涉现象，如机械波、无线电波的干涉现象. 对于两列光波，在它们的相遇区域满足什么条件才能观察到干涉现象呢?

设两个频率相同、光矢量 $\boldsymbol{E}$ 方向相同的光源所发出的光振幅和光强分别为 $E_{10}$、$E_{20}$ 和 $I_1$、$I_2$，它们在空间某处 $P$ 相遇，$P$ 点合成光矢量的振幅 $E$、光强 $I$ 根据式(8.29)和式(10.1)可分别表示为

$$E^2 = E_{10}^2 + E_{20}^2 + 2E_{10}E_{20}\cos\Delta\varphi \tag{10.2}$$

$$I = I_1 + I_2 + 2\sqrt{I_1 I_2}\cos\Delta\varphi \tag{10.3}$$

式中 $\Delta\varphi$ 为两光振动在 $P$ 点的相位差. 由于分子或原子每次发光持续的时间极短(约为 $10^{-8}$ s)，人眼和感光仪器还不可能在这极短的时间内对两波列之间的干涉作出响应. 我们所观察到的光强是在较长时间 $\tau$ 内的平均值

$$I = \frac{1}{\tau}\int_0^\tau (I_1 + I_2 + 2\sqrt{I_1 I_2}\cos\Delta\varphi)\mathrm{d}t$$
$$= I_1 + I_2 + 2\sqrt{I_1 I_2}\,\frac{1}{\tau}\int_0^\tau \cos\Delta\varphi\mathrm{d}t \tag{10.4}$$

对于上式分两种情况讨论：

**1. 非相干叠加**

由于分子或原子发光的间歇性和随机性，在 $\tau$ 时间内，在叠加处随着光波列的大量更替，来自两个独立光源的两束光，或同一光源的不同部位所发出的光的相位差 $\Delta\varphi$“瞬息万变”，它可以取 $0 \sim 2\pi$ 之间的一切数值，且机会均等，因而 $\cos\Delta\varphi$ 对时间的平均值为零，故

$$I = I_1 + I_2 \tag{10.5}$$

上式表明来自两个独立光源的两束光，或同一光源不同部位所发出的光，叠加后的光强等于两光束单独照射时的光强 $I_1$ 和 $I_2$ 之和，故观察不到干涉现象.

**2. 相干叠加**

如果利用某些方法使得两束相干光在光场中各指定点的 $\Delta\varphi(=\varphi_2-\varphi_1)$ 各有恒定值，则在相遇空间的 $P$ 点处合成后的光强为

$$I = I_1 + I_2 + 2\sqrt{I_1 I_2}\cos\Delta\varphi$$

因相位差 $\Delta\varphi$ 恒定，所以 $P$ 点的光强始终不变. 对于两波相遇区域的不同位置，其光强的大小将由这些位置的相位差决定，即空间各处光强分布将由干涉项 $2\sqrt{I_1 I_2}\cos\Delta\varphi$ 决定，将会出现有些地方始终加强（$I > I_1 + I_2$），有些地方始终减弱（$I < I_1 + I_2$）. 若 $I_1 = I_2$，则合成后的光强为

$$I = 2I_1(1+\cos\Delta\varphi) = 4I_1\cos^2\frac{\Delta\varphi}{2} \tag{10.6}$$

当 $\Delta\varphi = \pm 2k\pi$ 时，这些位置的光强最大（$I = 4I_1$），称为**干涉相长**，即亮纹中心；当 $\Delta\varphi = \pm(2k+1)\pi$ 时，这些位置的光强最小（$I=0$），称**干涉相消**. 光强 $I$ 随相位差 $\Delta\varphi$ 变化的情况如图10.3所示.

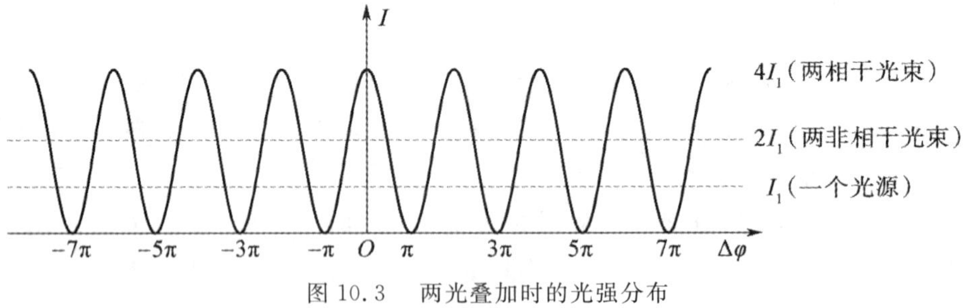


图 10.3　两光叠加时的光强分布

综上所述，只有两束相干光叠加才能观察到光的干涉现象. 怎样才能获得两束相干光呢？原则上可以将光源上同一发光点发出的光波分成两束，使之经历不同的路径再会合叠加. 由于这两束光是出自同一发光原子或分子的同一次发光，所以它们的频率和初相位必然完全相同，在相遇点，这两光束的相位差是恒定的，而振动方向一般总有相互平行的振动分量，从而满足相干条件，可以产生干涉现象. 获得相干光的具体方法有两种：**分波阵面法和分**

**振幅法**.前者是从同一波阵面上的不同部分产生的次级波相干,如下面将要讨论的双缝干涉;后者是利用光在透明介质薄膜表面的反射和折射将同一光束分割成振幅较小的两束相干光,如后面要介绍的薄膜干涉.

## 10.2 杨氏双缝干涉实验

### 10.2.1 杨氏双缝干涉

1801年,托马斯·杨(T. Young)首先用实验获得了两列相干的光波,观察到了光的干涉现象.实验装置如图10.4所示,在普通单色光源(如钠光灯)前面,先放置一个开有小孔S的屏,再放置一个开有两个相距很近的小孔$S_1$和$S_2$的屏,就可以在较远的接收屏上观测到干涉图样.根据惠更斯原理,小孔S可看作是发射球面波的点光源.如果$S_1$、$S_2$处于该球面波的同一波阵面上,则它们的相位永远相同.显然,$S_1$、$S_2$是满足相干条件的两个相干点光源,由它们发出的子波将在相遇区域发生干涉.为了提高干涉条纹的亮度,后来人们改用狭缝代替小孔S及$S_1$、$S_2$,即用柱面波代替球面波,这种实验就叫双缝干涉实验.当激光问世以后,利用它的相干性好和亮度高的特性,直接用激光束照射双孔,便可在屏幕上获得清晰明亮的干涉条纹.

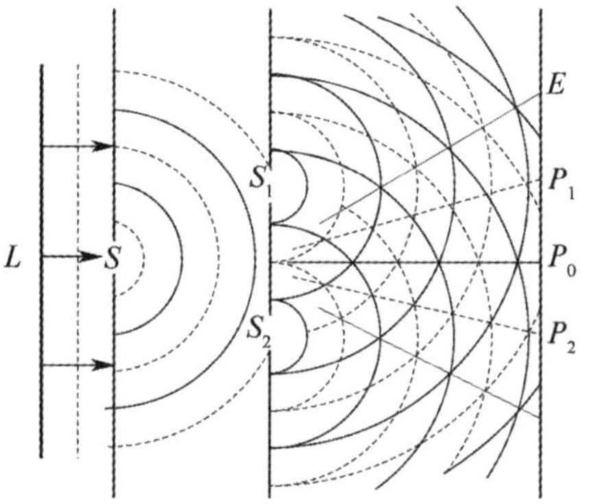


图10.4 杨氏双缝干涉实验

现在对双缝干涉条纹的位置作定量分析.如图10.5所示,$S_1$与$S_2$之间的距离为$d$,到屏幕E的距离为$D$,$MO$是$S_1$、$S_2$的中垂线.在屏E上任取一点$P$,设$P$点离$O$点距离为$x$,$P$点到$S_1$、$S_2$距离分别为$r_1$、$r_2$,$\angle PMO=\theta$.在实验中,一般$D \gg d$,$\theta$很小,所以从$S_1$与$S_2$发出的光到达$P$点的波程差为

$$\delta = r_2 - r_1 \approx d\sin\theta \approx d\tan\theta = d\frac{x}{D} \quad (10.7)$$

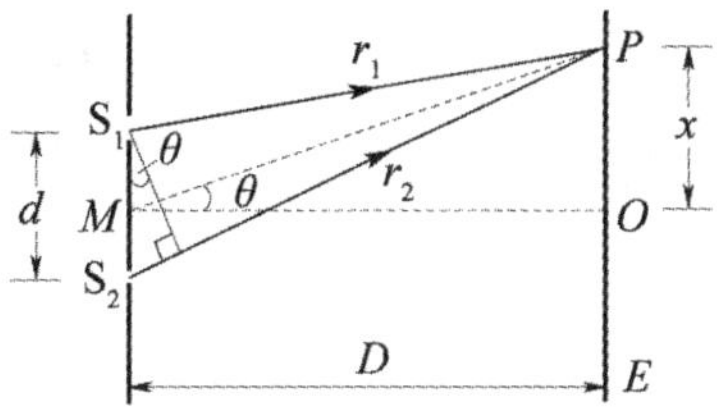


图10.5 干涉条纹计算用图

由式(9.52)和式(9.53)干涉加强或干涉减弱的条件,有

$$\delta = r_2 - r_1 = \begin{cases} \pm k\lambda & k=0,1,2,\cdots \text{ 干涉加强} \\ \pm(2k-1)\dfrac{\lambda}{2}, & k=1,2,\cdots \text{ 干涉减弱} \end{cases} \quad (10.8)$$

即$P$点到双缝的波程差为波长的整数倍时,$P$点处将出现明条纹.其中$k$称为干涉级,$k=0$的明条纹称为零级明纹或中央明纹,$k=1,2,\cdots$对应的明条纹分别称第1级明纹、第2级明纹……若$P$点到双缝的波程差为半波长的奇数倍时,$P$点处出现暗条纹,$k=1,2,\cdots$称为第1级暗纹、第2级暗纹……波程差为其他值的各点,光强介于明与暗之间.因此,可以在屏E上看到明暗相间的稳定的干涉条纹.

将式(10.8)代入式(10.7),可得明条纹中心在屏上的位置为

$$x=\pm k\frac{D}{d}\lambda \quad k=0,1,2,\cdots \tag{10.9}$$

暗纹中心的位置为

$$x=\pm(2k-1)\frac{D}{d}\frac{\lambda}{2} \quad k=1,2,\cdots \tag{10.10}$$

两相邻明纹或暗纹间的距离(条纹间距)均为

$$\Delta x=x_{k+1}-x_k=\frac{D}{d}\lambda \tag{10.11}$$

从上面三式分析,双缝干涉条纹有如下特点:

(1) 屏上明暗条纹的位置,是对称分布于屏幕中心 $O$ 点两侧且平行于狭缝的直条纹,明暗条纹交替排列.

(2) 相邻明纹和相邻暗纹的间距相等,与干涉级 $k$ 无关.条纹间距 $\Delta x$ 的大小与入射光波长 $\lambda$ 及缝屏间距 $D$ 成正比,与双缝间距 $d$ 成反比.

因此,当 $D$,$d$ 一定时,用不同的单色光做实验,则入射光波长愈小,条纹愈密;波长愈大,条纹愈稀.如果用白光照射,则屏幕上除中央明纹因各单色光重合而显示白色外,其他各级条纹由于各单色光出现明纹的位置不同,因而形成彩色条纹.此外,还可由 $\Delta x$ 的精确测量而推算出单色光的波长 $\lambda$.

## *10.2.2 其他分波阵面干涉装置

### 1. 菲涅耳双面镜

杨氏实验装置中的小孔或狭缝都很小,它们的边缘效应往往会对实验产生影响而使问题复杂化.后来,菲涅耳(A. J. Fresnel)提出一种可使问题简化的获得相干光束的方法.如图 10.6 所示,一对紧靠在一起的夹角 $\varepsilon$ 很小的平面镜 $M_1$ 和 $M_2$ 构成菲涅耳双面镜.狭缝光源 S 与两镜面的交棱 C 平行,于是从光源 S 发出的光,经 $M_1$ 和 $M_2$ 反射后成为两束相干光波,在它们的重叠区域内的屏幕上就会出现等距的平行干涉条纹.设 $S_1$ 和 $S_2$ 为 S 对 $M_1$ 和 $M_2$ 所成的两个虚像,则屏幕上的干涉条纹就如同是由相干的虚光源 $S_1$ 和 $S_2$ 发出的光波所产生的一样,因此可利用杨氏双缝干涉的结果计算这里的明暗纹位置及条纹间距.

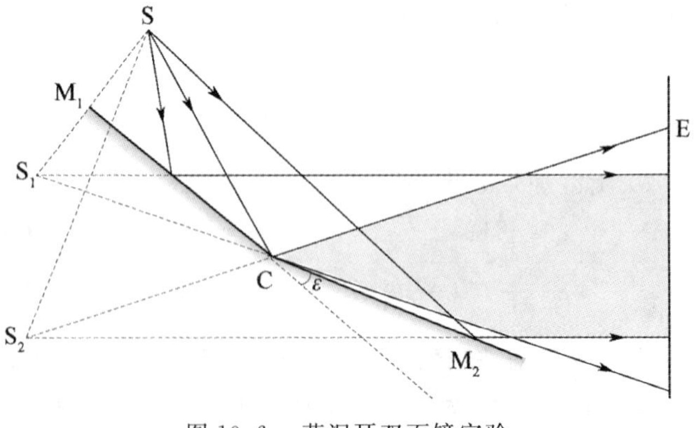


图 10.6 菲涅耳双面镜实验

### 2. 洛埃镜

洛埃(H. Lloyd)镜的装置如图 10.7 所示,它是一个平面镜.从狭缝 $S_1$ 发出的光,一部分直接射向屏 E,

另一部分以近90°的入射角掠射到镜面ML上，然后反射到屏幕E上. $S_2$是$S_1$在镜中的虚像，反射光可看成是虚光源$S_2$发出的，它和$S_1$构成一对相干光源，于是在屏上叠加区域内出现明暗相间的等间距的干涉条纹.

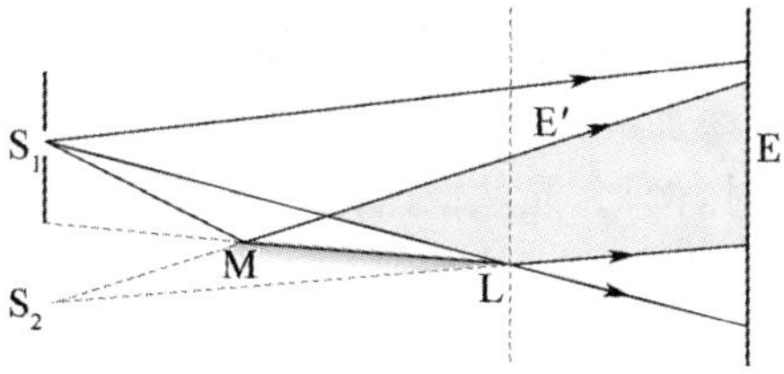


图10.7 洛埃镜实验

若将屏幕E放到镜端L处且与镜接触，则在接触处屏E′上出现的是暗条纹. 这表明，该处由$S_1$直接射到屏上的光和经镜面反射后的光相遇，虽然两光的波程相同，但相位相反. 这只能认为光从空气掠射到玻璃发生反射时，反射光有相位π的突变. 这就是说光从光疏介质(折射率较小的介质)掠射向光密介质(折射率较大的介质)界面而反射时，会发生"半波损失".

从洛埃镜实验和前面波动的叙述中，我们知道入射光由光疏介质射向光密介质界面时，在掠射($i \approx 90°$)或正射($i \approx 0$)两种情况下，都将在反射过程中产生"半波损失". 但光从光密介质入射向光疏介质界面时，在反射中不产生"半波损失"，而且在任何情况下，透射光均没有"半波损失". 在一般情况下，光线倾斜地入射到两介质的界面时，反射光的相位变化是复杂的，它与界面两边介质的折射率及入射角有关，很难笼统地说是否有"半波损失".

**例10.1** 用单色光照射相距0.4 mm的双缝，缝屏间距为1 m. (1) 从第1级明纹到同侧第5级明纹的距离为6 mm，求此单色光的波长；(2) 若入射的单色光波长为400 nm的紫光，求相邻两明纹间的距离；(3) 上述两种波长的光同时照射时，求两种波长的明条纹第1次重合在屏幕上的位置，以及这两种波长的光从双缝到该位置的波程差.

**解** (1) 由双缝干涉明纹条件 $x = \pm k\dfrac{D}{d}\lambda$，可得

$$\Delta x_{1-5} = x_5 - x_1 = \frac{D}{d}(k_5 - k_1)\lambda$$

得

$$\lambda = \frac{d}{D}\frac{\Delta x_{1-5}}{(k_5 - k_1)} = \frac{4\times 10^{-4}\times 6\times 10^{-3}}{1\times(5-1)} = 6.0\times 10^{-7}\ \text{m}\ (\text{橙色})$$

(2) 当 $\lambda = 400$ nm 时，相邻两明纹间距为

$$\Delta x = \frac{D}{d}\lambda = \frac{1\times 4\times 10^{-7}}{4\times 10^{-4}} = 1.0\times 10^{-3}\ \text{m} = 1.0\ \text{mm}$$

(3) 设两种波长的光的明条纹重合处离中央明纹的距离为$x$，则有

$$x = k_1\frac{D}{d}\lambda_1 = k_2\frac{D}{d}\lambda_2$$

即

$$\frac{k_1}{k_2} = \frac{\lambda_2}{\lambda_1} = \frac{400}{600} = \frac{2}{3}$$

由此可见，波长为400 nm的紫光的第3级明条纹与波长为600 nm的橙光的第2级明条纹第1次重合. 重合的位置为

$$x = k_1\frac{D}{d}\lambda_1 = \frac{2\times 1\times 6\times 10^{-7}}{4\times 10^{-4}}\ \text{m} = 3\times 10^{-3}\ \text{m} = 3\ \text{mm}$$

双缝到重合处的波程差为

$$\delta = k_1\lambda_1 = k_2\lambda_2 = 1.2\times 10^{-6}\ \text{m}$$

## 10.3 光程与光程差

我们知道,干涉现象的产生,决定于两束相干光波的相位差.当两相干光都在同一均匀媒质中传播时,它们在相遇处叠加时的相位差,仅决定于两光之间的几何路程之差.但是,当两束相干光通过不同的媒质时,例如,光从空气透入薄膜,这时,两相干光间的相位差就不能单纯由它们的几何路程之差来决定.为此,需要介绍光程与光程差的概念.

前面已经说过,单色光的频率不论在何种媒质中传播都恒定不变,始终等于光源的频率 $\nu$.由波速、波长与频率的关系可知,若光在真空中的传播速度为 $c$,则真空中的波长为 $\lambda = \frac{c}{\nu}$.而光在媒质中的传播速度 $u = \frac{c}{n}$,所以它在媒质中的波长为 $\lambda_n = \frac{u}{\nu} = \frac{c}{n\nu} = \frac{\lambda}{n}$.这表明,光在折射率为 $n$ 的媒质中传播时,其波长只有真空中波长的 $\frac{1}{n}$.由于光每传过一个波长的距离,相位变化为 $2\pi$,若光在媒质中传播的几何路程为 $r$,那么相应的相位变化为 $2\pi\frac{r}{\lambda_n} = \frac{2\pi}{\lambda}nr$.由此可见,当光在不同的媒质中传播时,即使传播的几何路程相同,但相位的变化是不同的.

设从同相位的相干光源 $S_1$ 和 $S_2$ 发出的两相干光,分别在折射率为 $n_1$ 和 $n_2$ 的媒质中传播,相遇点 $P$ 与光源 $S_1$ 和 $S_2$ 的距离分别为 $r_1$ 和 $r_2$,如图 10.8 所示.则两光束到达 $P$ 点的相位变化之差为

$$\Delta\varphi = \frac{2\pi r_1}{\lambda_{n_1}} - \frac{2\pi r_2}{\lambda_{n_2}} = \frac{2\pi}{\lambda}(n_1 r_1 - n_2 r_2) \tag{10.12}$$

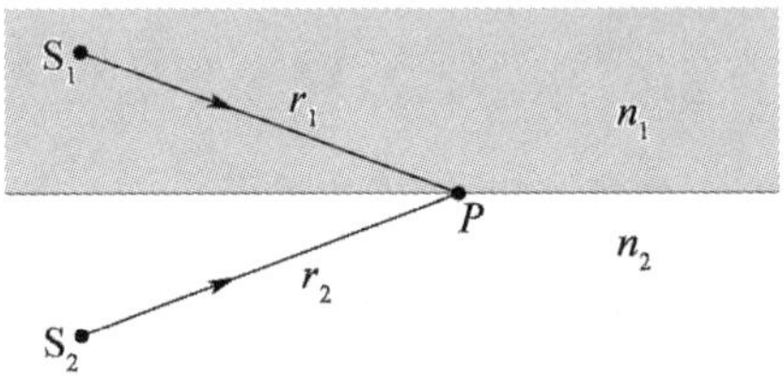


图 10.8 两相干光在不同媒质中传播

上式表明,两相干光束通过不同的媒质时,决定其相位变化之差的因素有两个:一是两光经历的几何路程 $r_1$ 和 $r_2$;二是所经媒质的性质即 $n_1$ 和 $n_2$.我们把光在某一媒质中所经过的几何路程 $r$ 和该介质的折射率 $n$ 的乘积 $nr$ 叫作**光程**.当光经历几种介质时

$$\text{光程} = \sum n_i r_i \tag{10.13}$$

在均匀介质中,$nr = \frac{c}{u}r = ct$,因此光程可认为是在相同时间内,光在真空中通过的路程.引进光程的概念后,我们就可将光在媒质中经过的路程折算为光在真空中的路程,这样便可统一用真空中的波长 $\lambda$ 来比较两束光经历不同介质时所引起的相位改变.若用 $\Delta = (n_1 r_1 - n_2 r_2)$ 表示两束光到达 $P$ 点的**光程差**,则两光束在 $P$ 点的相位差为

$$\Delta\varphi = \frac{2\pi}{\lambda}\Delta \tag{10.14}$$

这是考虑光的干涉问题时常用的一个基本关系式.应该注意,**引进光程后,不论光在什么介质中传播,上式中的 $\lambda$ 均是光在真空中的波长**.此外,上式仅考虑两束光经历不同介质不同路程引起的相位差,**如果两相干光源不是同相位的,则还应加上两相干光源的相位差才是两束光在 $P$ 点的相位差**.

这样,对于两同相的相干光源发出的两相干光,其干涉条纹的明暗条件便可由两光的光程差 $\Delta$ 决定,即

$$\Delta = \begin{cases} \pm k\lambda & k = 0,1,2,\cdots \text{加强(明)} \\ \pm (2k+1)\dfrac{\lambda}{2} & k = 0,1,2,\cdots \text{减弱(暗)} \end{cases} \tag{10.15}$$

在观察干涉、衍射现象时,经常要用到透镜.不同光线通过透镜可改变传播方向,那么会不会引起附加光程差呢?

我们知道,平行光通过薄透镜后,将会聚在焦平面的焦点 $F$ 上,形成一亮点.这一事实说明,平行光波面上各点(见图 10.9 中 $A$、$B$、$C$ 各点)的相位相同,它们到达焦平面上的会聚点 $F$ 后相位仍然相同,因而相互加强成亮点.这就是说,从 $A$、$B$、$C$ 各点到 $F$(或 $F'$)点的光程都是相等的,即平行光束经过透镜后不会引起附加的光程差.这一等光程性可作如下解释:虽然光线 $AaF$ 比光线 $BbF$ 经过的几何路程长,但 $BbF$ 在透镜中经过的路程比 $AaF$ 的长,由于透镜的折射率大于空气的折射率,所以折算成光程后,$AaF$ 的光程与 $BbF$ 的光程相等.

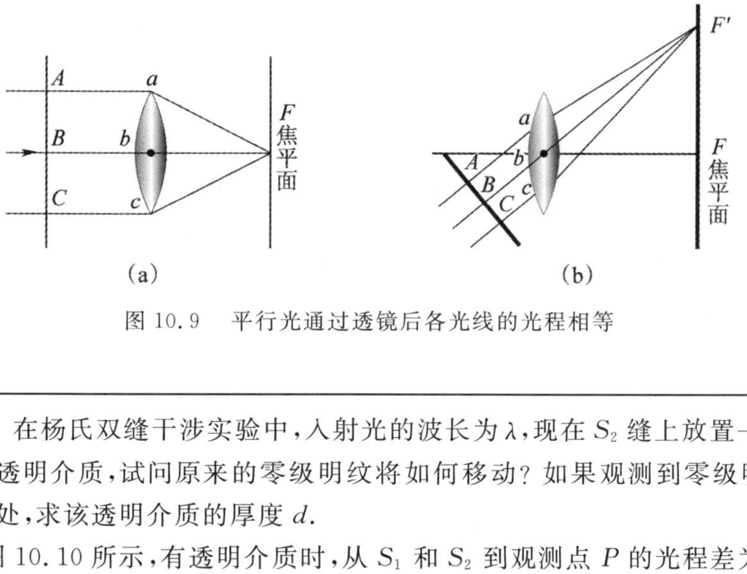

图 10.9　平行光通过透镜后各光线的光程相等

**例 10.2**　在杨氏双缝干涉实验中,入射光的波长为 $\lambda$,现在 $S_2$ 缝上放置一片厚度为 $d$,折射率为 $n$ 的透明介质,试问原来的零级明纹将如何移动?如果观测到零级明纹移到了原来的 $k$ 级明纹处,求该透明介质的厚度 $d$.

**解**　如图 10.10 所示,有透明介质时,从 $S_1$ 和 $S_2$ 到观测点 $P$ 的光程差为

$$\Delta = (r_2 - d + nd) - r_1$$

零级明纹相应的 $\Delta = 0$,其位置应满足

$$r_2 - r_1 = -(n-1)d < 0 \tag{1}$$

与原来零级明纹位置所满足的 $r_2 - r_1 = 0$ 相比可知,在 $S_2$ 前有介质时,零级明纹应该下移.

原来没有介质时 $k$ 级明纹的位置满足

$$r_2 - r_1 = k\lambda \qquad k = 0, \pm 1, \pm 2, \cdots \tag{2}$$

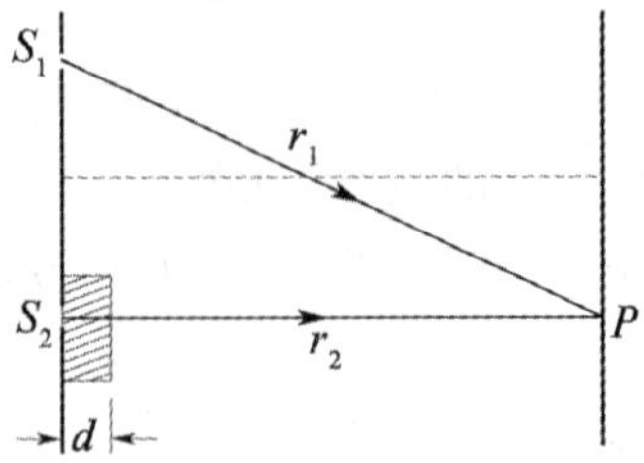


图 10.10

按题意，观测到零级明纹移到了原来的 $k$ 级明纹处，于是(1) 式和(2) 式必须同时得到满足，由此可解得

$$d=\frac{-k\lambda}{n-1}$$

其中 $k$ 为负整数. 上式也可理解为：插入透明介质使屏幕上的干涉条纹移动了 $|k|=(n-1)d/\lambda$ 条. 这也提供了一种测量透明介质折射率的方法.

## 10.4 薄膜干涉

薄膜干涉现象在日常生活和生产技术中都经常见到. 如马路上的油膜在雨后日光的照射下呈现彩色条纹，高级照相机镜面上见到的彩色花纹等都是日光的薄膜干涉图样.

### 10.4.1 薄膜干涉

我们先来讨论光线入射在厚度均匀的薄膜上产生的干涉现象. 如图10.11，在折射率为 $n_1$ 的均匀媒质中，有一折射率为 $n_2$ 的平行平面透明介质薄膜(厚度为 $e$). 设 $n_2>n_1$，从单色扩展光源(或面光源)S 上的 $S_1$ 发光点发出一条光线 $a$，以入射角 $i$ 投射到薄膜上的 $A$ 点，这时，光线 $a$ 将分成两部分，一部分在 $A$ 点反射，成为反射线 $a_1$，另一部分则以折射角 $\gamma$ 折射入

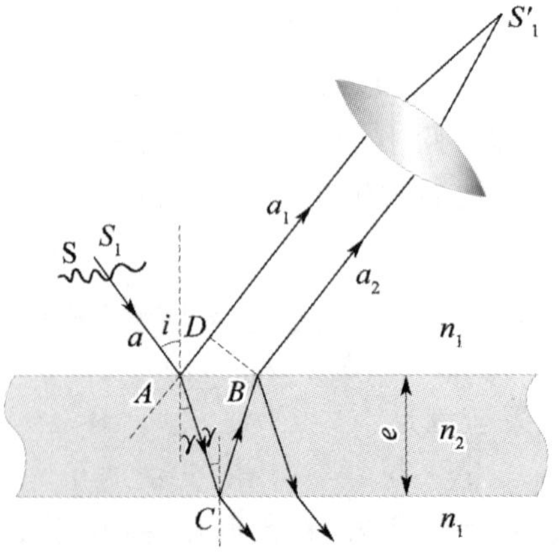


图 10.11 薄膜的干涉

薄膜内，经下表面 $C$ 点反射后到达 $B$ 点，再经过上表面透射回原介质成为光线 $a_2$. 这两条光线因出自光源中的同一点 $S_1$，所以它们是相干光. 它们的能量也是从同一条入射光线 $a$ 发出来的. 由于波的能量与振幅有关，这种产生相干光的方法又叫分振幅法. 下面我们用光程差概念来分析薄膜干涉的加强和减弱条件.

光线 $a$ 从 $A$ 点开始分成两路光线 $a_1$ 和 $a_2$，且从光线 $a_1$ 中的 $D$ 点和光线 $a_2$ 中的 $B$ 点以后两路光是等光程的，所以两种光之间的光程差为

$$\Delta = n_2(AC + CB) - n_1 AD + \frac{\lambda}{2} \tag{10.16}$$

其中 $\frac{\lambda}{2}$ 一项是两光线在上表面反射时因半波损失而产生的附加光程差.

由图可见

$$AC = CB = \frac{e}{\cos\gamma}$$

$$AD = AB\sin i = 2e\tan\gamma\sin i$$

根据折射定律

$$n_1\sin i = n_2\sin\gamma$$

因此

$$\begin{aligned}\Delta &= 2n_2\frac{e}{\cos\gamma} - 2n_1 e\tan\gamma\sin i + \frac{\lambda}{2} = \frac{2n_2 e}{\cos\gamma}(1 - \sin^2\gamma) + \frac{\lambda}{2}\\ &= 2n_2 e\cos\gamma + \frac{\lambda}{2} = 2e\sqrt{n_2^2 - n_1^2\sin^2 i} + \frac{\lambda}{2}\end{aligned}$$

于是，决定 $a_1$ 和 $a_2$ 两反射光线会聚点 $S_1'$ 是明还是暗的干涉条件为

$$\begin{aligned}\Delta &= 2e\sqrt{n_2^2 - n_1^2\sin^2 i} + \frac{\lambda}{2}\\ &= \begin{cases} k\lambda & k = 1,2,\cdots \text{加强(明)} \\ (2k+1)\dfrac{\lambda}{2} & k = 0,1,2,\cdots \text{减弱(暗)}\end{cases}\end{aligned} \tag{10.17}$$

同理，在透射光中也有干涉现象，上式对透射光仍然适用. 但应注意：透射光之间的附加光程差与反射光之间的附加光程差产生的条件恰好相反，当反射光之间有 $\frac{\lambda}{2}$ 的附加光程差时，透射光之间则没有；反之，若反射光之间没有附加光程差时，透射光之间却有 $\frac{\lambda}{2}$ 的附加光程差. 所以对同样的入射光来说，当反射方向的干涉加强时，透射方向的干涉便减弱. 反之亦然.

从光程差 $\Delta = 2e\sqrt{n_2^2 - n_1^2\sin^2 i} + \frac{\lambda}{2}$ 可见，对于厚度均匀的薄膜（$e$ 处处相等）来说，光程差随入射光线的倾角 $i$ 而变. 因此，不同的干涉明条纹和暗条纹，相应地具有不同的倾角，而同一干涉条纹上的各点都具有相同的倾角. 所以，在厚度均匀的薄膜上产生的这种干涉条纹叫作**等倾干涉条纹**.

### *10.4.2　增透膜与增反膜

利用薄膜干涉可以测定薄膜的厚度或波长，除此之外，还可用以提高光学仪器的透射率或反射本领.

一般说来，光射到光学元件表面时，其能量要分成反射与透射两部分，于是透射过来的光能(强度)或反射出的光能都要相对原光能减少. 例如，一个由六个透镜组成的高级照相机，因光的反射而损失的能量约占一半左右. 因此在现代光学仪器中，为了减少光能在光学元件的玻璃表面上的反射损失，常在镜面上镀一层均匀的氟化镁($MgF_2$)等材料的透明薄膜，以增强其透射率. 这种能使透射增强的薄膜叫作**增透膜**.

另一方面，在有些光学系统中，又要求某些光学元件具有较高的反射本领. 例如，激光器中的反射镜要求对某种频率的单色光的反射率在99%以上，为了增强反射能量，常在玻璃表面上镀一层高反射率的透明薄膜，利用薄膜上、下表面反射光的光程差满足干涉相长条件，从而使反射光增强，这种薄膜叫**增反膜**. 由于反射光能量约占入射光能量的5%，为了达到具有高反射率的目的，常在玻璃表面交替镀上折射率高低不同的多层介质膜，一般镀到13层，有的高达15层、17层，宇航员头盔和面甲上都镀有对红外线具有高反射率的多层膜，以屏蔽宇宙空间中极强的红外线照射.

**例 10.3** 在一光学元件的玻璃(折射率 $n_3=1.5$)表面上镀一层厚度为 $e$，折射率为 $n_2=1.38$ 的氟化镁薄膜，为了使入射白光中对人眼最敏感的黄绿光($\lambda=550$ nm)反射最小，试求薄膜的厚度.

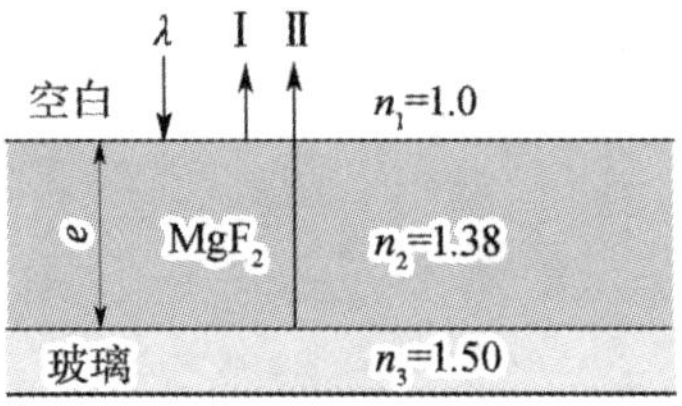

图 10.12 增透膜

**解** 如图10.12所示，由于 $n_1<n_2<n_3$，氟化镁薄膜的上、下表面反射的Ⅰ、Ⅱ两光均有半波损失. 设光线垂直入射($i=0$)，则Ⅰ、Ⅱ两光的光程差为

$$\Delta=\left(2n_2e+\frac{\lambda}{2}\right)-\frac{\lambda}{2}=2n_2e$$

要使黄绿光反射最小，即Ⅰ、Ⅱ两光干涉相消，于是

$$\Delta=2n_2e=(2k+1)\frac{\lambda}{2}$$

应控制的薄膜厚度为 $$e=\frac{(2k+1)\lambda}{4n_2}$$

其中，薄膜的最小厚度($k=0$)

$$e_{\min}=\frac{\lambda}{4n_2}=\frac{550\ \text{nm}}{4\times1.38}=1\ 000\ \text{nm}=0.1\ \mu\text{m}$$

即氟化镁的厚度为 $0.1\ \mu$m 或 $(2k+1)\times0.1\ \mu$m，都可使这种波长的黄绿光在两界面上的反射光干涉减弱. 根据能量守恒定律，反射光减少，透射的黄绿光就增强了.

## 10.5 劈尖干涉 牛顿环

我们在此讨论光线入射在厚度不均匀的薄膜上所产生的干涉现象，其干涉条纹称等厚干涉条纹.

### 10.5.1 劈尖干涉

两块平面玻璃片，将它们的一端互相叠合，另一端垫入一薄纸片或一细丝，如图10.13(a)所示，则在两玻璃片间就形成一端薄、一端厚的空气薄层，这是一个劈尖形的空气膜，叫作空气劈尖. 空气膜的两个表面即两块玻璃片的内表面. 两玻璃片叠合端的交线称为棱边，其夹角 $\theta$ 称劈尖楔角. 在平行于棱边的直线上各点，空气膜的厚度 $e$ 是相等的.

当平行单色光垂直照射玻璃片时，就可在劈尖表面观察到明暗相间的干涉条纹. 这是由空气膜的上、下表面反射出来的两列光波叠加干涉形成的.

考虑劈尖上厚度为 $e$ 处，由上、下表面反射的两相干光的光程差为

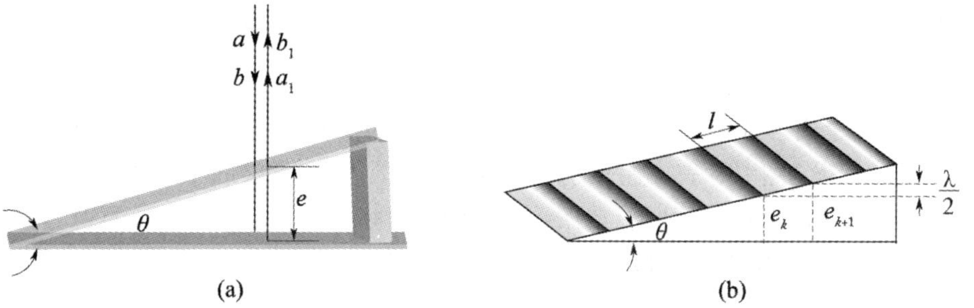


图 10.13　劈尖干涉

$$\Delta = 2e + \frac{\lambda}{2} \tag{10.18}$$

其中$\frac{\lambda}{2}$为光在空气膜的下表面反射时的半波损失. 于是两表面反射光的干涉条件为

$$\begin{cases} \Delta = 2e + \dfrac{\lambda}{2} = k\lambda & k = 1,2,\cdots \text{明条纹} \\ \Delta = 2e + \dfrac{\lambda}{2} = (2k+1)\dfrac{\lambda}{2} & k = 0,1,2,\cdots \text{暗条纹} \end{cases} \tag{10.19}$$

由此可见,凡劈尖上厚度相同的地方,两反射光的光程差都相等,都与一定的明纹或暗纹的 $k$ 值相对应. 因此这些条纹叫作等厚干涉条纹. 这样的干涉称为**等厚干涉**.

如果玻璃片的表面是严格的几何平面,即劈尖的表面是严格的平面,则平行于棱边的直线上的各点,空气膜的厚度都相同,由式(10.18),两相干光的光程差也一样,所以从式(10.19)可知,干涉条纹是平行于棱边的一系列明暗相间的直条纹,如图 10.13(b) 所示. 如果玻璃片的表面不平整,则干涉条纹将在凹凸不平处发生弯曲,由此我们可以检验玻璃是否磨得很平. 此外,在两玻璃片的接触处,$e=0$,两反射光的光程差为$\frac{\lambda}{2}$,所以棱边处应为暗条纹,事实正是如此.

在劈尖干涉的直条纹中,任何两条相邻明纹或暗纹之间的距离 $l$ 都是相同的,即条纹间距相等,这是因为

$$l\sin\theta = e_{k+1} - e_k = \frac{1}{2}(k+1)\lambda - \frac{1}{2}k\lambda = \frac{\lambda}{2} \tag{10.20}$$

此式说明,对一定波长的单色光入射,劈尖的干涉条纹间隔 $l$ 仅与楔角 $\theta$ 有关. $\theta$ 愈小,则 $l$ 愈大,干涉条纹愈稀疏;$\theta$ 愈大,则 $l$ 愈小,干涉条纹愈密集. 因此,只能在 $\theta$ 很小的劈尖上方可观察到清晰的干涉条纹,否则,干涉条纹将密得无法分辨. 上式还说明,任何两相邻明纹或暗纹之间的空气隙厚度差为$\frac{\lambda}{2}$. 所以,在某处的空气膜厚度改变$\frac{\lambda}{2}$的过程中,将观察到该处干涉条纹由亮逐渐变暗后又逐渐变亮(或由暗逐渐变亮后又逐渐变暗),好像干涉条纹移动了一条似的. 若观察到干涉条纹移动了 $N$ 条,则该处空气隙厚度将改变 $N\frac{\lambda}{2}$ 的距离. 干涉膨胀仪测量样品微小长度的变化就是根据这一原理制成的.

如果构成劈尖的介质膜不是空气,而是其他透明物质(液体、二氧化硅等),其上、下表面两反射光的光程差计算方法类同,但附加光程差的计算应具体问题具体分析.

### 10.5.2 牛顿环

将一曲率半径相当大的平凸透镜叠放在一平板玻璃上，如图 10.14(a) 或(c) 所示，则在透镜与平板玻璃之间形成一个上表面为球面、下表面为平面的空气薄层. 当单色平行光垂直照射时，由于空气薄层上、下表面两反射光发生干涉，在空气薄层的上表面可以观察到以接触点 $O$ 为中心的明暗相间的环形干涉条纹，如图 10.14(b) 所示. 若用白光照射，则条纹呈彩色. 这些圆环状干涉条纹叫作**牛顿环**，它是等厚条纹的又一特例.

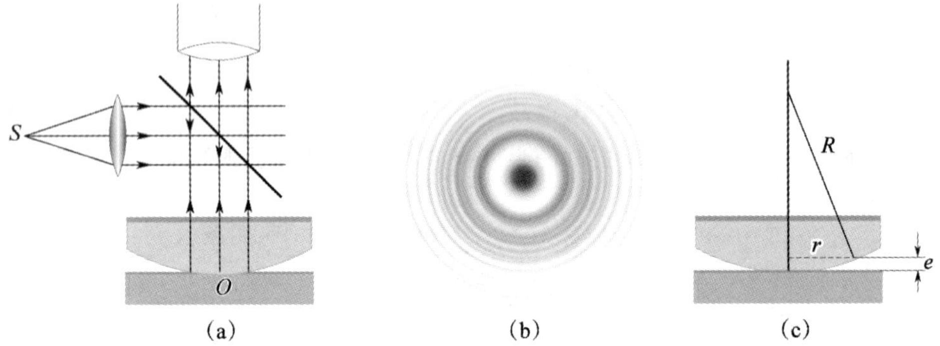


图 10.14　牛顿环

现在我们来求各明暗环的半径 $r$、波长 $\lambda$ 及透镜的曲率半径 $R$ 三者之间的关系. 由于空气薄层的任一厚度 $e$ 处，上下表面反射光的相干条件为

$$2e+\frac{\lambda}{2}=\begin{cases}k\lambda & k=1,2,\cdots \text{ 明条纹}\\(2k+1)\dfrac{\lambda}{2} & k=0,1,2,\cdots \text{ 暗条纹}\end{cases} \tag{10.21}$$

由图 10.14(c) 可得

$$r^2=R^2-(R-e)^2=2eR-e^2$$

因 $R\gg e$，可略去 $e^2$ 项，于是

$$e=\frac{r^2}{2R}$$

代入式(10.21)，可得干涉明暗环半径分别为

$$r=\sqrt{\frac{(2k-1)R\lambda}{2}}\quad k=1,2,\cdots \text{ 明环} \tag{10.22}$$

$$r=\sqrt{kR\lambda}\quad k=0,1,2,\cdots \text{ 暗环} \tag{10.23}$$

上式表明，$k$ 值越大，环的半径越大，但相邻明环(或暗环) 的半径之差越小，即随着牛顿环半径的增大，条纹变得愈来愈密.

在透镜与平板玻璃的接触点 $O$ 处，因 $e=0$，两反射光的光程差为 $\frac{\lambda}{2}$，故牛顿环的中心是一个暗斑(因实际接触处不可能是点而是圆面). 实际测量平凸透镜的曲率半径 $R$ 的方法是分别测出两个暗环的半径 $r_k$ 和 $r_{k+m}$，代入式(10.23) 后，即可联立导出

$$R=\frac{r_{k+m}^2-r_k^2}{m\lambda} \tag{10.24}$$

本节介绍的两种干涉现象，在透射光中也可以观察到. 但透射光干涉的明暗纹条件恰好与反射光相反. 所以在空气膜的牛顿环中用透射光观察，中心处为一亮斑.

**例 10.4**　利用劈尖干涉可以测量微小角度. 如图 10.15 所示，折射率 $n = 1.4$ 的劈尖在某单色光的垂直照射下，测得两相邻明条纹之间的距离是 $l = 0.25$ cm. 已知单色光在空气中的波长 $\lambda = 700$ nm，求劈尖的顶角 $\theta$.

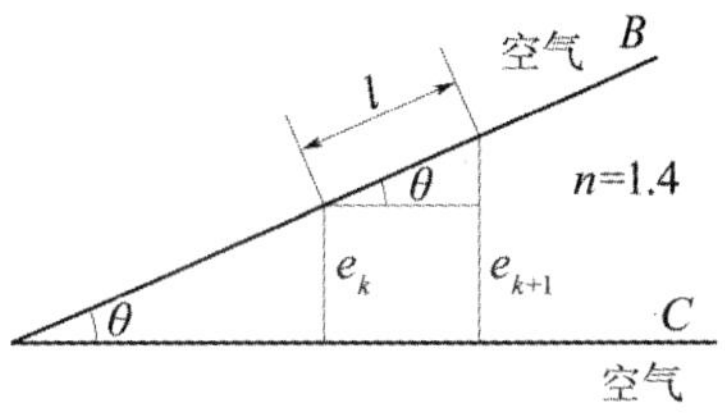

图 10.15

**解**　在劈尖的表面上(见图 10.15)，取第 $k$ 级和第 $k+1$ 级两条明条纹，用 $e_k$ 和 $e_{k+1}$ 分别表示这两条明纹所在处劈尖的厚度. 按明条纹出现的条件，$e_k$ 和 $e_{k+1}$ 应满足下列两式：

$$2ne_k + \frac{\lambda}{2} = k\lambda$$

$$2ne_{k+1} + \frac{\lambda}{2} = (k+1)\lambda$$

两式相减，得

$$n(e_{k+1} - e_k) = \frac{\lambda}{2}$$

$$e_{k+1} - e_k = \frac{\lambda}{2n} \tag{1}$$

由图可见 $(e_{k+1} - e_k)$ 与两相邻明纹间隔 $l$ 之间的关系为

$$l\sin\theta = e_{k+1} - e_k$$

代入(1) 得

$$\sin\theta = \frac{\lambda}{2nl} \tag{2}$$

将 $n = 1.4, l = 0.25$ cm, $\lambda = 7 \times 10^{-5}$ cm，代入(2) 式得

$$\sin\theta = \frac{\lambda}{2nl} = \frac{7 \times 10^{-5}}{2 \times 1.4 \times 0.25} = 10^{-4}$$

因 $\sin\theta$ 很小，所以 $\theta \approx \sin\theta = 10^{-4}$ rad.

**例 10.5**　在牛顿环实验中，透镜的曲率半径为 5.0 m，圆平面直径为 2.0 cm.

(1) 用波长 $\lambda = 589.3$ nm 的单色光垂直照射时，可看到多少干涉条纹?

(2) 若在空气层中充以折射率为 $n$ 的液体，可看到 46 条明条纹，求液体的折射率(玻璃的折射率为 1.50).

**解**　(1) 由牛顿环明环半径公式

$$r = \sqrt{\frac{(2k-1)}{2}R\lambda}$$

可见条纹级次越高，条纹半径越大，由上式得

$$k = \frac{r^2}{R\lambda} + \frac{1}{2} = \frac{(1.0 \times 10^{-2})^2}{5 \times 5.893 \times 10^{-7}} + \frac{1}{2} = 34.4$$

可看到 34 条明条纹.

(2) 若在空气层中充以液体，则明环半径为

$$r=\sqrt{\frac{(2k-1)R\lambda}{2n}}$$

故 $$n=\frac{(2k-1)R\lambda}{2r^2}=\frac{(2\times46-1)\times5\times5.893\times10^{-7}}{2\times(1.0\times10^{-2})^2}=1.33$$

可见牛顿环中充以液体后，干涉条纹变密.

# *10.6 迈克耳孙干涉仪

## 10.6.1 迈克耳孙干涉仪

在现代科学技术中，广泛应用干涉原理来测量微小长度、角度等，迈克耳孙干涉仪就是一种典型的精密测量仪器. 它的构造和原理如图 10.16 所示.

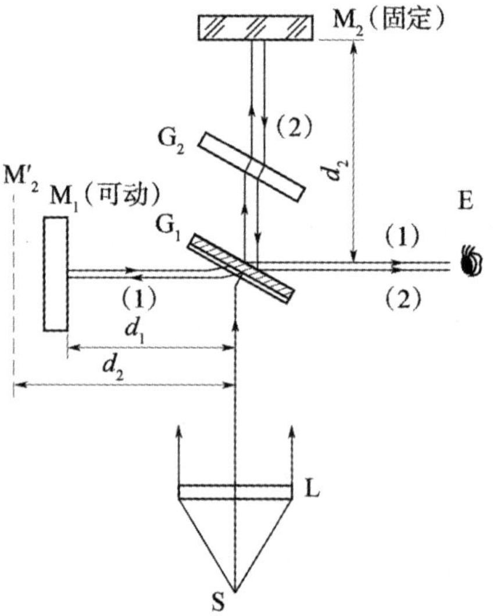


图 10.16 迈克耳孙干涉仪

$M_1$ 和 $M_2$ 是两块精细磨光的平面镜，分别装置在相互垂直的两臂上，其中 $M_2$ 是固定的，$M_1$ 由一螺丝控制，可在导轨上作微小移动. $G_1$ 和 $G_2$ 是两块材料相同、厚薄一样的玻璃片，均与两臂倾斜成 45° 角，其中 $G_1$ 的一个面上镀有半透明的薄银层，其作用是使入射到 $G_1$ 的光束一半反射，一半透过，所以 $G_1$ 称为分光板.

来自光源 S 的光束，穿过透镜 L 后，变成平行光射向 $G_1$，进入 $G_1$ 的光线在薄银层上分成两束，一束在薄银层上反射后向 $M_1$ 传播，用(1) 表示，经 $M_1$ 反射后再穿过 $G_1$ 向 E 传播而进入眼睛. 另一束则透过薄银层及 $G_2$ 向 $M_2$ 传播，用(2) 表示，经 $M_2$ 反射后再次穿过 $G_2$ 后由 $G_1$ 的薄银层反射也进入眼睛 E. 显然，进入眼睛的光束(1) 和(2) 是两相干光束，于是在 E 处可观察到干涉条纹. $G_2$ 的作用是为了使光束(2) 也与光束(1) 一样，都是三次穿过玻璃片，这样可以避免两光因在玻璃中经过的路程不等而引起较大的光程差. 因此，$G_2$ 又称为光程补偿片.

设想薄银层所形成的 $M_2$ 的虚像是 $M_2'$，所以从 $M_2$ 处反射的光可以看成是从虚像 $M_2'$ 发出来的，于是在

$M_2'$和$M_1$之间就构成一个“空气薄膜”，从薄膜的两个表面$M_1$和$M_2'$反射的光束(1)和(2)的干涉，就可当作薄膜干涉来处理. 如果$M_1$和$M_2$不是严格相互垂直，则$M_2'$与$M_1$之间的“空气膜”就是劈尖状，形成的干涉条纹将近似为平行的等厚条纹；若$M_1$与$M_2$严格相互垂直，则干涉条纹为一系列同心圆环状的等倾条纹.

根据劈尖干涉的理论，当调节$M_1$向前或向后平移$\frac{\lambda}{2}$距离时(“空气膜”的厚度变化$\frac{\lambda}{2}$)，就可观察到干涉条纹平移过一条. 因此，数一数在视场中移动的条纹数目$\Delta N$，便可知$M_1$移动的距离为

$$\Delta d = \Delta N \frac{\lambda}{2} \tag{10.25}$$

这表明，根据条纹的移动数$\Delta N$和单色光波长$\lambda$，便可算出$M_1$移动的距离，可用来测量微小长度的变化，其精确度可达$\frac{\lambda}{2} \sim \frac{\lambda}{200}$，比一般方法的精密度高得多. 此外，也可由$M_1$移动的距离来测定光波的波长.

### 10.6.2 光源的非单色性对干涉条纹的影响(光场的时间相干性)

严格的单色光是具有确定的频率和波长的简谐波. 然而，任何实际光源都不是理想的单色光源，它们所发出的光总是包含着一定的波长范围$\Delta\lambda$. 由于$\Delta\lambda$范围内的每一个波长的光均形成各自的一套干涉条纹，且除零级以外各套条纹间都有一定的位移，所以它们非相干叠加的结果会使总的干涉条纹的清晰度下降. 如图10.17所示，图中上面的曲线为干涉条纹的总光强. 由图可见，随着$x$的增大，干涉条纹的明暗对比减小，当$x$增大到某一值后，干涉条纹就消失了. 对于谱线宽度为$\Delta\lambda$的单色光，干涉条纹消失的位置应当是，波长为$(\lambda+\Delta\lambda)$的第$k_c$级明条纹中心与波长为$\lambda$的第$(k_c+1)$级明条纹中心重合的位置，即

$$k_c(\lambda+\Delta\lambda) = (k_c+1)\lambda$$

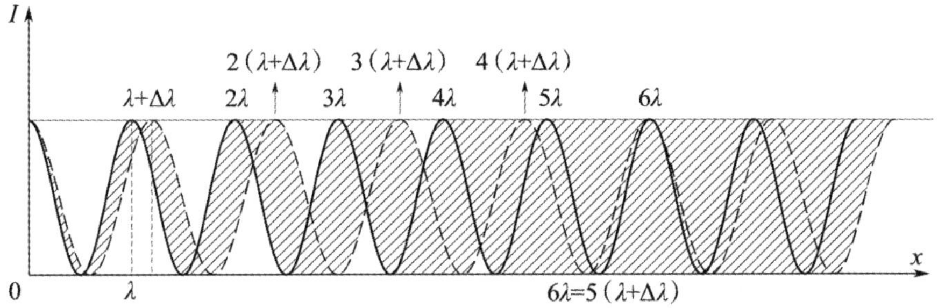


图10.17 光源的非单色性对光强分布的影响

由此式得
$$k_c = \frac{\lambda}{\Delta\lambda} \tag{10.26}$$

与该干涉级$k_c$对应的光程差$\Delta_c$，就是实现相干的最大光程差，即

$$\Delta_c = k_c(\lambda+\Delta\lambda) = \frac{\lambda^2}{\Delta\lambda} + \lambda \approx \frac{\lambda^2}{\Delta\lambda} \tag{10.27}$$

式中考虑到了$\lambda \gg \Delta\lambda$. 由此可见，光源的单色性($\Delta\lambda$的宽度)决定了能产生清晰干涉条纹的最大光程差$\Delta_c$.

光源的单色性对干涉条纹的影响也常用相干长度或相干时间来衡量. 我们知道，普通光源中原子发光是持续时间约在$10^{-8}$ s以内的有限长波列，而且只有同一原子在同一时刻发出的光波列分成两路，经不同的光程后再相遇时，才能相干. 在迈克耳孙干涉仪的光路中，设光源先后发出任意两个波列$a$和$b$，每个波列都被分光板分解成两个子波列，对应用$a_1$、$a_2$和$b_1$、$b_2$表示. 当它们由$M_1$、$M_2$两镜反射后，在观察点相遇，如果两光路的光程相等，则相遇时重叠的是$a_1$和$a_2$，$b_1$和$b_2$波列，它们将发生完全干涉，可观察到清晰的干涉条纹，如图10.18(a)所示；若两光路的光程不相等，但光程差不太大时，$a_1$和$a_2$，$b_1$和$b_2$波列还可能部分重叠，此时仍可产生部分干涉，但条纹的清晰度要降低，如图10.18(b)所示；当两路光的光程差太大时，由同一波列分解出来的两子波列将不再重叠，此时与$a_2$重叠的可能是$b_1$，与$b_2$重叠的可能是$c_1$等，因

光源发出的任意两波列间的相位差是随机变化的，所以不同波列分解出的子波列的重叠均不满足相位差恒定的条件，故不能相干，也就观察不到干涉条纹，如图10.18(c) 所示. 因此，在迈克耳孙干涉仪实验中要能观察到干涉条纹，就必须对光程差的大小有一定限制. 显然，能产生干涉的必要条件是，由同一波列分解出来的两个子波列到达相遇点的光程差 $\Delta$ 应小于原子发光的波列长度 $L$. 波列的长度越长，则两子波列在相遇点相互叠加的时间就越长，干涉条纹的清晰度就越高，我们就说光场的时间相干性越好. 通常称波列的长度 $L$ 为**相干长度**. 设原子发光的持续时间为 $\tau$，则 $L = c\tau$. $\tau$ 又称为**相干时间**.

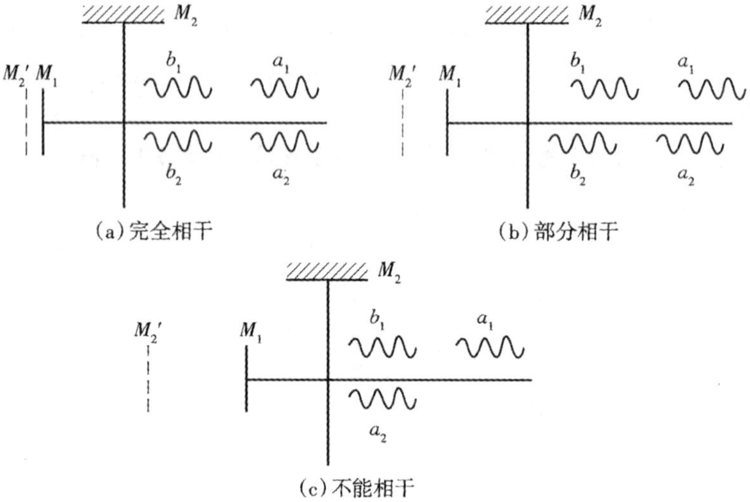


图 10.18　说明相干长度用图

实际上，光的单色性与波列的长度之间有着密切的关系. 对于有一定波长范围 $\Delta\lambda$ 的非单色光源，利用傅里叶积分可证明其频率宽度 $\Delta\nu$ 与波列持续时间 $\tau$ 的关系为 $\Delta\nu = \dfrac{1}{\tau}$. 而且 $\nu = \dfrac{c}{\lambda}$，$\Delta\nu = \dfrac{c}{\lambda^2}\Delta\lambda$，所以相干长度

$$L = c\tau = \frac{c}{\Delta\nu} = \frac{\lambda^2}{\Delta\lambda} \tag{10.28}$$

此式表明，波列的长度 $L$ 与光源的谱线宽度 $\Delta\lambda$ 成反比. 光源的单色性越好，其谱线宽度 $\Delta\lambda$ 就越小，波列的长度就越长. 把式(10.28) 与式(10.27) 比较可以知道，波列的长度 $L$ 至少应等于最大光程差 $\Delta_c$，才有可能观察到 $k_c = \dfrac{\lambda}{\Delta\lambda}$ 级以下的干涉条纹. 如用白光做光源，若用眼睛观察干涉条纹，其谱线宽度 $\Delta\lambda$ 约为 150 nm，它的波列长度约与波长 $\lambda \approx 10^{-7}$ m 同一数量级；钠光灯发射的光波波列长度约为 $5.8 \times 10^{-4}$ m；低压镉灯所发射的光波波列长度约为 $3.2 \times 10^{-1}$ m. 激光的单色性和时间相干性比普通光源要好得多，如氦氖激光器所发射的激光波列长度约为 $2 \times 10^{10}$ m. 因此，在干涉实验中采用激光，就可观测到干涉级较高、明亮清晰的干涉条纹. ①

---

① 由式(10.28)，$L = c\tau$ 知，若 $c = 3.0 \times 10^8$ m/s，$\tau = 10^{-8}$ s，则 $L = c\tau = 3$ m. 可是上述非激光光源的实际相干长度远小于此结果. 这首先是由于原子间的相互碰撞，使原子发光的持续时间 $\tau$ 缩短，相应的发光时间间隔也随之缩短，从而加大了 $\Delta\lambda$；其次是因为发光的原子不可能是静止的，而运动着的原子所发的光会产生多普勒频移，当原子以不同速率向不同方向运动时，将产生不同的频率变化. 因此，光源中大量原子发射的同一谱线的光波会因多普勒效应而不同，从而使谱线宽度 $\Delta\lambda$ 进一步加大. 根据 $L = \dfrac{\lambda^2}{\Delta\lambda}$，当谱线实际宽度 $\Delta\lambda$ 加大后，实际的相干长度 $L$ 就变小了.

# 第 11 章 光的衍射

上一章我们讨论了光的干涉，本章将讨论光的衍射．光在传播过程中遇到障碍物时，能绕过障碍物的边缘继续前进，这种偏离直线传播的现象称为光的衍射现象．和干涉一样，衍射也是波动的一个重要基本特征，它为光的波动说提供了有力的证据．当激光问世以后，人们利用其衍射现象开辟了许多新的领域．

## 11.1 光的衍射 惠更斯-菲涅耳原理

### 11.1.1 光的衍射现象及分类

在讨论机械波时我们已经知道，衍射现象显著与否取决于孔隙(或障碍物)的线度与波长的比值，当孔隙(或障碍物)的线度与波长的数量级差不多时，才能观察到明显的衍射现象.然而，对于光波，由于波长远小于一般障碍物或孔隙的线度，所以光的衍射现象通常不易观察到.而光的直线传播却给人们留下了深刻的印象.

在实验室中，采用高亮度的激光或普通的强点光源，并使屏幕的面积足够大，则可以将光的衍射现象演示出来.图 11.1(a) 是一个光通过单缝的实验，S 为一单色点光源，K 是一个可调节的狭缝，E 为屏幕.实验发现，当 S，K，E 三者的位置固定的情况下，屏幕 E 上的光斑宽度决定于缝 K 的宽度.当缝 K 的宽度逐渐缩小时，屏 E 上的光斑也随之缩小，这体现了光的直线传播特征.但缝 K 宽度继续减小时($< 10^{-4}$ m)，屏 E 上的光斑不但不缩小，反而增大起来，这说明光波已“弯绕”到狭缝的几何阴影区，光斑的亮度也由原来的均匀分布变成一系列的明暗条纹(单色光源)或彩色条纹(白光光源)，条纹的边缘也失去了明显的界限，变得模糊不清，如图 11.1(b) 所示.

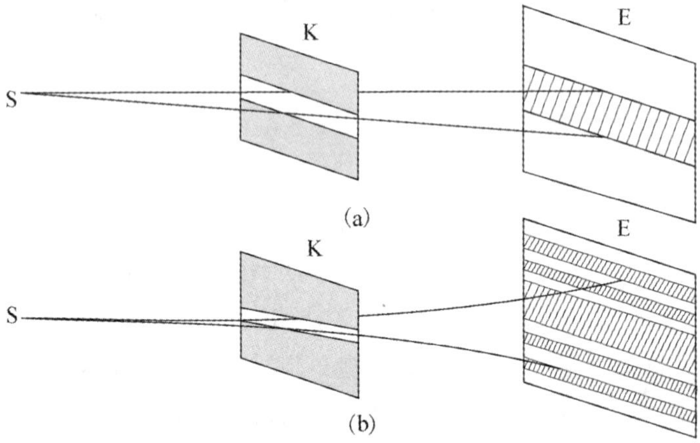


图 11.1 光的衍射现象实验

衍射系统是由光源、衍射屏和接收屏组成，通常根据三者相对位置的大小，把衍射现象分为两类.一类是光源和接收屏(或其中之一)与衍射屏的距离为有限远时的衍射，称**菲涅耳衍射**，如图 11.2(a) 所示；另一类是光源和接收屏与衍射屏的距离都是无限远时的衍射，即入射到衍射屏和离开衍射屏的光都是平行光的衍射，称为**夫琅禾费衍射**，如图 11.2(b) 所示.本章着重讨论单缝和光栅的夫琅禾费衍射及应用.

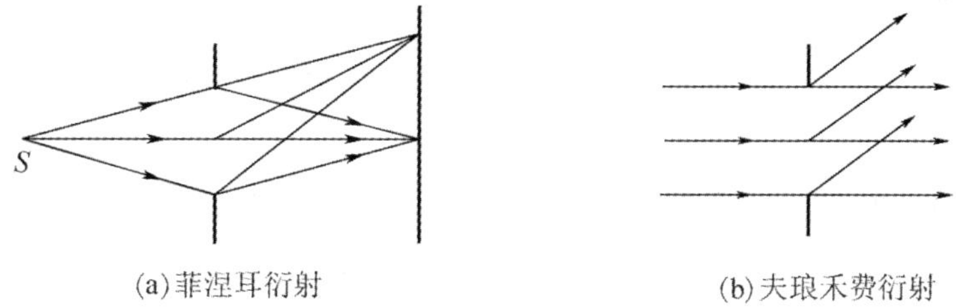


图 11.2 衍射分类

### 11.1.2 惠更斯-菲涅耳原理

**惠更斯原理**指出:波阵面上的每一点都可看成是发射子波的新波源,任意时刻子波的包迹即为新的波阵面.惠更斯原理可以解释光通过衍射屏时为什么传播方向会发生改变,但不能解释为什么会出现衍射条纹,更不能计算条纹的位置和光强的分布.在这方面,菲涅耳用子波相干叠加的概念发展了惠更斯原理.菲涅耳认为:**从同一波阵面上各点发出的子波,在传播过程中相遇时,也能相互叠加而产生干涉现象,空间各点波的强度,由各子波在该点的相干叠加所决定.**这个发展了的惠更斯原理称为**惠更斯-菲涅耳原理.**

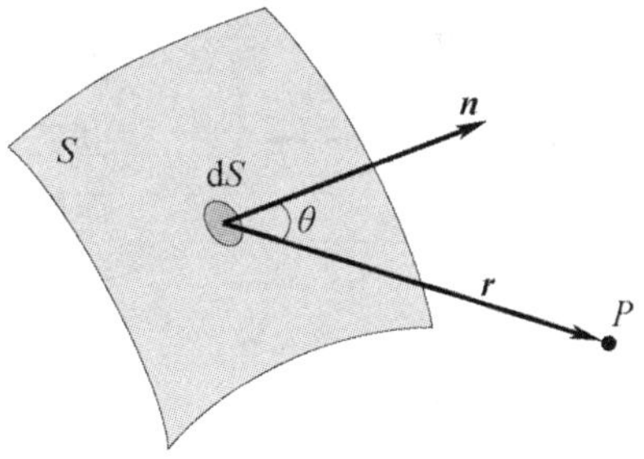


图 11.3 惠更斯-菲涅耳原理

根据菲涅耳"子波相干叠加"的设想,如果已知光波在某时刻的波阵面$S$,如图11.3所示,则空间任意点$P$的光振动可由波阵面$S$上各面元$\mathrm{d}S$发出的子波在该点叠加后的合振动来表示.菲涅耳指出,每一面元$\mathrm{d}S$发出的子波在$P$点引起的振动的振幅与$\mathrm{d}S$成正比,与$P$点到$\mathrm{d}S$的距离$r$成反比,还与$r$和$\mathrm{d}S$的法线$n$之间的夹角$\theta$有关.若取$t=0$时波阵面$S$上各点初相位为零,则$\mathrm{d}S$在$P$点引起的光振动可表示为

$$\mathrm{d}E = C\frac{K(\theta)}{r}\cos 2\pi\left(\frac{t}{T}-\frac{r}{\lambda}\right)\mathrm{d}S \tag{11.1}$$

式中$C$为比例系数,$K(\theta)$为随$\theta$角增大而缓慢减小的函数,称为倾斜因子.当$\theta=0$时,$K(\theta)$为最大;当$\theta\geqslant\frac{\pi}{2}$时,$K(\theta)=0$,因而子波叠加后振幅为零.借此可以说明为什么子波不能向后传播.

波阵面上所有$\mathrm{d}S$面元发出的子波在$P$点引起的合振动为

$$E=\int\mathrm{d}E=\int C\frac{K(\theta)}{r}\cos 2\pi\left(\frac{t}{T}-\frac{r}{\lambda}\right)\mathrm{d}S \tag{11.2}$$

这便是惠更斯-菲涅耳原理的数学表达式.它是研究衍射问题的理论基础,可以解释并定量计算各种衍射场的分布,但计算相当复杂.下面我们采用菲涅耳提出的半波带法来讨论单缝夫琅禾费衍射现象,以避免繁杂的计算.

## 11.2 单缝夫琅禾费衍射

图 11.4 所示是单缝夫琅禾费衍射实验. 在衍射屏 K 上开有一个细长狭缝，单色光源 S 发出的光经透镜 $L_1$ 后变为平行光束，射向单缝后产生衍射，再经透镜 $L_2$ 聚焦在焦平面处的屏幕 E 上，呈现出一系列平行于狭缝的衍射条纹.

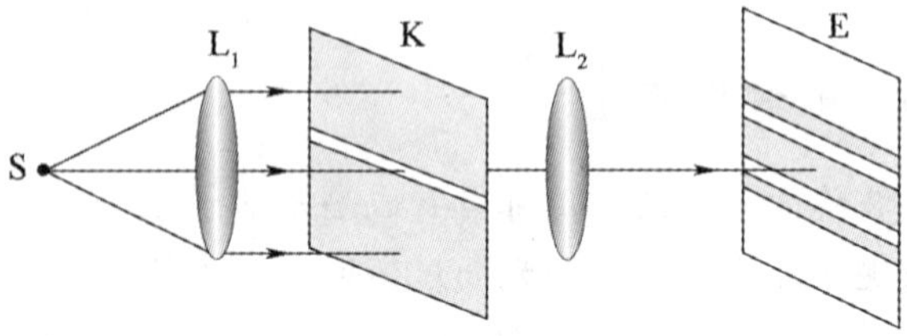


图 11.4 单缝衍射实验装置

现在用菲涅耳半波带法来分析产生明暗纹的条件.

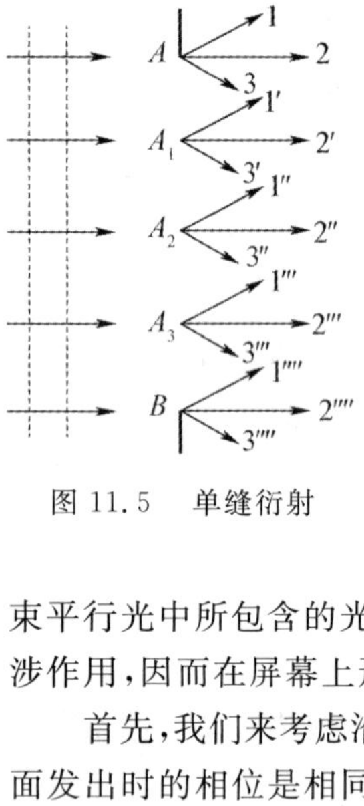


图 11.5 单缝衍射

设单缝 K 的宽度为 $a$（如图 11.5 所示的 $AB$，为方便理解，特将缝放大)，在平行单色光的垂直照射下，单缝所在处的平面 $AB$ 也就是入射光束的一个波阵面(同相位面). 按照惠更斯原理，波阵面上的每一点都可以发射子波，并以球面波的形式向各方向传播. 显然每一子波源发出的光线有无穷多条，每个可能的方向都有，这些光线都称为衍射光线. 例如，图 11.5 中 $A$ 点上的 1、2、3 光线就代表该点发出的任意 3 个传播方向. 而波阵面上各点发出的各条衍射光，则互相构成各方向的平行光束. 如图 11.5 中，光线 $1, 1', 1'', 1''', \cdots$ 构成一个平行光束，光线 $2, 2', 2'', 2''', \cdots$ 构成另一个方向的平行光束，依此类推. 每一个方向的平行光与原入射方向间的夹角用 $\varphi$ 表示，$\varphi$ 就称为衍射角. 按几何光学原理，各平行光束经过透镜 $L_2$ 后，会聚于焦平面 $E$ 上的不同位置处. 由于每一束平行光中所包含的光线均来自同一光源 $S$，根据惠更斯-菲涅耳原理，各平行光线间有干涉作用，因而在屏幕上形成明暗条纹.

首先，我们来考虑沿入射光方向传播的衍射光(1)，如图 11.6 所示，这些衍射光线从 $AB$ 面发出时的相位是相同的，而经过透镜又不会引起附加光程差，它们经透镜会聚于焦点 $P_0$

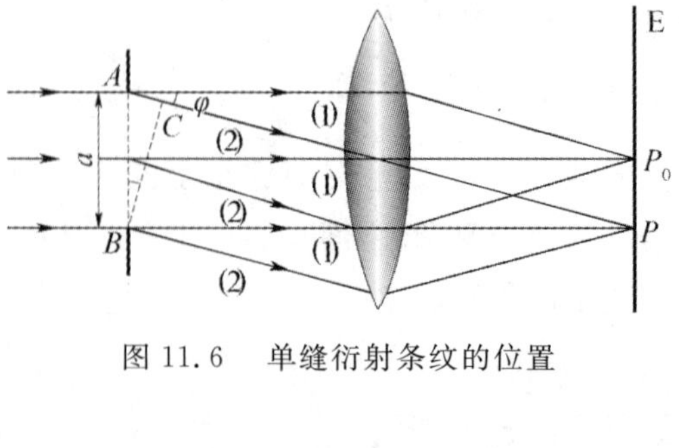


图 11.6 单缝衍射条纹的位置

时，相位仍然相同，因此它们在 $P_0$ 处的光振动是相互加强的，于是在 $P_0$ 处出现明条纹，为中央明纹中心.

其次，再来考虑一束与原入射方向成 $\varphi$ 角的衍射光线(2)，它们经透镜后会聚于屏幕上的 $P$ 点. 显然，由单缝 $AB$ 上各点发出的衍射光到达 $P$ 点的光程各不相同，因而各子波在 $P$ 点的相位也各不相同. 其光程差可作这样的分析：过 $B$ 作平面 $BC$ 与衍射光线(2) 垂直，由透镜的等光程性可知，$BC$ 面上各点到达 $P$ 点的光程都相等，因此各衍射光到达 $P$ 点时的相位差就等于它们在 $BC$ 面上的相位差，它决定于各衍射光从 $AB$ 面上相应位置到 $BC$ 面间的光程差. 例如，单缝边缘 $A$，$B$ 两点衍射光间的光程差为 $AC = a\sin\varphi$，显然，这是沿 $\varphi$ 角方向各衍射光线之间的最大光程差，其他各衍射光间的光程差连续变化. 衍射角 $\varphi$ 不同，最大光程差 $AC$ 也不相同，$P$ 点的位置也不同. 由菲涅耳波带法分析可知，屏幕上不同点的强度分布，正是取决于这最大光程差.

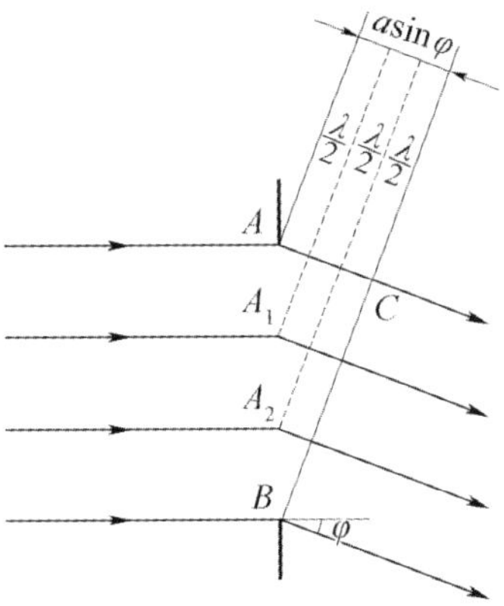

图 11.7　菲涅耳半波带法

菲涅耳将波阵面 $AB$ 分割成许多面积相等的波带来研究. 其方法是：将 $AC$ 用一系列平行于 $BC$ 的平面来划分，这些平面中两相邻平面间的距离等于入射单色光的半波长，即 $\frac{\lambda}{2}$，如图 11.7 所示. 这些平面同时也将单缝处的波阵面 $AB$ 分为 $AA_1$、$A_1A_2$、$A_2B$ 等整数个波带，称为半波带. 由于这些波带的面积相等，所以波带上子波源的数目也相等. 任何两个相邻的波带上对应点所发出的光线到达 $BC$ 面的光程差均为 $\frac{\lambda}{2}$，即相位差为 $\pi$，经透镜会聚在 $P$ 点时，将一一相互抵消. 如果 $AC$ 是半波长的偶数倍，则可将单缝上的波面 $AB$ 分成偶数个半波带，于是在 $P$ 点将出现暗条纹；如果 $AC$ 是半波长的奇数倍，则可将单缝上的波面 $AB$ 分成奇数个半波带，每相邻半波带发出的衍射光都成对一一抵消，最后剩下一个半波带的光线没有被抵消，于是 $P$ 点将出现明条纹.

综上所述，当平行单色光垂直单缝入射时，单缝衍射明暗条纹的条件[①]为

$$a\sin\varphi = \begin{cases} 0 & \text{中央明纹中心} \\ \pm k\lambda & \text{暗条纹} \\ \pm(2k+1)\dfrac{\lambda}{2} & \text{明条纹} \end{cases} \qquad k = 1,2,3,\cdots \tag{11.3}$$

式中 $k$ 为级数，正、负号表示衍射条纹对称分布于中央明纹的两侧.

必须指出，对于任意衍射角 $\varphi$ 来说，$AB$ 一般不能恰好分成整数个半波带，即 $AC$ 不一定等于 $\frac{\lambda}{2}$ 的整数倍，对应于这些衍射角的衍射光束，经透镜会聚后，在屏幕上的光强介于最明与最暗之间. 因而在单缝衍射条纹中，强度的分布并不是均匀的. 如图 11.8 所示，中央明纹最亮，条纹也最宽(约为其他明条纹宽度的两倍)，即两个第 1 级暗条纹中心的间距，在

① 由菲涅耳半波带方法导出的式(11.3) 只是近似准确. 除中央明纹中心外，其余各处的 $\varphi$ 值与式(11.3) 相比，都要向中央移近少许，如图 11.8 中各 $\varphi$ 值所示.

$a\sin\varphi_0=-\lambda$ 与 $a\sin\varphi_0=\lambda$ 之间. 当 $\varphi_0$ 很小时, $\varphi_0\approx\sin\varphi_0=\pm\dfrac{\lambda}{a}$, 因此中央明纹的角宽度(条纹对透镜中心所张的角度)即为 $2\varphi_0\approx2\dfrac{\lambda}{a}$. 有时也用半角宽度描述, 即

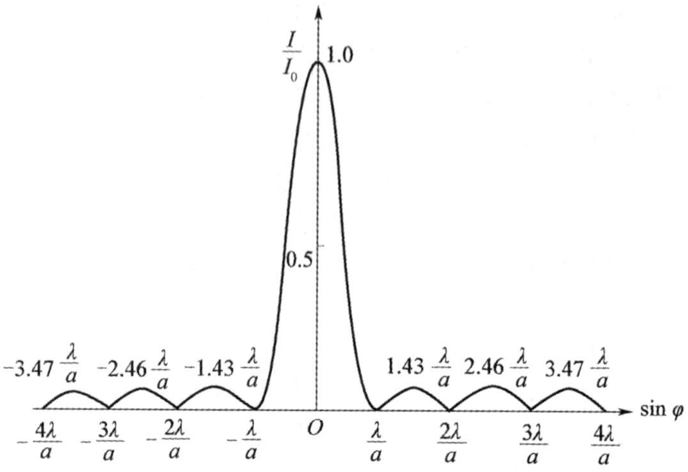


图 11.8　单缝衍射光强分布

$$\varphi_0=\frac{\lambda}{a} \tag{11.4}$$

这一关系称衍射的反比律. 以 $f$ 表示透镜的焦距, 则在屏幕上观察到的中央明纹的线宽度为

$$\Delta x_0=2f\tan\varphi_0=2\frac{\lambda}{a}f \tag{11.5}$$

显然, 其他明条纹的角宽度近似为

$$\Delta\varphi=(k+1)\frac{\lambda}{a}-k\frac{\lambda}{a}=\frac{\lambda}{a} \tag{11.6}$$

其线宽度为 $\Delta x=\dfrac{\lambda}{a}f$. 而各级明条纹的亮度随着级数的增大而迅速减小. 这是因为 $\varphi$ 角愈大, $AB$ 波面被分成的波带数愈多, 每个波带的面积也相应减小, 透过来的光通量亦相应减小, 因而从未被抵消的波带上发出的光在屏幕上产生的明条纹的亮度愈弱.

当缝宽 $a$ 一定时, 对同一级衍射条纹, 波长 $\lambda$ 愈大, 则衍射角 $\varphi$ 愈大, 因此, 若用白光入射时, 除中央明纹的中部仍是白色外, 其两侧将出现一系列由紫到红的彩色条纹, 称为衍射光谱.

由式(11.3)和式(11.4)可知, 对波长 $\lambda$ 一定的单色光来说, 当 $a$ 愈小时($a$ 不能小于 $\lambda$), 对应于各级条纹的 $\varphi$ 角就愈大, 即衍射愈明显; 当 $a$ 愈大时, 各级条纹所对应的 $\varphi$ 角将愈小, 这些条纹都密集于中央明纹附近而逐渐分辨不清, 也就是衍射作用愈不明显. 如果 $a\gg\lambda$, 各级衍射条纹将全部并入 $P_0$ 附近, 形成单一的明条纹, 这就是透镜所造成的单缝的像. 这个像相当于 $\varphi_0$ 趋于零时平行光束所造成的, 也就是说, 它是由入射到 $AB$ 面的平行光束直线传播所引起的. 由此可见, 中央条纹的中心就是几何光学的像点. 这样, 我们在调节衍射实验的实际操作中, 可借助几何光学的成像规律, 迅速找到中央明纹的位置. 一般我们只能看到光的

直线传播现象，是因为光的波长极短，而障碍物上缝的宽度相对波长来说大很多，因而衍射现象极不明显的缘故. 只有当缝较窄，以至其缝宽可与波长相比拟时，衍射现象才较为显著.

**例 11.1**　波长 $\lambda = 600$ nm 的单色光垂直入射到缝宽 $a = 0.2$ mm 的单缝上，缝后用焦距 $f = 50$ cm 的会聚透镜将衍射光会聚于屏幕上. 求：(1) 中央明条纹的角宽度、线宽度；(2) 第 1 级明条纹的位置及单缝处波面可分为几个半波带？(3) 第 1 级明条纹宽度.

**解**　(1) 第 1 级暗条纹对应的衍射角 $\varphi_0$ 为

$$\sin \varphi_0 = \frac{\lambda}{a} = \frac{6 \times 10^{-7}}{2 \times 10^{-4}} = 3 \times 10^{-3}$$

因 $\sin \varphi_0$ 很小，可知中央明条纹的角宽度为

$$2\varphi_0 \approx 2\sin \varphi_0 = 6 \times 10^{-3} \text{ rad}$$

第 1 级暗条纹到中央明条纹中心 $O$ 的距离为

$$x_1 = f\tan \varphi_0 \approx f\varphi_0 = 0.5 \times 3 \times 10^{-3} \text{ m} = 1.5 \times 10^{-3} \text{ m} = 1.5 \text{ mm}$$

因此中央明条纹的线宽度为

$$\Delta x_0 = 2x_1 = 2 \times 1.5 \text{ mm} = 3 \text{ mm}$$

(2) 第 1 级明条纹对应的衍射角 $\varphi$ 满足

$$\sin \varphi = (2k + 1)\frac{\lambda}{2a} = \frac{3 \times 6 \times 10^{-7}}{2 \times 2 \times 10^{-4}} = 4.5 \times 10^{-3}$$

所以第 1 级明条纹中心到中央明条纹中心的距离为

$$x = f\tan \varphi \approx f\sin \varphi = 0.5 \times 4.5 \times 10^{-3} \text{ mm} = 2.25 \times 10^{-3}\text{m} = 2.25 \text{ mm}$$

对应于该 $\varphi$ 值，单缝处波面可分的半波带数为

$$2k + 1 = 3 \text{ 个}$$

(3) 设第 2 级暗条纹到中央明条纹中心 $O$ 的距离为 $x_2$，对应的衍射角为 $\varphi_2$，故第 1 级明条纹的线宽度为

$$\Delta x = x_2 - x_1 = f\tan \varphi_2 - f\tan \varphi_1 \approx f\left(\frac{2\lambda}{a} - \frac{\lambda}{a}\right) = \frac{\lambda}{a}f$$

$$= \frac{6 \times 10^{-7} \times 0.5}{2 \times 10^{-4}} \text{ m} = 1.5 \times 10^{-3} \text{ m} = 1.5 \text{ mm}$$

由此可见，第 1 级明条纹的宽度约为中央明纹宽度的一半.

## 11.3　衍射光栅

从上节的讨论我们知道，原则上可以利用单色光通过单缝时所产生的衍射条纹来测定该单色光的波长. 但为了测量的准确，要求衍射条纹必须分得很开，条纹既细且明亮. 然而对单缝衍射来说，这两个要求难以同时达到. 因为若要条纹分得开，单缝的宽度 $a$ 就要很小，这样通过单缝的光能量就少，以致条纹不够明亮且难以看清楚；反之，若加大缝宽 $a$，虽然观察到的条纹较明亮，但条纹间距变小，不容易分辨. 所以实际上测定光波波长时，往往不是使用单缝，而是采用能满足上述测量要求的衍射光栅.

## 11.3.1 光栅衍射现象

由大量等间距、等宽度的平行狭缝所组成的光学元件称为**衍射光栅**. 用于透射光衍射的叫透射光栅，用于反射光衍射的叫反射光栅. 常用的透射光栅是在一块玻璃片上刻画许多等间距、等宽度的平行刻痕，刻痕处相当于毛玻璃而不易透光，刻痕之间的光滑部分可以透光，相当于一个单缝，如图 11.9 所示. 缝的宽度 $a$ 和刻痕的宽度 $b$ 之和，即 $a+b$ 称为**光栅常数**. 现代用的衍射光栅，在1 cm 内，可刻上 $10^3 \sim 10^4$ 条缝，所以一般的光栅常数约为 $10^{-5} \sim 10^{-6}$ m 的数量级.

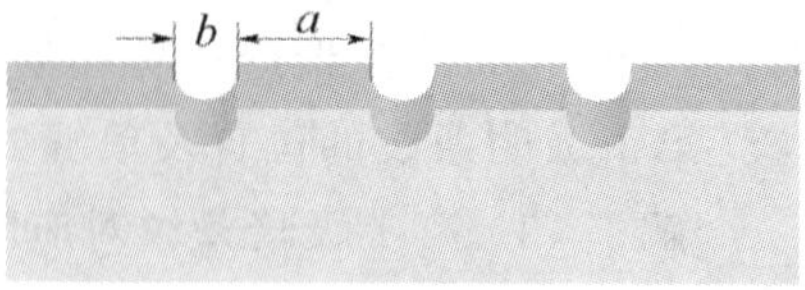


图 11.9　光栅

如图 11.10 所示，平行单色光垂直照射到光栅上，由光栅射出的光线经透镜 L 后，会聚于屏幕 E 上，因而在屏幕上出现平行于狭缝的明暗相间的光栅衍射条纹. 这些条纹的特点是：明条纹很亮很窄，相邻明纹间的暗区很宽，衍射图样十分清晰.

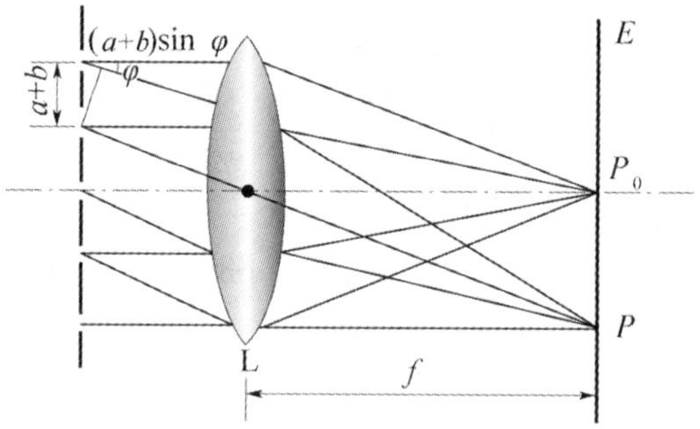


图 11.10　光栅衍射

## 11.3.2 光栅衍射规律

光栅是由许多单缝组成的，每个缝都在屏幕上各自形成单缝衍射图样，由于各缝的宽度均为 $a$，故它们形成的衍射图样都相同，且在屏幕上相互间完全重合. 例如，各缝中 $\varphi$ 角为零的衍射光（垂直透镜入射的平行光）经透镜 L 后，都会聚在透镜主光轴的焦点上，即图 11.10 中的 $P_0$ 点，这就是各单缝衍射的中央明纹的中心位置. 另一方面，各单缝的衍射光在屏幕上重叠时，由于它们都是相干光，所以缝与缝之间的衍射光将产生干涉，其干涉条纹的明暗分布取决于相邻两缝到会聚点的光程差. 因此，分析屏幕上形成的光栅衍射条纹，既要考虑到各单缝的衍射，又要考虑到各缝之间的干涉，即考虑单缝衍射与多缝干涉的总效果.

### 1. 光栅公式

首先讨论明条纹的位置. 当平行单色光垂直照射光栅时，每个缝均向各方向发出衍射光，发自各缝具有相同衍射角 $\varphi$ 的一组平行光都会聚于屏上同一点，如图 11.10 中的 $P$ 点，这些光波叠加彼此产生干涉，称多光束干涉. 从图中可以看出，任意相邻两缝射出衍射角为 $\varphi$ 的两衍射光到达 $P$ 点处的光程差均为 $(a+b)\sin\varphi$，如果此值恰好是入射光波长 $\lambda$ 的整数倍，则这两衍射光在 $P$ 点将满足相干加强条件. 这时，其他任意两缝沿该衍射角 $\varphi$ 方向射出的两衍射光，到达 $P$ 点处的光程差也一定是 $\lambda$ 的整数倍，于是所有各缝沿该衍射角 $\varphi$ 方向射出的衍射光在屏上会聚时，均相互加强，形成明条纹. 这时在 $P$ 点的合振幅应是来自一条缝的衍射光的振幅的 $N$ 倍（$N$ 表示光栅缝的总数），合光强则是来自一条缝的光强的 $N^2$ 倍，所以光栅的多光束形成的明条纹的亮度要比一条缝发出的光的亮度大得多. 光栅缝的数目愈多，则明条纹愈明亮. 由此可知，光栅衍射的明条纹位置应满足

$$(a+b)\sin\varphi = k\lambda \qquad k=0,\pm1,\pm2,\cdots \tag{11.7}$$

上式称为**光栅公式**. $k$ 为明条纹级数. 这些明条纹细窄而明亮，通常称为主极大条纹. $k=0$，为零级主极大，$k=1$，为第 1 级主极大，其余依次类推. 正、负号表示各级主极大在零级主极大两侧对称分布. 从光栅公式可以看出，在波长一定的单色光照射下，光栅常数 $(a+b)$ 愈小，各级明条纹的 $\varphi$ 角愈大，因而相邻两个明条纹分得愈开.

以上讨论的是平行单色光垂直入射到光栅上的情况. 如果平行光倾斜地入射到光栅上，入射方向与光栅平面法线之间的夹角为 $\theta$，那么相邻两缝的入射光在入射到光栅前已有光程差 $(a+b)\sin\theta$，所以光线斜入射时的光栅公式应为

$$(a+b)(\sin\varphi\pm\sin\theta) = k\lambda \qquad k=0,\pm1,\pm2,\cdots \tag{11.8}$$

式中 $\varphi$ 表示衍射方向与法线间的夹角，$\varphi$ 与 $\theta$ 均取正值，当 $\varphi$ 与 $\theta$ 在法线同侧，如图11.11(a) 所示，上式左边括号中取加号，在异侧时取减号，如图 11.11(b) 所示.

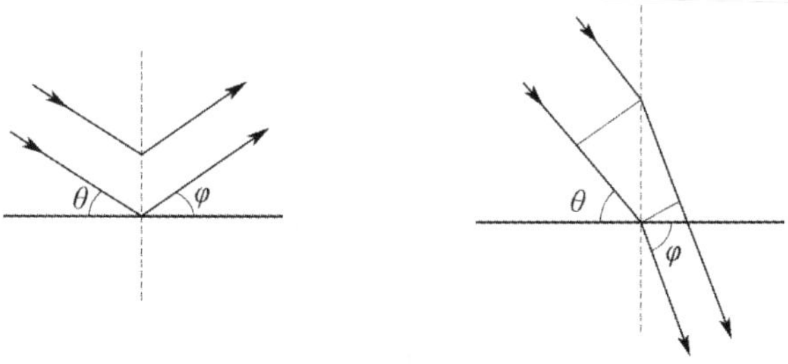


图 11.11　平行单色光的倾斜入射

**2. 暗纹条件**

在光栅衍射中，相邻两主极大之间还分布着一些暗条纹. 这些暗条纹是由各缝射出的衍射光因干涉相消而形成的. 可以证明，当 $\varphi$ 角满足下述条件

$$(a+b)\sin\varphi = \left(k+\frac{n}{N}\right)\lambda \qquad k=0,\pm1,\pm2,\cdots \tag{11.9}$$

时，则出现暗条纹. 式中，$k$ 为主极大级数，$N$ 为光栅缝总数，$n$ 为正整数，取值为 $n=1,2,\cdots,(N-1)$. 由上式可知，在两个主极大之间，分布着 $(N-1)$ 个暗条纹. 显然，在这 $(N-1)$ 个暗条纹之间的位置光强不为零，但其强度比各级主极大的光强要小得多，称为次级明条纹. 所以在相邻两主极大之间分布有 $(N-1)$ 个暗条纹和 $(N-2)$ 个光强极弱的次级明条纹，这些明条纹几乎是观察不到的，因此实际上在两个主极大之间是一片连续的暗区. 从式(11.9) 可知，缝数 $N$ 愈多，暗条纹也愈多，因而暗区愈宽，明条纹愈细窄.

**3. 单缝衍射对光强分布的影响**

以上讨论多光束干涉时，并没有考虑各缝(单缝) 衍射对屏上条纹强度分布的影响. 实

际上，由于单缝衍射，在不同的 $\varphi$ 方向，衍射光的强度是不同的，所以光栅衍射的不同位置的明条纹，是来源于不同光强度的衍射光的干涉加强. 就是说，多光束干涉的各明条纹要受单缝衍射的调制. 单缝衍射光强大的方向明条纹的光强也大，单缝衍射光强小的方向明条纹的光强也小. 图 11.12 是一个 $N=5$ 的光栅强度分布示意图，图 11.12(a) 是只考虑多光束干涉的光强分布，图 11.12(b) 是各单缝衍射的光强分布，图 11.12(c) 是受单缝衍射调制的多光束干涉的光强分布，即光栅衍射条纹的光强分布. 光栅衍射各级明条纹强度的包络线与单缝衍射的强度曲线相类似.

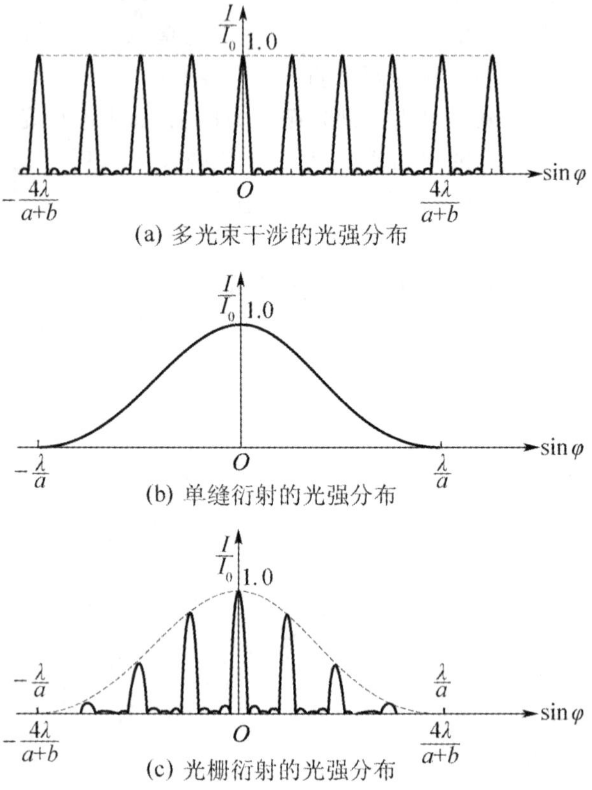


图 11.12 光栅衍射光强分布示意图

**4. 缺级现象**

前面讨论光栅公式 $(a+b)\sin\varphi = k\lambda$ 时，只是从多光束干涉的角度说明了叠加光强最大而产生明条纹的必要条件，但当这一 $\varphi$ 角位置同时也满足单缝衍射的暗纹条件 $a\sin\varphi = k'\lambda$ 时，可将这一位置看成是光强度为零的"干涉加强". 所以从光栅公式看来应出现某 $k$ 级明条纹的位置，实际上却是暗条纹，即 $k$ 级明条纹不出现，这种现象称为光栅的**缺级现象**. 将上述两式相比可知缺级条件为

$$k = k'\frac{a+b}{a} \qquad k' = 1,2,3,\cdots \tag{11.10}$$

一般只要 $\frac{a+b}{a}$ 为整数比时，则对应的 $k$ 级明条纹位置一定出现缺级现象.

### 11.3.3　光栅光谱

由光栅公式可知，在光栅常数一定的情况下，衍射角 $\varphi$ 的大小与入射光波的波长有关. 因此当白光通过光栅后，各种不同波长的光将产生各自分开的主极大明条纹. 屏幕上除零级主极大明条纹由各种波长的光混合仍为白色外，其两侧将形成各级由紫到红对称排列的彩色光带，这些光带的整体称为**衍射光谱**，如图 11.13 所示. 对于同一级的条纹由于波长短的光衍射角小，波长长的光衍射角大，所以光谱中紫光(图中以 $V$ 表示) 靠近零级主极大，红光(图中以 $R$ 表示) 则远离零级主极大. 在第 2 级和第 3 级光谱中，发生了重叠，级数愈高，重叠情况愈复杂，实际上很难区分.

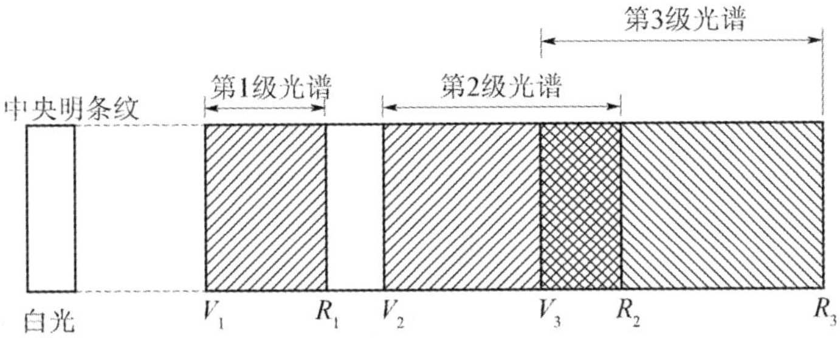


图 11.13　光栅光谱

由于光栅可以把不同波长的光分隔开，且光栅衍射条纹宽度窄，测量误差较小，所以常用它做分光元件，其分光性能比棱镜要优越得多.

---

**例 11.2**　用波长为 590 nm 的钠光垂直照射到每厘米刻有 5 000 条缝的光栅上，在光栅后放置一焦距为 20 cm 的会聚透镜，试求：(1) 第 1 级与第 3 级明条纹的距离；(2) 最多能看到第几级明条纹；(3) 若光线以入射角 30° 斜入射时，最多能看到第几级明条纹? 并确定零级主极大条纹中心的位置.

**解**　(1) 光栅常数

$$a+b=\frac{L}{N}=\frac{1\times10^{-2}}{5\ 000}\ \text{m}=2\times10^{-6}\ \text{m}$$

由光栅公式

$$(a+b)\sin\varphi=k\lambda$$

则有

$$\sin\varphi_1=\frac{\lambda}{a+b},\quad \sin\varphi_3=\frac{3\lambda}{a+b}$$

又因 $\tan\varphi=\frac{x}{f}$，则第 1 级与第 3 级明条纹之间的距离为

$$\Delta x=x_3-x_1=f(\tan\varphi_3-\tan\varphi_1)=f\left(\frac{\sin\varphi_3}{\sqrt{1-\sin^2\varphi_3}}-\frac{\sin\varphi_1}{\sqrt{1-\sin^2\varphi_1}}\right)$$

将已知条件代入上式，可以算出：

$$\Delta x=0.32\ \text{m}$$

(2) 由光栅公式 $(a+b)\sin\varphi=k\lambda$，得

$$k=\frac{(a+b)\sin\varphi}{\lambda}$$

$k$ 的最大值出现在 $\sin\varphi=1$ 处，故

$$k<\frac{2\times10^{-6}}{5.9\times10^{-7}}=3.4$$

因为 $\varphi=90^\circ$ 时实际看不到条纹，所以 $k$ 应取小于该值的最大整数，故最多能看到第 3 级明条纹.

(3) 光线以 30° 角斜入射时，由斜入射的光栅公式，得

$$k=\frac{(a+b)(\sin\varphi+\sin\theta)}{\lambda}$$

而题意 $\theta=30^\circ,\varphi=90^\circ$，代入得

$$k<\frac{2\times10^{-6}}{5.9\times10^{-7}}(1+\sin30^\circ)=5.1$$

取 $k=5$，即斜入射时，最多能看到第 5 级明条纹.

此时零级主极大条纹的位置，可由光栅公式 $k=0$ 求得，即

$$(a+b)(\sin\varphi-\sin\theta)=k\lambda=0$$

可得

$$\varphi=\theta=30^\circ$$

即零级主极大条纹中心在平行于入射光方向的副光轴与透镜焦平面的交点上，它距屏幕的中心为

$$x=f\tan30^\circ=0.2\times\frac{1}{\sqrt{3}}\text{ m}=0.115\text{ m}$$

---

**例 11.3** 在垂直入射于光栅的平行光中，有 $\lambda_1$ 和 $\lambda_2$ 两种波长. 已知 $\lambda_1$ 的第 3 级光谱线（第 3 级明纹）与 $\lambda_2$ 的第 4 级光谱线恰好重合在离中央明条纹为 5 mm 处，而 $\lambda_2=486.1$ nm，并发现 $\lambda_1$ 的第 5 级光谱线缺级. 透镜的焦距为 0.5 m. 试求：(1) $\lambda_1$ 为多少，光栅常数 $(a+b)$ 为多少. (2) 光栅的最小缝宽 $a$ 为多少.

**解** 利用光栅方程、缺级条件，结合衍射光路直接求解.

(1) 由光栅方程

$$(a+b)\sin\varphi=k\lambda$$

和题意可知

$$(a+b)\sin\varphi=k_1\lambda_1=k_2\lambda_2$$

所以

$$\lambda_1=\frac{k_2}{k_1}\lambda_2=\frac{4}{3}\times486.1\text{ nm}=648.1\text{ nm}$$

又因

$$\frac{x}{f}=\tan\varphi\approx\sin\varphi$$

所以

$$a+b=\frac{k_2\lambda_2}{\sin\varphi}=\frac{f}{x}k_2\lambda_2=\frac{50\times4\times486.1\times10^{-9}}{5\times10^{-1}}\text{ cm}=1.94\times10^{-4}\text{ cm}$$

(2) 当第 $k$ 级缺级时满足

$$(a+b)\sin\varphi=k\lambda$$

$$a\sin\varphi=k'\lambda$$

两式相除得

$$a=\frac{k'}{k}(a+b)$$

最小缝宽相应于 $k' = 1$，即第 $k$ 级因落在第 1 级单缝衍射暗纹上而缺级．所以缝的最小宽度为

$$a_{\min} = \frac{1 \times 1.94 \times 10^{-4}}{5} \text{ cm} = 0.388 \times 10^{-4} \text{ cm}$$

# *11.4　圆孔衍射　光学仪器的分辨率

## 11.4.1　圆孔衍射

在单缝夫琅禾费实验装置中，若用一小圆孔代替狭缝，也会产生衍射现象．如图 11.14(a) 所示，当单色平行光垂直照射小圆孔 K 时，在透镜 L 焦平面处的屏幕 E 上可以观察到圆孔夫琅禾费衍射图样，其中央是一明亮圆斑，周围为一组明暗相间的同心圆环，由第一暗环所围成的中央光斑称为**艾里斑**，艾里斑的直径为 $d$，其半径对透镜 $L$ 光心的张角 $\theta$ 称为艾里斑的半角宽度．圆孔夫琅禾费衍射图样的光强分布如图 11.14(b) 所示，其中艾里斑的光强约占整个入射光强的 80% 以上．根据理论计算，如图 11.14(c) 所示，

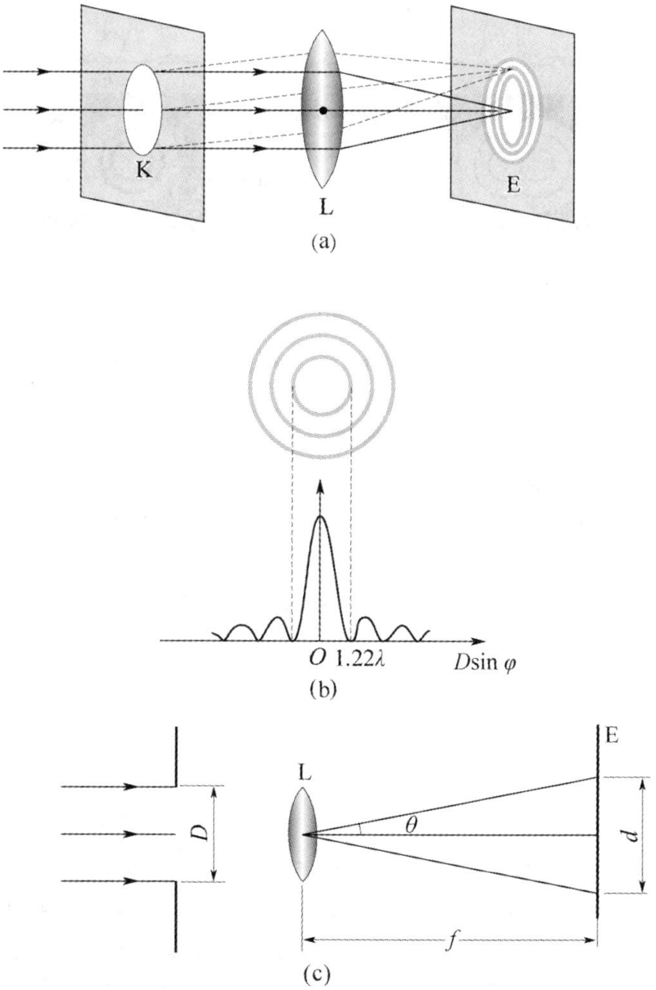


图 11.14　圆孔夫琅禾费衍射

艾里斑的半角宽度 $\theta$ 与圆孔直径 $D$ 及入射光波长 $\lambda$ 的关系为

$$\theta \approx \sin\theta = 1.22\frac{\lambda}{D} = \frac{\frac{d}{2}}{f} \tag{11.11}$$

式中，$f$ 为透镜焦距. 由上式可知，圆孔直径 $D$ 愈小，或 $\lambda$ 愈大，则衍射现象愈明显.

## 11.4.2 光学仪器的分辨率

从几何光学来看，物体通过透镜成像时，每一物点都有一个对应的像点. 只要适当选择透镜的焦距，任何微小物体都可见到清晰的图像. 然而，从波动光学来看，组成各种光学仪器的透镜等部件，均相当于一个透光小孔，因此，我们在屏上见到的像是圆孔的衍射图样，粗略地说，见到的是一个具有一定大小的艾里斑. 如果两个物点距离很近，其相对应的两个艾里斑很可能部分重叠而不易分辨，以至被看成是一个像点. 这就是说，光的衍射现象限制了光学仪器的分辨能力.

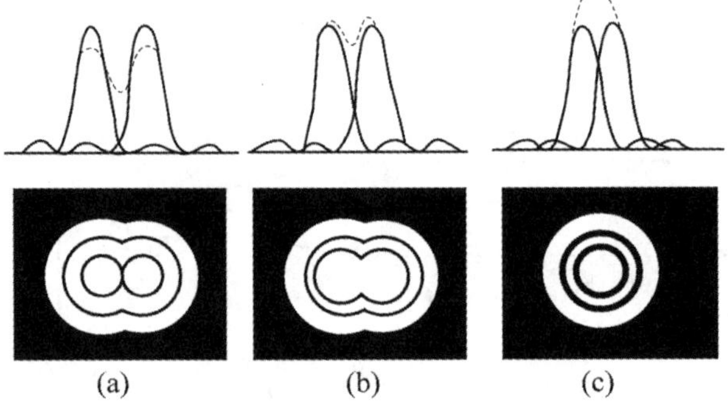


图 11.15 光学仪器的分辨能力

例如，用显微镜观察一个物体上的 $a$、$b$ 两点时，从 $a$、$b$ 发出的光，经显微镜的物镜成像时，将形成两个艾里斑，分别为 $a$ 和 $b$ 的像. 如果这两个艾里斑分得较开，相互间没有重叠，或重叠较小时，我们就能够分辨出 $a$、$b$ 两点的像，从而可判断原来物点是两个点，如图 11.15(a) 所示. 如果 $a$、$b$ 两点靠得很近，以至两个艾里斑相互大部分重叠，这时我们将不能分辨出是两个物点的像，即原有物点 $a$、$b$ 不能被分辨，如图 11.15(c) 所示. 那么可分辨和不可分辨的标准是什么呢？**瑞利指出，对于任何一个光学仪器，如果一个物点衍射图样的艾里斑中央最亮处恰好与另一个物点衍射图样的第一个最暗处相重合，则认为这两个物点恰好可以被光学仪器所分辨.** 以显微镜为例，如图 11.15(b) 所示. 这里屏幕上的总光强分布可由两衍射图样的光强直接相加(因为两发光点是不相干的)，其重叠部分中心的光强约为每一艾里斑最大光强的 80%，一般人的眼睛刚好能分辨出这种光强差别，因而判断出这是两个物点的像. 这时的两物点对透镜光心的张角称为光学仪器的**最小分辨角**，用 $\theta_0$ 表示. 它正好等于每个艾里斑的半角宽度，即

$$\theta_0 = 1.22\frac{\lambda}{D} \tag{11.12}$$

最小分辨角的倒数 $1/\theta_0$ 称为光学仪器的**分辨率**. 由式(11.12) 可知，光学仪器的分辨率与仪器的孔径 $D$ 成正比，与光波的波长 $\lambda$ 成反比. 所以，在天文观测中，为了分清远处靠得很近的几个星体，需要采用孔径很大的望远镜. 而对于显微镜，为了提高分辨率，则尽量采用波长短的紫光. 近代物理的实验证实，电子也具有波动性，而且其波长可与固体中原子间距相比拟(约为 0.1～0.01 nm 数量级)，因此，电子显微镜的分辨率要比普通光学显微镜的分辨率高数千倍.

# *11.5　X射线的衍射

X射线又称伦琴射线，是伦琴于1895年发现的. 它是一种人眼看不见的具有很强穿透能力的电磁波，波长在0.01～10 nm之间. 图11.16所示为X射线管的结构示意图. K是发射电子的热阴极，A是阳极. 两极间加数万伏高压，阴极发射的电子在强电场作用下加速，高速电子撞击阳极（靶）而产生X射线.

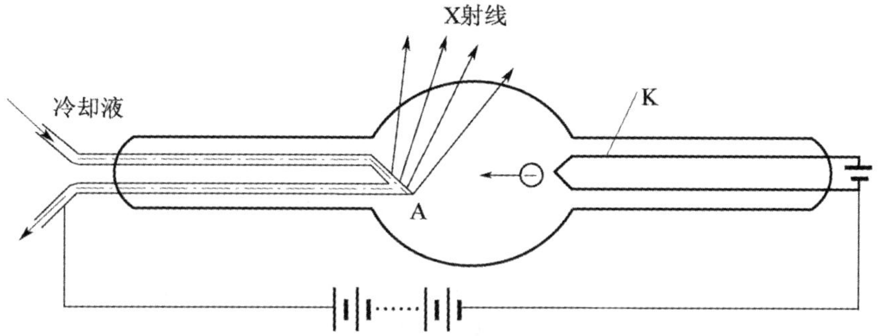


图11.16　X射线管

X射线既然是一种电磁波，也应该与可见光一样有干涉和衍射现象. 但由于它的波长太短，用普通光栅观察不到X射线的衍射现象，而且也无法用机械方法制造出光栅常数与X射线波长相近的光栅. 1912年德国物理学家劳厄想到晶体内的原子是有规则排列的，天然晶体实际上就是光栅常数很小的天然三维空间光栅. 利用晶体作为光栅，劳厄成功地进行了X射线衍射实验. 他让一束X射线穿过铅板上的小孔照射到晶体上，如图11.17所示，结果晶片后面的感光胶片上形成一定规则分布的斑点，称为**劳厄斑点**. 实验的成功既证明了X射线的波动性质，也证明了晶体内原子是按一定的间隔、规则排列的. 从此，开始广泛利用X射线作晶体结构分析.

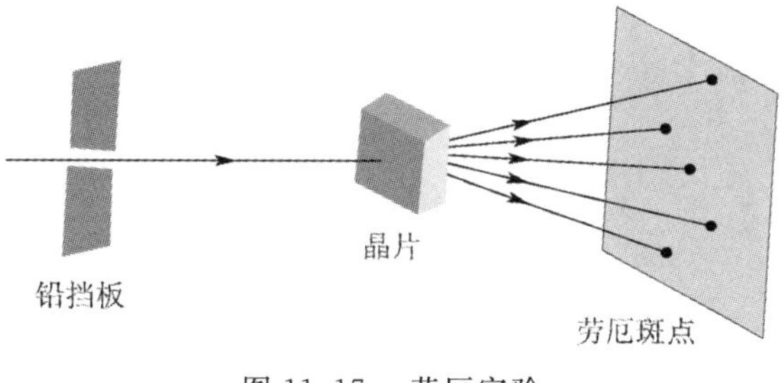


图11.17　劳厄实验

1913年，英国布拉格父子提出了另一种研究X射线的衍射方法. 他们认为，晶体是由一系列彼此相互平行的原子层构成的. 当X射线照射晶体时，晶体点阵中的原子（或离子）便成为发射子波的波源，向各个方向发出衍射波（也称散射波），这些衍射波都是相干波，它们的叠加可分两种情况来研究：一是从同一原子层中各原子发出衍射波的相干叠加（称为点间干涉）；其次是不同原子层中各原子发出衍射波的相干叠加（称为面间干涉）. 布拉格父子证明了：只有在以晶面为镜面并满足反射定律的方向上，点间干涉和面间干涉才能同时满足衍射主极大.

如图11.18所示，设两原子层之间的距离为$d$，称为晶格常数（或晶面间距），当一束平行相干的X射线以掠射角$\varphi$入射时，则相邻两原子层的反射线的光程差为

$$AC + BC = 2d\sin\varphi$$

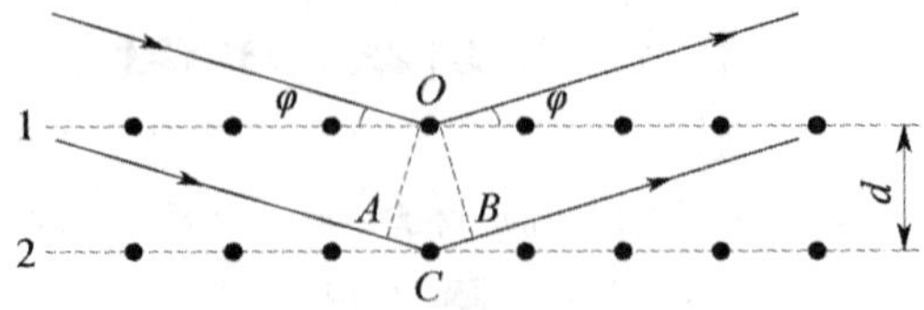


图 11.18 布拉格方法

显然，符合下述条件

$$2d\sin\varphi = k\lambda, \quad k = 1,2,3,\cdots \tag{11.13}$$

时，各层晶面的反射线都将相互加强，形成亮点. 上式就是著名的**布拉格公式**.

从式(11.13)可知，如果已知 $d$ 和 $\varphi$，则可算出X射线的波长 $\lambda$；同理，若已知X射线的波长 $\lambda$ 和 $\varphi$，则可推算出晶体的晶格常数 $d$. 沿这两方面分别发展起来的X射线光谱分析法和X射线晶体结构分析法，无论在物质结构的研究中，还是在工程技术上都有极大的应用价值.

# 第 12 章 光的偏振

光的干涉和衍射现象显示了光的波动性，但这些现象还不能告诉我们光是纵波还是横波. 光的偏振现象从实验上清楚地显示出光的横波性，这一点和光的电磁理论的预言完全一致. 可以说，光的偏振现象为光的电磁波本性提供了进一步的证据.

光的偏振现象在自然界中普遍存在. 光的反射、折射以及光在晶体中传播时的双折射都与光的偏振现象有关. 利用光的这种性质可以研究晶体的结构，也可用于测定机械结构内部应力分布情况. 激光器就是一种偏振光源. 此外如糖量计、偏振光立体电影、袖珍计算器及电子手表的液晶显示等都属偏振光的应用.

# 12.1 自然光和偏振光

## 12.1.1 横波的偏振性

我们知道,波可以分为纵波和横波.横波的传播方向和质点的振动方向垂直,通过波的传播方向且包含振动矢量的那个平面称为**振动面**.显然,振动面与包含传播方向在内的其他平面不同,这称为波的振动方向相对传播方向没有对称性,这种不对称叫作**偏振**.实验表明,只有横波才有偏振现象.我们来看一个机械波的例子.如图 12.1 所示,将橡皮绳一端固定,用手拉着穿过缝隙的橡皮绳的另一端上下抖动,于是就有横波沿绳传播.如果 $G_1$、$G_2$ 两者的缝隙方向垂直,那么通过 $G_1$ 的振动传到 $G_2$ 处就被挡住,在 $G_2$ 之后不再有波动.如果以波动的传播方向为轴转动 $G_2$,使两缝的方向一致,则通过 $G_1$ 的振动可以无阻碍地通过 $G_2$.显然,这种现象只可能在横波的情况下发生,而纵波的振动方向与传播方向一致,转动 $G_2$,不论缝的取向如何,对波的传播没有任何影响.

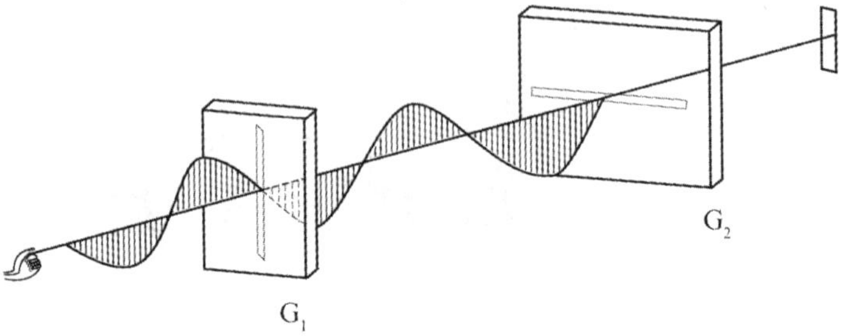


图 12.1　横波的偏振性

光波是电磁波,光波中光矢量的振动方向总是和光的传播方向垂直.当光的传播方向确定以后,光振动在与光传播方向垂直的平面内的振动方向仍然是不确定的,光矢量可能有各种不同的振动状态,这种振动状态通常称为光的**偏振态**.按照光振动状态的不同,可以把光分为五类:自然光、线偏振光、部分偏振光、椭圆偏振光和圆偏振光.下面仅对前三种光分别予以说明.

## 12.1.2 自然光

普通光源发出的光是大量原子或分子发光的总和,不同原子或同一原子不同时刻发出的光波不仅初相位彼此毫无关联,其振动方向也是彼此互不相关,随机分布.从宏观上看,光源发出的光中包含了所有方向的光振动,没有哪一个方向的光振动比其他方向占优势.在垂直于光传播方向的平面内,沿各个方向振动的光矢量都有,平均说来,光振动对光的传播方向是轴对称而又均匀分布的.在各个方向上,光矢量对时间的平均值是相等的.也就是说,光振动的振幅在垂直于光波的传播方向上,既有时间分布的均匀性,又有空间分布的均匀性,具有这种特性的光就叫**自然光**,如图 12.2(a) 所示.为研究问题方便起见,常把自然光中各个方向的光振动都分解为方向确定的两个相互垂直的分振动.这样,就可将自然光表示成两个相互垂直的、振幅相等的、独立的光振动，如图12.2(b)所示.这种分解不论在哪两个相互垂直的方向上进行，其分解的结果都是相同的，显然，每一独立光振动的光强都等于自然光光强的一半.但应注意，由于自然光光振动的随机性，这两个相互垂直的光矢量之间没有恒定的相位差，因而它们不能相干.图12.2(c)是自然光的表示法，图中用短线和点分别表示在纸面内和垂直纸面的光振动，点和短线交替均匀画出，表示光矢量对称且均匀分布.

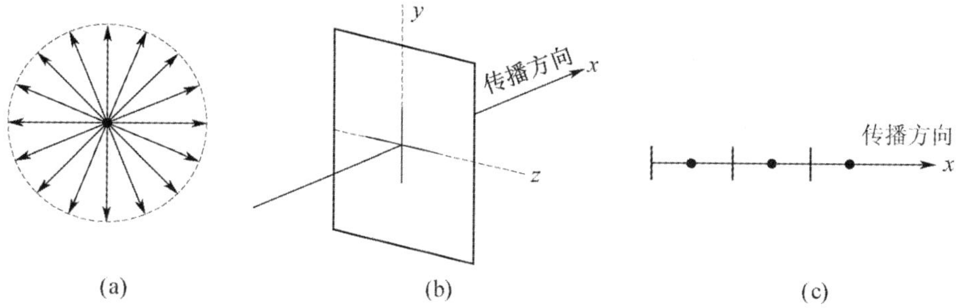


图12.2　自然光

### 12.1.3　线偏振光

如果光波的光矢量的方向始终不变，只沿一个固定方向振动时，这种光称为**线偏振光**.在光学实验中，采用某些装置将自然光中相互垂直的两个分振动之一完全移去，就可获得线偏振光，所以线偏振光又叫完全偏振光.因线偏振光中沿传播方向各处的光矢量都在同一振动面内，故线偏振光也称**平面偏振光**.简称**偏振光**.图12.3是线偏振光的示意图.图(a)表示光振动方向在纸面内的线偏振光，图(b)表示光振动方向垂直纸面的线偏振光.

图12.3　线偏振光

因为不可能把一个原子所发射的光波分离出来，所以我们在实验中获得的线偏振光，是包含众多原子的光波中光振动方向都已相互平行的成分.

### 12.1.4　部分偏振光

除了上述讨论自然光和线偏振光之外，还有一种介于两者之间的偏振光，这种光在垂直于光的传播方向的平面内，各方向的振动都有，但它们的振幅大小不相等，称为**部分偏振光**.部分偏振光可以看成为偏振光与自然光的混合.常将其表示成某一确定方向的光振动较强，与之垂直方向的光振动较弱，这两个方向光振动的强弱对比度愈高，表明其愈接近完全偏振光.图12.4是部分偏振光的表示法.(a)表示在纸面内的光振动较强，(b)表示垂直纸面的光振动较强.

在同一方向上传播的两列频率相同的线偏振光，如果它们的振动方向相互垂直，且具有固定的相位差$\Delta\varphi$，则当$\Delta\varphi = k\pi(k = 0, \pm 1, \cdots)$时，它们合成光矢量末端的轨迹是一条直

图 12.4 部分偏振光

线，这时两列线偏振光合成后仍为线偏振光；当它们振幅不相等，$\Delta\varphi \neq k\pi$；或振幅相等，$\Delta\varphi \neq k\pi$ 且 $\Delta\varphi \neq (2k+1)\dfrac{\pi}{2}$ 时，合成光矢量末端的轨迹是椭圆，这时两列线偏振光的合成是椭圆偏振光；当它们振幅相等，$\Delta\varphi = (2k+1)\dfrac{\pi}{2}$ 时，合成光矢量末端的轨迹是圆，这时两列线偏振光合成为圆偏振光. 我们规定，如果迎着光源看，光矢量顺时针旋转，则称为右旋椭圆或圆偏振光；如果光矢量逆时针旋转，则称为左旋椭圆或圆偏振光.

## 12.2 起偏和检偏 马吕斯定律

普通光源发出的光都是自然光. 从自然光中获得偏振光的装置叫作**起偏器**，利用偏振片从自然光获取偏振光是最简便的方法. 除此之外，利用光的反射和折射或晶体棱镜也可以获取偏振光. 下面我们介绍几种产生和检验偏振光的方法.

### 12.2.1 偏振片的起偏和检偏

偏振片是在透明的基片上蒸镀一层某种物质（如硫酸金鸡钠碱，碘化硫酸奎宁等）晶粒制成的. 这种晶粒对相互垂直的两个分振动光矢量具有选择吸收的性能，即对某一方向的光振动有强烈的吸收，而对与之垂直的光振动则吸收很少，晶粒的这种性质称为**二向色性**. 因此偏振片基本上只允许某一特定方向的光振动通过，这一方向称为偏振片的**偏振化方向**，也叫**透光轴**. 如图 12.5 所示，当自然光垂直照射偏振片 $P_1$ 时，透过 $P_1$ 的光就成为光振动方向平行于该透光轴方向的线偏振光，这一过程称为**起偏**. 透过的线偏振光的光强只有入射自然光光强的一半.

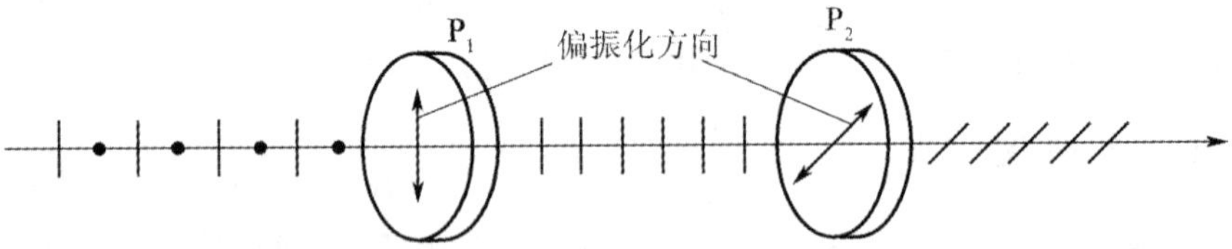


图 12.5 起偏与检偏

偏振片也可用来检验某一光束是否为线偏振光，称为**检偏**. 用做检验光的偏振状态的装置称为检偏器. 图 12.5 中的偏振片 $P_2$ 就是一种检偏器. 当透过 $P_1$ 所形成的线偏振光再垂直入射偏振片 $P_2$ 时，如果 $P_2$ 的透光轴与线偏振光的振动方向相同，则该线偏振光可全部继续透过偏振片 $P_2$，在 $P_2$ 的后面能观察到光；如果把偏振片 $P_2$ 绕光的传播方向旋转 90°，即当 $P_2$ 的透光轴与线偏振光的振动方向相互垂直时，由于线偏振光全部被 $P_2$ 吸收，在 $P_2$ 的后面就观察不到光. 如果让 $P_2$ 绕入射线偏振光的传播方向缓慢转动一周时，就会发现透过 $P_2$ 的光强不断改变，并经历两次光强最大和两次光强为零的过程. 如果入射到 $P_2$ 上的是自然光，上述过程就不会出现；如果入射到 $P_2$ 的是部分偏振光，只能观察到两次光强最强和两次光强最弱，但不会出现光强为零的状况. 线偏振光透过 $P_2$ 后，光强的变化是遵从马吕斯定律.

### 12.2.2　马吕斯定律

1809 年马吕斯在研究线偏振光通过检偏器后的透射光光强时发现，**如果入射线偏振光的光强为 $I_0$，透过检偏器后，透射光的光强 $I$ 为**

$$I = I_0 \cos^2 \alpha \tag{12.1}$$

**式中 $\alpha$ 是线偏振光的振动方向与检偏器的透光轴方向之间的夹角**. 上式称为**马吕斯定律**. 现证明如下：

如图 12.6 所示，$ON_1$ 表示入射线偏振光的振动方向，$ON_2$ 表示检偏器的透光轴方向，两者的夹角为 $\alpha$. 入射线偏振光的光矢量振幅为 $E_0$，将此光矢量沿 $ON_2$ 及垂直于 $ON_2$ 的方向分解为两个分量，它们的大小分别为 $E_0 \cos \alpha$ 和 $E_0 \sin \alpha$，其中只有平行于检偏器透光轴方向 $ON_2$ 的分量可以透过检偏器. 由于光强和振幅的平方成正比，所以透过检偏器的透射光强 $I$ 和入射线偏振光的光强 $I_0$ 之比为

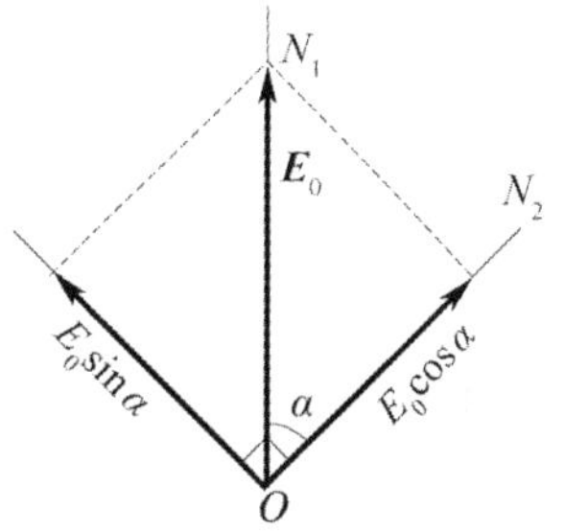

图 12.6　马吕斯定律的证明

$$\frac{I}{I_0} = \frac{(E_0 \cos \alpha)^2}{E_0^2} = \cos^2 \alpha$$

即

$$I = I_0 \cos^2 \alpha$$

如果入射到检偏器的线偏振光是起偏器产生的透射光，如图 12.5 所示情况，那么上式中的 $\alpha$ 角就等于起偏器与检偏器两透光轴方向之间的夹角.

从马吕斯定律可以看出，线偏振光通过偏振片后，光强随入射线偏振光的振动方向和偏振片的透光轴方向之间的夹角 $\alpha$ 的改变而改变. 当 $\alpha = 0$ 时，$I = I_0$，透过偏振片的光强最大；当 $\alpha = 90°$ 时，$I = 0$，没有光透过偏振片.

---

**例 12.1**　一光束由线偏振光和自然光混合而成，当它通过偏振片时，发现透射光的光强依赖偏振片透光轴方向的取向可变化 5 倍. 求：入射光束中两种成分的光的相对强度.

**解**　设光束的总光强为 $I$，其中线偏振光的强度为 $I_1$，自然光的光强为 $I_0$，则 $I = I_1 + I_0$.

通过偏振片后，自然光的光强为 $\frac{I_0}{2}$，且与偏振片的透光轴取向无关. 线偏振光的最大光强出现在偏振片的透光轴取向平行于线偏振光的振动方向时，大小为 $I_1$；线偏振光的最小光强出现在偏振片的透光轴取向垂直于线偏振光的振动方向时，大小为零. 故透过偏振片的混合光强最大为 $\frac{I_0}{2} + I_1$，最小光强为 $\frac{I_0}{2}$，所以有

$$\frac{\frac{I_0}{2} + I_1}{\frac{I_0}{2}} = 5$$

由此得到

$$I_1 : I_0 = 2 : 1$$

即线偏振光 $I_1 = \frac{2}{3}I$，自然光 $I_0 = \frac{1}{3}I$.

## 12.3 反射与折射时光的偏振

自然光在两种各向同性的媒质分界面上反射和折射时，反射光和折射光都将成为部分偏振光；在特定情况下，反射光有可能成为完全偏振光，即线偏振光.

如图 12.7 所示，$MM'$ 是两种媒质(如空气和玻璃)的分界面，$SI$ 是一束自然光的入射线，$IR$ 和 $IR'$ 分别为反射线和折射线，$i$ 为入射角，$\gamma$ 为折射角. 我们可以把自然光分解为两个相互垂直的光振动，一个与入射面垂直(图中用黑点表示)，称为垂直振动；另一个和入射面平行(图中用短线表示)，称为平行振动. 实验发现，在反射光束中，垂直振动多于平行振动，而在折射光束中，平行振动多于垂直振动，即反射光和折射光均为部分偏振光.

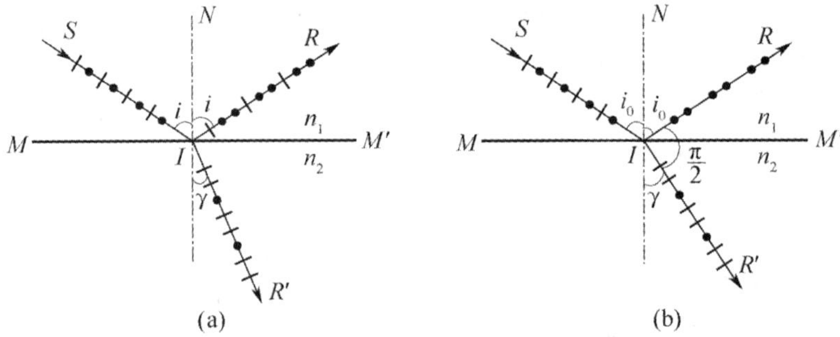


图 12.7 反射和折射时光的偏振

理论和实验都证明，反射光的偏振化程度和入射角有关，**当入射角等于某一特定值** $i_0$，**且满足**

$$\tan i_0 = \frac{n_2}{n_1} \tag{12.2}$$

**时，反射光中只有垂直入射面的分振动，成为线偏振光；而折射光仍为部分偏振光**，但这时折射光的偏振化程度最强，如图 12.8(b) 所示，式(12.2) 称为**布儒斯特定律**. $i_0$ 称为**布儒斯特角或起偏振角**，式中 $n_1$、$n_2$ 为界面上、下媒质的折射率. 例如，自然光从空气射向折射率为 1.50 的玻璃面反射时，起偏振角为 56.3°.

根据折射定律，$n_1 \sin i_0 = n_2 \sin \gamma$，又由布儒斯特定律有

$$\tan i_0 = \frac{\sin i_0}{\cos i_0} = \frac{n_2}{n_1}$$

可得

$$\sin \gamma = \cos i_0$$

故

$$i_0 + \gamma = \frac{\pi}{2}$$

这说明当入射角为起偏角时，反射光与折射光相互垂直.

自然光以起偏角入射时，反射光虽然是线偏振光，但光强很弱. 以自然光从空气入射到玻璃界面为例，反射光此时的光强只占入射自然光中垂直振动光强的 15%，折射光占有入射自然光中垂直振动光强的 85% 和平行振动的全部光强. 所以，折射光的光强很强，但它的偏振化程度却不高.

为了增强反射光的强度和折射光的偏振化程度，可以把许多相互平行的玻璃片重叠而成玻璃片堆，如图 12.8 所示. 当自然光以起偏振角 $i_0$ 入射到玻璃片堆上时，不仅光从空气入射到玻璃片的各层界面上时，反射光都是垂直入射面的光振动，而且光在从玻璃片入射到空气层的各界面上时，因为其入射角 $\gamma_0 = \frac{\pi}{2} - i_0$，即 $\tan\gamma_0 = \tan\left(\frac{\pi}{2} - i_0\right) = \cot i_0 = \frac{n_1}{n_2}$，所以对这个界面来说 $\gamma_0$ 又是起偏振角，即光从玻璃片入射到空气层各界面上时，反射光也都是垂直入射面的光振动. 这样，折射光中的垂直振动因多次反射而不断减弱，因而其偏振化程度将会逐渐增强，当玻璃片足够多时，最后透射出来的光就极近似为平行入射面的线偏振光. 同时，由于玻璃片堆各层反射光的累加，反射光的光强也得到增强. 利用这种方法，可以获得两束振动方向相互垂直的线偏振光.

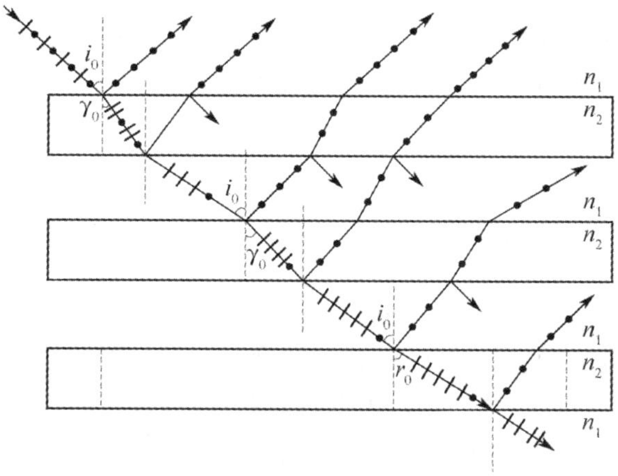


图 12.8　利用玻璃片堆获取线偏振光

**例 12.2**　如图 12.9 所示为一玻璃三棱镜，材料的折射率为 $n = 1.50$，设光在棱镜中传播时能量不被吸收. 问：(1) 一束光强为 $I_0$ 的单色光，从空气入射到棱镜左侧界面折射进入棱镜. 若要求入射光全部能进入棱镜，对入射光和入射角有何要求？(2) 若要求光束经棱镜从右侧折射出来，强度仍保持不变，则对棱镜顶角有何要求？

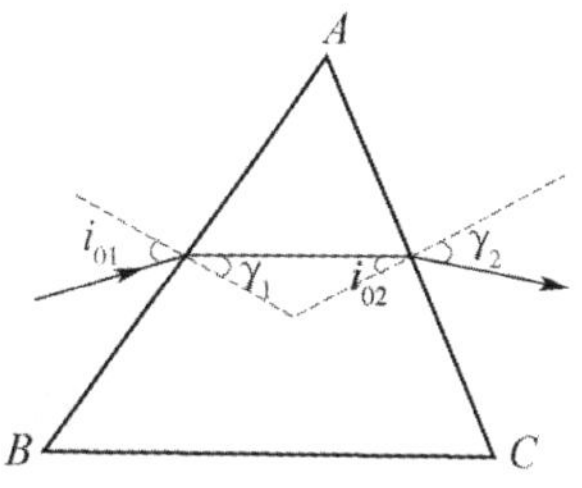


图 12.9

**解**　(1) 若要求入射光全部折射到棱镜里，则要求其反射光强度为零. 对于自然光这条件无法满足. 若入射光为光振动平行入射面的线偏振光，则在入射角等于起偏振角的情况下，反射光束的强度为零，入射光将全部进入棱镜. 因此要求入射光是振动方向平行于入射面的线偏振光. 入射角 $i_{01}$ 为

$$i_{01} = \arctan n = \arctan 1.50 = 56.3°$$

(2) 当进入棱镜的光射到棱镜右侧界面，因它只包含平行入射面的光振动，只要以起偏振角入射，则其反射光的强度仍然为零，进入棱镜的光将全部折射出棱镜而保持强度不变．这时投射到界面 $AC$ 的起偏振角 $i_{02}$ 为

$$i_{02} = \arctan \frac{1}{n} = \arctan \frac{1}{1.5} = 33.7°$$

因为 $i_{01} + \gamma_1 = \frac{\pi}{2}$，$i_{02} + \gamma_2 = \frac{\pi}{2}$，从图 12.9 上的几何关系可以看出

$$\angle A = \gamma_1 + i_{02} = \frac{\pi}{2} - i_{01} + i_{02} = 90° - 56.3° + 33.7° = 67.4°$$

## *12.4 散射光的偏振

在眼前放一块偏振片向天空望去，当转动偏振片时，会发现透过它的“天光”有明暗的变化．这说明“天光”是部分偏振光，这种部分偏振光是大气中的微粒或分子对太阳光散射的结果．

一束光射到一个微粒或分子上，就会使其中的电子在光束内的电场矢量的作用下振动．此类振动中的电子会向其周围四面八方发射同频率的电磁波，即光，这种现象叫作**光的散射**．正是由于这种散射才使我们从侧面能看到有灰尘的室内的太阳光束或大型歌舞晚会上的彩色激光射线．

分子中的一个电子振动时发出的光是偏振光，它的光振动方向总是垂直于光的传播方向(横波)，并和电子的振动方向在同一个平面内．但是，往各方向发出的光强度不同：在垂直于电子振动的方向，强度最大；在沿电子振动的方向，强度为零①．图12.10 表示了这种情形，$O$ 处有一电子沿竖直方向振动，它发出的球面波向四周传播，各条光线上的短线表示该方向上光振动的方向，短线的长短大致表示该方向上光振动的振幅．

如图 12.11 所示，设太阳光沿水平方向($x$ 方向)射来，它的水平方向($y$ 方向，垂直纸面向内)和竖直方向($z$ 方向)的光矢量激起位于 $O$ 处的分子中的电子做同方向的振动而发生光的散射．结合图 12.10 所示的规律，沿竖直方向向上看去，就只有振动方向沿 $y$ 方向的线偏振光了．实际上，由于我们看到的“天光”是大气中许多微粒或分子从不同方向散射来的光，也可能是经过几次散射后射来的光，又由于微粒或分子的大小会影响其散射光的强度等原因，故人们看到的“天光”就是部分偏振光．

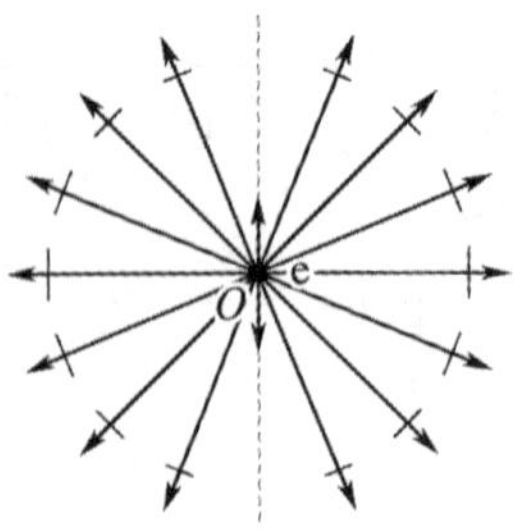


图 12.10 振动的电子发出的光的振幅和偏振方向示意图

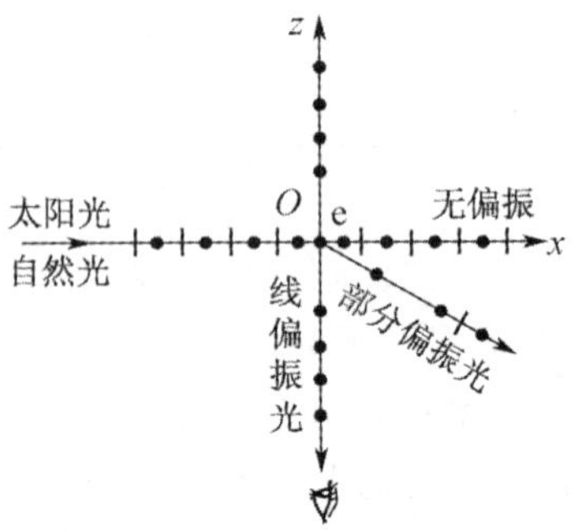


图 12.11 太阳光的散射

① 参看本书第 7 章式(7.22)．

另一方面，按照电磁理论，每个散射光波的振幅是与它的频率的平方成正比，而其光强又和它的振幅的平方成正比，所以散射光的强度和光的频率的四次方成正比. 由于蓝光的频率比红光高，所以太阳光中的蓝色光成分比红色光成分散射强度更大些. 因此，天空看起来是蓝色的. 在早晨或傍晚，太阳光沿地平线射来，在大气层中传播的距离较长，其中的蓝色光成分大都散射掉了，余下的进入人眼的光就主要是频率较低的红色光了，这就是朝阳或夕阳看起来发红的原因.

# *12.5　光的双折射

## 12.5.1　双折射现象　寻常光和非常光

在我们日常生活经验中，所熟悉的现象是当一束光射到两种各向同性媒质(如空气和玻璃)的分界面上时，要发生反射和折射，并且反射光和折射光仍各为一束光. 但是当光射入各向异性晶体(如方解石晶体)后，可以观察到有两束折射光，这种现象称为光的**双折射现象**. 如图 12.12(a) 所示，把一块方解石晶体放在原印有一行字的纸面上，从上往下透过方解石看字时，见到每个字都变成了相互错开的两个字，即每个字都有两个像. 这就是光线进入方解石后产生的两束折射光所致. 图12.12(b) 表示光在方解石晶体内的双折射. 显然，晶体愈厚，透射出来的光线分得愈开.

实验发现，除立方晶系外，光线进入晶体时，一般都将产生双折射现象.

进一步的研究表明，两束折射线中的一束始终遵守折射定律，无论入射线的方向如何，其入射角 $i$ 与折射角 $\gamma$ 的正弦之比始终为恒量，即 $\frac{\sin i}{\sin \gamma} = \frac{n_2}{n_1} =$ 恒量，这一束折射光称为**寻常光**，通常用 o 表示，简称 o **光**；另一束折射光不遵守普通的折射定律，它不一定在入射面内，而且入射角 $i$ 改变时，$\frac{\sin i}{\sin \gamma}$ 的量值不是一个常数，这束光通常称为**非常光**，用 e 表示，简称 e **光**. 让一束自然光垂直于方解石表面入射($i = 0$) 时，o 光沿原方向前进，e 光则一般偏离原方向前进，如图 12.13 所示. 这时，如果使方解石晶体以入射光线为轴旋转，将发现 o 光不动，而 e 光却随之绕轴旋转. 用检偏器检验表明，o 光和 e 光都是线偏振光.

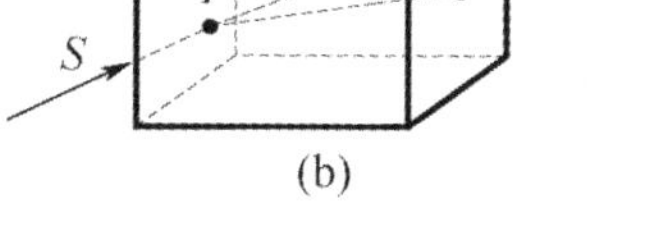

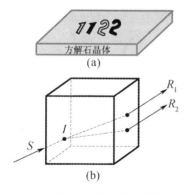

图 12.12　方解石的双折射

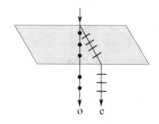

图 12.13　寻常光和非常光

## 12.5.2　晶体的光轴与光线的主平面

晶体内存在着一个特殊方向，光沿这个方向传播时不产生双折射，即 o 光和 e 光重合，在该方向 o 光和 e 光的折射率相等，光的传播速度相等. 这个特殊的方向称为晶体的**光轴**. 如天然方解石晶体是斜平行六面体，两棱之间的夹角约为 78° 或 102°. 从其三个钝角面相会合的顶点引出一条直线，并使其与三棱边都成等角，这一直线方向就是方解石晶体的光轴方向. 如图 12.14 所示，图(a) 为各棱边都相等的方解石晶体，图(b) 为各棱边不相等的方解石晶体. 应该注意，“光轴” 不是指一条直线，而是强调其“方向”.

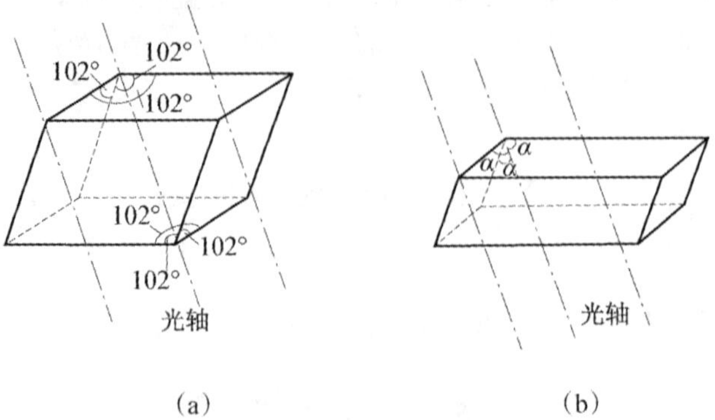


图 12.14　方解石晶体的光轴

只有一个光轴的晶体称为单轴晶体，如方解石、石英等. 有些晶体具有两个光轴方向，称为双轴晶体，如云母、蓝宝石等.

晶体中某条光线与晶体的光轴所组成的平面称为该光线的**主平面**. o光和e光各有自己的主平面. 实验发现，o光的光振动垂直于o光的主平面，e光的光振动在e光的主平面内. 一般情况下，o光和e光的主平面并不重合，它们之间有一不大的夹角. 只有当光线沿光轴和晶体表面法线所组成的平面入射时，这两个主平面才严格重合，且就在入射面内，这时，o光和e光的光振动方向相互垂直. 这个由光轴和晶体表面法线方向组成的平面称为晶体的**主截面**. 在实际应用中，一般都选择光线沿主截面入射，以使双折射现象的研究更为简化.

### 12.5.3　用惠更斯原理解释双折射现象

双折射现象是由于在晶体中 o 光和 e 光的传播速度不同而引起的. 在单轴晶体中，o 光沿各个方向传播的速度相同，而 e 光沿各个方向传播的速度是不同的，唯有沿光轴方向 o 光和 e 光的传播速度相同，在垂直于光轴方向 o 光和 e 光的传播速度相差最大. 假想在晶体内有一子波源，由它发出的光波在晶体内传播，则 o 光的波面是球面，而 e 光的波面是旋转椭球面，两个波面在光轴方向上相切. 用 $v_o$ 表示 o 光的传播速度，$v_e$ 表示 e 光沿垂直于光轴方向的传播速度. 对于 $v_o > v_e$ 一类晶体，如石英，称为**正晶体**，如图 12.15(a) 所示；另一类晶体 $v_o < v_e$，如方解石，称为**负晶体**，如图 12.15(b) 所示.

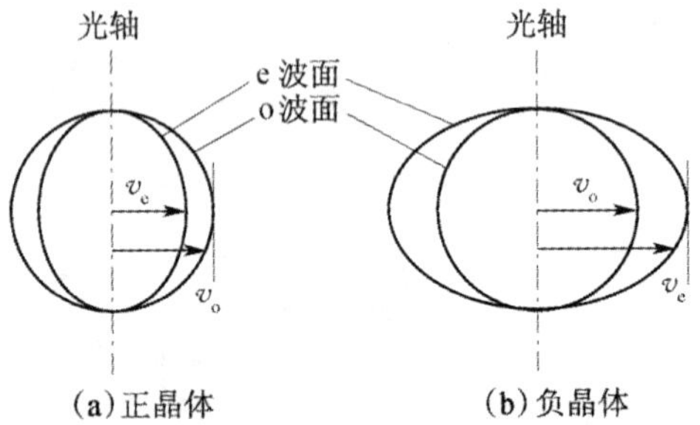


图 12.15　正晶体和负晶体的子波波阵面

根据折射率的定义，对于 o 光，$n_o = \dfrac{c}{v_o}$ 表示 o 光的主折射率，它是与方向无关，只由晶体材料决定的常数. 对于 e光，通常把真空中的光速 $c$ 与 e光沿垂直光轴方向的传播速度 $v_e$ 之比 $n_e = \dfrac{c}{v_e}$，称为e光的主折射率.

知道了晶体光轴方向和 $n_o$，$n_e$ 两个主折射率，应用惠更斯作图法，就可确定单轴晶体中 o 光和 e 光的传播方向，从而说明双折射现象.

图 12.16(a) 为平行光以入射角 $i$ 倾斜入射到方解石晶体的情况. $AC$ 是平面波的一个波面，当入射波 $C$

传到 $D$ 时，$AC$ 波面上除 $C$ 点外的其他各点，都已先后到达晶体表面 $AD$ 并向晶体内发出子波，其中 $A$ 点发出的 o 光球面子波和 e 光旋转椭球面子波波面如图所示，两子波波面相切于光轴上的 $G$ 点. $AD$ 间各点先后发出的球面子波波面的包迹平面 $DE$ 就是 o 光在晶体中的新波面，$AE$ 线即为 o 光在晶体中的折射线方向；各旋转椭球面子波波面的包迹平面 $DF$ 就是 e 光在晶体中的新波面，$AF$ 线即为 e 光在晶体中的折射方向. 从图12.16(a) 中可见 o 光和 e 光的传播方向不同，因而在晶体中出现了双折射现象. 值得注意的是 e 光的传播方向并不与它的波面垂直. 图 12.16(b) 和 12.16(c) 为平行光正入射到晶体表面的情况. 在图 12.16(c) 中，o 光和 e 光的传播方向是相同的，但传播速度和折射率均不相同，仍属双折射现象. 这一情况与光在晶体内沿光轴方向传播时具有同速度、同折射率、无双折射现象是有区别的.

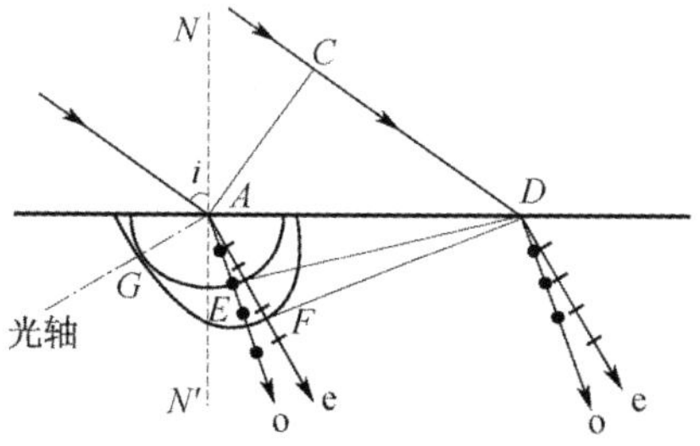

(a) 平面波倾斜地射入方解石的双折射现象

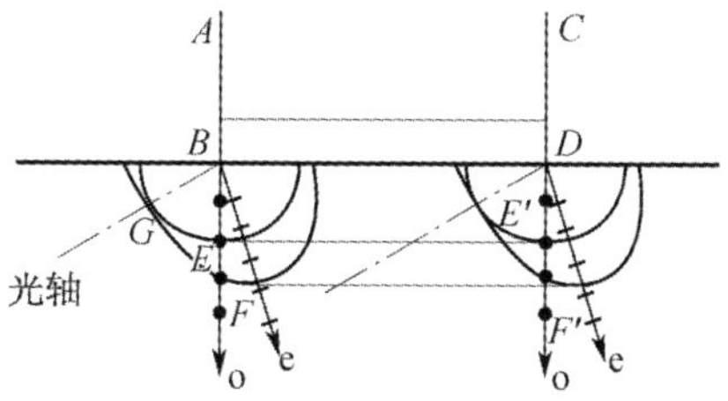

(b) 平面波垂直射入方解石的双折射现象

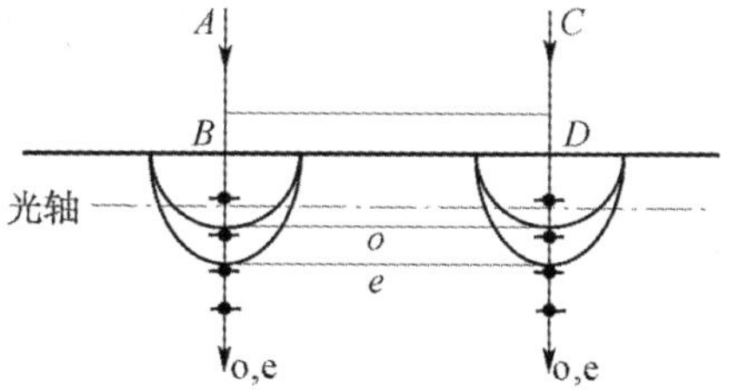

(c) 平面波垂直射入方解石（光轴在折射面内并平行于晶面）的双折射现象

图 12.16

## *12.6　偏振光的干涉　人为双折射现象

目前在矿物学、冶金学和生物学方面比较广泛使用的偏振光显微镜，其基本原理就是利用偏振光的干涉. 又如光测弹性方法，属于人为双折射现象的应用，也涉及偏振光的干涉. 本节讨论有关这两个方面的一些基本原理.

### 12.6.1　椭圆偏振光与圆偏振光　波片

利用振动方向相互垂直的两个同频率简谐振动的合成可以获得椭圆偏振光和圆偏振光. 如图 12.17 所示，P 为偏振片，C 为单轴薄晶片，其光轴平行于晶面且与 P 的透光轴夹角为 $\theta$. 单色自然光通过偏振片后，成为线偏振光，设其振幅为 E，光振动方向与晶片 C 光轴方向的夹角为 $\theta$，该线偏振光垂直于光轴进入晶片后分解为 o、e 两光，仍沿原方向前进(此时 o、e 光两主平面重合，且就在它们的传播方向与光轴所在的平面内)，o 光的光振动垂直于主平面(垂直于光轴)，e 光的光振动则平行于光轴，其振幅分别为 $E_o = E\sin\theta$，$E_e = E\cos\theta$. 由于两光在晶体中的传播速度不同，晶片对 o、e 光的主折射率(e 光在垂直于光轴方向的折射率) $n_o$ 和 $n_e$ 亦不相同，所以通过厚度为 $d$ 的晶片后，它们之间将出现相位差

$$\Delta\varphi = \frac{2\pi}{\lambda}(n_o - n_e)d \qquad (12.3)$$

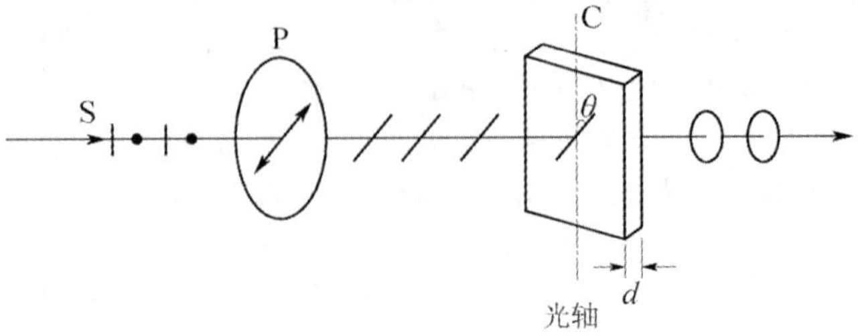


图 12.17　椭圆偏振光的获得

其中$\lambda$是入射单色光的波长.这样两束频率相同,振动方向相互垂直,且具有一定相位差的两个光振动就合成为椭圆偏振光.合成光矢量末端的轨迹在一般情况下是一个椭圆.适当选择晶片厚度$d$,使得相位差

$$\Delta\varphi = \frac{2\pi}{\lambda}(n_o - n_e)d = \frac{\pi}{2}$$

则通过晶片后的合成光为正椭圆偏振光.由于这时o,e光通过晶片后的光程差为

$$\Delta = (n_o - n_e)d = \frac{\lambda}{4}$$

所以这样厚度的晶片称为四分之一波片.显然,这是对特定波长而言.

图 12.17 中的波片$C$为四分之一波片,且$\theta = \frac{\pi}{4}$时,则晶体中o光与e光的振幅相等,即$E_o = E_e$,此时通过晶片后的光将成为圆偏振光.

如果将晶片$C$换成二分之一波片,$\theta$仍保持$\frac{\pi}{4}$,则o光、e光通过晶片后的相位差为$\pi$,且振幅相等,合成后仍为线偏振光,不过振动方向将旋转90°.

## 12.6.2　偏振光的干涉

只要满足相干条件,和自然光一样,偏振光也可以产生干涉现象.图 12.19 是观察偏振光干涉的装置.$P_1$、$P_2$是两个透光轴互相垂直的偏振片,C为薄晶片,其光轴平行于晶体表面.单色自然光垂直入射于偏振片$P_1$,通过$P_1$后成为线偏振光,入射到晶片时分解为o光和e光,通过晶片后则成为光振动方向相互垂直且有一定相位差的两束光.这两束光射入偏振片$P_2$时,只有与$P_2$透光轴平行的分振动才可以通过,这样就得到了两束相干的线偏振光.

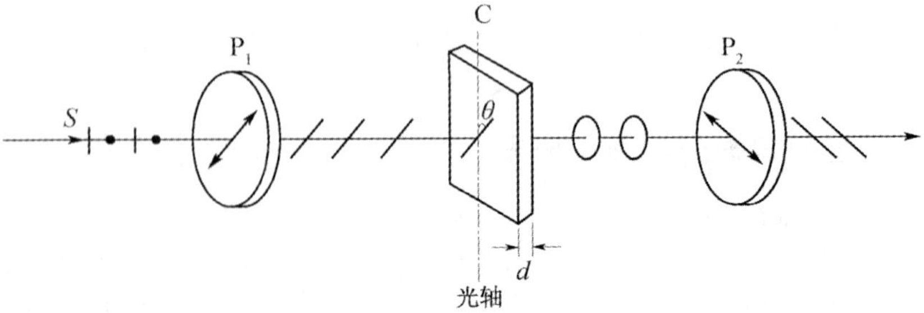


图 12.18　偏振光的干涉

图 12.19 是通过偏振片$P_1$、薄晶片C和偏振片$P_2$的光的振幅矢量图.其中$P_1$、$P_2$为两偏振片的透光轴方向,C为晶片的光轴方向,$E$为入射晶片C的线偏振光的振幅.通过晶片C后两束光振幅分别为$E_o = E\sin\theta$,$E_e = E\cos\theta$,它们的振动方向为o光垂直于光轴C,e光平行于光轴C.这两束光透过$P_2$后的振幅分别为

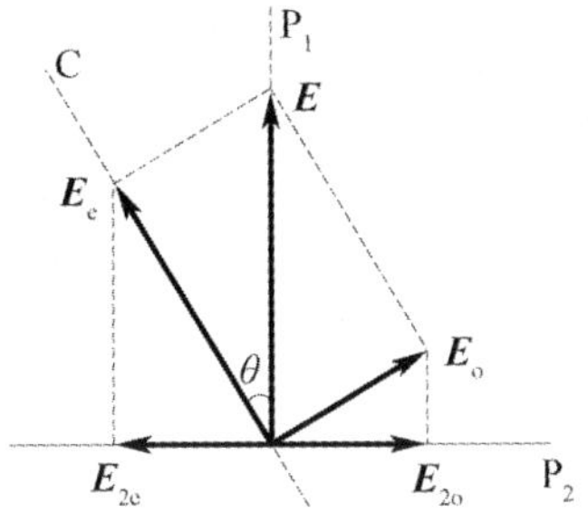

图 12.19　偏振光干涉振幅矢量图

$$E_{2o} = E_o \cos\theta = E\sin\theta\cos\theta$$
$$E_{2e} = E_e \sin\theta = E\cos\theta\sin\theta$$

二者振幅相等. 由以上分析可知，透过偏振片 $P_2$ 的两束光是频率相同、振动方向相同、振幅相等和相位差恒定的相干光，因而可以观察到偏振光的干涉现象. 在 $P_2$ 后观察到的光强决定于两束透射光的总相位差

$$\Delta\varphi = \frac{2\pi}{\lambda}(n_o - n_e)d + \pi \tag{12.4}$$

式中第一项为两光通过厚度为 $d$ 的晶片所产生的相位差；第二项是由于 $\boldsymbol{E}_{2o}$ 和 $\boldsymbol{E}_{2e}$ 方向相反而引起的附加相位差. 由此可知干涉的明暗条件为

$$\Delta\varphi = \frac{2\pi}{\lambda}(n_o - n_e)d + \pi = \begin{cases} 2k\pi & k = 1,2,\cdots \text{加强}\quad \text{视场最亮} \\ (2k+1)\pi & k = 1,2,\cdots \text{减弱}\quad \text{视场最暗} \end{cases} \tag{12.5}$$

如果晶片 C 是劈尖形状，则视场将出现明暗相间的干涉条纹.

如果所用入射光源为白光，则对应不同波长的光，满足各自的干涉条件，在视场中将呈现彩色干涉图样，这种现象称为**色偏振**.

### 12.6.3　人为双折射现象

某些非晶体在受到外界作用(如机械力，电场或磁场等作用)时，失去各向同性的性质，也呈现出双折射现象，称为人为双折射现象.

**1. 光弹性效应 —— 应力双折射**

本来是透明的各向同性的介质在机械应力作用下，显示光学上的各向异性，这种现象叫作光弹性效应，有时也称作机械双折射或应力双折射. 对物体施以压力或张力时，其有效光轴都在应力方向上，并且引起的双折射与应力成正比. 设 $n_o$ 和 $n_e$ 分别为受力介质对 o 光和 e 光的折射率，则由实验可得

$$n_o - n_e = KP$$

其中 $K$ 为比例系数，决定于介质的性质，$P$ 是应力(压强).

两偏振光通过厚度为 $d$ 的介质后所产生的相位差为

$$\Delta\varphi = \frac{2\pi}{\lambda}(n_o - n_e)d \tag{12.6}$$

式中 $\lambda$ 为光在真空中的波长.

利用光弹性效应可以研究机械物体内部应力的分布情况. 把待分析的机械零件用透明材料制成模型，并按实际使用时的受力情况对模型施力，于是在各受力部分产生相应的双折射. 把模型放在正交的起偏器与检偏器之间就可以观察到干涉条纹，根据条纹的色彩和形状可计算出应力分布情况，这种方法叫光弹性方法. 它在工程技术上已得到广泛应用.

**2. 克尔效应 —— 电致双折射**

克尔于 1875 年发现，某些非晶体或液体在强电场作用下，使分子定向排列，从而获得类似于晶体的各

向异性性质，这一现象称为克尔效应.

如图 12.20 所示，C 是装有平板电极且储有非晶体或液体(如硝基苯)的容器，叫作克尔盒. $P_1$、$P_2$ 是两个正交的偏振片，使用时最好让它们的偏振化方向与电场方向分别成±45°角. 电源未接通时，视场是暗的. 接通电源后，视场由暗转明，说明在电场作用下，非晶体变成双折射晶体. 实验表明，盒内非晶体或液体在电场作用下获得单轴晶体的性质，其光轴方向与电场 $E$ 的方向平行，入射单色光波长 $\lambda$ 与 $n_o$ 和 $n_e$ 之间的关系是

$$n_o - n_e = KE^2\lambda \tag{12.7}$$

式中，$K$ 为克尔常数，与材料有关.

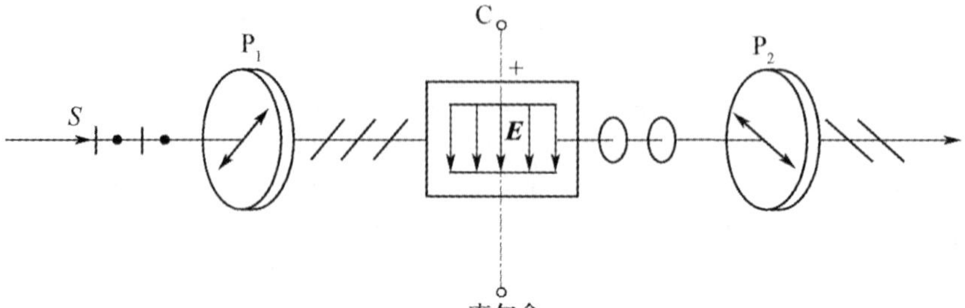

图 12.20 克尔效应

利用克尔效应可制成光的断续器——光开关. 这种开关的优点在于几乎没有惯性，它能随着电场的产生和消失迅即开启和关闭(不超过 $10^{-9}$ s)，因而可使光强的变化非常迅速. 这种光断续器已广泛用于高速摄影、光速测量及电影、电视等装置，近年来更多地用做脉冲激光器的 Q 开关.

在强磁场的作用下，非晶体也能呈现双折射现象，叫磁致双折射，详细情况不再介绍.

## *12.7 旋光现象

1811 年，阿拉果发现，当线偏振光通过某些透明物质时，线偏振光的振动面将旋转一定的角度，这种现象称为振动面的旋转，也称旋光现象. 能使振动面旋转的物质称为旋光物质，如石英、糖和酒石酸等溶液都是旋光物质. 实验证明，振动面旋转的角度决定于旋光物质的性质、厚度或浓度以及入射光的波长等.

图 12.21 所示是研究物质旋光性的装置. 图中 $F$ 是滤光器，用以获取单色光. $C$ 是旋光物体，例如晶面与光轴垂直的石英片. 当旋光物质放在两个相互正交的偏振片 $P_1$ 和 $P_2$ 之间时，将会看到视场由原来的黑暗变为明亮. 将偏振片 $P_2$ 绕光的传播方向旋转某一角度后，视场又将由明亮变为黑暗. 这说明线偏振光透过旋光物体后仍然是线偏振光，但是振动面旋转了一个角度，旋转角等于偏振片 $P_2$ 旋转的角度.

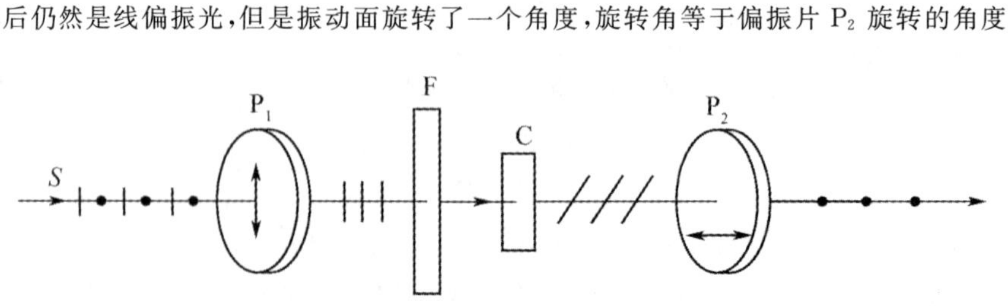

图 12.21 观察旋光现象的实验

应用上述方法，实验结果表明：

(1) 不同的旋光物质可以使线偏振光的振动面向不同的方向旋转. 如果面对光源观察，使振动面向右(顺时针方向)旋转的物质称为右旋物质；使振动面向左(逆时针方向)旋转的物质称为左旋物质. 如石英晶

体，由于结晶形态的不同，具有右旋和左旋两种类型；葡萄糖为右旋糖；果糖为左旋糖. 溶液的左右旋光性是其中分子本身特殊结构引起的. 左右旋分子，如蔗糖分子，它们的原子组成一样，都是 $C_6H_{12}O_7$，但空间结构不同. 这两种分子叫**同分异构体**，它们的结构互为镜像(见图 12.22). 令人费解的是人工合成的同分异构体，如左旋糖和右旋糖，总是左右旋分子各半，而来自生命物质的同分异构体，如由甘蔗或甜菜榨出来的蔗糖以及生物体内的葡萄糖则都是右旋糖. 生物总是选择右旋糖消化吸收，而对左旋糖不感兴趣.

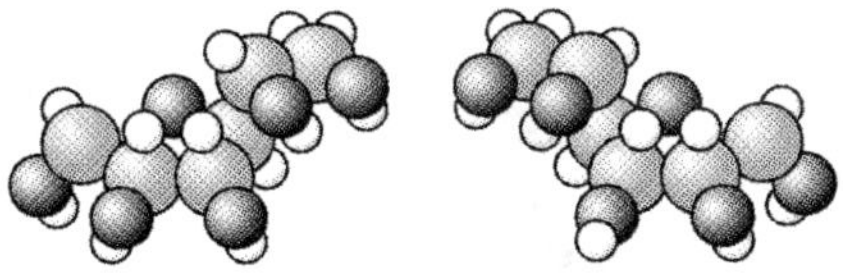

图 12.22　蔗糖分子两种同分异构体结构

(2) 振动面的旋转角 $\varphi$ 与波长有关，当波长给定时，则与旋光物质的厚度 $d$ 有关. 它们满足关系式

$$\varphi = \alpha d \tag{12.8}$$

式中 $d$ 用 mm 计，$\alpha$ 称旋光恒量，与物质的性质、入射光的波长等有关. 如 1 mm 厚的石英片能产生的旋转角对红光为 15°，对钠黄光为 21.7°，紫光为 51°.

(3) 偏振光通过糖溶液、松节油时，振动面的旋转角可用下式表示：

$$\varphi = \alpha c d \tag{12.9}$$

式中 $\alpha$ 和 $d$ 的意义同上，$c$ 是旋光物质的浓度. 在制糖工业中，测定糖溶液浓度的糖量计就是根据这一原理制成的.

# 气体动理论和热力学篇

热学是研究物质的各种热现象的性质和变化规律的一门学科.与温度有关的现象称为热现象,从微观看,热现象就是宏观物体内部大量分子或原子等微观粒子的永不停息的、无规则热运动的平均效果.

18世纪到19世纪,由于蒸汽机的广泛应用,有力推动了热现象及规律的研究.由迈耶、焦耳、亥姆霍兹等人建立了与热现象有关的能量转化和守恒定律,即热力学第一定律,接着开尔文、克劳修斯等人建立了描述能量传递方向的热力学第二定律.这种以观察和实验为基础,运用归纳和分析方法总结出热现象的宏观理论称为热力学.另一种研究热现象规律的方法是从物质的微观结构和分子运动论出发,以每个微观粒子遵循力学规律为基础,运用统计方法,导出热运动的宏观规律,再由实验确认.用这种方法所建立的理论系统称为统计物理学(或叫气体动理论).19世纪由克劳修斯、麦克斯韦、玻耳兹曼、吉布斯等人在经典力学基础上建立起经典统计物理.20世纪初,由于量子力学的建立,狄拉克、爱因斯坦、费米、玻色等人又创立了量子统计物理.热学包括气体动理论和热力学两部分.热力学的结论来自实验,可靠性好,但对问题的本质缺乏深入了解.气体动理论的分析对热现象的本质给出了解释,但是只有当它与热力学结论相一致时,气体动理论才能得到确认,因此,两者相辅相成,缺一不可.

经验告诉我们,自然界中宏观物体的各种性质,大都随着它的冷热状态的变化而变化,物体的冷热状态通常用"温度"这个量来表述.例如,物体的体积会因温度变化而变化.很硬的钢件烧红后会变软,若经过突然冷却(淬火)又会变得更坚硬.一般金属导体,随着温度升高其电阻跟着增大,而另一些金属或化合物在低温下其电阻会突然消失,变成超导体.室温下的半导体,在高温下会变成导体,而当它冷却到很低温度时,又会变成绝缘体.有很强剩磁的铁磁质,当加热到它们的居里温度以上时,又会变成没有剩磁的顺磁体.宏观物体在各种温度下都存在热辐射,温度越高,对应于辐射强度极大值的光波波长越短,因而辐射光的颜色随温度的升高由红向黄、蓝、紫端变化.化学反应快慢、生物的繁殖生长等都与温度有关.总之,与物体冷热状态相关联的热现象在自然界中是一种普遍存在的现象.所以学习和掌握热学规律对于从事生产和发展现代科技都是非常重要和不可缺少的内容.

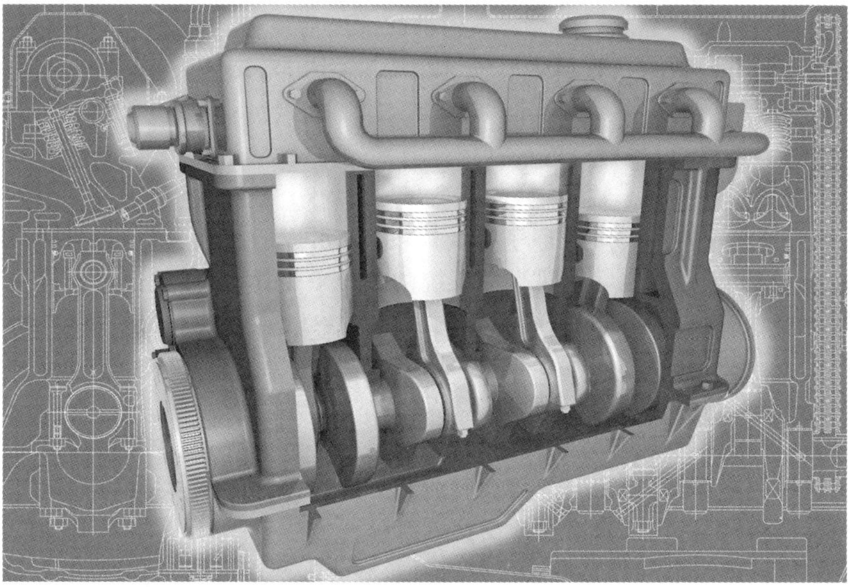

# 第 13 章
# 气体动理论基础

气体动理论是统计物理最简单、最基本的内容. 本章介绍热学中的系统、平衡态、温度等概念,从物质的微观结构出发,阐明平衡状态下的宏观参量压强和温度的微观本质,并导出理想气体的内能公式,最后讨论理想气体分子在平衡状态下的几个统计规律.

# 13.1 平衡态 温度 理想气体状态方程

## 13.1.1 平衡态

热学的研究对象是大量微观粒子(分子、原子等微观粒子)组成的宏观物体,通常称研究对象为**热力学系统**,简称系统.在研究一个热力学系统的热现象规律时,不仅要注意系统内部的各种因素,同时也要注意外部环境对系统的影响.研究对象以外的物体称为系统的外界(或环境).一般情况下,系统与外界之间既有能量交换(如做功、传递热量),又有物质交换(如蒸发、凝结、扩散、泄漏).根据系统与外界交换的特点,通常把系统分为三种:

一种是不受外界影响的系统,称为孤立系统.孤立系统是与外界既无能量交换,又无物质交换的理想系统.另一种是封闭系统,是与外界只有能量交换,而无物质交换的系统.第三种是开放系统,是与外界既有能量交换,又有物质交换的系统.

热力学系统按所处的状态不同,可以区分为平衡态系统和非平衡态系统.对于一个不受外界影响的系统,不论其初始状态如何,经过足够长的时间后,必将达到一个宏观性质不再随时间变化的稳定状态,这样的一个状态称为**热平衡态**,简称**平衡态**.

在此我们必须注意平衡态的条件是:"一个不受外界影响的系统".若系统受到外界的影响,如把一根金属棒的一端置入沸水中,另一端放入冰水中,在这样的两个恒定热源之间,经过长时间后,金属棒也达到一个稳定的状态,称为定态,但不是平衡态,因为在外界影响下,不断地有热量从金属棒高温热源端传递到低温热源端.因此,**系统处于平衡态时,必须同时满足两个条件:一是系统与外界在宏观上无能量和物质的交换;二是系统的宏观性质不随时间变化**.换言之,系统处于热平衡态时,系统内部任一体元均处于力学平衡、热平衡(温度处处相同)、相平衡(无物态变化)和化学平衡(无单方向化学反应)之中.孤立系统的定态就是平衡态.

需要指出:① 平衡态仅指系统的宏观性质不随时间变化,从微观的角度来看,在平衡态下,组成系统的大量粒子仍在不停地、无规则地运动着,只是大量粒子运动的平均效果不变,这在宏观上表现为系统达到平衡,因此,这种平衡态又称为热动平衡态.② 热平衡态是一种理想状态.实际中并不存在孤立系统,但当系统受到外界的影响可以略去,宏观性质只有很小变化时,系统的状态就可以近似地看作平衡态.

反之,如果系统不具备两个平衡条件的任一条件的状态,都叫非平衡态,如果存在未被平衡的力,则会出现物质流动;如果存在冷热不一致(温差),则会出现热量流动;如果存在未被平衡的相(物态),则会出现相变(物态变化);如果存在单方向化学反应,则会出现成分的变化(新物质增加,旧物质减少),即系统中存在任何一种流或变化时(宏观过程),系统的状态都不是平衡状态.

如何描述一个热力学系统的平衡状态呢?系统在平衡状态下,拥有各种不同的宏观属性,如几何的(体积)、力学的(压强)、热学的(温度)、电磁的(磁感应强度、电场强度)、化学的(摩尔质量、物质的量)等.热力学用一些可以直接测量的量来描述系统的宏观属性,这样用来表征系统宏观属性的物理量叫**宏观量**.实验表明,这些宏观量在平衡态下,它们各有确定的值,且不随时间变化.从诸多宏观量中选出一组相互独立的量来描述系统的平衡态,这些宏观量叫系统的**状态参量**. 对于给定的气体、液体和固体，常用体积($V$)、压强($p$) 和温度($T$) 等作为状态参量.

统计物理学是从物质的微观结构和微观运动来研究物质的宏观属性，而每一个运动着的微观粒子(原子、分子等) 都有其大小、质量、速度、能量等属性. 这些用来描述单个微观粒子运动状态的物理量称为**微观量**. 微观量一般只能间接测量. 微观量与宏观量有一定的内在联系，气体动理论的任务之一就是要揭示气体宏观量的微观本质，即建立宏观量与微观量统计平均值之间的关系.

在国际单位制中，压强的单位是帕斯卡，简称帕(Pa)，它与大气压(atm) 及毫米汞柱(mmHg) 的关系为

$$1\ \text{atm} = 760\ \text{mmHg} = 1.013 \times 10^5\ \text{Pa}$$

体积的单位为：立方米($m^3$)，它与升(L) 的关系为

$$1\ \text{m}^3 = 10^3\ \text{L}$$

### 13.1.2 热力学第零定律 温度

温度表征物体的冷热程度. 冷热是人们对自然界的一种体验，对物质世界的直接感觉. 但是单凭人的感觉，认为热的系统温度高，冷的系统温度低，这不但不能定量表示出系统的温度，有时甚至会得出错误的结论. 因此，要定量表示出系统的温度，必须给温度一个严格而科学的定义.

温度概念的建立是以热力学第零定律为基础. 设不受外界影响的 $A$、$B$ 两个系统，各自处在一定的平衡态. 如果使 $A$、$B$ 两系统相互接触，让两系统之间发生热传递，一般地，两系统的状态都会发生变化. 经过一段时间后，两个相互接触系统的冷热程度变得一致，状态也不再随时间发生变化，这时两系统就处在一个新的共同的平衡态，则称两系统彼此处于热平衡. 再考虑由 $A$、$B$、$C$ 表示的三个系统，$A$、$B$ 两系统分别与 $C$ 系统接触，经一段时间后，$A$ 与 $C$ 处于热平衡，$B$ 与 $C$ 也处于热平衡，然后将 $A$、$B$ 两系统与 $C$ 系统隔离开，让 $A$ 和 $B$ 热接触，实验表明，$A$、$B$ 两系统的平衡状态不会发生变化，彼此也处于热平衡.

实验结果表明：**如果两个系统分别与第三个系统的同一平衡态达到热平衡，那么，这两个系统彼此也处于热平衡. 这个结论称为热力学第零定律**.

热力学第零定律说明，处在相互热平衡状态的系统必定拥有某一个共同的宏观物理性质. 若两个系统的这一共同性质相同，当两系统热接触时，系统之间不会有热传导，彼此处于热平衡状态；若两系统的这一共同性质不相同，两系统热接触时就会有热传递，彼此的热平衡态将会发生变化. 决定系统热平衡的这一共同的宏观性质称为系统的**温度**. 也就是说，温度是决定一系统是否与其他系统处于热平衡的宏观性质. $A$、$B$ 两系统热接触时，如果彼此处于平衡状态，则说两系统温度相同；如果发生 $A$ 到 $B$ 的热传导，则说 $A$ 的温度比 $B$ 的温度高. 一切互为热平衡的系统具有相同的温度.

实验表明，当几个系统作为一个整体处于热平衡状态，若将它们分离开，在没有其他影响的情况下，各个系统的热平衡状态不会发生变化. 这说明各个系统在热平衡状态时的温度仅决定于系统本身内部热运动状态. 以后将看到温度反映的是系统大量分子无规则运动的剧烈程度.

热力学第零定律不仅给出了温度的概念，也指出了比较和测量温度的方法. 由于一切处于相互热平衡的系统具有相同的温度，因此，我们可以选定一种合适的物质（称测温物质）来作为系统，通过这个系统的与温度有关的特性来测量其他系统的温度. 这个合适的系统就成了一个温度计. 实验表明，物质的许多性质都随温度的改变而发生变化，一般选定测温物质的某种随温度变化，且作单调、显著变化的性质作为测温特性来表示温度. 如定压下气体的体积，金属丝的电阻等随温度变化的特性. 温度计要能定量表示和测量温度，还需要选定温度的标准点，并把一定间隔的冷热程度分为若干度，这样就可读取温度的数值标度，即温标.

常用的摄氏温标是摄尔修斯（A. Celsius）建立的，用液体（酒精或水银）作测温物质，用液柱高度随温度变化作测温特性. 并规定纯水的冰点为 0 ℃，汽点为 100 ℃，并认定液柱高度（体积）随温度作线性变化. 在 0 ～ 100 ℃ 之间等分温度，一分表示 1 ℃. 另一种温标是开尔文在热力学第二定律的基础上建立的，这种温标称热力学温标. 用 $T$ 表示热力学温度，单位用开（K），是 SI 制中 7 个基本单位之一. 并规定水的三相点（水、冰和水蒸气平衡共存的状态）为 273.16 K. 由热力学温标可导出摄氏温度

$$T = t + 273.15$$

即规定热力学温标的 273.15 K 为摄氏温标的零度.

### 13.1.3 理想气体状态方程

实验表明，当系统处于热平衡态时，描写该状态的各个状态参量之间存在一定的函数关系，我们把热平衡态下，各个状态参量之间的关系式叫系统的状态方程. 状态方程的具体形式是由实验来确定的，比如实验告知，在压强不太大（与大气压相比）、温度不太低（与室温比）的条件下，各种气体都遵守三大实验定律：玻意尔（Boyle）定律，查理（Charles）定律，盖 - 吕萨克（Goy - Lussac）定律. 在任何情况下都能严格遵从上述三个实验定律的气体称为**理想气体**.

由气体的三个实验定律得到一定质量的**理想气体的状态方程**为

$$pV = \frac{M}{M_{mol}}RT \tag{13.1}$$

式中 $p$、$V$、$T$ 为理想气体在某一平衡态下的三个状态参量；$M_{mol}$ 为气体的摩尔质量；$M$ 为气体的质量；$R$ 为普适气体常量，国际单位制中 $R = 8.31\ \mathrm{J/(mol \cdot K)}$；$p$ 为气体压强；$T$ 为气体温度的热力学温标；$V$ 为气体分子的活动空间. 在常温常压下，实际气体都可近似地当作理想气体来处理. 压强越低，温度越高，这种近似的准确度越高.

平衡态除了由一组状态参量来表述之外，还常用状态图中的一个点来表示，比如对给定的理想气体，其一个平衡态可由 $p$ - $V$ 图中对应的一个点来代表（或 $p$ - $T$ 图、或 $V$ - $T$ 图中的一个点），不同的平衡态对应于不同的点. 一条连续曲线代表一个由平衡态组成的变化过程，曲线上的箭头表示过程进行的方向，不同曲线代表不同过程. 如图 13.1 所示.

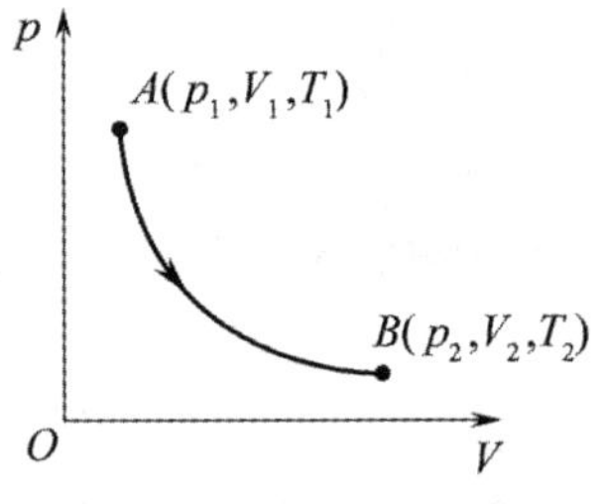


图 13.1 平衡状态示意图

# 13.2　理想气体压强公式

热力学系统是由大量分子、原子等无规则运动的微观粒子组成，若要从微观上来讨论理想气体，了解其宏观状态参量（如温度、压强等）与微观粒子的运动之间的关系，首先应明确平衡态下理想气体分子的微观模型和性质.

## 13.2.1　理想气体分子模型和统计假设

从分子运动和分子相互作用来看，理想气体的分子模型可从下面几点来理解.

**1. 分子可以看作质点**

在标准状态下，气体分子间的平均距离约为分子有效直径的 50 倍. 气体越稀薄，分子间距比其有效直径越大，所以，一般情况下，气体分子可视为质点.

**2. 除碰撞外，分子力可以略去不计**

由于气体分子间距很大，除碰撞瞬间有力作用外，分子间的相互作用力可以忽略. 因此，在两次碰撞之间，分子作匀速直线运动，即自由运动.

**3. 分子间的碰撞是完全弹性的**

由于处于平衡态下气体的宏观性质不变，这表明系统的能量不因碰撞而损失. 因此，分子间及分子与器壁之间的碰撞是完全弹性碰撞.

综上所述，理想气体的分子模型是弹性的、自由运动的质点.

含有大量分子的理想气体中，由于频繁的碰撞，一个分子的运动状态是极为复杂和难以预测的，而大量分子的整体却呈现确定的规律性，这是统计平均的效果. 平衡态时，理想气体分子的统计假设如下.

**1. 在无外场作用时，气体分子在各处出现的概率相同**

平均而言，分子的数密度 $n$ 处处相同，沿各个方向运动的分子数相同.

**2. 分子可以有各种不同的速度，速度取向在各方向是等概率的**

平衡态时，气体的性质与方向无关，每个分子速度按方向的分布是完全相同的，各个方向上速率的各种平均值相等，如

$$\overline{v_x} = \overline{v_y} = \overline{v_z} = 0; \quad \overline{v_x^2} = \overline{v_y^2} = \overline{v_z^2} = \frac{1}{3}\overline{v^2}$$

## 13.2.2　理想气体的压强公式

从微观上看，单个分子对器壁的碰撞是间断的、随机的；而大量分子对器壁的碰撞是连续的、恒定的，也就是说气体对器壁的压强应该是大量分子对容器不断碰撞的统计平均结果. 因此，推导压强公式的基本思路是：按力学规律计算任一个分子 $i$ 碰撞一次施于器壁的冲量（$\Delta p_i$），在单位时间内该分子对器壁的作用$\left(\overline{F_i} = \frac{\Delta p_i}{\Delta t_i}\right)$，然后将所有分子在单位时间内对器壁的作用进行统计平均$\left(\bar{F} = \sum_i^N \overline{F_i}\right)$，得出理想气体压强$\left(p = \frac{\bar{F}}{S}\right)$公式的统计表述.

假设有一边长分别为 $l_1$、$l_2$ 和 $l_3$ 的长方形容器，储有 $N$ 个质量为 $m$ 的同类气体分子. 如

图 13.2 所示，在平衡态下器壁各处压强相同，任选器壁的一个面，例如，选择与 $x$ 轴垂直的 $A_1$ 面，计算其所受压强.

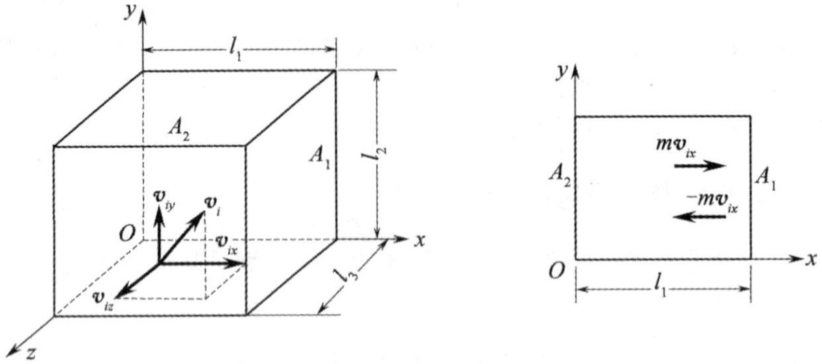


图 13.2　气体压强公式的推导图

在大量分子中，任选一个分子 $i$，设其速度为

$$\boldsymbol{v}_i = v_{ix}\boldsymbol{i} + v_{iy}\boldsymbol{j} + v_{iz}\boldsymbol{k}$$

当分子 $i$ 与器壁 $A_1$ 碰撞时，由于碰撞是完全弹性的，故该分子在 $x$ 方向的速度分量由 $v_{ix}$ 变为 $-v_{ix}$，所以在碰撞过程中该分子的 $x$ 方向动量增量为

$$\Delta p_{ix} = (-mv_{ix}) - (mv_{ix}) = -2mv_{ix}$$

由动量定理知，它等于器壁施于该分子的冲量，又由牛顿第三定律知，分子 $i$ 在每次碰撞时对器壁的冲量为 $2mv_{ix}$.

分子 $i$ 在与 $A_1$ 面碰撞后弹回作匀速直线运动，并与其他分子相碰，由于两个质量相等的弹性质点完全弹性碰撞时交换速度，故可等价 $i$ 分子直接飞向 $A_2$，与 $A_2$ 面碰撞后又回到 $A_1$ 面再作碰撞，分子 $i$ 在相继两次与 $A_1$ 面碰撞过程中，在 $x$ 轴上移动的距离为 $2l_1$，因此，分子 $i$ 相继两次与 $A_1$ 面碰撞的时间间隔为 $\Delta t = 2l_1/v_{ix}$，那么，单位时间内 $i$ 分子对 $A_1$ 面的碰撞次数 $Z = 1/\Delta t = v_{ix}/2l_1$，所以，在单位时间内 $i$ 分子对 $A_1$ 面的冲量等于 $2mv_{ix}\dfrac{v_{ix}}{2l_1}$，根据动量定理，该冲量就是 $i$ 分子对 $A_1$ 面的平均冲力($\overline{F}_{ix}$)，即

$$\overline{F}_{ix} = 2mv_{ix}\frac{v_{ix}}{2l_1}$$

所有分子对 $A_1$ 面的平均作用力为上式对所有分子求和，即

$$\overline{F}_x = \sum_{i=1}^{N}\overline{F}_{ix} = \frac{m}{l_1}\sum_{i=1}^{N}v_{ix}^2$$

由压强定义有
$$p = \frac{\overline{F}_x}{l_2 l_3} = \frac{m}{l_1 l_2 l_3}\sum_{i=1}^{N}v_{ix}^2 = \frac{mN}{l_1 l_2 l_3 N}\sum_{i=1}^{N}v_{ix}^2$$

分子数密度 $n = \dfrac{N}{l_1 l_2 l_3}$，$x$ 轴方向速度平方的平均值 $\overline{v_x^2} = \dfrac{1}{N}\sum\limits_{i=1}^{N}v_{ix}^2$

有
$$p = nm\,\overline{v_x^2}$$

又平衡态下有
$$\overline{v_x^2} = \overline{v_y^2} = \overline{v_z^2}$$

及
$$\overline{v^2} = \overline{v_x^2} + \overline{v_y^2} + \overline{v_z^2}$$

所以有

$$\overline{v_x^2} = \frac{1}{3}\overline{v^2}$$

$$p = \frac{1}{3}nm\overline{v^2} = \frac{2}{3}n\left(\frac{1}{2}m\overline{v^2}\right)$$

令 $\overline{w} = \frac{1}{2}m\overline{v^2}$，$\overline{w}$ 表示分子的平动动能的平均值，简称分子的平均平动动能，则

$$p = \frac{2}{3}n\overline{w} \tag{13.2}$$

式(13.2)称为**理想气体的压强公式**，它表明气体作用于器壁的压强正比于单位体积内的分子数 $n$ 和分子平均平动动能 $\overline{w}$. 分子数密度越大，压强越大；分子的平均平动动能越大，压强也越大.

压强公式建立了宏观量 $p$ 与微观量的统计平均值 $\overline{w}$ 和 $n$ 之间的相互关系，表明了压强是个统计量. 由于单个分子对器壁的碰撞是不连续的，产生的压力起伏不定. 只有在气体分子数足够大时，器壁所受到的压力才有确定的统计平均值. 因此，论及个别或少量分子压强是无意义的.

## 13.3　温度的统计解释

### 13.3.1　温度的统计解释

温度是热学中特有的一个物理量，它在宏观上表征了物质冷热状态的程度. 那么温度的微观本质是什么呢？

可将理想气体状态方程改写为如下表达式：

由
$$pV = \frac{M}{M_{\mathrm{mol}}}RT$$

有
$$p = \frac{N}{V}\cdot\frac{R}{N_{\mathrm{A}}}T$$

其中 $N_{\mathrm{A}} = 6.022\times10^{23}\ \mathrm{mol^{-1}}$ 为阿伏加德罗常数，令 $k = \frac{R}{N_{\mathrm{A}}} = 1.38\times10^{-23}\ \mathrm{J/K}$，$k$ 为玻耳兹曼常量. 于是理想气体状态方程改写为

$$p = nkT \tag{13.3}$$

现将压强公式(13.2)与式(13.3)比较，可得

$$\overline{w} = \frac{3}{2}kT \tag{13.4}$$

式(13.4)给出了宏观量温度 $T$ 与微观量的统计平均值 $\overline{w} = \frac{1}{2}m\overline{v^2}$ 之间的关系，揭示了温度的微观本质，即**温度是气体分子平均平动动能的量度**. 分子的平均平动动能越大，也就是分子热运动的强度越剧烈，则温度就越高. 分子的平均平动动能是大量分子的统计结果，是集体表现，对于个别或少量分子，说它们的温度是无意义的.

由式(13.4)可知，如果各种气体有相同的温度，则它们的分子平均平动动能均相等；如果一种气体的温度高些，则这一种气体分子的平均平动动能要大些. 按照这个观点，热力学

温度零度将是理想气体分子热运动停止时的温度,然而实际上分子运动是永远不会停息的,热力学温度零度也是永远不可能达到的.而且近代量子理论证实,即使在热力学温度零度时,组成固体点阵的粒子也还保持着某种振动的能量,称为零点能量.至于(实际)气体,则在温度未达到热力学温度零度以前,已变成液体或固体,公式(13.4)也早就不能适用.

### 13.3.2 气体分子的方均根速率

根据气体分子平均平动动能与温度的关系式(13.4),我们可求出给定气体在一定温度下,分子运动速率平方的平均值.如果把该平方的平均值开方,就可得出气体速率的一种平均值,称为气体分子的**方均根速率**.

由
$$\frac{1}{2}m\overline{v^2}=\frac{3}{2}kT$$

有
$$\sqrt{\overline{v^2}}=\sqrt{\frac{3kT}{m}}=\sqrt{\frac{3RT}{M_{mol}}} \tag{13.5}$$

式中 $M_{mol}$ 是给定气体的摩尔质量,由式(13.5)可知方均根速率和气体的热力学温度的平方根成正比,与气体的摩尔质量的平方根成反比.对于同一种气体,温度越高,方均根速率越大.在同一温度下,气体分子质量或摩尔质量越大,方均根速率就越小.在 0 ℃ 时,氢的方均根速率为 1 830 m/s,氧为 461 m/s,氮为491 m/s,空气为485 m/s.

## 13.4 能量均分定理 理想气体的内能

前面讨论分子热运动时,把分子视为质点,只考虑分子的平动.然而,气体的能量是与分子结构有关的,除了单原子分子可看作质点(只有平动)外,一般由两个以上原子组成的分子,不仅有平动,而且还有转动和分子内原子间的振动.为了确定分子的各种运动形式的能量的统计规律,需要引用力学中有关自由度的概念.

### 13.4.1 自由度

决定一个物体的空间位置所需要的独立坐标数,称为物体的**自由度**.

气体分子按其结构可分为单原子分子(如 He、Ne 等)、双原子分子(如 $H_2$、$O_2$ 等)和多原子分子(如 $H_2O$、$NH_3$ 等),其结构如图 13.3 所示.当分子内原子间距离保持不变(不振动)时,这种分子称为刚性分子,否则称为非刚性分子,以下只讨论刚性分子的自由度.

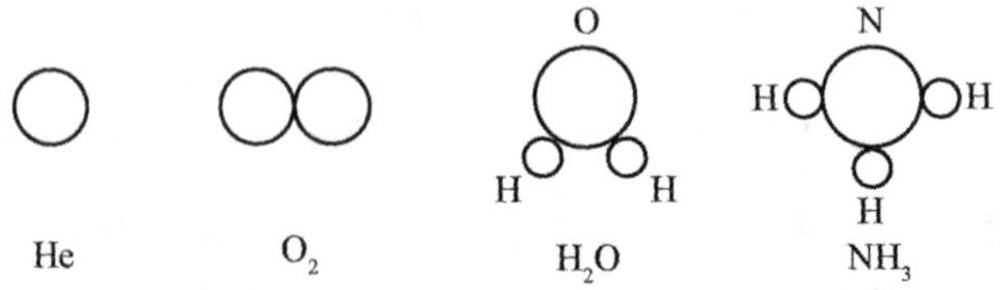


图 13.3 气体分子模型

如图 13.4(a) 所示,单原子分子可视为质点,因此,在空间中一个自由的单原子分子,只有 3 个平动自由度.如果这类分子被限制在平面或曲面上运动则自由度降为 2;如果限制在直线或曲线上运动，则自由度降为 1.

刚性双原子分子可视为两个质点通过一个刚性键联结的模型（哑铃型）来表示，确定其质心在空间的位置要由 3 个坐标（$x,y,z$）来表示，故有 3 个平动自由度，另外，还要两个方位角 $\beta$、$\gamma$ 来决定其键联（联结两原子的轴）的方位（3 个方位角 $\alpha$、$\beta$、$\gamma$，因有 $\cos^2\alpha+\cos^2\beta+\cos^2\gamma=1$，故只有两个是独立的）. 由于两个原子均视为质点，故绕轴的转动不存在，如图 13.4(b) 所示，因此，刚性双原子分子有 3 个平动自由度和 2 个转动自由度，共有 5 个自由度.

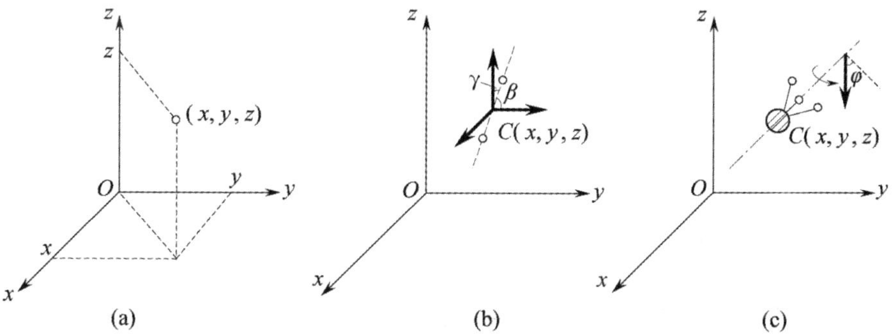


图 13.4 刚性分子的自由度

多原子分子除了具有像双原子的 3 个质心平动自由度和 2 个转动自由度外，还有一个绕轴自转的自由度，常用转角 $\varphi$（相对于所选参考方位）表示，如图 13.4(c) 所示，因此，刚性多原子分子有 3 个平动自由度，3 个转动自由度，共有 6 个自由度. 设用 $i$ 表示刚性分子自由度，$t$ 表示平动自由度，$r$ 表示转动自由度，则

$$i=t+r$$

在常温下，大多数气体分子属于刚性分子. 在高温下，气体分子原子间会发生振动，则应视为非刚性分子，此时还需增加振动自由度，这里从略.

### 13.4.2 能量均分定理

理想气体无规则平动动能，按自由度分配的统计平均值有什么规律？

前面我们知道在平衡态下，理想气体的分子的平均平动动能

因为
$$\frac{1}{2}m\overline{v^2}=\frac{3}{2}kT$$

又
$$\overline{v^2}=\overline{v_x^2}+\overline{v_y^2}+\overline{v_z^2} \text{ 及 } \overline{v_x^2}=\overline{v_y^2}=\overline{v_z^2}=\frac{1}{3}\overline{v^2}$$

代入后可得

$$\frac{1}{2}m\overline{v_x^2}=\frac{1}{2}m\overline{v_y^2}=\frac{1}{2}m\overline{v_z^2}=\frac{1}{3}\left(\frac{1}{2}m\overline{v^2}\right)=\frac{1}{3}\left(\frac{3}{2}kT\right)=\frac{1}{2}kT$$

对于 3 个平动自由度而言，在平衡态下，分子每一个平动自由度具有相同的平均动能，且大小均等于 $\frac{1}{2}kT$.

在平衡态下，气体分子作无规则热运动，任何一种运动形式都应是机会均等的，即没有哪一种运动形式比其他运动形式占优势. 因此，我们可以把平动动能的统计规律推广到其他

运动形式上去,即一般来说,不论平动、转动或振动运动形式,在平衡态下,相应于每一个平动自由度、转动自由度或振动自由度,其平均动能都应等于$\frac{1}{2}kT$. 简言之,**气体处于平衡态时,分子的任何一个自由度的平均动能都相等,均为$\frac{1}{2}kT$,这就是能量按自由度均分定理.** 按照这个定理,如果气体分子有 $i$ 个自由度,则分子的平均动能为

$$\overline{\varepsilon_k} = \frac{i}{2}kT \tag{13.6}$$

上式为对大量分子的统计平均结果. 对个别分子而言,它的动能随时间而变,并不等于$\frac{i}{2}kT$,而且它的各种形式的动能也不按自由度均分. 但对大量分子整体而言,由于分子的无规则热运动及频繁的碰撞,能量可以从一个分子转到另一个分子,从一种自由度的能量转化成另一种自由度的能量,这样,在平衡态时,就形成能量按自由度均匀分配的统计规律.

### 13.4.3 理想气体的内能

组成物体的分子或原子除了具有热运动动能外,还应有分子与分子间及分子内原子与原子间相互作用产生的势能;令两部分的和为分子势能. 通常把物体中所有分子的热运动动能与分子势能的总和,称为**物体的内能**.

对于理想气体,分子势能可忽略不计,因此,理想气体的内能仅是其所有分子热运动动能的总和.

由式(13.6) 知,每一个分子的平均动能为$\frac{i}{2}kT$,则 1 mol 理想气体的内能为

$$E_0 = N_A\left(\frac{i}{2}kT\right) = \frac{i}{2}RT \tag{13.7}$$

因此,质量为 $M$ 的理想气体的内能为

$$E = \frac{M}{M_{mol}}E_0 = \frac{M}{M_{mol}}\ \frac{i}{2}RT \tag{13.8}$$

式中 $M_{mol}$ 为气体的摩尔质量. 由式(13.8) 可知,对给定气体而言,其内能仅与温度有关,而与体积、压强无关,且是温度的单值函数. 当温度改变 $\Delta T$ 时,相应内能的改变为

$$\Delta E = \frac{M}{M_{mol}}\ \frac{i}{2}R\Delta T \tag{13.9}$$

式(13.9) 表明,一定量的某种理想气体在状态变化过程中,内能的改变只取决于初态和终态的温度,而与具体过程无关.

## 13.5 麦克斯韦分子速率分布定律

对某一分子,其任一时刻的速度具有偶然性,但大量分子从整体上会出现一些统计规律. 1859 年,麦克斯韦用概率论证明了在平衡态下,理想气体分子速度分布是有规律的,这个规律叫麦克斯韦速度分布律. 若不考虑分子速度的方向,则叫麦克斯韦速率分布律.

### 13.5.1 气体分子的速率分布　分布函数

当气体处于平衡状态时,容器中的大量分子各以不同的速率沿各个方向运动着,有的分

子速率较大，有的较小. 由于分子间不断相互碰撞，对个别分子来说，速度大小和方向因碰撞而不断改变，这种改变完全带有偶然性和不可预言性，然而从大量分子的整体来看，在平衡态下，分子的速率却都遵循着一个完全确定的且是必然的统计分布规律. 研究这个规律，对于进一步理解分子运动的性质是很重要的，其中有关的概念和方法，在科学技术中经常遇到，具有普遍意义，这里只作初步介绍.

研究气体分子速率分布情况，与研究一般的分布问题相似，需要把速率分成若干相等的区间. 例如，0 ～ 100 m/s 为一个区间，100 ～ 200 m/s 为次一区间，200 ～ 300 m/s 为又一区间等. 所谓研究分子速率的分布情况，就是要知道，气体在平衡状态下，分布在各个速率区间 $\Delta v$ 之内的分子数 $\Delta N$，各占气体分子总数 $N$ 的百分比为多少（分子速率位于该速率区间的概率为多少）？以及大部分分子分布在哪一个区间之内等问题. 为了便于比较，特把各速率区间取为相等，从而突出分布的意义，所取区间愈小，有关分布的知识就愈详细，对分布情况的描述也愈精确.

描写速率分布的方法有 3 种：① 根据实验数据列表 —— 分布表；② 作出曲线 —— 分布曲线；③ 找出函数关系 —— 分布函数.

例如，表 13.1 所列数据为实验测定值，它表示在 0 ℃ 时氧气分子速率的分布情况，从表中可以看出低速或高速运动的分子数目较少（如速率在 100 m/s 以下的分子数只占总数的 1.4%，800 m/s 以上的分子数只占总数的 2.9%），分子速率在 300 ～ 400 m/s 之间的分子数量多，占总数的 21.4%，比这一速率大或小的相应的分子数都依次递减. 在大量分子的热运动中，像上述这样低速或高速运动的分子较少，而多数分子以中等速率运动的分布情况，对于任何温度下的任一种气体来说，大体上都是如此. 这就是气体分子速率分布的规律性.

**表 13.1　在 0 ℃ 时氧气分子速率的分布情况**

| 速率区间(m/s) | 分子数的百分率($\frac{\Delta N}{N}$%) |
|---|---|
| 100 以下 | 1.4 |
| 100 ～ 200 | 8.1 |
| 200 ～ 300 | 16.5 |
| 300 ～ 400 | 21.4 |
| 400 ～ 500 | 20.6 |
| 500 ～ 600 | 15.1 |
| 600 ～ 700 | 9.2 |
| 700 ～ 800 | 4.8 |
| 800 ～ 900 | 2.0 |
| 900 以上 | 0.9 |

又如，若以速率 $v$ 为横坐标，以 $\frac{\Delta N}{N\Delta v}$（单位速率区间分子的比率）为纵坐标，则表 13.1 给出的速率分布，可以表示成图 13.5(a) 所示图形. 为了把速率分布的真实情况更细致地反映出来，则把速率区间取得更小，如图 13.5(b) 所示.

若要将气体分子按速率分布准确描述，则需把速率区间尽可能取小，当 $\Delta v \to 0$ 时，即取 $\mathrm{d}v$ 为分子速率区间，其相应分子数为 $\mathrm{d}N$，这时纵坐标为 $\frac{\mathrm{d}N}{N\mathrm{d}v}$，$v$ 为横坐标，所得 $\frac{\mathrm{d}N}{N\mathrm{d}v}$ - $v$ 速率

分布曲线为一条平滑的曲线，如图 13.5(c) 所示. 速率分布曲线下面有斜线的小长条面积为 $\frac{dN}{N dv}dv = \frac{dN}{N}$，它的物理意义是：该面积大小代表速率在 $v$ 附近 $dv$ 区间(速率在 $v-\frac{dv}{2}$ 到 $v+\frac{dv}{2}$ 之间) 内的分子数占总分子数的比率(百分比). 因此，速率分布曲线下的总面积就表示分布在从零到无穷大整个速率区间的全部百分比之和，此和等于百分之百，即等于 1；这是分布曲线所必须满足的条件，此条件称之为分布曲线的**归一化条件**.

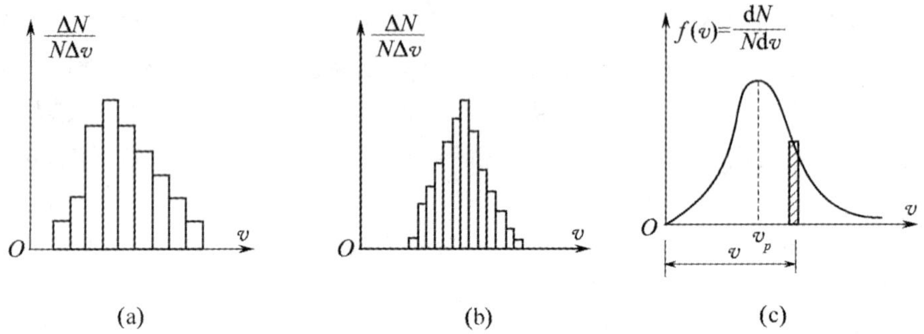


图 13.5　气体分子速率分布曲线

我们把速率 $v$ 附近 $\Delta v$ 区间内分子数占总分子数的比率的极限

$$f(v) = \lim_{\Delta v \to 0} \frac{\Delta N}{N\Delta v} = \frac{dN}{N dv} \tag{13.10}$$

称为**分子的速率分布函数**. 它表示速率 $v$ 附近的单位速率区间内的分子数占总分子数的百分比，$f(v)$ - $v$ 曲线叫作气体分子的速率分布曲线，如图 13.5(c) 所示. 由上可知 $f(v)dv = \frac{dN}{N}$ 表示速率在 $v$ 附近 $dv$ 区间内的分子数占总分子数的百分比. 速率介于 $v_1$ 与 $v_2$ 之间的分子数占总分子数的比率为 $\frac{\Delta N}{N} = \int_{v_1}^{v_2} f(v)dv$. 如上所述，分布曲线下的总面积表示速率介于零到无穷大的整个区间内的分子数占总分子数的百分比，或者说整个区间内百分比之和应为 1，即

$$\int_0^{\infty} f(v)dv = 1 \tag{13.11}$$

式(13.11) 就是分布函数必须满足的归一化条件.

分布函数还用概率表述，设想我们"追踪测量"某一个分子的速率，共测量了 $N$ 次，其中 $dN$ 次测得的速率量值在 $v \sim v + dv$ 区间内，则 $f(v)$ 的物理意义为某一分子在速率 $v$ 附近的单位速率区间内出现的概率，$f(v)$ 也称为**概率密度**. 而 $f(v)dv = \frac{dN}{N}$ 则为分子速率出现在 $v \sim v + dv$ 区间内的概率.

### 13.5.2　麦克斯韦速率分布规律

理想气体处于平衡态且无外力场作用时，气体分子按速率分布的分布函数 $f(v)$ 是由麦克斯韦于 1860 年从理论上导出的

$$f(v) = 4\pi\left(\frac{m}{2\pi kT}\right)^{\frac{3}{2}} e^{-\frac{mv^2}{2kT}} v^2 \tag{13.12}$$

式中 $T$ 为气体的热力学温度；$m$ 为分子的质量；$k$ 为玻耳兹曼常量. 由式(13.12) 可得到一个分子在 $v \sim v + \mathrm{d}v$ 区间内的概率为

$$\frac{\mathrm{d}N}{N} = 4\pi\left(\frac{m}{2\pi kT}\right)^{\frac{3}{2}} \mathrm{e}^{-\frac{mv^2}{2kT}} v^2 \mathrm{d}v \tag{13.13}$$

分布函数 $f(v)$ 或比率 $f(v)\mathrm{d}v$ 具有式(13.12) 或式 (13.13) 表达式的分布称为**麦克斯韦速率分布**，式(13.13) 叫作**麦克斯韦速率分布定律**. 式(13.13) 的分布与实验曲线相符.

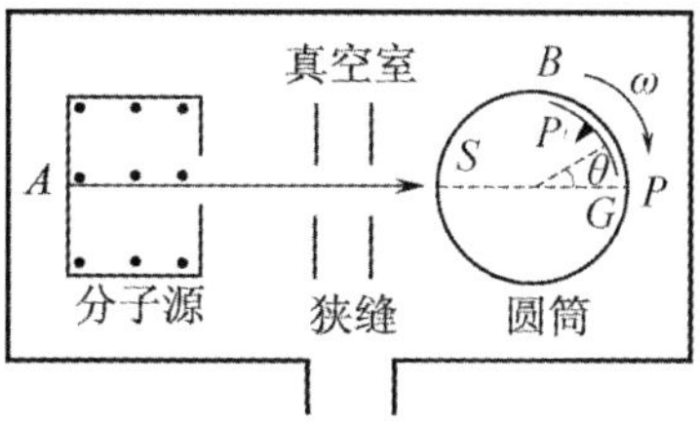


图 13.6　测定分子速率分布的实验装置

测定分子速率分布的实验装置如图 13.6 所示. $A$ 为分子源，用来产生一定温度的分子流. 经两道狭缝以形成一束很细的分子束，射向带有小缝 $S$ 的可旋转圆筒 $B$. 圆筒的转动角速度设为 $\omega$，圆筒中的 $G$ 是贴在圆筒内壁上的弯曲玻璃板，此板可沉积射到它上面的各种速率的分子. 从分子源中射出来的分子束经转动圆筒上的小缝 $S$ 进入圆筒. 圆筒不转动时，分子束中的分子都射在 $G$ 板的 $P$ 处. 而圆筒以 $\omega$ 角速度转动时，速率为 $v$ 的分子通过从 $S$ 到玻璃板的距离 $D$ 需要的时间为 $\frac{D}{v}$，在此时间内，圆筒转过一个角度 $\theta = \omega\frac{D}{v}$. 故速率为 $v$ 的分子落在弯曲板的 $P'$ 处，这里 $D$ 为圆筒的直径. 若 $\overset{\frown}{PP'}$ 弧长为 $l$，显然有关系

$$\frac{D}{v} = \frac{\theta}{\omega} = \frac{2l}{D\omega} \text{ 或者 } l = \frac{D^2\omega}{2v}$$

这关系表明，弯曲板上不同弧长 $l$ 处沉积的分子具有不同的速率. 测量不同弧长 $l$ 处沉积的分子层厚度，即可求得分子束中各种速率 $v$ 附近的分子数占总分子数的比率，从而得出分子速率的分布律，并可与理论上的麦克斯韦分子速率分布律进行比较.

### 13.5.3　分子速率的 3 个统计值

分子动理论中，常用到以下 3 种速率：

**1. 最概然速率** $v_{\mathrm{P}}$

气体分子速率分布曲线有个极大值，与这个极大值对应的速率叫作气体分子的**最概然速率**，常用 $v_{\mathrm{P}}$ 表示，如图 13.7 所示.

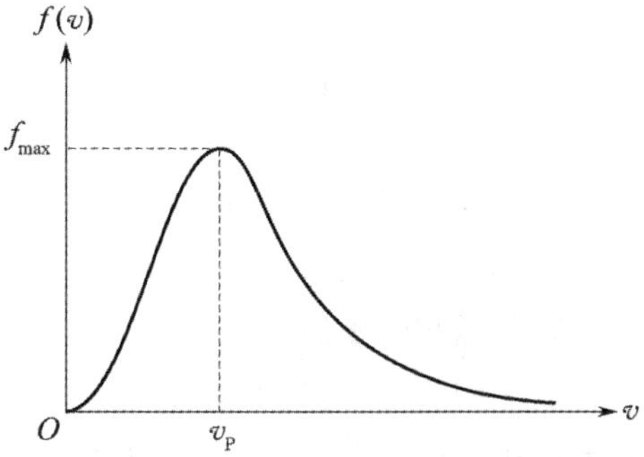


图 13.7　最概然速率

它的物理意义是：对所有的相同速率区间而言，在含有 $v_{\mathrm{P}}$ 的那个速率区间内的分子数占总分子数的百分比最大. 按概率表述为：对所有相同的速率区间而言，某一分子的速率取含有 $v_{\mathrm{P}}$ 的那个速率区间内的值的概率最大. 由极值条件

$$\frac{\mathrm{d}f(v)}{\mathrm{d}v} = 0$$

可求得满足麦克斯韦速率分布规律的平衡态下气体分子的最概然速率

$$v_P = \sqrt{\frac{2kT}{m}} = \sqrt{\frac{2RT}{M_{mol}}} \approx 1.41\sqrt{\frac{RT}{M_{mol}}} \tag{13.14}$$

**2. 平均速率 $\bar{v}$**

$\bar{v}$ 为大量分子速率的统计平均值，根据求平均值的定义有

$$\bar{v} = \frac{\sum v_i \Delta N_i}{N}$$

对于连续分布，上式有

$$\bar{v} = \frac{\int_0^\infty v \mathrm{d}N}{N} = \int_0^\infty v f(v) \mathrm{d}v$$

将麦克斯韦函数 $f(v)$ 代入，可得理想气体速率从 0 到 $\infty$ 整个区间内的算术平均速率为

$$\bar{v} = \sqrt{\frac{8kT}{\pi m}} = \sqrt{\frac{8RT}{\pi M_{mol}}} \approx 1.60\sqrt{\frac{RT}{M_{mol}}} \tag{13.15}$$

**3. 方均根速率 $\sqrt{\overline{v^2}}$**

$\sqrt{\overline{v^2}}$ 为大量分子速率的平方平均值的平方根. 根据求平均值的定义有

$$\overline{v^2} = \frac{\sum v_i^2 \Delta N_i}{N}$$

及

$$\overline{v^2} = \frac{\int_0^\infty v^2 \mathrm{d}N}{N} = \int_0^\infty v^2 f(v) \mathrm{d}v$$

将麦克斯韦函数 $f(v)$ 代入可得理想气体分子的方均根速率为

$$\sqrt{\overline{v^2}} = \sqrt{\frac{3kT}{m}} = \sqrt{\frac{3RT}{M_{mol}}} \approx 1.73\sqrt{\frac{RT}{M_{mol}}} \tag{13.16}$$

以上 3 种速率各有不同的含义，也各有不同的用处. 最概然速率 $v_P$ 表征了气体分子按速率分布的特征；平均速率 $\bar{v}$ 用于气体分子的碰撞；方均根速率 $\sqrt{\overline{v^2}}$ 用于计算分子的平均平动动能.

### 13.5.4 麦克斯韦分布曲线的性质

将最概然速率 $v_P = \sqrt{\frac{2RT}{M_{mol}}}$ 代入麦克斯韦速率分布函数 $f(v)$，可得极大值

$$f_{max}(v_P) = \frac{1}{e}\sqrt{\frac{8m}{\pi kT}} = \frac{1}{e}\sqrt{\frac{8M_{mol}}{\pi RT}}$$

**1. 温度与分子速率**

当温度升高时，气体分子的速率普遍增大，速率分布曲线中的最概然速率 $v_P$ 向量值增大方向迁移，而函数极大值 $f_{max}(v_P)$ 减小，曲线高度降低，但归一化条件要求曲线下总面积不变，因此，分布曲线宽度增大，整个曲线变得较平坦些，如图 13.8 所示.

**2. 质量与分子速率**

在相同温度下，对不同种类的气体，分子质量大的，速率分布曲线中的最概然速率 $v_P$ 向量值减小方向迁移，函数极大值 $f_{max}(v_P)$ 增大，曲线高度增大，因曲线下总面积不变，所以，分布曲线宽度变窄，整个曲线比质量小的显得陡些，即曲线随分子质量变大而左移，如

图 13.9 所示.

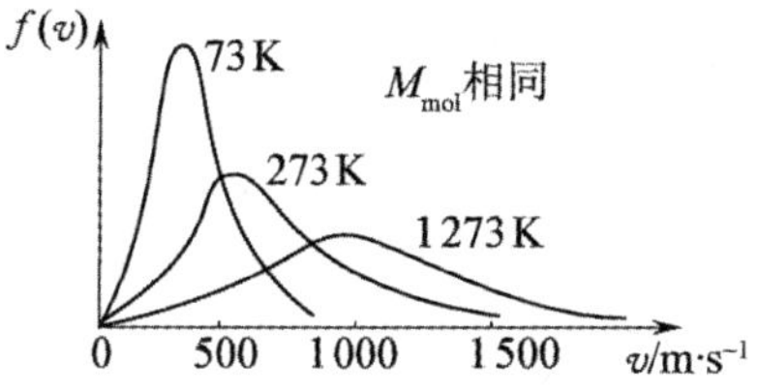


图 13.8　不同温度下分子速率分布

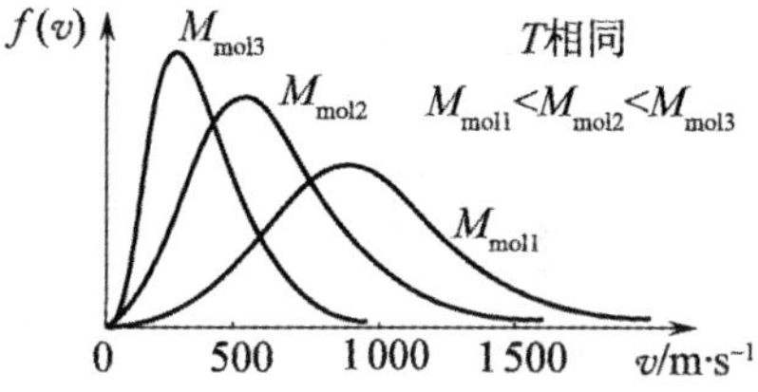


图 13.9　不同质量的分子速率分布

**例 13.1**　设有 $N$ 个粒子,其速率分布函数为

$$f(v)=\begin{cases}\dfrac{a}{v_0}v & (0<v<v_0)\\ 2a-\dfrac{a}{v_0}v & (v_0<v<2v_0)\\ 0 & (2v_0<v)\end{cases}$$

(1) 作出速率分布曲线;　(2) 由 $N$ 和 $v_0$ 求 $a$ 值;

(3) 求 $v_P$;　(4) 求 $N$ 个粒子的平均速率 $\bar{v}$;

(5) 求速率介于 $0\sim\dfrac{v_0}{2}$ 之间的粒子数;　(6) 求$\dfrac{v_0}{2}\sim v_0$ 区间内粒子的平均速率 $\bar{v}$.

**解**　(1) 速率分布曲线如图 13.10 所示.

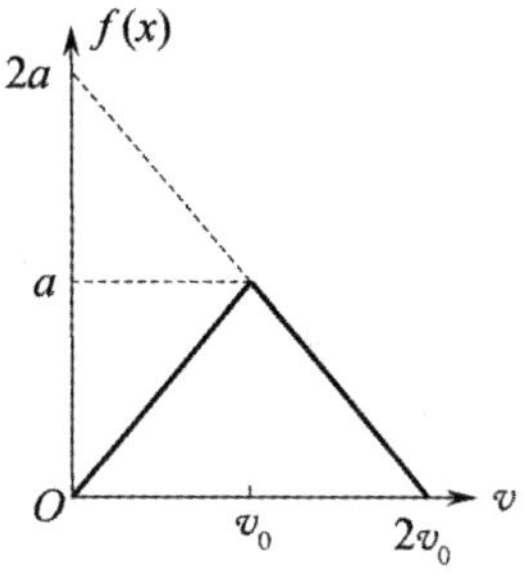


图 13.10

(2) 由分布函数必须满足归一化条件,即

$$\int_0^\infty f(v)\mathrm{d}v=1$$

有
$$\int_0^\infty f(v)\mathrm{d}v=\frac{1}{2}a\times 2v_0=1$$

所以
$$a=\frac{1}{v_0}$$

(3) 由 $v_P$ 的物理意义知 $v_P=v_0$.

(4) $N$ 个粒子的平均速率

$$\bar{v}=\int_0^\infty\frac{v\mathrm{d}N}{N}=\int_0^\infty vf(v)\mathrm{d}v=\int_0^{v_0}v\left(\frac{a}{v_0}v\right)\mathrm{d}v+\int_{v_0}^{2v_0}v\left(2a-\frac{a}{v_0}v\right)\mathrm{d}v=v_0$$

(5) $0\sim\dfrac{v_0}{2}$ 内粒子数

$$\Delta N=\int_0^{\frac{v_0}{2}}\mathrm{d}N=\int_0^{\frac{v_0}{2}}Nf(v)\mathrm{d}v=\int_0^{\frac{v_0}{2}}N\left(\frac{a}{v_0}v\right)\mathrm{d}v=N\int_0^{\frac{v_0}{2}}\frac{a}{v_0}v\mathrm{d}v=\frac{N}{8}$$

(6) $\dfrac{v_0}{2}\sim v_0$ 内平均速率 $\bar{v}$

$$\bar{v}=\frac{\int_{\frac{v_0}{2}}^{v_0}v\mathrm{d}N}{\Delta N}=\frac{\int_{\frac{v_0}{2}}^{v_0}vNf(v)\mathrm{d}v}{\int_{\frac{v_0}{2}}^{v_0}Nf(v)\mathrm{d}v}=\frac{\int_{\frac{v_0}{2}}^{v_0}v\left(\frac{a}{v_0}v\right)\mathrm{d}v}{\int_{\frac{v_0}{2}}^{v_0}\frac{a}{v_0}v\mathrm{d}v}=0.778v_0$$

# 第 14 章
# 热力学基础

本章用热力学方法，研究系统在状态变化过程中热与功的转换关系和条件. 热力学第一定律给出了转换关系，热力学第二定律给出了转换条件.

# 14.1 内能 功和热量 准静态过程

## 14.1.1 内能 功和热量

由上一章得出理想气体的内能为

$$E = \frac{M}{M_{\text{mol}}} \frac{i}{2} RT$$

可知，对给定的理想气体，它的内能仅是温度的单值函数，即 $E = E(T)$. 对于确定的平衡态，其温度 $T$ 唯一确定，所以，内能是状态的单值函数，对于实际气体也如此，只是当实际气体在压强较大时，气体的内能中还包括分子间的势能，该势能与气体体积有关，所以，一般地讲实际气体内能是温度 $T$ 和气体体积 $V$ 的单值函数，即 $E = E(T,V)$.

顺便指出，反之并不成立，即状态不是内能的单值函数，一个内能对应的状态可以是多个.

实践表明，要改变一个热力学系统的状态，也即改变其内能，有两种方式：一是外界对系统做功（做机械功或电磁功）；一是向系统传递热量. 例如，一杯水，可通过加热，即热传递方法，从某一温度升到另一温度；也可用搅拌做功的方法，使该杯水升高到同一温度. 两者方式虽然不同，但导致相同的内能增加. 这表明做功和传递热量是等效的，因此，**做功和传递热量均可作为内能变化的量度**.

国际单位制中，内能、功和热量的单位均为焦耳. 历史上热量还有一个单位叫卡(cal)，根据焦耳的热功当量实验，得出：

$$1\ \text{cal} = 4.18\ \text{J}$$

做功与热量传递对内能的改变有其等效性，但它们在本质上存在差异. “做功”改变内能，是外界有序运动的能量与系统分子无序热运动能量之间的转换；“传递热量”改变内能，是外界分子无序运动的能量与系统内分子的无序热运动能量之间的传递.

## 14.1.2 准静态过程

一个热力学系统，在外界影响（做功或传热）下，其状态将发生变化. 系统从一个状态变化到另一个状态的过程称为**热力学过程**，简称**过程**. 状态变化过程中的任一时刻，系统的状态并非平衡态，但为了能利用平衡态的性质，研究热力学过程，引入准静态过程的概念.

设系统从某一平衡态开始，经过一系列变化后到达另一平衡态. 如果这过程中所有中间状态全都可以近似地看作平衡态，则这样的过程叫作**准静态过程**（或叫**平衡过程**）. 如果中间状态为非平衡态（系统无确定的 $p,V,T$ 值），这样的过程称为**非静态过程**（或**非平衡过程**）.

一系统从某一平衡态变到相邻平衡态时，通常是原来的平衡态遭破坏，出现非平衡态，经过一定时间后达到一个新的平衡态，我们把系统从一个平衡态变到相邻平衡态所经过的时间叫系统的**弛豫时间**. 或者说，一个系统由最初的非平衡态过渡到平衡态所经历的时间叫弛豫时间. 在实际问题中，一个过程能否看作准静态过程，需由具体情况来定. 如果系统的外界条件（比如压强、容积或温度等）发生一微小变化所经历的时间比系统的弛豫时间长得多. 那么在外界条件的变化过程中，系统有充分的时间达到平衡态，因此，这样的过程可以视为准静态过程.例如,内燃机气缸中的燃气,在实际过程中,压缩气体的时间约为 $10^{-2}$ s,而该燃气的弛豫时间只有 $10^{-3}$ s,所以,内燃机中燃气状态的变化过程可视为准静态过程.

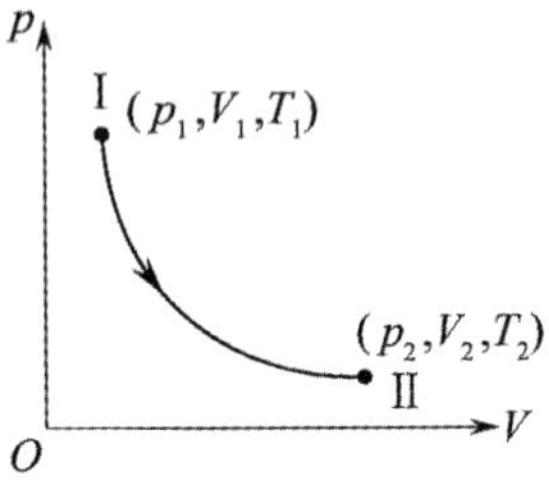

图 14.1 准静态过程

$p$-$V$ 图上一个点代表一个平衡态,一条连续曲线代表一个准静态过程.图 14.1 中曲线表示由初态 Ⅰ 到末态 Ⅱ 的准静态过程,其中箭头方向为过程进行的方向.这条曲线叫过程曲线,表示这条曲线的方程叫作**过程方程**.

准静态过程是理想化的过程,是实际过程的近似,实际中并不存在.但是它在热力学理论研究和对实际应用的指导上均有重要意义.在本章中,如不特别指明,所讨论的过程均视为准静态过程.

### 14.1.3 准静态过程的功与热量

如何计算外界对系统做的功?我们规定:系统对外界做功为正,用 d$W$ 或 $W$ 表示;外界对系统做功为负,用 $-$d$W$ 或 $-W$ 表示.

在非静态过程中,由于状态参量 $p$、$V$、$T$ 不确定,外界对系统做功无法定量表述,一般采用实验测定.而在准静态过程中,外界对系统做功或系统对外界做功都可以用平衡态状态参量表示,进行定量计算.外界通过系统体积变化而做的功简称体积功.

**1. 体积功的计算**

我们以气缸内气体体积变化时的做功为例,设气缸中气体的压强为 $p$,活塞面积为 $S$,活塞与气缸壁的摩擦不计,如图 14.2 所示.

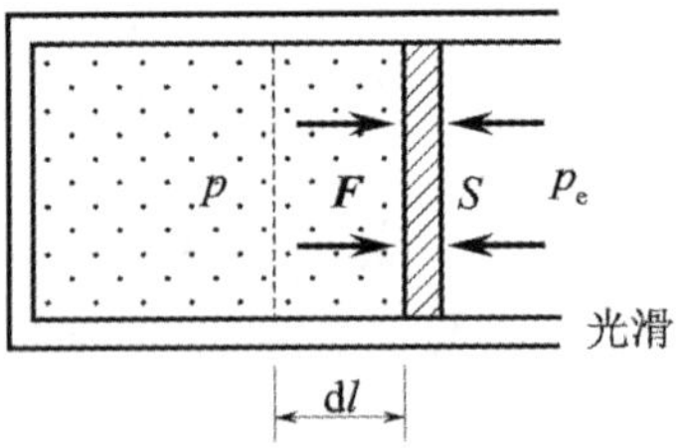

图 14.2 气体压缩过程

取气体为系统,气缸、活塞及大气均为外界.当气体作微小膨胀时,系统对外界做的功为

$$\mathrm{d}W = F\mathrm{d}l = pS\mathrm{d}l = p\mathrm{d}V \tag{14.1}$$

若系统从初态 Ⅰ 经过一个准静态过程变化到终态 Ⅱ,则系统对外界做的总功为

$$W = \int_{\mathrm{I}}^{\mathrm{II}} \mathrm{d}W = \int_{V_1}^{V_2} p\mathrm{d}V \tag{14.2}$$

对应的外界对系统做的功为

$$-\mathrm{d}W = -p_e S\mathrm{d}l = -p_e\mathrm{d}V$$

因为对准静态过程有 $p_e = p$,代入后得

$$-W = -\int_{V_1}^{V_2} p\mathrm{d}V$$

上式中 $V_1$ 与 $V_2$ 分别表示系统在初态和终态的体积.$p$ 为系统压强的绝对值,d$V$ 为代数值,系统膨胀时 d$V > 0$,系统被压缩时 d$V < 0$.可知系统膨胀时,d$V > 0$,d$W > 0$,即系统对外界做正功;系统压缩时,d$V < 0$,d$W < 0$,即系统对外做负功或外界对系统做正功.总之,在同一个准静态过程中,系统对外界做的功与外界对系统做的功,总是大小相等,符号相反.若系统体积不变,则 d$V = 0$,d$W = 0$,即外界或系统均不做功.

**2. 体积功的图示**

系统在一个准静态过程中做的体积功，可以在 $p$-$V$ 图上直观地表示出来. 在微小过程中，元功 $\mathrm{d}W$ 的大小为图 14.3 中 $V \sim V+\mathrm{d}V$ 之间曲线下斜线所示窄条面积. 整个过程中系统做功的大小，如 Ⅰ → $a$ → Ⅱ 过程中功的大小，为过程曲线 Ⅰ → $a$ → Ⅱ 下、横坐标 $V_1$ 到 $V_2$ 之间的面积所表示. 如果系统的初态与末态仍为 Ⅰ、Ⅱ，但所经历的过程不同，如图 14.3 中 Ⅰ → $b$ → Ⅱ 过程，显然沿 Ⅰ → $b$ → Ⅱ 过程系统做的功大于沿 Ⅰ → $a$ → Ⅱ 过程的功. 这表明，系统由一个状态变化到另一个状态时，系统对外所做功的大小与系统经历的过程有关. 即功不是状态量，而是一个与过程有关的量，就是说功是过程量.

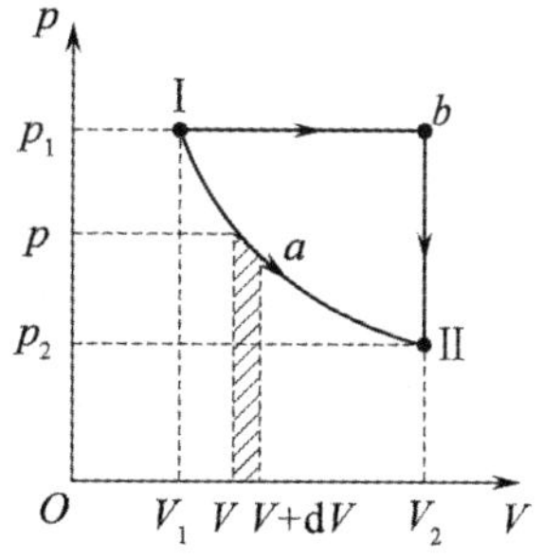


图 14.3 功的示意图

准静态过程中热量的计算有两种方法. 其一，热容量法，$\mathrm{d}Q = \dfrac{M}{M_{\mathrm{mol}}} C_{\mathrm{m}} \mathrm{d}T$ 和 $Q = \dfrac{M}{M_{\mathrm{mol}}} C_{\mathrm{m}} (T - T_0)$，式中 $C_{\mathrm{m}}$ 为物质在某过程中的摩尔热容量，即 1 mol 物质的热容量，其值由物质和过程确定，$\mathrm{d}T$ 及 $(T - T_0)$ 均为系统温度的改变；其二，通过热力学第一定律计算过程中的热量，这将在下一节中讨论.

## 14.2 热力学第一定律

### 14.2.1 热力学第一定律

根据能量转化和守恒定律，在系统状态变化时，系统能量的改变量等于系统与外界交换的能量. 在准静态过程中，系统改变的仅为内能，一般情况下与外界可能同时有功和热量的交换. 即

$$\Delta E = Q + (-W)$$

或

$$Q = \Delta E + W \tag{14.3}$$

式(14.3) 表示**系统吸收的热量，一部分转化成系统的内能；另一部分转化为系统对外所做的功**. 这就是**热力学第一定律**的数学表达式. 显然，热力学第一定律就是包括热现象在内的能量转化与守恒定律，适用于任何系统的任何过程.

在式(14.3) 中，规定系统从外界吸热时，$Q$ 为正，向外界放热时，$Q$ 为负；系统对外做功时，$W$ 为正，外界对系统做功时，$W$ 为负.

如果系统经历一微小变化，即所谓微过程，则热力学第一定律为

$$\mathrm{d}Q = \mathrm{d}E + \mathrm{d}W \tag{14.4}$$

式(14.3) 与式(14.4) 对准静态过程普遍成立，对非静态过程，则仅当初态和末态为平衡态时才适用. 如果系统是通过体积变化来做功，则式(14.4) 与式(14.3) 可以分别表示为

$$\mathrm{d}Q = \mathrm{d}E + p\mathrm{d}V \tag{14.5}$$

$$Q = \Delta E + \int_{V_1}^{V_2} p\mathrm{d}V \tag{14.6}$$

由热力学第一定律可知，要使系统对外做功，可以消耗系统的内能，也可以吸收外界的

热量,或者两者兼有.历史上曾有人企图制造一种能对外不断自动做功,而不需要消耗任何燃料,也不需要提供其他能量的机器,人们称这样的机器为**第一类永动机**.然而,由于违反热力学第一定律均告失败,因此,热力学第一定律又可表述为:**制造第一类永动机是不可能的**.

顺便指出,根据热力学第一定律可知,既然功是过程量,热量也是过程量.

### 14.2.2 热力学第一定律在理想气体等值过程中的应用

**1. 等容过程**

**气体等容过程的特征是气体的体积保持不变**,即 $V$ 为恒量,$dV = 0$.

设封闭气缸内有一定质量的理想气体,活塞保持固定不动,把气缸连续地与一系列有微小温差的恒温热源相接触,让缸中气体经历一个准静态升温过程,同时压强增大,但体积不变,如图 14.4 所示.这就是一个准静态的等容过程.

等容过程在 $p$-$V$ 图上为一条平行于 $p$ 轴的直线段,叫作等容线,如图 14.5 所示.理想气体等容过程有 $\frac{p}{T}$ 为恒量.

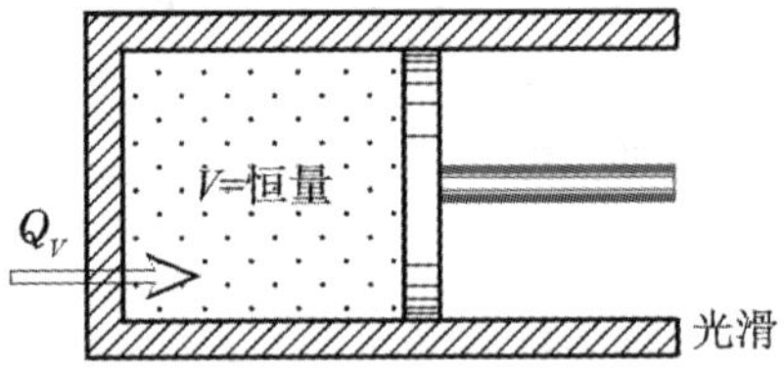

图 14.4 气体的等容过程

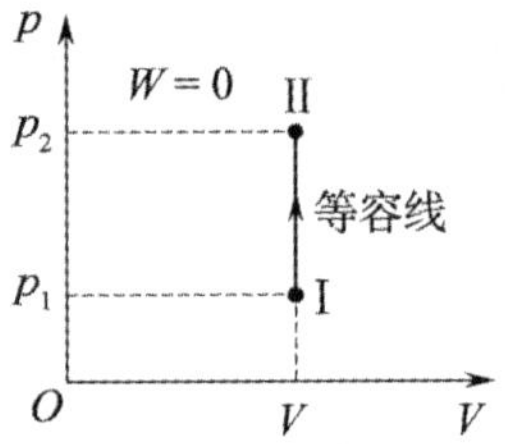

图 14.5 等容过程不做功

由于等容过程 $dV = 0$,所以系统做功 $dW = p dV = 0$.根据热力学第一定律,过程中的能量关系有

$$dQ_V = dE$$

$$Q_V = \Delta E = E_2 - E_1 \tag{14.7}$$

上面各式中的脚标 $V$ 表示体积不变,式(14.7)表明,在等容过程中,外界传给气体的热量全部用来增加气体的内能,系统对外不做功.

**2. 等压过程**

**等压过程的特征是系统的压强保持不变**,即 $p$ 为恒量,$dp = 0$.

等压过程可以这样实现:设想一个内有一定质量理想气体的封闭气缸,与一系列恒温热源连续接触,热源的温度依次较前一个热源高,但温度相差极微.接触过程中活塞上所加外力保持不变,接触结果,将有微小的热量传给气体,使气体温度升高,压强也随之较外界所施压强增加一微小量,于是推动活塞对外做功,体积随之膨胀.体积膨胀反过来使气体压强降低,从而,保证气缸内外的压强随时保持不变,系统经历的就是一个准静态等压过程,如图 14.6 所示.

等压过程在 $p$-$V$ 图上为一条平行于 $V$ 轴的直线段,叫作等压线,如图 14.7 所示.理想气体等压过程有 $\frac{V}{T}$ 为恒量.

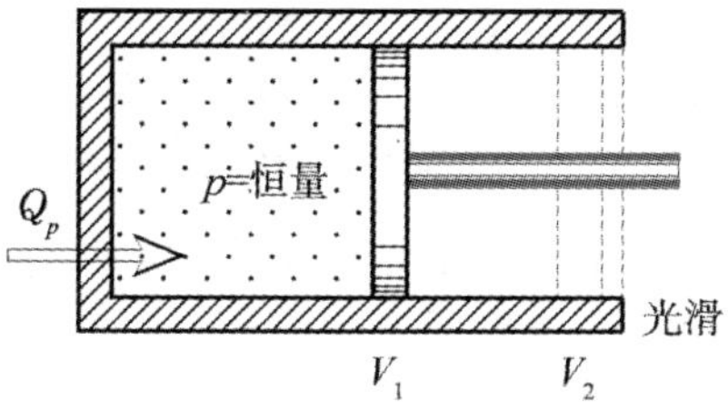


图 14.6　气体的等压过程

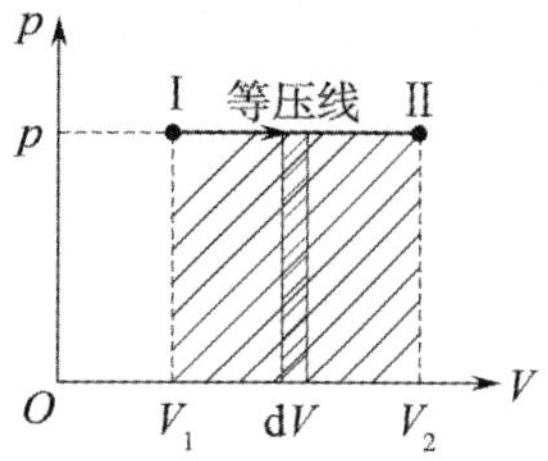


图 14.7　等压过程的功

在等压过程中，由于 $p$ 为常数，当气体体积从 $V_1$ 扩大到 $V_2$ 时，系统对外做功为

$$W_p = \int_{V_1}^{V_2} p\mathrm{d}V = p(V_2 - V_1) \tag{14.8}$$

根据理想气体的状态方程，可将上式改写为

$$W_p = p(V_2 - V_1) = \frac{M}{M_{\mathrm{mol}}}R(T_2 - T_1)$$

所以，在整个等压过程中系统所吸收的热量为

$$Q_p = \Delta E + p(V_2 - V_1) = E_2 - E_1 + \frac{M}{M_{\mathrm{mol}}}R(T_2 - T_1) \tag{14.9}$$

式(14.9)表明，等压过程中系统所吸收的热量，一部分用来增加系统的内能，另一部分用来对外做功.

**3. 等温过程**

**等温过程的特征是系统的温度保持不变**，即 $T$ 为恒量，$\mathrm{d}T = 0$.

设想一气缸，其四壁和活塞是绝对不导热的，而底部是绝对导热的，如图14.8 所示. 今将气缸底部与一恒温热源相接触，当活塞上的外界压强无限缓慢地降低时，缸内气体随之逐渐膨胀，对外做功，气体内能缓慢减小，温度随之微微降低. 此时，由于气体与恒温热源相接触，当气体温度比热源温度略低时，就有微小的热量传给气体，使气体的温度维持原值不变，气体经历一个准静态等温过程.

理想气体等温过程有 $pV =$ 常数，它在 $p$-$V$ 图上为双曲线的一支，称为等温线，如图14.9 中 Ⅰ → Ⅱ 曲线所示. 等温线把 $p$-$V$ 图分为两个区域，等温线以上区域气体的温度大于 $T$，等温线以下的区域气体的温度小于 $T$.

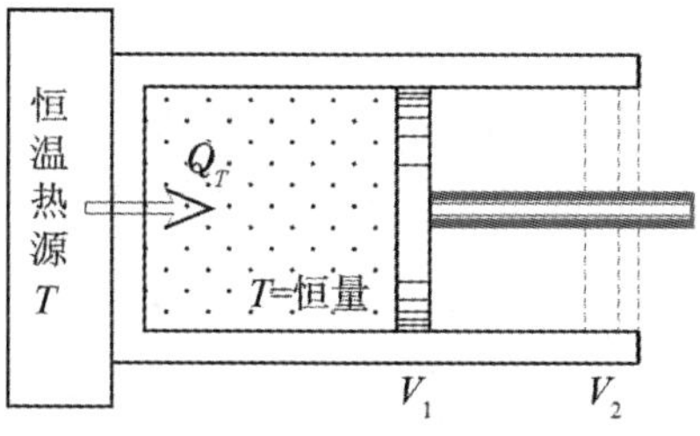


图 14.8　等温过程

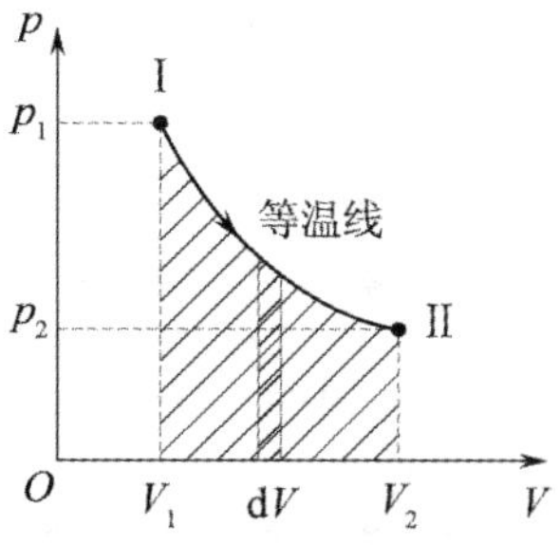


图 14.9　等温过程的功

对于理想气体，根据其内能表达式，在等温过程中，因为 $\mathrm{d}T = 0$，所以 $\mathrm{d}E = 0$，这表明等

温过程中理想气体的内能保持不变.

等温过程中理想气体做的功,在微小变化时有

$$dW_T = p dV$$

及 $pV = \frac{M}{M_{mol}}RT$,因此,$dW_T = \frac{M}{M_{mol}}RT\frac{dV}{V}$,过程中的热量关系由热力学第一定律得

$$dQ_T = dW_T = \frac{M}{M_{mol}}RT\frac{dV}{V} \tag{14.10}$$

理想气体在等温过程中由体积 $V_1$ 膨胀到 $V_2$ 时,气体对外做的功为

$$W_T = \int_{V_1}^{V_2} p dV = \frac{M}{M_{mol}}RT\int_{V_1}^{V_2}\frac{dV}{V}$$

$$= \frac{M}{M_{mol}}RT\ln\frac{V_2}{V_1} \tag{14.11}$$

由热力学第一定律,可得 $Q_T = W_T$,即

$$Q_T = \frac{M}{M_{mol}}RT\ln\frac{V_2}{V_1} = \frac{M}{M_{mol}}RT\ln\frac{p_1}{p_2} \tag{14.12}$$

式(14.12)表明,在等温过程中,理想气体所吸收的热量全部用来对外界做功,系统内能保持不变.

## 14.3 气体的摩尔热容

### 14.3.1 热容与摩尔热容

**热容**:系统在某一无限小过程中吸收热量 dQ 与温度变化 d$T$ 的比值称为系统在该过程的热容($C$),即

$$C = \frac{dQ}{dT} \tag{14.13}$$

它表示在该过程中,温度升高 1 K 时系统所吸收的热量,单位是 J/K. 单位质量的热容叫比热容($c$),单位为 J/(K · kg),由物质和过程决定其值. 热容与比热容的关系为 $C = Mc$.

**摩尔热容**:1 mol 物质的热容叫摩尔热容($C_m$),单位为 J/(mol · K). 热容与摩尔热容关系为 $C=\frac{M}{M_{mol}}C_m$,式中 $M$ 为物质的质量,$M_{mol}$ 为物质的摩尔质量. 比值 $\frac{M}{M_{mol}}$ 为对应的物质的量. 由定义可知,不论是热容还是比热容均是过程量,对于给定的系统(物质),进行的过程不同,其热容也不同. 对于理想气体,最常用的是等容过程的摩尔热容和等压过程的摩尔热容. 固体或液体也有这两种热容量,但由于它们体膨胀系数比气体小得多,因膨胀而对外所做的功可以忽略不计,所以这两种热容量实际差值很小,一般不予区别.

### 14.3.2 理想气体的摩尔热容

**1. 理想气体的摩尔定容热容**

1 mol 气体,在等容过程中吸取热量 $dQ_V$ 与温度的变化 d$T$ 之比为**摩尔定容热容**,即

$$C_{V,m} = \left(\frac{dQ}{dT}\right)_V$$

由等容过程知 $\mathrm{d}Q_V = \mathrm{d}E$，所以有

$$C_{V,\mathrm{m}} = \left(\frac{\mathrm{d}E}{\mathrm{d}T}\right)_V \tag{14.14}$$

对于理想气体 $\mathrm{d}E = \frac{i}{2}R\mathrm{d}T$ 代入上式得理想气体摩尔定容热容为

$$C_{V,\mathrm{m}} = \frac{i}{2}R \tag{14.15}$$

式中 $i$ 为分子自由度；$R$ 为普适气体常量. 因此理想气体摩尔定容热容只与分子自由度有关，而与气体的状态($p$，$T$) 无关. 对于单原子理想气体 $i = 3$，$C_{V,\mathrm{m}} = \frac{3}{2}R$；对于刚性双原子气体 $i = 5$，$C_{V,\mathrm{m}} = \frac{5}{2}R$；对于刚性多原子气体 $i = 6$，$C_{V,\mathrm{m}} = \frac{6}{2}R$.

依式(14.15)，理想气体内能表达式又可以写为

$$E = \frac{M}{M_{\mathrm{mol}}}C_{V,\mathrm{m}}T \tag{14.16}$$

**2. 理想气体的摩尔定压热容**

1 mol 气体在等压过程中吸取热量 $\mathrm{d}Q_p$ 与温度的变化 $\mathrm{d}T$ 之比叫气体**摩尔定压热容**，即

$$C_{p,\mathrm{m}} = \left(\frac{\mathrm{d}Q}{\mathrm{d}T}\right)_p$$

由定压过程知 $\mathrm{d}Q_p = \mathrm{d}E + p\mathrm{d}V$，所以

$$C_{p,\mathrm{m}} = \frac{\mathrm{d}E}{\mathrm{d}T} + p\frac{\mathrm{d}V}{\mathrm{d}T}$$

对于 1 mol 理想气体，因 $\mathrm{d}E = C_{V,\mathrm{m}}\mathrm{d}T$，及定压过程 $p\mathrm{d}V = R\mathrm{d}T$，所以有

$$C_{p,\mathrm{m}} = C_{V,\mathrm{m}} + R \tag{14.17}$$

式(14.17) 叫**迈耶**(Mayer) **公式**，表示 1 mol 理想气体的摩尔定压热容比摩尔定容热容大一个恒量 $R$. 也就是说，在等压过程中，温度升高 1 K 时，1 mol 理想气体比在等容过程中多吸取 14.31 J 的热量，用来转换为膨胀时对外做的功.

**3. 比热容比**

系统的摩尔定压热容 $C_{p,\mathrm{m}}$ 与摩尔定容热容 $C_{V,\mathrm{m}}$ 的比值，称为系统的**比热容比**，以 $\gamma$ 表示. 工程上称它为**绝热系数**，即

$$\gamma = \frac{C_{p,\mathrm{m}}}{C_{V,\mathrm{m}}}$$

由于 $C_{p,\mathrm{m}} > C_{V,\mathrm{m}}$，所以 $\gamma > 1$.

对于理想气体，$C_{p,\mathrm{m}} = C_{V,\mathrm{m}} + R$，及 $C_{V,\mathrm{m}} = \frac{i}{2}R$，所以有

$$\gamma = \frac{C_{V,\mathrm{m}} + R}{C_{V,\mathrm{m}}} = \frac{\frac{i}{2}R + R}{\frac{i}{2}R} = \frac{i+2}{i} \tag{14.18}$$

式(14.18) 说明，理想气体的比热容比，只与分子的自由度有关，而与气体状态无关. 对于单原子气体 $\gamma = \frac{5}{3} = 1.67$；双原子(刚性) 气体 $\gamma = \frac{7}{5} = 1.40$；多原子(刚性) 气体的 $\gamma =$

$\frac{8}{6}=1.33$.

从表 14.1 可以看出：① 各种气体的($C_{p,m}-C_{V,m}$)值都接近于 $R$ 值；② 室温下单原子及双原子气体的 $C_{p,m}$、$C_{V,m}$、$\gamma$ 的实验数据与理论值相近.这说明经典热容理论近似地反映了客观事实.但是，分子结构较为复杂的气体，即三原子以上的多原子气体，理论值与实验数据显然不等，而且从表 14.2 可见，$C_{V,m}$ 是温度的函数而不是定值.这是因为经典理论只是近似理论，要用量子理论才能正确解决问题，在此不作深入讨论.

**表 14.1 气体摩尔热容的实验数据(室温)**

[$C_{p,m}$、$C_{V,m}$ 单位用 J/(mol·K)]

| 原子数 | 气体种类 | $C_{p,m}$ | $C_{V,m}$ | $C_{p,m}-C_{V,m}$ | $\gamma=\frac{C_{p,m}}{C_{V,m}}$ |
|---|---|---|---|---|---|
| 单原子 | 氦 | 20.9 | 12.5 | 8.4 | 1.67 |
| | 氩 | 21.2 | 12.5 | 8.7 | 1.65 |
| 双原子 | 氢 | 28.8 | 20.4 | 8.4 | 1.41 |
| | 氮 | 28.6 | 20.4 | 8.2 | 1.41 |
| | 一氧化碳 | 29.3 | 21.2 | 8.1 | 1.40 |
| | 氧 | 28.9 | 21.0 | 7.9 | 1.40 |
| 多原子 | 水蒸气 | 36.2 | 27.8 | 8.4 | 1.31 |
| | 甲烷 | 35.6 | 27.2 | 8.4 | 1.30 |
| | 氯仿 | 72.0 | 63.7 | 8.3 | 1.13 |
| | 乙醇 | 87.5 | 79.2 | 8.2 | 1.11 |

**表 14.2 气体摩尔定容热容实验数据**

[$C_{V,m}$ 单位用 J/(mol·K)]

| 气体 | 273 K | 373 K | 473 K | 773 K | 1 473 K | 2 273 K |
|---|---|---|---|---|---|---|
| $N_2$, $O_2$, HCl, CO | 20.3 | 20.3 | 21.0 | 22.4 | 24.1 | 26.0 |
| $H_2$ | 50 K | | 500 K | | 2 500 K | |
| | 12.5 | | 21.0 | | 29.3 | |

## 14.4 绝热过程

在系统不与外界交换热量的条件下，系统的状态变化过程叫作**绝热过程**.绝热过程的特征是在任意微过程中 $dQ=0$.一个被良好的绝热材料所包围的系统，或由于过程进行得很快，系统来不及和外界交换热量的过程，如内燃机中的爆炸过程等，都可近似地看作是准静态绝热过程.

由于绝热过程 $dQ = 0$，所以根据热力学第一定律，系统对外界做功为

$$p\mathrm{d}V = -\mathrm{d}E$$

由此可见，绝热过程中系统对外做功全部是以系统内能减少为代价的. 当气体由初态（温度为 $T_1$）绝热地膨胀到末态（温度为 $T_2$）过程中，气体对外做功为

$$\int_{V_1}^{V_2} p\mathrm{d}V = -\frac{M}{M_{\mathrm{mol}}} C_{V,\mathrm{m}}(T_2 - T_1) \tag{14.19}$$

从式(14.19)可看出，当气体绝热膨胀对外做功时，气体内能减少，温度要降低，而压强也在减小，所以绝热过程中，气体的温度、压强、体积 3 个参量都同时改变. 可以证明（推导过程在下面讨论），对于理想气体的绝热准静态过程，在 $p$、$V$、$T$ 3 个参量中，每两个量之间的关系为

$$pV^{\gamma} = \text{恒量} \tag{14.20}$$

$$TV^{\gamma-1} = \text{恒量} \tag{14.21}$$

$$p^{\gamma-1}T^{-\gamma} = \text{恒量} \tag{14.22}$$

这些方程均称为绝热过程方程，简称**绝热方程**. 式中指数 $\gamma$ 为理想气体的比热容比（$C_{p,\mathrm{m}}/C_{V,\mathrm{m}}$），这也是工程上将 $\gamma$ 称为绝热系数的原因. 3 个方程中的各恒量均不相同，使用时可根据问题的方便任取一个公式来应用.

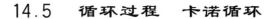

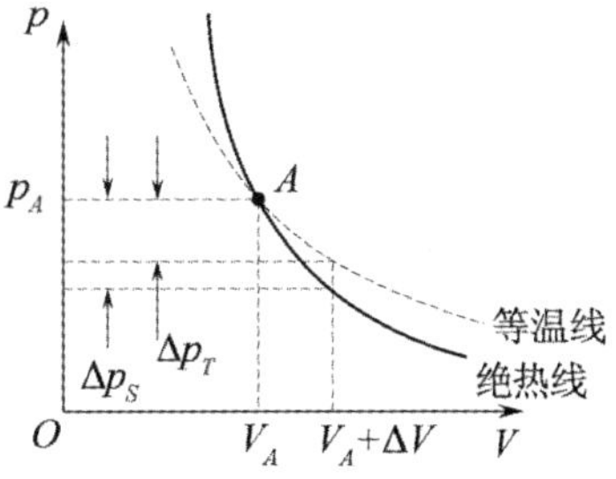

图 14.10　绝热线比等温线陡

在 $p$-$V$ 图上的绝热曲线是根据绝热方程 $pV^{\gamma} =$ 恒量作出的. 图 14.10 中实线为绝热线，虚线为过 $A$ 点的同一气体的等温线. 由图 14.10 中可以看出，通过同一点的绝热线比等温线陡些，下面对两条曲线交点 $A$ 处斜率的计算，证实了这一点.

等温线：由 $pV = C$，两边微分，整理后得

斜率为 $$\frac{\mathrm{d}p}{\mathrm{d}V_T} = -\frac{p}{V}$$

$A$ 处的斜率为 $$\frac{\mathrm{d}p}{\mathrm{d}V_T} = -\frac{p_A}{V_A}$$

绝热线：由 $pV^{\gamma} = C$，两边微分、整理后得

斜率为 $$\frac{\mathrm{d}p}{\mathrm{d}V_S} = -\gamma\frac{p}{V}$$

$A$ 处的斜率为 $$\frac{\mathrm{d}p}{\mathrm{d}V_S} = -\gamma\frac{p_A}{V_A}$$

由于 $\gamma > 1$，比较两式，所以绝热线比等温线陡. 究其物理原因，等温过程中压强的减小 $(\Delta p)_T$，仅是体积增大所至，而在绝热过程中压强的减小 $(\Delta p)_S$，是由体积增大，同时温度降低两个原因所致，所以 $(\Delta p)_S$ 的值比 $(\Delta p)_T$ 的值为大.

## 14.5　循环过程　卡诺循环

在生产技术上需要将热与功之间的转换持续下去，这就需要利用循环过程. 系统从某一

状态出发，经过一系列状态变化过程以后，又回到原来出发时的状态，这样的过程叫作**循环过程**，简称**循环**. 循环工作的物质系统叫**工作物质**，简称**工质**.

由于工质的内能是状态的单值函数，工质经历一个循环过程回到原始状态时，内能没有改变，所以**循环过程的重要特征是** $\Delta E=0$ . 如果工质所经历的循环过程中各分过程都是准静态过程，则整个过程就是准静态循环过程. 在 $p$-$V$ 图上即为一条闭合曲线. 图 14.11 中曲线 $abcd$ 就表示了一个循环过程，其中箭头表示过程进行的方向.

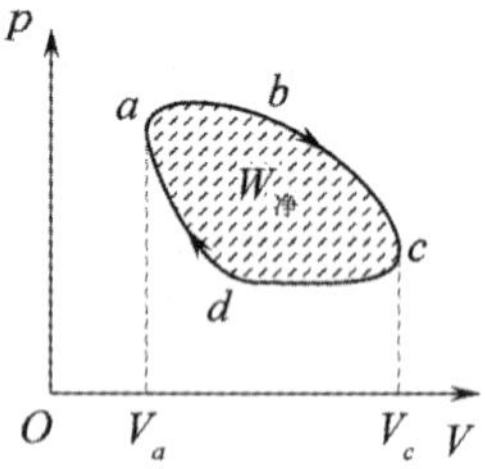


图 14.11　正循环

在 $p$-$V$ 图上，如果循环是沿顺时针方向进行的，则称为**正循环**. 如果循环是沿逆时针方向进行的，则称为**逆循环**.

对于正循环，如图 14.11 可见，在过程 $abc$ 中，工质膨胀对外做正功，其数值等于 $abcV_cV_aa$ 所围面积；在 $cda$ 过程中，系统对外界做负功，其数值等于 $cdaV_aV_cc$ 所围面积，因此，在一次正循环过程中，系统对外做的净功（或叫总功）$W_{净}$，其数值为循环过程中系统正负功的代数和，即封闭曲线 $abcd$ 所包围的面积. 设整个循环过程中，工质从外界吸取的热量总和为 $Q_1$，放给外界的热量总和为 $Q_2$（绝对值），则工质吸取外界的净热量为过程中工质吸热的代数和，即 $(Q_1-Q_2)=Q_{净}$. 由于一次循环过程中 $\Delta E=0$，将热力学第一定律应用于一次循环，可得 $Q_{净}=W_{净}$，即 $Q_1-Q_2=W_{净}$，且 $W_{净}>0$. 这表示，正循环过程中的能量转换关系是将吸收的热量 $Q_1$ 中一部分转化为有用功 $W_{净}$，另一部分 $Q_2$ 放回给外界. 可见，正循环是一种通过工质使热量不断转换为功的循环.

### 14.5.1　热机　热机的效率

能完成正循环的装置均叫**热机**，或把通过工质使热量不断转换为功的机器叫热机. 例如，蒸汽机、内燃机、汽轮机等都是常用的热机. 衡量一台热机的效率，是指热机把吸收来的热量有多少转化为有用功，为此，我们定义**热机效率**为

$$\eta=\frac{\text{输出功}}{\text{吸收的热量}}=\frac{W_{净}}{Q_1}=1-\frac{Q_2}{Q_1} \tag{14.23}$$

式(14.23)中 $Q_1$ 为整个循环过程中吸收热量的总和，$Q_2$ 为放出热量总和的绝对值，即式中 $Q_1$、$Q_2$ 均为绝对值.

热能是当今世界上主要能源. 热机是实现将热能转化为机械能的主要设备，汽油机和柴油机是工程上普遍使用的两种内燃机. 内燃机的一种循环叫作**奥托**(Otto) **循环**，其工质为燃料与空气的混合物，利用燃料的燃烧热产生巨大压力而做功. 图 14.12 为一内燃机结构示

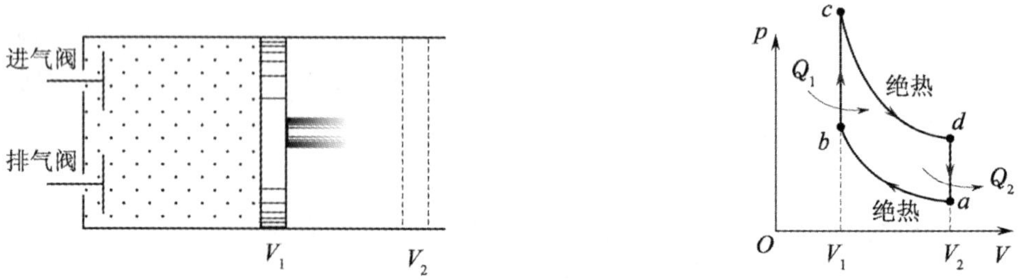


图 14.12　内燃机的奥托循环

意图和它作四冲程循环的 $p$-$V$ 图. 其中 ①$ab$ 为绝热压缩过程;②$bc$ 为电火花引起燃料爆炸瞬间的等体过程;③$cd$ 为绝热膨胀对外做功过程;④$da$ 为打开排气阀瞬间的等体过程. 在 $bc$ 过程中工质吸取燃料的燃烧热 $Q_1$, $da$ 过程排出废气带走了热量 $Q_2$, 奥托循环的效率决定于气缸活塞的压缩比 $V_2/V_1$, 具体计算见后面例题.

### 14.5.2　制冷系数

对于逆循环,如图 14.13 中沿 $abcda$ 进行,其最终结果是系统经一次循环内能不变,工质对外做负功, $W_{净} < 0$(外界对工质做了净功 $-W_{净}$),其大小等于逆循环曲线所包围的面积.

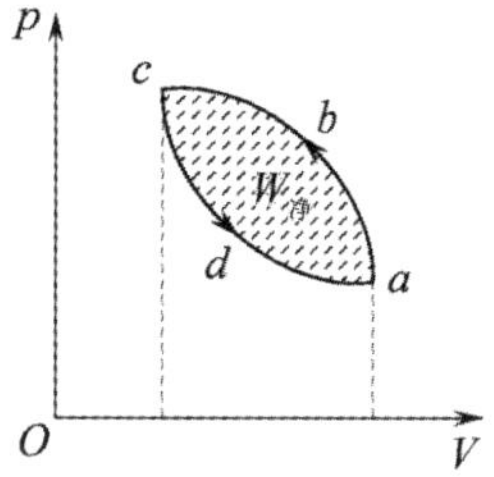

图 14.13　逆循环

设整个循环过程工质从低温热源处吸收的热量为 $Q_2$,向高温热源处放出的热量大小为 $Q_1$. 将热力学第一定律用于整个循环过程,注意 $\Delta E = 0$,可得

$$Q_{净} = Q_2 - Q_1 = W_{净}$$

或

$$Q_1 = Q_2 - W_{净} = Q_2 + (-W_{净})$$

由此可见,逆循环过程中向高温热源放出的热量大小等于工质从低温热源中提取的热量 $Q_2$ 和外界对工质做的功($-W_{净}$)之和,也就是说,逆循环是在外界对工质做功的条件下,工质才能从低温热源吸收热量,从而使低温热源温度降低. 这就是**制冷机**的工作原理. 由于制冷机的目的是从低温热源吸收热量,实现该目的是以外界对工质(俗称为制冷剂)做功为代价的,所以衡量制冷机的效能是外界对制冷剂做了功($-W_{净}$),能从低温热源吸收多大的热量 $Q_2$,因此,**制冷系数**定义为

$$e = \frac{\text{从低温处吸取的热量}}{\text{外界对工质做净功大小}} = \frac{Q_2}{|W_{净}|} = \frac{Q_2}{Q_1 - Q_2} \tag{14.24}$$

式中 $Q_1$、$Q_2$ 均为绝对值. 显然,如果从低温热源处吸取的热量 $Q_2$ 越大,而外界对工质所做的功 $|W_{净}|$ 越小,则制冷系数 $e$ 就越大,制冷机的制冷效率就越好.

家用电冰箱是一种制冷机,见图 14.14,压缩机将处在低温低压的气态制冷剂(如氨或

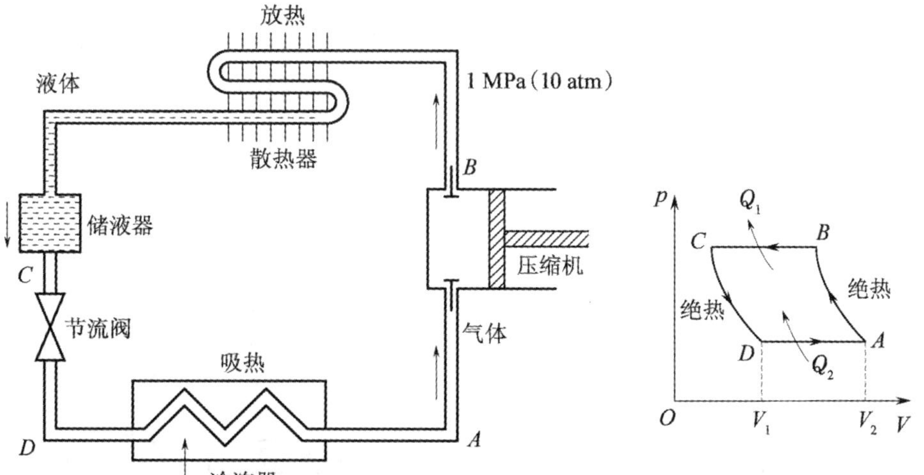

图 14.14　电冰箱制冷系统逆循环

氟里昂等)，压缩至 1 MPa(10 atm) 的压强，温度升到高于室温($AB$ 绝热压缩过程)；进入散热器放出热量 $Q_1$，并逐渐液化进入储液器[$BC$ 等压压缩过程，再经过节流阀膨胀降温($CD$ 绝热膨胀过程)]；最后进入冷冻室吸取电冰箱内的热量 $Q_2$，液态制冷剂汽化($DA$ 等压膨胀过程). 然后，再度被吸入压缩机进行下一个循环. 可见，整个制冷过程就是压缩机做功 $W$，将制冷剂由气态变为液态，放出热量 $Q_1$，再变成气态，吸取热量 $Q_2$，这样周而复始循环来达到制冷降温的目的.

### 14.5.3 卡诺循环

19 世纪初，蒸汽机在工业上的应用越来越广泛，但当时蒸汽机的效率很低，只有 3% ～ 5% 左右. 因此，如何提高热机的效率，便成为当时科学家和工程师的重要课题. 那时人们从实践中已认识到，要使热机有效地工作，必须具备至少两个温度不同的热源. 那么，在两个温度一定的热源之间工作的热机所能达到的最大效率是多少呢?

1824 年，年仅 28 岁的法国青年工程师卡诺(S. Carnot) 发表了《关于火力动力的见解》这篇著名的论文，从理论上回答了上述问题. 他提出了一种理想的热机循环：假设工作物质只与两个恒温热源交换热量，在温度为 $T_1$ 的高温热源处吸热，在另一温度为 $T_2$ 的低温热源处放热，并假定所有过程都是准静态的. 由于过程是准静态的，所以与两个恒温热源交换热量的过程必定是等温过程，又因为只与两个热源交换热量，所以工作物质从热源温度 $T_1$ 变到冷源温度 $T_2$，或者相反的过程，只能是绝热过程. 因此，这种由两个准静态等温过程和两个准静态绝热过程所组成的循环，就称为**卡诺循环**. 完成卡诺正循环的热机叫**卡诺热机**，卡诺热机的工质可以是固体、液体或气体.

下面，我们分析以理想气体为工质的卡诺正循环，并求出其效率. 卡诺循环在 $p$-$V$ 图上是分别由温度为 $T_1$ 和 $T_2$ 的两条等温线和两条绝热线组成的封闭曲线. 如图 14.15 所示，其各个分过程如下：

1 → 2：气体和温度为 $T_1$ 的高温热源接触作等温膨胀，体积由 $V_1$ 增大到 $V_2$，它从高温热源吸收的热量为

$$Q_1 = \frac{M}{M_{\text{mol}}} RT_1 \ln \frac{V_2}{V_1}$$

2 → 3：气体和高温热源分开，作绝热膨胀，温度降到 $T_2$，体积增大到 $V_3$，过程中无热量交换，但对外界做功.

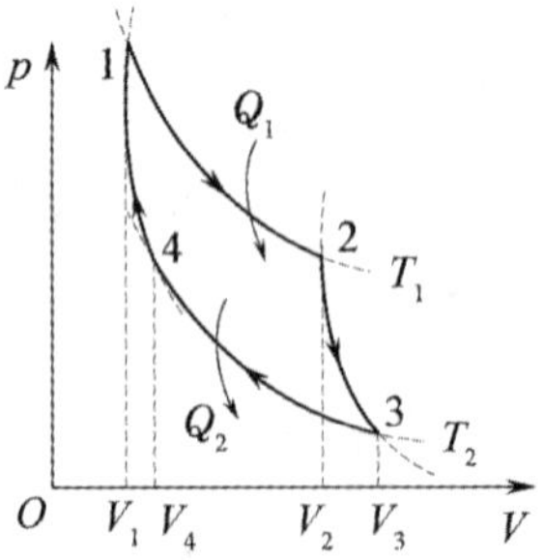


图 14.15 卡诺正循环

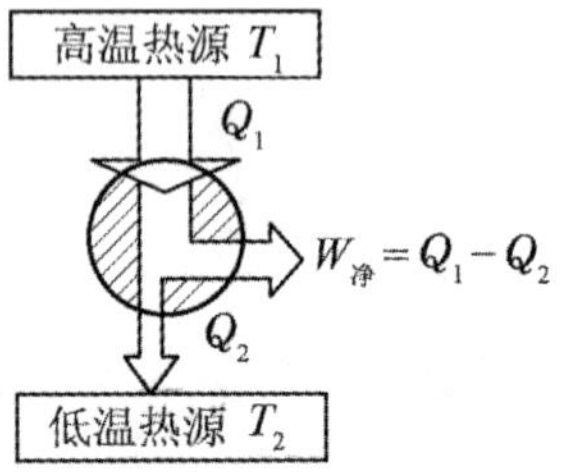


图 14.16 卡诺热机能流示意图

3 → 4：气体和低温热源接触作等温压缩，体积缩小到一适当值，使状态 4 和状态 1 位于同一条绝热线上. 过程中外界对气体做功，气体向温度为 $T_2$ 的低温热源放热 $Q_2$，$Q_2$ 的大小为

$$Q_2 = \frac{M}{M_{mol}} R T_2 \ln \frac{V_3}{V_4}$$

4 → 1：气体和低温热源分开，经绝热压缩，回到原来状态 1，完成一次循环. 过程中无热量交换，而外界对气体做功.

根据循环效率定义，可得以理想气体为工质的卡诺循环的效率为

$$\eta = 1 - \frac{Q_2}{Q_1} = 1 - \frac{T_2 \ln \frac{V_3}{V_4}}{T_1 \ln \frac{V_2}{V_1}}$$

对绝热过程 2 → 3 和 4 → 1 分别应用绝热方程，有

$$T_1 V_2^{\gamma-1} = T_2 V_3^{\gamma-1}$$

$$T_1 V_1^{\gamma-1} = T_2 V_4^{\gamma-1}$$

两式相比，则有

$$\frac{V_2}{V_1} = \frac{V_3}{V_4}$$

代入效率式后，可得

$$\eta_{卡} = 1 - \frac{T_2}{T_1} = \frac{T_1 - T_2}{T_1} \tag{14.25}$$

由上可知：

(1) 要完成一次卡诺循环必须有温度一定的高温和低温两个热源（也称为温度一定的热源和冷源）；

(2) 卡诺循环的效率只与两个热源温度有关，高温热源温度越高，低温热源温度越低，卡诺循环的效率越高；

(3) 由于不能实现 $T_1 = \infty$ 或 $T_2 = 0$（热力学第三定律），因此，卡诺循环的效率总是小于 1；

(4) 可以证明：在相同高温热源和低温热源之间工作的一切热机中，卡诺热机的效率最高.

若卡诺循环按逆时针方向进行，则构成卡诺制冷机. 其 $p$ - $V$ 图和能量转换关系如图 14.17 所示，气体和低温热源接触，从低温热源中吸取的热量为

$$Q_2 = \frac{M}{M_{mol}} R T_2 \ln \frac{V_3}{V_4}$$

气体向高温热源放出的热量大小为

$$Q_1 = \frac{M}{M_{mol}} R T_1 \ln \frac{V_2}{V_1}$$

一次循环中外界的净功为

$$W_{净} = Q_1 - Q_2$$

所以卡诺制冷机的制冷系数为

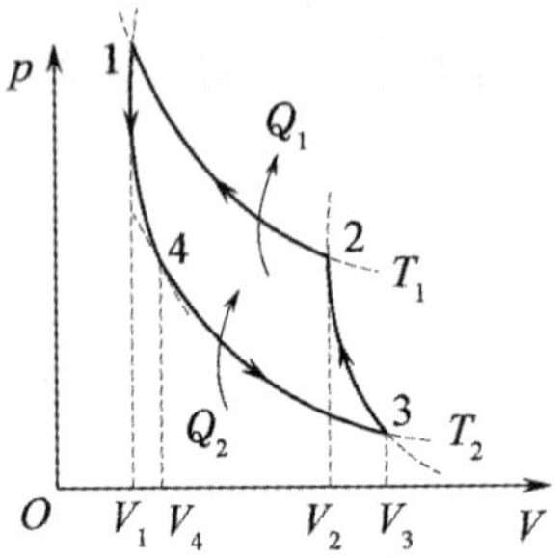


(a) 卡诺逆循环

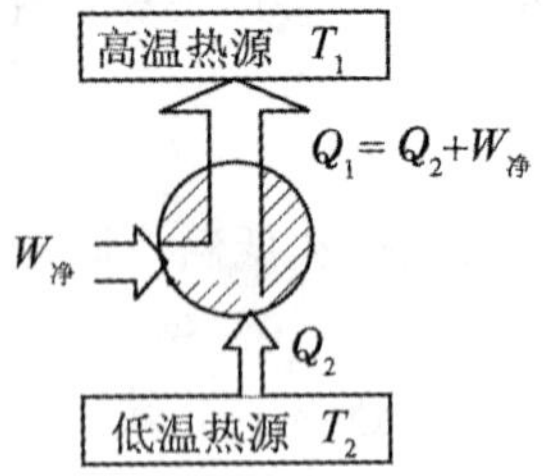


(b) 卡诺制冷机能流示意图

图 14.17　卡诺制冷机

$$e_{卡} = \frac{Q_2}{|W_{净}|} = \frac{\dfrac{M}{M_{mol}} RT_2 \ln \dfrac{V_3}{V_4}}{\dfrac{M}{M_{mol}} RT_1 \ln \dfrac{V_2}{V_1} - \dfrac{M}{M_{mol}} RT_2 \ln \dfrac{V_3}{V_4}}$$

同理，利用关系$\frac{V_2}{V_1} = \frac{V_3}{V_4}$，代入后，可得

$$e_{卡} = \frac{T_2}{T_1 - T_2} \tag{14.26}$$

可见，卡诺制冷机的制冷系数也只与两个热源的温度有关. 与效率不同的是，高温热源温度越高，低温热源温度越低，则制冷系数越小，意味着从温度越低的冷源中吸取相同的热量 $Q_2$，外界需要消耗更多的功 $W_{净}$. 制冷系数可以大于 1，如一台制冷输入功率为 830 W，制冷量为 2 300 W 的空调，其制冷系数约为 2.77.

## 14.6　热力学第二定律

热力学第一定律指出了热力学过程中的能量守恒关系. 然而，人们在研究热机工作原理时发现，满足能量守恒的热力学过程不一定都能进行. 实际的热力学过程都只能按一定的方向进行，而热力学第一定律并没有阐述系统变化进行的方向. 热力学第二定律就是关于自然过程方向性的规律.

### 14.6.1　开尔文表述

热力学第一定律表明违背能量守恒定律的第一类永动机不可能制成. 那么如何在不违背热力学第一定律的条件下，尽可能地提高热机效率呢？分析热机循环效率公式 $\eta = 1 - \frac{Q_2}{Q_1}$，显然，如果向低温热源放出的热量 $Q_2$ 越少，效率 $\eta$ 就越大，当 $Q_2 = 0$ 时，即不需要低温热源，只存在一个单一温度的热源，其效率就可以达到 100%. 这就是说，如果在一个循环中，只从单一热源吸收热量使之全部变为功（这不违反能量守恒定律），循环效率就可达到 100%，这个结论是非常引人关注的. 有人曾作过估算，如果这种单一热源热机可以实现，则只要使海水温度降低 0.01 K，就能使全世界所有机器工作 1 000 多年！

然而长期实践表明，循环效率达 100% 的热机是无法实现的. 在这个基础上，开尔文在

1851 年，提出了一条重要规律，称为热力学第二定律. 这一定律表述为：**不可能制成一种循环动作的热机，它只从一个单一温度的热源吸取热量，并使其全部变为有用功，而不引起其他变化.** 这就是**热力学第二定律**的开尔文表述.

在开尔文叙述中，“循环动作”、“单一热源”、“不引起其他变化”是三个关键条件. 理想气体等温膨胀过程，固然能把吸收的热量完全变为功，但它不是循环动作的热机，而且又产生了其他变化（如气体膨胀，活塞位置变动）、并未回到初始状态. 如果热源系统内部温度不均，有高、低温部分，就有放热出现，这与放热为零的要求不符，且相当于多个热源.

从单一热源吸热并全部变为功的热机通常称为**第二类永动机**，所以热力学第二定律亦可表达为：**第二类永动机是不可能实现的.**

根据热力学第二定律的开尔文叙述，各个工作热机必然会排出余热，伴随着排出废水、废气，形成所谓的热污染，这给环境保护带来威胁. 因此，怎样在热力学第二定律允许范围内提高热机效率，减少热机释放的余热，不仅使有限的能源得到更充分的利用，同时对环保也具有重大的意义. 目前热机的效率最高只能达到近 50%，见表 14.3，离热力学第二定律规定的极限相差甚远. 为此，在热能工程领域工作的现代科技人员，仍十分关注提高热机效率问题，已形成一门独立学科分支 —— 热力经济学.

**表** 14.3　**几种热机的效率**

| 热　　机 | 效　　率 |
|---|---|
| 液流涡轮机 | 48% |
| 蒸汽涡轮机 | 46% |
| 内燃机 | 37% |
| 蒸汽机 | 8% |

### 14.6.2　克劳修斯表述

开尔文叙述从正循环的热机效率极限问题出发，总结出热力学第二定律. 我们还可以从逆循环制冷机角度分析制冷系数极限，从而导出热力学第二定律的另一种等价表述. 由制冷系数 $e=\dfrac{Q_2}{|W_{净}|}$ 可以看出，在 $Q_2$ 一定情况下，外界对系统做功越少，制冷系数越高. 取极限情况是 $W_{净}\to 0, e\to\infty$，即外界不对系统做功，热量可以不断地从低温热源传到高温热源，这是否可能呢？1850 年德国物理学家克劳修斯在总结前人大量观察和实验的基础上提出：**热量不可能自动地由低温物体传向高温物体.** 这就是热力学第二定律的**克劳修斯表述**. 在克劳修斯表述中，“自动地”是一个关键词，意思是，不需消耗外界能量，热量可直接从低温物体传向高温物体. 但这是不可能的，制冷机中是通过外力做功才迫使热量从低温物体流向高温物体的.

热力学第二定律的这两种表述，表面上看来各自独立，由于其内在实质的同一性，所以两种表述是等价的. 我们可以采用反证法来证实，即如果两种表述之一不成立，则另一表述亦不成立.

先证违反开尔文表述，必然违反克劳修斯表述. 假如开氏表述不对，即可以从单一热源吸取热量 $Q$、并把它完全变为功 $W$，而不引起其他变化，则我们可用这个功去推动一台制冷机，如图 14.18(a) 所示，现在两台机组合成一台机，其最终效果是不需消耗任何外界的功，热量 $Q_2$ 自动地由低温流向高温，这等于说克氏表述也不对. 即违反开氏表述，必然导致也违反克劳修斯表述.

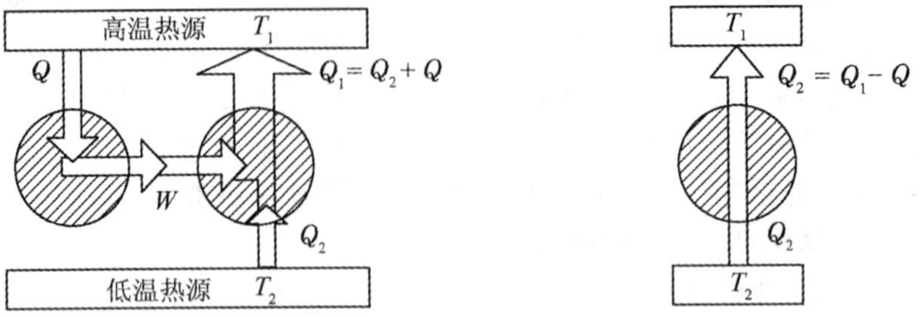


(a) 违反开尔文表述的机器＋致冷机 (b) 违反克劳修斯表述的机器

图 14.18

再证违反克劳修斯表述，必然违反开尔文表述. 假如克氏表述不对，即热量能自动地由低温流向高温，而不引起其他变化. 我们把违反克氏表述的机器与一台热机组成复合机，并让热机放给低温热源的热量，自动流回高温热源，则最终效果为从单一高温热源吸收的热量 $Q_1-Q_2$，完全变为 $W$，而不引起其他变化，即开氏表述也不对. 这就是说违反克氏表述，也必然导致违反开氏表述. 如图 14.19 所示.

至此，我们证明了热力学第二定律的两种表述是等价的.

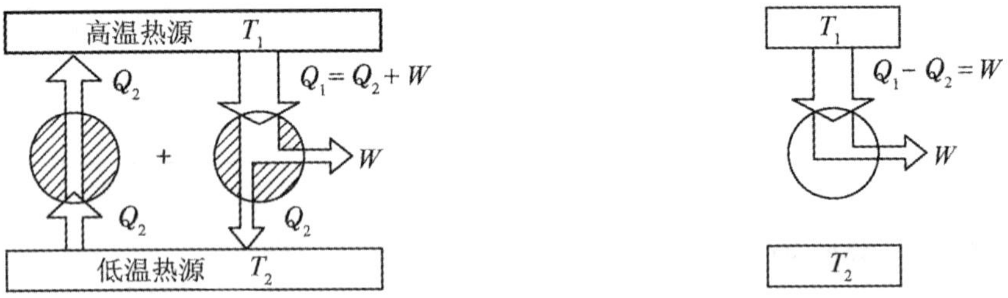


(a) 违反克劳修斯表述的机器＋热机 (b) 违反开尔文表述的机器

图 14.19

### 14.6.3 自然过程的方向性

在一个不受外界影响的孤立系统内自动进行的过程叫**自然过程**. 热力学第二定律表明**与热现象有关的宏观自然过程都按一定的方向进行**.

开尔文表述指出，在不引起其他变化或不产生其他影响的情况下，不可能把吸收的热量全部变为有用功，但是相反的过程，功全部变为热能是完全可能发生的. 例如，单摆在摆动过程中，由于空气阻力及悬点处摩擦力的作用，振幅逐渐减小，直到静止，过程中功转变为热量，机械能全部转化为内能，功变热是自动地进行的. 但这种能量形式的逆向转换，热变功却不会自动发生，虽然逆向转换不违反热力学第一定律. 说明功热转换的过程是有方向性的.

当两个温度不同的物体相互接触时，热量总是自动地从高温物体传到低温物体，不会自动地从低温物体传到高温物体，而使高温物体的温度越来越高，低温物体温度越来越低，尽管热量从低温物体传到高温物体的过程也不违反热力学第一定律. 这个事实说明热传导过程也具有方向性,这与克劳修斯的表述一致.

将盛有气体的绝热容器与一真空绝热容器接通时气体会自动地向真空中膨胀,但是已经膨胀到真空中的气体,不会自动退回到膨胀前的容器中去,气体向真空中绝热自由膨胀的过程是自然过程,而相反的过程不能自动进行.

关于自然过程具有方向性的例子还有很多,如两种不同气体放在一个容器里,它们能自发地混合,却不能自发地再度分离成两种气体;一滴墨水滴入水中,墨水会自动进行扩散,直至达到均匀分布,已经分布均匀的墨水,不会自动的浓缩回它扩散前的状态,等等.

上面所举各例的共同特点是:系统可以从某一初态自动地过渡到某一末态,但逆过程不能自动进行.

### 14.6.4　可逆过程与不可逆过程

为了分析过程的方向性,进一步从理论上研究热力学过程的规律,需引入可逆过程与不可逆过程的概念.

设一个系统,由某一状态出发,经过一过程达到另一状态,如果存在一个逆过程,该逆过程能使系统和外界同时完全复原(即系统回到原来状态,同时消除了原来过程对外界引起的一切影响),则原来的过程称为**可逆过程**;反之,如果逆过程不具有上述性质,也就是用任何方法都不可能使系统和外界同时完全复原,则原来的过程称为**不可逆过程**.

分析自然界中各种不可逆过程,人们发现,不可逆过程产生的原因是:① 系统内部出现了非平衡因素,如有限压强差、有限的密度差、有限的温度差等,使平衡态遭到破坏;② 存在耗散效应,如摩擦、黏滞性、非弹性、电阻等. 因此,若一个过程是可逆过程,它必须具有下面两个特征:首先过程中不出现非平衡因素,即过程必须是准静态的无限缓慢的过程,以保证每一中间状态均是平衡态;其次过程中无耗散效应. 可逆的热力学过程是对准静态过程的进一步理想化,是一种理想模型. 尽管如此,仍有研究可逆过程的必要. 因为,实际过程在一定条件下可以近似地作为可逆过程处理;同时,还可以通过可逆过程的研究去寻找实际过程的规律.

过程不可逆性就是过程进行具有方向性. 热力学第二定律的开尔文表述是关于功热转换的不可逆性,克劳修斯表述是关于热传递的不可逆性,大量事实表明,与热现象有关的实际宏观过程都是不可逆的. 这是由于自然界中与热现象有关的实际宏观过程都涉及功热转换或热传导,由非平衡态向平衡态的转化时,实际上存在各种差异和耗散,无论用何方法,都不可能使系统和外界同时回到原来状态.

各种不可逆过程是互相联系的. 前面我们已经证明了开尔文表述和克劳修斯表述是等价的,这表明功热转换的不可逆性与热传递的不可逆性是相联系的. 事实上,所有不可逆过程都是互相联系的,如果一种不可逆过程存在(或消失),可以证明,另一不可逆过程也存在(或消失),总可由一个过程的不可逆性推断另一个过程的不可逆性. 由于不可逆过程多种多样,相互依存,因此热力学第二定律可以有各种不同的表述,但不管其具体表述如何,其实质在于指出,**一切与热现象有关的实际宏观过程都是不可逆的**. 热力学第二定律揭示了实际宏观热力学过程进行的条件和方向.

# 14.7 热力学第二定律的统计意义 玻耳兹曼熵

热力学第二定律指出一切与热现象有关的实际宏观过程都是不可逆的,自然过程具有方向性.我们可以从微观上来理解这条定律的意义.

## 14.7.1 热力学第二定律的微观意义

热力学研究的对象是包含大量原子、分子等微观粒子的系统,热力学过程就是大量分子无序运动状态的变化.我们用前面的几个自然过程实例来定性说明.

单摆在摆动过程中,功转变成热,机械能转化为内能.功可看作是大量分子定向运动的结果,内能相当于大量分子无规则的热运动,从微观看,在功转变成热的过程中,自然过程是大量分子从有序运动状态向无序运动状态转化的过程.但其逆过程却不能自动进行,即不可能由大量分子无规则的热运动自动转变为有序运动.

当两个存在一定温差的物体相互接触时,热量可以自动地从高温物体传向低温物体,最后达到相同的温度.而温度是大量分子无规则热运动平均平动动能的量度,温度高的物体分子无序运动的平均平动动能大,温度低的物体分子无序运动的平均平动动能小.虽然两物体都是作无序运动,但还能根据分子平均平动动能区分开两物体.经过一段时间后,两物体温度相同,这时已不能按分子平均平动动能的不同来区分两物体了,这是由于大量分子无规则的热运动使得无序程度增加了.从微观看,热传导的过程中,自然过程是大量分子从无序程度小的运动状态向无序程度大的运动状态转化的过程.其逆过程却不能自动进行.

对于气体的绝热自由膨胀过程,首先是气体占据的空间小,膨胀后气体占据的空间大.在空间小时,整体上气体分子的位置不确定性小,无序性小,在空间较大时,气体分子的位置不确定性大,分子的运动状态更加无序了,无序性相对地比较大,因此,从微观看,气体的绝热自由膨胀过程中,自然过程也是大量分子从无序程度小的运动状态向无序程度大的运动状态转化的过程.其逆过程也不能自动进行.

从以上分析可知,大量分子无序运动状态变化的方向总是向无序性增大的方向进行,即**一切宏观自然过程总是沿着无序性增大的方向进行**.这就是热力学第二定律的微观意义.必须注意的是热力学第二定律是一统计规律,只适用于由大量分子构成的热力学系统.

## 14.7.2 热力学概率与玻耳兹曼熵

一个不受外界影响的孤立系统内部所发生的过程,总是沿着无序性增大的方向进行,那么怎样定量描述自然过程的方向性呢?玻耳兹曼首先把态函数熵和无序性联系起来,用数学形式来表示热力学第二定律的微观本质.为了引入熵,我们先初步了解一下热力学概率的知识.

**1. 热力学概率**

为简单起见,我们以单原子理想气体为例说明.如图 14.20 所示,用隔板将容器分成容积相等的 $A$、$B$ 两室,给 $A$ 室充以某种气体,$B$ 室为真空.设容器内只有 $a$、$b$、$c$、$d$ 4 个分子,在抽掉隔板气体自由膨胀后,每个容器中可能的分子分布情况如表 14.4 所示.对于气体的宏观热力学性质,并不需要确定每一个分子所处的微观位置和速度,只需要确定气体分子数的分布就行了.例如 $A$ 室中 3 个分子,$B$ 室中 1 个分子的一种分布,就属于一种宏观态.因此,我们把每个容器中分子数的不同分布称为一种宏观态.表中第一行表示有 5 种宏观态(此例只考虑分子位置,未考虑分子速度的不同作为微观状态的标志).而对于气体的每一确定的微观态,必须指出每个分子所处的具体微观位置和速度.对应于每一个宏观态,由于分子的微观组合不同,还可能包含有若干种微观态.例如,宏观态 $A3B1$,其就包含有 4 种微观态.

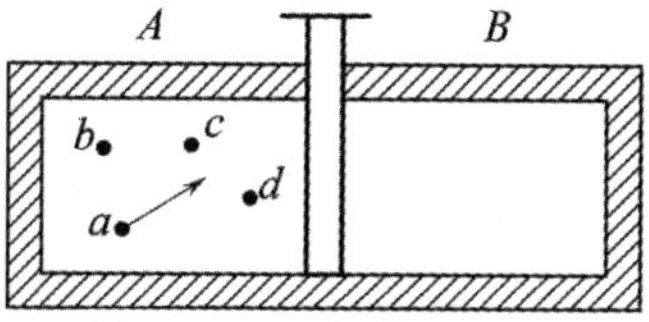

图 14.20　气体向真空中的自由膨胀

**表 14.4　4 个分子的可能宏观态及相应的微观态**

| 宏观状态 | | A4B0 | A3B1 | | | | A2B2 | | | | | | A1B3 | | | | A0B4 |
|---|---|---|---|---|---|---|---|---|---|---|---|---|---|---|---|---|---|
| 微观状态 | A | a b c d | a b c | b c d | c d a | d a b | a c | a b | a d | b c | b d | c d | a | b | c | d | |
| | B | | d | a | b | c | b d | c d | b c | a d | a c | a b | b c d | c d a | d a b | a b c | a b c d |
| 宏观态包含的微观态数 $\Omega$ 个 | | 1 | 4 | | | | 6 | | | | | | 4 | | | | 1 |

统计理论认为,孤立系统内,各微观态出现的机会是相同的,即等概率的.在给定的宏观条件下,系统存在大量各种不同的微观态,每一宏观态可以包含有许多微观态,统计物理学中定义:宏观态所对应的微观态数叫作该宏观态的**热力学概率**,用 $\Omega$ 表示.各宏观态所包容的微观态数目是不相等的.因而各宏观态的出现就不是等概率的了.由表中可知微观态数总共有 $16=2^4$ 个.如分子全部集中在 $A$ 室的宏观态,只含一个微观态,出现概率最小,只有 $\frac{1}{16}=\frac{1}{2^4}$,而两室内分子均匀分布的 $A2B2$ 宏观态,所含微观态数最多,为 6 个,出现概率最大,有 $\frac{6}{16}=\frac{6}{2^4}$.如果上述系统有 $N$ 个分子,同样分成容积相等的 $A$,$B$ 两部分,可以推论,其总微观态数应为 $2^N$ 个,$N$ 个分子自动退回 $A$ 室的宏观态,概率仅为 $1/2^N$.由于一般热学系统所包含的分子数十分巨大,例如,1 mol 气体的分子数 $6.023\times10^{23}$ 个,所以气体自由膨胀后,所有分子退回到 $A$ 室的概率为 $\frac{1}{2^{6.023\times10^{23}}}$,这个概率如此之小,实际上根本观察不到.而 $A$ 室和 $B$ 室分子各半的均匀分布以及附近的宏观态出现的概率最多.所以自由膨胀过程实际上是由包含微观态数少的宏观态向包含微观态数多的宏观态进行,或者说由概率小的宏观态向概率大的宏观态进行.这一结论对所有自然过程都是成立的.

前面从微观上定性地分析了一切宏观自然过程总是沿着无序性增大的方向进行,这里定量地说明了自然过程总是由热力学概率小的宏观态向热力学概率大的宏观态进行,这就是**热力学第二定律的统计意义**.由此可知热力学概率是分子运动无序性的一种量度.

**2. 玻耳兹曼熵**

进一步分析 20 个微观粒子的分布情况,如表 14.5 所示.从表可以看出全部分布在 $A$ 室

或 $B$ 室的宏观态热力学概率最小，而在 $A$ 室和 $B$ 室各半的均匀分布的微观态数目最多，热力学概率最大. 计算还可证明，当微观粒子数增多时，$A$ 室和 $B$ 室各半的均匀分布及其附近的微观态数目占总微观状态数的绝大部分，因此在热力学系统处于均匀分布的平衡态及其附近宏观态的热力学概率完全占据了统治地位，接近百分之百，而其他宏观态的热力学概率几乎可以忽略.

**表 14.5　20 个分子的位置分布与熵**

| 宏观态 | | 微观态数($\Omega$) | 熵 $S = k\ln\Omega$ |
|---|---|---|---|
| 左 20； | 右 0 | 1 | 0 |
| 左 18； | 右 2 | 190 | 5.25 $k$ |
| 左 15； | 右 5 | 15 504 | 9.65 $k$ |
| 左 11； | 右 9 | 167 960 | 12.03 $k$ |
| 左 10； | 右 10 | 184 765 | 12.13 $k$ |
| 左 9； | 右 11 | 167 960 | 12.03 $k$ |
| 左 5； | 右 15 | 15 504 | 9.65 $k$ |
| 左 2； | 右 18 | 190 | 5.25 $k$ |
| 左 0； | 右 20 | 1 | 0 |

分析说明，宏观自然过程总是往热力学概率 $\Omega$ 增大的方向进行，当达到 $\Omega_{\max}$ 时，该过程就停止了，同时也看到，一般情况下的热力学概率 $\Omega$ 是非常大的，为了便于理论上处理，1877 年玻耳兹曼引入一个态函数熵，用 $S$ 表示，其与热力学概率 $\Omega$ 的关系为

$$S = k\ln\Omega \tag{14.27}$$

称**玻耳兹曼熵**，$k$ 为玻耳兹曼常数，熵的单位是 J/K.

对于热力学系统的每一个宏观态状态，就有一个热力学概率 $\Omega$ 值对应，也就有一个熵值 $S$ 对应，故熵是系统状态函数. 热力学概率 $\Omega$ 是分子运动无序性的一种量度，和 $\Omega$ 一样，熵的微观意义是系统内分子热运动的无序性的一种量度.

在一定条件下，两个子系统有热力学概率 $\Omega_1$ 和 $\Omega_2$，对应的状态函数分别为 $S_1$、$S_2$，则在同样的条件下，根据概率的性质，整个系统的热力学概率为 $\Omega = \Omega_1\Omega_2$，所以

$$S = k\ln\Omega = k\ln\Omega_1\Omega_2 = k\ln\Omega_1 + k\ln\Omega_2 = S_1 + S_2$$

也就是说熵具有可加性，若一系统由两个子系统组成，则

$$S = S_1 + S_2$$

当引入态函数熵 $S$ 后，热力学第二定律可用熵来描述，一切宏观自然过程总是沿着无序性增大的方向进行，也就是沿着熵增加的方向进行，即

**在孤立系统中所进行的自然过程总是沿着熵增大的方向进行，平衡态对应于熵最大的状态，这就是熵增加原理**. 数学式

$$\Delta S \geqslant 0$$

# 近代物理篇

相对论和量子论是20世纪初的重大理论成果，它们促进了经典物理学向近代物理学的过渡，是近代物理学的两大理论支柱.

相对论分为狭义相对论和广义相对论，是爱因斯坦于1905年、1915年分别发表的.狭义相对论指出，作为整个牛顿力学基础的时间和空间的概念，尽管与人们已有的经验相符，实际上并不是普遍正确的.狭义相对论以爱因斯坦的两条基本假设为基础，对时间和空间概念进行了深刻分析，提出时间和空间是彼此密切联系的统一体，空间的距离和时间的进程都是相对的，均与参考系的选取有关.狭义相对论涉及的是物理学中一些最基本的概念，很难把它归属于物理学的哪一个分支，然而它对时间和空间概念所进行的革命性的变革，对整个物理学产生了深远的影响.广义相对论是用几何语言描述的引力理论，爱因斯坦认为万有引力效应是空间、时间弯曲的一种表现.

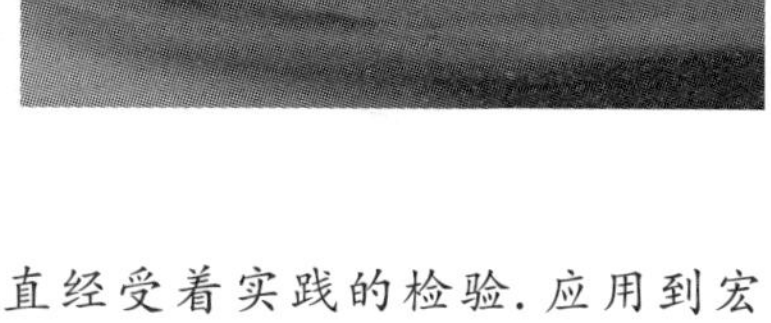

量子概念是1900年普朗克首先提出的，其间，经过爱因斯坦、玻尔、德布罗意、玻恩、海森伯、薛定谔、狄拉克等许多物理大师的创新努力，到20世纪30年代才建立了一套完整的量子力学理论.在此完整理论建立之前的量子论，对微观粒子的本性还缺乏全面认识，称为早期量子论或旧量子论.量子论是研究微观粒子运动规律及物质微观结构的理论，被广泛地用来研究微观物理学的各领域，如原子、原子核、固体、半导体等，并都取得了巨大成就.量子论与相对论一样，是基础性的、不同寻常的理论，并一直经受着实践的检验.应用到宏观领域时，量子力学就转化为经典力学，正像在低速领域相对论转化为经典理论一样.

本篇主要讲述狭义相对论和早期量子论，对量子力学只介绍波函数和薛定谔方程.

# 第 15 章
# 相　对　论

相对论和量子论是近代物理学的两大理论支柱，是现代高新技术的理论基础.

相对论是关于时间、空间和物质运动关系的理论，通常包括两部分：狭义相对论（又称特殊相对论）和广义相对论. 狭义相对论不考虑物质质量对时空的影响，是相对论的特殊情况. 1905 年，爱因斯坦发表《论动体的电动力学》论文，创立了狭义相对论. 1915 年，爱因斯坦又创立了广义相对论. 广义相对论考虑质量对时空的影响，是关于引力的理论. 相对论自建立以来，已有百年，经受了大量实验的检验，至今还没发现有什么实验结果与其相违背.

本章重点介绍狭义相对论基础.

# 15.1 伽利略变换和经典力学时空观

## 15.1.1 伽利略变换 经典力学时空观

在同一时刻，同一物体的坐标从一个坐标系变换到另一个坐标系，叫作坐标变换. 联系这两组坐标的方程，叫作坐标变换方程. 设两个相对作匀速直线运动的参考系 $S$ 和 $S'$. 参考系 $S'$(比如一节火车车厢) 相对参考系 $S$(比如地面) 沿共同的 $x'$、$x$ 轴正方向作速度为 $\boldsymbol{u}$ 的匀速直线运动(见图 15.1). 设时间 $t = t' = 0$ 时，两坐标系的原点 $O$ 与 $O'$ 重合，某一时空点 $P$ 在 $S$ 系、$S'$ 系分别为$(x,y,z,t)$ 和$(x',y',z',t)$. 其坐标变换方程为

$$\begin{cases} x' = x - ut \\ y' = y \\ z' = z \\ t' = t \end{cases} \quad 或 \quad \begin{cases} x = x' + ut' \\ y = y' \\ z = z' \\ t = t' \end{cases} \tag{15.1}$$

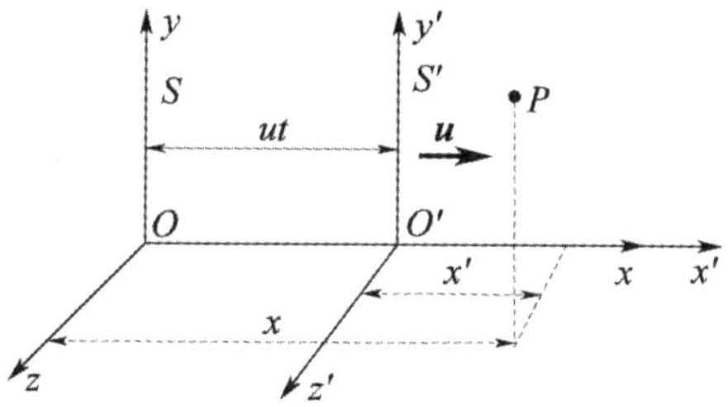


图 15.1 坐标变换

式(15.1) 叫作**伽利略坐标变换方程**. 这个变换方程已经对时间、空间性质作了某些假定. 这些假定主要有两条：第一，假定了时间对于一切参考系、坐标系都是相同的，也就是假定存在着与任何具体参考系运动状态无关的同一时间，即 $t = t'$. 既然时间是不变的，那么，时间间隔 $\Delta t = t_2 - t_1 = t'_2 - t'_1 = \Delta t'$ 在一切参考系中也都是相同的，时间间隔与空间坐标变换无关. 时间是用时钟测量的数值，这相当于假定存在不受运动状态影响的时钟. 第二，假定了在任一确定时刻，空间两点间的长度为

$$\Delta L = \sqrt{(x_2 - x_1)^2 + (y_2 - y_1)^2 + (z_2 - z_1)^2}$$

对于一切参考系、坐标系都是相同的，也就是假定空间长度与任何具体参考系的运动状态无关. 空间长度是用尺测量的数量，这相当于假定存在不受运动状态影响的直尺. 用数学式表示就是

$$\Delta L = \Delta L'$$

或

$$\begin{aligned} &\sqrt{(x_2 - x_1)^2 + (y_2 - y_1)^2 + (z_2 - z_1)^2} \\ = &\sqrt{(x'_2 - x'_1)^2 + (y'_2 - y'_1)^2 + (z'_2 - z'_1)^2} \end{aligned}$$

这些假定与经典力学时空观是一致的.牛顿说:"绝对的、真正的和数学的时间,就其本质而言,是永远均匀地流逝着,与任何外界事物无关","绝对空间,就其本质而言,是与任何外界事物无关的,它永远不动、永远不变",这就是**经典力学时空观**,也称**绝对时空观**.按照这种观点,时间和空间是彼此独立的,互不相关,并且不受物质和运动的影响.这种绝对时间可以形象地比拟为独立的不断流逝着的流水;绝对空间可比拟为能容纳宇宙万物的一个无形的、永不动的容器.伽利略变换就是以这种绝对时空观为前提.可以说,伽利略变换是绝对时空观的数学表述.

### 15.1.2 伽利略相对性原理

早在1632年,伽利略曾在封闭的船舱里观察了力学现象,他的观察记录如下:"在这里(只要船的运动是等速的),你观察的一切现象中辨别不出丝毫的改变,你不能根据任何现象来判断船究竟是运动还是停止.当你在船板上跳跃时,你所跳过的距离和你在一条静止的船上跳跃时所跳过的距离完全相同,也就是说,你向船尾跳时并不比你向船头跳时——由于船的匀速运动——跳得更远些,虽然当你跳在空中时,在你下面的船板是在向着和你跳跃相反的方向奔驰着.当你抛一件东西给你的朋友时,如果你的朋友在船头而你在船尾,你费的力并不比你们站在相反的位置时所费的力更大.从挂在天花板下的装着水的酒杯里滴下的水滴,将竖直地落在地板上,没有任何一滴水偏向船尾方向滴落,虽然当水滴尚在空中时,船在向前走……"在这里,伽利略描述的种种现象表明:**一切彼此作匀速直线运动的惯性系,对描述运动的力学规律来说是完全相同的**.在一个惯性系内所作的任何力学实验都不能确定这一个惯性系是静止状态,还是在作匀速直线运动状态.或者说,**力学规律对一切惯性系都是等价的**.这就是**力学的相对性原理**,也称**伽利略相对性原理**,或称**经典相对性原理**.

一个物理规律,它的基本定律用数学表述总可以写成一个数学方程式.如果方程式的每一项都服从相同的变换法则,则称该方程在这个变换下是协变的(不变式是协变式的特例:方程式中的每一项在变换下都不变).在某个变换下协变的物理规律,它的基本定律在该变换联系的那些参考系中具有相同的数学表达式,通常称这个规律在该变换下不变.经典力学的基本定律是牛顿运动定律,而牛顿运动定律对于由伽利略变换联系的所有惯性系都有相同的数学表达式,因此说经典力学服从伽利略变换,满足伽利略相对性原理.

把式(15.1)对时间$t$求导一次,得

$$\begin{cases} v'_x = v_x - u \\ v'_y = v_y \\ v'_z = v_z \end{cases} \tag{15.2}$$

这就是$S$和$S'$系之间的速度变换法则,叫**伽利略速度变换法则**,或称**经典速度相加定理**.

把式(15.2)对时间再求一次导数,得到$S$和$S'$系加速度变换关系为

$$\begin{cases} a'_x = a_x \\ a'_y = a_y \\ a'_z = a_z \end{cases} \tag{15.3}$$

式(15.3)说明在所有惯性系中,加速度是不变量.经典力学中质量也是与参考系选择无关的物理量,即$m = m'$,于是,牛顿第二定律在所有惯性系中都具有相同的数学表述,即在惯性系$S$中有$\boldsymbol{F} = m\boldsymbol{a}$,则在$S'$系一定有$\boldsymbol{F}' = m'\boldsymbol{a}'$.

## 15.2 狭义相对论产生的实验基础和历史条件

经典力学，如声学的研究表明，波动是机械振动在弹性媒质中的传播过程. 没有弹性媒质，就不会有机械波. 当时的物理学家认为可以用这样的框架来解释一切波动现象. 19世纪，特别是法拉第发现电磁感应定律(1831年)之后，电磁技术被广泛地应用到工业和人类的日常生活之中，促进了对电磁运动规律的深入探索. 1865年麦克斯韦建立了描述电磁运动普遍规律的麦克斯韦方程组. 其地位、作用相当于经典力学中的牛顿运动定律. 麦克斯韦从这组方程出发，预言了电磁波的存在. 1888年，赫兹实验证实了电磁波的存在，这是物理学发展史上的重大事件. 电磁波就是以波动形式传播的电磁场. 如果将真空中电磁波的波动方程与机械波的波动方程相比较，就会发现电磁波的波速等于光速，于是断定光是特定波长范围的电磁波. 由此麦克斯韦提出了光的电磁学说. 人们在考察这一理论的基础时碰到了一些困难. 当时，这些困难集中在经典电磁学的以太假说. 以太假说的主要内容是：以太是传播包括光波在内的电磁波的弹性媒质，它充满整个宇宙空间. 以太中的带电粒子振动会引起以太变形，这种变形以弹性波的形式传播，这就是电磁波. 当时普遍认为，在相对以太静止的惯性系中，麦克斯韦方程组是成立的，因此导出的电磁波的波动方程成立. 电磁波沿各方向传播的速度都等于恒量 $c$. 那么，在相对以太运动的惯性系中，按伽利略变换，电磁波沿各方向传播的速度并不等于恒量 $c$. 这一结果很重要，引起当时物理学家的重视. 下面计算一下按伽利略速度变换法则预言在相对以太作匀速直线运动的参考系中光在真空中传播的速度. 设 $S$ 系相对以太静止，$S'$ 系相对以太的速度为 $u$(见图15.2). 光在 $S$ 系中沿任意方向的速度[设为 $v = v(v_x, v_y, v_z)$]的大小都相等，即

$$v = \sqrt{v_x^2 + v_y^2 + v_z^2} = c$$

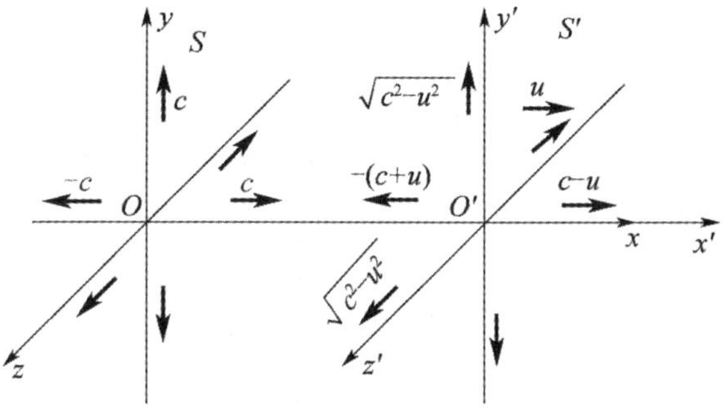


图15.2 按伽利略速度变换预言 $S'$ 系中光的速度

按伽利略速度变换式(15.2)，计算在 $S'$ 系中光沿 $x'$ 轴、$y'$ 轴正反方向传播的速度 $v'_x, v'_y$. 当光沿 $x'$ 轴正向传播时，要求真空中光速为 $v'_x > 0, v'_y = v'_z = 0$，式(15.2)中 $v_y = v_z = 0$，$v_x = c$，所以，由此变换得到 $v'_x = c - u$. 当光在 $S'$ 系中沿 $x'$ 轴负向传播时，要求 $v'_x < 0$，$v'_y = v'_z = 0$，式(15.2)中 $v_y = v_z = 0, v_x = -c$，便得到 $v'_x = -(c+u)$. 当光沿垂直于 $x'$ 轴的方向传播时，比如沿 $y'$ 轴的正方向传播，相当于要求 $v'_x = v'_z = 0, v'_y > 0$，则式(15.2)中 $v_x = u, v_z = 0$，再代入前面速度 $v$ 的公式，$u^2 + v_y^2 + 0 = c^2$，得 $v'_y = v_y = \sqrt{c^2 - u^2}$，其他垂

直于 $x'$ 方向传播光速，仿此计算，为 $\pm\sqrt{c^2-u^2}$.

当时(19 世纪)，人们认为伽利略变换对一切物理规律都是适用的，因此上述的计算结果应该是正确的. 而这里麦克斯韦方程组在伽利略变换下方程的形式发生了变化，只能说明，不是伽利略变换不对，而是麦克斯韦方程组不服从伽利略变换，它只在相对以太静止的惯性系里才成立. 这样，以太就成了一个优越的参考系. 既然根据伽利略相对性原理，人们不可能用力学实验找到力学中优越的惯性系(绝对空间)，而现在人们便可以用测量运动物体中光速的方法去寻找这一优越的参考系 —— 以太.

人们若找到以太，则把以太定义为绝对空间，相当于找到了牛顿的绝对空间. 于是，人们纷纷设计一些实验来寻找以太. 在这些实验中，以迈克耳孙 — 莫雷的实验精度最高$[(\frac{u}{c})^2$ 级]，最具代表性.

**迈克耳孙 — 莫雷实验**的目的是观测地球相对以太的绝对运动. 实验装置是迈克耳孙干涉仪. 该仪器的光路原理图如图 15.3 所示. 实验原理及实验步骤说明如下.

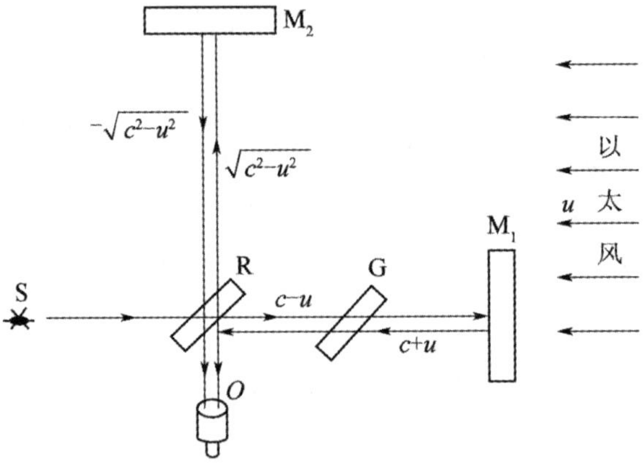


图 15.3　迈克耳孙 — 莫雷实验的光路原理图

设以太相对太阳系($S$ 系)静止，地球($S'$ 系)相对太阳系速度为 $u$. 实验时，先将干涉仪的一臂(如 $RM_1$)与地球运动方向平行，另一臂(如 $RM_2$)与地球运动方向垂直. 根据伽利略速度变换法则，在与地球固连的实验室系中，光沿各方向传播的速度大小并不相等(见图 15.2). 当两臂长相等时，光程差不为零，可以看到干涉条纹. 如果将整个装置缓慢转过 90°，应该发现干涉条纹移动. 由条纹移动的数目，可以推算出地球相对以太参考系的绝对速度 $u$. 现在来计算光线通过两臂往返的时间. 对 $RM_1$ 臂，臂长 $l_1$，利用前面已经计算的光沿 $x'$ 轴往返的速度(见图 15.2)，则得

$$t_1=\frac{l_1}{c-u}+\frac{l_1}{c+u}=\frac{2l_1c}{c^2-u^2} \tag{15.4}$$

对 $RM_2$ 臂，臂长 $l_2$，利用前面计算过的光沿 $y'$ 轴正反方向传播的速度，求得光通过 $RM_2$ 臂往返的时间是

$$t_2=\frac{2l_2}{\sqrt{c^2-u^2}}$$

时间差为

$$\Delta t=t_1-t_2=\frac{2}{c}\left[\frac{l_1}{1-\left(\frac{u}{c}\right)^2}-\frac{l_2}{\sqrt{1-\left(\frac{u}{c}\right)^2}}\right] \tag{15.5}$$

转过 90° 后，时间差为

$$\Delta t' = t_1' - t_2' = \frac{2}{c}\left[\frac{l_1}{\sqrt{1-\left(\frac{u}{c}\right)^2}} - \frac{l_2}{1-\left(\frac{u}{c}\right)^2}\right] \tag{15.6}$$

于是得到干涉仪转动前后，光通过两臂时间差的改变量为

$$\delta t = \Delta t - \Delta t' = \frac{2(l_1+l_2)}{c}\left[\frac{1}{1-\left(\frac{u}{c}\right)^2} - \frac{1}{\sqrt{1-\left(\frac{u}{c}\right)^2}}\right]$$

考虑$\left(\frac{u}{c}\right)$是小量，利用近似公式：

$$\frac{1}{1-\alpha} \approx 1+\alpha, \quad \alpha = \left(\frac{u}{c}\right)^2$$

$$\frac{1}{\sqrt{1-\alpha}} \approx 1+\frac{1}{2}\alpha$$

则

$$\delta t \approx \frac{(l_1+l_2)}{c}\left(\frac{u}{c}\right)^2$$

应有干涉条纹移动的数目. 也就是说，在缓慢地旋转迈克耳孙干涉仪前后，应该观察到光的干涉条纹移动，然而，1881 年迈克耳孙首次实验，没有观察到预期的干涉条纹移动. 1887 年，迈克耳孙和莫雷提高实验精度，使臂长 $l_1 = l_2 = l = 11$ m，光波长 $\lambda = 5.9\times10^{-7}$ m，如果取 $u = 3.0\times10^4$ m/s（为地球绕太阳公转的速度），预期 $\Delta N \approx 0.37$ 条. 但实验观测值小于 0.01 条. 当然地球有公转和自转，不是一个真正的惯性系，但在实验持续的那么短的时间内，将地球作为惯性系是没问题的. 当然，太阳系也是运动着的，为了避免公转速度与太阳系运动速度正好抵消这种偶然可能性，迈克耳孙和莫雷经过半年后（此时地球相对太阳系运动方向相反）又重复实验，结果仍然没观察到干涉条纹移动. 之后，许多科学家在地球的不同地点、不同季节里重复迈克耳孙－莫雷实验，结果是相同的，无法测出地球相对以太的运动.

当时人们认为在地球上用实验应该能测出地球相对以太的运动，可是一系列实验都否定了这个观点，这是出乎意料的. 于是不少科学家提出许多种理论来解释迈克耳孙－莫雷实验. 例如，洛伦兹的运动长度收缩的假说，以太完全被实物牵引的假说，等等，都保留了以太，是可以解释迈克耳孙－莫雷实验的；也有人（如里兹）认为应该抛弃以太，同样可以解释迈克耳孙－莫雷实验的结果. 在多种理论中，只有爱因斯坦的狭义相对论是唯一能圆满地解释迈克耳孙－莫雷实验和其他有关实验、观察事实的理论.

## 15.3　狭义相对论基本原理　洛伦兹变换

### 15.3.1　狭义相对论的两条基本原理

任何实验都没有观察到地球相对以太参考系的运动，爱因斯坦认为应该抛弃以太，根本就不存在那样一个假想的以太参考系. 电磁场不是媒质的状态，而是独立的实体，是物质存在的一种基本形态.

实验表明，电磁现象（包括光）与力学现象一样，并不存在特殊最优越的参考系（力学中

最优越的参考系指牛顿的绝对空间,电磁学中最优越的参考系指以太).在所有惯性系中,电磁理论的基本定律(麦克斯韦方程组)具有相同的数学形式,这表明电磁现象也满足物理的相对性原理.那么,经典电磁理论与伽利略变换矛盾又怎么办?这就要求通过建立惯性系之间新的变换关系式和新的相对性原理来解决这个基本矛盾.经典电磁理论应该满足这个新的变换关系式和新的相对性原理,而经典力学则应该受到改造,使之适合这个新的变换关系.当然,在回到宏观世界低速运动时,应该要求新的力学过渡到经典力学,新的坐标变换过渡到伽利略变换.因为在宏观低速的条件下牛顿力学和伽利略变换都被实验验证是正确的.

实验表明,对任何惯性系,电磁波(光波)在真空中沿任何方向传播的速度量值都为 $c$,与光源的运动状态无关.

爱因斯坦把上述那些观点概括表述为狭义相对论的两条基本原理:

(1) **相对性原理:所有物理定律在一切惯性系中都具有相同的形式.或者说,所有惯性系都是平权的,在它们之中所有物理规律都一样.**

(2) **光速不变原理:所有惯性系中测量到的真空中光速沿各方向都等于 $c$,与光源的运动状态无关.**

这两条基本原理是整个狭义相对论的基础.

爱因斯坦 1905 年建立狭义相对论时,上述两条基本原理称作"两条基本假设".因为当时只有为数不多的几个实验事实.至今已有百年,大量实验事实直接、间接验证了这两条基本假设和相对论的结论,因此改称为原理.

### 15.3.2 洛伦兹变换

设 $S$ 系和 $S'$ 系是两个相对作匀速直线运动的惯性系,如图 15.4 所示.可以适当地选取坐标轴、坐标原点和计时零点,使 $S$ 系与 $S'$ 系的关系满足以下规定:设 $S'$ 系沿 $S$ 系的 $x$ 轴正向以速度 $u$ 相对 $S$ 系作匀速直线运动;使 $x'$、$y'$、$z'$ 轴分别与 $x$、$y$、$z$ 轴平行;$S$ 系的原点 $O$ 与 $S'$ 系原点 $O'$ 重合时,两惯性系在原点处的时钟都指示零点.洛伦兹求出同一事件 $P$(就是在某时刻在空间某点的物理事件,仅用一个时空点来表示)的两组坐标$(x,y,z,t)$和$(x',y',z',t')$之间的关系:

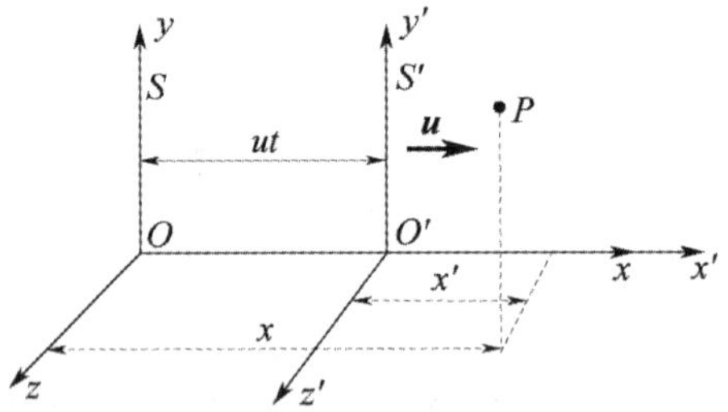


图 15.4　两个相对作匀速直线运动的坐标系

$S \to S'$ 的变换(正变换)方程为

$$\begin{cases} x' = \gamma(x - ut) \\ y' = y \\ z' = z \\ t' = \gamma\left(t - \dfrac{u}{c^2}x\right) \end{cases} \tag{15.7a}$$

$S' \rightarrow S$ 系变换(逆变换)方程为

$$\begin{cases} x = \gamma(x' + ut) \\ y = y' \\ z = z' \\ t = \gamma\left(t' + \dfrac{u}{c^2}x'\right) \end{cases} \tag{15.7b}$$

式中

$$\gamma = \frac{1}{\sqrt{1-\beta^2}} = \frac{1}{\sqrt{1-\left(\dfrac{u}{c}\right)^2}}$$

$$\beta = \frac{u}{c}$$

早在爱因斯坦建立狭义相对论之前,洛伦兹在研究电磁场理论、解释迈克耳孙-莫雷实验时就提出了这些变换方程式,因此将式(15.7)称为**洛伦兹坐标变换公式**.

### 15.3.3 洛伦兹速度变换

现考虑一个质点 $P$ 在某一瞬时的速度. 在 $S$ 系的速度 $v\,(v_x, v_y, v_z)$,在 $S'$ 系它的速度为 $v'(v'_x, v'_y, v'_z)$. 根据速度的定义,则

$$v_x = \frac{dx}{dt}, \quad v_y = \frac{dy}{dt}, \quad v_z = \frac{dz}{dt}$$

$$v'_x = \frac{dx'}{dt'}, \quad v'_y = \frac{dy'}{dt'}, \quad v'_z = \frac{dz'}{dt'}$$

对洛伦兹变换式(15.7a)取微分

$$dx' = \gamma(dx - u dt) = \gamma\left(\frac{dx}{dt} - u\right)dt$$

$$dy' = dy$$

$$dz' = dz$$

$$dt' = \gamma\left(dt - \frac{u}{c^2}dx\right) = \gamma\left(1 - \frac{u}{c^2}\frac{dx}{dt}\right)dt = \gamma\left(1 - \frac{uv_x}{c^2}\right)dt$$

用 $dt'$ 去除前面的三式,即得

$$\begin{cases} v'_x = \dfrac{dx'}{dt'} = \dfrac{\gamma(v_x - u)dt}{\gamma\left(1 - \dfrac{uv_x}{c^2}\right)dt} = \dfrac{v_x - u}{1 - \dfrac{uv_x}{c^2}} \\ v'_y = \dfrac{dy'}{dt'} = \dfrac{dy}{\gamma\left(1 - \dfrac{uv_x}{c^2}\right)dt} = \dfrac{v_y}{\gamma\left(1 - \dfrac{uv_x}{c^2}\right)} \\ v'_x = \dfrac{dz'}{dt'} = \dfrac{v_z}{\gamma\left(1 - \dfrac{uv_x}{c^2}\right)} \end{cases} \tag{15.8}$$

根据相对性原理,把上式中的 $u$ 换为 $-u$,带撇的量和不带撇的量对调,便得到从 $S'$ 系到 $S$ 系的速度变换式为

$$\begin{cases} v_x = \dfrac{v'_x + u}{1 + \dfrac{uv'_x}{c^2}} \\ v_y = \dfrac{v'_y}{\gamma\left(1 + \dfrac{uv'_x}{c^2}\right)} \\ v_z = \dfrac{v'_z}{\gamma\left(1 + \dfrac{uv'_x}{c^2}\right)} \end{cases} \tag{15.9}$$

以上速度变换式称为**洛伦兹速度变换式**.虽然垂直于运动方向的长度不变,但速度是变的,这是因为时间间隔变了.

当 $u \ll c$ 和 $v_x \ll c$ 时,$\gamma \to 1$,$\dfrac{uv_x}{c^2} \to 0$,则式(15.8)为

$$v'_x = v_x - u, \quad v'_y = v_y, \quad v'_z = v_z$$

这就是伽利略速度变换式.

在 $v$ 平行于 $x$ 轴的特殊情况下,$v_x = v$,$v_y = 0$,$v_z = 0$,代入式(15.8),得到

$$v'_x = \frac{v - u}{1 - \dfrac{uv}{c^2}}, \quad v'_y = 0, \quad v'_z = 0 \tag{15.10}$$

在 $v'$ 平行 $x'$ 轴的特殊情况下,$v'_x = v'$,$v'_y = 0$,$v'_z = 0$,代入式(15.9),得到其逆变换:

$$v_x = \frac{v' + u}{1 + \dfrac{uv'}{c^2}}, \quad v_y = 0, \quad v_z = 0 \tag{15.11}$$

式(15.10)、式(15.11)是常用的特殊情况.

---

**例 15.1** 有一辆火车以速度 $u$ 相对地面作匀速直线运动.在火车上向前和向后射出两道光,求光相对地面的速度.

**解** 以地面为 $S$ 系,火车为 $S'$ 系,则光相对车向前的速度为 $v' = +c$,向后的速度 $v' = -c$ 代入式(15.11),则得

光向前的速度为
$$v = \frac{c + u}{1 + \dfrac{uc}{c^2}} = c$$

光向后的速度为
$$v = \frac{-c + u}{1 - \dfrac{uc}{c^2}} = -c$$

这正是光速不变原理所要求的.

---

**例 15.2** 设有两个火箭 A、B 相向运动,在地面测得 A、B 的速度沿 $x$ 轴正方向各为 $v_A = 0.9c$,$v_B = -0.9c$.试求它们相对运动的速度.

**解** 设地球为参考系 $S$,火箭 A 为参考系 $S'$.A 沿 $x$ 轴的正方向运动,$x$ 与 $x'$ 轴同向,则 $u = v_A$.B 相对 A 的运动速度,就是以 A 为参考系 $S'$ 中测得 B 的速度 $v'_x$,现已知 B 在 $S$ 系中的速度 $v_x = v_B = -0.9c$,代入式(15.10)得

$$v'_x = \frac{v_x - u}{1 - \frac{uv_x}{c^2}} = \frac{-0.9c - 0.9c}{1 - \left[\frac{(0.9c)(-0.9c)}{c^2}\right]} = -\frac{1.8c}{1.81} \approx -0.995c$$

这就是 B 相对 A 的速度. 同样可得 A 相对 B 的速度为

$$v'_x = 0.995c$$

洛伦兹速度变换表明:两个小于光速的速度合成小于光速;两个速度中有一个等于光速,或两个速度都等于光速,合成速度等于光速. 因此,我们可得出普遍结论:通过速度变换,在任何惯性系中物体的运动速度都不可能超过光速,也就是说,光速是物体运动的极限速度.

## 15.4 狭义相对论时空观

### 15.4.1 同时的相对性

在相对论时空观中,同时的相对性占有重要地位. 经典力学认为所有惯性系具有同一的绝对的时间,于是,同时也是绝对的. 也就是说,如果有两个事件,在某个惯性系中观测是同时的,那么,在所有其他惯性系中观测也都是同时的. 狭义相对论则指出不能给同时性以任何绝对的意义.

首先定性分析一个理想实验. 如图 15.5 所示,一相对地面惯性系($S$ 系)以速度 $u$ 匀速行驶的列车,通常称为爱因斯坦火车,取车厢为另一惯性系($S'$ 系). 设在车厢的正中央 $M'$ 处有一光源. 当 $M'$ 与 $S$ 系中的 $M$ 点重合时($M$ 是 $S$ 系的发光点),光源闪光,如图 15.5(a) 所示. 设同一光信号到达车厢前门为事件 1,到达后门为事件 2. 根据光速不变原理,在车厢($S'$ 系),光信号沿 $x'$ 轴的正、反方向传播速度都是 $c$,光源在车厢正中央,所以同一闪光信号同时到达前、后门,即事件 1、2 为同时事件,如图 15.5(b) 所示. 在地面参考系($S$ 系),光信号沿 $x$ 轴的正、反方向传播的速度也是 $c$. 但车厢前、后门随车厢一起沿 $x$ 轴正向以速度 $u$ 相对地面运动,后门向 $M$ 点接近,前门远离 $M$ 点. 所以,地面观测者测到光信号先到达后门、后到达前门,即事件 1、2 不是同时事件,如图 15.5(c) 所示.

这个例子说明,在一个惯性系中的两个同时事件,在另一个惯性系中观测不是同时的,这是时空均匀性和光速不变原理的一个直接结果.

如图 15.6 所示,一列爱因斯坦火车以速度 $u$ 通过车站. 车站观测者测到两个闪电同时分别击中车头和车尾. 此时车尾和车头在车站($S$ 系) 中的坐标分别为 $x_1$ 和 $x_2$. 设击中车尾为事件 1,在 $S$ 系时空坐标为$(x_1, t_1)$,在火车($S'$ 系) 中时空坐标为$(x'_1, t'_1)$;设击中车头为事件 2,在 $S$ 系时空坐标为$(x_2, t_2)$,在 $S'$ 系时空坐标为$(x'_2, t'_2)$.

根据洛伦兹变换

$$t'_1 = \gamma\left(t_1 - \frac{u}{c^2}x_1\right)$$

$$t'_2 = \gamma\left(t_2 - \frac{u}{c^2}x_2\right)$$

于是

$$t'_2 - t'_1 = \gamma\left[(t_2 - t_1) - \frac{u}{c^2}(x_2 - x_1)\right]$$

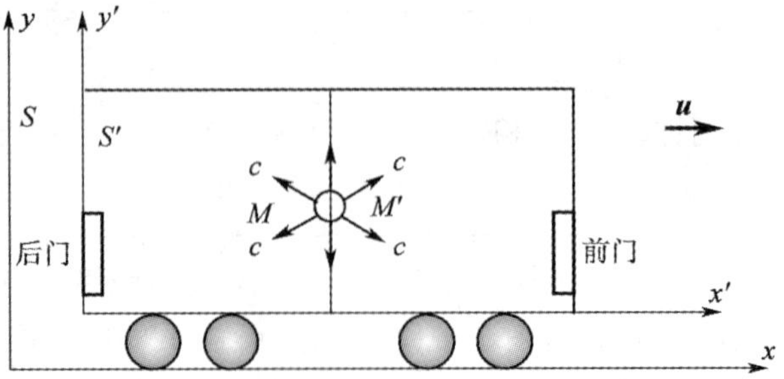


(a)车厢正中央$M'$处的灯与地面($S$系)中的$M$点重合时，开始闪光

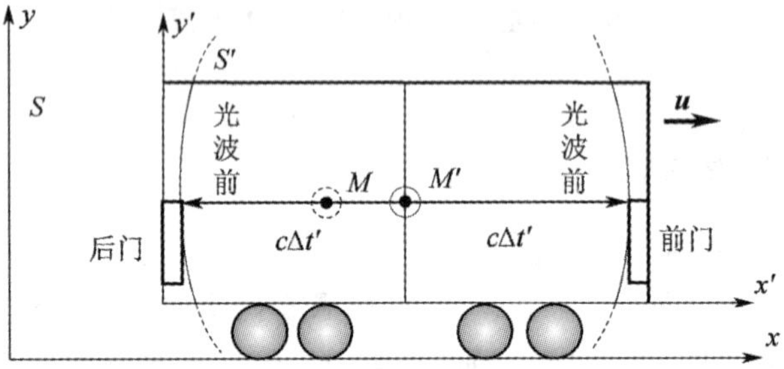


(b)车厢($S'$系)中光向各方向传播的速度都为$c$，所以同一光信号同时到达前、后门

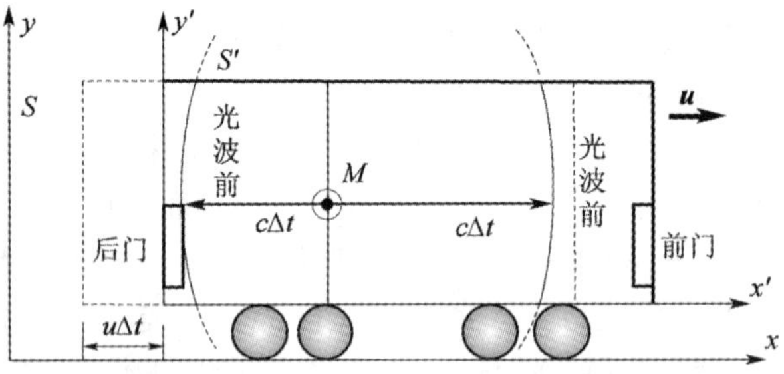


(c)在地面($S$系)中，光速不变，因后门以速度$u$接近$M$点，所以同一光信号先到达后门，后到达前门

图 15.5　同时的相对性

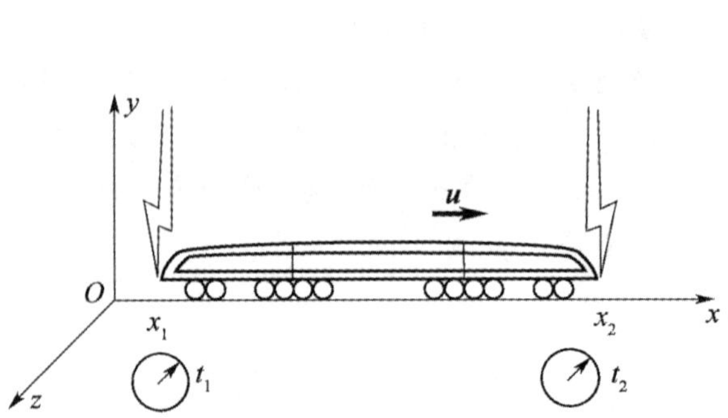


图 15.6　两个闪电同时击中车头和车尾

对车站($S$ 系) 观测者，测得两闪电同时击中：$t_2 = t_1$，则上式为

$$t_2' - t_1' = -\gamma \frac{u}{c^2}(x_2 - x_1)$$

因为 $u \neq 0$，$(x_2 - x_1) \neq 0$，则结论是在火车（$S'$ 系）上的观测者测得两闪电不是同时击中的. 按本题条件 $u > 0$，$(x_2 - x_1) > 0$，则有 $(t_2' - t_1') < 0$，即在火车上观测，先击中车头，后击中车尾. 如果将火车改为后退，$u < 0$，$(x_2 - x_1) > 0$，则有 $(t_2' - t_1') > 0$，火车上观测者测得的结果是先击中车尾，后击中车头. 火车速度方向改变即参考系改变，因为参考系不同，两事件先后时序一般不同.

### 15.4.2 长度的相对性

设一物体（如一把直尺）相对坐标系是静止的，如图 15.7 所示. 物体在 $x$ 方向的长度等于两端坐标值之差，即 $l = |x_2 - x_1|$，这里测量 $x_1$ 和 $x_2$ 的时间不要求是同时的. 若物体是运动的，如图 15.8 所示，物体相对于 $S'$ 系是静止的，相对 $S$ 系则以速度 $u$ 运动. 在 $S$ 系中必须同时 $t_1 = t_2 = t$，记录下物体两端的坐标 $x_1$ 和 $x_2$. 在 $S$ 系中测得的长度 $l = x_2 - x_1$，称为物体的运动长度，而在 $S'$ 系中测得该物体的长度 $l_0 = x_2' - x_1'$，称为静止长度或**固有长度**. 根据洛伦兹变换

$$x_2' = \gamma(x_2 - ut_2)$$

$$x_1' = \gamma(x_1 - ut_1)$$

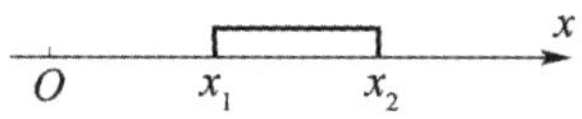


图 15.7　静止长度的测量

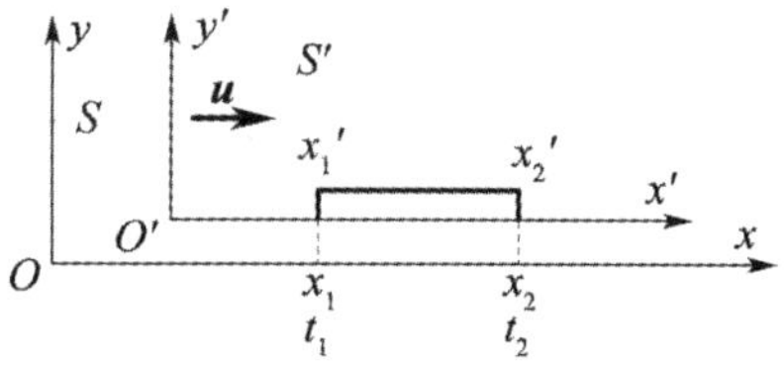


图 15.8　运动长度的测量

两式相减，得到

$$x_2' - x_1' = \gamma[(x_2 - x_1) - u(t_2 - t_1)]$$

因为测量要求在 $S$ 系必须同时 $t_2 = t_1$，所以

$$x_2' - x_1' = \gamma(x_2 - x_1)$$

即

$$l_0 = \gamma l$$

$$\gamma = \frac{1}{\sqrt{1 - \beta^2}}$$

上式又可写为

$$l = \frac{1}{\gamma} l_0 = \sqrt{1 - \beta^2}\, l_0 \tag{15.12}$$

这就是说，运动长度缩短了. $\sqrt{1 - \beta^2}$ 称为**洛伦兹收缩因子**.

从以上分析可以看出，相对论中，物体长度的比较在一定意义上是相对的. 长度的收缩是普遍的时空性质，与物体的具体性质（如材料、结构等）无关. 在相对物体静止的惯性系中，测得物体的长度最长. 两个相对静止的物体长度的比较即**固有长度**的比较，有绝对的意义. 长度的收缩只发生在运动方向上，与运动垂直的方向并不发生长度收缩. 特别要注意的是，长度收缩是测量的结果，不要错误地说成是某人眼睛看见的结果. 因为看见的图像是被

观看的物体上各点发出的光同时到达观看者眼睛而感知的总图像. 光速是有限的,同时到达眼睛的光是与眼睛距离不同的各点在不同时刻发出的光,这与前面讲的同时 $t_1=t_2$ 记录 $x_1$ 和 $x_2$ 坐标是不一致的. 测量中观测者的作用仅仅是记录符合,他只能直接了解他所在地点的事件,而眼睛看到图像要包含光信号的传输特征,所以观看与测量的图像不是一回事.

### 15.4.3 时间间隔的相对性

在 $S'$ 系中同一地点发生了两个事件,例如,某振荡晶体到达相邻的两个正向峰值时,这两个事件的时空坐标是 $(x_1',t_1')$,$(x_2',t_2')$,因为是同地事件,$x_1'=x_2'$,时间间隔 $\Delta t'=t_2'-t_1'$,也就是晶体静止时振动的周期. 在 $S$ 系中测这两事件的时空坐标分别是 $(x_1,t_1)$,$(x_2,t_2)$,如图 15.9 所示,显然 $x_1\neq x_2$,$t_1$ 和 $t_2$ 是 $S$ 系中两个同步时钟上的读数. 根据洛伦兹变换

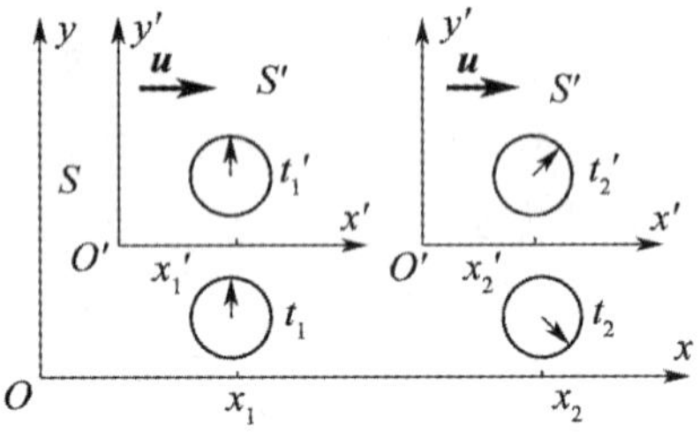


图 15.9 运动时钟变慢

$$t_1=\gamma\left(t_1'+\frac{u}{c^2}x_1'\right),t_2=\gamma\left(t_2'+\frac{u}{c^2}x_2'\right).$$

两式相减,得

$$t_2-t_1=\gamma\left[(t_2'-t_1')+\frac{u}{c^2}(x_2'-x_1')\right]$$

因为 $x_2'=x_1'$,则有

$$t_2-t_1=\gamma(t_2'-t_1')$$

即

$$\Delta t=\gamma\Delta t' \tag{15.13}$$

因为 $\gamma>1$,所以 $\Delta t>\Delta t'$,表示时间膨胀了,或者说 $S$ 系的观察者认为运动的 $S'$ 系上的时钟变慢了.

式(15.13)表示,一个过程,在某惯性系发生在同一地点,则相对静止的惯性系测量到过程的时间间隔数值最小,即过程的时间间隔最短,称它为该过程的**固有时间**,记作 $\tau_0$;其他所有相对运动的惯性系测量该过程的时间间隔,都不是用一只钟测量,而是用不同地点的两只同步钟测量,测得的数值都大于固有时间,记作 $\tau$,则式(15.13)改写为

$$\tau=\gamma\tau_0 \tag{15.14}$$

$\gamma>1$,有时称它为**时间延缓因子**. 时间膨胀效应是一种普遍的时空属性,与过程的具体性质和作用机制无关.

相对论的运动时钟变慢和长度收缩效应,已经为大量的近代物理实验证实. 下面举例说明.

---

**例 15.3** 在大气上层 9 000 m 处,宇宙射线中有 $\mu^-$ 介子,速率约为 $u=2.994\times10^8$ m/s $=0.998c$. $\mu^-$ 介子在静止参考系中的平均寿命为 $2\times10^{-6}$ s,就会衰变为电子和中微子,试解释地面实验室为什么能接收其信号?

**解** 在 $\mu^-$ 介子静止的参考系中,$\Delta t'=2\times10^{-6}$ s. 若没有时间延缓效应,它们从产生到衰变掉的时间里,是根本不可能到达地面实验室的. 因为它走过的距离只有

$$u\Delta t'=2.994\times10^8\times2\times10^{-6}\ \text{m}\approx600\ \text{m}$$

但事实是,$\mu^-$ 介子到达了地面实验室!这可用时间延缓效应来解释:将运动参考系 $S'$

建立在 $\mu^-$ 上，在地面参考系 $S$ 上看，$\mu^-$ 的寿命是两地时，由公式(15.14)可求出

$$\Delta t=\frac{\Delta t'}{\sqrt{1-\frac{u^2}{c^2}}}=\frac{2\times10^{-6}}{\sqrt{1-(0.998)^2}}\ \mathrm{s}\approx3.16\times10^{-5}\ \mathrm{s}$$

它比固有时间 $2\times10^{-6}$ s 约长 16 倍！按此寿命计算，它在这段时间里，在地面参考系移动的距离为

$$u\Delta t=2.994\times10^8\times3.16\times10^{-5}=9\ 461\ \mathrm{m}>9\ 000\ \mathrm{m}$$

所以能到地面，地面实验室能接收到其信号.

**例 15.4** 一静止长度为 $l_0$ 的火箭以恒定速度 $\boldsymbol{u}$ 相对参考系 $S$ 运动，如图 15.10 所示. 从火箭头部 $A$ 发出一光信号，问光信号从 $A$ 到火箭尾部 $B$ 需经多长时间？(1) 对火箭上的观测者；(2) 对 $S$ 系中的观测者.

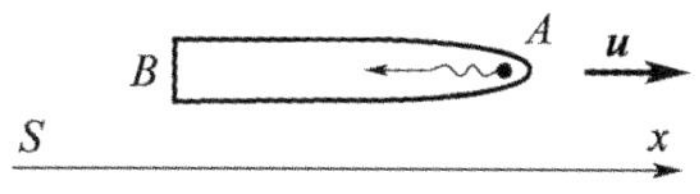

图 15.10 相对 $S$ 系飞行的火箭

**解** (1) 以火箭为参考系，$A$ 到 $B$ 的距离等于火箭的静止长度，所需时间为

$$t'=\frac{l_0}{c}$$

(2) 对 $S$ 系中的观测者，测得火箭的长度为 $l=\sqrt{1-\beta^2}\,l_0$，光信号也是以 $c$ 传播. 设从 $A$ 到 $B$ 的时间为 $t$，在此时间内火箭的尾部 $B$ 向前推进了 $ut$ 的距离，所以有

$$t=\frac{l-ut}{c}=\frac{\sqrt{1-\beta^2}\,l_0-ut}{c}$$

解得

$$t=\frac{\sqrt{1-\beta^2}\,l_0}{c+u}=\sqrt{\frac{c-u}{c+u}}\frac{l_0}{c}$$

### 15.4.4 因果关系

在相对论中，一个时空点 $(x,y,z,t)$ 表示一个事件. 不同事件的时空点不相同. 两个存在因果关系的事件，必定原因(设时刻 $t_1$)在先，结果(设时刻 $t_2$)在后，即 $\Delta t=t_2-t_1>0$. 那么，是否对所有的惯性系都如此呢？结论是肯定的. 因为，不论是同地或异地的两事件，空间间隔(距离) $\Delta x\geqslant0$. 这两个有因果关系的事件必须通过某种物质或信息相联系. 而相对论的结论之一是任何物质运动的速率 $v\leqslant c$. 设在其他惯性系中观测，这两个事件的时间间隔为 $\Delta t'=t_2'-t_1'$. 根据洛伦兹变换式 $\Delta t'=\gamma\left(\Delta t-\frac{u}{c^2}\Delta x\right)=\gamma\Delta t\left(1-\frac{u}{c^2}\frac{\Delta x}{\Delta t}\right)$. 因联系有因果关系两事件的物质或信息的平均速率必须 $\bar{v}=\frac{\Delta x}{\Delta t}\leqslant c$，所以 $\left(1-\frac{u}{c^2}\frac{\Delta x}{\Delta t}\right)>0$，则 $\Delta t'$ 与 $\Delta t$ 同号，说明时序不会颠倒，即因果关系不会颠倒.

如果是两个没有因果关系的事件，则可以有 $\frac{\Delta x}{\Delta t}>c$. 因为 $\frac{\Delta x}{\Delta t}$ 并不是某种物质或信息传递的速率，例如，相速可以超光速，并不违背相对论. 在另一个惯性系中观测，时序可以颠倒. 本来就是无因果关系的事件，不存在因果关系颠倒的问题. 下面举例说明.

## *15.5 狭义相对论动力学

相对性原理要求物理定律在所有惯性系中具有相同的形式，描述物理定律的方程式应是满足洛伦兹变换的不变式.这样，描述粒子动力学的物理量，如动量、能量、质量等，都必须重新定义，并且要求它们在低速近似下过渡到经典力学中相对应的物理量.

### 15.5.1 动量、质量与速度的关系

在相对论中定义一个质点的动量 $\boldsymbol{p}$ 为

$$\boldsymbol{p} = m\boldsymbol{u} \tag{15.15}$$

其中 $\boldsymbol{u}$ 是速度，$m$ 是质点的质量.不过动量在数量上不一定与 $\boldsymbol{u}$ 成线性的正比关系，因为 $m$ 不再是常量，可以假定 $m$ 是速度 $\boldsymbol{u}$ 的函数.由于空间各向同性，$m$ 只与速度 $\boldsymbol{u}$ 的大小有关，而与方向无关，即

$$m = m(u)$$

而且在低速近似下过渡为经典力学中的质量.

下面考察两个全同粒子的完全非弹性碰撞过程.如图 15.11 所示，A、B 两个全同粒子正碰后结合成为一个复合粒子.从 $S$ 和 $S'$ 两个惯性系来讨论：在 $S$ 系中粒子 B 静止，粒子 A 的速度为 $\boldsymbol{u}$，它们的质量分别为 $m_B = m_0$，这里 $m_0$ 是静止质量，$m_A = m(u)$，$m(u)$ 称为运动质量.在 $S'$ 系中 A 静止，B的速度为$-\boldsymbol{u}$，它们的

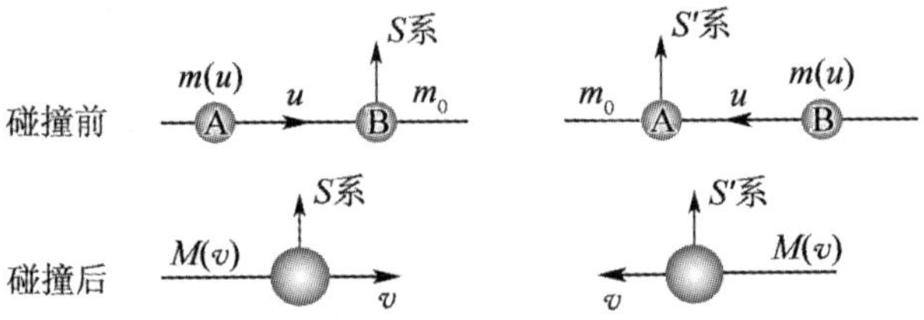


图 15.11

质量分别为 $m_A = m_0$，$m_B = m(u)$.显然，$S'$ 系相对于 $S$ 系的速率为 $u$.设碰撞后复合粒子在 $S$ 系中的速率为 $v$，质量为 $M(v)$；在 $S'$ 系中速度为 $v'$，由对称性可知 $v' = -v$，故复合粒子的质量仍为 $M(v)$.根据守恒定律，有

质量守恒 $$m(u) + m_0 = M(v) \tag{15.16}$$

动量守恒 $$m(u)u = M(v)v \tag{15.17}$$

由此两式消去 $M(v)$，解得

$$1 + \frac{m_0}{m(u)} = \frac{u}{v} \tag{15.18}$$

另一方面，由速度变换式(15.9) 有

$$v' = -v = \frac{v-u}{1-\frac{uv}{c^2}}$$

即 $$\frac{u}{v} - 1 = 1 - \frac{uv}{c^2}$$

等式两边乘以 $\frac{u}{v}$ 并整理为

$$\left(\frac{u}{v}\right)^2 - 2\left(\frac{u}{v}\right) + \left(\frac{u}{c}\right)^2 = 0$$

解得
$$\frac{u}{v}=1\pm\sqrt{1-\frac{u^2}{c^2}}$$
因为 $v<u$,舍去负号,则
$$\frac{u}{v}=1+\sqrt{1-\frac{u^2}{c^2}}$$
代入式(15.18),则有
$$m(u)=\frac{m_0}{\sqrt{1-\frac{u^2}{c^2}}}=\gamma m_0 \tag{15.19}$$
这就是相对论中的质速关系.则动量的表达式为
$$\boldsymbol{p}=m\boldsymbol{u}=\frac{m_0\boldsymbol{u}}{\sqrt{1-\frac{u^2}{c^2}}}=\gamma m_0\boldsymbol{u} \tag{15.20}$$

图 15.12 是几位工作者早年测量电子质量随速度变化的实验曲线,可以说明质速关系 式(15.19) 与实验相符.理论和实验都表明:当物体速率远小于光速时,运动质量和静止质量基本相等,可以看作与速度大小无关的常量;但当速率接近光速时,运动质量迅速增大,相对论效应显著;当 $\beta=\frac{u}{c}\to 1$ 时,$m(u)\to\infty$,动量也趋向无穷大.在回旋加速器里(见 10.5 节),当粒子速率接近光速时就很难再加速.对于 $m_0\neq 0$ 的粒子,速率不能等于光速.光速 $c$ 是一切物体速率的上限.如果速率超过光速,$u>c$,则式(15.19) 给出的是虚质量,没有意义.对于光、电磁辐射等速率 $u=c$,则其静止质量为零.

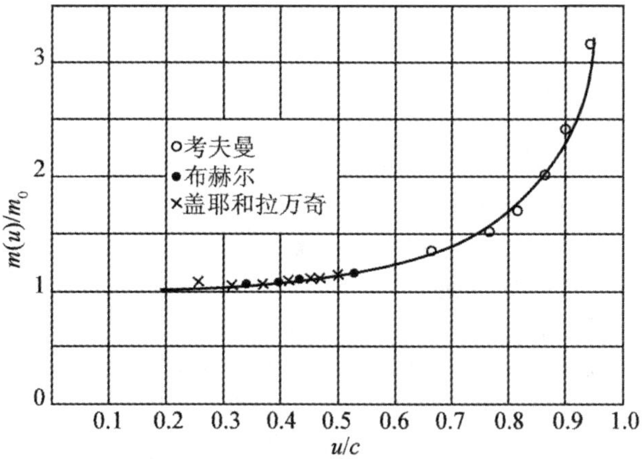


图 15.12

## 15.5.2 质量和能量的关系

在相对论中把力定义为动量对时间的变化率,即
$$\boldsymbol{F}=\frac{\mathrm{d}\boldsymbol{p}}{\mathrm{d}t} \tag{15.21}$$
这里 $\boldsymbol{p}$ 是式(15.20) 表达的相对论动量.式(15.21) 所表示的力学规律,对不同的惯性系,在洛伦兹变换下是不变的.但是,要说明的是质量和速度 $\boldsymbol{u}$ 在不同惯性系中是不同的,所以相对论中力 $\boldsymbol{F}$ 在不同惯性系中也是不同的,它们都不是恒量,不同惯性系之间有其相应的变换关系,这一点与经典力学不同.

在相对论中,功能关系仍具有牛顿力学中的形式.设静止质量为 $m_0$ 的质点,初始静止,在外力作用下,位移 $\mathrm{d}\boldsymbol{s}$,获得速度 $\boldsymbol{u}$,质点动能的增量等于外力所做的功,即

$$dE_k = \boldsymbol{F} \cdot d\boldsymbol{s} = \boldsymbol{F} \cdot \boldsymbol{u} dt$$

因为 $\boldsymbol{F} = \frac{d}{dt}(m\boldsymbol{u})$，代入上式，得

$$dE_k = d(m\boldsymbol{u}) \cdot \boldsymbol{u} = (dm)\boldsymbol{u} \cdot \boldsymbol{u} + m(d\boldsymbol{u}) \cdot \boldsymbol{u} = u^2 dm + mu du$$

又有

$$m = \frac{m_0}{\sqrt{1 - \frac{u^2}{c^2}}}$$

对上式微分，有

$$dm = \frac{m_0 u du}{c^2 \left(1 - \frac{u^2}{c^2}\right)^{3/2}}$$

则解出

$$du = \frac{c^2 \left(1 - \frac{u^2}{c^2}\right)^{3/2} dm}{m_0 u}$$

将 $m$、$du$ 的关系式代入 $dE_k$ 式，并化简，得到

$$dE_k = c^2 dm$$

当 $u = 0$ 时，$m = m_0$，动能 $E_k = 0$. 上式积分得

$$\int_0^{E_k} dE_k = \int_{m_0}^{m} c^2 dm$$

即

$$E_k = mc^2 - m_0 c^2 \tag{15.22}$$

这是相对论动能的表达式，显然与经典力学的动能公式不同. 但是当 $u \ll c$ 时，有

$$\begin{aligned} E_k &= m_0 c^2 \left(1 - \frac{u^2}{c^2}\right)^{-\frac{1}{2}} - m_0 c^2 \\ &= m_0 c^2 \left(1 + \frac{1}{2}\frac{u^2}{c^2} + \cdots\right) - m_0 c^2 \approx \frac{1}{2} m_0 u^2 \end{aligned}$$

这里忽略高阶小量，回到了经典力学中的质点动能公式.

由式(15.22)，可写成

$$mc^2 = E_k + m_0 c^2$$

爱因斯坦称 $m_0 c^2$ 为静能，$mc^2$ 等于物体的动能和静能之和，称为总能量

$$E = mc^2 \tag{15.23}$$

这就是**质能关系**，它把能量和质量联系在一起了.

质能关系说明，一定的质量就代表一定的能量，质量和能量是相当的，二者之间的关系只是相差一个常数因子 $c^2$. 质量和能量都是物质属性的量度，质量和能量可以相互转化，当然，这只能是物质属性的转化. 在相对论中，质量的概念不独立存在，质量守恒定律和能量守恒定律统一为质能守恒定律，简称能量守恒定律. 在能量较高情况下，微观粒子(如原子核、基本粒子等)相互作用，导致分裂、聚合等反应过程. 反应前粒子的静止质量和反应后生成物的总静止质量之差，称为质量亏损. 质量亏损对应的能量称为结合能，通常称为原子能. 原子能的利用使人类进入原子时代. 爱因斯坦建立的质能关系式被认为是一个具有划时代意义的理论公式.

---

**例 15.5** 已知质子和中子的静止质量分别为

$$M_p = 1.00728 \text{ amu}$$

$$M_n = 1.00866 \text{ amu}$$

amu 为原子质量单位，1 amu = $1.660 \times 10^{-27}$ kg，两个质子和两个中子结合成一个氦核 ${}_2^4He$，实验测得它的静止质量 $M_A = 4.00150$ amu. 计算形成一个氦核放出的能量.

**解** 两个质子和两个中子的质量为

$$M = 2M_p + 2M_n = 4.03188 \text{ amu}$$

形成一个氦核质量亏损

$$\Delta M = M - M_A = 0.03038 \text{ amu}$$

则相应的能量改变量为

$$\Delta E = \Delta Mc^2 = 0.03038 \times 1.660 \times 10^{-27} \times (3 \times 10^8)^2 \text{ J} = 0.4539 \times 10^{-11} \text{ J}$$

这就是形成一个氦核放出的能量.

若形成 1 mol 氦核(4.002 g) 时放出的能量为

$$\Delta E = 0.4539 \times 10^{-11} \times 6.022 \times 10^{23} \text{ J} = 2.733 \times 10^{12} \text{ J}$$

这相当于燃烧 100 t 煤时放出的热量.

### 15.5.3 动量和能量的关系

将相对论动量定义式 $\boldsymbol{p} = m\boldsymbol{u}$ 平方,得

$$p^2 = m^2 u^2$$

再取质能关系式 $E = mc^2$ 平方,并运算

$$E^2 = m^2 c^4 = m^2 c^4 - m^2 u^2 c^2 + m^2 u^2 c^2$$

$$= m^2 c^4 (1 - \frac{u^2}{c^2}) + p^2 c^2 = m_0^2 c^4 + p^2 c^2$$

即

$$E^2 = p^2 c^2 + m_0^2 c^4 = (pc)^2 + (m_0 c^2)^2 \tag{15.24}$$

这就是相对论中**总能量和动量的关系式**. 可以用一个直角三角形的勾股弦形象地表示这一关系,如图 15.13 所示.

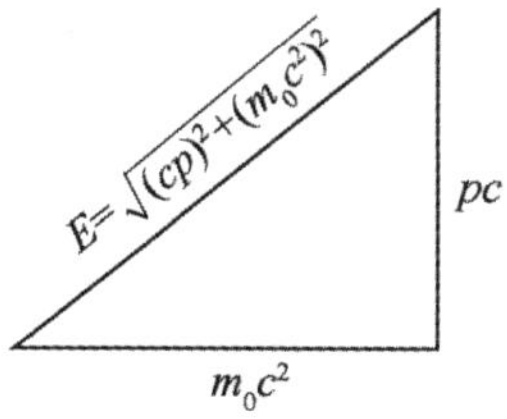


图 15.13 总能量与动量的关系

有些粒子,如光子,$m_0 = 0$,则 $E = cp$ 或 $p = \dfrac{E}{c}$,得到

$$p = \frac{E}{c} = \frac{mc^2}{c} = mc$$

说明静止质量为零的粒子一定以光速运动.

# 第 16 章 量子物理基础

本章基本上按照量子论发展史的先后次序,首先介绍早期量子论,然后对量子力学作初步介绍,最后介绍原子物理学的主要内容.

# 16.1 黑体辐射 普朗克量子假设

## 16.1.1 热辐射 绝对黑体辐射定律

当加热一铁块时，温度在 300 ℃ 以下，只感觉到它发热，看不见发光. 随着温度的升高，不仅物体辐射的能量愈来愈大，而且颜色开始呈暗红色，继而变为赤红、橙红、黄白色，达 1 500 ℃，出现白光. 其他物体加热时发光的颜色也有类似随温度而改变的现象. 这说明在不同温度下物体能发出不同波长的电磁波. 实验表明，任何物体在任何温度下，都向外发射波长不同的电磁波. 在不同的温度下发出的各种电磁波的能量按波长的分布不同. 这种能量按波长的分布随温度而不同的电磁辐射叫作**热辐射**.

为了定量描述某物体在一定温度下发出的能量随波长的分布，引入"**单色辐射本领**"(也叫**单色辐出度**)的概念. 波长为 $\lambda$ 的单色辐射本领是指单位时间内从物体的单位面积上发出的波长在 $\lambda$ 附近单位波长间隔所辐射的能量. 通常用 $M_\lambda(T)$ 表示. 它的 SI 制单位为瓦每立方米，记作 $W/m^3$.

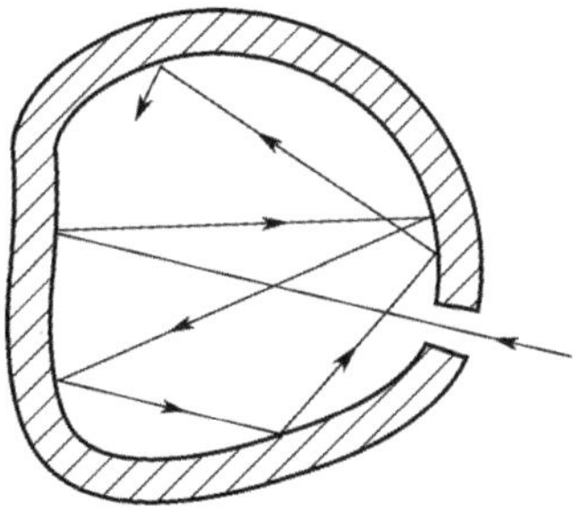

图 16.1 绝对黑体的模型

任何物体在任何温度下，不但能辐射电磁波，还能吸收电磁波. 理论和实验表明辐射本领大的表面，吸收本领也大，反之亦然. 物体表面越黑吸收本领越大，辐射本领也越大. 能全部吸收投射在它上面的各种波长的电磁波的物体叫作**绝对黑体**，简称黑体. 绝对黑体的吸收本领最大，辐射本领也最大. 在自然界，绝对黑体是不存在的，即使最黑的煤烟也只能吸收 99% 的入射光能. 若不管用什么材料制成一个空腔，在腔壁上开一小孔，如图 16.1 所示，就是一个绝对黑体模型. 因为入射到小孔的电磁波，进入小孔后在腔内多次反射被吸收，几乎没有电磁波再从小孔出来，它与构成空腔的材料无关. 从辐射的角度看，如果将空腔加热到一定温度，内壁发出的辐射也是经过多次反射后射出小孔，所以小孔的辐射实际上就是绝对黑体的辐射.

绝对黑体辐射只与温度有关. 保持一定温度，用实验方法测出单色辐射本领随波长的变化曲线. 取不同的温度得到不同的实验曲线，如图 16.2 所示. 由图看出，在任何确定的温度下，黑体对不同波长的辐射本领是不同的，在某一波长值 $\lambda_m$ 处有极大值，当温度升高时，极大值向短波方向移动，同时曲线向上抬高并变得更为尖锐. 根据实验结果，可得下面两条黑体辐射定律：

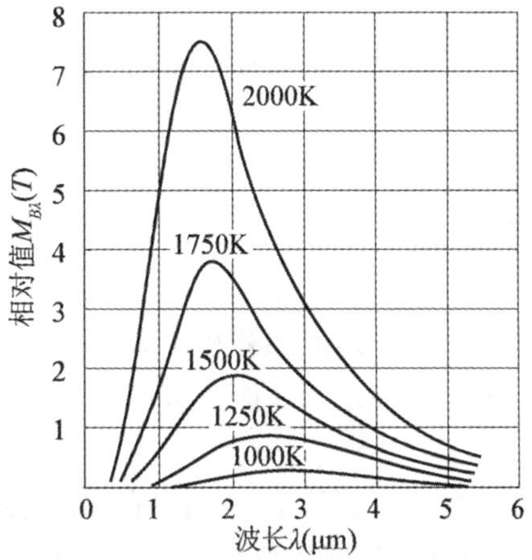


图 16.2 辐射本领按波长的分布曲线

**1. 斯忒藩-玻耳兹曼定律**

由实验曲线可得黑体辐射的总辐射本领(也叫辐射出射度)

$$M_B(T)=\int_0^\infty M_{B\lambda}(T)\mathrm{d}\lambda$$

(可用曲线下的面积表示)与温度的四次方成正比,即

$$M_B(T)=\sigma T^4 \tag{16.1}$$

实验测得 $\sigma=5.670\times10^{-8}\ \mathrm{W/(m^2\cdot K^4)}$,称为斯忒藩常数.这个规律称为斯忒藩-玻耳兹曼定律.可见黑体的总辐射本领随温度的升高而急剧增加.

**2. 维恩位移定律**

在任意温度下,黑体的辐射本领都有一个极大值,这个极大值对应的波长用 $\lambda_m$ 表示,称为峰值波长.$\lambda_m$ 与温度 $T$ 有如下确定的关系

$$T\lambda_m=b \tag{16.2}$$

实验测得 $b=2.898\times10^{-3}\mathrm{m\cdot K}$,称为**维恩常数**.(16.2)式称为维恩位移定律.

根据维恩位移定律可知,温度升高,峰值波长向短波方向移动.可以算出温度较低(常温),辐射波长在红外区,随着温度的升高,$\lambda_m$ 向短波方向移动,辐射则由红变黄、变白.

---

**例 16.1** 在地球大气层外的飞船上,测得太阳辐射本领的峰值在 465 nm 处.假定太阳是一个黑体,试计算太阳表面的温度和单位面积辐射的功率.

**解** 根据维恩位移定律

$$\lambda_m T=b$$

可得太阳表面的温度为

$$T=\frac{b}{\lambda_m}=\frac{2.898\times10^{-3}}{465\times10^{-9}}=6\ 232\ \mathrm{K}$$

根据斯忒藩-玻耳兹曼定律,太阳单位面积所辐射的功率为

$$M=\sigma T^4=5.67\times10^{-8}\times(6\ 232)^4=8.552\times10^7\ \mathrm{W/m^2}$$

---

### 16.1.2 普朗克量子假设

要从理论上解释黑体辐射定律,就必须从理论上找出黑体的单色辐射本领 $M_{B\lambda}(T)$ 与 $\lambda$、$T$ 的具体函数形式.19 世纪末,许多物理学家在经典物理学的基础上找这一关系式,结果都失败了.其中最典型的是瑞利-金斯和维恩理论公式.1896 年,维恩利用辐射按波长的分布类似于麦克斯韦分子速度分布的思想,得出理论公式为

$$M_{B\lambda}(T)=C_1\lambda^{-5}\mathrm{e}^{-\frac{C_2}{\lambda T}}$$

这个公式在短波部分与实验接近,但长波部分则与实验偏差较大.1900 年瑞利和金斯根据经典电磁理论和线性谐振子能量按自由度均分的思想,得到的理论公式为

$$M_{B\lambda}(T)=C_3\lambda^{-4}T$$

这个公式在波长很长的情况下与实验接近,在短波区域则与实验完全不符,物理学史上称为"紫外区的灾难".以上两公式中的 $C_1$,$C_2$,$C_3$ 都是常数,图 16.3 中的虚线表示这两个公式与实验的比较.

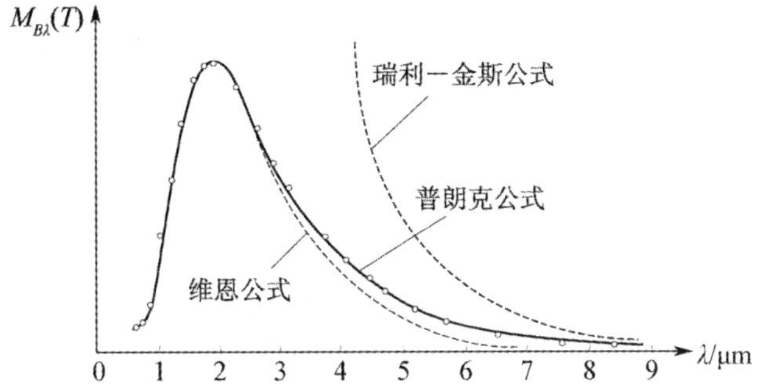


图 16.3　热辐射的理论公式与实验结果的比较(◦表示实验结果)

1900 年,普朗克从理论上推导出一个与实验符合得非常好的公式:

$$M_{B\lambda}(T) = 2\pi hc^2\lambda^{-5}\frac{1}{e^{hc/\lambda kT}-1} \tag{16.3}$$

称为**普朗克公式**. 式中 $c$ 为真空中光速,$k$ 为玻耳兹曼常数,e 为自然对数的底,$h$ 为普朗克常数. 由实验测定

$$h = (6.625\,6 \pm 0.000\,5) \times 10^{-34}\,\text{J}\cdot\text{s}$$

为推导出这个公式,普朗克作了如下两条假设,其中第二条假设是与经典理论相矛盾的.

(1) 黑体由带电谐振子组成(即把组成空腔壁的分子、原子的振动看作线性谐振子). 这些谐振子辐射电磁波,并和周围的电磁场交换能量.

(2) 这些谐振子的能量不能连续变化,只能取一些分立值,这些分立值是最小能量 $\varepsilon$ 的整数倍,即

$$\varepsilon, 2\varepsilon, 3\varepsilon, \cdots, n\varepsilon, \cdots \qquad n\ \text{为正整数}$$

而且假设频率为 $\nu$ 的谐振子的最小能量为

$$\varepsilon = h\nu$$

称为**能量子**,$h$ 称为普朗克常数.

根据普朗克公式可以推导出斯忒藩-玻耳兹曼定律和维恩位移定律,说明理论与实验符合得很好.

普朗克的能量子假设打破了经典物理认为能量是连续的概念,这是一个新的重大发现,开创了物理学的新时代. 普朗克常数 $h$ 是近代物理学最重要的常数之一,它是近代物理学和经典物理学的判据. 因此,把 1900 年普朗克提出的量子假设作为量子论的起点.

---

**例 16.2**　质量 $m = 1.0$ kg 的物体和弹性系数 $k = 20$ N/m 的弹簧组成谐振子系统,系统以振幅 $A = 0.01$ m 振动. (1) 如果该系统的能量是按照普朗克假设量子化的,则量子数 $n$ 有多大? (2) 如果 $n$ 改变一个单位,则系统能量变化的百分比是多大?

**解**　(1) 该谐振子的振动频率

$$\nu = \frac{1}{2\pi}\sqrt{\frac{k}{m}} = \frac{1}{2\pi}\sqrt{\frac{20}{1.0}} = 0.71\ \text{s}^{-1}$$

系统的机械能为

$$E=\frac{1}{2}kA^2=\frac{1}{2}\times 20\times 0.01^2=1.0\times 10^{-3}\ \text{J}$$

量子数为

$$n=\frac{E}{\varepsilon}=\frac{E}{h\nu}=\frac{1.0\times 10^{-3}}{6.63\times 10^{-34}\times 0.71}=2.1\times 10^{30}$$

(2) 如果改变一个单位,系统能量变化的百分比为

$$\frac{\Delta E}{E}=\frac{h\nu}{nh\nu}=\frac{1}{n}\approx 10^{-30}$$

---

可见,对宏观谐振子,量子数$n$非常大,$n$每改变一个单位、能量的变化百分比非常之小,实际上是无法观察的,所以可认为能量是连续变化的. 对于宏观物体(系统),因为普朗克常数$h$非常小,可认为趋近于零,量子化的特性显示不出来;对于微观振子(分子、原子等),$\Delta E=h\nu$和$E$的数量级可以比拟,普朗克常数$h$不可忽略,量子化的特性便突出显现出来了.

## 16.2 光的量子性

### 16.2.1 光电效应 爱因斯坦方程

光照射到金属表面时,有电子从金属表面逸出,这种现象称为**光电效应**. 逸出的电子叫**光电子**. 通过光电效应的研究揭示出光具有粒子性.

图16.4为研究光电效应的实验装置图. 图示S是一个抽成真空的玻璃管,K为发出电子的阴极,A为阳极. 石英玻璃窗对紫外线吸收很小(光电效应的入射光一般为可见到紫外). 当用单色光照射K时,金属释放出光电子. KA之间加上一定的电势差(由电压表V读出),光电子由K飞向A,回路中形成电流(由电流计G读出)称为**光电流**. 从实验结果得到如下规律:

(1) 保持入射光的频率不变且光强一定时,光电流$I$和两极AK之间电势差$U$的关系如图16.5所示的一条伏安特性曲线,表明光电流$I$随$U$增加而增加,但当$U$增大到一定值时,光电流不再增加而达到一饱和值$I_S$. 饱和现象说明这时单位时间内从阴极K逸出的光电子已全部被阳极A接收了. 改变光强,实验表明,饱和电流与光强成正比,即**单位时间内从阴极逸出的光电子数与入射光的强度成正比**.

(2) 从图16.5所示的实验曲线可以看出,当电势差$U$减小到零时,光电流$I$并不等于零,仅当电势差$U=U_A-U_K$变为负值时(实验时利用换向开关换向),光电流$I$才迅速减小为零. 当逸出金属后具有最大初动能的光电子也不能到达阳极A时. 该电势差$U_a$称作**遏止电势差**(或截止电压). 此时有

$$\frac{1}{2}mv_m^2=e\mid U_a\mid \tag{16.4}$$

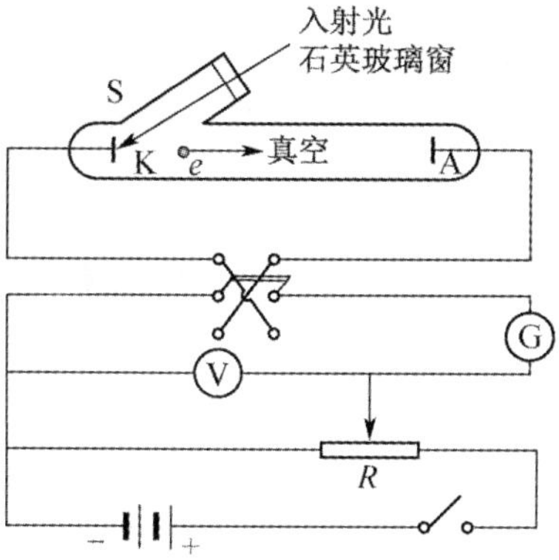


图 16.4　光电效应实验图

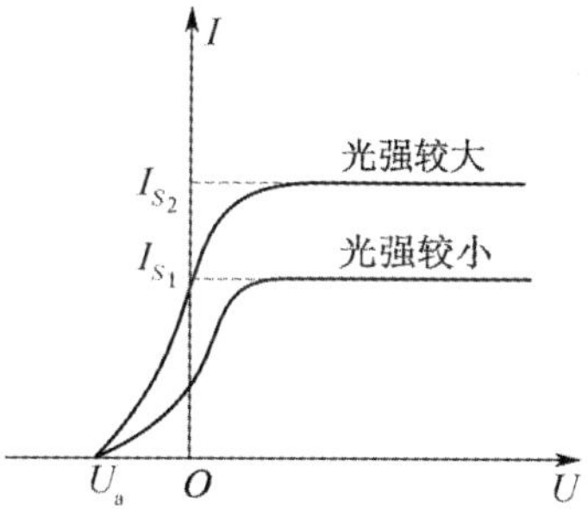


图 16.5　光电效应的伏安特性曲线

$m$ 为电子质量，$v_m$ 为光电子的最大初速度，$e$ 为电子的电量. 实验表明 $U_a$ 与光的强度无关，与入射光的频率成线性关系(见图 16.6)，即光电子的最大初动能随入射光的频率线性变化，用数学式表示

$$|U_a| = k\nu - U_0 \tag{16.5}$$

$k$ 是直线斜率，它是与金属材料无关的常量；$U_0$ 对同一金属是一个常量，不同金属的 $U_0$ 不同. 将式(16.5)代入式(16.4)，可得

$$\frac{1}{2}mv_m^2 = ek\nu - eU_0 \tag{16.6}$$

从此式可以看出，$\frac{1}{2}mv_m^2 \geqslant 0$，入射光频率 $\nu$ 必须 $\nu \geqslant \frac{U_0}{k}$. 即当 $\nu > \nu_0 = \frac{U_0}{k}$ 时，才有光电子产生，$\nu_0$ 称为光电效应的**红限频率**，相应的波长称为**红限波长**. 也就是说**当光照射某一给定的金属时，如果入射光的频率小于这金属的红限 $\nu_0$，则无论光的强度如何，都不会产生光电效应.**

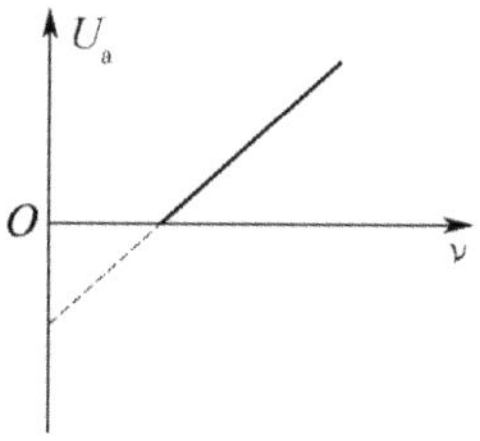


图 16.6　遏止电压与入射光频率的关系

**表 16.1　几种金属的逸出功和红限**

| 金　属 | 钨 | 钙 | 钠 | 钾 | 铷 | 铯 |
|---|---|---|---|---|---|---|
| 红限 $\nu_0$($\times 10^{14}$ Hz) | 10.95 | 7.73 | 5.53 | 5.44 | 5.15 | 4.69 |
| 逸出功 $A$(eV) $= eU_0$ | 4.54 | 3.20 | 2.29 | 2.25 | 2.13 | 1.94 |

(3) 实验发现，从光线开始照射到光电子逸出，几乎是瞬时的，时间不超过 $10^{-9}$ s.

光电效应的这些实验规律无法用光的波动理论解释. 按照光的波动理论，金属中的电子是在光波作用下作受迫振动，其振动频率就是入射光的频率. 由于光的强度与入射光振幅的平方成正比，因此无论入射光的频率多么低，只要光强足够大(振幅足够大)，光照时间足够长，电子就能从入射光中获得足够的能量而脱离原子核的束缚，并逸出金属表面产生光电效应. 即光电效应只与入射光的强度、光照时间有关，而与入射光的频率无关. 可见，要解释光电效应必须用新的理论.

1905 年爱因斯坦在普朗克量子概念的基础上提出了光子理论,圆满地解释了光电效应.该理论认为,光在空间传播时,也具有粒子性,一束光就是一束以光速运动的粒子流.这些粒子称为**光量子**,简称**光子**.频率为 $\nu$ 的光的一个光子具有的能量为

$$\varepsilon = h\nu \tag{16.7}$$

其中 $h$ 为普朗克常数,其值为

$$h = 6.626\ 176 \times 10^{-34}\ \mathrm{J \cdot s}$$

光子理论对光电效应的解释:

用频率为 $\nu$ 的单色光照射金属时,一个光子被一个电子吸收而使电子能量增加 $h\nu$.能量增大的电子,将其能量的一部分用于脱离金属表面时所需的**逸出功**$W$,另一部分则成为电子离开金属表面后的最大初动能.根据能量守恒定律,得

$$\frac{1}{2}mv_{\mathrm{m}}^2 = h\nu - W \tag{16.8}$$

或者

$$h\nu = \frac{1}{2}mv_{\mathrm{m}}^2 + W$$

这就是**爱因斯坦光电效应方程**.

将式(16.8)与式(16.6)比较,可得

$$h = ek$$

1916 年密立根曾利用(16.5)式 $U_{\mathrm{a}} \sim \nu$ 的正比关系从直线斜率 $k$ 算出普朗克常数 $h$ 数值和当时用其他方法测得的值符合.这也是爱因斯坦光子理论正确性的一个证明.

$$W = eU_0$$

则

$$\nu_0 = \frac{U_0}{k} = \frac{W}{h}$$

说明红限与逸出功的关系.可由红限频率算出逸出功 $W = h\nu_0$.同一种金属 $W$ 具有确定值,光子能量 $h\nu < W$ 时,不能产生光电效应.

饱和电流和光的强度成正比的解释是:入射光的强度决定于单位时间内通过垂直于光传播方向单位面积的能量(即能流密度).设单位时间内通过单位面积的光子数为 $N$,则入射光的能流密度为 $Nh\nu$,当 $\nu$ 一定时,入射光越强,$N$ 越大,照射到阴极 $K$ 的光子数越多,逸出的光电子数越多,因此饱和电流越大.

光电效应的迟延时间非常短是因为光子被电子一次性吸收而增大能量的过程时间很短,几乎是瞬时的.

在波动光学中讲过,实验证明光是一种波动 —— 光波.进入 20 世纪后,又认识到光是粒子 —— 光子.综合起来,光既有波动性,又有粒子性,即光具有**波粒二象性**.

光的波动性用波长 $\lambda$ 和频率 $\nu$ 描述,光的粒子性用光子的质量、能量、动量描述.按照量子论,光子的能量为

$$\varepsilon = h\nu \tag{16.9}$$

根据相对论的质能关系:

$$\varepsilon = mc^2$$

则有光子的质量

$$m = \frac{h\nu}{c^2} \tag{16.10}$$

从粒子的质速关系

$$m = \frac{m_0}{\sqrt{1-\frac{v^2}{c^2}}}$$

可知，对光子 $v = c$，而 $m$ 是有限的，只有 $m_0 = 0$，即光子的静止质量为零.

光子的动量 $p = mc$，将(16.10)式代入可得

$$p = \frac{h}{\lambda} \tag{16.11}$$

式(16.9)和式(16.11)是描述光的性质的基本关系式. 等式左边描述光的粒子性，右边描述光的波动性. 这两种性质在数量上是通过普朗克常数 $h$ 联系起来的.

**例 16.3**　钾的光电效应红限波长是 550 nm，求：(1) 钾电子的逸出功；(2) 当用波长 $\lambda = 300$ nm 的紫外光照射时，钾的遏止电压 $U_a$.

**解**　由爱因斯坦光电效应方程

$$h\nu = \frac{1}{2}mv_m^2 + W$$

(1) 当 $\frac{1}{2}mv_m^2 = 0$ 时

$$W = h\nu_0 = h\frac{c}{\lambda_0} = \frac{6.63\times10^{-34}\times3\times10^8}{550\times10^{-9}} = 3.616\times10^{-19}\ \mathrm{J} = 2.26\ \mathrm{eV}$$

(2)

$$|eU_a| = \frac{1}{2}mv_m^2 = \frac{hc}{\lambda} - A = \frac{6.63\times10^{-34}\times3\times10^8}{300\times10^{-9}} - 3.616\times10^{-19}$$

$$= 3.014\times10^{-19}\ \mathrm{J} = 1.88\ \mathrm{eV}$$

所以遏止电压 $U_a = 1.88$ V.

### 16.2.2　康普顿效应

1922—1923 年康普顿研究了 X 射线被较轻物质(石墨、石蜡等)散射后光的成分，发现散射谱线中除了有波长与原波长相同的成分外，还有波长较长的成分. 这种散射现象称为**康普顿散射或康普顿效应**. 康普顿效应进一步证实了光的量子性.

图 16.7 是康普顿效应的实验装置图和实验结果. 从 X 射线管发出的波长为 $\lambda_0$ 的 X 射线，经光阑 $B_1$ 和 $B_2$ 后被散射物 $A$ 散射. 散射光的波长和强度利用晶体衍射 X 射线谱仪测量(照相法或游离室法). 散射方向和入射方向之间的夹角 $\varphi$，称为**散射角**. 实验结果为：

(1) 散射光中除了和原波长 $\lambda_0$ 相同的谱线外还有 $\lambda > \lambda_0$ 的谱线.

(2) 波长的改变量 $\Delta\lambda = \lambda - \lambda_0$ 随散射角 $\varphi$ 的增大而增加.

(3) 对于不同元素的散射物质，在同一散射角下，波长的改变量 $\Delta\lambda$ 相同. 波长为 $\lambda$ 的散射光强度随散射物原子序数的增加而减小.

按照波动理论，散射光的波长只应与入射光的波长 $\lambda_0$ 相同(散射物的受迫振动频率等

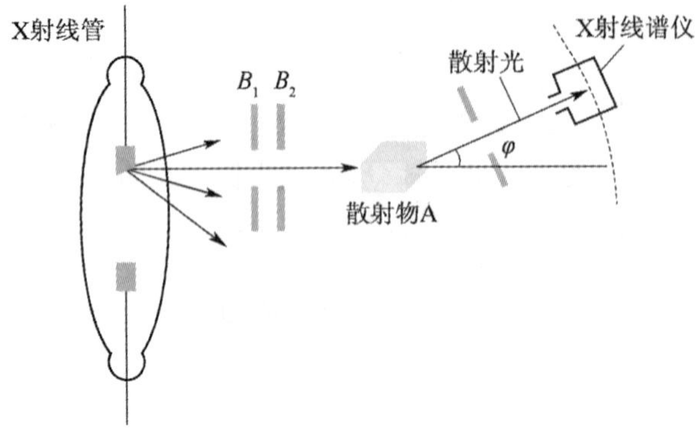


(a) 康普顿效应实验装置

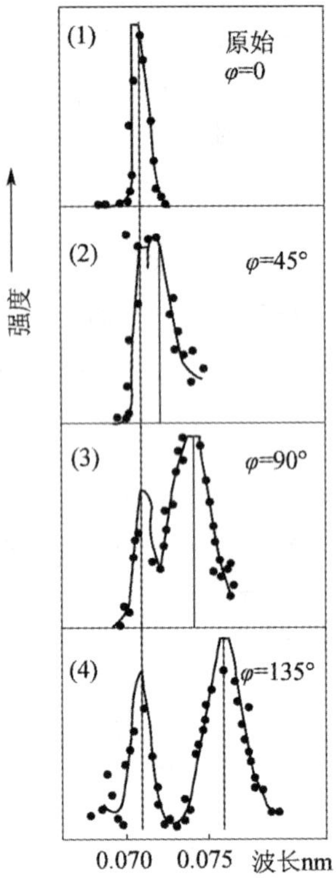


(b) 石墨的康普顿效应实验结果

图 16.7 康普顿效应的实验装置及实验结果

于入射光波的频率),不应出现波长变长的现象.

康普顿利用光子理论成功地解释了这些实验结果. X 射线的散射是单个电子和单个光子发生弹性碰撞的结果. 分析计算如下:

在固体中有许多和原子核联系较弱的电子可以看作是自由电子. 由于这些电子热运动平均动能(约百分之几电子伏特)和入射的 X 射线光子的能量($10^4 \sim 10^5$ eV)比起来可以略去不计,因而这些电子在碰撞前可以看作是静止的. 一个电子的静止能量为 $m_0c^2$,动量为零. 设入射光的频率为 $\nu_0$,则一个光子的能量为 $h\nu_0$,动量为$\frac{h\nu_0}{c}\boldsymbol{n}_0$. 再设弹性碰撞后,电子的能量变为 $mc^2$,动量变为 $m\boldsymbol{v}$;散射光子的能量为 $h\nu$,动量为$\frac{h\nu}{c}\boldsymbol{n}$,散射角为 $\varphi$. 这里 $\boldsymbol{n}_0$ 和 $\boldsymbol{n}$ 分别为碰撞前和碰撞后的光子运动方向上的单位矢量,如图 16.8 所示.

按照能量和动量守恒定律,有

$$h\nu_0 + m_0c^2 = h\nu + mc^2 \tag{16.12}$$

$$\frac{h\nu_0}{c}\boldsymbol{n}_0 = \frac{h\nu}{c}\boldsymbol{n} + m\boldsymbol{v} \tag{16.13}$$

考虑到反冲电子的速度可能很大,式中

$$m = \frac{m_0}{\sqrt{1-\frac{v^2}{c^2}}}$$

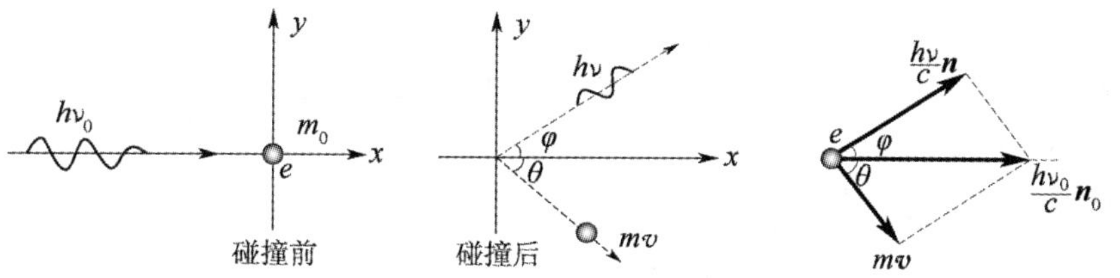


图16.8 光子与静止的自由电子碰撞

将式(16.13)写成

$$mv = \frac{h\nu_0}{c}\boldsymbol{n}_0 - \frac{h\nu}{c}\boldsymbol{n}$$

两边平方得

$$m^2v^2 = \left(\frac{h\nu_0}{c}\right)^2 + \left(\frac{h\nu}{c}\right)^2 - 2\frac{h^2\nu_0\nu}{c^2}\boldsymbol{n}_0\cdot\boldsymbol{n}$$

由于 $\boldsymbol{n}_0\cdot\boldsymbol{n} = \cos\varphi$,所以由上式可得

$$m^2v^2c^2 = h^2\nu_0^2 + h^2\nu^2 - 2h^2\nu\nu_0\cos\varphi \qquad (*)$$

将式(16.12)改写成

$$mc^2 = h(\nu_0 - \nu) + m_0c^2$$

将此式平方,再减去式(*),并将 $m^2 = \dfrac{m_0^2}{1-\dfrac{v^2}{c^2}}$ 代入,化简后即可得

$$\frac{c}{\nu} - \frac{c}{\nu_0} = \frac{h}{m_0c}(1-\cos\varphi)$$

即

$$\Delta\lambda = \lambda - \lambda_0 = \frac{2h}{m_0c}\sin^2\frac{\varphi}{2} \qquad (16.14)$$

称为**康普顿散射公式**. 式中 $\dfrac{h}{m_0c}$ 具有波长量纲,称为电子的康普顿波长,以 $\lambda_C$ 表示

$$\lambda_C = \frac{h}{m_0c} = 0.0024263\ \text{nm}$$

它与短波X射线波长相当. 上式表明波长的改变量与散射物质的种类及入射光的波长无关,只与散射角 $\varphi$ 有关,随 $\varphi$ 的增大,$\Delta\lambda$ 增大,与实验数据相符.

为什么散射光中还有与入射光波长 $\lambda_0$ 相同的谱线? 这是因为上面的计算中假定了电子是自由的,这仅对轻原子中的电子和重原子中外层结合不太紧的电子近似成立. 而内层电子,特别是重原子中数目较多束缚又较紧的内层电子,就不能当成自由电子. 光子和这种电子碰撞,相当于和整个原子相碰,碰撞中光子传给原子的能量很小,几乎保持自己的能量不变. 这样散射光中就保留了原波长 $\lambda_0$ 的谱线. 由于内层电子的数目随散射物原子序数的增加而增加,所以波长为 $\lambda_0$ 的强度随之增强,而波长为 $\lambda$ 的强度随之减弱.

康普顿散射只有在入射光的波长与电子的康普顿波长相比拟时,散射才显著,这就是选用X射线观察康普顿效应的原因. 而在光电效应中,入射光是可见光或紫外光,所以康普顿效应不明显.

康普顿效应不仅证实了光的粒子性,而且证实了在微观粒子相互作用的过程中,能量守恒和动量守恒定律同样适用.

**例 16.4** 波长 $\lambda_0 = 0.01$ nm 的 X 射线与静止的自由电子碰撞. 在与入射方向成 90° 角的方向上观察时,散射 X 射线的波长多大? 反冲电子的动能和动量各为多少?

**解** 将 $\varphi = 90°$ 代入康普顿散射公式

$$\Delta\lambda = \lambda - \lambda_0 = \frac{h}{m_0 c}(1 - \cos 90°) = \frac{h}{m_0 c} = \lambda_C$$

所以
$$\lambda = \lambda_0 + \lambda_C = 0.01 + 0.0024 = 0.0124 \text{ nm}$$

当然,在这一方向还有波长不变的射线.

对于反冲电子,所获得的动能 $E_k$ 等于入射光子损失的能量

$$E_k = h\nu_0 - h\nu = hc\left(\frac{1}{\lambda_0} - \frac{1}{\lambda}\right) = \frac{hc\Delta\lambda}{\lambda_0 \lambda}$$
$$= \frac{6.63 \times 10^{-34} \times 3 \times 10^8 \times 0.0024 \times 10^{-9}}{0.01 \times 10^{-9} \times 0.0124 \times 10^{-9}}$$
$$= 3.8 \times 10^{-15} \text{ J} = 2.4 \times 10^4 \text{ eV}$$

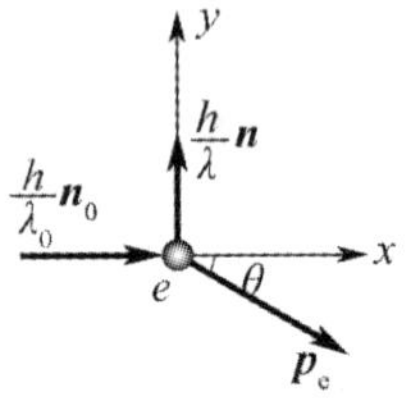

图 16.9 光子与静止的自由电子碰撞

设电子动量为 $\boldsymbol{p}_e$,根据动量守恒定律

$$\frac{h}{\lambda_0}\boldsymbol{n}_0 = \frac{h}{\lambda}\boldsymbol{n} + \boldsymbol{p}_e$$

已知 $\boldsymbol{n}_0$ 与 $\boldsymbol{n}$ 夹角为 90°,设 $\boldsymbol{p}_e$ 与 $\boldsymbol{n}_0$ 夹角为 $\theta$,如图 16.9 所示,则

$$p_e \cos\theta = \frac{h}{\lambda_0}, p_e \sin\theta = \frac{h}{\lambda}$$

两式平方相加并开方,得

$$p_e = \frac{(\lambda_0^2 + \lambda^2)^{1/2}}{\lambda_0 \lambda} h$$
$$= \frac{[(0.01 \times 10^{-9})^2 + (0.0124 \times 10^{-9})^2]^{1/2}}{0.01 \times 10^{-9} \times 0.0124 \times 10^{-9}} \times 6.63 \times 10^{-34}$$
$$= 8.5 \times 10^{-23} \text{ kg} \cdot \text{m/s}$$
$$\cos\theta = \frac{h}{p_e \lambda_0} = \frac{6.63 \times 10^{-34}}{8.5 \times 10^{-23} \times 0.01 \times 10^{-9}} = 0.78$$
$$\theta = 38°44'$$

## 16.3 玻尔的氢原子理论

### 16.3.1 氢原子光谱的实验规律

光谱是电磁辐射的波长成分和强度分布的记录;有时只是波长成分的记录. 原子光谱的规律性提供了原子内部结构的重要信息. 氢原子是结构最简单的原子,历史上就是从研究氢原子光谱规律开始研究原子的. 在可见光和近紫外区,氢原子的谱线如图 16.10 所示. 其中 $H_\alpha$、$H_\beta$、$H_\gamma$、$H_\delta$ 均在可见光区. 由图可见,谱线是线状分立的,光谱线从长波方向的 $H_\alpha$ 线起向短波方向展开,谱线的间距越来越小,最后趋近一个极限位置,称为线系限,用 $H_\infty$ 表示.

1885 年巴耳末发现这些谱线的波长可用简单的整数关系公式计算出来

$$\lambda = B\frac{n^2}{n^2-4}$$

式中 $B = 364.57$ nm，当 $n = 3,4,5,6,\cdots$ 正整数时，就可以算出 $H_\alpha, H_\beta, H_\gamma, H_\delta, \cdots$ 波长. 这个公式称为巴耳末公式. 公式值与实验值符合得很好.

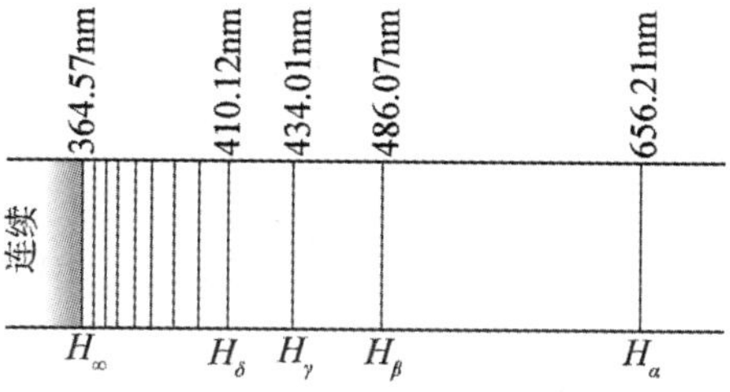


图 16.10　氢原子光谱巴耳末系谱线图

光谱学上常用波长的倒数(称为**波数**)$\tilde{\nu} = \frac{1}{\lambda}$ 来表征谱线. 它的物理意义是**单位长度内所包含完整波长的数目**，则巴耳末公式可写成

$$\tilde{\nu} = \frac{1}{\lambda} = R\left(\frac{1}{2^2} - \frac{1}{n^2}\right)$$

$$n = 3,4,5,6,\cdots$$

式中 $R = \frac{4}{B} = 1.0967758 \times 10^7\,\mathrm{m}^{-1}$，称为氢原子的**里德伯常数**.

后来又在光谱的紫外区、红外区及远红外区发现了其他线系，它们的波数公式也有类似的形式. 这些线系有

赖曼系：　$\tilde{\nu} = R\left(\frac{1}{1^2} - \frac{1}{n^2}\right), n = 2,3,4,\cdots$　在紫外区.

帕邢系：　$\tilde{\nu} = R\left(\frac{1}{3^2} - \frac{1}{n^2}\right), n = 4,5,6,\cdots$　在近红外区.

布喇开系：　$\tilde{\nu} = R\left(\frac{1}{4^2} - \frac{1}{n^2}\right), n = 5,6,7,\cdots$　在红外区.

普芳德系：　$\tilde{\nu} = R\left(\frac{1}{5^2} - \frac{1}{n^2}\right), n = 6,7,8,\cdots$　在红外区.

这些线系可统一用一个公式表示为

$$\tilde{\nu} = R\left(\frac{1}{k^2} - \frac{1}{n^2}\right) \tag{16.15}$$

$$k = 1,2,3,\cdots$$

$$n = k+1, k+2, k+3, \cdots$$

此式称为广义巴耳末公式. 再将它改写成

$$\tilde{\nu} = T(k) - T(n)$$

其中 $T(k) = \frac{R}{k^2}$，$T(n) = \frac{R}{n^2}$ 称为**光谱项**. 可见氢原子光谱的任何一条谱线的波数都可由两个光谱项之差表示. 改变前项 $T(k)$ 中的整数 $k$ 可给出不同谱线系；前项中整数保持定值，后项 $T(n)$ 中整数 $n$ 取不同数值，给出同一谱线系中各谱线的波数. 不同的线系中可以有共同的光谱项.

### 16.3.2　玻尔的氢原子理论

原子光谱的实验规律确定之后，许多人尝试为原子的内部结构建立一个模型，以解释光谱的实验规律. 1912 年卢瑟福根据 $\alpha$ 粒子散射实验结果建立了原子的有核模型. 原子的中心

有一带正电荷 $Ze$($Z$ 为原子序数,$e$ 为电子电量)的原子核,其线度不超过 $10^{-15}$ m,却集中了原子质量的绝大部分,原子核外有 $Z$ 个带负电的电子,它们围绕着原子核运动.从经典电磁学看来,电子绕核的加速运动应该产生电磁辐射,所辐射的电磁波的频率等于电子绕核转动的频率.由于电子辐射电磁波,电子能量逐渐减少,运动轨道越来越小,相应的转动频率越来越高.因而结论是原子光谱应该是连续谱,而电子最终落到核上,原子系统是一个不稳定系统.但实验事实表示,原子光谱是线状光谱,原子一般处于某一稳定状态.可见经典理论不可能找出原子光谱和原子内部电子运动的联系.

为了解决经典理论所遇到的困难,玻尔于 1913 年在卢瑟福原子的有核模型基础上,把普朗克能量子的概念和爱因斯坦光子的概念运用到原子系统,提出了三条基本假设:

**1. 定态假设**

原子系统存在一系列不连续的能量状态,处于这些状态的原子中的电子只能在一定的轨道上绕核作圆周运动,但不辐射能量.这些状态为原子系统的稳定状态,简称定态,相应的能量只能是不连续的值 $E_1, E_2, E_3, \cdots$.

**2. 频率假设**

当原子从一个较大能量 $E_n$ 的定态跃迁到另一个较低能量 $E_k$ 的定态时,原子辐射出一个光子,其频率由下式决定

$$h\nu = E_n - E_k \tag{16.16}$$

式中 $h$ 为普朗克常数.

反之,当原子处于较低能量 $E_k$ 的定态时,吸收一个能量为 $h\nu$ 的光子,则可跃迁到较高能量 $E_n$ 的定态.频率假设也称**频率条件**.

**3. 轨道角动量量子化假设**

原子中电子绕核作圆周运动的轨道角动量 $L$ 必须等于 $\frac{h}{2\pi}$ 的整数倍,即

$$L = n\frac{h}{2\pi}, n = 1,2,3,\cdots \tag{16.17}$$

式中 $n$ 只能取不为零的正整数,称为**量子数**.此式也称为**轨道角动量量子化条件**.

玻尔根据上述假设计算了氢原子在稳定态中的轨道半径和能量.他认为原子核不动,电子以核为中心作半径为 $r$ 的圆周运动.电子质量为 $m$,速率为 $v$,向心加速度为 $\frac{v^2}{r}$,向心力为库仑引力,根据牛顿第二定律有

$$m\left(\frac{v^2}{r}\right) = \frac{e^2}{4\pi\varepsilon_0 r^2} \tag{a}$$

又根据第 3 条假设

$$L = mvr = n\frac{h}{2\pi} \tag{b}$$

$$n = 1,2,3,\cdots$$

(a)、(b) 两式联立,消去 $v$,并用 $r_n$ 代替 $r$,$r_n$ 表示具有一定 $n$(第 $n$ 个稳定轨道)的轨道半径,得

$$r_n = n^2\left(\frac{\varepsilon_0 h^2}{\pi m e^2}\right) = n^2 r_1 \tag{16.18}$$

式中 $r_1=\dfrac{\varepsilon_0 h^2}{\pi m e^2}=5.29\times10^{-11}$ m，称为**第一玻尔轨道半径**，是氢原子核外电子最小的轨道半径.

玻尔还认为原子系统的能量等于电子的动能和电子与核的势能之和，即

$$E_n=\frac{1}{2}mv_n^2-\frac{e^2}{4\pi\varepsilon_0 r_n} \tag{c}$$

由(a)式可知

$$\frac{1}{2}mv_n^2=\frac{e^2}{8\pi\varepsilon_0 r_n}$$

代入(c)式，并将式(16.18)中 $r_n$ 的值代入，得

$$E_n=-\frac{e^2}{8\pi\varepsilon_0 r_n}=-\frac{1}{n^2}\left(\frac{me^4}{8\varepsilon_0^2 h^2}\right) \tag{16.19}$$

$n=1,2,3,\cdots$，可见**能量是量子化的**. 这些分立的能量值 $E_1,E_2,E_3,\cdots$ 称为**能级**. 当 $n=1$ 时，得

$$E_1=-\left(\frac{me^4}{8\varepsilon_0^2 h^2}\right)=-13.58\ \text{eV}$$

则有

$$E_n=-\frac{13.58}{n^2}\ \text{eV} \tag{16.20}$$

当取 $n=1$ 时 $E_1$ 为能量最小值，即原子处于能量最低的状态称为正常态或**基态**. 当 $n=2,3,4,\cdots$，对应的能量分别为 $E_2,E_3,E_4,\cdots$，分别称为第一激发态、第二激发态……. 当 $n\to\infty$ 时，$E_\infty=0$，这时电子已脱离原子核成为自由电子. 图 16.11 为能级图. 基态和各**激发态**中电子都没脱离原子，统称**束缚态**. 能量在 $E_\infty=0$ 以上时，电子脱离了原子，这种状态对应的原子称**电离态**，此时电子的能量是连续的，不受量子化条件限制. 电子从基态到脱离原子核的束缚所需要的能量称为**电离能**. 可见，氢原子的电离能为 13.58 eV.

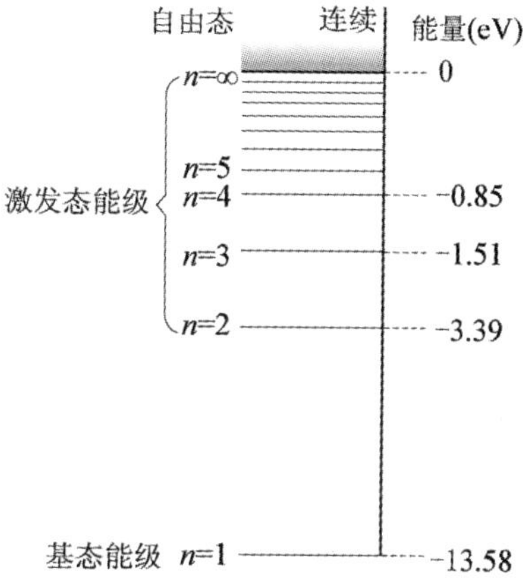

图 16.11　氢原子的能级

根据玻尔的频率条件，则

$$\nu=\frac{E_n-E_k}{h}=\frac{me^4}{8\varepsilon_0^2 h^3}\left(\frac{1}{k^2}-\frac{1}{n^2}\right)$$

用波数表示，则

$$\tilde{\nu}=\frac{\nu}{c}=\frac{me^4}{8\varepsilon_0^2 h^3 c}\left(\frac{1}{k^2}-\frac{1}{n^2}\right)$$

与式(16.15)比较，得到里德伯常数

$$R=\frac{me^4}{8\varepsilon_0^2 h^3 c}$$

式中 $m$ 为电子质量，将各量值代入，得理论值

$$R_{理论}=1.097\ 373\times10^7\ \text{m}^{-1}$$

实验值

$$R_{实验}=1.096\ 776\times10^7\ \text{m}^{-1}$$

可见理论值与实验值符合得非常好. 这是玻尔理论成功的一个方面. 于是氢原子能级式(16.19)可写为

$$E_n = -\frac{Rch}{n^2}$$

要产生氢原子光谱，必须先使氢原子处于激发态. 通常是在放电管中加速电子或其他粒子与氢原子碰撞，使氢原子激发到各激发态. 然后再从高能态自发跃迁到低能态. 从 $n > 1$ 的能级向 $n = 1$ 的能级跃迁，产生赖曼系各谱线；从 $n > 2$ 向 $n = 2$ 的能级跃迁，产生巴耳末系各谱线；从 $n > 3$ 向 $n = 3$ 的能级跃迁，产生帕邢系各谱线；其余线系依此类推. 图 16.12 为氢原子光谱各线系的能级跃迁图.

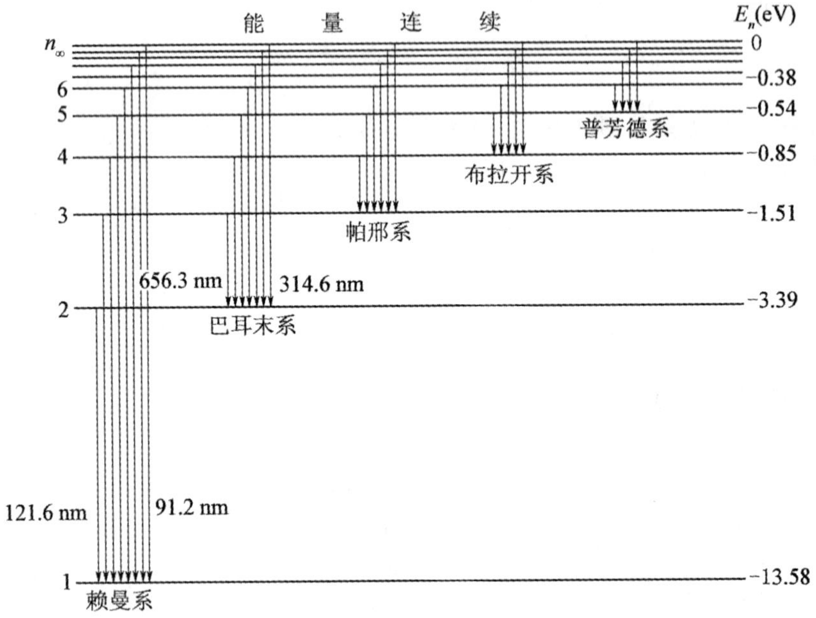


图 16.12　氢原子光谱中不同线系的跃迁

应当注意，某时刻一个氢原子一次跃迁，只发出一条谱线，而实验中是大量原子处于不同的激发态向低能级跃迁，所以能同时观察到全部发射谱线.

**例 16.5**　计算氢原子的电离电势和第一激发电势.

**解**　由氢原子能级公式

$$E_n = -\frac{13.58}{n^2}\ \text{eV}$$

电离能为　$$E_{电离} = E_\infty - E_1 = 0 - \left(-\frac{13.58}{1^2}\right) = 13.58\ \text{eV}$$

电离电势为

$$V_{电离} = \frac{E_{电离}}{e} = 13.58\ \text{V}$$

从基态到第一激发态所需能量为

$$E_2 - E_1 = \left(-\frac{13.58}{2^2}\right) - \left(-\frac{13.58}{1^2}\right) = 10.2\ \text{eV}$$

所以第一激发电势为 10.2 V.

### 16.3.3　玻尔理论的成功和局限性

玻尔的氢原子理论是原子结构理论发展中的一个重要阶段，在处理氢原子（及类氢离子）的光谱问题上取得了成功：能从理论上算出里德伯常数；理论上能定量地解释氢原子光谱的实验规律．他首先指出经典物理学对原子内部现象不适用，提出了原子系统能量量子化的概念和角动量量子化的概念．玻尔创造性地提出了定态假设和能级跃迁决定谱线频率的假设，这在现代量子力学理论中仍然是两个最重要的基本概念．

玻尔理论也有很大的局限性．他只能计算氢原子谱线的频率，无法计算光谱的强度、宽度、偏振等问题．对稍复杂的原子（如氦原子）的光谱不能计算．他虽然指出经典物理不适用于原子内部，但未能完全脱离经典物理的影响，仍采用经典物理的思想和处理方法．例如，把电子看成是一个经典粒子，作轨道运动，轨道半径和能量公式的推导完全是经典物理的方法．他是把经典理论和量子化条件生硬地结合起来，缺乏完整一致的理论体系．他还没有抓到微观粒子的本质特征（波粒二象性），严格说（从量子力学角度），他的物理图像（如轨道）和某些结果（如 $L = n\dfrac{h}{2\pi}$）是不正确的．所以玻尔理论必然被进一步发展起来的更正确的理论（量子力学）所代替．

## 16.4　粒子的波动性

### 16.4.1　德布罗意波

1924 年法国青年物理学家德布罗意在光的波粒二象性的启发下想到：自然界在许多方面都是明显地对称的，既然光具有波粒二象性，则实物粒子，如电子、质子、中子等等也应该具有波粒二象性．他假设：实物粒子也具有波动性．一个实物粒子的能量为 $E$、动量大小为 $p$，跟它们联系的波的频率 $\nu$ 和波长 $\lambda$ 的关系为

$$E = mc^2 = h\nu \tag{16.21}$$

$$p = mv = \frac{h}{\lambda} \tag{16.22}$$

这两个公式称为德布罗意公式．它是从光子所遵从的式(16.9)、式(16.11) 推广而得出的．和实物粒子相联系的波，称为**德布罗意波**或**物质波**．

---

**例 16.6**　由德布罗意公式计算微粒的德布罗意波长．设电子被加速电压 $U$ 加速，求加速后电子的德布罗意波长．

**解**　电子加速后获得的动能 $E_k = eU$，按照相对论公式 $E = E_k + m_0c^2$，$E$ 为电子的总能量 $E = mc^2$，则

$$E - m_0c^2 = eU$$

再

$$E^2 = c^2p^2 + m_0^2c^4$$

从以上两式解得电子加速后的动量为

$$p = \frac{1}{c}\sqrt{2E_0E_k + E_k^2} = \frac{1}{c}\sqrt{2m_0c^2eU + (eU)^2}$$

由式(16.22),得

$$\lambda = \frac{h}{p} = \frac{hc}{\sqrt{2m_0c^2eU + (eU)^2}}$$

若忽略相对论效应,则有

$$E_k = \frac{1}{2}m_0v^2 = eU$$

$$\lambda = \frac{h}{p} = \frac{h}{m_0v}$$

由上两式消去 $v$,得

$$\lambda = \sqrt{\frac{h^2}{2m_0eU}} = \sqrt{\frac{(6.63\times10^{-34})^2}{2\times9.11\times10^{-31}\times1.60\times10^{-19}}}\frac{1}{\sqrt{U}}$$

$$= \frac{1.23\times10^{-9}}{\sqrt{U}}\ \text{m} = \frac{1.23}{\sqrt{U}}\ \text{nm}$$

若 $U = 150$ V,则 $\lambda = 0.1$ nm,与软 X 射线波长同数量级.可见微粒的德布罗意波长一般非常短.

德布罗意假设为许多实验所证实.1927 年戴维孙和革末做了电子束在晶体表面的散射实验,证实了电子的波动性.实验装置如图 16.13 所示,把电子束完全看成像 X 射线一样,整个实验和 X 射线在晶体点阵结构上的衍射完全类同,只有满足布拉格公式

$$2d\sin\varphi = k\lambda = k\frac{12.3}{\sqrt{U}},\ k = 0,1,2,3,\cdots$$

时,电子束才有最强的反射,进入集电器电子电流最大.实验结果如图 16.14 所示.该曲线是取 $\varphi = 80°$,$d = 0.203$ nm(镍单晶)代入上式,当$\sqrt{U} = k\times3.06$ 时,电流出现峰值.实验与理论结果一致,证实了电子的波动性.

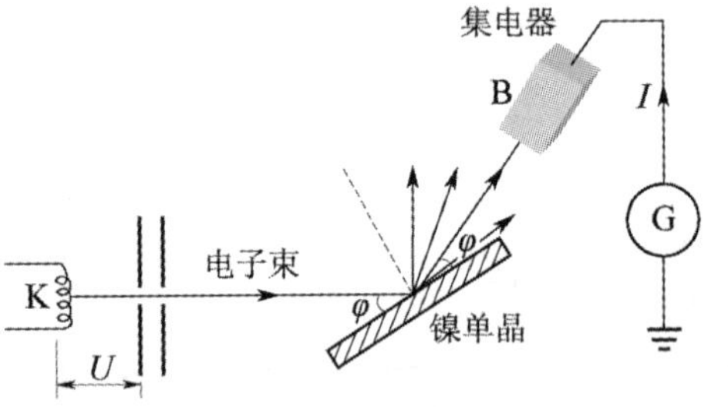


图 16.13 戴维孙–革末电子衍射实验装置图

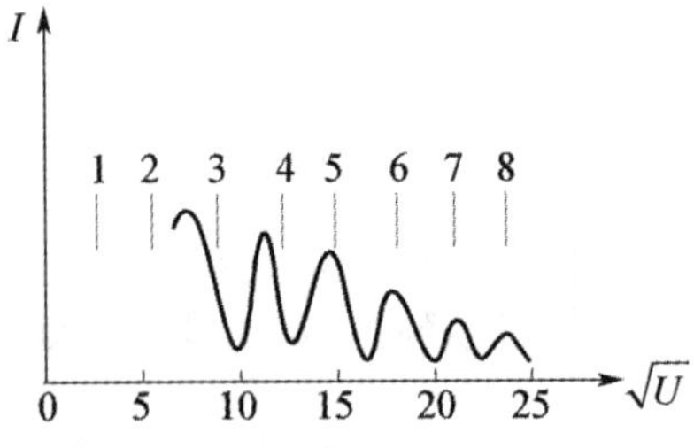


图 16.14 电子在镍单晶上衍射电子束强度与加速电压的关系

同年(1927 年)汤姆孙做了图 16.15 那样的电子衍射实验.将电子束穿过金属片(多晶膜),在感光片上产生圆环衍射图和 X 光通过多晶膜产生的衍射图样极其相似.这也证实了电子的波动性.后来,人们又做了中子、质子、原子、分子的衍射实验,都说明这些粒子具有波动性.波粒二象性是光子和一切微观粒子共同具有的特性,德布罗意公式是描述微观粒子波粒二象性的基本公式.

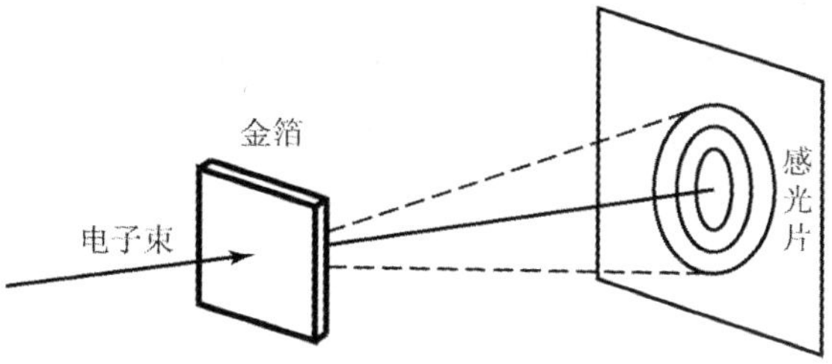


图 16.15　电子穿过金属片产生的衍射

### 16.4.2　德布罗意波的统计解释

对于实物粒子波动性的解释，是 1926 年玻恩提出**概率波**的概念而得到一致公认的.

对比光和实物粒子的衍射图像，可以看出实物粒子的波动性和粒子性之间的联系. 光的强度问题，爱因斯坦已从统计学的观点提出：光强的地方，光子到达的概率大；光弱的地方，光子到达的概率小. 玻恩用同样的观点来分析戴维孙-革末实验（或电子衍射图样），认为：电子流出现峰值（或衍射图样出现亮条纹）处电子出现的概率大；而不是峰值处，电子出现的概率小. 对其他微观粒子也一样. 至于个别粒子在何处出现，有一定的偶然性；但是大量粒子在空间何处出现的空间分布却服从一定的统计规律. 物质波的这种统计性解释把粒子的波动性和粒子性正确地联系起来了，成为量子力学的基本观点之一.

有人让电子一个一个地照射金箔作汤姆孙电子衍射实验. 发现一个一个的衍射电子出现在感光片上的位置好像是无规律的，但长时间照射，衍射电子越来越多，大量的衍射电子才形成了确定的衍射图样. 1909 年 G・P・泰勒用极弱的光照射缝衣针，曝光三个月才获得衍射图样，和用强光短时间曝光结果相同. 这些实验都说明了德布罗意波是概率波.

## 16.5　测不准关系

在经典力学中，一个粒子（质点）的运动状态是用位置（坐标）和速度（动量）来描述的，因而质点的运动也就有一定的轨道. 但对微观粒子由于具有波粒二象性，它的空间位置需要用概率波来描述，而概率波只能给出粒子在各处出现的概率，所以任一时刻粒子不具有确定的位置，与此相联系，粒子在各时刻也不具有确定的动量. 粒子在某一方向（$x$ 方向）位置的不确定量 $\Delta x$ 和在该方向上动量的不确定量 $\Delta p_x$ 的关系为

$$\Delta x \Delta p_x \geqslant h$$

称为**海森伯测不准关系**. 量子力学认为，这种位置和动量的不能同时测定性，不是由于仪器和测量方法引起的，而完全是由于微观粒子的波粒二象性造成的. 如果仍然使用坐标和动量来描写微观粒子的运动，则必然存在这种不确定性，因此把这一关系式又称为不确定关系. 下面以光（或电子）的单缝衍射为例来说明这一关系.

图 16.16 表示一束波长为 $\lambda$ 的单色光沿 $y$ 方向入射到缝宽为 $\Delta x$ 的单缝上，通过缝后在屏幕上观测到衍射条纹. 对于一个光子来说，不能确定地说它从缝中哪一点通过，而只能说它是从宽为 $\Delta x$ 的缝中通过的，因此它在 $x$ 方向的位置不确定量为 $\Delta x$. 通过缝后在 $x$ 方向的

动量 $p_x$ 不为零了，衍射条纹表明，如果 $p_x$ 为零，只能观测到与缝同宽的一条明条纹，而实际衍射条纹比缝宽大得多. 我们只考虑中央明条纹的宽度，则其半角宽 $\varphi$(第 1 级暗纹的衍射角) 根据单缝衍射公式有

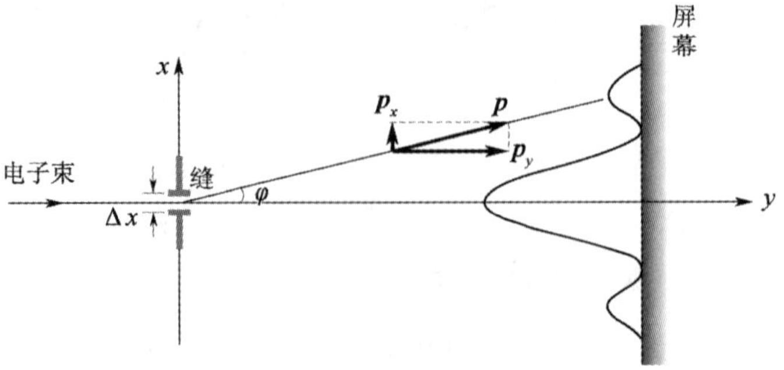


图 16.16　光子或电子的单缝衍射

$$\Delta x\sin\varphi = \lambda$$

对应于该衍射方向，光子在 $x$ 方向的动量为 $p_x = p\sin\varphi$. 所以 $p_x$ 的不确定量 $\Delta p_x \approx p_x = p\sin\varphi$，由此式和上式得

$$\Delta p_x = p\frac{\lambda}{\Delta x}$$

再利用德布罗意公式 $\lambda = \dfrac{h}{p}$，可得

$$\Delta x\Delta p_x \approx h$$

再考虑一级以上的条纹，则得

$$\Delta x\Delta p_x \geqslant h$$

量子力学给出的结果为

$$\Delta x\Delta p_x \geqslant \frac{\hbar}{2}$$

其中

$$\hbar = \frac{h}{2\pi} = 1.054\ 588\ 7\times 10^{-34}\,\mathrm{J\cdot s}$$

称为约化普朗克常数，或普朗克常数.

由于实际上此公式通常只用于数量级的估计，又常简写为

$$\Delta x\Delta p_x \geqslant \hbar \tag{16.23}$$

同理可得

$$\Delta y\Delta p_y \geqslant \frac{\hbar}{2}$$

$$\Delta z\Delta p_z \geqslant \frac{\hbar}{2}$$

这就是说坐标(位置) 越准确，动量就越不准确；动量越准确，坐标就越不准确. 这和衍射实验的结果一致. 单缝宽 $\Delta x$ 越小，衍射条纹越宽，即 $\Delta p_x$ 越大.

可以证明，能量和时间也有类似的测不准关系

$$\Delta E\Delta t \geqslant \frac{\hbar}{2} \tag{16.24}$$

其中 $\Delta E$ 是系统的能量不确定量，$\Delta t$ 是时间不确定量. 我们用一特例说明上式. 设一质量为 $m$ 的粒子以速度 $v$ 作直线运动，其动能为

$$E = \frac{1}{2}mv^2 = \frac{p^2}{2m}$$

将上式两端取微分，得

$$\Delta E = \frac{p}{m}\Delta p = \frac{mv}{m}\Delta p = v\Delta p$$

另外 $x = vt$ 则有 $\Delta x = v\Delta t$，利用(16.23)式有

$$\Delta x\Delta p_x = \frac{\Delta E}{v}v\Delta t = \Delta E\Delta t \geqslant \hbar$$

原子处于某激发能级的平均时间称为平均寿命，用 $\tau$ 表示. 利用能量和时间的不确定关系，可见能级宽度 $\Delta E$ 与它的平均寿命 $\tau$ 成反比，能级寿命越短，能级宽度越宽，反之越窄.

---

**例 16.7**　原子的线度为 $10^{-10}$ m，求原子中电子速度的不确定量.

**解**　“电子在原子中”就意味着电子的位置不确定量为 $\Delta x = 10^{-10}$ m. 根据测不准关系可得

$$\Delta v_x = \frac{\hbar}{m\Delta x} = \frac{1.05\times 10^{-34}}{9.11\times 10^{-31}\times 10^{-10}}\ \text{m/s} = 1.2\times 10^{6}\ \text{m/s}$$

按玻尔理论计算氢原子中轨道运动速度约为 $10^6$ m/s. 它与上面计算的速度不确定量同数量级. 因此对于在原子中的电子，说它的轨道与速度是没有实际意义的.

---

**例 16.8**　氦氖激光器发出波长 $\lambda = 632.8$ nm 的光，谱线宽度 $\Delta\lambda = 10^{-9}$ nm，求这种光子沿 $x$ 方向传播时，它的 $x$ 坐标的不确定量.

**解**　根据德布罗意关系 $p_x = \dfrac{h}{\lambda}$，等式两边微分并只取其绝对值，则

$$\Delta p_x = \frac{h}{\lambda^2}\Delta\lambda$$

根据测不准关系，可得

$$\Delta x = \frac{\hbar}{\Delta p_x} = \frac{\lambda^2}{2\pi\Delta\lambda} \approx \frac{\lambda^2}{\Delta\lambda}$$

这就是光学中的相干长度，即波列的长度. 将 $\lambda$，$\Delta\lambda$ 的数值代入，可得

$$\Delta x \approx \frac{\lambda^2}{\Delta\lambda} = \frac{(6\,328\times 10^{-10})^2}{10^{-9}\times 10^{-9}} = 4\times 10^{5}\ \text{m} = 400\ \text{km}$$

---

## 16.6　波函数　薛定谔方程

### 16.6.1　波函数

我们已经知道，微观粒子具有波粒二象性，其运动状态不能用经典力学中的坐标和动量

来描述，它的运动状态要用概率波来描写. 表示概率波的数学式子叫作**波函数**，通常用 $\Psi$ 表示. $\Psi$ 一般是时间和空间的函数，即 $\Psi=\Psi(x,y,z,t)$.

现在我们来看一个自由粒子的波函数. 自由粒子不受力，动量和能量为常量. 根据德布罗意关系，其频率 $\nu=\dfrac{E}{h}$，波长 $\lambda=\dfrac{h}{p}$，是一个单色平面波. 我们已经知道沿 $x$ 正向传播的频率为 $\nu$、波长为 $\lambda$ 的平面简谐波的波动方程为

$$y(x,t)=A\cos 2\pi\left(\nu t-\frac{x}{\lambda}\right)$$

用复数形式表示为

$$y(x,t)=A\mathrm{e}^{-\mathrm{i}2\pi(\nu t-\frac{x}{\lambda})}$$

取其实部，就是可观测的波动方程.

把 $\lambda=\dfrac{h}{p}$，$\nu=\dfrac{E}{h}$ 代入上式，并用 $\Psi$ 表示，则得

$$\Psi(x,t)=\Psi_0\mathrm{e}^{-\mathrm{i}\frac{2\pi}{h}(Et-px)}=\Psi_0\mathrm{e}^{-\frac{\mathrm{i}}{\hbar}(Et-px)} \tag{16.25}$$

这便是描述一维空间能量为 $E$、动量为 $p$ 的自由粒子的波函数. 当我们研究的系统能量为确定值而不随时间变化时，该波函数可写成

$$\Psi(x,t)=\psi(x)\mathrm{e}^{-\frac{\mathrm{i}}{\hbar}Et}$$

其中

$$\psi(x)=\Psi_0\mathrm{e}^{\frac{\mathrm{i}}{\hbar}px} \tag{16.25$^*$}$$

$\psi(x)$ 只与坐标有关而与时间无关，称为振幅函数，通常也称为波函数. 式(16.25) 引入了反映微观粒子波粒二象性的德布罗意关系和虚数 $\mathrm{i}=\sqrt{-1}$，这使得 $\Psi$ 从形式到本质都与经典波有着根本性的区别. 量子力学的波函数一般都用复数表示.

说明波函数物理意义的是玻恩的统计解释. 波函数 $\Psi(x,y,z,t)$ 是描述单个粒子的，而不是大量粒子的体系. 例如电子衍射实验，可以把入射电子束的强度减弱到每次只有一个电子入射，以保证相继两个电子之间没有任何关联. 用照片(或荧光屏等) 记录衍射电子，发现就单个电子而言，落在照片上的位置是随机的，而长时间照射，就大量电子而言，照片上得到的是有规律的衍射图像. 在物理上有测量意义的是波函数模的平方，而不是波函数本身. $t$ 时刻在空间$(x,y,z)$ 附近的体积元 $\mathrm{d}V=\mathrm{d}x\mathrm{d}y\mathrm{d}z$ 内测到粒子的概率正比于 $|\Psi|^2\mathrm{d}V$. $\Psi$ 是复数，$|\Psi|^2=\Psi\Psi^*$，这里 $\Psi^*$ 是 $\Psi$ 的共轭复数. 因此 $\Psi\Psi^*$ 表示 $t$ 时刻在$(x,y,z)$ 附近单位体积内测到粒子的概率，称为**概率密度**. 可见波函数不是一个物理量，而是用来计算测量概率的数学量. 波函数描写的波是概率波，而概率波没有直接的物理意义，不是任何物理实在的波动. 由于波函数只描写测到粒子的概率分布，所以有意义的是相对取值，因此把波函数 $\Psi$ 乘以任意常数后，并不反映新的物理状态. 未乘常数之前，$t$ 时刻在 $\boldsymbol{r}_1$ 附近的概率密度是 $|\Psi(\boldsymbol{r}_1,t)|^2$，在 $\boldsymbol{r}_2$ 附近的概率密度是 $|\Psi(\boldsymbol{r}_2,t)|^2$，相比是 $|\Psi(\boldsymbol{r}_1,t)|^2/|\Psi(\boldsymbol{r}_2,t)|^2$；而乘以常数 $A$ 以后是 $|A\Psi(\boldsymbol{r}_1,t)|^2/|A\Psi(\boldsymbol{r}_2,t)|^2$，并无区别. 通常，求出一个波函数，令其在整个空间出现的概率为 1，即

$$\iiint_{-\infty}^{+\infty}|\Psi|^2\mathrm{d}x\mathrm{d}y\mathrm{d}z=1$$

称为**波函数的归一化条件**. 意思是在波函数不为零的全部空间中测到粒子概率的总和应为 1.

由于一定时刻在空间给定点粒子出现的概率应该是唯一的，并且是有限的，概率的空间分布不能发生突变，所以**波函数必须满足单值、有限、连续三个条件**. 一般称这三个条件为**波函数的标准条件**. 因此，在两种不同势场交界处，波函数及其一阶导数也是连续的.

### 16.6.2　薛定谔方程

前面式(16.25) 给出的是自由粒子的波函数. 一般情况，粒子在外力场中运动. 当给定一个外力场后如何得到描写在该力场中粒子运动状态的波函数，必须有一个波函数满足的基本方程. 这个方程就是薛定谔方程.

薛定谔方程是 1926 年薛定谔建立的，是量子力学的一个基本假设，它既不可能从已有的经典规律推导出来，也不可能直接从实验事实总结出来(因为波函数本身是不可观测量). 方程的正确性只能靠实践检验. 到目前为止，实践检验证明它是正确的. 下面不是推导，而是便于初学者接受的一种引导.

在非相对论($v \ll c$) 情况下，自由粒子的能量 $E$ 与动量 $p$ 的关系为 $E = \frac{p^2}{2m}$. 一维自由粒子的波函数为 $\Psi(x,t) = \Psi_0 e^{-\frac{i}{\hbar}(Et-px)}$，作如下运算

$$\frac{\partial \Psi}{\partial t} = -\frac{i}{\hbar} E\Psi$$

$$\frac{\partial^2 \Psi}{\partial x^2} = -\frac{p^2}{\hbar^2}\Psi$$

将以上两式代入 $E = \frac{p^2}{2m}$，即得到

$$i\hbar \frac{\partial \Psi}{\partial t} = -\frac{\hbar^2}{2m}\frac{\partial^2 \Psi}{\partial x^2} \tag{16.26}$$

这就是一维自由粒子波函数所遵从的微分方程，其解便是一维自由粒子的波函数.

若粒子在外力场中运动，且假定外力场是保守力场，粒子在外力场中的势能是 $V$，则粒子的总能量为

$$E = \frac{p^2}{2m} + V$$

作类似上述的运算并推广，可得

$$i\hbar \frac{\partial}{\partial t}\Psi = -\frac{\hbar^2}{2m}\frac{\partial^2}{\partial x^2}\Psi + V\Psi \tag{16.27}$$

当粒子在三维空间中运动时，上式推广为

$$i\hbar \frac{\partial}{\partial t}\Psi = -\frac{\hbar^2}{2m}\nabla^2\Psi + V\Psi \tag{16.28}$$

式中 $\nabla^2$ 称为拉普拉斯算符，在直角坐标系中 $\nabla^2 = \frac{\partial^2}{\partial x^2} + \frac{\partial^2}{\partial y^2} + \frac{\partial^2}{\partial z^2}$.

式(16.28) 可简写为

$$i\hbar \frac{\partial}{\partial t}\Psi = \hat{H}\Psi \tag{16.29}$$

式中 $\hat{H} = -\frac{\hbar^2}{2m}\nabla^2 + V$，称为**哈密顿算符**. 式(16.28) 或式(16.29) 称为**薛定谔方程**.

薛定谔方程是量子力学的动力学方程，它的地位如同经典力学中的牛顿运动方程. 如果已知粒子的质量 $m$ 和粒子在外力场中的势能 $V(\boldsymbol{r},t)$ 的具体形式，就可以写出具体的薛定谔方程. 如粒子是电子，不同的薛定谔方程，仅在势能函数形式不同. 因为是二阶偏微分方程，还要根据初值和边界条件才能解得波函数，同时波函数必须满足标准条件. 方程中出现虚数 i，表明波函数必须是复数，这并不破坏它的统计解释，因为只有波函数模的平方 $|\Psi|^2 = \Psi\Psi^*$ 才给出观测粒子出现的概率密度，而 $|\Psi|^2$ 总是实数.

在玻尔理论中曾提到定态，它是能量不随时间变化的状态. 现在从薛定谔方程(16.28)讨论这种状态. 设方程中的 $V$ 只是空间坐标的函数，与时间无关，即 $V = V(x,y,z)$，则可把波函数 $\Psi(x,y,z,t)$ 分离变量，形式为

$$\Psi(x,y,z,t) = \psi(x,y,z)f(t) \tag{16.30}$$

代入式(16.28)，并适当整理，把坐标函数和时间函数分在等号的两侧，则有

$$\frac{1}{\psi}\left[-\frac{\hbar^2}{2m}\nabla^2\psi + V\psi\right] = \frac{\mathrm{i}\hbar}{f}\frac{\mathrm{d}f}{\mathrm{d}t} \tag{16.31}$$

此式等号左边是空间坐标的函数，等号右边是时间的函数，因此，要使等式成立，必须两边都等于与坐标和时间无关的常数. 令这个常数为 $E$，则有

$$\frac{\mathrm{i}\hbar}{f}\frac{\mathrm{d}f}{\mathrm{d}t} = E$$

这个方程的解为

$$f(t) = k\mathrm{e}^{-\frac{\mathrm{i}}{\hbar}Et}$$

式中 $k$ 是一个积分常数. 代回式(16.30)，得

$$\Psi(x,y,z,t) = \psi(x,y,z)\mathrm{e}^{-\frac{\mathrm{i}}{\hbar}Et} \tag{16.32}$$

积分常数 $k$ 吸收到 $\psi$ 中. 同自由粒子波函数比较，可知 $E$ 就是能量. $\Psi\Psi^* = \psi\psi^*$，说明在空间各点测到粒子的概率密度与时间无关，所以叫作**定态**.

式(16.31) 的等号左边也等于同一常数 $E$，于是就有

$$-\frac{\hbar^2}{2m}\nabla^2\psi + V\psi = E\psi \tag{16.33}$$

$\psi$ 只是空间坐标的函数，方程(16.33) 中不含时间 $t$，称为**定态薛定谔方程**. 它的解 $\psi$ 通常称为**定态波函数**. 如果只考虑粒子在一维势场中运动，则该方程为

$$\frac{\mathrm{d}^2}{\mathrm{d}x^2}\psi(x) + \frac{2m}{\hbar^2}(E-V)\psi(x) = 0 \tag{16.34}$$

对于自由粒子，$V=0$，在一维情况，并注意 $E = \frac{p^2}{2m}$（非相对论），对照式(16.25)*，则方程的一个解为

$$\psi(x) = \Psi_0\mathrm{e}^{\frac{\mathrm{i}}{\hbar}px}$$

这是空间波函数，代入式(16.32) 便得到式(16.25)，它是沿 $x$ 正向传播的单色平面波.

## *16.7 斯特恩-盖拉赫实验

1921 年斯特恩和盖拉赫用实验证实了原子的磁矩在外磁场中取向是量子化的. 由于原子磁矩和角动

量的联系，这也就证明了角动量在空间的取向是量子化的.

### 16.7.1　电子的轨道磁矩

原子中电子的绕核运动和闭合小线圈的电流相似，所以原子也有磁矩. 按照磁矩的定义，磁矩 $\boldsymbol{\mu}$ 的大小为

$$\mu = IA$$

其中 $I$ 是电流强度，$A$ 是回路所包围的面积. $\boldsymbol{\mu}$ 的方向垂直于 $A$，而且和电流的方向按右手螺旋关系决定. 一般地电子绕核作椭圆运动(见图 16.17). 电子的电量为 $e$，周期为 $T$，则

$$I = \frac{e}{T}$$

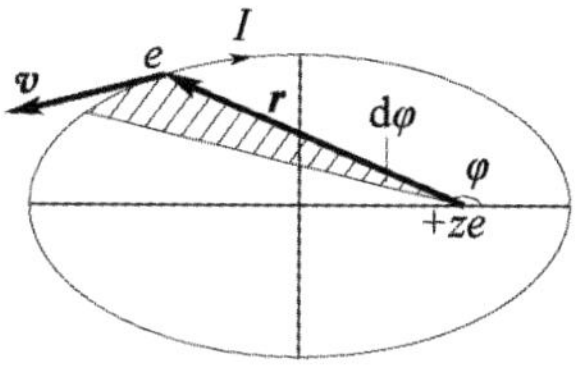


图 16.17　电子绕核作椭圆运动

电流的方向和电子运动的方向相反. 在 $\mathrm{d}t$ 时间内电子矢径 $\boldsymbol{r}$ 扫过的面积为 $\frac{1}{2}r^2\mathrm{d}\varphi$，绕行一周扫过的面积为

$$A = \int_0^{2\pi} \frac{1}{2}r^2\mathrm{d}\varphi = \int_0^T \frac{1}{2}r^2 \frac{\mathrm{d}\varphi}{\mathrm{d}t}\mathrm{d}t$$

电子的角动量为 $mr^2 \frac{\mathrm{d}\varphi}{\mathrm{d}t}$，所以 $r^2 \frac{\mathrm{d}\varphi}{\mathrm{d}t} = \frac{L}{m}$（$L$ 是角动量的大小，$m$ 是电子的质量). 在有心力场中运动，角动量守恒，$L$ 为常量，则

$$A = \int_0^T \frac{L}{2m}\mathrm{d}t = \frac{L}{2m}T$$

单电子的轨道运动磁矩大小为

$$\mu = IA = \frac{e}{2m}L$$

角动量和磁矩都是矢量，因为电子带负电，磁矩 $\boldsymbol{\mu}$ 和角动量 $\boldsymbol{L}$ 的方向相反，于是有

$$\boldsymbol{\mu} = -\frac{e}{2m}\boldsymbol{L} \tag{16.35}$$

在量子力学中，$L = \sqrt{l(l+1)}\hbar$，$l$ 是角量子数. 设角动量 $\boldsymbol{L}$ 在外磁场中，取外磁场 $\boldsymbol{B}$ 的方向为 $z$ 轴正向，角动量在 $\boldsymbol{B}$ 方向的投影为 $L_z$，则

$$L_z = m_l\hbar$$

$m_l$ 为磁量子数. $m_l = 0, \pm 1, \pm 2, \cdots, \pm l$，共有 $2l+1$ 个数值. 由式(16.35) 知，$\boldsymbol{\mu}$ 在 $z$ 轴的投影 $\mu_z$ 为

$$\mu_z = -\frac{e}{2m}L_z = -\frac{e}{2m}m_l\hbar = -m_l\mu_{\mathrm{B}}$$

其中

$$\mu_{\mathrm{B}} = \frac{e\hbar}{2m} = \frac{eh}{4\pi m} = 9.274\ 015\ 41 \times 10^{-24}\,\mathrm{J/T}$$
$$= 5.788\ 382\ 63 \times 10^{-5}\,\mathrm{eV/T}$$

称为**玻尔磁子**.

### 16.7.2　斯特恩-盖拉赫实验

在电磁学中，一个磁矩为 $\boldsymbol{\mu}$ 的载流线圈，放在磁感强度为 $\boldsymbol{B}$ 的磁场中，该线圈所受力矩为 $\boldsymbol{M}$，且

$$M = \mu \times B$$

将磁矩由垂直于磁场方向转到与磁场成 $\theta$ 角的方向，$\boldsymbol{M}$ 所做的功 $W$ 为

$$W = -\int_{\frac{\pi}{2}}^{\theta} M\mathrm{d}\theta = -\int_{\frac{\pi}{2}}^{\theta} \mu B\sin\theta\mathrm{d}\theta = \mu B\cos\theta$$

负号表示力矩的方向与角位移 $\mathrm{d}\theta$ 的方向相反.若取磁矩垂直于磁场方向，即 $\theta = \frac{\pi}{2}$ 的位置线圈与磁场的相互作用势能为零，则磁矩 $\boldsymbol{\mu}$ 与磁场 $\boldsymbol{B}$ 成 $\theta$ 角时的势能为 $U$，则

$$U = -\mu B\cos\theta = -\boldsymbol{\mu}\cdot\boldsymbol{B} = -\mu_z B \tag{16.36}$$

式中磁场的方向为 $z$ 轴方向.如果磁场 $B$ 在 $z$ 方向不均匀，有一梯度为 $\frac{\partial B}{\partial z}$，则载流线圈在 $z$ 方向受力为

$$f_z = -\frac{\partial U}{\partial z} = \mu_z\frac{\partial B}{\partial z} \tag{16.37}$$

式(16.36)、式(16.37)这两个公式也适用于原子系统.斯特恩–盖拉赫实验就是利用这一效应，让原子射线束通过一个不均匀磁场区域，观察原子磁矩在磁力作用下的偏转.

实验装置如图16.18所示.从加热炉 $Q$ 中引出原子射线束，经狭缝 $S_1$ 和 $S_2$ 准直后射入在 $z$ 方向不均匀的磁场区域，被磁力偏转后，落在屏 $P$ 上，相对出口处 $z$ 方向的位移为 $s$.设质量为 $M$ 的原子以速度 $v$ 经过长度为 $L$ 的不均匀磁场，则通过的时间 $t = L/v$，于是有

$$s = \frac{1}{2}at^2 = \frac{1}{2}\frac{f_z}{M}t^2 = \frac{1}{2M}\frac{\partial B}{\partial z}\left(\frac{L}{v}\right)^2\mu_z$$

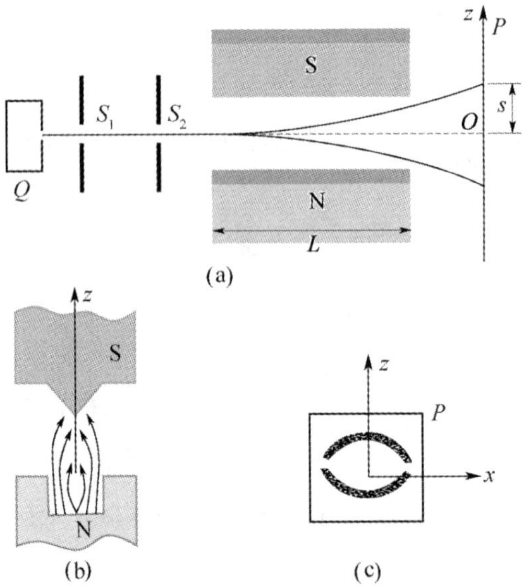


图 16.18　斯特恩–盖拉赫实验装置

$\mu_z > 0$ 时向上偏转，$\mu_z < 0$ 向下偏转.如果磁矩在磁场中可以任意取向，$\mu_z$ 从正到负连续变化，那么原子束偏转后将在屏上溅落成一片.实验发现在屏上是几条清晰可辨的黑斑.这说明原子磁矩只能取几个特定的方向，也就是角动量只能取几个特定的方向，证明了角动量在外磁场方向的投影是量子化的.

原子的尺度约为 nm 的数量级，故外磁场应在这么小的范围内不均匀，亦即梯度 $\frac{\partial B}{\partial z}$ 非常大，这是实验的难点，所以磁极要做成特殊形状.只要测出原子通过不均匀磁场的距离 $L$，速度 $v$ 和磁场梯度及屏上的位移 $s$，就可以算出 $\mu_z$.当 $L$、$v$、$\frac{\partial B}{\partial z}$ 保持不变时，$s$ 与 $\mu_z$ 相对应.一般地

$$斑纹条纹数 = 2l + 1$$

对 Zn、Cd、Hg、Sn 等原子，射线没偏转，$l = 0$，说明这些原子的总角动量为零. 对基态的氧原子，测到 5 条斑纹，说明它的角动量投影有 5 个取向，磁量子数 $m_l = 0, \pm 1, \pm 2$，定出 $l = 2$.

但特别引起注意的，是对 Li、Na、K、Cu、Ag、Au 等基态原子，测得的斑纹数为 2. 如果按照上面的公式计算，这时 $l$ 应为 $\frac{1}{2}$，$L_z$ 应为 $-\frac{1}{2}\hbar$ 和 $+\frac{1}{2}\hbar$，这与前面我们得到的 $l = 0, 1, 2, \cdots$ 不符. 如何解释这一事实呢？必须有新的物理内容. 因为测的都是基态（$S$ 态，$L = 0$）原子，轨道角动量为零，原子的磁矩一定起源于其他类型的磁矩. 这就是我们下面要介绍的电子的自旋.

## *16.8　电子自旋

锂(Li)、钠(Na)、钾(K)、铷(Rb)、铯(CS)、钫(Fr) 这些元素称为碱金属元素. 用分辨率较高的光谱仪观测光谱的每一条谱线，实验发现，每条谱线是由 2 条或 3 条线组成，称作光谱线的精细结构. 其实所有原子光谱线都有精细结构，只是碱金属原子谱线较为明显.

1925 年乌伦贝克和高德斯密特为了解释碱金属原子光谱线的精细结构，同时又考虑斯特恩-盖拉赫实验对于基态 Li、Na、K、Cu、Ag、Au 等原子的实验结果，他们提出：除轨道运动外，电子还存在一种自旋运动. 电子本身具有自旋角动量 $\boldsymbol{S}$ 及相应的自旋磁矩 $\boldsymbol{\mu}_S$. 自旋角动量大小为

$$S = \sqrt{s(s+1)}\hbar$$

式中 $s$ 称为**自旋量子数**，每个电子都具有同样的数值 $s = \frac{1}{2}$，则

$$S = \frac{\sqrt{3}}{2}\hbar$$

根据角动量的一般理论，自旋角动量的空间取向也应是量子化的，它在外磁场方向的投影 $S_z$

$$S_z = m_s \hbar$$

$m_s$ 称为**自旋磁量子数**，它只能取两个值，即

$$m_s = \frac{1}{2}, -\frac{1}{2}$$

自旋磁矩 $\boldsymbol{\mu}_S$ 为

$$\boldsymbol{\mu}_S = -\frac{e}{m}\boldsymbol{S}$$

负号是因为电子带负电，$\boldsymbol{\mu}_S$ 与 $\boldsymbol{S}$ 方向相反，它在外磁场方向的投影为

$$\mu_{S_z} = -\frac{e}{m}S_z = \mp\frac{e\hbar}{2m} = \pm\mu_B$$

式中 $\mu_B = \frac{e\hbar}{2m}$ 是玻尔磁子. 值得注意的是

$$\frac{|\boldsymbol{\mu}_S|}{|\boldsymbol{S}|} = \frac{e}{m}$$

而轨道磁矩 $\boldsymbol{\mu}_l$ 与轨道角动量 $\boldsymbol{L}$ 的比值为

$$\frac{|\boldsymbol{\mu}_l|}{|\boldsymbol{L}|} = \frac{e}{2m}$$

两者比值之比为 2，这是两种运动的重要差别.

斯特恩-盖拉赫实验对 Li、Na、K 等原子测得的斑纹条数为 2，现在可以这样解释：这些原子的磁矩取决于价电子，而价电子的轨道磁矩为零，因此原子的磁矩由电子自旋磁矩决定. 自旋磁矩在 $z$ 方向的投影 $\mu_{s_z}$ 只可能取两个数值，于是屏幕上得到两条斑纹. 测出两条斑纹的距离 $s$，就可以算出 $\mu_{s_z}$. 测量结果为一个玻

尔磁子.这不但证实了电子自旋的正确性,同时也证明了自旋磁矩与自旋角动量关系的正确性.

碱金属光谱的精细结构,其产生的原因是比电相互作用小的磁相互作用,是电子的轨道运动产生的磁场和电子自旋磁矩的作用,使得原子的能级发生改变.这种能量称自旋——轨道相互作用能,是一个小量,因此表现为光谱线的精细结构.

电子的自旋运动是电子的重要特征.但是电子自旋的物理图像是什么?这是80多年来至今尚未解决的问题.不要把“自旋”想象成宏观物体的“自转”,因为微观粒子的运动与宏观物体的运动并不相同,简单的类比会产生错误的概念.现代物理实验表明,电子的自旋与电子的内部结构有关,而电子的内部结构至今尚不清楚.我们只能说电子的自旋是电子的一种内禀(内部)运动.

# 附录Ⅰ 矢 量

## 1. 标量和矢量

在物理学中,有一类物理量,如时间、质量、功、能量、温度等,只有大小和正负,而没有方向,这类物理量称为**标量**.另一类物理量,如位移、速度、加速度、力、动量、冲量等,既有大小又有方向,而且相加减时遵从平行四边形的运算法则,这类物理量称为**矢量**(也称为**向量**).通常用带箭头的字母(如$\vec{A}$)或黑体字母(如$\boldsymbol{A}$)来表示矢量,以区别于标量.在作图时,我们可以在空间用一有向线段来表示,如图Ⅰ.1所示.线段的长度表示矢量的大小,而箭头的指向则表示矢量的方向.

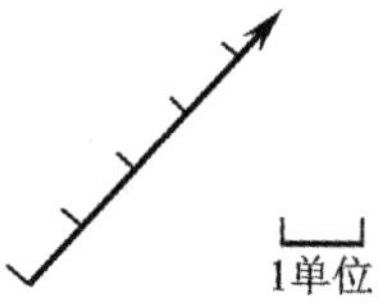


图Ⅰ.1 矢量的图示

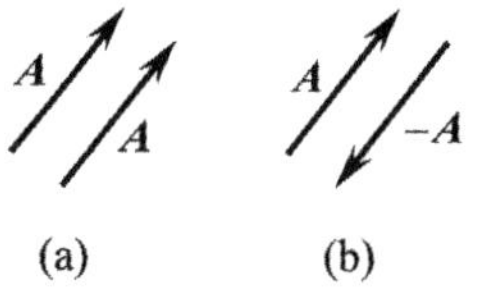


图Ⅰ.2 等矢量和负矢量

因为矢量具有大小和方向这两个特征,所以只有大小相等、方向相同的两个矢量才相等[见图Ⅰ.2(a)].如果有一矢量和另一矢量$\boldsymbol{A}$大小相等而方向相反,这一矢量就称为$\boldsymbol{A}$矢量的负矢量,用$-\boldsymbol{A}$来表示[见图Ⅰ.2(b)].

将一矢量平移后,它的大小和方向都保持不变.这样,在考察矢量之间的关系或对它们进行运算时,往往根据需要将矢量进行平移,如图Ⅰ.3所示.

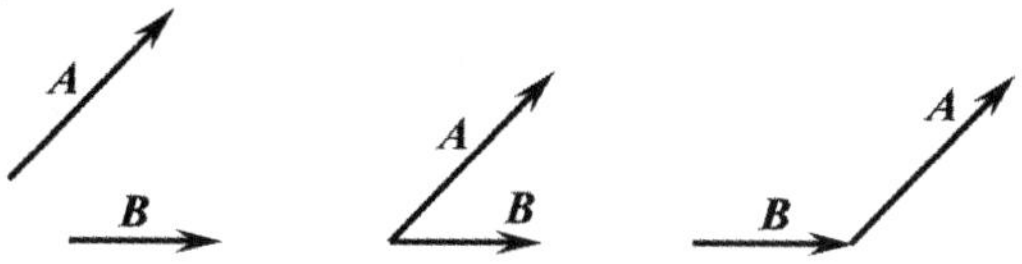


图Ⅰ.3 矢量的平移

## 2. 矢量的模和单位矢量

矢量的大小称为矢量的模.矢量$\boldsymbol{A}$的模常用符号$|\boldsymbol{A}|$或$A$表示.

如果矢量$\boldsymbol{e}_A$的模等于1,且方向与矢量$\boldsymbol{A}$相同,则$\boldsymbol{e}_A$称为矢量$\boldsymbol{A}$方向上的单位矢量.引进了单位矢量之后,矢量$\boldsymbol{A}$可以表示为

$$\boldsymbol{A}=|\boldsymbol{A}|\boldsymbol{e}_A=A\boldsymbol{e}_A$$

这种表示方法实际上是把矢量$\boldsymbol{A}$的大小和方向这两个特征分别地表示出来.

对于空间直角坐标系($Oxyz$)来说,通常用$\boldsymbol{i}$、$\boldsymbol{j}$、$\boldsymbol{k}$分别表示沿$x$、$y$、$z$三个坐标轴正方向的单位矢量.

## 3. 矢量的加法和减法

矢量的运算不同于标量的运算.例如,一个物体同时受到几个不同方向的力作用时,在计算合力时,不能简单地运用代数相加,而必须遵从平行四边形法则.因此矢量相加的方法常称为**平行四边形法则**.

设有两个矢量$\boldsymbol{A}$和$\boldsymbol{B}$,如图Ⅰ.4所示.将它们相加时,可将两矢量的起点交于一点,再以这两个矢量$\boldsymbol{A}$和$\boldsymbol{B}$为邻边作平行四边形,从两矢量的交点作平行四边形的对角线,此对角线即代表$\boldsymbol{A}$和$\boldsymbol{B}$两矢量之和,

用矢量式表示为

$$\boldsymbol{C}=\boldsymbol{A}+\boldsymbol{B}$$

**C** 称为合矢量，而 **A** 和 **B** 则称为 **C** 矢量的分矢量.

图Ⅰ.4　矢量的加法

因为平行四边形的对边平行且相等，所以两矢量合成的平行四边形法则可简化为三角形法则：即以矢量 **A** 的末端为起点，作矢量 **B**(见图Ⅰ.5)，则不难看出，由 **A** 的起点画到 **B** 的末端的矢量就是合矢量 **C**. 同样，如以矢量 **B** 的末端为起点，作矢量 **A**，由 **B** 的起点画到 **A** 的末端的矢量也就是合矢量 **C**，即矢量的加法满足交换律.

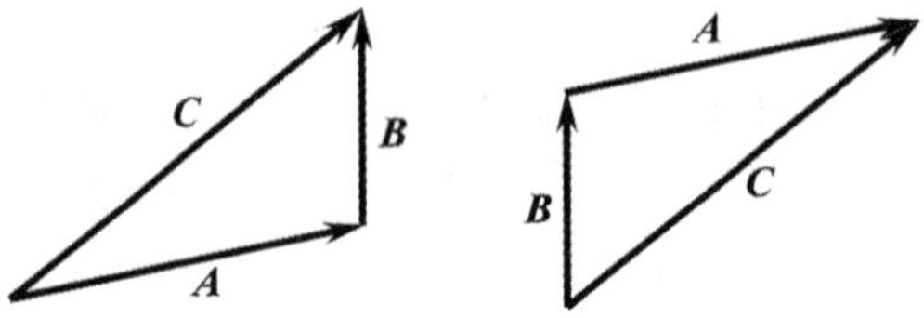


图Ⅰ.5　矢量合成的三角形法则

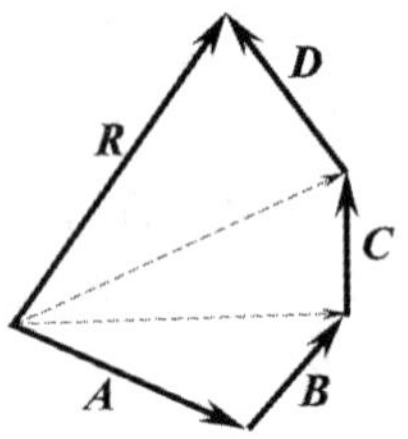


图Ⅰ.6　多矢量的合成

对于两个以上的矢量相加，例如，求 **A**、**B**、**C** 和 **D** 的合矢量，则可根据三角形法则，先求出其中两个矢量的合矢量，然后将该合矢量与第 3 个矢量相加，求出这 3 个矢量的合矢量，依此类推，就可以求出多个矢量的合矢量(见图Ⅰ.6). 从图中还可以看出，如果在第一个矢量的末端画出第 2 个矢量，再在第 2 个矢量的末端画出第 3 个矢量……即把所有相加的矢量首尾相连，然后由第 1 个矢量的起点到最后 1 个矢量的末端作一矢量，这个矢量就是它们的合矢量. 由于所有的分矢量与合矢量在矢量图上围成一个多边形，所以这种求合矢量的方法常称为**多边形法则**.

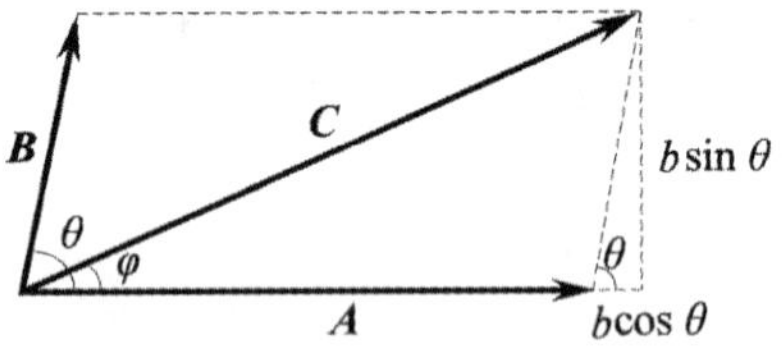


图Ⅰ.7　两矢量合成的计算

合矢量的大小和方向，也可以通过计算求得. 如图Ⅰ.7 所示，矢量 **A**、**B** 之间的夹角为 $\theta$，那么，合矢量 **C** 的大小和方向很容易从图上看出.

$$\begin{aligned} C &= \sqrt{(A+B\cos\theta)^2+(B\sin\theta)^2} \\ &= \sqrt{A^2+B^2+2AB\cos\theta} \end{aligned}$$

$$\varphi=\arctan\frac{B\sin\theta}{A+B\cos\theta}$$

矢量的减法是按矢量加法的逆运算来定义的. 例如，我们问 **A**、**B** 两矢量之差 **A**－**B** 为何？它将是另一个矢量 **D**，我们记作 **D**＝**A**－**B**，如果把 **D**、**B** 相加起来就应该得到 **A**. 由图Ⅰ.8(a)还可以看出，**A**－**B** 也等于 **A** 和－**B** 的合矢量，即

$$\boldsymbol{A}-\boldsymbol{B}=\boldsymbol{A}+(-\boldsymbol{B})$$

所以求矢量差 **A**－**B** 可按图Ⅰ.8(a)中所示的三角形法或平行四边形法.

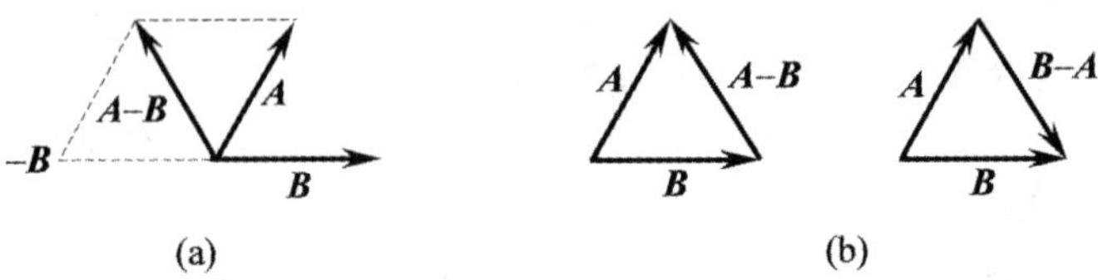


图Ⅰ.8　矢量的减法

如果求矢量差 **B**－**A**，用同样的方法可以知道，等于由 **A** 的末端到达 **B** 的末端的矢量[见图Ⅰ.8(b)]，

它的大小同 **A**－**B** 的大小相等,但方向相反.

#### 4. 矢量合成的解析法

两个或两个以上的矢量可以合成为一个矢量.同样,一个矢量也可以分解为两个或两个以上的分矢量.但是,一个矢量分解为两个分矢量时,则有无限多组解答(见图Ⅰ.9).如果先限定了两个分矢量的方向,则解答是唯一的.我们常将一矢量沿直角坐标轴分解.由于坐标轴的方向已确定,所以任一矢量分解在各轴上的分矢量只需用带有正号或负号的数值表示即可,这些分矢量的量值都是标量,一般叫作分量.如图Ⅰ.10所示,矢量 **A** 在 $x$ 轴和 $y$ 轴上的分量分别为

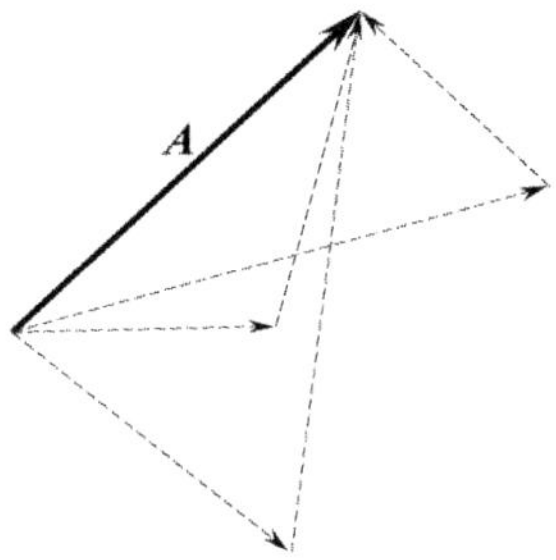


图Ⅰ.9 矢量的分解

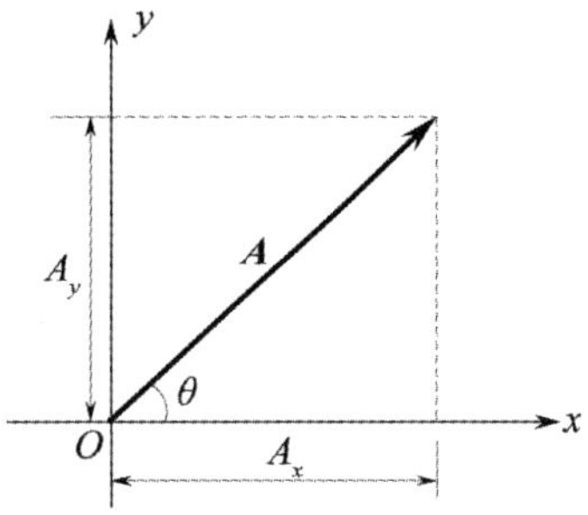


图Ⅰ.10 矢量的正交分解

$$A_x = A\cos\theta$$
$$A_y = A\sin\theta$$

显然,矢量 **A** 的模与分量 $A_x$、$A_y$ 之间的关系为 $|\boldsymbol{A}| = \sqrt{A_x^2 + A_y^2}$,矢量 **A** 的方向可用与 $x$ 轴的夹角 $\theta$ 来表示,即

$$\theta = \arctan\frac{A_y}{A_x}$$

运用矢量的分量表示法,可以使矢量的加减运算得到简化.如图Ⅰ.11所示,设有两矢量 **A** 和 **B**,其合矢量 **C** 可由平行四边形求出.如矢量 **A** 和 **B** 在坐标轴上的分量分别为 $A_x$、$A_y$ 和 $B_x$、$B_y$.由图中很容易得出,合矢量 **C** 在坐标轴上的分量满足关系式

$$C_x = A_x + B_x$$
$$C_y = A_y + B_y$$

就是说,合矢量在任一直角坐标轴上的分量等于分矢量在同一坐标轴上各分量的代数和.这样,通过分矢量在坐标轴上的分量就可以求得合矢量的大小和方向.

#### 5. 矢量的数乘

一个数 $m$ 和矢量 **A** 相乘,那么得到另一个矢量 $m\boldsymbol{A}$,其大小是 $mA$,如果 $m>0$,其方向与 **A** 相同;如果 $m<0$,其方向与 **A** 相反.

#### 6. 矢量的坐标表示

矢量的合成与分解是密切相连的.在空间直角坐标系中,任一矢量 **A** 都可沿坐标轴方向分解为3个分矢量(见图Ⅰ.12),即

$$\overrightarrow{Ox} = A_x\boldsymbol{i} \qquad \overrightarrow{Oy} = A_y\boldsymbol{j} \qquad \overrightarrow{Oz} = A_z\boldsymbol{k}$$

由矢量合成的三角形法则不难得到

$$\boldsymbol{A} = A_x\boldsymbol{i} + A_y\boldsymbol{j} + A_z\boldsymbol{k}$$

其中 $A_x$、$A_y$、$A_z$ 为矢量 **A** 在坐标轴上的分量,上式即为矢量的坐标表示.于是矢量 **A** 的模为

$$|\boldsymbol{A}| = \sqrt{A_x^2 + A_y^2 + A_z^2}$$

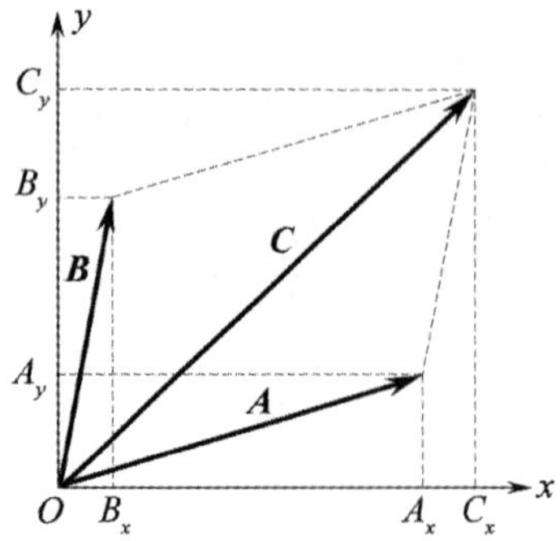


图Ⅰ.11 矢量合成的解析法

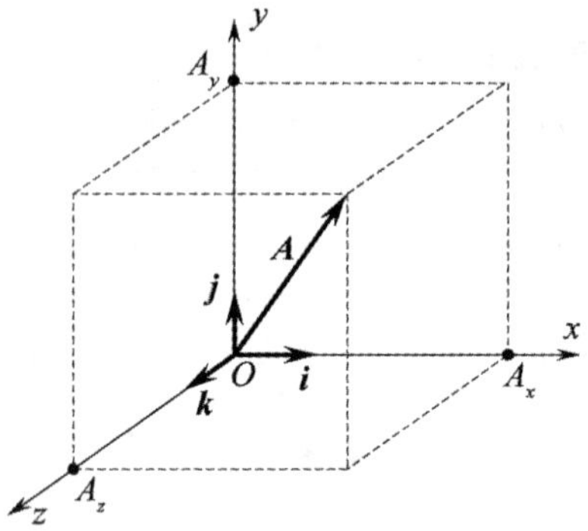


图Ⅰ.12 矢量的坐标表示

而矢量 $\boldsymbol{A}$ 的方向则由该矢量与坐标轴的夹角 $\alpha$、$\beta$、$\gamma$ 来确定:

$$\cos\alpha=\frac{A_x}{|\boldsymbol{A}|},\quad \cos\beta=\frac{A_y}{|\boldsymbol{A}|},\quad \cos\gamma=\frac{A_z}{|\boldsymbol{A}|}$$

由此,又可得到矢量加减法的坐标表示式.设 $\boldsymbol{A}$ 和 $\boldsymbol{B}$ 两矢量的坐标表达式为

$$\boldsymbol{A}=A_x\boldsymbol{i}+A_y\boldsymbol{j}+A_z\boldsymbol{k}$$

$$\boldsymbol{B}=B_x\boldsymbol{i}+B_y\boldsymbol{j}+B_z\boldsymbol{k}$$

于是

$$\boldsymbol{A}\pm\boldsymbol{B}=(A_x\pm B_x)\boldsymbol{i}+(A_y\pm B_y)\boldsymbol{j}+(A_z\pm B_z)\boldsymbol{k}$$

### 7. 矢量的标积和矢积

在物理学中,我们常常遇到两个矢量相乘的情形.例如,功 $W$ 与力 $\boldsymbol{F}$ 和位移 $\boldsymbol{s}$ 的关系为

$$W=Fs\cos\theta$$

其中 $\theta$ 是力与位移之间的夹角.力 $\boldsymbol{F}$ 和位移 $\boldsymbol{s}$ 都是矢量,而功 $W$ 是只有大小与正负、没有方向的量,即标量.又如力矩 $\boldsymbol{M}$ 的大小为

$$M=Fd=Fr\sin\theta$$

其中 $d$ 是力臂,$\boldsymbol{r}$ 是力的作用点的位置矢量,$\theta$ 是 $\boldsymbol{r}$ 和 $\boldsymbol{F}$ 之间的夹角;$\boldsymbol{r}$ 和 $\boldsymbol{F}$ 也都是矢量,而力矩 $\boldsymbol{M}$ 也是矢量.由此可知,两矢量相乘有两种结果:两矢量相乘得到一个标量的叫作**标积**(或称**点积**);两矢量相乘得到一个矢量的叫作**矢积**(或称**叉积**).

设 $\boldsymbol{A}$、$\boldsymbol{B}$ 为任意两个矢量,它们的夹角为 $\theta$,则它们的标积通常用 $\boldsymbol{A}\cdot\boldsymbol{B}$ 来表示,定义为

$$\boldsymbol{A}\cdot\boldsymbol{B}=AB\cos\theta$$

上式说明,标积 $\boldsymbol{A}\cdot\boldsymbol{B}$ 等于矢量 $\boldsymbol{A}$ 在 $\boldsymbol{B}$ 矢量方向的投影 $A\cos\theta$ 与矢量 $\boldsymbol{B}$ 的模的乘积[见图Ⅰ.13(a)],也等于矢量 $\boldsymbol{B}$ 在 $\boldsymbol{A}$ 矢量方向上的投影 $B\cos\theta$ 与矢量 $\boldsymbol{A}$ 的模的乘积[见图Ⅰ.13(b)].

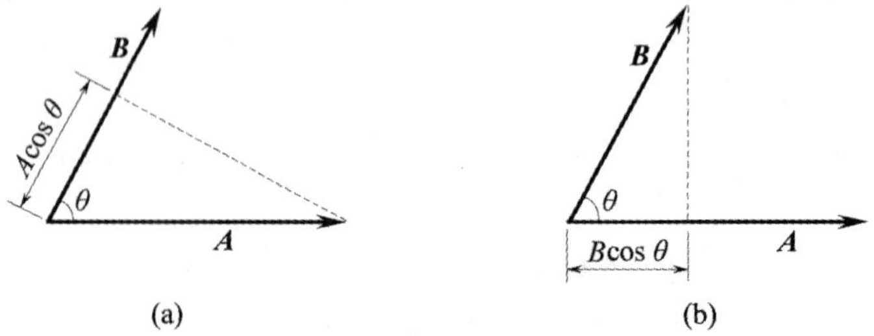


图Ⅰ.13 矢量的标积

引进了矢量的标积以后,功就可以用力和位移的标积来表示,即

$$W=\boldsymbol{F}\cdot\boldsymbol{s}$$

根据标积的定义，可以得出下列结论：

(1)当 $\theta=0$，即 **A**,**B** 两矢量平行时，$\cos\theta=1$，所以 $\boldsymbol{A}\cdot\boldsymbol{B}=AB$. 当 $A$ 和 $B$ 相等时，$\boldsymbol{A}\cdot\boldsymbol{A}=A^2$.

(2)当 $\theta=\frac{\pi}{2}$，即 **A**,**B** 两矢量垂直时，$\cos\theta=0$，所以 $\boldsymbol{A}\cdot\boldsymbol{B}=0$.

(3)根据以上两点结论可知，直角坐标系的单位矢量 **i**,**j**,**k** 具有正交性，即

$$\boldsymbol{i}\cdot\boldsymbol{i}=\boldsymbol{j}\cdot\boldsymbol{j}=\boldsymbol{k}\cdot\boldsymbol{k}=1$$

$$\boldsymbol{i}\cdot\boldsymbol{j}=\boldsymbol{j}\cdot\boldsymbol{k}=\boldsymbol{k}\cdot\boldsymbol{i}=0$$

利用上述性质，对 **A**、**B** 两矢量求标积有

$$\boldsymbol{A}\cdot\boldsymbol{B}=(A_x\boldsymbol{i}+A_y\boldsymbol{j}+A_z\boldsymbol{k})\cdot(B_x\boldsymbol{i}+B_y\boldsymbol{j}+B_z\boldsymbol{k})=A_xB_x+A_yB_y+A_zB_z$$

矢量 **A** 和 **B** 的矢积 $\boldsymbol{A}\times\boldsymbol{B}$ 是另一矢量 **C**，其定义如下：

$$\boldsymbol{C}=\boldsymbol{A}\times\boldsymbol{B}$$

矢量 **C** 的大小为

$$C=AB\sin\theta$$

其中 $\theta$ 为 **A**、**B** 两矢量间的夹角，**C** 矢量的方向则垂直于 **A**、**B** 两矢量所组成的平面，指向由右手螺旋法则确定，即从 **A** 经由小于 180°的角转向 **B** 时大拇指伸直所指的方向决定(见图Ⅰ.14).

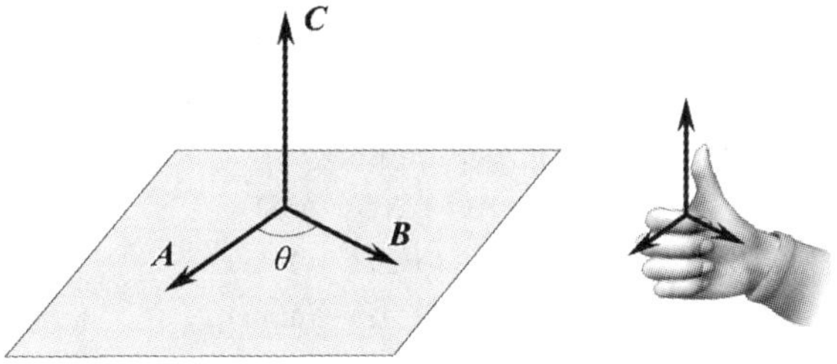


图Ⅰ.14 矢量的矢积

引进了矢量的矢积以后，力矩就可以用力作用点的位置矢量 **r** 与力 **F** 的矢积来表示，即

$$\boldsymbol{M}=\boldsymbol{r}\times\boldsymbol{F}$$

根据矢量矢积的定义，可以得出下列结论：

(1)当 $\theta=0$，即 **A**、**B** 两矢量平行时，$\sin\theta=0$，所以 $\boldsymbol{A}\times\boldsymbol{B}=0$.

(2)当 $\theta=\frac{\pi}{2}$，即 **A**、**B** 两矢量垂直时，$\sin\theta=1$，矢积 $\boldsymbol{A}\times\boldsymbol{B}$ 具有最大值，它的大小为 $AB$.

(3)矢积 $\boldsymbol{A}\times\boldsymbol{B}$ 的方向与 **A**、**B** 两矢量的次序有关. $\boldsymbol{A}\times\boldsymbol{B}$ 与 $\boldsymbol{B}\times\boldsymbol{A}$ 所表示的两矢量的方向正好相反，即

$$\boldsymbol{A}\times\boldsymbol{B}=-(\boldsymbol{B}\times\boldsymbol{A})$$

(4)在直角坐标系中，单位矢量之间的矢积为

$$\boldsymbol{i}\times\boldsymbol{i}=\boldsymbol{j}\times\boldsymbol{j}=\boldsymbol{k}\times\boldsymbol{k}=0$$

$$\boldsymbol{i}\times\boldsymbol{j}=\boldsymbol{k},\quad \boldsymbol{j}\times\boldsymbol{k}=\boldsymbol{i},\quad \boldsymbol{k}\times\boldsymbol{i}=\boldsymbol{j}$$

利用上述性质，对 **A**、**B** 两矢量求矢积有

$$\begin{aligned}\boldsymbol{A}\times\boldsymbol{B}&=(A_x\boldsymbol{i}+A_y\boldsymbol{j}+A_z\boldsymbol{k})\times(B_x\boldsymbol{i}+B_y\boldsymbol{j}+B_z\boldsymbol{k})\\&=(A_yB_z-A_zB_y)\boldsymbol{i}+(A_zB_x-A_xB_z)\boldsymbol{j}+(A_xB_y-A_yB_x)\boldsymbol{k}\end{aligned}$$

利用行列式的表达式，上式可写成

$$\boldsymbol{A}\times\boldsymbol{B}=\begin{vmatrix}\boldsymbol{i} & \boldsymbol{j} & \boldsymbol{k}\\ A_x & A_y & A_z\\ B_x & B_y & B_z\end{vmatrix}$$

矢量计算中,有时会遇到 3 个矢量所构成的乘积,如 $\boldsymbol{A}\cdot(\boldsymbol{B}\times\boldsymbol{C})$ 和 $\boldsymbol{A}\times(\boldsymbol{B}\times\boldsymbol{C})$. 前者是求两矢量 $\boldsymbol{A}$ 和 $\boldsymbol{B}\times\boldsymbol{C}$ 的标积,结果是一标量,后者是求两矢量 $\boldsymbol{A}$ 和 $\boldsymbol{B}\times\boldsymbol{C}$ 的矢积,结果是一矢量. 不难证明:

(1) $$\boldsymbol{A}\cdot(\boldsymbol{B}\times\boldsymbol{C})=A_x(B_yC_z-B_zC_y)+A_y(B_zC_x-B_xC_z)+A_z(B_xC_y-B_yC_x)=\begin{vmatrix}A_x & A_y & A_z\\ B_x & B_y & B_z\\ C_x & C_y & C_z\end{vmatrix}$$

此式在数值上恰好等于以 $\boldsymbol{A},\boldsymbol{B},\boldsymbol{C}$ 3 矢量为棱边的平行六面体的体积.

(2) $\boldsymbol{A}\cdot(\boldsymbol{B}\times\boldsymbol{C})=\boldsymbol{B}\cdot(\boldsymbol{C}\times\boldsymbol{A})=\boldsymbol{C}\cdot(\boldsymbol{A}\times\boldsymbol{B})$

(3) $\boldsymbol{A}\times(\boldsymbol{B}\times\boldsymbol{C})=\boldsymbol{B}(\boldsymbol{A}\cdot\boldsymbol{C})-\boldsymbol{C}(\boldsymbol{A}\cdot\boldsymbol{B})$

(4) $$\boldsymbol{A}\times(\boldsymbol{B}\times\boldsymbol{C})=-\boldsymbol{A}\times(\boldsymbol{C}\times\boldsymbol{B})=(\boldsymbol{C}\times\boldsymbol{B})\times\boldsymbol{A}=-(\boldsymbol{B}\times\boldsymbol{C})\times\boldsymbol{A}$$

### 8. 矢量函数的导数

在物理上遇见的矢量常常是参量 $t$(时间)的函数,因而写作 $\boldsymbol{A}(t)$、$\boldsymbol{B}(t)$ 等,这是一元函数的情况. 下面只介绍一元函数的求导. 一般地说,如果某一矢量是标量变量(例如空间坐标 $x$、$y$、$z$ 和时间 $t$)的函数,则是多元函数的情况. 多元函数的求导比较复杂一些,可由一元函数的求导作推广,这里不作介绍.

矢量函数 $\boldsymbol{A}(t)$ 可表示为

$$\boldsymbol{A}(t)=A_x(t)\boldsymbol{i}+A_y(t)\boldsymbol{j}+A_z(t)\boldsymbol{k}$$

这里要注意:$\boldsymbol{i}$、$\boldsymbol{j}$、$\boldsymbol{k}$ 是常矢量,而 $A_x(t)$、$A_y(t)$、$A_z(t)$ 是 $t$ 的函数,现假定这 3 个函数都是可导的,当自变量 $t$ 改变为 $t+\Delta t$ 时,$\boldsymbol{A}$ 和 $A_x(t)$、$A_y(t)$、$A_z(t)$ 便相应地有增量:

$$\Delta\boldsymbol{A}=\boldsymbol{A}(t+\Delta t)-\boldsymbol{A}(t)$$
$$\Delta A_x=A_x(t+\Delta t)-A_x(t)$$
$$\Delta A_y=A_y(t+\Delta t)-A_y(t)$$
$$\Delta A_z=A_z(t+\Delta t)-A_z(t)$$

于是

$$\Delta\boldsymbol{A}=\Delta A_x\boldsymbol{i}+\Delta A_y\boldsymbol{j}+\Delta A_z\boldsymbol{k}$$

以 $\Delta t$ 相除,并令 $\Delta t\to 0$,求极限,便得

$$\lim_{\Delta t\to 0}\frac{\Delta\boldsymbol{A}}{\Delta t}=\lim_{\Delta t\to 0}\frac{\Delta A_x}{\Delta t}\boldsymbol{i}+\lim_{\Delta t\to 0}\frac{\Delta A_y}{\Delta t}\boldsymbol{j}+\lim_{\Delta t\to 0}\frac{\Delta A_z}{\Delta t}\boldsymbol{k}$$

即

$$\frac{\mathrm{d}\boldsymbol{A}}{\mathrm{d}t}=\frac{\mathrm{d}A_x}{\mathrm{d}t}\boldsymbol{i}+\frac{\mathrm{d}A_y}{\mathrm{d}t}\boldsymbol{j}+\frac{\mathrm{d}A_z}{\mathrm{d}t}\boldsymbol{k}$$

高阶导数的概念也可应用到矢量函数上,例如,$\boldsymbol{A}(t)$ 的二阶导数可写作

$$\frac{\mathrm{d}^2\boldsymbol{A}}{\mathrm{d}t^2}=\frac{\mathrm{d}^2A_x}{\mathrm{d}t^2}\boldsymbol{i}+\frac{\mathrm{d}^2A_y}{\mathrm{d}t^2}\boldsymbol{j}+\frac{\mathrm{d}^2A_z}{\mathrm{d}t^2}\boldsymbol{k}$$

下面列出一些有关矢量函数的导数的简单公式:

(1) $\dfrac{\mathrm{d}}{\mathrm{d}t}(\boldsymbol{A}+\boldsymbol{B})=\dfrac{\mathrm{d}\boldsymbol{A}}{\mathrm{d}t}+\dfrac{\mathrm{d}\boldsymbol{B}}{\mathrm{d}t}$

(2) 当 $C$ 是常量,则 $\dfrac{\mathrm{d}}{\mathrm{d}t}(C\boldsymbol{A})=C\dfrac{\mathrm{d}\boldsymbol{A}}{\mathrm{d}t}$

(3) 当 $f(t)$ 是 $t$ 的可微函数,则 $\dfrac{\mathrm{d}}{\mathrm{d}t}[f(t)\boldsymbol{A}(t)]=f(t)\dfrac{\mathrm{d}\boldsymbol{A}}{\mathrm{d}t}+\dfrac{\mathrm{d}f(t)}{\mathrm{d}t}\boldsymbol{A}$

(4) $\dfrac{\mathrm{d}}{\mathrm{d}t}(\boldsymbol{A}\cdot\boldsymbol{B})=\boldsymbol{A}\cdot\dfrac{\mathrm{d}\boldsymbol{B}}{\mathrm{d}t}+\dfrac{\mathrm{d}\boldsymbol{A}}{\mathrm{d}t}\cdot\boldsymbol{B}$

(5) $\dfrac{\mathrm{d}}{\mathrm{d}t}(\boldsymbol{A}\times\boldsymbol{B})=\boldsymbol{A}\times\dfrac{\mathrm{d}\boldsymbol{B}}{\mathrm{d}t}+\dfrac{\mathrm{d}\boldsymbol{A}}{\mathrm{d}t}\times\boldsymbol{B}$

这些公式的证明是很简单的，不再一一加以证明. 例如，公式(4)可证明如下：

令
$$u(t)=\boldsymbol{A}(t)\cdot\boldsymbol{B}(t)$$

这里 $u(t)$ 是两矢量 $\boldsymbol{A}$ 和 $\boldsymbol{B}$ 的标积，是 $t$ 的标量函数；令

$$u(t+\Delta t)=u(t)+\Delta u(t)$$

$$\boldsymbol{A}(t+\Delta t)=\boldsymbol{A}(t)+\Delta\boldsymbol{A}(t),\boldsymbol{B}(t+\Delta t)=\boldsymbol{B}(t)+\Delta\boldsymbol{B}(t)$$

于是 $\Delta u=(\boldsymbol{A}+\Delta\boldsymbol{A})\cdot(\boldsymbol{B}+\Delta\boldsymbol{B})-\boldsymbol{A}\cdot\boldsymbol{B}=\Delta\boldsymbol{A}\cdot\boldsymbol{B}+\boldsymbol{A}\cdot\Delta\boldsymbol{B}+\Delta\boldsymbol{A}\cdot\Delta\boldsymbol{B}$

$$\frac{\Delta u}{\Delta t}=\frac{\Delta\boldsymbol{A}}{\Delta t}\cdot\boldsymbol{B}+\boldsymbol{A}\cdot\frac{\Delta\boldsymbol{B}}{\Delta t}+\Delta\boldsymbol{A}\cdot\frac{\Delta\boldsymbol{B}}{\mathrm{d}t}$$

当 $\Delta t\to 0$ 时，$\Delta\boldsymbol{A}\to 0$，所以得到

$$\frac{\mathrm{d}u}{\mathrm{d}t}=\frac{\mathrm{d}\boldsymbol{A}}{\mathrm{d}t}\cdot\boldsymbol{B}+\boldsymbol{A}\cdot\frac{\mathrm{d}\boldsymbol{B}}{\mathrm{d}t}$$

矢量函数的导数在物理上有很多应用，首先是用于计算质点运动的瞬时速度和瞬时加速度. 如图Ⅰ.15 所示，一质点在一曲线上运动，其位置 $M$ 可用位置矢量 $\overrightarrow{OM}=\boldsymbol{r}$ 来表示，

$$\boldsymbol{r}=x\boldsymbol{i}+y\boldsymbol{j}+z\boldsymbol{k}$$

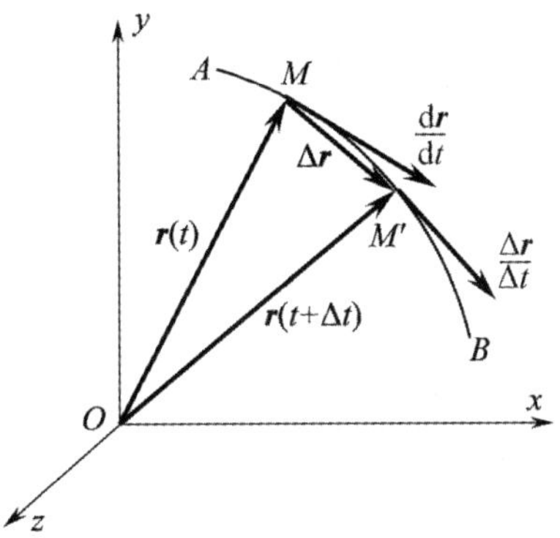


图Ⅰ.15　位置矢量的导数

当质点沿曲线移动时，其坐标 $x,y,z$ 将是时间 $t$ 的函数

$$x=x(t)$$
$$y=y(t)$$
$$z=z(t)$$

因而

$$\boldsymbol{r}=\boldsymbol{r}(t)=x(t)\boldsymbol{i}+y(t)\boldsymbol{j}+z(t)\boldsymbol{k}$$

此式是质点运动的运动方程. 将上式对时间 $t$ 求导，得

$$\frac{\mathrm{d}\boldsymbol{r}}{\mathrm{d}t}=\frac{\mathrm{d}x}{\mathrm{d}t}\boldsymbol{i}+\frac{\mathrm{d}y}{\mathrm{d}t}\boldsymbol{j}+\frac{\mathrm{d}z}{\mathrm{d}t}\boldsymbol{k}$$

从导数的定义和图Ⅰ.15 可以看到，质点在 $M$ 点的瞬时速度为

$$\frac{\mathrm{d}\boldsymbol{r}}{\mathrm{d}t}=\lim_{\Delta t\to 0}\frac{\boldsymbol{r}(t+\Delta t)-\boldsymbol{r}(t)}{\Delta t}=\lim_{\Delta t\to 0}\frac{\Delta\boldsymbol{r}}{\Delta t}$$
$$=\lim_{\Delta t\to 0}\frac{\overrightarrow{MM'}}{\Delta t}$$

用 $v$ 表示瞬时速度，于是

$$v=v(t)=\frac{\mathrm{d}\boldsymbol{r}}{\mathrm{d}t}=\frac{\mathrm{d}x}{\mathrm{d}t}\boldsymbol{i}+\frac{\mathrm{d}y}{\mathrm{d}t}\boldsymbol{j}+\frac{\mathrm{d}z}{\mathrm{d}t}\boldsymbol{k}$$

一般地说，对矢量函数 $\boldsymbol{A}(t)$ 而言，$\frac{\mathrm{d}\boldsymbol{A}}{\mathrm{d}t}$ 表示该矢量在各瞬时的时间变化率，它包含 3 个分矢量：$\frac{\mathrm{d}A_x}{\mathrm{d}t}\boldsymbol{i}$、$\frac{\mathrm{d}A_y}{\mathrm{d}t}\boldsymbol{j}$、$\frac{\mathrm{d}A_z}{\mathrm{d}t}\boldsymbol{k}$. 以上述质点的位置矢量 $\boldsymbol{r}(t)$ 来说，位置矢量 $\boldsymbol{r}$ 对时间变化率 $\frac{\mathrm{d}\boldsymbol{r}}{\mathrm{d}t}$，等于质点的瞬时速度 $\boldsymbol{v}$，而瞬时速度 $\boldsymbol{v}$ 的时间变化率 $\frac{\mathrm{d}\boldsymbol{v}}{\mathrm{d}t}$，按定义等于质点的瞬时加速度 $\boldsymbol{a}$.

### 9. 矢量函数的积分

这里，先说明上述导数的逆问题. 这就是，当某矢量函数 $\boldsymbol{A}(t)$ 的导数 $\frac{\mathrm{d}\boldsymbol{A}}{\mathrm{d}t}$ 已知时，如果求得这个原函数 $\boldsymbol{A}(t)$. 我们把 $\frac{\mathrm{d}\boldsymbol{A}}{\mathrm{d}t}$ 记作矢量函数 $\boldsymbol{B}(t)$，即已知

$$\frac{\mathrm{d}\boldsymbol{A}}{\mathrm{d}t}=\boldsymbol{B}(t)=B_x(t)\boldsymbol{i}+B_y(t)\boldsymbol{j}+B_z(t)\boldsymbol{k}$$

这里 3 个标量函数 $B_x(t)$、$B_y(t)$、$B_z(t)$ 分别代表 $\frac{\mathrm{d}A_x}{\mathrm{d}t}$、$\frac{\mathrm{d}A_y}{\mathrm{d}t}$、$\frac{\mathrm{d}A_z}{\mathrm{d}t}$. 所以，将 $\boldsymbol{B}(t)$ 对时间 $t$ 求积分，可改变为将 $B_x(t)$、$B_y(t)$、$B_z(t)$ 分别对时间 $t$ 求积分，即

$$\boldsymbol{A}=\int\boldsymbol{B}\mathrm{d}t=A_x\boldsymbol{i}+A_y\boldsymbol{j}+A_z\boldsymbol{k}$$

上式中的 $A_x$、$A_y$、$A_z$ 分别是下面的 3 个积分，即

$$A_x=\int B_x(t)\mathrm{d}t,\quad A_y=\int B_y(t)\mathrm{d}t,\quad A_z=\int B_z(t)\mathrm{d}t.$$

例如，质点在空间运动时的速度设为

$$\boldsymbol{v}(t)=v_x(t)\boldsymbol{i}+v_y(t)\boldsymbol{j}+v_z(t)\boldsymbol{k}$$

我们将速度函数 $\boldsymbol{v}(t)$ 对时间 $t$ 求定积分，便可求得质点在空间的位移和位置，其位移(从 0 时刻到 $t$ 时刻)是

$$\int_0^t\boldsymbol{v}(t)\mathrm{d}t=\left[\int_0^t v_x(t)\mathrm{d}t\right]\boldsymbol{i}+\left[\int_0^t v_y(t)\mathrm{d}t\right]\boldsymbol{j}+\left[\int_0^t v_z(t)\mathrm{d}t\right]\boldsymbol{k}$$

其位置矢量 $\boldsymbol{r}$ 为

$$\boldsymbol{r}(t)=\int_0^t\boldsymbol{v}(t)\mathrm{d}t+\boldsymbol{r}_0$$

式中 $\boldsymbol{r}_0$ 是一个由初始条件决定的常矢量，即 $t=0$ 时刻质点的位置矢量. 又如，质点所受的变力 $\boldsymbol{F}(t)$ 设为

$$\boldsymbol{F}(t)=F_x(t)\boldsymbol{i}+F_y(t)\boldsymbol{j}+F_z(t)\boldsymbol{k}$$

将 $\boldsymbol{F}(t)$ 对时间 $t$ 求定积分，便可求得质点所受到的冲量为

$$\boldsymbol{I}=\int_0^t\boldsymbol{F}(t)\mathrm{d}t=\left[\int_0^t F_x(t)\mathrm{d}t\right]\boldsymbol{i}+\left[\int_0^t F_y(t)\mathrm{d}t\right]\boldsymbol{j}+\left[\int_0^t F_z(t)\mathrm{d}t\right]\boldsymbol{k}$$

上式中 3 个标量积分分别是冲量 $\boldsymbol{I}$ 的 3 个分量，即 $I_x$、$I_y$ 和 $I_z$.

关于矢量函数的积分，尤其是当这个函数是空间坐标 $x$、$y$、$z$ 的多元函数时，还有如线积分，面积分，体积分等其他较复杂的积分计算(要按不同的定义式进行). 例如，功的计算就是对一个矢量函数求线积分的问题. 我们知道，当力 $\boldsymbol{F}$ 作用在一个质点上，力作用下质点移动一个微小位移 $\mathrm{d}\boldsymbol{s}$ 时(见图Ⅰ.16)，该力 $\boldsymbol{F}$ 所做的元功 $\mathrm{d}W=\boldsymbol{F}\cdot\mathrm{d}\boldsymbol{s}$，所以，当质点移动一段路程 $ab$ 时，该力 $\boldsymbol{F}$ 所做的总功应为

$$W=\int_a^b\boldsymbol{F}\cdot\mathrm{d}\boldsymbol{s}=\int_a^b F\cos\theta\mathrm{d}s=\int_a^b F_s\mathrm{d}s$$

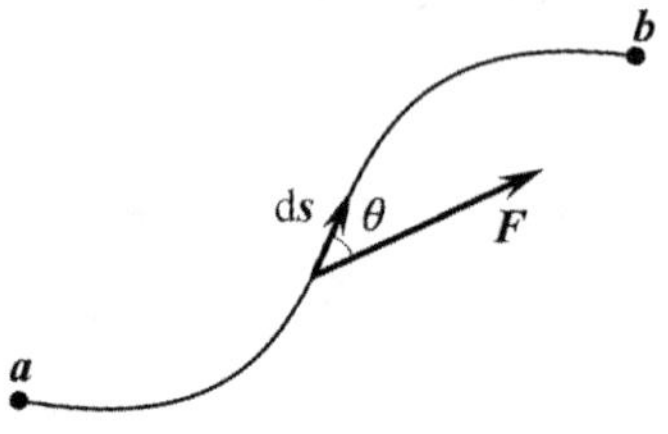

图Ⅰ.16　矢量函数的线积分

式中 $\theta$ 是力 $\boldsymbol{F}$ 和位移 $\mathrm{d}\boldsymbol{s}$ 之间的夹角，$F_s$ 是 $\boldsymbol{F}$ 沿 $\mathrm{d}\boldsymbol{s}$ 方向的分量. 这种形式的积分叫作 $\boldsymbol{F}$ 沿曲线 $ab$ 的线积分. 如果这积分沿着封闭曲线进行

(从 $a$ 点出发仍旧回到 $a$ 点),则这积分可写为 $\oint \boldsymbol{F} \cdot d\boldsymbol{s}$.

一般地说,对一矢量函数 $\boldsymbol{B}(x,y,z)$ 沿某一曲线 $C$(起点 $a$,终点 $b$) 求线积分,可写作

$$\int_{C_{ab}} \boldsymbol{B} \cdot d\boldsymbol{s}$$

由于

$$\boldsymbol{B} = B_x \boldsymbol{i} + B_y \boldsymbol{j} + B_z \boldsymbol{k}$$

$$d\boldsymbol{s} = dx\,\boldsymbol{i} + dy\,\boldsymbol{j} + dz\,\boldsymbol{k}$$

$$\boldsymbol{B} \cdot d\boldsymbol{s} = B_x dx + B_y dy + B_z dz$$

所以

$$\int_{C_{ab}} \boldsymbol{B} \cdot d\boldsymbol{s} = \int_{C_{ab}} B_x dx + \int_{C_{ab}} B_y dy + \int_{C_{ab}} B_z dz$$

即化为计算 3 个标量函数的积分的总和. 对于力 $\boldsymbol{F}$ 而言,这样 3 个积分式 $\int_{C_{ab}} F_x dx$, $\int_{C_{ab}} F_y dy$ 和 $\int_{C_{ab}} F_z dz$ 就是分力 $\boldsymbol{F}_x$、$\boldsymbol{F}_y$ 和 $\boldsymbol{F}_z$ 所做的功.

## 10. 梯度

1) 标量场和矢量场

任何物质的运动,或者任何一个物理过程,总是在一定的空间和时间发生的. 如果空间(或者它的某一部分) 的每一点都对应着某个物理量的确定值,我们便叫这空间为这物理量的**场**. 如果这物理量仅是数量性质的,便叫相应的场为**标量场**;如果这物理量是矢量性质的,便叫相应的场为**矢量场**. 例如,温度和大气压强等都是数量性质的,这些物理量有确定值的空间便称温度场、压强场等,都是标量场;而空气的流速或地磁磁感应强度所构成的场便是矢量场. 所以,要注意到这里所谓的场只具有数学上的意义,意思是指空间位置的函数. 因此,标量场只是指一个空间位置的标量函数,如 $\Phi(x,y,z)$;而矢量场就是指一个空间位置的矢量函数,如 $\boldsymbol{A}(x,y,z)$.

如果我们所研究的物理量在空间每一点的值不随时间变化,这种场称为**稳定场**(或**恒定场**),否则便是**不稳定场**. 静电场、重力场、温度分布恒定的场,都是稳定场.

2) 等值面

设某一物理量,例如静电场的势(电势),在空间形成稳定的标量场,以 $U(x,y,z)$ 表示. 我们假定 $U(x,y,z)$ 是 $x$、$y$、$z$ 的单值连续函数,而且有连续的一阶偏导数,则函数 $U(x,y,z)$ 在空间具有同一数值的各点所组成的曲面称为**等值面**或**等势面**,即

$$U(x,y,z) = C \quad (C \text{ 为常量})$$

不同的 $C$ 值对应于不同的等值面.

3) 梯度

为了研究标量场中某一点 $P$ 附近标量函数 $\Phi(x,y,z)$ 的变化情况,我们设想从 $P$ 点经无限小的位移元 $d\boldsymbol{l}$($d\boldsymbol{l} = dx\,\boldsymbol{i} + dy\,\boldsymbol{j} + dz\,\boldsymbol{k}$) 到达 $P'$ 点时,$\Phi$ 值的增量为 $d\Phi$. 由于我们已经假设 $\Phi(x,y,z)$ 是 $x$、$y$、$z$ 的单值连续函数,而且有连续的一阶偏导数,所以

$$d\Phi = \frac{\partial \Phi}{\partial x}dx + \frac{\partial \Phi}{\partial y}dy + \frac{\partial \Phi}{\partial z}dz \qquad (\text{I}.1)$$

考察上式之后,我们可以引进一个新的矢量,它在三个坐标轴上的分量分别为 $\frac{\partial \Phi}{\partial x}$、$\frac{\partial \Phi}{\partial y}$、$\frac{\partial \Phi}{\partial z}$,并以 $\mathbf{grad}\,\Phi$ 来表示这矢量

$$\mathbf{grad}\,\Phi = \frac{\partial \Phi}{\partial x}\boldsymbol{i} + \frac{\partial \Phi}{\partial y}\boldsymbol{j} + \frac{\partial \Phi}{\partial z}\boldsymbol{k} \qquad (\text{I}.2)$$

那么 $d\Phi$ 便可写成两矢量 $\mathbf{grad}\,\Phi$ 和 $d\boldsymbol{l}$ 的标积形式(按标积的公式 $\boldsymbol{A} \cdot \boldsymbol{B} = A_x B_x + A_y B_y + A_z B_z$),即

$$d\Phi = \mathbf{grad}\,\Phi \cdot d\boldsymbol{l} \qquad (\text{I}.3)$$

新定义的这个矢量 $\mathbf{grad}\,\Phi$ 称为 $\Phi$ 的梯度,它反映函数 $\Phi$ 在空间的变化情况. 从定义式(I.2) 可知,$\mathbf{grad}\,\Phi$ 的 3 个分量

$$\frac{\partial \Phi}{\partial x},\quad \frac{\partial \Phi}{\partial y},\quad \frac{\partial \Phi}{\partial z}$$

分别反映函数 $\Phi$ 沿 $x$、$y$、$z$ 三个坐标轴方向的变化情况. 可是,矢量 **grad** $\Phi$ 本身究竟是什么意义呢? 当我们把矢量 **grad** $\Phi$ 和 $\Phi$ 的等值面联系起来考察时,就看得比较清楚了. 根据式(Ⅰ.3),考虑到标积的公式 $\boldsymbol{A}\cdot\boldsymbol{B}=|\boldsymbol{A}|\cdot|\boldsymbol{B}|\cos\theta$($\theta$ 为 $\boldsymbol{A}$ 和 $\boldsymbol{B}$ 的夹角),可知

$$\mathrm{d}\Phi=|\mathbf{grad}\ \Phi|\cos\theta\mathrm{d}l$$

和

$$\frac{\mathrm{d}\Phi}{\mathrm{d}l}=|\mathbf{grad}\ \Phi|\cos\theta \tag{Ⅰ.4}$$

式中的 $|\mathbf{grad}\ \Phi|$ 是矢量 **grad** $\Phi$ 的大小,$\theta$ 是矢量 **grad** $\Phi$ 和 $\mathrm{d}\boldsymbol{l}$ 之间的夹角,$|\mathbf{grad}\ \Phi|\cos\theta$ 则表示矢量 **grad** $\Phi$ 沿 $\mathrm{d}\boldsymbol{l}$ 方向的分量,$\frac{\mathrm{d}\Phi}{\mathrm{d}\boldsymbol{l}}$ 表示函数 $\Phi$ 沿 $\mathrm{d}\boldsymbol{l}$ 方向上的变化率,叫作函数 $\Phi$ 的方向导数. 如图Ⅰ.17所示,曲面Ⅰ表示通过 $P$ 点的等值面,显然,当位移元 $\mathrm{d}\boldsymbol{l}$ 所取的方向不相同时,方向导数 $\frac{\mathrm{d}\Phi}{\mathrm{d}\boldsymbol{l}}$ 也不相同. 例如,当 $\mathrm{d}\boldsymbol{l}$ 取在 $P$ 点的等值面上时,$\Phi$ 值没有变化,$\frac{\mathrm{d}\Phi}{\mathrm{d}\boldsymbol{l}}=0$,当 $\mathrm{d}\boldsymbol{l}$ 取在 $P$ 的等值面上的法线单位矢量 $\boldsymbol{e}_\mathrm{n}$($\boldsymbol{e}_\mathrm{n}$ 指向 $\Phi$ 值增加的一边)的方向时,$\frac{\mathrm{d}\Phi}{\mathrm{d}\boldsymbol{l}}$ 将有最大值. $\frac{\mathrm{d}\Phi}{\mathrm{d}\boldsymbol{l}}$ 的最大值等于多少呢? 看一看式(Ⅰ.4)就清楚了:当 $\theta=0$ 时,$\frac{\mathrm{d}\Phi}{\mathrm{d}\boldsymbol{l}}$ 的值最大,等于 $|\mathbf{grad}\ \Phi|$. 如上所说,$\theta$ 表示矢量 **grad** $\Phi$ 和 $\mathrm{d}\boldsymbol{l}$ 之间的夹角,现在 $\mathrm{d}\boldsymbol{l}$ 取在 $\boldsymbol{e}_\mathrm{n}$ 方向,所以 $\theta=0$ 这一结果表明矢量 **grad** $\Phi$ 的方向和 $\boldsymbol{e}_n$ 的方向一致. 式(Ⅰ.4)表示,在 $P$ 点处函数 $\Phi$ 沿任一 $\mathrm{d}\boldsymbol{l}$ 方向的方向导数 $\frac{\mathrm{d}\Phi}{\mathrm{d}\boldsymbol{l}}$ 等于该点处的 $\Phi$ 的梯度(**grad** $\Phi$)沿 $\mathrm{d}\boldsymbol{l}$ 的分量. 总之,在 $P$ 点处 $\Phi$ 的梯度(**grad** $\Phi$)方向沿着通过 $P$ 点的等值面的法线方向,而指向 $\Phi$ 值增加的一方,$\Phi$ 的梯度的量值则反映了 $\Phi$ 值沿其梯度的方向的增加率. 或者说,$\Phi$ 的梯度表示了函数 $\Phi$ 在该点的变化率最大的方向和最大变化率的值. $\Phi$ 在其他方向上的变化率(方向导数)等于 **grad** $\Phi$ 在该方向上的分量.

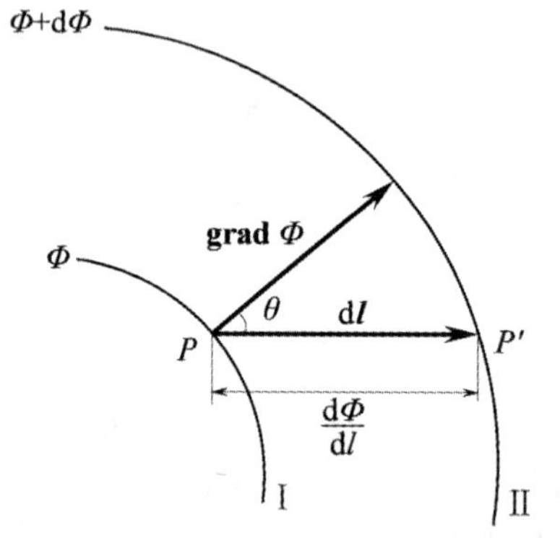


图Ⅰ.17 在 $P$ 点处,grad $\Phi$ 的方向垂直于通过 $P$ 点的等值面,指向 $\Phi$ 值增加的一方

我们知道,在静电场中移动单位正电荷时,反抗电场力所做的功等于电势的增加,即

$$\mathrm{d}U=-\boldsymbol{E}\cdot\mathrm{d}\boldsymbol{l}$$

与式(Ⅰ.3)进行比较,可得

$$\boldsymbol{E}=-\mathbf{grad}\ U$$

上式表明电场强度 $\boldsymbol{E}$ 等于电势梯度 **grad** $U$ 的负值. 电场强度 $\boldsymbol{E}$ 的大小等于电势梯度,即等于该处等势面上沿法线方向的单位长度上电势的变化,电场强度 $\boldsymbol{E}$ 的方向与电势增加的方向相反,即指向电势降低的方向.

我们常用算符 $\nabla$ 来表示 $\frac{\partial}{\partial x}\boldsymbol{i}+\frac{\partial}{\partial y}\boldsymbol{j}+\frac{\partial}{\partial z}\boldsymbol{k}$,即

$$\nabla = \frac{\partial}{\partial x}\boldsymbol{i} + \frac{\partial}{\partial y}\boldsymbol{j} + \frac{\partial}{\partial z}\boldsymbol{k} \tag{Ⅰ.5}$$

这个算符叫作哈密顿算子，用$\nabla$将梯度简记为

$$\textbf{grad}\,\Phi = \nabla\Phi$$

$\nabla$是矢量微分算符，它具有矢量和微分运算的双重特性，把$\nabla$用在矢量或标量函数上时，要特别加以注意.

4）梯度的线积分和保守场

在一般情况中，任一单值连续可导的标量场的势函数$\Phi(x,y,z)$总是与一定的电场强度$\boldsymbol{e}$相关联，其关系如下：

$$\boldsymbol{e} = -\,\textbf{grad}\,\Phi$$

所以，只要各点的势函数一旦确定，则该场中各点的电场强度也就唯一确定了. 因为

$$\int_A^B \boldsymbol{e}\cdot \mathrm{d}\boldsymbol{l} = -\int_A^B \mathrm{grad}\,\Phi\cdot \mathrm{d}\boldsymbol{l} = -\int_A^B \mathrm{d}\Phi = \Phi_A - \Phi_B$$

这说明任意$A$，$B$两点矢量$\boldsymbol{e}$的线积分，与连接这两点间的路线的形状无关.

因此，矢量$\boldsymbol{e}$沿任一闭合路径$L$的线积分就必然为零.

$$\oint_L \boldsymbol{e}\cdot \mathrm{d}\boldsymbol{l} = -\oint \mathrm{d}\Phi = 0$$

凡是具有上述性质的场称为**保守场**. 静电场是一保守场. 反之，若有一力$\boldsymbol{F}$绕任一闭合曲线的线积分为零，则必然存在一个与$\boldsymbol{F}$相联系的保守场.

# 附录Ⅱ 国际单位制(SI)

鉴于国际上使用的单位制种类繁多,换算十分复杂,对科学与技术交流带来许多困难,根据 1954 年国际度量衡会议的决定,自 1978 年 1 月 1 日起实行国际单位制,简称国际制,国际单位制代号为 SI. 我国国务院于 1977 年 5 月 27 日颁发《中华人民共和国计量管理条例(试行)》,其中第三条规定:"我国的基本计量制度是米制(即'公制'),逐步采用国际单位制". 这样做不仅有利于加强同世界各国人民的经济文化交流,而且可以使我国的计量制度进一步统一.

国际单位制是在国际公制和米千克秒制基础上发展起来的. 在国际单位制中,规定了七个基本单位,即米(长度单位)、千克(质量单位)、秒(时间单位)、安培(电流单位)、开尔文(热力学温度单位)、摩尔(物质的量单位)、坎德拉(发光强度单位). 还规定了两个辅助单位,即弧度(平面角单位)、球面度(立体角单位). 其他单位均由这些基本单位和辅助单位导出. 现将国际单位制的基本单位及辅助单位的名称、符号及其定义列表如下.

**表 1 国际单位制的基本单位**

| 量的名称 | 单位名称 | 单位符号 | 定义 |
|---|---|---|---|
| 长度 | 米 | m | "米是光在真空中 1/299 792 458 s 的时间间隔内所经路程的长度". (第 17 届国际计量大会,1983 年) |
| 质量 | 千克(公斤) | kg | "千克是质量单位,等于国际千克原器的质量". (第 1 和第 3 届国际计量大会,1889 年,1901 年) |
| 时间 | 秒 | s | "秒是铯-133 原子基态的两个超精细能级之间跃迁所对应的辐射的 9 192 631 770 个周期的持续时间". (第 13 届国际计量大会,1967 年,决议 1) |
| 电流 | 安培 | A | "安培是一恒定电流,若保持在处于真空中相距 1 m 的两无限长而圆截面可忽略的平行直导线内,则此两导线之间产生的力在每米长度上等于 $2\times10^{-7}$ N". (国际计量委员会,1946 年,决议 2;1948 年第 9 届国际计量大会批准) |
| 热力学温度 | 开尔文 | K | "热力学温度单位开尔文是水三相点热力学温度的 1/273.16". (第 13 届国际计量大会,1967 年,决议 4) |
| 物质的量 | 摩尔 | mol | "(1)摩尔是一系统的物质的量,该系统中所包含的基本单元数与 0.012 kg 碳-12 的原子数目相等. (2)在使用摩尔时,基本单元应予指明,可以是原子、分子、离子、电子及其他粒子,或是这些粒子的特定组合". (国际计量委员会 1969 年提出,1971 年第 14 届国际计量大会通过,决议 3) |

续表

| 量的名称 | 单位名称 | 单位符号 | 定义 |
|---|---|---|---|
| 发光强度 | 坎德拉 | cd | “坎德拉是一光源在给定方向上的发光强度,该光源发出频率 $540\times10^{12}$ Hz 的单色辐射,且在此方向上的辐射强度为 (1/683)W/sr”.<br>(第16届国际计量大会,1979年决议3) |

**表2 国际单位制的辅助单位**

| 量的名称 | 单位名称 | 单位符号 | 定义 |
|---|---|---|---|
| 平面角 | 弧　度 | rad | “弧度是一个圆内两条半径之间的平面角,这两条半径在圆周上截取的弧长与半径相等”.<br>(国际标准化组织建议书 R31 第1部分,1965年12月第2版) |
| 立体角 | 球面度 | sr | “球面度是一个立体角,其顶点位于球心,而它在球面上所截取的面积等于以球半径为边长的正方形面积”.<br>(同上) |

**表3 国际单位制中的单位词头**

| 词　头 | 符号 | 幂 | 词　头 | 符号 | 幂 |
|---|---|---|---|---|---|
| 尧[它]yotta | Y | $10^{24}$ | 分 deci | d | $10^{-1}$ |
| 泽[它]zetta | Z | $10^{21}$ | 厘 centi | c | $10^{-2}$ |
| 艾[可萨]exa | E | $10^{18}$ | 毫 milli | m | $10^{-3}$ |
| 拍[它]peta | P | $10^{15}$ | 微 micro | μ | $10^{-6}$ |
| 太[拉]tera | T | $10^{12}$ | 纳[诺]nano | n | $10^{-9}$ |
| 吉[咖]giga | G | $10^{9}$ | 皮[可]pico | p | $10^{-12}$ |
| 兆 mega | M | $10^{6}$ | 飞[母托]femto | f | $10^{-15}$ |
| 千 kilo | k | $10^{3}$ | 阿[托]atto | a | $10^{-18}$ |
| 百 hecto | h | $10^{2}$ | 仄[普托]zepto | z | $10^{-21}$ |
| 十 deca | da | 10 | 幺[科托]yocto | y | $10^{-24}$ |

# 附录Ⅲ 常用基本物理常量表

（1986 年国际推荐值）

| 物理量 | 符号 | 数　值 | 不确定度 ($\times10^{-6}$) |
|---|---|---|---|
| 真空中光速 | $c$ | 299 792 458 m/s | （精确） |
| 真空磁导率 | $\mu_0$ | $4\pi\times10^{-7}$ N/A$^2$ | |
| | | $12.566\ 370\ 614\times10^{-7}$ N/A$^2$ | （精确） |
| 真空介电常数 | $\varepsilon_0$ | $8.854\ 187\ 817\times10^{-12}$ F/m | （精确） |
| 万有引力常量 | $G$ | $6.672\ 59(85)\times10^{-11}$ m$^3$/(kg·s$^2$) | 128 |
| 普朗克常量 | $h$ | $6.626\ 075\ 5(40)\times10^{-34}$ J·s | 0.60 |
| | $\hbar=h/2\pi$ | $1.054\ 572\ 66(63)\times10^{-34}$ J·s | 0.60 |
| 阿伏伽德罗常量 | $N_A$ | $6.022\ 136\ 7(36)\times10^{23}$ mol$^{-1}$ | 0.59 |
| 摩尔气体常量 | $R$ | 8.314 510(70) J/(mol·K) | 8.4 |
| 玻耳兹曼常量 | $k$ | $1.380\ 658(12)\times10^{-23}$ J/K | 8.4 |
| 斯特藩-玻耳兹曼常量 | $\sigma$ | $5.670\ 51(19)\times10^{-8}$ W/(m$^2$·K$^4$) | 34 |
| 摩尔体积(理想气体，$T=273.15$ K，$p=101\ 325$ Pa) | $V_m$ | 0.022 414 10(19) m$^3$/mol | 8.4 |
| 维恩位移定律常量 | $b$ | $2.897\ 756(24)\times10^{-3}$ m·K | 8.4 |
| 基本电荷 | $e$ | $1.602\ 177\ 33(49)\times10^{-19}$ C | 0.30 |
| 电子静质量 | $m_e$ | $9.109\ 389\ 7(54)\times10^{-31}$ kg | 0.59 |
| 质子静质量 | $m_p$ | $1.672\ 623\ 1(10)\times10^{-27}$ kg | 0.59 |
| 中子静质量 | $m_n$ | $1.674\ 928\ 6(10)\times10^{-27}$ kg | 0.59 |
| 电子荷质比 | $e/m$ | $1.758\ 819\ 62(53)\times10^{-11}$ C/kg | 0.30 |
| 电子磁矩 | $\mu_e$ | $9.284\ 770\ 1(31)\times10^{-24}$ A·m$^2$ | 0.34 |
| 质子磁矩 | $\mu_p$ | $1.410\ 607\ 61(47)\times10^{-26}$ A·m$^2$ | 0.34 |
| 中子磁矩 | $\mu_n$ | $0.966\ 237\ 07(40)\times10^{-26}$ A·m$^2$ | 0.41 |
| 康普顿波长 | $\lambda_C$ | $2.426\ 310\ 58(22)\times10^{-12}$ m | 0.089 |
| 磁通量子，$h/2e$ | $\Phi$ | $2.067\ 834\ 61(61)\times10^{-15}$ Wb | 0.30 |
| 玻耳磁子，$e\hbar/2m_e$ | $\mu_B$ | $9.274\ 015\ 4(31)\times10^{-24}$ A·m$^2$ | 0.34 |
| 核磁子，$e\hbar/2m_p$ | $\mu_N$ | $5.050\ 786\ 6(17)\times10^{-27}$ A·m$^2$ | 0.34 |
| 里德伯常量 | $R_\infty$ | 10 973 731.534(13) m$^{-1}$ | 0.001 2 |
| 原子(统一)质量单位 | | | |
| 原子质量常量 | $m_u$ | $1.660\ 540\ 2(10)\times10^{-27}$ kg | 0.59 |

# 附录Ⅳ 物理量的名称、符号和单位(SI)一览表

下表列出本书中常用物理量的名称、符号和单位.

| 物理量名称 | 物理量符号 | 单位名称 | 单位符号 |
|---|---|---|---|
| 长度 | $l,L$ | 米 | m |
| 面积 | $S,A$ | 平方米 | $m^2$ |
| 体积,容积 | $V$ | 立方米 | $m^3$ |
| 时间 | $t$ | 秒 | s |
| [平面]角 | $\alpha,\beta,\gamma,\theta,\varphi$ 等 | 弧度 | rad |
| 立体角 | $\Omega$ | 球面度 | sr |
| 角速度 | $\omega$ | 弧度每秒 | rad/s |
| 角加速度 | $\alpha$ | 弧度每二次方秒 | $rad/s^2$ |
| 速度 | $v,u,c$ | 米每秒 | m/s |
| 加速度 | $a$ | 米每二次方秒 | $m/s^2$ |
| 周期 | $T$ | 秒 | s |
| 频率 | $\nu,f$ | 赫[兹] | Hz(1 Hz=1 $s^{-1}$) |
| 角频率 | $\omega$ | 弧度每秒 | rad/s |
| 波长 | $\lambda$ | 米 | m |
| 波数 | $\tilde{\lambda}$ | 每米 | $m^{-1}$ |
| 振幅 | $A$ | 米 | m |
| 质量 | $m$ | 千克(公斤) | kg |
| 密度 | $\rho$ | 千克每立方米 | $kg/m^3$ |
| 面密度 | $\rho_S,\rho_A$ | 千克每平方米 | $kg/m^2$ |
| 线密度 | $\rho_l$ | 千克每米 | kg/m |
| 动量<br>冲量 | $P,p$<br>$I$ | 千克米每秒 | kg·m/s |
| 动量矩,角动量 | $L$ | 千克二次方米每秒 | $kg\cdot m^2/s$ |
| 转动惯量 | $J$ | 千克二次方米 | $kg\cdot m^2$ |
| 力 | $F,f$ | 牛[顿] | N |
| 力矩 | $M$ | 牛[顿]米 | N·m |
| 压力,压强 | $p$ | 帕[斯卡] | $N/m^2$,Pa |

续表

| 物理量名称 | 物理量符号 | 单位名称 | 单位符号 |
|---|---|---|---|
| 相[位] | $\varphi$ | 弧度 | rad |
| 功<br>能[量]<br>动能<br>势能 | $W,A$<br>$E,W$<br>$E_k,T$<br>$E_p,V$ | 焦[耳]<br>电子伏[特] | J<br>eV |
| 功率 | $P$ | 瓦[特] | J/s,W |
| 热力学温度 | $T,\Theta$ | 开[尔文] | K |
| 摄氏温度 | $t,\theta$ | 摄氏度 | ℃ |
| 热量 | $Q$ | 焦[耳] | N・m,J |
| 热导率<br>(导热系数) | $k,\lambda$ | 瓦[特]每米开[尔文] | W/(m・K) |
| 热容[量] | $C$ | 焦[耳]每开[尔文] | J/K |
| 质量热容 | $c$ | 焦[耳]每千克开[尔文] | J/(kg・K) |
| 摩尔质量 | $M_{mol}$ | 千克每摩[尔] | kg/mol |
| 摩尔定压热容<br>摩尔定容热容 | $C_{p,m}$<br>$C_{V,m}$ | 焦[耳]每摩[尔]<br>开[尔文] | J/(mol・K) |
| 内能 | $U,E$ | 焦[耳] | J |
| 熵 | $S$ | 焦[耳]每开[尔文] | J/K |
| 平均自由程 | $\bar{\lambda}$ | 米 | m |
| 扩散系数 | $D$ | 二次方米每秒 | $m^2/s$ |
| 电量 | $Q,q$ | 库[仑] | C |
| 电流 | $I,i$ | 安[培] | A |
| 电荷密度 | $\rho$ | 库[仑]每立方米 | $C/m^3$ |
| 电荷面密度 | $\sigma$ | 库[仑]每平方米 | $C/m^2$ |
| 电荷线密度 | $\lambda$ | 库[仑]每米 | C/m |
| 电场强度 | $E$ | 伏[特]每米 | V/m |
| 电势<br>电势差,电压 | $U,V$<br>$U_{12},U_1-U_2$ | 伏[特] | V |
| 电动势 | $\mathscr{E}$ | 伏(特) | V |
| 电位移 | $D$ | 库[仑]每平方米 | $C/m^2$ |
| 电位移通量 | $\Psi,\Phi_e$ | 库[仑] | C |
| 电容 | $C$ | 法[拉] | F(1 F=1 C/V) |
| 电容率(介电常数) | $\varepsilon$ | 法[拉]每米 | F/m |
| 相对电容率<br>(相对介电常数) | $\varepsilon_r$ | — | |

续表

| 物理量名称 | 物理量符号 | 单位名称 | 单位符号 |
|---|---|---|---|
| 电[偶极]矩 | $p, p_e$ | 库[仑]米 | C·m |
| 电流密度 | $J, \delta$ | 安[培]每平方米 | $A/m^2$ |
| 磁场强度 | $H$ | 安[培]每米 | A/m |
| 磁感应强度 | $B$ | 特[斯拉] | T(1 T=1 $Wb/m^2$) |
| 磁通量 | $\Phi_m$ | 韦[伯] | Wb(1 Wb=1 V·s) |
| 自感<br>互感 | $L$<br>$M, L_{12}$ | 亨[利] | H(1 H=1 Wb/A) |
| 磁导率 | $\mu$ | 亨[利]每米 | H/m |
| 磁矩 | $m, P_m$ | 安[培]平方米 | $A\cdot m^2$ |
| 电磁能密度 | $\omega$ | 焦[耳]每立方米 | $J/m^3$ |
| 坡印廷矢量 | $S$ | 瓦[特]每平方米 | $W/m^2$ |
| [直流]电阻 | $R$ | 欧[姆] | Ω(1 Ω=1 V/A) |
| 电阻率 | $\rho$ | 欧[姆]米 | Ω·m |
| 光强 | $I$ | 瓦[特]每平方米 | $W/m^2$ |
| 相对磁导率<br>折射率 | $\mu_r$<br>$n$ | —<br>— | |
| 发光强度 | $I$ | 坎[德拉] | cd |
| 辐[射]出[射]度<br>辐[射]照度 | $M$<br>$E$ | 瓦[特]每平方米 | $W/m^2$ |
| 声强级 | $L_I$ | 分贝 | dB |
| 核的结合能 | $E_B$ | 焦[耳] | J |
| 半衰期 | $\tau$ | 秒 | s |